K. Lauber **Chemie
im Laboratorium**

K. Lauber

Chemie im Laboratorium

**Einführung in die allgemeinen theoretischen Grundlagen
mit Einblick in die klinische Chemie und Biochemie**

4., vollständig neu bearbeitete Auflage

103 Abbildungen und 44 Tabellen, 1983

Die SRH-Gruppe

Berufsförderungswerk
Heidelberg gGmbH
Staatlich anerkannte Schule
für Medizinlaboranten
Postfach 10 14 09, 69004 Heidelberg
Telefon 0 62 21 88 25 98

S. Karger · Basel · München · Paris · London
New York · Tokyo · Sydney

1. Auflage 1964
2., verbesserte Auflage 1967
3., erweiterte Auflage 1975
4., vollständig neu bearbeitete Auflage 1983

CIP-Kurztitelaufnahme der Deutschen Bibliothek
Lauber, Konrad:
Chemie im Laboratorium: Einf. in d. allg. theoret. Grundlagen mit Einblick in d. klin. Chemie u. Biochemie/K. Lauber. – 4., vollst. neu bearb. Aufl.
Basel; München; Paris; London; New York; Tokyo; Sydney: Karger, 1983
ISBN 3-8055-3547-3

© Copyright 1983 by S. Karger AG, Postfach, CH-4009 Basel (Schweiz)
Printed in Germany by Konkordia GmbH, D-7580 Bühl
ISBN 3-8055-3547-3

Inhalt

Organische Chemie und Biochemie

Anhang

Vorwort

1964 erschien die erste, drei Jahre später die wenig veränderte 2. Auflage dieses Buches. Die beiden ersten Ausgaben mit dem Titel „Chemie im medizinischen Laboratorium" waren für den Unterricht an Schulen der medizinischen Hilfsberufe gedacht. Die rasche Entwicklung, vor allem auf dem Gebiet der analytischen Verfahren, forderte dann eine gründliche Überarbeitung des Lehrmittels. Von verschiedener Seite wurde zudem angeregt, das Buch sollte auch den Bedürfnissen der Chemielaboranten angepasst werden. Diesem Wunsch ist mit der 1975 erschienenen 3. Auflage nach bestem Können entsprochen worden. Sowohl der allgemeine als auch der organische Teil wurden derart erweitert, dass Laborfachleute aller Richtungen daraus das nötige chemische Basiswissen schöpfen können. Im vergangenen Jahrzehnt hat das „Système international d'unités" (SI) Europa erobert. Diesem Umstand wurde bei der Abfassung der 4. Auflage in letzter Konsequenz Rechnung getragen. Ausserdem wurde der gesamte Text überholt, verschiedene Gebiete wurden ergänzt und modernisiert. Das Säure-Basen-Konzept von Brönsted – zuvor nur am Rande erwähnt – steht nun im Zentrum der Elektrolytchemie. Die Kapitel „Atombau" und „Chemische Bindungen" sind mit der Orbitaltheorie und Abschnitten über Kernspaltung und -fusion erweitert worden. In den analytischen Teil ist die Beschreibung neuer Methoden aufgenommen worden. Dank rigoroser Straffung des „alten" Textes ist das Buch trotzdem nicht dicker geworden. Das populäre System der Kontrollfragen mit Antworten am Schluss ist beibehalten worden. Bei aller Verbreiterung ist nach wie vor der Biochemie und der klinischen Chemie besondere Aufmerksamkeit gewidmet worden. Das Buch kann deshalb angehenden medizinischen und biologischen Laborantinnen und Laboranten als Lehrgang, ausgebildeten Berufsleuten derselben Fachrichtungen als Auffrischer verblasster Kenntnisse besonders empfohlen werden.

Wenn sich die Leser (fast) nie über Druck- und andere Fehler werden ärgern müssen, so verdanken sie dies vor allem der unermüdlichen Durchsichtsarbeit von Frl. Elsbeth Ernst, Dr. Heinz Kohler und Frau Sonja Wyss. Ihnen gebührt ein extra „Dank heiget!" Allen fleissigen Geburtshelfern des Buches vom Karger-Verlag, insbesondere Herrn R. Grünig, Herrn B. Pfäffli und Frau A. Rogal, gilt meine volle Anerkennung für angenehme Zusammenarbeit.

Im Frühling 1983   Konrad Lauber

Einleitung

Definition der Chemie

Die Chemie ist die Lehre von den Stoffen und ihren Veränderungen.

Verschiedene Gebiete der Chemie

1. Allgemeine Chemie

Die allgemeine Chemie befasst sich mit den Eigenschaften der Stoffe, deren Aufbau und den Gesetzen, nach denen sie sich verändern. Sie gibt Aufschluss über das Verhalten und die gegenseitige Beeinflussung der Stoffe unter den verschiedensten Umweltbedingungen.

2. Analytische Chemie

Die analytische Chemie hat die Aufgabe, die Zusammensetzung der einzelnen Stoffe zu ermitteln und sie in ihre Bestandteile zu zerlegen.

Die **qualitative Analyse** befasst sich mit dem **Nachweis** von Einzelstoffen in Gemischen. Sie beantwortet die Frage: «**Ist ein gewisser Stoff vorhanden oder nicht?**» Zum Beispiel: «Enthält ein Urin Zucker, ein Mineralwasser Eisen?»

Die **quantitative Analyse** beschäftigt sich mit der **Bestimmung der Menge** von Stoffen, dem prozentualen Anteil der Komponenten einer Stoffkombination. Sie gibt Antwort auf die Frage: «**Wieviel eines bestimmten Stoffes liegt vor?**» Zum Beispiel: «Wie viele Milligramm Glucose enthalten 100 Milliliter Blut, wie viele Kubikzentimeter Kohlendioxid 10 Liter Luft?»

3. Synthetische Chemie

Die synthetische Chemie arbeitet mit der Herstellung und Umwandlung von Stoffen, dem Aufbau von komplizierten aus einfachen Verbindungen. Ihr verdanken wir alle künstlichen Medikamente, Farbstoffe, Textilfasern, Plastikmaterialien usw.

Das Wissensgebiet der Chemie wird auch noch folgendermassen eingeteilt:

Anorganische Chemie. Unter der anorganischen Chemie versteht man heute die Chemie sämtlicher Substanzen, welche keinen Kohlenstoff enthalten.

Organische Chemie. Die organische Chemie umfasst die Chemie der kohlenstoffhaltigen Verbindungen.

Eine andere Grenze lässt sich auch zwischen folgenden Hauptgebieten ziehen:

Chemie der unbelebten Materie («Reagensglaschemie»).

Chemie der Lebensvorgänge = **Biochemie** (oder physiologische Chemie).

Allgemeine und anorganische Chemie

I. Der reine Stoff

Die irdische Materie (Gesteine, Humus, Meer- und Binnenwasser, Lebewesen, Luft) besteht aus **Stoffgemischen**. Das chemische Verhalten eines Stoffes kann nur untersucht werden, wenn er rein und ohne alle Beimengungen vorliegt. Eine wichtige Aufgabe von Wissenschaft und Technik ist daher die Isolierung von **reinen Stoffen** aus den natürlichen Gemischen. Zur Trennung von Stoffgemischen steht eine Reihe von physikalischen Operationen zur Verfügung. Alle Trennverfahren machen sich die Unterschiede in den **spezifischen Eigenschaften** der einzelnen Stoffe zunutze.

A. Spezifische Eigenschaften

Jeder einheitliche Stoff hat Eigenschaften, die nur ihm zukommen, ihn somit von allen anderen Stoffen unterscheiden. Solche Eigenschaften heissen **spezifische, die Stoffart auszeichnende Eigenschaften.** Sie ermöglichen die eindeutige Charakterisierung jedes einzelnen von vielen Hunderttausend Stoffen (Tab. 1).
Wichtigste spezifische Eigenschaften eines Stoffes sind sein **Schmelzpunkt** (Smp), sein **Siedepunkt** (Sdp) und seine **Dichte** (ϱ) (Tab. 1). Von Bedeutung sind ferner: **Löslichkeit** (in verschiedenen Lösungsmitteln), **elektrische Leitfähigkeit, Lichtbrechungsindex, Lichtabsorptionsvermögen** und bei Festkörpern **Kristallstruktur** und **Härte.**
Der **Schmelzpunkt** (Erstarrungspunkt oder Gefrierpunkt) **ist die Temperatur, bei welcher ein Stoff vom festen in den flüssigen Zustand** (oder umgekehrt) **übergeht.** Er ist die Grenztemperatur, bei welcher der flüssige und der feste Aggregatzustand nebeneinander bestehen können.
Der **Siedepunkt** (Kondensationspunkt) **einer Flüssigkeit ist die Temperatur, bei der ihr Dampfdruck dem mittleren Luftdruck auf Meereshöhe** (1,013 bar) **entspricht.**
Die **Dichte** (für die Erdoberfläche zahlenmässig gleich dem spezifischen Gewicht) **ist definiert als Masse pro Volumeneinheit** (Gramm pro Kubikzentimeter). Im SI (Système international d'unités) ist die Einheit der Dichte kg/m³. Die Zahlen von Tabelle 1 müssen für dieses System vertausendfacht werden.

B. Isolierung von reinen Stoffen

Die seit alters bekannten Methoden zur Separierung von Stoffgemischen sind **Filtration, Zentrifugation, Destillation, Kristallisation** und **Extraktion.** Eine Übersicht über die meisten gebräuchlichen Trennmethoden findet sich im Anhang (S. 333). Alle diese Verfahren basieren auf **physikalischen** Vorgängen.
Durch physikalische Operationen werden die spezifischen Eigenschaften der Stoffe nicht verändert. Der Bau der kleinsten Teilchen (Moleküle), welche noch die Eigen-

Tabelle 1. Dichte, Schmelzpunkt und Siedepunkt einiger Elemente und Verbindungen

	Dichte, g/cm³	Smp, °C	Sdp, °C
Elemente			
Aluminium	2,70	660	2500
Blei	11,3	327	1750
Brom	3,14	−7	59
Chlor	0,00321	−101	−34
Eisen	7,86	1535	2730
Gold	19,3	1063	2960
Helium	0,000178	−271[1]	−269[1]
Iod	4,93	114	184
Kohlenstoff (Graphit)	2,25	3570[1]	4350
Kupfer	8,93	1083	2595
Magnesium	1,74	650	1102
Osmium	22,48[1]	2700	ca. 5300
Platin	21,45	1769	4400
Quecksilber	13,5	−39	357
Sauerstoff	0,00143	−219	−183
Silber	10,5	960	ca. 2170
Stickstoff	0,00125	−210	−196
Uran	18,9	1130	ca. 3500
Wasserstoff	0,000089[1]	−259	−253
Wolfram	19,3	3380	ca. 6000[1]
Verbindungen			
Aceton	0,79	−95	56
Ammoniak	0,00077	−78	−33
Benzol	0,879	5	80
Chloroform	1,498	−63	61
Essigsäure	1,05	17	118
Ether	0,713	—116	35
Ethylalkohol	0,789	−114	78
Kohlendioxid	0,00198	−57[5 bar][2]	−78[3]
Kohlenmonoxid	0,00125	−207	−90
Methan	0,00072	−184	−161
Methylalkohol	0,796	−98	65
Natriumchlorid	2,16	801	1413
Natriumhydroxid	2,13	318	1390
Salpetersäure	1,50	−42	86
Salzsäure	0,00164	−112	−84
Schwefelsäure	1,83	10	338
Schwefelwasserstoff	0,00154	−83	−62
Trichloressigsäure	1,63	57	197
Wasser	1,000	0	100
Wasserstoffperoxid	1,46	−89	152

[1] Höchste bzw. tiefste vorkommende Dichte, Schmelzpunkt (Smp) bzw. Siedepunkt (Sdp).
[2] Etwa 5facher Atmosphärendruck.
[3] Sublimiert.

schaften des betreffenden Stoffes haben, bleibt erhalten. Stoffe, welche durch keine der verfügbaren Trennmethoden zerlegt werden können, sind einheitlich oder **rein**. **Ein reiner Stoff kann durch physikalische Operationen nicht in Bestandteile mit verschiedenen Eigenschaften zerlegt werden. Seine kleinsten Teilchen, die Moleküle, sind unter sich identisch.**

Beispiele von **Gemischen:**

Quellwasser (Wasser + Salze + Gase)
Blutserum (Wasser + Proteine + Salze + Fette + Zucker + Harnstoff + Aminosäuren usw.)
Luft (Stickstoff + Sauerstoff + Edelgase + Kohlendioxid)

Beispiele von **reinen Stoffen:**

Wasser, Sauerstoff, Ethylalkohol, Kochsalz, Eisen, Glucose, Chlor, Vitamin A

Die Komponenten eines Gemisches können verschiedene Aggregatzustände haben. Wir unterscheiden als Gemischkomponenten: Feststoffe, Flüssigkeiten, gelöste Feststoffe (flüssig), gelöste Gase (flüssig), Gase.

1. Trennung verschiedener Feststoffe

Schlämmen
Ausnützung der **verschiedenen Sinkgeschwindigkeit** der Gemengepartikel in einer Flüssigkeit. Beispiel: Goldkörner sinken in Wasser rascher als der spezifisch leichtere Sand gleicher Korngrösse.

Extraktion
Ausnützung der **verschiedenen Löslichkeit** der Gemischanteile. Eine Komponente oder mehrere Gemischkomponenten werden mit einem Lösungsmittel aufgelöst, in welchem der Rest des Gemisches unlöslich ist. Dann wird eines der Trennverfahren für Fest-flüssig-Gemische angewandt. Beispiele: Kochsalz/Lehm, Wasser als Lösungsmittel; Fett in tierischem oder pflanzlichem Gewebe, Ether als Lösungsmittel.

2. Trennung von Flüssigkeiten und Feststoffen (Suspensionen)

Filtration
Ausnützung der **verschiedenen Aggregatzustände** (Schmelzpunkte) der Gemischkomponenten. Das Gemisch wird auf ein Sieb (Filter) gegeben, dessen «Maschen» kleiner sind als die kleinsten Partikel des Feststoffes. Die flüssige Komponente läuft als **Filtrat** durch das Filter, der Feststoff bleibt als **Rückstand** auf dem Filter (Abb. 1–3). Als Filtermaterial dient in erster Linie **Fliesspapier**. Zum Filtrieren aggressiver Flüssigkeiten (starke Laugen oder Säuren) muss **Glas** verwendet werden. Wird der Rückstand zur Aschebestimmung oder sonst hoch erhitzt, empfiehlt sich ein Porzellantiegel (Abb. 3).

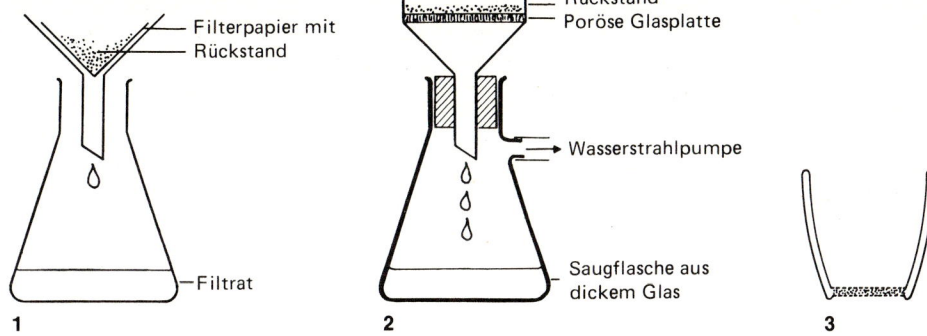

Abb. 1. Gewöhnliche Filtration.
Abb. 2. Vakuumfiltration.
Abb. 3. Porzellanfiltertiegel mit glasierter Wand und porösem Boden.

Jede Filtration kann durch Anwendung eines Druckunterschieds beidseits des Filters beschleunigt werden (saugen unter oder drücken über dem Filter). Bequem ist die **Vakuumfiltration** mit Hilfe einer Wasserstrahlpumpe (Abb. 2). Der Rückstand wird hier trockener als bei der gewöhnlichen Filtration. Enthält das Filtrat gelöste Stoffe, wird der Rückstand vor der Weiterverarbeitung mit reinem Lösungsmittel **nachgewaschen.**

Zentrifugation

Ausnützung der **verschiedenen Dichte** der Gemischanteile. Bei langem Stehen einer Suspension sinkt der fein verteilte Feststoff allmählich als **Sediment** zu Boden. Die über dem Sediment stehende Flüssigkeit wird allmählich klar und kann durch Abgiessen oder Absaugen vom Bodensatz getrennt werden. Die Schwerkraft, welche diese Separation bewirkt, kann durch die **Fliehkraft einer Zentrifuge** um ein Vielfaches übertroffen werden.

Für alle Zentrifugen gilt dasselbe Prinzip: Die Zentrifugengefässe (dickwandiges Glas oder Kunststoff) mit der Suspension werden in einen Halter gestellt oder gehängt, der in schnelle Rotation versetzt wird. Man unterscheidet zwischen **Ausschwingzentrifugen** (Abb. 4) und **Winkelkopfzentrifugen** (Abb. 5). Es gibt viele Spezialausführungen für grösste und kleinste Mengen, für wenige und viele Einzelgefässe, mit und ohne Kühlung usw.

Das Mass für die Leistungsfähigkeit einer Zentrifuge ist ihre **Zentrifugalbeschleunigung,** nicht allein ihre Tourenzahl. Die Beschleunigung wird meist in **Vielfachen der Gravitationsbeschleunigung** g angegeben. Sie berechnet sich wie folgt:

$$\text{Anzahl } g = \frac{4\,\pi^2 \cdot R \cdot U^2}{3600 \cdot 981} \approx \frac{RU^2}{90\,000} \qquad \begin{array}{l} R = \text{mittlerer Schwingradius in cm} \\ U = \text{Tourenzahl/min} \end{array}$$

Eine Zentrifuge mit 18 cm Radius und 2000 Touren/min entwickelt demnach 800 g.

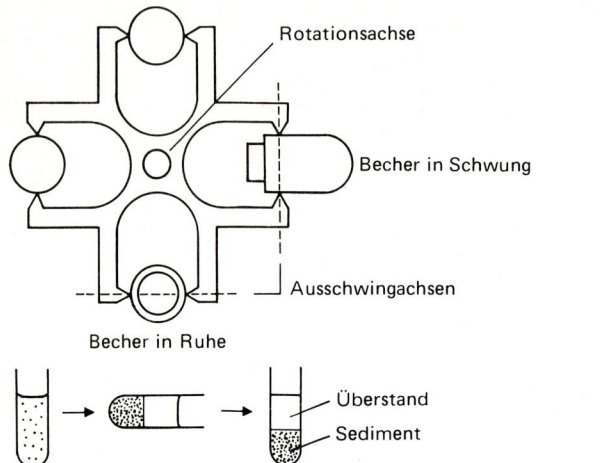
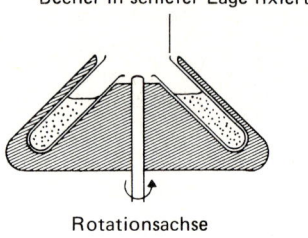
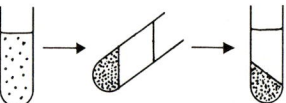

Abb. 4. Ausschwingzentrifuge.   **Abb. 5.** Winkelkopfzentrifuge.

Die **Sedimentationszeit** (Zeit, bis Überstand vollkommen klar) ist **um so kürzer,**
1. je grösser die Partikel der Suspension sind,
2. je geringer die Viskosität (Zähigkeit) der Flüssigkeit ist,
3. je grösser der Dichteunterschied Festpartikel/Flüssigkeit ist,
4. je grösser die Zentrifugalbeschleunigung ist.

Das Produkt aus Sedimentationszeit und Beschleunigung ist für eine bestimmte Suspension annähernd konstant. Bei verdreifachter g-Zahl dauert z. B. die Sedimentation 3mal weniger lang. Mit guten Tischzentrifugen erreicht man 1500–3000 g. Eine Suspension setzt sich in einer solchen Maschine 1500- bis 3000mal rascher als bei freiem Stehenlassen. Enthält die Flüssigkeit noch gelöste Stoffe, kann das Sediment nach dem Abtrennen des Überstandes beliebig oft in reinem Lösungsmittel aufgewirbelt und erneut zentrifugiert werden.

3. Trennung verschiedener Flüssigkeiten

Destillation
Ausnützung der **unterschiedlichen Siedepunkte** der Gemischpartner. Beim Erhitzen eines Flüssigkeitsgemisches verdampft zuerst die Komponente mit dem tiefsten Siedepunkt. Der gebildete Dampf wird in einem **Kühler** wieder **kondensiert** und als **Destillat** aufgefangen (Abb. 6).
Für hochsiedende Flüssigkeiten und vor allem solche, welche keine hohen Temperaturen ertragen, wird die **Vakuumdestillation** angewandt (Abb. 7). Durch Evakuieren des Destillierapparates mit der Wasserstrahlpumpe kann der Siedepunkt einer Flüssigkeit um etwa 100°C gesenkt werden.

Man merke sich: **Nie im völlig geschlossenen System destillieren!** (Druckausgleich ermöglichen.)

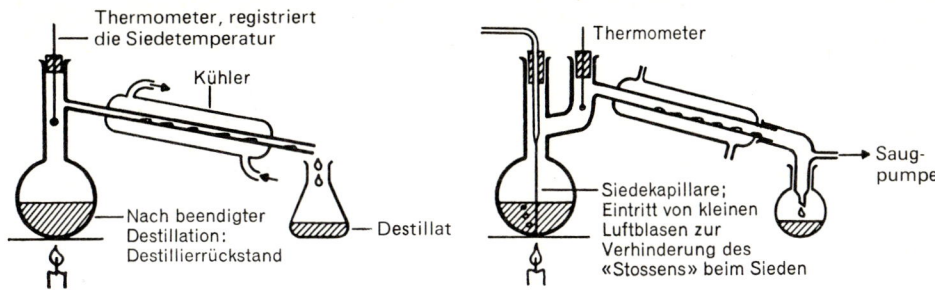

Abb. 6. Gewöhnliche Destillation.   **Abb. 7.** Vakuumdestillation.

Zentrifugation

Ausnützung der **verschiedenen Dichte** der Gemischkomponenten. Die Methode ist nur anwendbar, wenn es sich um eine **Emulsion** handelt, d.h. eine feine Verteilung von zwei Flüssigkeiten, die nicht unbeschränkt ineinander löslich sind. Die Trennung erfolgt wie unter 2. beschrieben (S. 5). Die spezifisch schwerere Flüssigkeit **sedimentiert,** die leichtere **rahmt auf** (Beispiel: Öl in Wasser, Milch).

4. Trennung von Flüssigkeit und gelöstem Feststoff

Destillation

Ausnützung der **unterschiedlichen Siedepunkte** von Lösungsmittel und gelöstem Stoff. Gleiches Vorgehen wie bei der Trennung von Flüssigkeiten. Der Destillierrückstand ist fest (S. 6). Ist das Lösungsmittel uninteressant, wird im offenen Gefäss eingedampft. Ist der gelöste Stoff hitzeempfindlich, wird entweder im Vakuum abgedampft oder bei Zimmertemperatur eingedunstet. Das Verdunsten kann durch Aufblasen von Luft oder Stickstoff und durch Vergrössern der Flüssigkeitsoberfläche beschleunigt werden.

5. Trennung verschiedener gelöster Stoffe

Die Isolierung einzelner Stoffe aus einem Lösungsverband gehört zu den Hauptaufgaben der analytischen und somit auch der medizinischen Chemie. Die meisten im Anhang aufgeführten Methoden befassen sich mit diesem Problem.

Kristallisation

Ausnützung der **unterschiedlichen Löslichkeit der gelösten Substanzen.** Die Lösung wird abgekühlt oder teilweise eingedampft, bis einer der gelösten Stoffe seine Sättigungsgrenze erreicht und auskristallisiert; dann wird filtriert oder zentrifugiert. **Die Trennung ist unvollständig.** Es bleibt immer ein Teil der auskristallisierten Substanz in Lösung (vgl. auch S. 108).

Extraktion

Ausnützung der **unterschiedlichen Löslichkeit der Lösungskomponenten in verschiedenen Lösungsmitteln.** Die Lösung wird mit einem **zweiten Lösungsmittel** durchgeschüttelt. Die zwei Flüssigkeiten dürfen nicht unbeschränkt ineinander löslich sein («nicht mischbare Lösungsmittelpaare»). Einer der gelösten Stoffe (oder eine Stoff-gruppe) muss im zweiten Lösungsmittel besser löslich sein als im ersten. Er geht beim Schütteln aus dem ersten ins zweite über, während die übrigen Gemisch-komponenten im ersten zurückbleiben. Die beiden Lösungen werden im **Scheide-trichter** separiert (Abb. 8). Der extrahierte Stoff wird durch Destillation vom Lösungs-mittel getrennt. Meist führt eine einmalige Ausschüttelung zu keiner vollständigen Trennung. Die beiden Schichten im Scheidetrichter können aber beliebig oft mit frischem «Gegenlösungsmittel» (die Etherschicht mit Wasser, die Wasserschicht mit Ether) «nachgewaschen» werden.

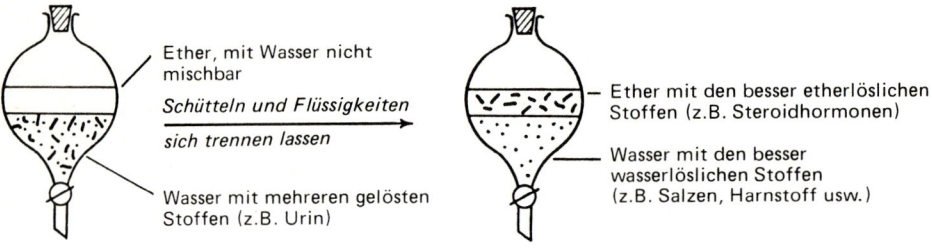

Ether, mit Wasser nicht mischbar

Schütteln und Flüssigkeiten sich trennen lassen

Wasser mit mehreren gelösten Stoffen (z.B. Urin)

Ether mit den besser etherlöslichen Stoffen (z.B. Steroidhormonen)

Wasser mit den besser wasserlöslichen Stoffen (z.B. Salzen, Harnstoff usw.)

Abb. 8. Extraktion.

6. Trennung von Flüssigkeit und gelöstem Gas

Austreiben der Gase durch Erhitzen
Ausnützung der **Temperaturabhängigkeit der Gaslöslichkeit.** Beispiel: Durch Auf-kochen kann destilliertes Wasser praktisch vollständig vom gelösten Kohlendioxid befreit werden.

Austreiben der Gase durch Druckerniedrigung
Ausnützung der Druckabhängigkeit der Gaslöslichkeit.

7. Trennung verschiedener Gase

Verflüssigung und Destillation des Flüssigkeitsgemisches
Zur Auftrennung von Luft in Sauerstoff, Stickstoff und Edelgase wird diese durch Abkühlen verflüssigt und dann destilliert (S. 6).

Für alle physikalischen Trennoperationen gilt gemeinsam:

Durch blosses Mischen der isolierten Reinstoffe kann der ursprüngliche Zustand wiederhergestellt werden.

II. Moleküle und Atome; Zerlegung von reinen Stoffen

A. Das Molekül

Jeder reine Stoff ist aus lauter unter sich gleichen Teilchen, den **Molekülen,** aufgebaut. Besonders grosse Moleküle, wie sie z. B. beim Eiweiss vorkommen, können im Elektronenmikroskop sichtbar gemacht werden. Aber auch für die wegen ihrer Kleinheit bisher nicht direkt photographierbaren Moleküle der «gewöhnlichen» Stoffe ist die Existenz mannigfach bewiesen (Beugung von Röntgenstrahlen, Brownsche Bewegung usw.). Die kleinsten Moleküle, z. B. Wasser, Ammoniak, Salzsäure, haben Durchmesser von wenigen Zehnmillionstel Millimetern. Moleküle sind keineswegs unteilbar. Ihre Bausteine sind die **Atome. Elektrische Kräfte halten die Atome eines Moleküls zusammen.** Führt man den Molekülen Energie zu (als Wärme, Elektrizität oder in besonderen Fällen Licht), so können die bindenden Kräfte zwischen den Atomen überwunden werden, die **Moleküle werden gespalten.**

B. Thermolyse und Elektrolyse

Experiment 1: In einem Reagensglas wird etwas Quecksilberoxid auf einer Flamme erhitzt. Dabei verringert sich die Menge des roten Pulvers und es entstehen zwei neue Stoffe mit ganz anderen spezifischen Eigenschaften (Abb. 9)

Reiner Stoff I $\xrightarrow{\text{Wärme-energie}}$ **reiner Stoff II + reiner Stoff III**

Quecksilberoxid $\xrightarrow{\text{Thermolyse}}$ Quecksilber ı Sauerstoff

Quecksilberoxid: Rotes Pulver, leitet den elektrischen Strom nicht.
Quecksilber: Flüssiges Metall (Tröpfchen an der Glaswand), leitet den Strom.
Sauerstoff: Farbloses Gas, entflammt einen glimmenden Holzspan.

Experiment 2: In der in Abbildung 10 skizzierten Apparatur lässt man Wasser von Gleichstrom durchlaufen. An der Ein- und Austrittsstelle des Stroms (Elektroden) bilden sich Gase, die durch Spaltung des Wassers entstanden sind.

Wasser $\xrightarrow{\text{Elektrolyse}}$ Wasserstoff + Sauerstoff

Wasserstoffgas ist brennbar!

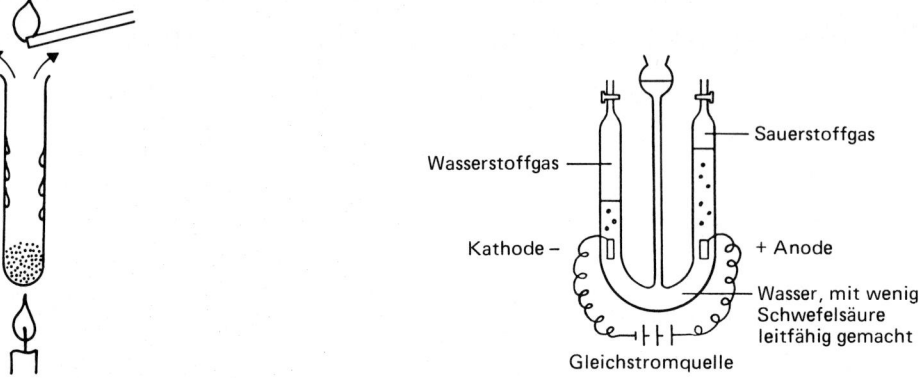

Abb. 9. Thermolyse von Quecksilberoxid.   **Abb. 10.** Elektrolyse von Wasser.

Thermolyse und Elektrolyse sind **chemische Vorgänge.** In beiden Fällen werden die Moleküle der Ausgangsstoffe durch Energiezufuhr gespalten. Die freigewordenen Sauerstoff- bzw. Wasserstoffatome verbinden sich mit ihresgleichen zu 2atomigen Gasmolekülen. Durch blosses Mischen der Spaltprodukte (Quecksilber und Sauerstoff bzw. Wasserstoff und Sauerstoff) entsteht nicht ohne weiteres wieder das Ausgangsmaterial – im Gegensatz zur physikalischen Trennung. Die bei chemischen Spaltungen entstehenden neuen Stoffe liegen im Ausgangsstoff als **Verbindung** vor und nicht als Gemisch. **Quecksilberoxid ist eine Verbindung von Quecksilber und Sauerstoff, Wasser eine Verbindung von Wasserstoff und Sauerstoff** (Abb. 11).

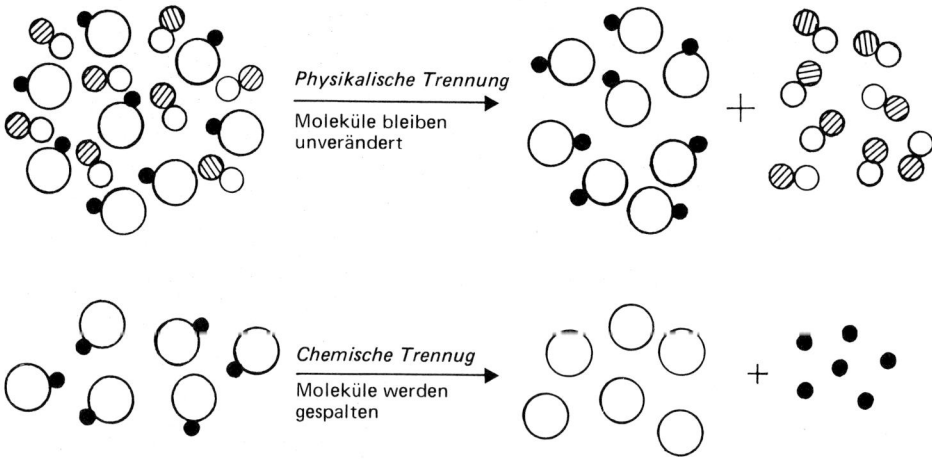

Abb. 11. Physikalische und chemische Trennung.

Alle Verbindungen können thermolytisch gespalten werden. Je grösser die Kraft ist, welche die Atome zusammenhält, desto höher muss erhitzt werden (Silberoxid 180°C, Eisenoxid 3000°C). Auf der Sonne (6000°C) existieren keine Verbindungen.

III. Chemische Elemente

Die reinen Stoffe können nicht beliebig in neue zerlegt werden. Substanzen, die jeder weiteren Spaltung trotzen, heissen **Grundstoffe** oder **Elemente.**

Ein Element ist ein reiner Stoff, der mit chemischen Prozessen nicht in neue Stoffe zerlegt werden kann. Seine kleinsten Teilchen sind entweder freie Atome oder Moleküle aus lauter gleichartigen Atomen.

Man kennt heute (1982) 105 verschiedene Elemente. Davon kommen 92 in der Natur vor, 3 davon in verschwindend kleinen Mengen (Promethium, Astat, Francium), 1 (Technetium) nur auf anderen Himmelskörpern. 13 Elemente sind in neuester Zeit von Atomphysikern künstlich hergestellt worden, oft nur in wenigen Atomen. Die Moleküle von über 1 Million bekannter Stoffe sind somit nur aus 88 verschiedenen Atomen aufgebaut, über neun Zehntel davon sogar bloss aus deren 5 (Kohlenstoff, Wasserstoff, Sauerstoff, Stickstoff, Schwefel).

1. Metalle und Nichtmetalle

Metalle
Etwa vier Fünftel aller Elemente sind Metalle. Sie sind **gute Leiter für Wärme und Elektrizität,** zeigen den typischen Metallglanz, sind auch in dünner Schicht undurchsichtig, dehnbar und mit einer Ausnahme (Quecksilber) bei 20 °C fest.

Nichtmetalle
Etwa ein Fünftel der Elemente sind Nichtmetalle. Sie **leiten Wärme und Elektrizität schlecht** und sind wenigstens in dünner Schicht durchsichtig. Mehr als die Hälfte (11) sind bei 20 °C gasförmig, eines flüssig (Brom). Die festen Nichtmetalle sind spröd und nicht dehnbar.
Metalle und Nichtmetalle unterscheiden sich auch grundlegend in ihrem **chemischen Verhalten** (S.18). 5 Elemente haben teils metallische, teils nichtmetallische Eigenschaften. Sie werden daher als **Halbmetalle** bezeichnet (Bor, Silicium, Germanium, Arsen, Tellur).

2. Symbole der Elemente

Jedes Element hat sein **internationales Symbol,** bestehend aus einem bis zwei Buchstaben. Die am längsten bekannten Elemente haben in verschiedenen Sprachen verschiedene Namen. Man hat daher für ihre Symbole auf die lateinische oder griechische Bezeichnung zurückgegriffen (Tab. 2).

Tabelle 2. Symbole von 46 für die Laborpraxis bedeutsamen Elementen

Metalle				*Halbmetalle*	
Al	Aluminium	Mn	Mangan	As	Arsen
Sb	Antimon (Stibium)	Mo	Molybdän	B	Bor
Ba	Barium	Na	Natrium	Si	Silicium
Pb	Blei (Plumbum)	Ni	Nickel		
Cd	Cadmium	Pt	Platin	*Nichtmetalle*	
Ca	Calcium	Hg	Quecksilber (Hydrargyrum)	Br	Brom
Ce	Cer	Ra	Radium	Cl	Chlor
Cr	Chrom	Ag	Silber (Argentum)	F	Fluor
Fe	Eisen (Ferrum)	Sr	Strontium	He	Helium
Au	Gold (Aurum)	Tl	Thallium	I (J)	Iod (Jod)
K	Kalium	Ti	Titan	C	Kohlenstoff (Carboneum)
Co	Kobalt	U	Uran	P	Phosphor
Cu	Kupfer (Cuprum)	Bi	Wismut (Bismutum)	O	Sauerstoff (Oxygenium)
La	Lanthan	W	Wolfram	S	Schwefel (Sulfur)
Li	Lithium	Zn	Zink	N	Stickstoff (Nitrogenium)
Mg	Magnesium	Sn	Zinn (Stannum)	H	Wasserstoff (Hydrogenium)

Tabelle 3. Anteil der verschiedenen Elemente in Prozent der Gesamtmasse

Erdrinde einschliesslich Wasser und Atmosphäre	%	Menschlicher Organismus	%	
Sauerstoff	49,42	Sauerstoff	63	⎫
Silicium	25,75	Kohlenstoff	20	⎬
Aluminium	7,51	Wasserstoff	10	⎬ zirka 99
Eisen	4,70	Stickstoff	3	⎬
Calcium	3,39	Calcium	1,5	⎭
Natrium	2,64	Phosphor	1	
Kalium	2,40	Kalium	0,25	
Magnesium	1,94	Schwefel	0,2	
Wasserstoff	0,88	Chlor	0,1	
Titan	0,58	Natrium	0,1	
Chlor	0,19	Magnesium	0,04	
Phosphor	0,12	Eisen	0,004	
Kohlenstoff	0,09	Zink	0,003	
Mangan	0,08	Fluor	0,001	
Schwefel	0,05	Silicium	0,0007	
Barium	0,05	Kupfer	0,0004	
Chrom	0,04	Brom	0,0003	
Stickstoff	0,03	Aluminium	0,00015	
Alle übrigen Elemente zusammen	0,14	Mangan	0,0001	
		Iod	0,00005	

IV. Synthese; Gesetz von der Erhaltung der Masse

Atome können zu Molekülen zusammentreten. Vereinigen sich Atome verschiedener Elemente, so entstehen **Verbindungen.** Der Vorgang heisst **Synthese.**

Experimente

1. 3,2 g Schwefel- und 5,6 g Eisenpulver werden gemischt. Das Gemisch wird lokal mit einer Flamme erhitzt. Die ganze Masse glüht auf und es entsteht ein grauer Klumpen. Fe- und S-Atome haben sich zu einer Verbindung vereinigt.

Eisen + Schwefel → Eisensulfid (Schwefeleisen)

2. Sauerstoff- und Wasserstoffgas werden in einem Reagensglas im Volumenverhältnis 1:2 gemischt. Das Gemisch wird an der Gläschenöffnung durch ein brennendes Streichholz erhitzt. Unter scharfem Knall vereinigt sich der Sauerstoff mit dem Wasserstoff. Das Gläschen beschlägt sich innen mit feinen Wassertröpfchen.

Wasserstoff + Sauerstoff → Wasser

3. Ein Stück Magnesiumband wird mit einem Ende in die Bunsenflamme gehalten. Das Metall wird weissglühend. Es glüht nach Entfernen der Flamme weiter und entwickelt weissen Rauch. Das Mg verbindet sich mit dem Luftsauerstoff.

Magnesium + Sauerstoff → Magnesiumoxid

Bei allen drei Experimenten müssen die Elemente erst erhitzt werden, damit ihre Atome «reaktionsfreudig» werden (Zündung). Durch die Vereinigung der ersten aktivierten Atome wird dann genügend Wärme produziert, um auch das restliche Gemisch aufzuheizen. Beim Sauerstoff/Wasserstoff-Gemisch läuft dieses spontane Aufheizen durch die eigene Reaktionswärme explosionsartig schnell ab (Knallgas). Nicht alle Elemente müssen gezündet werden, damit sie reagieren. Chlor und Natrium vereinigen sich schon in der Kälte heftig zu Natriumchlorid. Daneben gibt es Elemente, die sich trotz intensiver Aktivierung nicht verbinden, z. B. Au und He.

Die Synthese ist die Umkehrung der chemischen Spaltung. Die Energie, die bei der Spaltung aufgewendet werden muss, wird bei der Synthese freigesetzt (Aufglühen, Knall). Für beide Vorgänge gilt: **Die gebildeten bzw. gespaltenen Verbindungen haben ganz andere Eigenschaften als die Gemische der entsprechenden Elemente.**

Bei jedem chemischen Prozess (Spaltung, Synthese, Stoffumwandlung) **ist die Gesamtmasse der Ausgangsstoffe gleich der Gesamtmasse der gebildeten Stoffe** (Lavoisier, 1792). Materie kann weder aus nichts gebildet noch vernichtet werden.

V. Gesetz der konstanten Proportionen

Alle Moleküle eines reinen Stoffes sind gleich gebaut. Eine bestimmte Atomart ist somit in jedem Molekül in gleicher Anzahl vertreten.

Wasser: Jedes Molekül besteht aus 1 Sauerstoff- und 2 Wasserstoffatomen.

Schwefelsäure: Jedes Molekül besteht aus 1 Schwefel-, 4 Sauerstoff- und 2 Wasserstoffatomen (Abb. 12).

Abb. 12. Molekülmodelle von Wasser und Schwefelsäure.

Dasselbe Anzahlverhältnis der Atome, das für **ein** Molekül eines Stoffes gilt, herrscht logischerweise auch in einem grösseren Quantum desselben. Für irgendeine Menge Wasser gilt somit: Anzahl H-Atome : Anzahl O-Atomen = 2 : 1. Da alle Atome eines Elements gleiche Masse haben, ist nicht nur das Anzahlverhältnis der Atome in einer Verbindung konstant, sondern auch das **Massenverhältnis** der beteiligten Elemente. Das O-Atom ist etwa 16mal schwerer als das H-Atom. Das Massenverhältnis O : H im Wasser ist somit $1 \cdot 16 : 2 \cdot 1 = 8 : 1$. Das S-Atom ist 32mal schwerer als das H-Atom. Das Massenverhältnis S : O : H in Schwefelsäure ist also $32 : 4 \cdot 16 : 2 \cdot 1 = 16 : 32 : 1$.

Gesetz der konstanten Proportionen: **Das Massenverhältnis der Elemente in einer Verbindung ist konstant.**

Werden zwei Elemente zu einer Verbindung vereinigt, reagieren sie nur in einem ganz bestimmten Mengenverhältnis miteinander. Ein allfälliger Überschuss des einen Elements bleibt unverbraucht (Abb. 13).

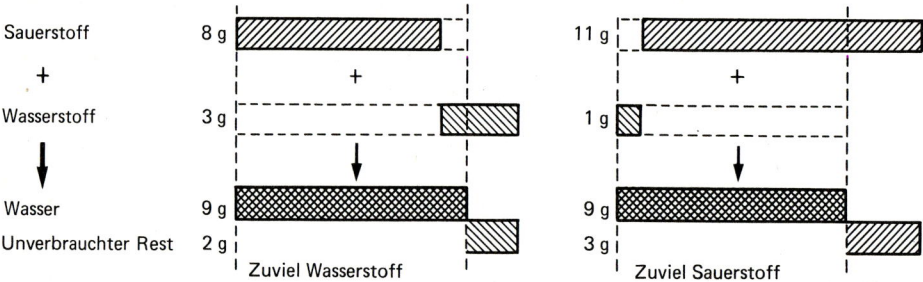

Abb. 13. Reaktion von Wasserstoff und Sauerstoff bei Mischungen, die vom idealen Massenverhältnis 1 : 8 abweichen.

Durch die konstanten Verhältnisse unterscheidet sich die **Verbindung** am sichersten vom blossen Element**gemisch**. Wasserstoff und Sauerstoff können in jedem Verhältnis gemischt werden. Die beiden verbinden sich aber nur in **einem** ganz bestimmten Verhältnis zu Wasser.

Das Gesetz der konstanten Proportionen ist das Fundament aller chemischen Berechnungen und quantitativen Analysen.

I. Fragen zur Eigenkontrolle (Stoffgebiet S.1–15)

1. Wie wird ein reiner Stoff, wie ein Element definiert?

2. Welches sind die Unterschiede zwischen Gemisch und Verbindung zweier Elemente?

3. Was versteht man unter einer spezifischen Eigenschaft eines Stoffes – im Gegensatz zu einer zufälligen Eigenschaft? Nennen Sie 7 spezifische Eigenschaften.

4. Welche Stoffe entstehen bei der Wasserelektrolyse?

5. Wie unterscheiden sich die Moleküle der Elemente von den Molekülen der Verbindungen?

6. Wie lassen sich im Harn ausgeschiedene Festpartikel, z.B. Calciumphosphatkristalle, von der Flüssigkeit abtrennen (2 Methoden)?

7. Wie ist der Schmelzpunkt, wie der Siedepunkt eines Stoffes definiert?

8. Welches sind die 3 häufigsten Elemente der Erdrinde, welches die 10 Hauptelemente des menschlichen Organismus?

9. Was versteht man unter einer chemischen Synthese (2 Beispiele)?

10. Zwei Flüssigkeiten sieden bei 160 bzw. 280°C. Die erste zersetzt sich oberhalb 140°C. Wie kann ein Gemisch der beiden ohne Schaden getrennt werden?

11. Aus 80 g Eisen/Schwefel-Gemisch entstehen nach Entzündung 80 g Eisensulfid. Wie heisst das Gesetz, welches diese Massenkonstanz zum Gegenstand hat?

12. Von welchen Daten ist die Sedimentationszeit beim Zentrifugieren abhängig?

13. Was versteht man unter Thermolyse? Wie unterscheidet sie sich grundlegend von einer Gemischtrennung durch Destillation?

14. Was erhält man nach Entzündung eines Gemisches von 10 g Wasserstoff + 60 g Sauerstoff?

15. Ein Gas hat die Dichte 0,0028 g/cm³. Wieviele kg wiegen 300 m³ davon?

16. Wie unterscheidet sich ganz allgemein ein physikalischer von einem chemischen Prozess (2 Hauptunterschiede)?

17. Wie lässt sich eine Flüssigkeit von gelösten Gasen befreien?

18. Welches sind die Hauptunterschiede von Metallen und Nichtmetallen?

19. Eine wässrige Flüssigkeit enthält fein verteiltes Öl, das sich nicht durch Zentrifugation abtrennen lässt. Welche Möglichkeit zur Separierung steht zur Verfügung?

20. Wie heissen die Symbole von Calcium, Mangan, Bor, Eisen, Quecksilber, Kalium, Stickstoff, Zinn, Magnesium, Brom, Silber, Zink?

21. Wie lässt sich eine Filtration beschleunigen?

22. 1 Alkoholmolekül besteht aus 2 Kohlenstoffatomen, 6 Wasserstoffatomen und 1 Sauerstoffatom. Das Kohlenstoffatom ist 12mal, das Sauerstoffatom 16mal schwerer als das Wasserstoffatom. In welchem Massenverhältnis stehen die drei Elemente im Alkohol zueinander?

23. Ein Gemisch besteht aus einer Kochsalzlösung und darin suspendierten Eiweissflocken (gefälltes Eiweiss). Wie kann das Eiweiss vollkommen kochsalzfrei erhalten werden?

24. Welches ist der Unterschied zwischen einem Atom und einem Molekül?

(Antworten S.351)

VI. Luft und Sauerstoff

A. Die Luft

1. Zusammensetzung der Luft

Luft ist kein reiner Stoff, sondern ein **Gasgemisch** (Tab. 4). Durch Abkühlen auf −200°C lässt sich Luft verflüssigen und dann durch Destillation in die Komponenten zerlegen. In grober Näherung gilt:

Luft besteht zu einem Fünftel aus Sauerstoff und zu vier Fünfteln aus Stickstoff (Tab. 4).

Tabelle 4. Volumenanteil der Luftkomponenten in Milliliter Gas/Liter Luft

Stickstoff	780,3	Kohlendioxid	0,3	Helium	0,005
Sauerstoff	209,9	Wasserstoff	0,15	Krypton	0,001
Argon	9,3	Neon	0,018	Xenon	0,0001

2. Edelgase

He	Helium	
Ne	Neon	Von oben
Ar	Argon	nach unten
Kr	Krypton	zunehmende
Xe	Xenon	Dichte
Rn	Radon	

Die Edelgase sind die **reaktionsträgsten Elemente** überhaupt. Den Namen «Edelgas» haben sie erhalten, weil sie sich chemisch ähnlich benehmen wie die Edelmetalle. Früher waren sich alle Wissenschafter einig, dass Edelgasverbindungen nicht existieren können. 1962 wurde die erste Xenonverbindung mit Fluor, dem reaktionsfreudigsten aller Elemente, synthetisiert. Seither sind auch O-Verbindungen von Xe und F-Verbindungen von Kr hergestellt worden. Alle Edelgase mit Ausnahme des radioaktiven Radons werden zur Füllung von Leuchtröhren und Glühlampen verwendet.

3. Entfernung des Kohlendioxids aus der Luft

Oft benötigt man kohlendioxidfreie Luft. Leitet man Luft durch eine Lösung von Bariumhydroxid, wird alles Kohlendioxid von diesem gebunden. Es entsteht ein **Niederschlag** (Trübung, Bodensatz) von Bariumcarbonat (Abb. 14).

Erzeugt ein geruchloses Gas mit Bariumhydroxid einen weissen Niederschlag, ist das Gas immer Kohlendioxid. Bariumhydroxid ist ein **Reagens** auf Kohlendioxid. Das Gas wird mit Bariumhydroxid **nachgewiesen.**

Kohlendioxid + Bariumhydroxid → Bariumcarbonat
                                         ↓

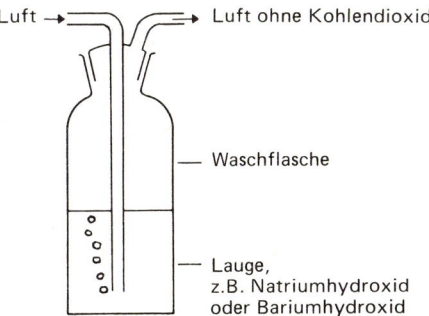

Luft → Luft ohne Kohlendioxid

— Waschflasche

— Lauge, z.B. Natriumhydroxid oder Bariumhydroxid

Abb. 14. Entfernung von Kohlendioxid aus der Luft.

B. Sauerstoff

1. Herstellung von reinem Sauerstoff

Grosstechnisch wird Sauerstoff durch **Destillation von flüssiger Luft** und durch **Wasserelektrolyse** gewonnen. Im Laboratorium lässt er sich durch Erhitzen von Kaliumchlorat herstellen.

2. Reaktionen des Sauerstoffs; Oxidation

Sauerstoff bildet ausser mit He, Ne und Ar mit allen Elementen Oxide. Die Vereinigung von O mit anderen Stoffen heisst **Oxidation.** Bei allen Oxidationen wird **Wärme frei.** Die Wärmeproduktion kann so stürmisch sein, dass die reagierenden Stoffe aufglühen. Oxidationen mit Feuererscheinung heissen **Verbrennungen. Flammen** entstehen bei Verbrennung von Gasen und Dämpfen. **Je höher die Temperatur, desto schneller läuft eine Oxidation ab.** Bei der vollständigen Verbrennung einer Verbindung entstehen im allgemeinen die Oxide der an dieser Verbindung beteiligten Elemente.

ABC + Sauerstoff → A-oxid + B-oxid + C-oxid

Bei der Verbrennung einer Paraffinkerze (Verbindungen aus C und H) entstehen die Oxide des Kohlenstoffs und des Wasserstoffs: Kohlendioxid und Wasser.

3. Oxide

Aufgrund ihres Verhaltens gegenüber Wasser lassen sich die Oxide in 3 Gruppen einteilen:

Oxide der Nichtmetalle (und Halbmetalle) **lösen sich in Wasser unter Bildung von Säuren.**

Oxide einzelner Metalle (Na, K, Ca, Ba und ein paar weitere) **lösen sich in Wasser unter Bildung von Laugen** (Hydroxiden). Laugen sind **alkalisch.**

Oxide der meisten Schwermetalle (und einzelner Leichtmetalle) **sind in Wasser unlöslich** (S. 177).

Bildung von Säuren

Phosphor + Sauerstoff $\xrightarrow{\text{Verbrennung}}$ **Phosphorpentoxid** (Rauch)

Phosphorpentoxid + Wasser $\longrightarrow$ **Phosphorsäure**

Schwefel + Sauerstoff $\xrightarrow{\text{Verbrennung}}$ **Schwefeldioxid** (Gas)

Schwefeldioxid + Wasser $\longrightarrow$ **schweflige Säure**

Kohlenstoff + Sauerstoff $\xrightarrow{\text{Verbrennung}}$ **Kohlendioxid** (Gas)

Kohlendioxid + Wasser $\longrightarrow$ **Kohlensäure**

Bildung von Laugen

Natrium + Sauerstoff $\xrightarrow{\text{Verbrennung}}$ **Natriumoxid** (Rauch)

Natriumoxid + Wasser $\longrightarrow$ **Natriumhydroxid** oder **Natronlauge**

Kalium + Sauerstoff $\xrightarrow{\text{Verbrennung}}$ **Kaliumoxid** (Rauch)

Kaliumoxid + Wasser $\longrightarrow$ **Kaliumhydroxid** oder **Kalilauge**

Barium + Sauerstoff $\xrightarrow{\text{Verbrennung}}$ **Bariumoxid** (Rauch)

Bariumoxid + Wasser $\longrightarrow$ **Bariumhydroxid** oder **Barytlauge**

4. Nachweis von Säuren und Laugen; Indikatoren

Konzentrierte Säuren und Laugen lassen sich mit den Sinnesorganen nachweisen (saurer Geschmack der Säure, seifiges Anfühlen der Lauge). Bei niedrigen Konzentrationen sind wir auf **Indikatoren** («Anzeiger») angewiesen.

Säure/Laugen-Indikatoren sind Farbstoffe, welche in saurer und alkalischer Lösung verschiedene Farben annehmen (Tab. 5).

Tabelle 5. Einige Säure-Laugen-Indikatoren

Farbstoff	sauer	alkalisch
Phenolphthalein	farblos	rot
Methylorange	rot	gelb
Phenolrot	gelb	rot
Bromthymolblau	gelb	blau
Lackmus	rot	blau

5. Bedeutung des Sauerstoffs für das Leben

Alle Lebewesen sind Energieverbraucher. Die Herstellung von Baustoffen durch den Organismus braucht Energie. Damit die Muskeln arbeiten können, muss ihnen Energie zugeführt werden. Der Warmblüter braucht ferner grosse Energiemengen zur Aufrechterhaltung seiner Körpertemperatur. Die zum Leben nötige Energie bezieht der Organismus aus chemischen Prozessen, in erster Linie **Oxidationen.**

Alle Lebewesen, mit Ausnahme der Pilze, der meisten Bakterien und der Viren, brauchen zum Leben **elementaren Sauerstoff** (gasförmig in der Luft oder gelöst im Wasser). Der Sauerstoff wird zur Oxidation der Nährstoffe verwendet. Dieser oxidative Abbau der energieliefernden Stoffe in den Zellen wird als **Zellatmung** bezeichnet. Die Zellatmung ist ein aerober Prozess (Mitwirkung von Luftsauerstoff). Im Gegensatz dazu ist die Gärung (ein anderer energieliefernder Vorgang) anaerob (keine Beteiligung von Luftsauerstoff). Die **Energielieferanten** des Warmblüterorganismus sind vor allem **Kohlenhydrate** und **Fette,** also Verbindungen aus C, H und O. Bei deren Oxidation entstehen **Kohlendioxid** und **Wasser.**

Der oxidative Abbau von Nährstoffen in den Lebewesen bei 37 °C und darunter ist nur dank der Mitwirkung von **Enzymen** (Fermenten) möglich. Dies sind Eiweissstoffe, die nur vom lebenden Organismus produziert werden. Sie gehören zu den **Katalysatoren;** das sind Stoffe, die durch ihre Gegenwart eine chemische Reaktion beschleunigen oder überhaupt erst ermöglichen, ohne selber verändert zu werden. Die meisten Katalysatoren greifen wohl in den Reaktionsablauf ein, werden aber am Ende des Prozesses unverändert freigesetzt (S. 276).

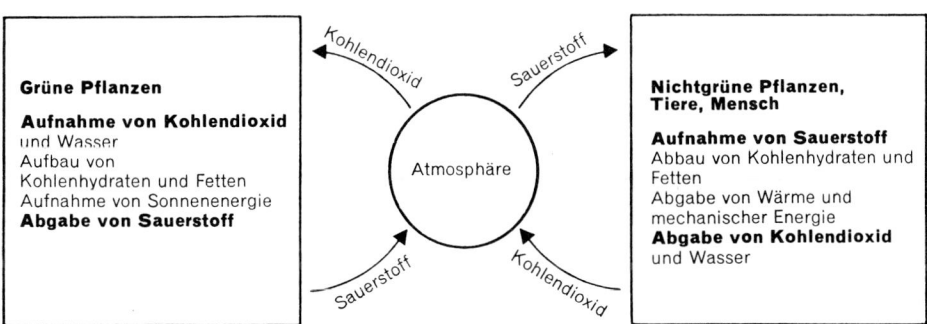

Abb. 15. Sauerstoffzyklus in der Natur.

Der Mensch verbraucht pro Tag etwa 550 Liter Sauerstoff. Das Gas tritt aus den Lungenbläschen in das Blut der Lungenkapillaren über und wird dort vom **Hämoglobin** der roten Blutkörperchen gebunden. In den energieverbrauchenden Geweben diffundiert (wandert) der Sauerstoff durch die Kapillarwände in die Zellen. Das Blut belädt sich dafür mit Kohlendioxid, welches in der Lunge in die Ausatmungsluft übertritt (Abb. 16).

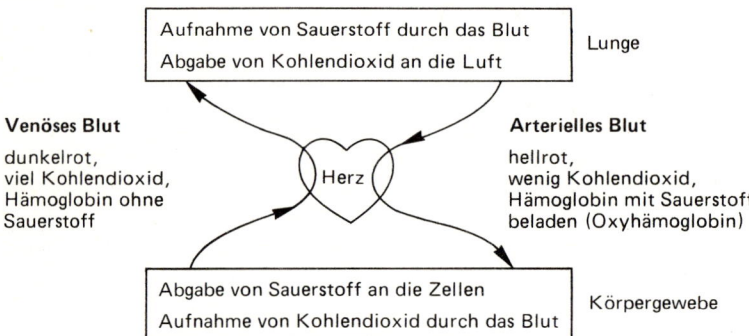

Abb. 16. Weg des Sauerstoffs im menschlichen Organismus.

VII. Die chemische Formel

A. Der Bau von Gasmolekülen

Gleiche Volumina verschiedener Gase enthalten bei gleichem Druck und gleicher Temperatur gleichviel Moleküle (Gesetz von Avogadro).
Mit diesem Gesetz als Grundlage kann die Zusammensetzung irgendwelcher Gasmoleküle ermittelt werden.

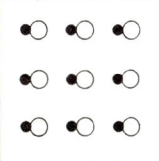 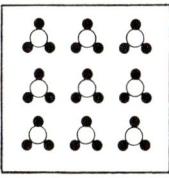 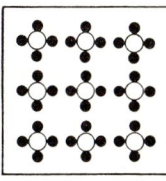 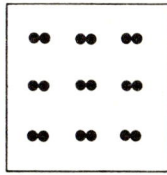

Chlorwasserstoff:	Wasserdampf:	Ammoniak:	Methan:	Wasserstoff:
n Moleküle,	n Moleküle,	n Moleküle,	n Moleküle,	n Moleküle,
n Atome H = 1 g	2n Atome H = 2 g	3n Atome H = 3 g	4n Atome H = 4 g	2n Atome H = 2 g
1 H-Atom pro	2 H-Atome pro	3 H-Atome pro	4 H-Atome pro	2 H-Atome pro
Molekül	Molekül	Molekül	Molekül	Molekül

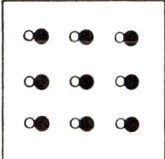 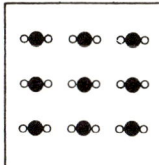 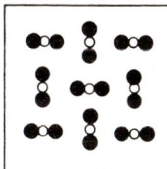 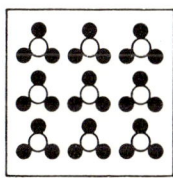 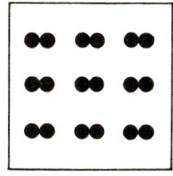

Kohlenmonoxid:	Wasserdampf:	Kohlendioxid:	Schwefeltrioxid:	Sauerstoff:
n Moleküle,	n Moleküle,	n Moleküle,	n Moleküle,	n Moleküle,
n Atome O = 16 g	n Atome O = 16 g	2n Atome O = 32 g	3n Atome O = 48 g	2n Atome O = 32 g
1 O-Atom pro	1 O-Atom pro	2 O-Atome pro	3 O-Atome pro	2 O-Atome pro
Molekül	Molekül	Molekül	Molekül	Molekül

Abb. 17. Molekülbau von H- und O-haltigen Gasen, abgeleitet aus deren quantitativer Analyse. Jedes Feld ≙ 22,4 Liter Gas.

Analysiert man je 22,4 Liter verschiedener Gase, erhält man folgende Mengen Wasserstoff in Gramm:

Chlorwasserstoff	1	Ammoniak	3	Wasserstoff	2
Wasserdampf	2	Methan	4		

Da alle untersuchten Gasportionen gleichviel Moleküle besitzen (Avogadro), folgt: Die Anzahl H-Atome pro Molekül verhält sich für die untersuchten fünf Gase wie 1 : 2 : 3 : 4 : 2.

Es existiert kein Gas mit weniger als 1 g H/22,4 Liter. Chlorwasserstoff hat somit von allen H-haltigen Gasen die kleinstmögliche Zahl H-Atome pro Molekül, also 1 Atom. Das Wassermolekül hat 2 H-Atome, das Ammoniakmolekül 3 usw.

Das gleiche Experiment kann mit O-, N-, C- oder S-haltigen Gasen angestellt werden. Durch Kombinieren der verschiedenen Analysenergebnisse kann die vollständige Molekülzusammensetzung aller Gase ermittelt werden (Abb. 17).

B. Die Strukturformel

Die Strukturformel eines Stoffes ist ein schematisches Abbild seiner Moleküle. Für jedes Atom wird das **Symbol** des betreffenden Elements gesetzt. Die **chemischen Bindungen** werden durch **Striche** angedeutet.

H—O—H	Wasser	H—Cl	Salzsäure (Chlorwasserstoff)
H₂N—H (Ammoniak)	Ammoniak	H—H	Wasserstoffgas
H—C(H)(H)—H	Methan	H—C—C—O—H	Alkohol

Die Strukturformeln sind anschaulich, aber wegen ihres Raumbedarfs – vor allem bei komplizierten Molekülen – unbequem. Man verwendet daher mit Vorteil die Kurzform der **Brutto-** oder **Summenformel.**

C. Die Bruttoformel

Die Bruttoformel eines Stoffes entsteht durch Aneinanderreihen der Symbole seiner Elemente. Für jedes Element wird die Anzahl Atome pro Molekül durch eine kleine Zahl (Index) rechts unter dem Symbol angegeben.

Die Bruttoformel der Phosphorsäure H_3PO_4 besagt, dass die Säure aus Wasserstoff, Phosphor und Sauerstoff aufgebaut ist. Sie sagt ferner aus, dass 1 Molekül 3 Atome H, 1 Atom P und 4 Atome O enthält. Wie die einzelnen Atome im Molekül verknüpft sind, ist aus der Bruttoformel nicht ersichtlich – im Gegensatz zur Strukturformel.

Atomgruppen, die in zahlreichen Molekülen wiederkehren und für gewisse Stoffklassen charakteristisch sein können, werden oft in **Klammern** zusammengefasst.

Der Index hinter der Klammer gilt dann für die ganze Gruppe in der Klammer. Die Verbindung $(NH_4)_2SO_4$ (Ammoniumsulfat) enthält also 2N-, 8H-, 1S- und 4O-Atome pro Molekül. Wir schreiben $Ca(OH)_2$ und nicht CaO_2H_2. Die Klammer um die OH-Gruppe deutet an, dass diese für das Calciumhydroxid als **Lauge** typisch ist (S. 49).

$$H-S-H \longrightarrow H_2S \qquad \text{Schwefelwasserstoff}$$

$$H-O-B\begin{smallmatrix} \nearrow O-H \\ \\ \searrow O-H \end{smallmatrix} \longrightarrow H_3BO_3 \qquad \text{Borsäure}$$

Ether: $\longrightarrow C_4H_{10}O$

Für die Reihenfolge der Elemente in den Bruttoformeln gibt es Regeln: Bei **Oxiden** kommt **O** immer **zuletzt**, bei **anorganischen Säuren H zuerst**, bei **Salzen das Metall zuerst**. Für organische Verbindungen ist die Reihenfolge C, H, N, O; übrige Elemente in alphabetischer Reihenfolge (Tab. 6).

Tabelle 6. Formeln der in den vorangehenden Kapiteln vorgekommenen Stoffe

H_2	Wasserstoff	CO_2	Kohlendioxid	NaOH	Natriumhydroxid
O_2	Sauerstoff	SO_2	Schwefeldioxid	KOH	Kaliumhydroxid
N_2	Stickstoff	SO_3	Schwefeltrioxid	$Ca(OH)_2$	Calciumhydroxid
NH_3	Ammoniak	P_2O_5	Phosphorpentoxid	$Ba(OH)_2$	Bariumhydroxid
CH_4	Methan	Na_2O	Natriumoxid	H_2SO_3	schweflige Säure
H_2O	Wasser	K_2O	Kaliumoxid	H_2SO_4	Schwefelsäure
NaCl	Natriumchlorid	BaO	Bariumoxid	H_2CO_3	Kohlensäure
FeS	Eisensulfid	MgO	Magnesiumoxid	H_3PO_4	Phosphorsäure
$BaCO_3$	Bariumcarbonat	HgO	Quecksilberoxid	HCl	Chlorwasserstoff

VIII. Die Wertigkeit der Elemente

A. Wertigkeit und Strukturformel

Die chemischen Formeln zeigen, dass die Atome der verschiedenen Elemente eine unterschiedliche Zahl von Partneratomen binden können. Das Bindevermögen eines Elements wird durch eine Zahl, die **Wertigkeit,** ausgedrückt.
1 H-Atom bindet nie mehr als 1 Atom irgendwelcher Art an sich. Der Wasserstoff hat somit die kleinste vorkommende Bindekapazität.

Wasserstoff ist 1wertig.

Ein Atom, das nur 1 H-Atom bindet, ist ebenfalls 1wertig; bindet es deren 3, ist es 3wertig. Nicht alle Elemente verbinden sich mit H, aber fast alle können den Wasserstoff z.B. in H_2O ersetzen. Ein Atom, das in einem Molekül 2 H-Atome ersetzen kann, ist 2wertig.

Die Wertigkeit eines Elements ist gleich der Zahl der H-Atome, die eines seiner Atome binden oder ersetzen kann. Sie ist eine **ganze Zahl zwischen 1 und 8.** Die Edelgase He, Ne und Ar haben die Wertigkeit null.

Sauerstoff ist immer 2wertig. Aus der Formel seines Oxids kann deshalb die Wertigkeit eines Elements abgelesen werden.

K_2O	K 1wertig	Fe_2O_3	Fe 3wertig	P_2O_5	P 5wertig	Mn_2O_7	Mn 7wertig
CaO	Ca 2wertig	CO_2	C 4wertig	SO_3	S 6wertig	OsO_4	Os 8wertig

Das **Kraftfeld,** das von einem 1wertigen Atom ausgeht und auch ein anderes 1wertiges Atom festhält, wird als **Valenz** bezeichnet. Ein 5wertiges Atom hat 5 solche Valenzen (über das Zustandekommen dieser Kräfte s. S. 71).
In den Strukturformeln entspricht **jedem Strich eine Valenz.** Ein 4wertiges Element muss stets 4 Valenzstriche auf jedes seiner Atome vereinigen. In Verbindungen mit mehrwertigen Elementen kommt es vor, dass 2 oder 3 Valenzen zwischen 2 Atomen betätigt werden. So entstehen **Doppel- bzw. Dreifachbindungen.**

O=O	O=C=O	N≡N	H—C≡N
O 2wertig	O 2wertig, C 4wertig	N 3wertig	C 4wertig, N 3wertig
Sauerstoff	Kohlendioxid	Stickstoff	Blausäure

B. Elemente mit mehreren Wertigkeiten; Oxidationsstufen

Vom Kupfer gibt es ein schwarzes und ein rotes Oxid, vom Chrom ein rotes und ein grünes, vom Kohlenstoff ein schwach- und ein hochgiftiges. Stickstoff hat sogar 5 verschiedene Oxide (S. 163). Stoffe mit verschiedenen Eigenschaften müssen auch ungleiche Moleküle haben. Von zwei bestimmten Elementen sind unterschiedliche Moleküle nur bei verschiedenem Zahlenverhältnis der beiden Atomarten möglich. Dies bedingt, dass mindestens ein Partner **die Wertigkeit wechselt.** Ausgenommen sind Stoffe mit Bindungen zwischen gleichartigen Atomen,

z. B. $H-O-O-H$ und $H-O-H$; CH_3-CH_3 und $CH_2=CH_2$.

CuO	schwarzes Kupferoxid	Kupfer(II)-oxid
Cu_2O	rotes Kupferoxid	Kupfer(I)-oxid
Cr_2O_3	grünes Chromoxid	Chrom(III)-oxid
CrO_3	rotes Chromoxid	Chrom(VI)-oxid
CO	Kohlenmonoxid (giftig)	Kohlenstoff(II)-oxid
CO_2	Kohlendioxid	Kohlenstoff(IV)-oxid
SO_2	Schwefeldioxid	Schwefel(IV)-oxid
SO_3	Schwefeltrioxid	Schwefel(VI)-oxid

Die obigen Elemente (und viele andere) bilden Oxide in zwei oder mehr **Oxidationsstufen.** Nicht nur gegenüber Sauerstoff, auch mit vielen anderen Partnern kann ein Element wechselnde Wertigkeit haben. Verbindungen mit «wechselhaften» Elementen können auf zwei Arten eindeutig benannt werden:

1. Die Zahl der Atome (evtl. Atomgruppen) pro Molekül wird als **griechisches Zahlwort** unmittelbar vor den Namen der betreffenden Gruppe eingeführt (mono-, di-, tri-, tetra-, penta-, hexa-, hepta-, usw.): SO_3 = Schwefeltrioxid; $SnCl_4$ = Zinntetrachlorid; N_2O_5 = Distickstoffpentoxid.

2. Die Wertigkeit des veränderlichen Elcmcnts wird unmittelbar nach dessen Namen als **eingeklammerte römische Zahl** eingeschoben: CuI = Kupfer(I)-iodid (lies Kupfereinsiodid); $FeSO_4$ = Eisen(II)-sulfat; $Fe(OH)_3$ = Eisen(III)-hydroxid.

Tabelle 7. Wertigkeiten wichtiger Elemente

	Elemente mit nur einer Wertigkeit	Elemente mit mehr als einer Wertigkeit
I	Ag, F, H, K, Li, Na	Br, Cl, Cu, Hg, I
II	Ba, Ca, Mg, O, Zn	C, Co, Cu, Fe, Hg, Mn, Ni, Pb, S, Sn
III	Al, B	As, Ce, Cr, Fe, N, Sb
IV	Si	C, Ce, Mn, Pb, S, Sn
V		As, Br, Cl, I, N, P, Sb
VI		Cr, S
VII		Cl, Mn

IX. Chemische Gleichungen

Jede chemische Reaktion, von der die reagierenden und die gebildeten Stoffe bekannt sind, kann als **Gleichung** geschrieben werden.

$C + O_2 \rightarrow CO_2$

---

1 Atom C wird durch 1 Molekül O_2 zu 1 Molekül CO_2 oxidiert.

Die Formeln der Ausgangsstoffe kommen auf die eine, die Formeln der Reaktionsprodukte auf die andere Seite. Anstelle eines Gleichheitszeichens steht ein Pfeil, der die Reaktionsrichtung anzeigt.

Ein Symbol bzw. eine Formel in einer Gleichung hat stets die Bedeutung von 1 Atom bzw. 1 Molekül des betreffenden Stoffes.

Damit die Forderung der **Massenerhaltung** erfüllt ist, muss jede an der Reaktion beteiligte Atomart beidseits des Pfeils in gleicher Anzahl erscheinen.

$Na_2O + H_2O \rightarrow NaOH$

Eine solche Gleichung ist unkorrekt. Sie sagt wohl aus, dass aus Natriumoxid und Wasser Natriumhydroxid entsteht. Nach Ablauf der Reaktion wäre aber nur noch die Hälfte des Ausgangsmaterials vorhanden. Aus 1 Molekül Natriumoxid und 1 Molekül Wasser entstehen 2 Moleküle Natriumhydroxid. Die korrekte Gleichung muss daher lauten:

$Na_2O + H_2O \rightarrow 2NaOH$

$2H_2 + O_2 \rightarrow 2H_2O$

Aus 2 Molekülen H_2 + 1 Molekül O_2 entstehen 2 Moleküle H_2O.

Die grossen Zahlen vor den Formeln heissen **Koeffizienten**. Sie geben die **Anzahl der beteiligten Moleküle** an. (Im Gegensatz dazu: Indizes = Anzahl Atome pro Molekül.) $3H_2SO_4$ bedeutet: 3 selbständige, nicht untereinander verbundene Moleküle Schwefelsäure. Jedes einzelne Molekül besteht aus 2 Atomen H, 1 Atom S und 4 Atomen O, die durch chemische Kräfte zusammengehalten werden.

Allgemeine Regeln für das Aufstellen von Gleichungen

1. Sämtliche Ausgangs- und Endprodukte der Reaktion werden ermittelt.
Diese Aufgabe ist für den Neuling oft nicht einfach. Unsere Kenntnisse über den Verlauf der meisten Reaktionen beruhen auf Erfahrung. Aus zahllosen Analysen von

Reaktionsprodukten hat man gesetzmässige Zusammenhänge zwischen dem molekularen Bau eines Stoffes (oder einer Stoffgruppe) und ihrem Verhalten gegenüber Umwelteinflüssen abgeleitet. Bei genauer Kenntnis des Molekülbaus eines neuen Stoffes kann man daher weitgehend voraussagen, wie er mit anderen Stoffen reagieren wird und unter welchen Bedingungen er sich aus anderen Stoffen synthetisieren lässt. Spätere Kapitel befassen sich mit derartigen Zusammenhängen zwischen Molekülstruktur von Reaktionspartnern und Reaktionsablauf.

2. Die Formeln aller Ausgangs- und Endprodukte werden sichergestellt.

3. Durch Einsetzen von Koeffizienten wird Massengleichheit hergestellt.
Niemals durch Ändern von Formelindizes eine Gleichung korrigieren! Das käme einer willkürlichen Abwandlung einer Molekülstruktur gleich. Am schnellsten wird man fertig, wenn man zuerst für jene Elemente Massengleichheit herstellt, die beidseits des Pfeils nur in einer Formel auftreten, und erst dann die übrigen Elemente angleicht. Allfällige gebrochene Koeffizienten werden am Schluss durch Erweitern der ganzen Gleichung ganzzahlig gemacht.

Beispiele für das Auffinden von Koeffizienten:

$P + O_2 \rightarrow P_2O_5$
$2P + 2^1/_2O_2 \rightarrow P_2O_5$ Verbrennung von Phosphor
$\mathbf{4P + 5O_2 \rightarrow 2P_2O_5}$

$C_6H_6 + O_2 \rightarrow CO_2 + H_2O$
$C_6H_6 + O_2 \rightarrow 6CO_2 + 3H_2O$
$C_6H_6 + 7^1/_2O_2 \rightarrow 6CO_2 + 3H_2O$ Verbrennung von Benzol
$\mathbf{2C_6H_6 + 15O_2 \rightarrow 12CO_2 + 6H_2O}$

$KMnO_4 + HCl \rightarrow Cl_2 + MnCl_2 + KCl + H_2O$
$KMnO_4 + HCl \rightarrow Cl_2 + MnCl_2 + KCl + 4H_2O$ Herstellung von Chlor
$KMnO_4 + 8HCl \rightarrow Cl_2 + MnCl_2 + KCl + 4H_2O$ aus Salzsäure und
$KMnO_4 + 8HCl \rightarrow 2^1/_2Cl_2 + MnCl_2 + KCl + 4H_2O$ Kaliumpermanganat
$\mathbf{2KMnO_4 + 16HCl \rightarrow 5Cl_2 + 2MnCl_2 + 2KCl + 8H_2O}$

Gelingt es bei einer Gleichung nicht, Massengleichheit für alle Atome zu erzielen, ist sicher eine falsche Formel, eine zuwenig oder eine zuviel eingesetzt.

II. Fragen zur Eigenkontrolle (Stoffgebiet S. 16–27)

1. Welcher Stoff besorgt den Sauerstofftransport im Blut?

2. Was ist ein Säure-Laugen-Indikator? Nennen Sie 3 Beispiele mit den Farben im sauren und alkalischen Milieu.

3. Wie lautet die Gleichung für die Bildung von Bariumhydroxid aus Bariumoxid und Wasser?

4. Ein Stoff hat die Strukturformel

Welches ist seine Bruttoformel?

5. Welches sind die hauptsächlichen Gase der Luft und in welchem Verhältnis liegen sie vor? Welche andern Gase enthält die Atmosphäre?

6. Was ist eine Verbrennung aus chemischer Sicht?

7. Welches sind die Bruttoformeln der beiden Oxide des Chroms, des Kupfers, des Kohlenstoffs?

8. Was lässt sich über das chemische Verhalten der Edelgase sagen?

9. Welches sind die Brutto- und Strukturformeln von Wasser, Wasserstoff, Ammoniak, Methan?

10. Wie viele Wasserstoffatome enthält ein Molekül der Verbindung $(NH_4)_2HPO_4$?

11. Wie lautet die Gleichung für die vollständige Oxidation von Glucose $C_6H_{12}O_6$?

12. Nennen Sie 2 Arten der O_2-Gewinnung.

13. Welche Oxide entstehen bei der Verbrennung von Cellulose (Verbindung aus C, H und O)?

14. Welchen Kreislauf beschreibt der Sauerstoff in der Natur?

15. Wie lässt sich eine Oxidation beschleunigen?

16. Welcher fundamentale Unterschied besteht zwischen Leichtmetall- und Nichtmetalloxiden bezüglich ihres Verhaltens gegenüber Wasser?

17. Setzen Sie die Koeffizienten in folgende Gleichung:

$NH_2-CO-NH_2 + HNO_2 \rightarrow N_2 + H_2O + CO_2$.

18. Welche Wertigkeit hat Stickstoff in NH_3, NO_2, N_2O_5, N_2O_3?

19. Was versteht man unter einer Valenz?

20. Setzen Sie die Koeffizienten in die Gleichung:

$FeS_2 + O_2 \rightarrow SO_2 + Fe_2O_3$.

21. Welche Wertigkeiten haben Cu, Ca, K, P, S, Mg?

22. Welches sind die eindeutigen Bezeichnungen für PbO_2, Fe_2O_3, Cu_2O? (2 Arten von Namen!)

23. Aus Eisen(II)-chlorid und Chlorgas bildet sich Eisen(III)-chlorid. Gleichung?

24. Welche Wertigkeit hat Chlor in der Verbindung $HClO_4$ und das Arsen in H_3AsO_3, wenn der Wasserstoff an Sauerstoff gebunden ist? Zeichnen Sie die Strukturformel der beiden Säuren.

(Antworten S. 351)

X. Wasser und Wasserstoff

A. Wasser

1. Das Wasser im Laboratorium

Wasser ist in der anorganischen und auch in der physiologischen Chemie das **Lösungsmittel Nummer 1.** Je nach der Verwendung werden ganz unterschiedliche Forderungen an die Reinheit des Wassers gestellt.

Leitungswasser

Brunnenwasser enthält wechselnde Mengen an gelösten Salzen, vor allem **Calciumhydrogencarbonat** und Calciumsulfat. **Weiches** Wasser enthält wenig, **hartes** Wasser viel Calciumsalze. Das Leitungswasser wird im Labor zum Vorspülen, als Kühlwasser und als Speisewasser für Heizbäder verwendet. **Als Lösungsmittel für Reagenzien ist Brunnenwasser ungeeignet.**

Ionenaustauscherwasser (demineralisiertes oder entsalztes Wasser)

Lässt man Leitungswasser durch ein **Ionenaustauscherbett** fliessen, werden die gelösten Salze von diesem zurückgehalten (S. 69). Gewisse organische Verunreinigungen (Nichtelektrolyte; S. 48) und auch Mikroorganismen passieren den Ionenaustauscher. Da gutes Quell- oder Grundwasser sehr wenig Nichtelektrolyte enthält, ist das demineralisierte Wasser dem destillierten fast ebenbürtig. Bei der Herstellung von Reagenzien mit entsalztem Wasser muss von Fall zu Fall geprüft werden, ob gegenüber destilliertem Wasser ein Unterschied festzustellen ist. Ionenaustauscher arbeiten billiger als Destillationsapparate. **Demineralisiertes Wasser ist nicht steril** und darf keinesfalls für Infusionen verwendet werden.

Destilliertes Wasser (Aqua destillata)

Durch **Destillation** des Leitungswassers lässt sich dieses von allen gelösten Feststoffen befreien (S. 6). In Glasapparaturen gewonnenes destilliertes Wasser ist für die Herstellung der allermeisten Reagens- und Standardlösungen genügend rein. Das gewöhnliche destillierte Wasser enthält stets aus der Luft aufgenommene **gelöste Kohlensäure.** CO_2-freies Wasser, z.B. zur Herstellung von Titrierlaugen (S. 138), wird durch Aufkochen von destilliertem Wasser mit Abkühlen unter Luftabschluss erhalten.

Für gewisse Experimente, vor allem beim Arbeiten mit besonders empfindlichen Enzymen, ist auch das normale destillierte Wasser noch nicht rein genug. Beim Sieden reisst der Dampf kleinste Tröpfchen unverdampften Wassers mit. So geraten Spuren störender Verunreinigungen ins Destillat. Durch eine zweite Destillation, vorzugsweise in einer Quarzapparatur, werden auch diese Spuren eliminiert (**bidestilliertes Wasser**).

2. Physiologische Bedeutung des Wassers

Das Leben in jeglicher Form ist ohne Wasser undenkbar. **Jede lebende Zelle enthält Wasser.** Die **Stoffwechselvorgänge** der primitivsten wie der höchstdifferenzierten Lebewesen finden alle in wässrigen Lösungen statt. Vielfach nimmt das Wasser aktiv an den biochemischen Reaktionen teil. Es ist eines der **Stoffwechselendprodukte** bei allen **biologischen Oxidationen** (S. 246).

Beim Warmblüter kommt dem Wasser eine ganze Reihe von Sonderfunktionen zu. Es ist **Transportmedium** für die **Stoffwechselprodukte,** für die **Hormone** und nicht zuletzt für die **Körperwärme** (Blut). Die meisten Stoffwechselendprodukte (der «Abfall») können nur als **wässrige Lösung** (Harn, Schweiss, Galle) **ausgeschieden** werden. Bei Energieüberproduktion (vermehrter Muskeltätigkeit) oder bei hoher Umgebungstemperatur wirkt das Wasser als **Temperaturregulator** (Abkühlung durch Schweissverdunstung).

Der menschliche Körper besteht zu etwa zwei Dritteln aus Wasser. Der Wassergehalt nimmt vom Säugling zum Greis ständig etwas ab. Der Erwachsene nimmt im Durchschnitt **täglich 2–3 Liter H$_2$O** auf.

3. Einfache Umsetzungen des Wassers mit Metallen

Unedle Metalle reagieren mit Wasser. Sie setzen Wasserstoff frei und nehmen dessen Stelle ein. Die unedelsten Metalle (Na, K, Ca, Ba) bilden dabei **Hydroxide.** Es sind die gleichen, die auch auf dem Umweg über ihre Oxide mit Wasser Laugen bilden (S. 18). Kalium und Natrium reagieren schon mit kaltem Wasser so heftig, dass sie in der Reaktionswärme schmelzen. Kalium entzündet sich dabei sogar an der Luft.

$$2Na + 2H_2O \rightarrow 2NaOH + H_2 \qquad Ca + 2H_2O \rightarrow Ca(OH)_2 + H_2$$
$$2K + 2H_2O \rightarrow 2KOH + H_2 \qquad Ba + 2H_2O \rightarrow Ba(OH)_2 + H_2$$

Die weniger unedlen Metalle (z. B. Fe, Al, Zn) reagieren nur mit heissem Wasserdampf und bilden dabei **Oxide.**

$$2Fe + 3H_2O \rightarrow Fe_2O_3 + 3H_2 \qquad Zn + H_2O \rightarrow ZnO + H_2$$
$$2Al + 3H_2O \rightarrow Al_2O_3 + 3H_2$$

Beim **Rosten** des Eisens in kaltem Wasser ist der im Wasser gelöste Sauerstoff mitbeteiligt. Rost ist vor allem eine Zwischenform aus Eisen(III)-oxid und Eisen(III)-hydroxid: FeO(OH).

Reaktionen vom Typ der drei letzten Gleichungen bezeichnet man als **einfache Umsetzungen** (Abb. 18).

Abb. 18. Schema der einfachen Umsetzung.

Eine einfache Umsetzung ist eine Verdrängung eines Elements aus einer Verbindung durch Eintritt eines anderen, weniger edlen Elements.

Die Halbedel- und Edelmetalle (Cu, Hg, Ag, Au, Pt) **reagieren nicht mit Wasser,** auch nicht bei hoher Temperatur.

B. Wasserstoff

H_2 ist das **leichteste Gas** (Ballonfüllungen). 1 m³ wiegt bloss 89 g (1 m³ Luft 1,3 kg). Er brennt ausgezeichnet, mit fast farbloser, heisser Flamme. **Mit Sauerstoff** bildet er **explosive Gemische** (Knallgas).

H_2 lässt sich im Labor durch **einfache Umsetzungen** unedler Metalle mit Wasser oder noch leichter **mit Säuren** herstellen.

$Zn + 2HCl \rightarrow ZnCl_2 + H_2$

Grosstechnisch wird H_2 durch **Wasserelektrolyse** gewonnen.

H bildet ausser mit den Edelgasen mit **allen Nichtmetallen** Verbindungen. Ausser Wasser sind bei Zimmertemperatur **alle gasförmig.**

CH_4	**Methan** (Grubengas), brennbar, wasserunlöslich	
NH_3	**Ammoniak,** stechend riechend, bildet mit Wasser alkalische Lösungen	
H_2S	**Schwefelwasserstoff,** stinkt nach faulen Eiern, giftig, schwache Säure	
HF	**Fluorwasserstoff** (Flussäure), riecht stechend, ätzt Glas, mittelstarke Säure	
HCl	**Chlorwasserstoff** (Salzsäure)	stechend riechend, gut H_2O-löslich,
HBr	**Bromwasserstoff**	starke Säuren
HI	**Iodwasserstoff**	

Wasserstoff ist das obligatorische Element aller Säuren (S. 49).

Auch von einigen Leichtmetallen hat man H-Verbindungen hergestellt, sogenannte **Metallhydride.** Sie reagieren heftig mit Wasser unter Bildung von Wasserstoffgas und Leichtmetallhydroxid.

XI. Der Bau der Atome

A. Bestandteile des Atoms

Jedes Atom besteht aus einem positiv geladenen Kern und einer negativ geladenen Hülle.
Praktisch die gesamte Masse des Atoms konzentriert sich auf den Kern, obschon sein Durchmesser nur etwa $1/10\,000$ des ganzen Atoms ausmacht. Die Hülle umgibt den Atomkern etwa im gleichen Verhältnis wie ein grosses Zimmer einen Stecknadelkopf. Könnte man einen Kubikmillimeter dicht mit Atomkernen vollstopfen, würde er mehrere Hundert Tonnen wiegen.

Die **Atomhülle** besteht aus den negativ geladenen **Elektronen,** welche den Kern mit ungeheurer Geschwindigkeit umkreisen. Die Atomkerne sind ihrerseits zusammengesetzt aus **positiv geladenen Protonen** und **ungeladenen Neutronen.** Beide Kernteilchen fasst man unter dem Namen **Nukleonen** zusammen.
Der Kern des leichtesten Atoms (H) besteht nur aus 1 Proton.
Die **Massen** von Proton und Neutron sind praktisch gleich, die des Elektrons ist 1836mal kleiner als jene des Protons. Die Ladungen von Elektron und Proton sind gleich gross, aber entgegengesetzt. Sie verkörpern die kleinste mögliche Ladung, die **Elementarladung.**

Jedes Element hat seine eigene Protonen- und damit Kernladungszahl. Atome mit unterschiedlicher Protonenzahl gehören verschiedenen Elementen an. Die Neutronenzahl kann dagegen bei ein und demselben Element in engen Grenzen variieren (s. «Isotope», S. 37).

B. Das Periodensystem der Elemente

1. Aufbau einer Ordnung für die Elemente

Ordnet man die Elemente **nach steigender Kernladungs**(Protonen-)**zahl,** so erhält man eine Reihe, in der **Elemente mit ähnlichen Eigenschaften in periodischen Abständen** auftreten.

H He Li Be B C N O F Ne Na Mg Al Si P S Cl Ar K Ca Sc Ti V ...

Die Länge der Perioden für das Auftreten verwandter Elemente in dieser Ordnung ist nicht konstant:

1. Periode	2 Elemente	$= 2 \cdot 1^2$		5. Periode	18 Elemente	$= 2 \cdot 3^2$
2. Periode	8 Elemente	$= 2 \cdot 2^2$		6. Periode	32 Elemente	$= 2 \cdot 4^2$
3. Periode	8 Elemente	$= 2 \cdot 2^2$		7. Periode	unvollständig	
4. Periode	18 Elemente	$= 2 \cdot 3^2$				

Beginnt man mit jeder Periode eine neue Zeile, so erhält man das **Periodensystem** der Elemente. Den ersten Entwurf zu diesem System machte Mendelejew 1869, als noch eine Reihe von Elementen unentdeckt war. Nur durch Aussparung von Lücken entstand eine brauchbare Ordnung. Aufgrund der Perioden des Systems konnten verschiedene Eigenschaften der noch fehlenden Elemente vorausgesagt werden, so dass man gezielt nach ihnen suchen konnte. Erst 1945 wurde mit dem Promethium die letzte Lücke geschlossen. In den letzten vier Jahrzehnten ist das System auch noch um 13 künstliche Elemente, die Transurane («jenseits des Urans»), erweitert worden.

2. Struktur des Periodensystems

Der vordere Buchdeckel zeigt eine mögliche Schreibart des Periodensystems. Jedes Element hat seine Nummer, die **Ordnungszahl Z** (Protonenzahl). Die vertikalen Kolonnen des Systems heissen **Gruppen. Alle Elemente derselben Gruppe sind unter sich physikalisch und chemisch verwandt.** Die Verwandtschaft ist um so enger, je näher übereinander sie stehen. Die Gruppen sind von links nach rechts **2mal bis 8 numeriert.** Die Gruppe der Edelgase (ganz rechts) wird heute meist statt mit VIII mit 0 bezeichnet (nullwertige Elemente). Die 8 Gruppen, die auch die kurzen Perioden 1–3 einschliessen, heissen **Hauptgruppen** (Ia, IIa usw.), die übrigen **Nebengruppen** (Ib, IIb usw.). Die Elemente der Nebengruppen (lauter Metalle) heissen **Übergangselemente.**

Die 8 Hauptgruppen haben eigene Namen:

Ia	Alkalimetallgruppe	Va	Stickstoffgruppe
IIa	Erdalkalimetallgruppe	VIa	Sauerstoffgruppe (Chalkogengruppe)
IIIa	Erdmetallgruppe	VIIa	Halogengruppe
IVa	Kohlenstoffgruppe	0	Edelgasgruppe

Die Perioden- und Gruppeneinteilung des Systems liegt im Bau der Elektronenhüllen begründet (S. 34).

3. Triadenmetalle, Lanthaniden und Actiniden

Die drei Kolonnen Fe, Ru, Os sowie Co, Rh, Ir und Ni, Pd, Pt hat man in eine Gruppe zusammengefasst. Die horizontalen Trios dieser Grossgruppe heissen Triadenmetalle. Die Verwandtschaft innerhalb einer Triade ist wesentlich enger als von einer Triade zur andern, was den Zusammenschluss rechtfertigt.
Die Gesellschaften der Lanthaniden (58–71) bzw. der Actiniden (90–103) nehmen ebenfalls Sonderstellungen ein. Die chemische Verwandtschaft innerhalb der beiden Familien ist grösser als sonst bei irgend zwei Elementen derselben Gruppe. Die beiden Metalle Praseodym und Neodym sind z. B. so ähnlich, dass man sie früher als einheitliches Element auffasste.

4. Metalle, Halbmetalle und Nichtmetalle

Die **Nichtmetalle** gruppieren sich im Periodensystem in der **rechten oberen Ecke** (Sonderfall: Wasserstoff). Die Halbmetalle bilden eine Treppe an der Grenze zu den Metallen. Der metallische Charakter (z. B. elektrische Leitfähigkeit) nimmt in den Gruppen von oben nach unten zu.

5. Gruppennummern und Wertigkeit

Die Elemente der 1. Hauptgruppe sind alle 1wertig (Alkalimetalle), die der 2. Hauptgruppe alle 2wertig (Erdalkalimetalle). So stimmen auch alle andern Elemente, welche der gleichen Gruppe angehören, wenigstens in einer, oft in mehr als einer Wertigkeit überein.

Für die **Hauptgruppen** gilt: **Die Gruppennummer entspricht der höchsten Wertigkeit, welche die Elemente dieser Gruppe haben können.**

Nicht alle Elemente der höheren Gruppen erreichen diese höchsten Wertigkeiten. Es gibt zum Beispiel keine Verbindungen mit 6wertigem Sauerstoff oder 8wertigem Eisen. Für die Nebengruppen ist obiges Gesetz die Regel mit wenig Ausnahmen (Cu und Au sind nicht nur 1-, sondern auch 2- bzw. 3wertig, einige Lanthaniden und die meisten Actiniden haben neben III auch höhere Wertigkeiten).

C. Das Schalenmodell des Atoms

Die Elektronenhülle eines Atoms prägt dessen chemischen Charakter. Alle chemischen Veränderungen, die ein Stoff erfährt, gehen mit Veränderungen in der Elektronenhülle seiner Atome einher. Weil wir keine Möglichkeit haben, einzelne Atome, geschweige denn deren Feinbau, zu sehen, sind wir auf Vorstellungen, auf Modelle angewiesen, die der Wirklichkeit möglichst nahe kommen und möglichst alle Erscheinungen der Materie erklären können. Ein anschauliches Modell des Atoms ist 1913 von Niels Bohr aufgrund von Beobachtungen an den Spektren strahlender Atome aufgestellt worden: Die Elektronen rotieren nicht alle auf der gleichen Bahn um den Kern, sondern in verschiedenen Kernabständen auf sogenannten **Elektronenschalen.** Den 7 Perioden des Periodensystems entsprechend existieren auch 7 Elektronenschalen, die von innen nach aussen mit den Buchstaben K–Q bezeichnet werden. Die Schalen können unterschiedlich viele Elektronen aufnehmen. Auf der K-Schale haben maximal 2, auf der L-Schale 8, auf der M-Schale 18 und auf der N-Schale 32 Elektronen Platz (Abb. 19).

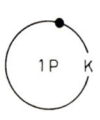
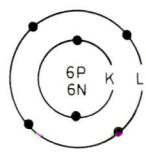

Wasserstoff	Kohlenstoff	Kalium
1 Proton	6 Protonen	19 Protonen
1 Elektron	6 Neutronen	20 Neutronen
	6 Elektronen	19 Elektronen

Abb. 19. Bohrsche Atommodelle.

Durchläuft man das Periodensystem von 1 bis 105, findet man folgendes Aufbauprinzip: Der Wasserstoff hat 1 Elektron, das Helium deren 2 auf der K-Schale. Damit ist die innerste Schale gefüllt. Mit dem Lithium beginnt der Aufbau der L-Schale, welche sukzessive aufgefüllt wird und am Ende der 2. Periode, beim Neon mit 8 Elektronen, ihren Abschluss findet. Das Natrium besitzt bereits 1 Elektron in der M-Schale. Am Ende der 3. Periode, beim Argon, enthält auch diese Schale 8 Elektronen. Mit dem Kalium beginnt der Aufbau der N-Schale (Abb. 19). In der 4. Periode werden aber nicht nur 8 Elektronen in die 4. Schale aufgenommen, sondern auch noch deren 10 in die 3. Schale «gestopft». Diese war beim Argon nur vorläufig abgeschlossen. Die Komplettierung der M-Schale entspricht den 10 Übergangselementen (Nebengruppen). In der 5. Periode wiederholt sich dasselbe Spiel. Die N-Schale, die beim Krypton vorläufig abgeschlossen war, wird ebenfalls auf 18 Elektronen ergänzt. In der 6. Periode wird die 5. Schale auf 18 Elektronen aufgefüllt, aber ausserdem wird noch die 4. Schale von 18 auf 32 Elektronen erweitert. Diese Komplettierung der N-Schale entspricht der Reihe der Lanthaniden. In der 7. Periode wird mit den Actiniden die O-Schale auf 32 Elektronen ergänzt.

Mit jeder Periode beginnt der Aufbau einer neuen Elektronenschale, welche immer bei einem Edelgas, mit einer besonders stabilen Gruppierung, ihren Abschluss findet. Von der 3. Schale an ist das **Edelgasoktett** nur ein vorläufiger Abschluss. Die Schalen werden in höheren Perioden weiter ausgebaut.

Für das **chemische Verhalten eines Elements** ist in erster Linie die **Zahl der Elektronen auf der äussersten** (und z. T. zweitäussersten) **Schale ausschlaggebend. Alle Elemente in der gleichen Hauptgruppe besitzen gleichviel Elektronen auf der äussersten Schale** und sind daher chemisch verwandt. Die Elektronen der äussersten Schale bestimmen die Hauptwertigkeiten. Weil alle Lanthaniden und alle Actiniden auf der äussersten Schale 3 Elektronen tragen und auch (mit einzelnen Ausnahmen) die gleiche zweitäusserste Schale besitzen, ist innerhalb der Familien die Verwandtschaft so eng.

D. Das Orbitalmodell des Atoms

Das Bohrsche Schalenmodell liefert plausible Erklärungen für viele Eigenschaften der einzelnen Elemente. Es ist aber unzulänglich, wenn es um das Verständnis der zwischenatomaren Bindungen in den Molekülen geht. Aufgrund quantenmechanischer Berechnungen wurde in neuerer Zeit ein verfeinertes Atommodell aufgebaut. Es hat folgende Hauptzüge:
Die Elektronen umkreisen den Kern nicht in festen Kreisbahnen, sondern in Ellipsen ständig wechselnder Grösse, Form und Lage. Wegen seiner ungeheuer schnellen Bewegung füllt ein Elektron einen gewissen Raum rund um den Kern als eine Art **Ladungswolke.** Könnte man den Querschnitt eines H-Atoms oftmals hintereinander auf das gleiche Filmstück fotografieren, entstünde ungefähr das Bild von Abbildung 20. In der Ringzone, wo die Punkte am dichtesten stehen, hält sich das Elektron am häufigsten auf. Das Bohrsche Schalenkonzept ist deshalb keineswegs falsch. Man darf die Schalen aber nicht als tatsächliche, von den Elektronen bestrichene Kugelflächen sehen, sondern als eine Art Sammelwolken, in denen sich Elektronen mit ganz bestimmtem **Energiegehalt** (Energieniveau) aufhalten. Elektronenwolken mit

verschiedenem Energieniveau können sich durchdringen. Wegen der gegenseitigen Abstossung der negativen Ladungen sind aber Zusammenstösse ausgeschlossen. **Alle Elektronen der gleichen «Schale» gehören zum gleichen Hauptenergieniveau.** Mit Ausnahme der K-Schale verteilen sich jedoch die Elektronen eines Hauptniveaus einzeln oder paarweise auf verschiedene «Unterwolken» oder Nebenniveaus, sogenannte **Orbitale,** mit abgestuftem Energiegehalt. Den Feinaufbau der Elektronenhülle des Radons (Ordnungszahl 86) hat man sich z. B. wie folgt vorzustellen: Die beiden Elektronen der K-Schale «bevölkern» dieselbe Kugelwolke und haben dasselbe Energieniveau (Abb. 20). Die 8 Elektronen der L-Schale verteilen sich paarweise auf 4 Orbitale, von denen eines Kugelgestalt, die anderen Hantel- oder Doppelschleifenform haben. Das Kugelorbital hat innerhalb der L-Schale einen tieferen, die 3 Hanteln haben einen höheren, aber unter sich gleichen, Energieinhalt. In der M-Schale hat es wiederum 1 Kugel- und 3 gleichwertige Hantelorbitale, dazu aber noch 5 «Rosetten»orbitale mit ebenfalls je 1 Elektronenpaar. Die Kugel hat das niedrigste, die Rosetten haben das höchste Energieniveau innerhalb der Schale. In der N-Schale (32 Elektronen) wiederholt sich der gleiche Aufbau bis zu den Rosetten. Die zusätzlichen 14 Elektronen füllen weitere 7 Orbitale von komplizierter räumlicher Sternform und nochmals höherem Energiegehalt als die Rosetten. Die O-Schale entspricht in ihrem Orbitalmuster wieder der M-Schale (18 Elektronen). Sie kann aber ebenfalls auf 32 Elektronen ergänzt werden (Familie der Actiniden). Die P-Schale (8 Elektronen) entspricht der L-Schale. Damit sind alle 86 Elektronen auf total 43 Orbitale in 6 Schalen verteilt (Abb. 20–22).

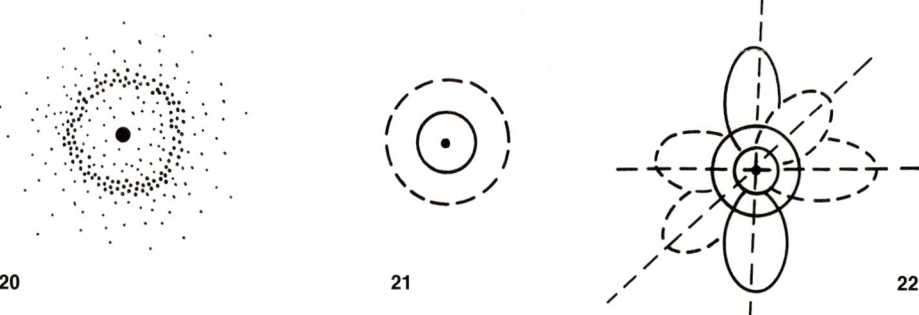

20   **21**   **22**

Abb. 20. Wolkenmodell des H-Atoms.
Abb. 21. Orbitalmodell des Li-Atoms. Innerer Kreis: Vollbesetztes s-Orbital der K-Schale; äusserer Kreis: Halbbesetztes s-Orbital der L-Schale.
Abb. 22. Orbitalmodell des O-Atoms. Kreise: s-Orbitale der K- und L-Schale (je 2 Elektronen); senkrechte Hantel: volles p-Orbital (2 Elektronen); beide waagrechten Hanteln: halbbesetzte p-Orbitale (je 1 Elektron) der L-Schale.

Die verschiedenen Orbitaltypen werden mit kleinen Buchstaben versehen:

K-Schale	1 **s-Orbital** (Kugel)	2 e⁻
L-Schale	1 s-Orbital + **3 p-Orbitale** (Hanteln)	8 e⁻
M-Schale	1 s-Orbital + 3 p-Orbitale + **5 d-Orbitale** (Rosetten)	18 e⁻
N-Schale	1 s-Orbital + 3 p-Orbitale + 5 d-Orbitale + **7 f-Orbitale** (Sterne)	32 e⁻

Beim Aufbau einer neuen Schale (S. 34) erhalten alle Orbitale des gleichen Neben-niveaus (z. B. alle 3 p-Orbitale) **zuerst nur 1 Elektron.** Erst dann beginnt die **Paar-bildung,** d. h. die Komplettierung der Orbitale. Die beiden Elektronen des gleichen Orbitals rotieren stets in entgegengesetztem Sinn um die eigene Achse. Man sagt, sie haben antiparallelen Spin.

Die Schleifen von Abbildung 22 sind in Wirklichkeit nicht scharf begrenzt. Sie müssten wie in Abbildung 20 als Wolke gezeichnet werden. Die Elektronen halten sich immer-hin etwa zu $^9/_{10}$ der Zeit innerhalb der markierten «Blasen» auf. Die seltsamen Wolkenformen der p-, d- und f-Orbitale ergeben sich aus wellenmechanischen Be-rechnungen. Ein kreisendes Elektron kann eben auch als stehende Materiewelle aufgefasst werden. Das Verständnis dieser dualistischen Natur des Elektrons setzt vertiefte Kenntnisse in theoretischer Physik voraus (mehr über das Orbitalmodell s. «Die chemische Bindung», S. 71).

E. Isotope, Nuklide

1. Massenspektrographie

In einer elektrischen Röhre (Typ Neonröhre) lassen sich Atome elektrisch laden. Geladene Teilchen, sogenannte Ionen, lassen sich im elektrischen Feld durch Anzie-hung beschleunigen. Fliegende Ionen können anderseits durch ein Magnetfeld aus ihrer Bahn abgelenkt werden. Bei gleicher Geschwindigkeit ist die Ablenkung um so stärker, je kleiner die Masse und damit die Trägheit der Ionen ist. Verschieden schwere Teilchen können dann an verschiedenen Stellen des Apparats aufgefangen werden. Das Trennverfahren heisst **Massenspektrographie.** Macht man das beschrie-bene Experiment mit **reinen Elementen,** so erhält man in vielen Fällen **zwei oder mehr Fraktionen verschieden schwerer Atome.**

2. Wesen der Isotopie

Zwei Atome des gleichen Elements mit unterschiedlicher Masse sind nur möglich, wenn sie nicht gleichviel Neutronen besitzen. Die Protonenzahl muss dieselbe sein, sonst wären es zwei verschiedene Elemente.

Atome mit gleicher Protonen-, aber verschiedener Neutronenzahl werden als Isotope eines Elements bezeichnet. «Isotop» bedeutet «gleicher Platz» (im Periodensystem). Für eine bestimmte Atomart mit definierter Nukleonenzusammensetzung verwendet man auch den Ausdruck **Nuklid.**

Über drei Viertel aller natürlichen Elemente sind Isotopengemische. Insgesamt sind 346 natürliche Nuklide bekannt. Bei den meisten Elementen dominiert aber **ein** Isotop.

Zur Unterscheidung der verschiedenen Isotopen eines Elements wird links über das Symbol die Gesamtnukleonen- oder Massenzahl geschrieben.

---

^{2}H, ^{14}C, ^{131}I, ^{235}U

Man spricht von «Kohlenstoff-vierzehn», «Uran-zweihundertfünfunddreissig» usw.

3. Isotope des Wasserstoffs

Der Wasserstoff besitzt 3 Isotope. Sie haben als einzige Nuklide eigene Namen:

---

^{1}H   gewöhnlicher Wasserstoff, auch Protium genannt
^{2}H   **Deuterium** oder **schwerer Wasserstoff** (Symbol D)
^{3}H   **Tritium** (Symbol T)

Das Deuterium macht zirka 0,02% des natürlichen Wasserstoffs aus. Sein Oxid D_2O wird **schweres Wasser** genannt (Dichte 1,11 g/ml). Das Tritium ist radioaktiv. Es verwandelt sich unter β-Strahlung in ein Heliumisotop und hat eine Halbwertszeit von 12,3 Jahren (s. folgenden Abschnitt). Tritium und auch das stabile Deuterium finden in der Forschung als sogenannte Tracer Verwendung (S. 41).

4. Radioaktive Nuklide

Die Zahl der stabilen Isotope eines Elements ist eng beschränkt. Je kleiner die Ordnungszahl ist, desto weniger Isotope sind möglich. Nur bei ganz bestimmten Verhältnissen zwischen Neutronen- und Protonenzahl ist der Kern beständig. Bei den leichten Elementen, etwa bis Ordnungszahl 20, ist das Verhältnis Protonen : Neutronen nahe 1 : 1. Es verschiebt sich dann mehr und mehr bis gegen 1 : 1,6 bei den schwersten Elementen. Ist das Nukleonenverhältnis nicht ausgewogen, kann sich der Kern plötzlich spontan verändern. Durch Ausstossung von Partikeln wandelt er sich in einen stabilen um. **Nuklide mit instabilen Atomkernen sind radioaktiv** (strahlend). Die Entdeckung der radioaktiven Strahlung geht auf Becquerel (1896) zurück.

Strahlungsarten radioaktiver Nuklide

α-**Strahlen**   Heliumkerne (Pakete aus 2 Protonen und 2 Neutronen)
β-**Strahlen**   Elektronen
γ-**Strahlen**   kurzwellige («harte») Röntgenstrahlen

Bei Emission von α-**Strahlen** wird die Nukleonenzahl um 4, die Ordnungszahl um 2 verkleinert. Die Elektronen der β-**Strahlung** stammen nicht aus der Atomhülle, sondern auch aus dem Kern. Ein Neutron verwandelt sich im Moment des Zerfalls in 1 Proton und 1 Elektron. Das Elektron wird ausgestossen, das Proton bleibt im Kern. Bei der β-Strahlung nimmt deshalb die Ordnungszahl des Nuklids um 1 zu, die Gesamtnukleonenzahl bleibt gleich. γ-**Strahlen** sind oft Begleiter der β-Strahlen.

Beim radioaktiven Zerfall finden Elementumwandlungen statt.

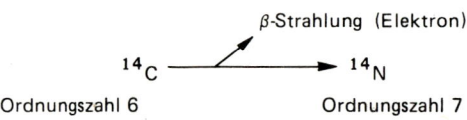

β-Strahlung (Elektron)

^{14}C ⟶ ^{14}N

Ordnungszahl 6   Ordnungszahl 7

Halbwertszeit

Die verschiedenen radioaktiven Isotope zerfallen verschieden rasch. Ein Mass für die Zerfallsgeschwindigkeit ist die **Halbwertszeit.** Sie ist die **Zeitspanne, während der sich die Hälfte eines radioaktiven Elements umwandelt** (Abb. 23). Der radioaktive Zerfall ist durch keine Umweltfaktoren, wie Temperatur und Druck, beeinflussbar. Für ein bestimmtes Atom lässt sich der Zeitpunkt des Zerfalls nicht voraussagen. Für eine sehr grosse Zahl von Atomen kann man aber berechnen, welcher Anteil in einer bestimmten Zeit zerfallen wird.

Beispiel:

Die Halbwertszeit von ^{125}I ist 60 Tage. Wieviel ist von 5 g ^{125}I nach 1 Jahr noch übrig? (Aus dem Iodnuklid entsteht ein Xenonnuklid.)
Die Ausgangsmenge wird in 360 Tagen 6mal halbiert: $5 \cdot (\frac{1}{2})^6 = 5 : 64 = $ **0,078 g.**

Die Halbwertszeit verschiedener Nuklide kann ausserordentlich divergieren (10^{-21} s bei einem künstlichen He-Isotop, 10^{18} Jahre bei einem natürlichen Bi-Isotop).

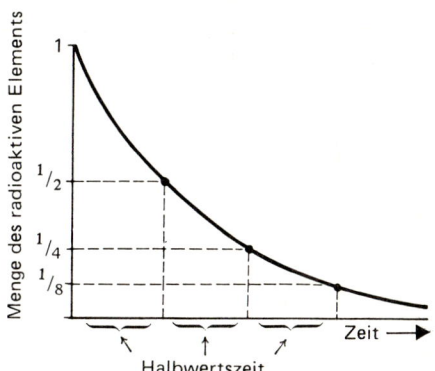

Abb. 23. Halbwertszeit radioaktiver Nuklide.

Härte und ionisierende Wirkung von Strahlen

Radioaktive Strahlen können wie die Röntgenstrahlen Materie durchdringen. Das Durchdringungsvermögen, die sogenannte Penetranz oder **Härte** der verschiedenen Strahlen, ist sehr unterschiedlich – auch schon innerhalb einer Strahlenart. α-Strahlen werden schon von ein paar Zentimetern Luft, β-Strahlen von einem dicken Papier praktisch ganz verschluckt. Die γ-Strahlung hat dagegen unvergleichlich grössere Penetranz. Sie wird durch 1 cm Blei bloss auf etwa die Hälfte abgeschwächt.

Alle Kernstrahlen gehören mit den Röntgenstrahlen zu den sogenannten **ionisierenden Strahlen.** Sie können beim Auftreffen auf Materie Elektronen aus der Hülle der Atome herauskatapultieren. Das zuvor elektrisch neutrale Atom wird so zum positiv geladenen Ion (S. 48). Die ionisierende Wirkung ist bei α-Strahlen am stärksten, bei γ-Strahlen relativ am geringsten (umgekehrte Reihenfolge wie für Härte). Ionenbildung in einem Atom einer Verbindung führt zu chemischen Veränderungen des betroffenen Stoffes. Ionisierende Strahlen können sich deshalb **für die lebende Zelle verhängnisvoll** auswirken (Stoffwechselstörungen, Krebserregung, Mutationen der

Erbsubstanz, Zelltod). Vor der α- und β-Strahlung schützen uns die Kleider (keine strahlende Materie schlucken oder einatmen!), vor γ-Strahlen nur massive Blei- oder Betonabschirmungen (s. Verordnungen des staatlichen Strahlenschutzes).

Natürliche Radioaktivität

Unter den Elementen der Ordnungszahlen 1–82 sind natürliche radioaktive Isotope selten. Von 83 (Bi) an aufwärts existieren aber überhaupt nur instabile Atomkerne, wenn auch zum Teil mit sehr grossen Halbwertszeiten. Mit Abstand den grössten Beitrag zur natürlichen Radioaktivität liefert das Isotop ^{40}K, welches 0,012% des gesamten Kaliums ausmacht. In 1 g natürlichem Kalium zerfallen pro Sekunde etwa 30 Atome: das ergibt gegen 5000 Strahlenimpulse pro Sekunde für das gesamte Kalium eines menschlichen Körpers. Das ^{40}K hat eine Halbwertszeit von 1,3 Milliarden Jahren.

Ein weiteres bedeutendes natürliches radioaktives Nuklid ist ^{14}C. Seine Halbwertszeit ist 5570 Jahre. Es wäre somit längst verschwunden, wenn es nicht ständig nachgebildet würde. Durch die kosmische Strahlung wird in der oberen Atmosphäre aus ^{14}N, dem gewöhnlichen Stickstoff, ^{14}C gebildet. Dieser wird zu $^{14}CO_2$ oxidiert. Neubildung und Zerfall halten sich in der Atmosphäre die Waage. Der Kohlenstoff, der durch die grüne Pflanze der Atmosphäre entzogen wird, verarmt allmählich an ^{14}C. Je älter ein organisches Material ist, desto weniger ^{14}C enthält es im Verhältnis zum Gesamtkohlenstoff. Diese Tatsache ermöglicht eine **Altersbestimmung** archäologischer Holz- und Knochenfunde. Die Altersgrenze, bei der noch aktiver Kohlenstoff nachgewiesen werden kann, ist zirka 40000 Jahre. Steinkohle, Erdöl und Kalkstein enthalten praktisch kein ^{14}C mehr.

Für die moderne Technik von grossem Wert sind die verschiedenen Isotope der Metalle mit höchsten Ordnungszahlen (s. «Kernspaltung», S. 41).

5. Künstliche Nuklide

Der Atomphysiker kann heute mit Hilfe erzwungener Kernreaktionen alle nur möglichen Nuklide (über 1000) künstlich herstellen. Durch Beschuss mit sehr rasch fliegenden Elementarpartikeln (Protonen, Elektronen, Deuteronen, Heliumkernen oder Neutronen) kann die Zusammensetzung von Atomkernen verändert werden. Die erste derartige künstliche Elementumwandlung war die folgende (Rutherford, 1919):

^{14}N + α-Teilchen → ^{17}O + Proton

Beim Beschuss mit geladenen Partikeln entstehen andere Elemente, beim Einfang von Neutronengeschossen andere Isotope des gleichen Elements.

^{12}C + 2n → ^{14}C

Auch die Transurane (Ordnungszahl >92) sind durch solche Kernreaktionen hergestellt worden. Die zum Beschuss erforderlichen schnellen geladenen Partikel werden im sogenannten Zyklotron produziert. Schnelle Neutronen entstehen in den «Uranbrennern» der Atomkraftwerke.

6. «Tracer»

Wir besitzen heute vorzügliche Apparate zur Messung von Kernstrahlen (sog. Impuls-
zähler). Anderseits lassen sich radioaktive Isotope von biologisch wichtigen Elemen-
ten, wie ^{3}H, ^{14}C, ^{32}P, ^{35}S, ^{55}Fe, ^{131}I, ^{125}I und andere, zu erschwinglichen Preisen
künstlich herstellen. Diese beiden Umstände haben der Biochemie ungeahnte Mög-
lichkeiten zur Erforschung des normalen und auch krankhaften Stoffwechsels in die
Hand gegeben. Ein radioaktives Isotop wird anstelle des stabilen (z. B. ^{14}C statt ^{12}C) in
einen Nährstoff, ein Vitamin oder Medikament eingebaut; der Stoff wird «markiert».
Dank dieser «Etikettierung» lassen sich der Stoff selbst und auch die aus ihm entstehenden Stoffwechselprodukte **auf dem Weg durch den Organismus verfolgen.** Das
radioaktive Nuklid kann irgendwo aufgespürt werden (engl. «tracing»). Verschiedene
Fraktionen von Körperflüssigkeiten und Organproben werden mit dem Registriergerät auf Strahlung «abgetastet». Die radioaktiven Verbindungen werden isoliert,
identifiziert und quantitativ erfasst. So ist es gelungen, ungezählte Stoffwechselvorgänge im gesunden und kranken Organismus aufzuklären.

7. Kernspaltung

Die **Kerne** gewisser schwerer Nuklide können durch Beschuss mit Elementarpartikeln, vor allem Neutronen, in zwei etwa **gleich grosse Stücke gespalten** werden.
Geschieht dies mit den Kernen von ^{235}U oder ^{239}Pu (künstliches Nuklid), so entstehen
gleichzeitig mindestens 2 neue Neutronen. Treffen diese ihrerseits wieder je einen
Kern, so bilden sich 4 und mehr Neutronen usw. Eine Kernzerfallslawine oder **Kettenreaktion** kommt in Gang. In Sekundenbruchteilen wird das ganze von den Neutronen
erreichbare Metall gespalten (Atomexplosion). Beim Zerfall werden ungeheure
Energiemengen frei. Es entwickeln sich Temperaturen von mehreren Millionen Grad
Celsius. 1 kg ^{235}U liefert etwa die gleiche Energie wie die Verbrennung von 3000 t
Kohle. Die beim Zerfall entstandenen leichteren Kerne sind zum Teil instabil (**radioaktiver Ausfall** der Kernwaffen). Die Zerfallskette kommt nur in Gang, wenn das
spaltbare Material eine minimale Masse hat (einige Kilogramm bei ^{235}U und ^{239}Pu). Ist
die Masse kleiner, entweichen zuviele Neutronen in die Aussenwelt, bevor sie einen
neuen Kern getroffen haben. Einzelne Neutronen, die eine Kettenreaktion auslösen
können, sind in der Atmosphäre stets vorhanden (durch kosmische Strahlung gebildet).
Im **Kernreaktor** ist die Zerfallslawine gewissermassen kanalisiert. Im natürlichen
Uran, das zu 99,3% aus ^{238}U und nur zu 0,7% aus ^{235}U besteht, ist eine Kettenreaktion
ausgeschlossen, weil die beim Zerfall von ^{235}U entstehenden schnellen Neutronen
von ^{238}U eingefangen werden, ohne dessen Zerfall zu bewirken. Als Reaktor«brennstoff» wird natürliches Uran verwendet, das nur mässig mit ^{235}U angereichert ist – im
Gegensatz zum hochangereicherten Kernwaffenmaterial. Ein **Moderatorelement,**
z. B. Graphit, bremst die Zerfallsneutronen auf mässige Geschwindigkeit ab, so dass
sie von ^{238}U nicht mehr eingefangen werden, wohl aber vom spaltbaren ^{235}U. Dies hat
eine viel grössere Neutronenausbeute zur Folge. Durch **Regelelemente** (Stäbe aus
Cadmium), die durch Bohrungen in den «Brennstoff» eingeschoben werden, fängt
man anderseits immer so viele Neutronen weg, dass die Zerfallsreaktion nicht ausser
Kontrolle gerät. Bei Überhitzung des Brennelements fallen die Regelstäbe auto-

matisch tiefer in die Bohrungen und stellen die Zerfallsreaktion ab. Der Reaktor kann also auch bei einem Unfall nicht zur Atombombe werden. Die bei der gezähmten Kernspaltung während Jahren gleichmässig freigesetzte Wärme wird zum Antrieb von Dampfturbinen und damit zur Produktion elektrischer Energie verwendet.

8. Kernfusion

Die Sonne bezieht die Energie, die sie seit Jahrmilliarden ins Weltall abstrahlt, aus folgendem **Kernverschmelzvorgang:**

$$4\,^1H \rightarrow \,^4He + 2e^+$$

4 Wasserstoffkerne vereinigen sich unter Ausstoss von 2 Positronen (Elektronen mit positiver Ladung) zu 1 Heliumkern. Dabei wird pro Kilogramm Wasserstoff etwa 7mal mehr Energie frei als bei der Spaltung von 1 kg Uran oder Plutonium.
In der Wasserstoffbombe, die in den fünfziger Jahren erprobt wurde, findet eine ähnliche Reaktion statt:

$$^3H + \,^2H \rightarrow \,^4He + n \quad \text{Tritium und Deuterium bilden Helium und 1 Neutron}$$

Kernfusionen finden nur oberhalb 50 Mio °C statt. Solche Temperaturen lassen sich mit Kernspaltexplosionen verwirklichen. Die H-Bombe braucht deshalb als Zünder eine «normale» Atombombe.
Die «Zähmung» der Kernfusion, welche alle Energieprobleme lösen würde, ist zurzeit in technischem Massstab nicht möglich. Die extreme Temperatur ist das grosse Hindernis.

XII. Atom- und Molekülmassen; das Mol

A. Grösse und Masse der Atome

Der **Durchmesser** des kleinsten Atoms (H) ist $0,6 \cdot 10^{-7}$ mm (weniger als 1 Zehn-millionstel mm), der des grössten (Fr) knapp 10mal grösser. Vergrössert man ein Atom und einen Golfball je eine halbe Milliarde mal, so wird das Atom zum Golfball und der Ball zur Erdkugel. Noch extremer ist die Kleinheit der **Masse** eines Atoms. Ein H-Atom wiegt $1,68 \cdot 10^{-24}$ g, d.h. in 1 g Wasserstoff hat es fast eine Quadrillion (24 Nullen) Atome. Würde man 1 g H gleichmässig auf die ganze Erdoberfläche verteilen, so entfielen auf jeden Quadratmillimeter etwa 1000 Atome. Für andere Atome und die meisten Moleküle sind die Verhältnisse wenig anders. 1 Liter Alkohol gleichmässig auf das ganze Weltmeer verteilt, ergäbe noch etwa 8000 Moleküle pro Liter Wasser.

Jedes Element hat seine eigene spezifische Atommasse.

B. Relative Atommassen

Die verschiedenen Atome vereinigen sich stets in **einfachen Verhältniszahlen** miteinander. Auf S. 21 wurde gezeigt, wie sich diese Zahlen ermitteln lassen. Für jeden Reinstoff lässt sich der Massenanteil jedes in diesem enthaltenen Elements analytisch bestimmen. Durch Elektrolyse von 18 g Wasser werden z. B. 16 g Sauerstoff + 2 g Wasserstoff erhalten. Wird 0,54 g Aluminium oxidiert, so nimmt dessen Masse um 0,48 g zu. 1,02 g Al_2O_3 enthalten somit 0,54 g Al und 0,48 g O. Aus der Bruttoformel und dem Analysenergebnis lässt sich das gegenseitige Massenverhältnis der verschiedenen Atomarten berechnen:

Wasser: $\dfrac{\text{Masse von 2 Atomen H}}{\text{Masse von 1 Atom O}} = \dfrac{2}{16} \qquad \dfrac{1H}{1O} = \dfrac{1}{16}$

Aluminiumoxid: $\dfrac{\text{Masse von 2 Atomen Al}}{\text{Masse von 3 Atomen O}} = \dfrac{54}{48} \qquad \dfrac{1Al}{1O} = \dfrac{27}{16} \qquad \dfrac{1Al}{1H} = \dfrac{27}{1}$

Ist einmal das wechselseitige Massenverhältnis aller Atomarten bekannt, lässt sich für alle Verbindungen mit bekannter Formel der Massenanteil der beteiligten Elemente berechnen. Kennt man für eine Reaktion die Gleichung, lässt sich auch vorausberechnen, wieviele Gramm des einen Partners mit wievielen Gramm des anderen reagieren und wieviele Gramm von jedem Produkt entstehen (s. «Stöchiometrie», S. 112). Für alle diese Berechnungen braucht man die tatsächliche Masse der einzelnen Atome nicht zu kennen. Es genügt die **relative Atommasse.**

Als **Bezugsgrösse** für die relativen Atommassen hat man zuerst das leichteste Element (H) gleich 1 gesetzt. Dadurch erhielten alle anderen Elemente Zahlen zwischen 1 und 238. Sauerstoff z. B. wurde 15,89. Weil für die Berechnung der Massenverhältnisse vor allem die Oxide dienten, war es sinnvoller, den Sauerstoff als Bezugselement zu wählen. Man setzte O = 16,0000. Damit wurden alle anderen Zahlen etwas grösser (H = 1,008). Weil der natürliche Sauerstoff ein Gemisch der drei Isotope ^{16}O, ^{17}O und ^{18}O und somit nichts streng Unveränderliches ist (99,76% sind immerhin ^{16}O), hat man 1961 nochmals korrigiert: Bezugsgrösse ist heute das **^{12}C-Nuklid,** also das C-Atom mit 6 Protonen und 6 Neutronen. Dessen relative Atommasse wurde 12,0000 gesetzt.

Die relative Atommasse eines Elements ist der Quotient aus der absoluten Masse von dessen Atom und $^1/_{12}$ der absoluten Masse des ^{12}C-Atoms (Abb. 24).

$$\frac{N}{^{12}C} = 14,01 \qquad\qquad \frac{Cl}{^{12}C} = 35,45$$

Abb. 24. Relative Atommassen.

Neutronen und Protonen sind praktisch gleich schwer. ^{12}C hat 12 dieser Kernpartikel pro Atom. Die relative Masse von Neutron und Proton, bezogen auf ^{12}C, ist somit fast 1. Dies bedeutet, dass alle Elemente, die ausschliesslich oder zur Hauptsache aus nur 1 Nuklid bestehen (die meisten), nahezu ganzzahlige Atommassen haben. Das natürliche Chlor ist ein Gemisch von etwa drei Vierteln ^{35}Cl und einem Viertel ^{37}Cl. Deshalb ist seine relative Atommasse zirka 35,5.

Häufig verwendete, gerundete relative Atommassen:

H: 1	C: 12	N: 14	O: 16	Na: 23	P: 31	S: 32	Cl: $35\frac{1}{2}$	K: 39	Ca: 40

Die genauen relativen Atommassen sämtlicher Elemente finden sich auf dem hinteren Buchdeckel.

C. Relative Molekülmassen

Ebenso wie die Masse eines Atoms kann auch jene eines Moleküls zur Masse des ^{12}C-Atoms in Beziehung gesetzt werden:

Die relative Molekülmasse eines Stoffes ist der Quotient aus der absoluten Masse von dessen Molekül und $^1/_{12}$ der absoluten Masse des ^{12}C-Atoms (Abb. 25).

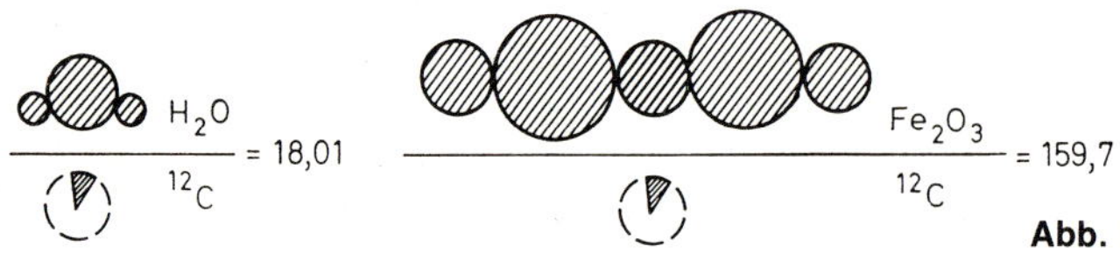

$$\frac{H_2O}{^{12}C} = 18,01 \qquad\qquad \frac{Fe_2O_3}{^{12}C} = 159,7$$

Abb. 25. Relative Molekülmassen.

Die absolute Masse eines Moleküls ist die Summe der Massen aller beteiligten Atome. Sinngemäss ist auch **die relative Masse des Moleküls die Summe der relativen Massen sämtlicher Atome.**

H_3PO_4	$3 \cdot H = 3,02$	$(NH_4)_2S$	$2N = 28,01$
	$1 \cdot P = 30,97$		$8H = 8,06$
	$4 \cdot O = \underline{64,00}$		$1S = \underline{32,06}$
Relative Molekülmasse	$97,99$		$68,13$

D. Das Mol und die molare Masse

Die relative Molekülmasse von H_2 ist 2, von $C_{12}H_{22}O_{11}$ (Rohrzucker) 342, von $C_{2952}H_{4664}O_{832}N_{812}S_8Fe_4$ (Hämoglobin) 65 323. Die absoluten Massen von je 1 Molekül Wasserstoff, Rohrzucker und Hämoglobin verhalten sich zueinander wie $2 : 342 : 65 323$ (Abb. 26). 2 **Gramm** Wasserstoff, 342 **Gramm** Rohrzucker und 65 323 **Gramm** Hämoglobin müssen demnach **gleichviele Moleküle** enthalten. Das Quantum Stoff, das soviele Gramm wiegt, wie die Zahl seiner relativen Molekülmasse angibt, bezeichnet man als **1 mol** dieses Stoffes. Das Kurzwort wird ohne Punkt und als Masseinheit klein geschrieben (das Mol, aber 25 mol); es darf nicht weiter abgekürzt werden.

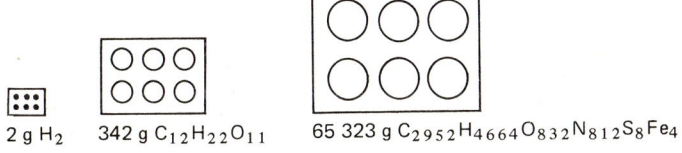

2 g H_2 342 g $C_{12}H_{22}O_{11}$ 65 323 g $C_{2952}H_{4664}O_{832}N_{812}S_8Fe_4$

Abb. 26. 1 mol Wasserstoffgas, Rohrzucker und Hämoglobin (jeder Kreis $\triangleq 10^{23}$ Moleküle).

Die Masse von 1 mol heisst molare Masse (Symbol M; Masseinheit g/mol).
Die Anzahl Einzelmoleküle in 1 mol, die sogenannte **Loschmidtsche Zahl** oder **Avogadro-Konstante N_A** ist $6,022 169 \cdot 10^{23}$ ($\sim 0,6$ Quadrillionen).
Ein Beispiel soll die oben definierten Zusammenhänge erläutern:

Die relative Molekülmasse von Wasser ist $2 \cdot 1 + 16 = 18$. 1 mol H_2O wiegt 18 g.
$M(H_2O) = 18$ g/mol (die molare Masse von Wasser ist 18 g/mol).
18 g Wasser enthalten $6,022 \cdot 10^{23}$ Moleküle.

Jedes Quantum eines Reinstoffs mit bekannter Formel lässt sich in Molpakete «abpacken». Anstelle der Masse einer Stoffportion interessiert in der Chemie oft weit mehr die Anzahl Mol, die sie enthält. Man bezeichnet diese Zahl als **Stoffmenge.** Ursprünglich galt der Begriff «Mol» nur für Moleküle. Heute gilt folgende erweiterte Definition:

$6,022 \cdot 10^{23}$ *gleichartige* **Teilchen (Atome, Moleküle, Ionen, Atomgruppen, Nukleonen, Elektronen) verkörpern 1 mol der betreffenden Teilchenart.**

1 mol $(NH_4)_3PO_4$ hat 1 mol PO_4-Gruppen, 3 mol NH_4-Gruppen, 4 mol O-Atome und 12 mol H-Atome.
1 mol Ca hat 2 mol N-Elektronen (äusserste Schale) und 20 mol Protonen.

Rechenbeispiele

1. Welche Masse hat die Stoffmenge 1,7 mol Schwefelsäure?
$M(H_2SO_4) = 2 + 32 + 64 = 98$ g/mol
1,7 mol $H_2SO_4 \,\hat{=}\, 1{,}7 \cdot 98 = $ **166,6 g** (das Zeichen $\hat{=}$ bedeutet «entspricht»)

2. Welche Stoffmenge verkörpert 1 kg Glucose ($C_6H_{12}O_6$)?
$M(C_6H_{12}O_6) = 180$ g/mol
1000 g Glucose $\hat{=}\, 1000 : 180 = $ **5,56 mol**

3. Welche molare Masse hat eine Substanz, wenn einer Stoffmenge von 0,285 mol die Masse 3,63 kg entspricht?
$M = 3630 : 0{,}285 = $ **12 737 g/mol**

E. Das molare Volumen der Gase

Das Gesetz von Avogadro lautet: Gleichviele Moleküle verschiedener Gase nehmen unter gleichen Bedingungen das gleiche Volumen ein. Da 1 mol von jedem Gas gleichviele Moleküle enthält, muss 1 mol irgend eines Gases auch dasselbe Volumen haben.
Das molare Volumen eines idealen Gases ist 22,4 Liter/mol bei Normalbedingungen, d. h. bei 0°C und 1,013 bar (mittlerer Atmosphärendruck auf Meereshöhe bei 45° Breite). Für Dämpfe nahe dem Kondensationspunkt («nichtideale» Gase) ist die Zahl etwas kleiner (für NH_3 z. B. 22,1 Liter/mol).

Rechenbeispiele

1. Welches Volumen haben 240 mg Ethangas (C_2H_6) bei Normalbedingungen?
$M(C_2H_6) = 2 \cdot 12 + 6 \cdot 1 = 30$ g/mol
30 g $\hat{=}$ 22,4 Liter   0,24 g $\hat{=} \dfrac{22{,}4}{30} \cdot 0{,}24 = 0{,}179$ Liter $\hat{=}$ **179 ml**

2. 1 m³ Luft enthält 0,1 ml Xenon. Wieviele Atome Xe hat es in 1 ml Luft?
1 ml ($\hat{=}\, 10^{-6}$ m³) Luft enthält $0{,}1 \cdot 10^{-6}$ ml oder 10^{-10} Liter Xe
22,4 Liter Xe $\hat{=}\, 6{,}022 \cdot 10^{23}$ Atome Xe
10^{-10} Liter Xe $\hat{=} \dfrac{6{,}022 \cdot 10^{23}}{22{,}4} \cdot 10^{-10} = $ **2,69 Billionen Xe-Atome**

Molare Massen und molares Volumen sind die Basis aller Berechnungen von Stoffumsätzen im Laborkolben wie im lebenden Organismus (S. 112).

III. Fragen zur Eigenkontrolle (Stoffgebiet S. 29–46)

1. Welche molare Massen haben a) Phosphorpentoxid, b) Bariumhydroxid?
2. Was haben die Elemente der gleichen Hauptgruppe gemeinsam?
3. Wie lauten die Gleichungen für die Reaktion von H_2O mit a) Barium, b) Aluminium, c) Quecksilber?
4. In welchem Gebiet des Periodensystems sind die Nichtmetalle, wo die Halbmetalle zu finden?
5. Was ist die Avogadro-Konstante?
6. Nennen Sie 6 Wasserstoffverbindungen mit Namen und Formeln.
7. Welches Nuklid entsteht, wenn sich ^{35}S unter β-Emission umwandelt?
8. Warum dürfen Glaswaren, die nur mit Leitungswasser gespült wurden, nicht für die Calciumanalyse verwendet werden?
9. Wie unterscheidet sich ein stabiles von einem radioaktiven Nuklid?
10. Wie ist die relative Molekülmasse und wie das Mol definiert?
11. Welche Elemente sind Erdalkalimetalle? Wieviele Elektronen haben sie auf der äussersten Schale und welche Wertigkeiten haben sie?
12. Warum kann metallisches Natrium nicht in feuchter Luft aufbewahrt werden?
13. Wieviele Kilogramm wiegen a) 25 mol Glycerin $C_3H_5(OH)_3$, b) 1,5 mol Harnstoff $(NH_2)_2CO$?
14. Wie verteilen sich die Elektronen a) des Magnesiums, b) des Broms auf die einzelnen Orbitale (Ordnungszahlen 12 bzw. 35)?

15. Bei der Spaltung eines Atoms des Nuklids ^{235}U entsteht je 1 Atom ^{137}Ba und ^{95}Mo. Wieviele Neutronen werden frei?
16. Wie heissen die 3 Isotope des Wasserstoffs und wie sind deren Kerne aufgebaut?
17. Welches Volumen erfüllen 16 g Sauerstoffgas bei 0 °C und 1,013 bar?
18. Welcher Stoffmenge entsprechen 3 m³ Kohlenmonoxidgas bei Normalbedingungen und welche Masse hat die Gasportion?
19. Was versteht man unter der L-Schale und was unter dem s-Orbital eines Atoms?
20. Ein rotes Blutkörperchen wiegt zirka 0,000 000 1 mg. Es besteht etwa zu einem Drittel aus Hämoglobin und dieses zu etwa 0,3 % aus Eisen. Wieviele Fe-Atome enthält ein Erythrozyt ungefähr?
21. Das Nuklid ^{131}I hat eine Halbwertszeit von 8 Tagen. Wieviele Milligramm des Elements sind nach einem halben Jahr von 1 g Ausgangsmaterial noch vorhanden?
22. Wie lässt sich erklären, dass das Argon eine grössere Atommasse hat als das Kalium, obschon dieses eine höhere Ordnungszahl hat als Ar?
23. Welcher Unterschied besteht zwischen radioaktivem Zerfall und Kernspaltung?
24. Warum darf Ionenaustauscherwasser nicht ohne weiteres zur Herstellung von Infusionslösungen verwendet werden?

(Antworten S. 352)

XIII. Elektrolyte

A. Die elektrolytische Dissoziation; Ionen

Ein Stoff leitet den elektrischen Strom, wenn er **geladene bewegliche** Teilchen enthält. Stoffe mit beweglichen, aber ungeladenen Partikeln (z. B. Gase) oder Stoffe mit geladenen, aber unbeweglichen Teilchen (z. B. Salzkristalle) leiten den Strom nicht. Untersucht man wässrige Lösungen auf ihre elektrische Leitfähigkeit, findet man zwei Klassen von Substanzen:

1. Stoffe, welche **leitende Lösungen** bilden = **Elektrolyte**	2. Stoffe, welche **nichtleitende Lösungen** bilden = **Nichtelektrolyte**
Beispiele: Kochsalz Schwefelsäure Natriumhydroxid Essigsäure	Beispiele: Rohrzucker Alkohol Aceton Stärke
Elektrolyte leiten in gelöstem oder geschmolzenem Zustand den elektrischen Strom; im festen Zustand sind sie Nichtleiter (im Gegensatz zu den Metallen, die flüssig und fest leiten)	**Nichtelektrolyte sind Stoffe, deren wässrige Lösungen oder Schmelzen den elektrischen Strom nicht leiten;** zahlreiche organische Verbindungen gehören zu den Nichtelektrolyten

Alle Säuren, Hydroxide und Salze sind Elektrolyte.

Gemäss Definition des elektrischen Leiters müssen die wässrigen Lösungen von Säuren, Hydroxiden und Salzen geladene bewegliche Teilchen, sogenannte **Ionen,** enthalten. Weil die Lösungen nach aussen neutral sind, müssen diese stets **gleichviele positive und negative Ladungen** haben.
Ionen liegen immer dann vor, wenn in einem Atom oder Molekül die Gesamtzahl der Kernladungen nicht mit der Gesamtzahl der Elektronen übereinstimmt.

Elektronenüberschuss = negative Ionen
Elektronendefizit = positive Ionen

Bei den Elektrolyten bilden sich die Ionen durch Spaltung von Molekülen (s. «Ionisierende Strahlen», S. 39). Die Elektronen verteilen sich derart ungleich auf die Bruchstücke, dass diese geladen erscheinen. Der Vorgang heisst **elektrolytische Dissoziation.** Wasser begünstigt die Dissoziation.

$$HCl \rightarrow H^+ + Cl^-$$

Salzsäure zerfällt in positive Wasserstoffionen und negative Chlorionen. Es entweicht aber weder brennbares Wasserstoffgas noch giftiges Chlorgas aus einer HCI-Lösung. Grund: **Geladene Atome haben ganz andere Eigenschaften als ungeladene; ihre Elektronenhülle ist verändert.**

B. Säuren und Laugen

1. Molekülbau und Dissoziation der Säuren und Hydroxide

Um dem Neuling ein späteres Umlernen zu ersparen, wird hier der früher gebräuchliche Name «Base» für Hydroxide oder Laugen vermieden. Der Begriff «Basen» hat in der modernen Chemie eine abgewandelte Bedeutung erhalten (S.119).

Alle **Säuremoleküle** bestehen aus **einem oder mehreren Wasserstoffatomen** und einem Rest, alle **Hydroxide** aus **einer oder mehreren Hydroxidgruppen** und einem Rest. Der Säurerest ist meistens ein Nicht- oder Halbmetall mit oder ohne Sauerstoff. Bei den Hydroxiden ist der Rest praktisch immer ein Metall (Ausnahme: Ammoniumhydroxid).

Säuren dissoziieren in positive Wasserstoffionen und negative Säurerestionen. Hydroxide dissoziieren in positive Metallionen und negative Hydroxidionen (Abb. 27). **Positive** Ionen heissen allgemein **Kationen, negative** Ionen heissen **Anionen** (Herkunft der Namen s. S.142).

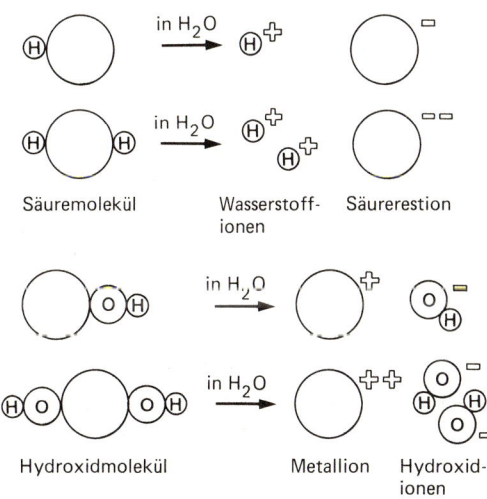

Säuremolekül   Wasserstoff-   Säurerestion
              ionen

Hydroxidmolekül   Metallion   Hydroxidionen

Abb. 27. Dissoziation von Säuren und Hydroxiden.

Die Wasserstoffionen und die Hydroxidionen (früher Hydroxylionen) prägen das Verhalten von Säuren und Laugen (Geschmack, Färbung von Indikatoren usw.).

Das H^+-Ion hat ein Defizit von 1 Elektron; es trägt somit die **positive Elementarladung** (S. 32). Das OH^--Ion hat 1 überschüssiges Elektron und besitzt die **negative Elementarladung.** Die rechts über die Ionenformel gesetzte Anzahl Plus- bzw. Minuszeichen entspricht der Zahl der Elementarladungen des Ions. In jeder Gleichung mit Ionen muss beidseitig des Pfeils die Summe aller Massen, und auch die **Summen aller Ladungen gleich** sein.

2. Anhydride und Pyrosäuren

Von allen Hydroxiden und den sauerstoffhaltigen Säuren lässt sich durch mehr oder weniger hohes Erhitzen Wasser abspalten. Dabei entstehen **Anhydride.** Der Ausdruck bedeutet «ohne Wasser». Durch Zusatz von Wasser zu einem Anhydrid kann die Säure bzw. das Hydroxid oft wiederhergestellt werden.

$H_2SO_4 \rightleftarrows H_2O + SO_3$	Schwefelsäureanhydrid (Schwefeltrioxid)
$2HNO_3 \rightleftarrows H_2O + N_2O_5$	Salpetersäureanhydrid (Distickstoffpentoxid)
$2H_3PO_4 \rightleftarrows 3H_2O + P_2O_5$	Phosphorsäureanhydrid (Diphosphorpentoxid)
$2NaOH \rightleftarrows H_2O + Na_2O$	Anhydrid der Natronlauge (Natriumoxid)
$Ba(OH)_2 \rightleftarrows H_2O + BaO$	Anhydrid der Barytlauge (Bariumoxid)
$Cu(OH)_2 \rightarrow H_2O + CuO$	
$2Fe(OH)_3 \rightarrow 3H_2O + Fe_2O_3$	irreversible Anhydridbildung

Bei einigen Säuren existieren Zwischenstufen zwischen Anhydrid und «normaler» Säure, sogenannte Pyrosäuren (griech. pyros = Feuer):

$$2SO_3 \xrightarrow{+H_2O} H_2S_2O_7 \xrightarrow{+H_2O} 2H_2SO_4 \qquad P_2O_5 \xrightarrow{+H_2O} 2HPO_3 \xrightarrow{+2H_2O} 2H_3PO_4$$

Pyroschwefelsäure Metaphosphorsäure

3. Eigenschaften einiger gebräuchlicher Säuren

Schwefelsäure

H_2SO_4 ist eine ölige Flüssigkeit von **hoher Dichte** (1,8 g/ml) und **hohem Siedepunkt** (330°C). 1 kg konzentrierte Schwefelsäure des Handels enthält etwa 980 g H_2SO_4. Kalt ist sie geruchlos. Beim Mischen von konzentrierter Schwefelsäure mit Wasser wird Wärme frei. Die Erwärmung kann so heftig sein, dass das Gemisch lokal zum Sieden kommt. Für H_2SO_4 gilt die Regel: **«Zuerst das Wasser, dann die Säure, sonst geschieht das Ungeheure.»** Die Säure ist **aggressiv auf organisches Material,** z.B. Hauteiweiss oder Cellulose. Spritzer, auch von verdünnter Säure, auf Baumwollstoffen erzeugen Löcher, spätestens bei der nächsten Wäsche. Konzentrierte H_2SO_4 ist stark **hygroskopisch,** d.h. sie zieht die Luftfeuchtigkeit an und verdünnt sich selbst damit. Durch Auflösen von SO_3 in absoluter H_2SO_4 wird **rauchende Schwefelsäure** hergestellt, die noch aggressiver ist als blosse Schwefelsäure. Konzentrierte H_2SO_4 wird mit verschiedenen Zusätzen zur **feuchten Veraschung** verwendet (s. «Kjeldahl-Analyse», S. 271). Der hohe Siedepunkt ermöglicht ein Verbrennen von organischem Material in gelöstem Zustand.

Salpetersäure

HNO_3 ist eine stechend riechende Flüssigkeit (Siedepunkt 86°C). Sie mischt sich wie Schwefelsäure in jedem Verhältnis mit Wasser. 1 kg konzentrierte Säure des Handels enthält etwa 650 g HNO_3. Heisse Salpetersäure ist ein starkes **Oxidationsmittel** (S. 77). Cu und Ag werden von HNO_3 aufgelöst. Dabei entsteht nicht Wasserstoff, wie bei der Reaktion von unedlen Metallen mit Säuren, sondern Stickstoffmonoxid und Wasser ($3Ag + 4HNO_3 \rightarrow 3AgNO_3 + NO + 2H_2O$). Das NO wird an der Luft zum braunen, giftigen Stickstoffdioxid NO_2 oxidiert («nitrose Gase»). Bei kurzem Kontakt der Haut mit HNO_3 bilden sich gelbe Flecken (Xanthoproteinreaktion), bei längerer Berührung schwer heilende Verätzungen.

Salzsäure

HCl ist ein stechend riechendes **Gas.** Bei Zimmertemperatur lösen sich in 1 Liter Wasser etwa 450 Liter Chlorwasserstoffgas. Die konzentrierte Salzsäure des Handels («rauchende Salzsäure») enthält etwa 370 g HCl/kg Lösung. Beim offenen Stehen der Säure entweicht HCl-Gas. Dieses zieht aus der Luft Wasser an und bildet **Nebel.** Mit Ammoniakgas verbindet sich HCl-Gas zu weissem **Rauch** von Ammoniumchlorid NH_4Cl (gegenseitiger Nachweis der beiden Gase). Nebel ist fein verteilte Flüssigkeit in einem Gas, Rauch ist fein verteilter Feststoff in Gas. Ein Gemisch aus 3 Volumen konzentrierter HCl und 1 Volumen konzentrierter HNO_3 heisst **Königswasser.** Dieses löst selbst Gold (den «König» der Metalle) und Platin.

H_2SO_4, HNO_3 und HCl werden als **Mineralsäuren** zusammengefasst.

Perchlorsäure

$HClO_4$ wird in verdünnter Lösung als **Eiweissfällungsmittel** verwendet (S. 269). Zusammen mit konzentrierter H_2SO_4 wirkt $HClO_4$ in der Hitze **stark oxidierend** auf organisches Material. Das Gemisch wird daher zur **feuchten Veraschung** verwendet (z. B. für die Bestimmung von Metallen in biologischem Material). Kontakt von konzentrierter Perchlorsäure mit leicht oxidierbarem Material kann zu Explosionen führen!

Phosphorsäure

Absolute H_3PO_4 ist sirupartig, geruchlos und in jedem Verhältnis mit Wasser mischbar. Ihr Anhydrid P_2O_5 wird als Trocknungsmittel gebraucht (S.110). Ihre Salze, die Phosphate, finden oft als Puffer Verwendung (S.132).

Salpetrige Säure

HNO_2 ist **nur in verdünnter Lösung** herstellbar. Sie wird aus ihren Salzen, den Nitriten, gewonnen. Die Säure wird vor allem bei der Herstellung von **Azofarbstoffen** verwendet (S. 293, 320).

Kohlensäure

H_2CO_3 ist **nur in äusserst verdünnter Lösung** zu haben. Sie zerfällt sehr leicht in Anhydrid (CO_2) und Wasser. Die Kohlensäure bzw. das Kohlendioxid sind **Stoffwechselendprodukte** und Bestandteile des **Blutpuffersystems** (S. 136). Festes Kohlendioxid ist das **Trockeneis.** Es geht bei $-78\,^\circ C$ vom festen direkt in den gasförmigen Zustand über, ohne zu schmelzen **(Sublimation).**

Borsäure

H_3BO_3 ist fest und kristallin. In 1 Liter kaltem Wasser lösen sich nur etwa 30 g. H_3BO_3 ist **eine der schwächsten anorganischen Säuren.** Sie findet bei der Kjeldahl-Analyse (S. 271) und zur Pufferherstellung Verwendung. Früher wurde die Säure als mildes Desinfektionsmittel gebraucht (Augen). Wegen vorgekommener Vergiftungen ist sie nicht mehr empfohlen. **Borax** ($Na_2B_4O_7$) ist das Salz der Tetraborsäure, einer Pyrosäure (S. 49).

Schwefelwasserstoff

H_2S ist ein nach faulen Eiern stinkendes, **stark giftiges Gas.** Es entsteht bei Fäulnis von Proteinen und kann aus Eisensulfid und Salzsäure hergestellt werden (S.64).

Tabelle 8. Namen und Formeln einiger Säuren, nach abnehmender Stärke geordnet

Name	Säuremolekül	Säurerestion	pK-Wert (S.121)	
Perchlorsäure	$HClO_4$	$[ClO_4]^-$	-9	stark
Iodwasserstoff	HI	I^-	-9	
Bromwasserstoff	HBr	Br^-	-7	
Chlorwasserstoff (Salzsäure)	HCl	Cl^-	-6	
Schwefelsäure	H_2SO_4	$[SO_4]^{2-}$	-3	
Salpetersäure	HNO_3	$[NO_3]^-$	$-1,4$	
Chlorsäure	$HClO_3$	$[ClO_3]^-$	0	
Schweflige Säure	H_2SO_3	$[SO_3]^{2-}$	$1,8$	mittel
Phosphorsäure	H_3PO_4	$[PO_4]^{3-}$	$2,1$	
Fluorwasserstoff (Flussäure)	HF	F^-	$3,1$	
Salpetrige Säure	HNO_2	$[NO_2]^-$	$3,2$	
Kohlensäure	H_2CO_3	$[CO_3]^{2-}$	$6,4$	schwach
Schwefelwasserstoff	H_2S	S^{2-}	$7,0$	
Unterchlorige Säure	$HClO$	ClO^-	$7,5$	
Borsäure	H_3BO_3	$[BO_3]^{3-}$	$9,1$	
Cyanwasserstoff (Blausäure)	HCN	CN^-	$9,2$	
Kieselsäure	H_4SiO_4	$[SiO_4]^{4-}$	$9,7$	

Bei den O-haltigen Säurerestionen lässt sich nicht mehr entscheiden, welcher Sauerstoff einfach und welcher doppelt gebunden ist. Die Doppelbindungen ändern laufend ihre Lage. Die Strukturformel für zusammengesetzte Ionen schreibt man daher oft ohne Valenzstriche, dafür in eckigen Klammern. Man spricht von komplexen Anionen (S. 76, 172).

Blausäure

HCN (Cyanwasserstoff) ist eine nach bitteren Mandeln riechende, leichtflüchtige Flüssigkeit (Siedepunkt 26 °C). Die **ausserordentliche Giftigkeit** der Blausäure beruht auf der **Hemmung der Atmungsfermente** und damit der Lähmung des Zellstoffwechsels. Die tödliche Dosis ist zirka 1 mg/kg Körpergewicht. Ihren Namen hat die Blausäure vom Berliner Blau, aus dem sie hergestellt werden kann (S.175).

4. Eigenschaften einiger wasserlöslicher Hydroxide

Die wasserlöslichen Hydroxide bilden mit Wasser **Laugen.** Sie lassen sich alle aus ihren Anhydriden und Wasser herstellen. Na, K, Ca und Ba können auch direkt mit Wasser Hydroxide bilden. Dabei wird Wasserstoff frei (S. 30). Die Hydroxide von Mg, Al und sämtlichen Schwermetallen sind praktisch wasserunlöslich. Sie können nur aus ihren Salzen, nicht aber aus den Anhydriden erhalten werden.

Natriumhydroxid

Wie alle Metallhydroxide ist NaOH **fest.** Es kommt meist als gegossene Plätzchen (Rotuli) in den Handel. Festes NaOH nimmt aus der Luft Wasser und auch CO_2 auf (Vorratsgefässe nicht offen lassen!). Beim Auflösen in Wasser entwickelt sich Wärme. Beim Herstellen grosser Mengen konzentrierter Lauge kann sich die Lösung in kurzer Zeit zum Sieden erhitzen (Vorsicht mit dickwandigen Glasgefässen!). Bei Zimmertemperatur gesättigte NaOH (etwa 65 g/100 g H_2O) heisst **Öllauge.** Natriumcarbonat, das sich durch Aufnahme von CO_2 gebildet hat, ist in gesättigter NaOH unlöslich und sinkt zu Boden. Carbonatfreie Titrierlaugen (S.138) werden daher durch Verdünnen von Öllaugen hergestellt. NaOH und KOH greifen Glas an (für konzentrierte Laugen Plastikgefässe verwenden!). Alle Laugen sind sehr **aggressiv auf die Schleimhäute (Augen schützen!).**

Kaliumhydroxid

KOH ist in allen Eigenschaften dem Natriumhydroxid sehr ähnlich. Es ist noch leichter wasserlöslich als NaOH und als Lauge stärker. KOH und NaOH sind auch **in Alkohol löslich.**

Calciumhydroxid

Ca(OH)$_2$ ist **schlecht wasserlöslich** (nur etwa 0,15 g/100 g H_2O bei 20 °C). Es entsteht beim Übergiessen von gebranntem Kalk (CaO) mit Wasser. Calciumhydroxid wird daher auch als gelöschter Kalk bezeichnet.

Bariumhydroxid

Ba(OH)$_2$ ist besser wasserlöslich als Ca(OH)$_2$ (etwa 6 g/100 g H_2O bei 20 °C). Barytlauge dient zum **Nachweis von CO_2** (S.17).

Ammoniumhydroxid

Das metall-lose Hydroxid existiert **nur in wässriger Lösung,** die man durch Einleiten von Ammoniak in H_2O erhält. 1 kg konzentriertes Ammoniak des Handels enthält 250–300 g NH_3. Der grösste Teil des Gases ist als NH_3 physikalisch in H_2O gelöst. Nur wenige Moleküle haben mit Wasser reagiert: $NH_3 + H_2O \rightarrow NH_4^+ + OH^-$. Ein NH_4OH-Molekül scheint gar nicht zu existieren (S.120). Wenn im folgenden von Ammoniumhydroxid mit der Formel NH_4OH die Rede ist, bedeutet dies eigentlich eine Lösung von

Ammoniak in Wasser ($NH_3 + H_2O/NH_4^+ + OH^-$). Beim Erhitzen von Ammoniaklösungen oder beim Zusatz von starken Laugen entweicht gasförmiges NH_3. Das Gas riecht stechend und reizt zu Tränen.

Tabelle 9. Namen und Formeln einiger wichtiger Hydroxide

Name	Formel	Farbe	Stärke
Natriumhydroxid (Natronlauge)	NaOH	farblos	} stark
Kaliumhydroxid (Kalilauge)	KOH	farblos	
Calciumhydroxid (Kalkmilch; gelöschter Kalk)	$Ca(OH)_2$	farblos	} mittelstark
Bariumhydroxid (Barytlauge)	$Ba(OH)_2$	farblos	
Ammoniumhydroxid (Ammoniakwasser)	«NH_4OH»	farblos	schwach
Magnesiumhydroxid	$Mg(OH)_2$	weiss	}
Aluminiumhydroxid	$Al(OH)_3$	weiss	
Zinkhydroxid	$Zn(OH)_2$	weiss	wasserunlös-
Eisen(II)-hydroxid	$Fe(OH)_2$	hellgrün	liche Hydroxide
Eisen(III)-hydroxid	$Fe(OH)_3$	braun	
Kupfer(II)-hydroxid	$Cu(OH)_2$	blau	}

5. Der Dissoziationsgrad der Säuren

Wenn eine Säure in Wasser aufgelöst wird, zerfallen nicht alle ihre Moleküle. Neben Wasserstoff- und Säurerestionen hat es stets auch intakte Moleküle in Lösung. **Eine Säure ist um so stärker, je leichter ihre Moleküle dissoziieren.** Bei den stärksten Säuren ($HClO_4$, HCl) sind in verdünnter Lösung praktisch alle Moleküle ionisiert. Bei der extrem schwachen Blausäure sind von 1 Million Molekülen bloss etwa 20 dissoziiert. Das Ausmass des Zerfalls wird durch eine Zahl charakterisiert:

$$\text{Dissoziationsgrad} = \frac{\textbf{Anzahl zerfallener Moleküle}}{\textbf{Gesamtzahl der Moleküle}}$$

Der **Dissoziationsgrad** ist **keine Konstante**. Er lässt sich **beeinflussen**.

Verdünnung

Bei allen Elektrolyten **nimmt der Dissoziationsgrad mit steigender Verdünnung zu** (die Ionen haben mehr Platz, treten sich seltener nahe und fangen sich weniger leicht gegenseitig ein).

Temperatur

Bei den schwachen Säuren **nimmt der Dissoziationsgrad mit steigender Temperatur zu** (s. «Thermolyse», S. 10). Gekochtes Obst schmeckt warm saurer als kalt, weil die Fruchtsäuren in der Wärme stärker dissoziieren als in der Kälte. Sauren Geschmack haben nur die Wasserstoff**ionen**.

Lösungsmittel

Die Dissoziation ist für alle Elektrolyte **besonders gross in Wasser.**
Wasser vermindert die Anziehungskräfte zwischen Ionen um einen Faktor von etwa 80 gegenüber dem Trockenzustand.

Nicht zu verwechseln mit dem Dissoziationsgrad ist die Dissoziationskonstante von Säuren und Basen (S.120).

6. Die Wertigkeit von Säuren und Hydroxiden

Die Wertigkeit einer Säure ist gleich der Zahl der dissoziierbaren Wasserstoffatome eines Moleküls.

HCl $\}$ 1wertig HNO_3 H_2SO_4 $\}$ 2wertig H_2CO_3 H_3BO_3 $\}$ 3wertig H_3PO_4 H_4SiO_4 4wertig

Die Wertigkeit der Säuren mit zusammengesetztem Säurerest ist verschieden von der Wertigkeit des beteiligten Nicht- oder Halbmetalls (S. 24).
Für die anorganischen Säuren ist die Wertigkeit gleich der Gesamtzahl der Wasserstoffatome pro Molekül. Anders ist es bei den meisten organischen Säuren.

Die Wertigkeit eines Hydroxids ist gleich der Zahl der Hydroxidgruppen pro Molekül.

KOH $\}$ 1wertig $NaOH$ $Ba(OH)_2$ $\}$ 2wertig $Fe(OH)_2$ $Fe(OH)_3$ $\}$ 3wertig $Al(OH)_3$

Für die Metallhydroxide entspricht der Wertigkeit des Metalls auch die Wertigkeit des Hydroxids.

7. Dissoziation der mehrwertigen Säuren

Die mehrwertigen schwachen Säuren zerfallen stufenweise in Ionen.

$$H_2CO_3 \rightarrow H^+ + HCO_3^-$$
$$\rightarrow H^+ + CO_3^{2-}$$

In einer Kohlensäurelösung sind die Hydrogencarbonationen (HCO_3^-) etwa 10000mal häufiger als die Carbonationen (CO_3^{2-}). Die Anziehung des doppelt geladenen CO_3^{2-} auf H^+-Ionen ist sehr viel grösser als die des nur einfach geladenen HCO_3^-.

$$H_3PO_4 \rightarrow H^+ + H_2PO_4^- \text{ (Dihydrogenphosphation)}$$
$$\rightarrow H^+ + HPO_4^{2-} \text{ (Hydrogenphosphation)}$$
$$\rightarrow H^+ + PO_4^{3-} \text{ (Phosphation)}$$

In einer Lösung von Phosphorsäure hat es nebeneinander H^+-Ionen, viel undissoziierte H_3PO_4, wenig $H_2PO_4^-$, noch weniger HPO_4^{2-} und am wenigsten PO_4^{3-}.
Bei der starken Schwefelsäure ist die Dissoziation nur für das erste H^+ fast vollständig.
In verdünnter H_2SO_4 hat es beträchtliche Mengen HSO_4^--Ionen.

C. Die Neutralisation; das Säure-Laugen-Äquivalent

Mischt man 1 mol HCl und 1 mol NaOH, so verschwinden alle typisch sauren bzw. alkalischen Eigenschaften der beiden Stoffe.

Säuren und Laugen neutralisieren sich gegenseitig.

Ein Wasserstoffion der Säure verbindet sich mit einem Hydroxidion der Lauge zu einem Wassermolekül. Anion der Säure und Kation des Hydroxids bilden zusammen ein Salz (Abb. 28).

Säure + Lauge → Salz + Wasser

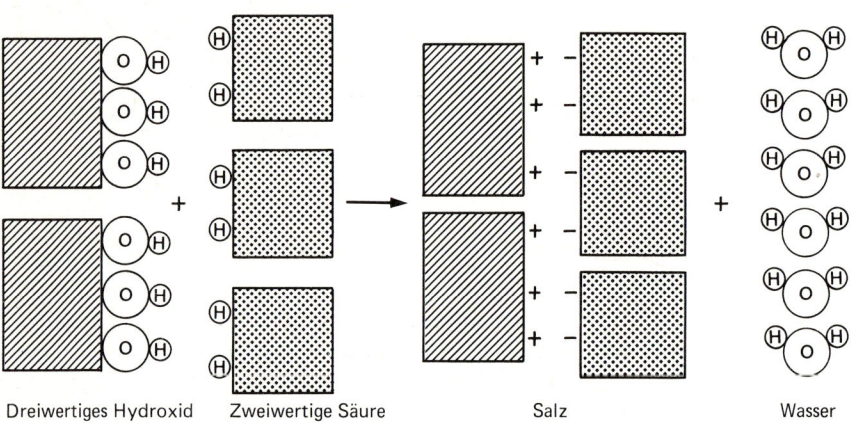

Dreiwertiges Hydroxid   Zweiwertige Säure   Salz   Wasser

Abb. 28. Neutralisation.

Wenn das entstehende Salz in Lösung bleibt, reduziert sich die Neutralisation **starker Säuren und Laugen** zu einer Vereinigung von H^+ und OH^- zu H_2O. Die Metall- und Säurerestionen bleiben in der Salzlösung dissoziiert (Abb. 29).

$$2KOH \quad + \quad H_2SO_4 \quad \longrightarrow \quad K_2SO_4 \quad + \quad 2H_2O$$

$$2K^+ + 2OH^- \quad + \quad 2H^+ + SO_4^{2-} \quad \longrightarrow \quad 2K^+ + SO_4^{2-} \quad + \quad 2H_2O$$

$$2H^+ + 2OH^- \quad \longrightarrow \quad 2H_2O$$

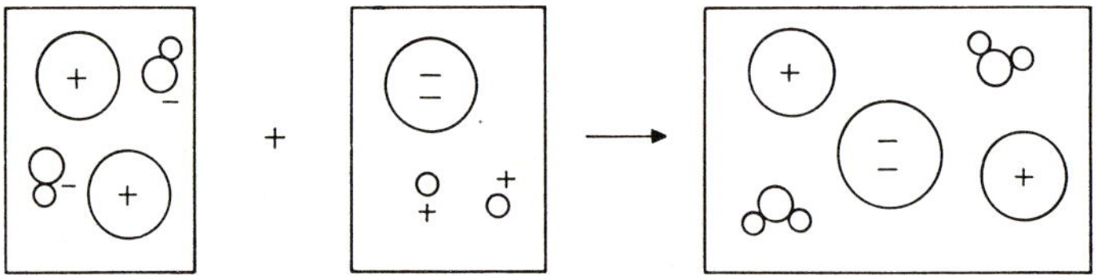

Einwertige   Zweiwertige   Salzlösung
starke Lauge   starke Säure

Abb. 29. Neutralisation starker Säuren und Laugen.

Bei der Neutralisation **schwacher Säuren und Laugen** reagieren erst nur die freien H^+ und OH^-. Die verschwundenen Ionen werden aber sofort durch Zerfall weiterer Moleküle nachgeliefert; die neuen H^+ und OH^- bilden wiederum augenblicklich H_2O. So reagieren schliesslich alle ionisierbaren H mit allen ionisierbaren OH (gleiche Stoffmengen für beide vorausgesetzt). Das Nachdissoziieren geht sehr schnell, so dass sich die Neutralisation von schwachen und starken Elektrolyten im Endeffekt nicht unterscheidet.

1 H^+-Ion neutralisiert 1 OH^--Ion.

1 mol H^+-Ionen neutralisiert 1 mol OH^--Ionen unter Bildung von 1 mol H_2O.

Je $6,022 \cdot 10^{23}$ H^+- bzw. OH^--Ionen sind einander «gleichwertig» oder **äquivalent.**

Man bezeichnet das Quantum Säure, das $6 \cdot 10^{23}$ H^+-Ionen, und das Quantum Hydroxid, das $6 \cdot 10^{23}$ OH^--Ionen liefert, als **1 Äquivalent,** abgekürzt eq (früher Val).

1 eq Säure enthält 1 mol dissoziierbare (neutralisierbare) H-Atome.

1 eq Hydroxid hat 1 mol dissoziierbare (neutralisierbare) OH-Gruppen.

1 eq irgendeiner Säure neutralisiert 1 eq irgendeines Hydroxids.

1 mol HCl oder HNO_3, KOH oder NaOH hat auch 1 mol H^+ bzw. OH^- abzugeben.
1 mol 1wertige Säure oder 1wertiges Hydroxid $\triangleq$ 1 eq.
1 mol $Ba(OH)_2$ liefert 2 mol OH^--Ionen, 1 mol H_3PO_4 gibt total 3 mol H^+ ab.
1 mol 2wertiges Hydroxid $\triangleq$ 2 eq; 1 mol 3wertige Säure $\triangleq$ 3 eq usw.
Für Phosphorsäure gilt: 1 eq $\triangleq$ $^1/_3$ mol, also:

$$\text{Masse von 1 eq} = \frac{\text{Masse von 1 mol}}{\text{Wertigkeit}}$$

1 eq Phosphorsäure wiegt demnach $98 : 3 = 32,67$ g (Abb. 30).

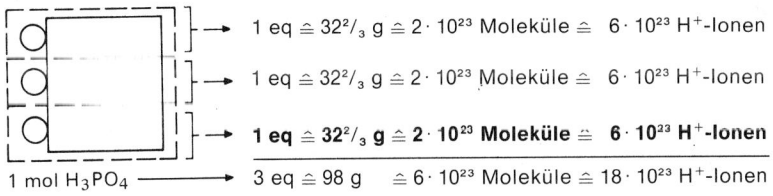

1 eq $\triangleq$ $32^2/_3$ g $\triangleq$ $2 \cdot 10^{23}$ Moleküle $\triangleq$ $6 \cdot 10^{23}$ H^+-Ionen

1 eq $\triangleq$ $32^2/_3$ g $\triangleq$ $2 \cdot 10^{23}$ Moleküle $\triangleq$ $6 \cdot 10^{23}$ H^+-Ionen

1 eq $\triangleq$ $32^2/_3$ g $\triangleq$ $2 \cdot 10^{23}$ Moleküle $\triangleq$ $6 \cdot 10^{23}$ H^+-Ionen

1 mol H_3PO_4 $\longrightarrow$ 3 eq $\triangleq$ 98 g $\triangleq$ $6 \cdot 10^{23}$ Moleküle $\triangleq$ $18 \cdot 10^{23}$ H^+-Ionen

Abb. 30. Mol und Äquivalent der Phosphorsäure.

Rechenbeispiele

1. Wieviele Äquivalente sind 120 g Schwefelsäure?
Molare Masse von H_2SO_4 = 98 g/mol; Wertigkeit 2
1 eq $\triangleq$ $\frac{1}{2}$ mol $\triangleq$ 49 g   120 g $\triangleq$ $120 : 49 =$ **2,45 eq**

2. Wieviele Gramm $Ca(OH)_2$ neutralisieren 20 eq Phosphorsäure?
20 eq Säure neutralisieren 20 eq Hydroxid
20 eq $Ca(OH)_2$ $\triangleq$ 10 mol $\triangleq$ $10 \cdot 74$ g $= $ **740 g $Ca(OH)_2$**

3. 15,2 eq Lauge neutralisieren 4560 g einer 4wertigen Säure. Welche molare Masse hat diese?

15,2 eq $\hat{=}$ 4560 g;   1 eq $\hat{=}$ 4560 : 15,2 = 300 g

1 mol $\hat{=}$ 4 eq $\hat{=}$ 1200 g; **M = 1200 g/mol**

Neutralisationsgleichungen

Zum Aufbau der Gleichung für irgendeine Neutralisation werden erst je 1 eq Säure und Hydroxid eingesetzt, z.B.

$\frac{1}{2}H_2SO_4 + \frac{1}{3}Al(OH)_3 \rightarrow$

Dann werden durch Erweitern die Koeffizienten ganzzahlig gemacht (hier Faktor 6):

$3H_2SO_4 + 2Al(OH)_3 \rightarrow$

Die Gesamtzahl H-Atome der Säure (= Gesamtzahl OH-Gruppen des Hydroxids) ist gleich der Zahl der gebildeten H_2O-Moleküle. Der Koeffizient des Hydroxids wird zum Index des Kations, der Koeffizient der Säure zum Index des Anions in der Salzformel.

$3H_2SO_4 + 2Al(OH)_3 \rightarrow 6H_2O + Al_2(SO_4)_3$ (Abb. 28)

$NaOH + HCl \rightarrow NaCl + H_2O$

$2KOH + H_2SO_4 \rightarrow K_2SO_4 + 2H_2O$

$Fe(OH)_3 + 3HBr \rightarrow FeBr_3 + 3H_2O$

$Ca(OH)_2 + H_2CO_3 \rightarrow CaCO_3 + 2H_2O$

$Ba(OH)_2 + 2HNO_3 \rightarrow Ba(NO_3)_2 + 2H_2O$

$2Al(OH)_3 + 3H_2S \rightarrow Al_2S_3 + 6H_2O$

$3Cu(OH)_2 + 2H_3PO_4 \rightarrow Cu_3(PO_4)_2 + 6H_2O$

$4Al(OH)_3 + 3H_4SiO_4 \rightarrow Al_4(SiO_4)_3 + 12H_2O$

Neutralisation im weiteren Sinn

Die Reaktion einer Säure mit einem Hydroxid bezeichnet man als **Neutralisation im engeren Sinn.** Salze können aber auch unter Beteiligung von **Anhydriden** entstehen:

$H_2SO_4 + Na_2O \rightarrow Na_2SO_4 + H_2O$

$SO_3 + 2NaOH \rightarrow Na_2SO_4 + H_2O$

$SO_3 + Na_2O \quad \rightarrow Na_2SO_4$

Auch durch Reaktion von Säure mit Metall oder sogar von gewissen Nichtmetallen (Halogenen) und Metallen können Salze entstehen:

$H_2SO_4 + 2Na \rightarrow Na_2SO_4 + H_2$

$Cl_2 + 2Na \quad \rightarrow 2NaCl$

Alle solchen Vorgänge fasst man als **Neutralisationen im weiteren Sinn** zusammen.

D. Salze

1. Eigenschaften der Salze

Alle Salze sind bei Zimmertemperatur **fest**. Ihr Schmelzpunkt ist mit wenigen Ausnahmen sehr hoch (Kochsalz 801 °C). Die Wasserlöslichkeit ist sehr unterschiedlich
(z. B. 140 g/100 g Wasser bei Kaliumiodid und $2 \cdot 10^{-7}$ g/100 g H_2O bei Silberiodid).
**In verdünnter wässriger Lösung sind die allermeisten Salze praktisch vollständig
dissoziiert:**

$$(NH_4)_2SO_4 \rightarrow 2NH_4^+ + SO_4^{2-}$$

Im festen Zustand bilden die Salze keine Moleküle im herkömmlichen Sinn. Beim
Kristallisieren behalten die Ionen ihre Ladungen. Beim Konzentrieren einer Salzlösung ziehen sich die entgegengesetzt geladenen Ionen mehr und mehr an und
ordnen sich schliesslich zu regelmässigen **Kristallgittern,** in denen positive und
negative Ionen abwechseln (Abb. 31). Das Molekül NaCl ist somit eine Fiktion. Ein
Salzkristall ist eigentlich ein einziges gigantisches Molekül. Im Kristallinnern ist
jedes Na^+-Ion von 6 Cl^--Ionen und jedes Cl^--Ion von 6 Na^+-Ionen umgeben (s. «Die

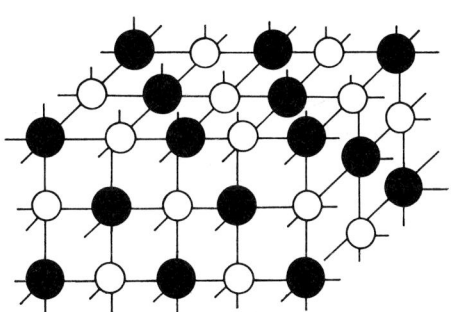

Abb. 31. Kochsalzkristall.

Ionenbindung», S. 72). In Gleichungen und bei Umsatzberechnungen steht die Formel NaCl als kleinstes Bauelement, als «Zelle» des Salzkristalls, die alles enthält,
was zum Kochsalz gehört. Die molare Masse von NaCl ist die Masse von $6 \cdot 10^{23}$ Na^+-
Ionen + $6 \cdot 10^{23}$ Cl^--Ionen. M(NaCl) = 58,44 g.
Neben dem Würfelgitter, wie es das NaCl besitzt, gibt es noch eine Vielzahl kom-
plizierterer, meist weniger symmetrischer Kristallordnungen (hexagonale, tetrago-
nale, rhombische usw.).

2. Nomenklatur der Salze

Die chemischen Namen der Salze werden wie folgt gebildet: An den Namen des
Kations (Metall bzw. Ammonium) wird ein Teil des lateinischen Namens der Säure
und eine Endung angehängt, die sich nach dem Sauerstoffgehalt der Säure richtet.
Die Salze der O-freien Säuren haben alle die Endung -id. Beispiele: NH_4Cl = Ammoniumchlorid, KCN = Kaliumcyanid. Existiert von einem Nichtmetall nur **eine** O-

haltige Säure, dann erhält das Salz die Endung **-at.** Beispiel: Na_2CO_3 = Natrium-carbonat. Gibt es von einem Nichtmetall zwei O-haltige Säuren, so bekommt das Salz mit dem höheren O-Gehalt die Endung **-at,** das mit dem tieferen Gehalt die Endung **-it.** Für Nichtmetalle mit mehr als zwei Sauerstoffsäuren kommt folgendes System zur Anwendung (s. auch Tab. 10):

	-per-...**-at**	$KClO_4$ Kalium**per**chlor**at**	Nur beim Chlor
Abnehmender	**-at**	$KClO_3$ Kaliumchlor**at**	existieren alle
O-Gehalt	**-it**	$KClO_2$ Kaliumchlor**it**	vier der ange-
↓	**-hypo-**...**-it**	$KClO$ Kalium**hypo**chlor**it**	führten Salze

Tabelle 10. Namen und Formeln der gebräuchlichsten anorganischen Salze (mit Kalium als Kation)

Deutscher Name der Säure (Chemiker)	Lateinischer Name der Säure (Apotheker)	Name des Salzes (Chemiker)	Lateinischer Name des Salzes (Apotheker)	Formel
O-freie Säuren				
			Kalium	
Fluorwasserstoff	Acidum hydrofluoricum	**Kaliumfluorid**	fluoratum	**KF**
Chlorwasserstoff	A. hydrochloricum	**Kaliumchlorid**	**chloratum**	**KCl**
Bromwasserstoff	A. hydrobromicum	**Kaliumbromid**	bromatum	**KBr**
Iodwasserstoff	A. hydrojodicum	**Kaliumiodid**	jodatum	**KI**
Cyanwasserstoff	A. hydrocyanicum	**Kaliumcyanid**	cyanatum	**KCN**
Schwefelwasserstoff	Hydrogenium sulfuratum	**Kaliumsulfid**	sulfuratum	$\mathbf{K_2S}$
O-haltige Säuren				
			Kalium	
Borsäure	Acidum boricum	**Kaliumborat**	boricum	$\mathbf{K_3BO_3}$
Chlorsäure	A. chloricum	**Kaliumchlorat**	**chloricum**	$\mathbf{KClO_3}$
Perchlorsäure	A. perchloricum	**Kaliumperchlorat**	perchloricum	$\mathbf{KClO_4}$
Unterchlorige Säure	A. hypochlorosum	**Kaliumhypochlorit**	hypochlorosum	**KClO**
Bromsäure	A. bromicum	**Kaliumbromat**	bromicum	$\mathbf{KBrO_3}$
Iodsäure	A. jodicum	**Kaliumiodat**	jodicum	$\mathbf{KIO_3}$
Kohlensäure	A. carbonicum	**Kaliumcarbonat**	carbonicum	$\mathbf{K_2CO_3}$
Phosphorsäure	A. phosphoricum	**Kaliumphosphat**	phosphoricum	$\mathbf{K_3PO_4}$
Salpetersäure	A. nitricum	**Kaliumnitrat**	nitricum	$\mathbf{KNO_3}$
Salpetrige Säure	A. nitrosum	**Kaliumnitrit**	nitrosum	$\mathbf{KNO_2}$
Schwefelsäure	A. sulfuricum	**Kaliumsulfat**	sulfuricum	$\mathbf{K_2SO_4}$
Schweflige Säure	A. sulfurosum	**Kaliumsulfit**	sulfurosum	$\mathbf{K_2SO_3}$
Thioschwefelsäure	A. thiosulfuricum	**Kaliumthiosulfat**	thiosulfuricum	$\mathbf{K_2S_2O_3}$

3. Hydrogensalze, Doppelsalze

Bei allen **mehrwertigen Säuren** ist neben der vollständigen auch eine **Teilneutralisation** möglich. Die dissoziierbaren H-Atome lassen sich einzeln durch Metall ersetzen:

$$H_2SO_4 + NaOH \rightarrow NaHSO_4 + H_2O$$

Mischt man je 1 mol Schwefelsäure und Natronlauge und dampft das Produkt zur Trockne ein, so erhält man nicht ein Gemisch von Na_2SO_4 und überschüssiger H_2SO_4, sondern das einheitliche Salz $NaHSO_4$. Es ist eine Zwischenstufe zwischen Säure und Salz und wird daher als saures Salz oder **Hydrogensalz** bezeichnet. Es enthält noch dissoziierbaren Wasserstoff und lässt sich auch fertig neutralisieren:

$$NaHSO_4 + NaOH \rightarrow Na_2SO_4 + H_2O$$

Namen einiger Hydrogensalze

$NaHSO_4$	Natriumhydrogensulfat (früher Natriumbisulfat)
$NaHSO_3$	Natriumhydrogensulfit (früher Natriumbisulfit)
$NaHCO_3$	Natriumhydrogencarbonat (früher Natriumbicarbonat)
$Ca(HCO_3)_2$	Calciumhydrogencarbonat («Kalk» des Leitungswassers, «Wasserhärte»)

Von der 3wertigen Phosphorsäure gibt es 3 Reihen von Salzen:

KH_2PO_4	Kaliumdihydrogenphosphat (oder primäres Kaliumphosphat)
K_2HPO_4	Dikaliumhydrogenphosphat (oder sekundäres Kaliumphosphat)
K_3PO_4	Trikaliumphosphat (oder tertiäres Kaliumphosphat)

Die Vorsilbe «bi-» in den alten Namen ruhrt daher, dass im Hydrogensalz auf eine bestimmte Menge Metall doppelt so viele Säurereste entfallen wie im normalen Salz (bis = zweimal).

Dissoziation der Hydrogensalze

Wie gewöhnliche Salze dissoziieren die Hydrogensalze praktisch vollständig in Metall und «sauren Säurerest»:

$$NaHCO_3 \rightarrow Na^+ + HCO_3^-$$

Das Hydrogencarbonation zerfällt dagegen praktisch nicht weiter (s. «Dissoziation mehrwertiger Säuren», S. 55).

$$KH_2PO_4 \xrightarrow[\text{vollständig}]{\text{praktisch}} K^+ + H_2PO_4^-$$

$$\xrightarrow{\text{wenig}} H^+ + HPO_4^{2-}$$

$$\xrightarrow{\text{extrem wenig}} H^+ + PO_4^{3-}$$

$$NaHSO_4 \xrightarrow[\text{vollständig}]{\text{praktisch}} Na^+ + HSO_4^-$$

$$\xrightarrow{\text{weitgehend}} H^+ + SO_4^{2-}$$

Da H_2SO_4 eine starke Säure ist, dissoziiert auch das Hydrogensulfation beträchtlich weiter in Wasserstoff- und Sulfationen. Eine $NaHSO_4$-Lösung ist stark sauer.

Auch teilneutralisierte Hydroxide, sogenannte **basische Salze,** sind möglich. Die Patina, der grüne Überzug auf alten Kupferdächern, ist z. B. ein basisches Kupfercarbonat: $Cu_2(OH)_2CO_3$.

Wird eine mehrwertige Säure von zwei verschiedenen Hydroxiden oder ein mehrwertiges Hydroxid von verschiedenen Säuren neutralisiert, entstehen **Doppelsalze:**

$MgNH_4PO_4$	Magnesiumammoniumphosphat («Tripelphosphat»)
$KAl(SO_4)_2$	Kaliumaluminiumsulfat
$CaCl(OCl)$	Calciumchlorid-hypochlorit (Chlorkalk)

4. Doppelte Umsetzungen der Salze

Ein **Austausch von Atomen oder Atomgruppen zwischen zwei Verbindungen** wird als **doppelte Umsetzung** bezeichnet. Aus zwei Verbindungen entstehen zwei neue Verbindungen (im Gegensatz dazu: einfache Umsetzung: Verbindung + Element → neue Verbindung + neues Element).

Salz + Salz

Mischt man eine Lösung von Silbernitrat und eine Lösung von Natriumchlorid, so entsteht augenblicklich eine weisse Trübung, bei konzentrierten Lösungen eine dicke flockige **Fällung.** Die beiden Ausgangslösungen enthalten die 4 Ionen Ag^+, Na^+, NO_3^-, Cl^-. Aus diesen lassen sich 4 Salze kombinieren: $AgNO_3$, $NaCl$ (die Ausgangsstoffe), aber auch $AgCl$ und $NaNO_3$. Ist eine der beiden Neukombinationen schwerlöslich, so erhält diese automatisch den Vorzug. Alle verfügbaren Ionenpaare Ag^+/Cl^- vereinigen sich zu Kristallen und verlassen die Lösung.

$$AgNO_3 + NaCl \rightarrow \textbf{AgCl}\downarrow + NaNO_3$$

$$Ag^+ + NO_3^- + Na^+ + Cl^- \rightarrow Na^+ + NO_3^- + \textbf{AgCl}\downarrow \quad \text{Silberchlorid, weiss, schwerlöslich}$$

Na^+ und NO_3^- nehmen nicht am Vorgang teil und können aus der Gleichung weggelassen werden.

$K_2SO_4 + BaCl_2 \rightarrow \mathbf{BaSO_4} \downarrow + 2KCl$

$Ba^{2+} + SO_4^{2-} \rightarrow \mathbf{BaSO_4} \downarrow$ Bariumsulfat, weiss, schwerlöslich

$Na_2CO_3 + Ca(NO_3)_2 \rightarrow \mathbf{CaCO_3} \downarrow + 2NaNO_3$

$Ca^{2+} + CO_3^{2-} \rightarrow \mathbf{CaCO_3} \downarrow$ Calciumcarbonat, weiss, schwerlöslich

$2FeCl_3 + 3Na_2S \rightarrow \mathbf{Fe_2S_3} \downarrow + 6NaCl$

$2Fe^{3+} + 3S^{2-} \rightarrow \mathbf{Fe_2S_3} \downarrow$ Eisen(III)-sulfid, schwarz, schwerlöslich

---

Sind beide möglichen Neukombinationen löslich, findet keine Umsetzung statt.

$KNO_3 + NaCl \rightarrow KCl + NaNO_3$

$K^+ + NO_3^- + Na^+ + Cl^- \rightarrow K^+ + Cl^- + Na^+ + NO_3^-$

Beide Seiten der Gleichung sind identisch, somit hat auch keine Veränderung stattgefunden. Beim Eindampfen eines solchen Gemisches aus 4 Ionen kristallisiert zuerst die Kombination mit der geringsten Löslichkeit – auf Kosten der andern.

Salz + Säure
Giesst man Salzsäure in eine Lösung von Silbernitrat, so entsteht dieselbe Fällung wie beim Mischen von Kochsalz- und Silbernitratlösung.

$HCl + AgNO_3 \rightarrow \mathbf{AgCl} \downarrow + HNO_3$

$H^+ + Cl^- + Ag^+ + NO_3^- \rightarrow \mathbf{AgCl} \downarrow + H^+ + NO_3^-$

H^+ und NO_3^- nehmen nicht teil und sind in der Gleichung überflüssig.

$H_2SO_4 + BaCl_2 \rightarrow \mathbf{BaSO_4} \downarrow + 2HCl$

$Ba^{2+} + SO_4^{2-} \rightarrow \mathbf{BaSO_4} \downarrow$

Auch hier bildet sich durch Neukombination der gemischten Ionen ein **schwerlös-**

liches Salz, das auskristallisiert und den Lösungsraum verlässt. In seltenen Fällen kann auch die neue Säure schwerlöslich sein und ausfallen:

Na_2SiO_3 (Wasserglas) $+ H_2SO_4 \rightarrow Na_2SO_4 +$ **H_2SiO_3** meta-Kieselsäure,

$\downarrow$ schwerlöslich

Eine doppelte Umsetzung läuft auch ab, wenn die neu kombinierte Säure oder deren Anhydrid **flüchtig** ist.

$Na_2S + 2HCl \rightarrow$ **H_2S**$\uparrow + 2NaCl$

$2Na^+ + S^{2-} + 2H^+ + 2Cl^- \rightarrow$ **H_2S**$\uparrow + 2Na^+ + 2Cl^-$

$S^{2-} + 2H^+ \rightarrow$ **H_2S**$\uparrow$ Schwefelwasserstoff, flüchtig

$3K_2CO_3 + 2H_3PO_4 \rightarrow 3H_2CO_3 + 2K_3PO_4$

$\longrightarrow 3H_2O +$ **$3CO_2$**$\uparrow$

$CO_3^{2-} + 2H^+ \rightarrow H_2O +$ **CO_2**$\uparrow$ Kohlendioxid, flüchtig

$2KCN + H_2SO_4 \rightarrow$ **$2HCN$**$\uparrow + K_2SO_4$

$CN^- + H^+ \rightarrow$ **HCN**$\uparrow$ Blausäure, flüchtig

---

Umsetzungen dieses Typs laufen auch ab, wenn das **reagierende** Salz fest und schwerlöslich ist.

$CaCO_3 + 2HCl \rightarrow CaCl_2 + H_2O +$ **CO_2**$\uparrow$

Übergiesst man Kalkstein mit Säure, so löst er sich unter Gasentwicklung auf (einfacher Test auf Carbonatmineralien).

$2NaCl + H_2SO_4 \rightarrow$ **$2HCl$**$\uparrow + Na_2SO_4$

fest   konzentriert

Durch Umsetzung von trockenem Kochsalz mit konzentrierter Schwefelsäure wird grosstechnisch Salzsäure hergestellt (Name!).

Bleiben beide Neukombinationen in Lösung (weder schwerlösliches Salz noch schwerlösliche oder flüchtige Säure), findet keine Umsetzung statt (s. «Salz + Salz», S. 62).

Salz + Hydroxid
Für die doppelte Umsetzung zwischen Salz und Hydroxid gilt derselbe Grundsatz wie für Salz und Säure: Eine Reaktion findet statt, wenn eine der Neukombinationen schwerlöslich oder flüchtig ist.

$Na_2CO_3 + Ca(OH)_2 \rightarrow \underline{\textbf{CaCO}_3} + 2NaOH$

$CO_3^{2-} + Ca^{2+} \rightarrow \underline{\textbf{CaCO}_3}$ schwerlösliches Salz

$CuSO_4 + 2NaOH \rightarrow \underline{\textbf{Cu(OH)}_2} + Na_2SO_4$

$Cu^{2+} + 2OH^- \rightarrow \underline{\textbf{Cu(OH)}_2}$ schwerlösliches Hydroxid

$NH_4NO_3 + KOH \rightarrow KNO_3 + NH_4OH$
$\qquad\qquad\qquad\qquad \longrightarrow H_2O + \textbf{NH}_3\uparrow$

$NH_4^+ + OH^- \rightarrow H_2O + \textbf{NH}_3\uparrow$ flüchtiges Anhydrid (Ausnahmefall)

In seltenen Fällen können beide Neugruppierungen schwerlöslich sein:

$Ba(OH)_2 + FeSO_4 \rightarrow \underline{\textbf{Fe(OH)}_2} + \underline{\textbf{BaSO}_4}$

Zusammenfassung (Abb. 32)
Beim Mischen von gelösten **Salzen** einerseits **mit Säuren, Hydroxiden oder Salzen** anderseits, **finden Austauschreaktionen statt, wenn mindestens eine der möglichen Neupaarungen der beteiligten Ionen den Lösungsraum als Kristall oder Gas verlässt** (schwerlösliche oder flüchtige Produkte).

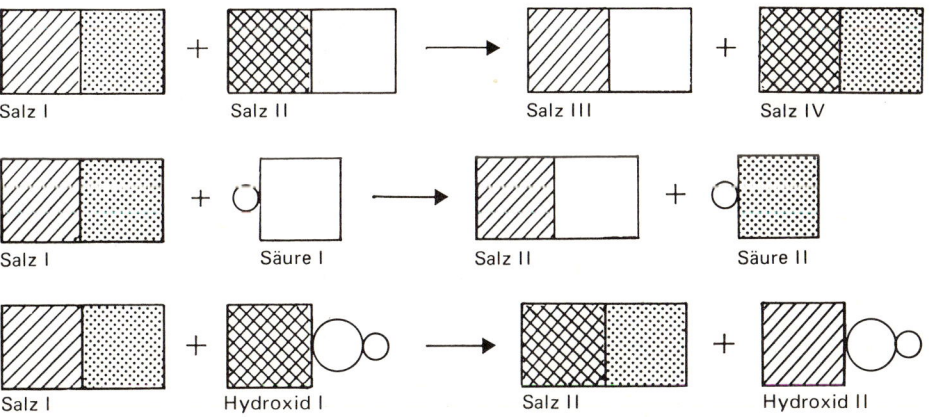

Abb. 32. Doppelte Umsetzungen von Salzen.

5. Praktische Anwendung der doppelten Umsetzungen von Salzen

Mit Hilfe von doppelten Umsetzungen lassen sich alle in Tabelle 11 angeführten schwerlöslichen und flüchtigen Verbindungen bequem herstellen. Einige davon wer-

Tabelle 11. Schwerlösliche und flüchtige Elektrolyte

Schwerlösliche Salze		Alle Schwermetallcarbonate	
Bariumcarbonat	$BaCO_3$	Alle Schwermetallsulfide	
Bariumphosphat	$Ba_3(PO_4)_2$		
Bariumsulfat	$BaSO_4$		
Bleichlorid	$PbCl_2$	*Schwerlösliche Hydroxide*	
Bleisulfat	$PbSO_4$	Magnesiumhydroxid	$Mg(OH)_2$
Calciumcarbonat[1]	$CaCO_3$	Aluminiumhydroxid	$Al(OH)_3$
Calciumoxalat[1]	CaC_2O_4	Alle Schwermetallhydroxide	
Calciumphosphat[1]	$Ca_3(PO_4)_2$		
Calciumsulfat[2]	$CaSO_4$		
Magnesiumcarbonat	$MgCO_3$	*Flüchtige Elektrolyte*	
Magnesiumammonium-		Chlorwasserstoff in wasser-	
phosphat[1]	$MgNH_4PO_4$	freiem Milieu	HCl
Quecksilber(I)-chlorid	Hg_2Cl_2	Cyanwasserstoff	HCN
Quecksilber(II)-iodid	HgI_2	Kohlensäure (H_2CO_3)	als CO_2
Silberbromid	AgBr	Schwefelwasserstoff	H_2S
Silberchlorid	AgCl	Schweflige Säure (H_2SO_3)	als SO_2
Silberiodid	AgI	Ammoniumhydroxid (NH_4OH)	als NH_3

[1] Im Harnsediment und in Nieren- und Blasensteinen vorkommend.
[2] Die Löslichkeit von $CaSO_4$ ist etwa 0,3 g/100 g H_2O, für alle übrigen angegebenen Salze und Hydroxide weit unter 0,1 g/100 g.

den grosstechnisch auf diese Weise produziert. Die Schwermetallhydroxide sind kaum anders zugänglich. Die Bildung von schwerlöslichen und flüchtigen Verbindungen kann zum **Nachweis** (qualitativ) und zur **Bestimmung** (quantitativ) der beteiligten Kationen und Anionen verwendet werden.

Beispiele von Nachweisreaktionen

1. Aus stark saurer Lösung fällt bei Zusatz von **$BaCl_2$** ein feiner weisser Niederschlag aus: Nachweis von **Sulfat** (nur in stark saurer Lösung eindeutig; im neutralen und alkalischen Milieu geben auch Carbonat und Phosphat eine Fällung).

2. In stark saurer Lösung entsteht bei Zusatz von **$AgNO_3$** eine weisse, flockige Fällung, die am Licht grau wird: Nachweis von **Chlorid.** Ist die Fällung im Anfang gelblich, handelt es sich um **Bromid** oder **Iodid.** Auch hier muss die Lösung mineralsauer sein, weil Silbernitrat im neutralen Milieu auch mit Carbonat, im alkalischen mit OH^--Ionen eine Fällung erzeugt.

3. Aus einer Lösung (oder Festsubstanz) entweicht bei Zusatz einer **starken Säure** ein fast geruchloses Gas, das $Ba(OH)_2$-Lösung trübt: Nachweis von **Carbonat.**

4. Bei Zusatz von **Mineralsäure** zu einer Lösung (oder Festsubstanz) entweicht ein nach faulen Eiern stinkendes Gas: Nachweis von **Sulfid.**

5. Bei Zusatz einer **starken Lauge** (z. B. NaOH) zu einer Lösung (oder Festsubstanz) bildet sich ein Gas, das Lackmus bläut: Nachweis von NH_4^+.

Solche und ähnliche Methoden werden z. B. zum Nachweis von Calcium, Magnesium, Ammonium und Oxalat in Nieren- und Blasensteinen gebraucht. Der Nachweis von Metallionen ist oft nicht eindeutig. Sie lassen sich mit den Fällungsreaktionen immerhin in Gruppen einteilen.

Beispiel einer gravimetrischen Analyse
Bestimmung von Sulfat in einer Lösung (z. B. Mineralwasser): Ein abgemessenes Volumen der Lösung wird mit HCl angesäuert, zum Sieden erhitzt und mit einem Überschuss von $BaCl_2$ versetzt. Das ausgefallene $BaSO_4$ wird abfiltriert, gewaschen, getrocknet und gewogen. Aus der Masse des $BaSO_4$ lässt sich die Masse des SO_4^{2-} mit einem Dreisatz berechnen (s. «Stöchiometrie», S. 112).

E. Ionenaustauscher

1. Wirkungsweise und Bau der Ionenaustauscher

Es gibt Elektrolyte, bei denen entweder das Anion oder das Kation riesenhafte Ausmasse hat (relative Molekülmasse von mehreren Millionen), so dass das ganze Molekül wasserunlöslich ist. Trotzdem dissoziieren die Riesenmoleküle beim Kontakt mit Wasser in Ionen. Diese Art von Elektrolyten besitzt somit **ein festes, unbewegliches Riesenion mit vielen Ladungen und viele bewegliche «normale» Ionen.**
Fliesst an einem solchen Makromolekül eine normale Elektrolytlösung vorbei, so können die beweglichen Ionen des Festkörpers gegen die gleichsinnig geladenen Ionen der Lösung **ausgetauscht** werden. Modellvorstellung: Einem Fluss entlang hat es magnetische Anlegeplätze, die alle mit roten Booten besetzt sind (das Flussufer ist das feste Riesenion, die Boote sind die beweglichen kleinen Ionen, die Magnete am Ufer und an den Booten, die sich gegenseitig anziehen, sind die Ladungen). Solange der Fluss nur Wasser führt, bleiben die Boote sitzen. Nun kommt ein Schwarm blauer Boote (Ionen mit gleicher Ladung wie die festsitzenden kleinen Ionen). Durch Stösse der blauen Boote werden rote losgerissen. Die freigewordenen Magneten ziehen vorbeikommende weitere blaue Boote an und halten sie fest. Die abgesprengten roten fahren mit dem Strom weiter. Dabei passiert es mehr und mehr, dass ein rotes wieder ein rotes verdrängt. Ist die Gesamtzahl der roten Boote sehr viel grösser als die der blauen, so werden nach einer gewissen Fliessstrecke praktisch alle blauen Boote festsitzen und nur noch rote weitertreiben. Gleichviele rote Schiffe verlassen die Anlegezone, wie blaue eingefahren sind.
Sind die Anionen die Riesen und die Kationen klein, spricht man von **Kationenaustauschern**, im umgekehrten Fall von **Anionenaustauschern.** Es können auch mehrwertige Ionen gegen 1wertige Ionen ausgetauscht werden und umgekehrt. 1 mol eines 3wertigen Ions ersetzt z. B. 3 mol eines 1wertigen. Die Anionen der Lösung passieren einen Kationenaustauscher unbehelligt; dasselbe gilt für die Kationen einer Elektrolytlösung, die einen Anionenaustauscher durchläuft (Abb. 33).

Vor dem Austausch   **Nach dem Austausch**

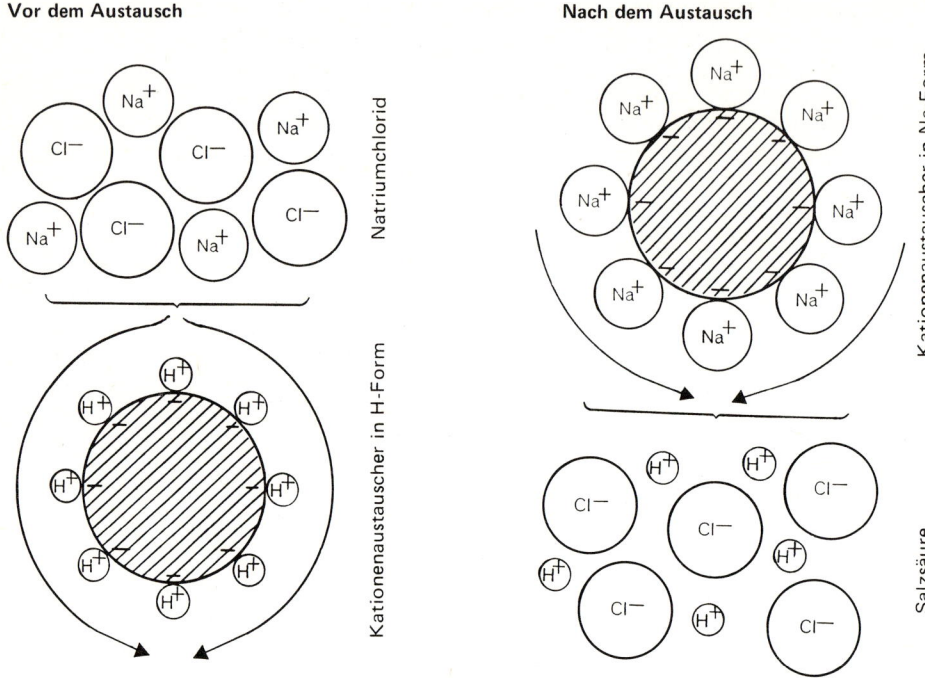

Abb. 33. Verwandlung von Kochsalz in Salzsäure im Kationenaustauscher.

Natürliche Ionenaustauscher sind die sogenannten Permutite – wasserunlösliche Silikate mit austauschbaren Kationen. Die synthetischen Ionenaustauscher auf Kunstharzbasis haben ein Vielfaches der Tauschkapazität von Permutit. Kationenaustauscher sind meist **organische Derivate der Schwefelsäure**. Oft sind die Ladungsträger auch Carbonsäuregruppen (S. 214). Die Anionenaustauscher sind **organische Derivate des Ammoniaks** (Abb. 34). Die Synthese erfolgt durch Polymerisation (Vernetzung) von kleinen Molekülen (S. 196). Die Austauscher kommen als poröse Kügelchen mit sehr grosser innerer Oberfläche in den Handel.

2. Verwendung der Ionenaustauscher

1. Mit einem **Kationenaustauscher in H-Form** (mit H⁺-Ionen beladen) können **lösliche Salze in die Säuren mit gleichem Anion übergeführt** werden (Abb. 33). Mit einem Anionenaustauscher in OH-Form (mit Hydroxidionen beladen) können Salze in die Hydroxide mit gleichem Kation umgewandelt werden. Lässt man eine starke Säure (HCl) durch den mit Metallionen beladenen Kationenaustauscher fliessen, wird er in die H-Form rückverwandelt **(regeneriert)**. Anionenaustauscher werden mit NaOH zur OH-Form regeneriert.

2. Durch Passieren von **Brunnenwasser** oder **Meerwasser** durch einen **Kationenaustauscher in H-Form** und einen **Anionenaustauscher in OH-Form** kann dieses **vollständig von gelösten Salzen** (und allfälligen Humussäuren) **befreit werden**. Der Kat-

ionenaustauscher behält die Metallionen (Ca^{2+}, Mg^{2+}, K^+, Na^+) und gibt H^+-Ionen ab, der Anionenaustauscher behält HCO_3^-, SO_4^{2-}, HPO_4^{2-}, Cl^- usw. und gibt OH^--Ionen ab. H^+ und OH^- vereinigen sich zu Wasser. Nichtelektrolyte und Mikroben passieren das Austauscherbett ungehindert (S. 29).

3. Ionenaustauscher finden in der **Chromatographie** mannigfach Verwendung (S. 337).

4. Mit einem Kationenaustauscher lässt sich ohne Sonde der **Säuregrad des Magens** ermitteln: Der Patient nimmt ein bestimmtes Quantum eines Austauschers ein, der einen Farbstoff als bewegliches Kation enthält. Je nach dem Gehalt des Magens an H^+-Ionen (Säure) werden mehr oder weniger Farbstoffionen aus dem Austauscher verdrängt. Der durch H^+-Ionen freigesetzte, nicht aber der noch an den Körnern gebundene Farbstoff tritt vom Darm ins Blut über und wird innert weniger Stunden durch die Nieren ausgeschieden. Die im Harn erscheinende Farbstoffmenge (fotometrisch bestimmbar) ist ein Mass für die HCl-Konzentration des Mageninhalts.

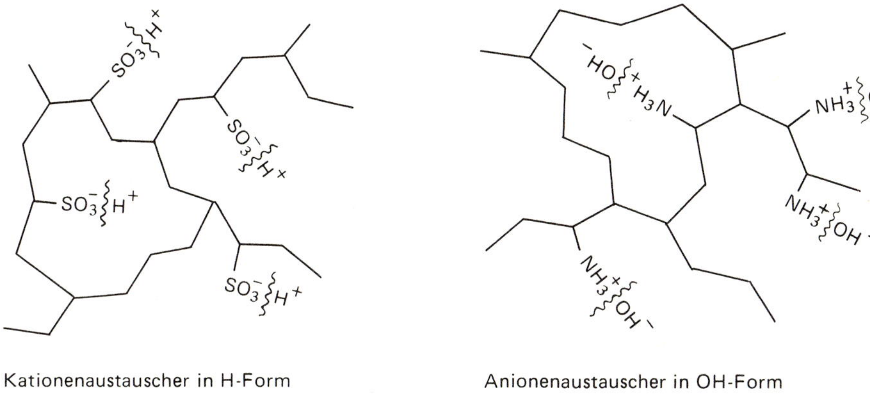

Kationenaustauscher in H-Form   Anionenaustauscher in OH-Form

Abb. 34. Bau von Ionenaustauschern. Jede Ecke in den Zickzackketten bedeutet eine CH_2-Gruppe, jede Kettenverzweigung eine CH-Gruppe.

IV. Fragen zur Eigenkontrolle (Stoffgebiet S. 48–69)

1. Was versteht man unter elektrolytischer Dissoziation?
2. Wievielwertig ist ein Hydroxid, wenn 1 mol davon 1,5 mol einer 2wertigen Säure neutralisiert?
3. Wie wird beim Verdünnen von konzentrierter Schwefelsäure vorgegangen?
4. Durch welche 3 Operationen lässt sich der Dissoziationsgrad eines Elektrolyten herabsetzen?
5. Warum darf man beim Bromidnachweis mit Silbernitrat die Lösung nicht mit Salzsäure ansäuern?
6. Wie heissen folgende Salze: $NaNO_2$, KH_2PO_4, $Fe_2(SO_4)_3$, $Ca(IO_3)_2$, $MgNH_4PO_4$, $KClO_4$?
7. Wie viele H^+-Ionen enthält 0,01 eq Blausäure, wenn der Dissoziationsgrad 0,0001 ist?
8. Eine Lösung mit einem Gehalt von 0,1 mol Natriumhydroxid wird mit 0,1 mol Schwefelsäure gemischt. Welches Produkt erhält man beim Eindampfen der Lösung bis zur Wasserfreiheit und wieviel wiegt es?
9. Nennen Sie 3 starke und 3 schwache anorganische Säuren.
10. Wie lautet die Neutralisationsgleichung für
a) Calciumhydroxid und Phosphorsäure,
b) Kalilauge und Schwefeldioxid?
11. Wie kann aus metallischem Zink Zinkhydroxid hergestellt werden?
12. Wie verändert sich die Konzentration von Natriumchloridlösung und von konzentriertem Ammoniak beim offenen Stehen an der Luft?
13. Unter welchen Bedingungen geht ein Salz eine doppelte Umsetzung ein?

14. Eine Lösung enthält 10 meq Phosphorsäure. Wie viele Gramm Natriumhydroxid braucht es zu ihrer vollständigen Neutralisation?
15. Was geschieht beim Einleiten von Ammoniakgas in Schwefelsäure (Reaktionsgleichung)?
16. Wie lauten die Dissoziationsgleichungen für Calciumhydroxid, Eisen(III)-sulfat, Kaliumdihydrogenphosphat, schweflige Säure?
17. Wie heissen die Anhydride von Schwefelsäure, Natronlauge, Salzsäure, Aluminiumhydroxid?
18. Welche Massnahme trifft man beim Verschlucken von Säure und welche beim Verspritzen von Lauge in die Augen?
19. Wie lässt sich am einfachsten CO_2 und wie H_2S herstellen?
20. Welches Salz enthält mehr Sauerstoff, ein Chlorit oder Chlorat? Welche Endung haben die Namen der O-freien Salze?
21. Eine Lösung enthält vermutlich nebeneinander Sulfit und Sulfat. Wie können die beiden Ionen ohne vorherige Trennung nachgewiesen werden?
22. Nennen Sie 4 schwerlösliche Hydroxide mit Formeln und Namen.
23. Bei Zusatz von $Ba(OH)_2$ zu einer Salzlösung entsteht kein Niederschlag. Welche Ionen kann die Lösung nicht enthalten? (Je 3 Metall- und Säurerestionen angeben.)
24. Wie kann verschüttete Säure durch doppelte Umsetzung mit einem Salz unschädlich gemacht werden?

(Antworten S. 353)

XIV. Die chemische Bindung

Im Kapitel über die Wertigkeit der Elemente (S. 24) wurde festgestellt, dass sich die Atome in ganz bestimmten Zahlenverhältnissen mit Partneratomen zu Molekülen vereinigen. Für den Zusammenhalt der Atome in den Molekülen sind offensichtlich **elektrische Kräfte** verantwortlich. Mit Hilfe des Bohrschen Schalenmodells gelang erstmals eine Erklärung für das Zustandekommen eines Grossteils der chemischen Bindungsarten. Mit dem Orbitalmodell ist das Verständnis auch für komplizierte Verbindungstypen wesentlich vertieft worden. Die folgenden Seiten befassen sich nur mit den Grundzügen der oft anspruchsvollen Bindungstheorien.

Bei der Mehrzahl aller Bindungen sind nur die **Elektronen der äussersten Schale** eines Atoms beteiligt (s. auch «Komplexverbindungen», S. 172).

A. Elektronenformeln der Elemente nach Lewis

Um das Bindungsverhalten eines Elements zu überblicken, verwendet man mit Vorteil dessen sogenannte **Lewis-Formel:** Rund um das Elementsymbol werden alle Elektronen der äussersten «Schale», d. h. des **höchsten Hauptenergieniveaus** (maximal 8) gruppiert. Einzelelektronen der halbgefüllten s- und p-Orbitale erscheinen als Punkte, die Paare der gefüllten p-Orbitale als Striche. Die beiden Elektronen des s-Orbitals der Achterschalen zeichnet man als Einzelpunkte, weil sie sich bei der Bindungsbildung wie Einzelelektronen der p-Orbitale benehmen.

H·		He					
Li·	·Be·	·B·	·C·	|N·	|O·	|F·	|Ne|
Na·	·Mg·	·Al·	·Si·	|P·	|S·	|Cl·	|Ar|

B. Die Oktettregel

Die Edelgase sind sehr reaktionsträg oder chemisch sogar ganz inaktiv. Ihre Elektronenhülle ist in einem besonders stabilen Zustand (beim Helium 2, bei allen anderen Edelgasen 8 Elektronen auf der äussersten Schale; s- und p-Orbitale gefüllt). Dieser **stabile «Edelgaszustand»** wird von allen anderen Elementen ebenfalls angestrebt. Durch **Abgabe überzähliger** oder **Aufnahme fehlender Elektronen** suchen die Nichtedelgasatome zu einer Edelgasschale, d. h. einem **Oktett** (bzw. Dublett) zu gelangen. Abgabe bzw. Aufnahme von Elektronen ist aber nur möglich, wenn Partneratome solche in Empfang nehmen oder zur Verfügung stellen. Die Wechselbeziehungen zwischen solchen Tauschpartnern führen zur chemischen Bindung zwischen diesen.

C. Bindungsarten

1. Die Ionenbindung

Atome mit nur 1–3 Elektronen auf der äussersten Schale (Alkali-, Erdalkali- und Erdmetallgruppe) sind bestrebt, diese äussersten Elektronen, die sogenannten Valenzelektronen, abzugeben und dadurch die nächstinnere Oktett- bzw. Dublett-schale freizulegen. Dabei entstehen **Kationen** (Abb. 35).

$$Na\cdot \rightarrow Na^+ + e^- \qquad \cdot Ba\cdot \rightarrow Ba^{2+} + 2e^- \qquad \cdot \overset{.}{Al}\cdot \rightarrow Al^{3+} + 3e^-$$

Wasserstoff ist insofern ein Sonderfall, als das H-Atom nach Abgabe seines Elektrons $(H\cdot \rightarrow H^+ + e^-)$ nur noch ein hüllenloses Proton ist. Von Edelgaszustand kann hier natürlich nicht die Rede sein (s. «Säuren und Basen», S. 119).
Atome, denen 1–2 Elektronen zu einem Oktett fehlen, sind bestrebt, die Löcher mit fremden Elektronen aufzufüllen. Dabei werden aus neutralen Atomen **Anionen.**

$$|\overline{\underline{Cl}}|\cdot + e^- \rightarrow |\overline{\underline{Cl}}|^- \qquad\qquad |\overline{\underset{.}{S}}\cdot + 2e^- \rightarrow |\overline{\underline{S}}|^{2-}$$

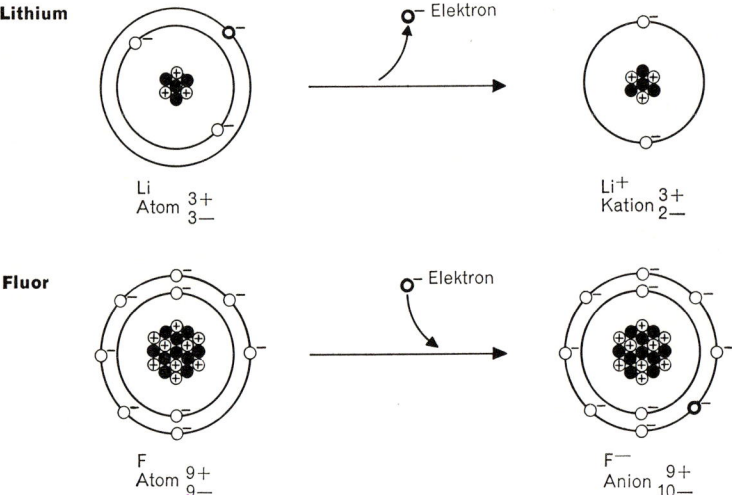

Abb. 35. Ionenbildung, im Schalenmodell dargestellt.

Die Elemente rechts im Periodensystem (Halogene, Sauerstoffgruppe) sind also **Elektronenakzeptoren** (Empfänger), jene links aussen **Elektronendonoren** (Spender). Voraussetzung einer dauerhaften Ionisation ist das Zusammentreffen von Spendern und Empfängern, z. B.

$$Cl_2 + 2K \rightarrow 2Cl^- + 2K^+$$

Entgegengesetzt geladene Teilchen ziehen sich an. Zwischen Kation und Anion aller Elektrolyte bestehen solche **Ionenbindungen.** Die Anziehung wirkt aber nicht nur zwischen isolierten Partnerpaaren. Im flüssigen Zustand umgibt sich jedes Ion mit einer ganzen Schar von Gegenionen. Im festen Zustand bildet sich ein regelmässiges **Ionengitter,** in welchem Kationen und Anionen in den drei Raumdimensionen regelmässig abwechseln (Abb. 31). Die Art der Anordnung der Ionen in einem Salzkristall (Kristallsystem) wird durch den Raumbedarf der verschiedenen Ionen und die Anzahl Ladungen pro Ion bestimmt. Durch hohe Temperatur (starke Schwingung der Ionen im Kristall) und durch Wasser werden Ionenbindungen gesprengt (S. 102). Es kommt zur Dissoziation (Schmelzen bzw. Auflösen von Elektrolyten).
Auch die Metalloxide sind Ionenverbindungen von salzartigem Charakter:

$[Ca^{2+}] [O^{2-}]$, $[Na^+] [O^{2-}] [Na^+]$

Das Sauerstoffion existiert aber nur im Kristallzustand. Im Wasser reisst das O^{2-}-Ion sofort ein Proton aus dem H_2O-Molekül an sich:

$O^{2-} + H_2O \rightarrow 2OH^-$

Wasserlösliche Metalloxide bilden deshalb beim Kontakt mit H_2O Hydroxide.

2. Die kovalente Bindung oder Atombindung

Zwei Atome können nicht nur durch Platzwechsel von Elektronen zwischen diesen zu Edelgasschalen kommen. Zwei Nichtmetallatome können auch durch gegenseitige Anleihen, durch gemeinsames «Verwalten» von 1, 2 oder 3 **Elektronenpaaren** zu Edelgasoktetten bzw. -dubletten gelangen. Nach gegenseitiger Annäherung der reaktionsfreudigen Atome kommt es zur Verschmelzung von halbbesetzten Atomorbitalen zu vollbesetzten **Molekülorbitalen.** Die gemeinsamen Elektronenpaare umkreisen beide Kerne. Durch die elektrische Wechselwirkung zwischen den Elektronen und den «Atomrümpfen» wird das entstandene Molekül zusammengehalten. Weil hier im Gegensatz zum Ionenpaar beide Bindungspartner auf gleiche Weise zur Verknüpfung beitragen, spricht man von **kovalenten Bindungen.**
Sowohl für die Ionen als auch für die kovalent gebundenen Atome gilt die Regel (mit Ausnahmen!): **Die Wertigkeit des Elementes entspricht der Zahl der überschüssigen bzw. der im Oktett fehlenden Elektronen.**
In der Sprache der Lewis-Formeln stellt sich die Elektronenpaarbildung wie folgt dar:

$H\cdot + H\cdot \rightarrow H:H \rightarrow H-H$ Verschmelzung von je 1 halbbesetzten s-Orbital (Abb. 36).

$|\overline{F}\cdot + |\overline{F}\cdot \rightarrow |\overline{F}:\overline{F}| \rightarrow |\overline{F}-\overline{F}|$ Verschmelzung von je 1 halbbesetzten p-Orbital

$|\overline{O}\cdot + |\overline{O}\cdot \rightarrow \langle O::O\rangle \rightarrow \langle O=O\rangle$ Verschmelzung von je 2 halbbesetzten p-Orbitalen

$|\overline{N}\cdot + |\overline{N}\cdot \rightarrow |N:::N| \rightarrow |N\equiv N|$ Verschmelzung von je 3 halbbesetzten p-Orbitalen

$H\cdot + \cdot\overline{Br}| \rightarrow H:\overline{Br}| \rightarrow H-\overline{Br}|$ Verschmelzung von 1 s- und 1 p-Orbital

Ein gemeinsames Elektronenpaar entspricht einem Valenzstrich in den üblichen Strukturformeln.

Auch kompliziertere Moleküle lassen sich als Lewis-Formeln präsentieren:

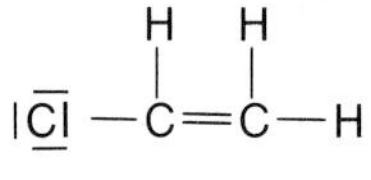

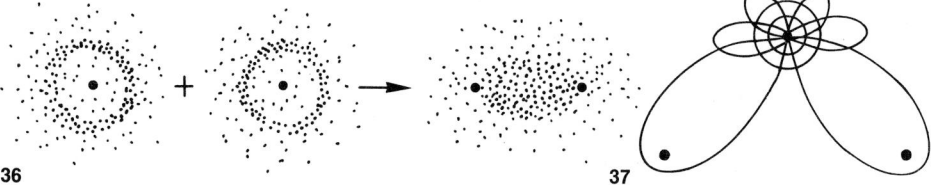

In allen oben dargestellten Molekülen haben sämtliche Atome zuäusserst ein Edelgasoktett, die H-Atome das Heliumdublett (Abb. 36, 37).

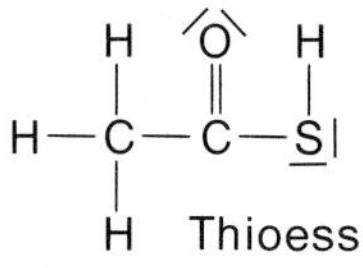

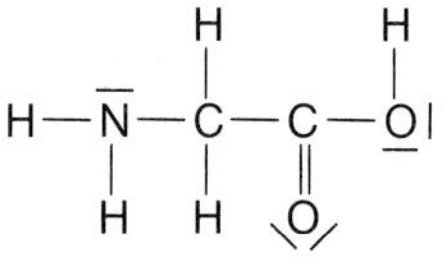

36   37

Abb. 36. Bildung eines H_2-Moleküls durch Verschmelzen der beiden Kugelwolken-s-Orbitale zum s-s-Molekülorbital.

Abb. 37. Orbitalmodell des H_2O-Moleküls. Konzentrische Kreise (oben): s-Orbitale der K- und L-Schale des O-Atoms; horizontale (symmetrische) Hantel: gefülltes p-Orbital des O-Atoms; schiefe (asymmetrische) Hanteln: s-p-Molekülorbitale, gemeinsam für O- und H-Kerne.

3. Die polare Atombindung

Die Verteilung der Molekülorbitalwolke auf die beiden Partneratome ist nur bei identischen Atomen (z. B. im Cl_2-Molekül) völlig gleichmässig. Bei verschiedenartigen Atomen halten sich die beiden gemeinsamen Elektronen häufiger in der Nähe des einen der beiden Kerne auf. Es gilt folgende Regel:

Je weniger Elektronen einem Atom zum vollen Oktett fehlen und je kleiner das Atom ist, desto stärker die Anziehung auf die löcherfüllenden Elektronen.

Man bezeichnet die elektronenanziehende Wirkung als **Elektronegativität.** Das elektronegativste Element ist das **Fluor.** Es folgen O, Cl, N, Br, also lauter Elemente aus der rechten oberen Ecke des Periodensystems. Elektronenpaarbildungen zwischen verschieden elektronegativen Atomen sind elektrisch **polarisiert.** Ein Molekül aus zwei solchen Atomen hat einen positiveren und einen negativeren Bezirk. Das elektronegativere Element bildet naturgemäss den negativen Pol.

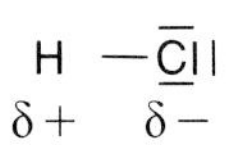

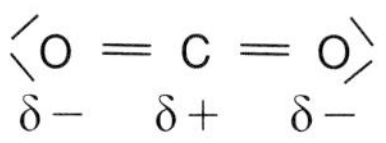

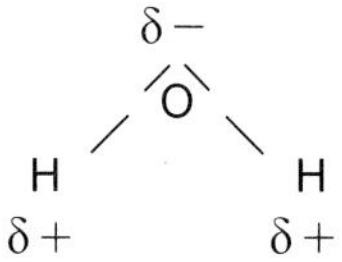

Das Zeichen $\delta-$ bzw. $\delta+$ bedeutet **Differenz-** oder **Restladung.** Differenzladungen sind stets kleiner als die Elementarladung eines Ions. Die beiden halbbesetzten p-Orbitalhanteln des Sauerstoffs stehen rechtwinklig zueinander (Abb. 22), deshalb ist auch das H_2O-Molekül gewinkelt (Abb. 37). Wegen der gegenseitigen Abstossung der beiden H-Protonen ist der Winkel allerdings 105° statt 90°. Wegen der polarisierten H-O-Bindung ist das H_2O-Molekül ein **Dipol** (negativ beim Sauerstoff, positiv in der Gegend der Wasserstoffatome). Beim CO_2 liegen alle 3 Atome in einer Geraden, deshalb ist das Molekül trotz der polarisierten Bindungen kein Dipol (die Schwerpunkte von positiver und negativer Ladung fallen zusammen).

Unter der Wirkung von Wasser können stark polare H-Verbindungen in Ionen zerfallen (Säuredissoziation):

$$\overset{\delta-}{|\overline{Cl}|} - H + \overset{\delta+}{\delta -} \overset{H}{\underset{H}{\diagdown O}} \overset{\delta+}{} \rightarrow |\overline{\underline{Cl}}|^- + H^+ \cdots \overset{H}{\underset{H}{\diagdown O}}$$

Das positiv polarisierte und dadurch gelockerte H-Atom des HCl-Moleküls wird vom negativen Pol des Wassermoleküls angezogen. Das gemeinsame Elektronenpaar von H und Cl geht vollständig in den Besitz des Cl-Atoms über. Das damit entblösste Proton des Wasserstoffs setzt sich am Wassermolekül fest. So entsteht ein H_3O^+-Ion (Oxoniumion). Die freien H^+-Ionen, mit denen in früheren Kapiteln gearbeitet wurde, sind somit eine Vereinfachung der Wirklichkeit. **Jedes Wasserstoffion wird von einem H_2O-Molekül getragen** (S. 120).

4. Hydratisierung von Ionen und polaren Molekülen, Wasserstoffbrücken

Das Auflösen eines Salzes in Wasser ist ein ähnlicher Vorgang wie die oben dargestellte Dissoziation einer Säure: Die H_2O-Moleküle lösen durch ihre Anziehung die Salzionen aus dem Kristallgitter und hüllen sie förmlich ein (Abb. 38). Das von den Ionen festgehaltene Wasser bezeichnet man als **Hydratmantel,** das Anziehen und Festhalten von Wasser als **Hydratisierung.** Erst wenn die Hydrathülle durch Verdampfen von Wasser abgebaut wird, können sich die Ionen wieder zu Kristallen ordnen.

Auch die Wassermoleküle selbst ziehen sich gegenseitig an. Dies äussert sich in der starken Kohäsion, der grossen Oberflächenspannung und dem hohen Siedepunkt des Wassers. Die vom polarisierten Wasserstoff ausgehenden schwachen Bindekräfte auf andere Partikel mit Restladungen bezeichnet man als **Wasserstoffbrücken.** Solche H-Brücken spielen bei zahlreichen Erscheinungen der organischen Chemie und Biochemie eine wichtige Rolle. Apolare Stoffe (ohne H-Brücken zwischen den Molekülen) von vergleichbarer Molekülmasse haben auch vergleichbare Siedepunkte. Je ausgeprägter die Wasserstoffbrücken, desto höher der Siedepunkt, bei ähnlicher Molekülmasse.

C_2H_6, keine H-Brücken, M = 30 g/mol, Siedepunkt $-89°C$;

CH_2O, schwache H-Brücken, M = 30 g/mol, Siedepunkt $-21°C$;

CH_3OH, starke H-Brücken, M = 32 g/mol, Siedepunkt $+65°C$

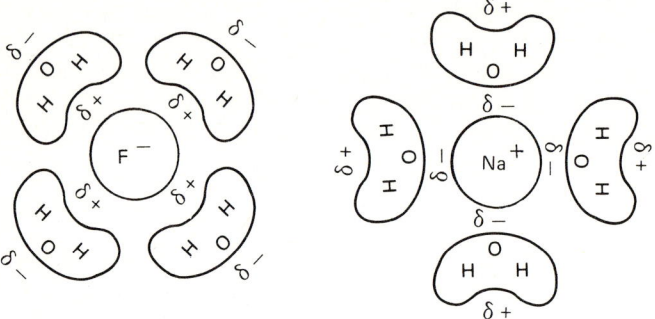

Abb. 38. Hydratisiertes Natriumfluorid. Vom F⁻-Ion wird die positive, vom Na⁺-Ion die negative Restladung des H_2O-Dipols angezogen.

5. Kombinierte Atom-/Ionenbindungen

Schwefel bildet mit Sauerstoff das Oxid SO_3. Sowohl S als auch O haben 6 Elektronen auf der äussersten Schale. Die 3 Sauerstoffatome müssten je 2 Elektronenpaare mit dem Schwefel gemeinsam haben, um auf ihr volles Oktett zu kommen. Das würde bedeuten, dass der Schwefel 6 Elektronenpaare, also 12 Elektronen, in seiner äussersten Schale hätte, was gegen die Oktettregel verstösst. Die Strukturformel mit 3 Doppelbindungen zwischen S und den 3 O kann deshalb nicht der Wirklichkeit entsprechen. Das S-Atom hat nur mit 1 O-Atom 2 gemeinsame Elektronenpaare. Die beiden andern O haben 1 Elektron vollständig vom S übernommen wie bei einer Ionenbindung, so dass für sie nur noch je 1 gemeinsames Paar mit dem Schwefel bleibt. 2 O-Atome sind also sowohl kovalent als auch durch Ionenanziehung an das S-Atom gebunden. Analoge Verhältnisse finden sich u. a. in H_2SO_4, HNO_3, H_3PO_4 usw. Die Formeln in Tabelle 8 bedürfen deshalb zum Teil einer Korrektur:

Schwefeltrioxid Schwefelsäure Salpetersäure Phosphorsäure Perchlorsäure

Die in Klammern gesetzten Ionenladungen treten nach aussen nicht anders in Erscheinung als die Restladungen gewöhnlicher polarisierter Moleküle.

6. Die Metallbindung

Die Metalle bilden Kristallgitter aus lauter gleichsinnig geladenen Ionen oder besser Atomrümpfen. Weil im Metall im Gegensatz zum Salzkristall kein elektronegativer Partner da ist, der die überzähligen Elektronen aufnehmen könnte, erfüllen diese wie eine Art Gas die Zwischenräume im Kristallgitter, ohne Zuordnung zu 1 oder 2 bestimmten Atomen wie bei «normalen» Bindungen. Die leicht beweglichen «Gemeinschafts»elektronen der Metalle erklären deren gute **elektrische Leitfähigkeit**.

XV. Redoxvorgänge

Im Kapitel «Sauerstoff» (S. 17) wurde die Überführung von Elementen und Verbindungen in Oxide mittels Sauerstoffgas als Oxidation definiert. Der Begriff der Oxidation muss aber bedeutend weiter gefasst werden.

A. Oxidationsmittel

Ein Atom oder Molekül kann nicht nur elementaren Sauerstoff aufnehmen, es kann unter Umständen auch O aus einer Verbindung abspalten und sich damit vereinigen:

$$H_2SO_3 + H-O-O-H \rightarrow H_2SO_4 + H-O-H$$

Wasserstoffperoxid gibt 1 O-Atom an die schweflige Säure ab, welche dadurch zu Schwefelsäure oxidiert wird. Aus dem H_2O_2 entsteht Wasser.

$$C_6H_{12}O_6 + 4KClO_3 \rightarrow 4KCl + 6CO_2 + 6H_2O$$

Zündet man ein Gemisch von Kaliumchlorat und Traubenzucker, so verflüchtigt sich die Masse unter starker Feuererscheinung. Der Zucker wird zu Kohlendioxid und Wasserdampf oxidiert, das Kaliumchlorat verwandelt sich in Kaliumchloridrauch.

Jede Bereicherung eines Stoffes mit Sauerstoff ist eine Oxidation. Substanzen, welche besonders leicht Sauerstoff an andere Stoffe abgeben, heissen **Oxidationsmittel.**

B. Die Reduktion, der Redoxvorgang

Bei jedem Sauerstofftransfer gibt es einen **Spender** und einen **Empfänger.** Der O-Gehalt des Spenders, also des Oxidationsmittels, wird **reduziert.**

Jede Erniedrigung des Sauerstoffgehaltes einer Verbindung wird als Reduktion bezeichnet. Substanzen, welche besonders leicht Sauerstoff von anderen Stoffen abspalten, heissen **Reduktionsmittel.**

$$2Al + 3H_2O \rightarrow Al_2O_3 + 3H_2$$

Aluminium ist das Reduktionsmittel, Wasser wird zu Wasserstoff reduziert, das Al wird gleichzeitig zu Al_2O_3 oxidiert.

$Fe_2O_3 + 3CO \rightarrow 2Fe + 3CO_2$ (Hochofenprozess)

Das Kohlenmonoxid reduziert das Eisen(III)-oxid zu elementarem Eisen, das CO wird selber zu CO_2 oxidiert.

$CuO + H_2 \rightarrow Cu + H_2O$

Leitet man Wasserstoffgas durch ein Rohr mit heissem Kupferoxid, so bildet sich rotes Kupfer und das Rohr beschlägt sich im kalten Teil mit Kondenswasser. Das Kupfer(II)-oxid ist zu elementarem Kupfer reduziert, der Wasserstoff zu Wasser oxidiert worden. Bei den Reaktionen des vorigen Abschnitts werden Wasserstoffperoxid zu Wasser und Kaliumchlorat zu Kaliumchlorid reduziert.

Jede Oxidation ist mit einer Reduktion gekoppelt und umgekehrt. Man bezeichnet deshalb jede Sauerstoffverschiebung zwischen zwei Teilchen als **Redoxvorgang.**

C. Redoxprozesse mit Wasserstoffübertragung

Mischt man eine Lösung von Iodwasserstoff mit Wasserstoffperoxid, entsteht erst eine gelbbraune Färbung, dann bilden sich schwarzglänzende Kristalle.

$2HI + H_2O_2 \rightarrow I_2 + 2H_2O$

Wie bei der Oxidation von H_2SO_3 (S. 77) wird auch hier das H_2O_2 in H_2O übergeführt, also reduziert – ohne dass es allerdings Sauerstoff abgibt. Wenn der eine Reaktionspartner reduziert wird, muss der andere notgedrungen oxidiert werden.
Im vorliegenden Fall wechselt nicht O, sondern H seinen Platz. Der Begriff des Redoxvorgangs muss daher erweitert werden:

Jeder Transfer von Sauerstoff oder Wasserstoff (oder beider Elemente zugleich, in entgegengesetzter Richtung) **von einem Stoff auf einen andern ist ein Redoxvorgang.**

Oxidationsmittel sind O-Donoren oder H-Akzeptoren (oder beides zusammen).
Reduktionsmittel sind O-Akzeptoren oder H-Donoren (oder beides zusammen).

$CH_3OH + CuO \rightarrow Cu + CH_2O + H_2O$

Taucht man ein heisses, mit schwarzem Oxid überzogenes Kupferstück in Methylalkohol, so wird das Kupfer blank. Gleichzeitig macht sich der stechende Geruch von Formaldehyd bemerkbar. Das CuO wird durch O-Abspaltung reduziert, der Alkohol durch H-Entzug oxidiert. Die abgegebenen H und O vereinigen sich zu H_2O.

$H_2S + Cl_2 \rightarrow S + 2HCl$

Beim Mischen von Chlor- und Schwefelwasserstoffgas scheidet sich elementarer Schwefel ab. Der H_2S verliert seinen Wasserstoff, er wird somit oxidiert. Chlor ist also Oxidationsmittel. Das Beispiel ist ein Redoxvorgang ohne Beteiligung von O.

D. Redoxvorgänge als Elektronenübertragungen

Das H-Atom ist bestrebt, sein Elektron abzugeben, sei es ganz, bei der Ionenbildung, oder teilweise, bei der polarisierten Atombindung (S. 74). Die Aufnahme eines H-Atoms durch ein reduzierbares Teilchen kommt also der Aufnahme eines «verpackten» Elektrons gleich. Das O-Atom anderseits hat zwei «Elektronenlöcher», die es aufzufüllen trachtet, sei es ganz, bei der Ionenbildung (Metalloxide), oder teilweise, bei der polarisierten Atombindung mit Nichtmetallen. Jedes aufgenommene O-Atom bedeutet somit für das oxidierte Teilchen einen Verlust von 2 Elektronen an dieses O-Atom. **Ein Redoxvorgang** (Platzwechsel von O oder H) **ist somit immer auch ein Platzwechsel von Elektronen** zwischen Reaktionspartnern. Auch Reaktionen, bei denen nur nackte Elektronen zwischen Partnern verschoben werden, zählt man zu den Redoxvorgängen.

$$Cl_2 + 2Br^- \rightarrow 2Cl^- + Br_2 \qquad\qquad 2Fe^{3+} + 2I^- \rightarrow 2Fe^{2+} + I_2$$

Leitet man Chlorgas in eine bromidhaltige Lösung, wird diese vom entstehenden Brom gelb. Chlor ist Elektronenempfänger, also Oxidationsmittel; Bromid ist Elektronenspender; es wird durch Verlust von 1 Elektron zum elementaren Brom oxidiert.

Eisen(III)-salze werden durch Iodid zu Eisen(II)-salzen reduziert.

Die beiden angeführten Reaktionen sind Beispiele von Redoxvorgängen ohne Sauerstoff- oder Wasserstofftransfer.

Zusammenfassende Definition:

Redoxvorgänge sind intermolekulare Elektronenverschiebungen.

Es können freie Elektronen, an Protonen gebundene Elektronen (H-Atome) oder Elektronendefizite (O-Atome mit «Löchern») übertragen werden (Abb. 39). Die freien Elektronen lassen sich mit Bargeld vergleichen, die H-Atome mit Wertpapieren, die O-Atome mit Schuldscheinen. In jedem Fall ändern sich die Besitzverhältnisse (Elektronenzahl) bei «Handänderungen».
Ob man einen Stoff als Oxidationsmittel (aktiv) oder nur als reduzierbaren Stoff (passiv) bzw. als Reduktionsmittel oder nur als oxidierbaren Stoff bezeichnen will, ist oft ein subjektiver Entscheid und auch vom jeweiligen Reaktionspartner abhängig. Will man aus Methylalkohol Formaldehyd gewinnen, ist CuO Oxidationsmittel. Will man aus Kupferoxid Kupfer herstellen, ist CuO eine reduzierbare Substanz. Allgemein gilt:

Ein Oxidationsmittel ist um so stärker, je grösser sein Elektronenhunger.
Ein Reduktionsmittel ist um so stärker, je ausgeprägter sein Bestreben, Elektronen abzugeben (Tab. 12).

Ein Stoff ist um so leichter oxidierbar, je leichter er Elektronen abgibt.
Ein Stoff ist um so leichter reduzierbar, je stärker er Elektronen an sich saugt.

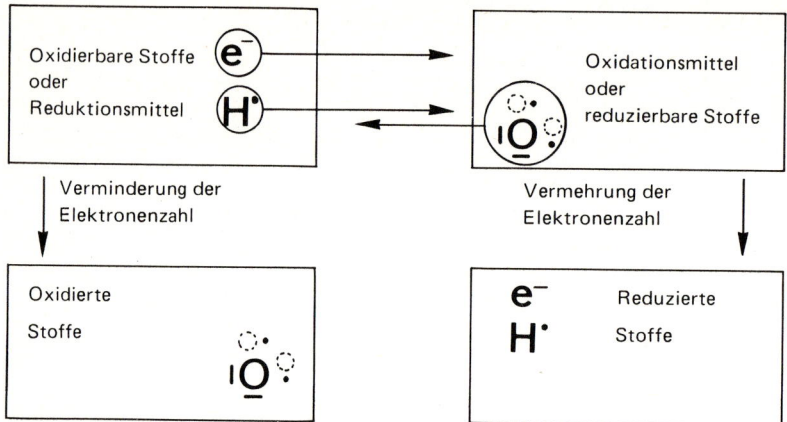

Abb. 39. Redoxvorgänge: Verschiebung von Elektronen (e⁻), H-Atomen mit Elektron oder O-Atomen mit 2 Elektronenlöchern (punktierte Kreislein).

Tabelle 12. Einige Oxidations- und Reduktionsmittel nach abnehmender Stärke geordnet

Oxidationsmittel		Reduktionsmittel	
F_2	Fluor	K	Kalium
O_3	Ozon	Ca	Calcium
H_2O_2	Wasserstoffperoxid	Na	Natrium
$KMnO_4$	Kaliumpermanganat	Mg	Magnesium
KClO	Kaliumhypochlorit	Al	Aluminium
$KClO_3$	Kaliumchlorat	C	Kohlenstoff
Cl_2	Chlor	Zn	Zink
$HClO_4$	Perchlorsäure	H_2S	Schwefelwasserstoff
$K_2Cr_2O_7$	Kaliumdichromat	Fe	Eisen
Br_2	Brom	H_2SO_3	Schweflige Säure
HNO_3	Salpetersäure	CO	Kohlenmonoxid
O_2	Sauerstoff	H_2	Wasserstoff
I_2	Iod		

E. Die Oxidationszahl

Bei vielen Redoxreaktionen ändern die reagierenden Elemente z. T. ihre Wertigkeit.

$$3SO_2 + 2CrO_3 \rightarrow 3SO_3 + Cr_2O_3$$

Der 4wertige wird zum 6wertigen Schwefel, das 6wertige wird zum 3wertigen Chrom. Um auch kompliziertere Redoxvorgänge sicher zu überblicken, empfiehlt es sich, statt mit der Wertigkeit mit der sogenannten **Oxidationszahl** (OZ) der beteiligten Elemente zu operieren.

Bei 1atomigen Ionen ist die Oxidationszahl identisch mit der Zahl der Einheitsladungen des Ions:

Cl^-: OZ $= -$ I; S^{2-}: OZ $= -$ II; Fe^{3+}: OZ $= +$ III.

Bei Molekülen oder zusammengesetzten Ionen mit polaren Atombindungen werden alle Bindungselektronen jeweils dem elektronegativeren Element zugeschlagen (wie bei einer echten Ionenbindung). Die solchermassen resultierende positive oder negative Überschussladung der einzelnen Atome ist gleich der Oxidationszahl des betreffenden Elements:

H_2O: H hat Oxidationszahl $+$ I, O hat Oxidationszahl $-$ II.

H hat in allen Nichtmetallverbindungen Oxidationszahl $+$ I, O in allen Verbindungen ausser Peroxiden und OF_2 Oxidationszahl $-$ II. Alle Elemente ausser Fluor haben in ihren Oxiden positive Oxidationszahlen. Alle Nichtmetalle haben in ihren Wasserstoffverbindungen negative Oxidationszahlen.

CO_2: OZ von Kohlenstoff $+$ IV NH_3: OZ von Stickstoff $-$ III

Die Summe der Oxidationszahlen aller an einem neutralen Molekül beteiligten Atome muss stets null sein.

In HNO_3 ist H $= +$ 1; 3mal O $= -$ 6, somit N $= +$ 5 (OZ von N $= +$ V).

In $H_2Cr_2O_7$ ist 2mal H $= +$ 2; 7mal O $= -$ 14, somit 2mal Cr $= +$ 12 (OZ von Cr $= +$ VI).

Bei den zusammengesetzten Ionen ist die Summe der Oxidationszahlen aller Atome gleich der Ladungszahl des Ions:

MnO_4^-: 4mal O $= -$ 8, somit Mn $= +$ 7 (OZ von Mn $= +$ VII)

PO_4^{3-}: 4mal O $= -$ 8, somit P $= +$ 5 (OZ von P $= +$ V)

Die Oxidationszahl von freien Elementen, auch wenn diese Moleküle bilden (Cl_2, H_2, N_2), ist stets Null.

Bei der Oxidation eines Elements nimmt dessen Oxidationszahl zu, bei der Reduktion ab.

F. Redoxgleichungen

Für das Aufstellen von Redoxgleichungen gelten folgende Regeln:
1. Die Formeln der Ausgangs- und Endprodukte werden ermittelt.
2. Aus den Formeln werden die Oxidationszahlen der beiden am Elektronentransfer beteiligten Elemente vor und nach der Reaktion berechnet. Die Änderung in der Oxidationszahl (ΔOZ) ist gleich der Anzahl der aufgenommenen bzw. abgegebenen Elektronen pro Atom der Redoxpartner.
3. Für die Redoxgleichung muss die Gesamtzahl der aufgenommenen und abgegebenen Elektronen gleich sein, d.h. das Produkt aus Gleichungskoeffizient und ΔOZ des einen Partners ist gleich dem entsprechenden Produkt des anderen Partners ($=$ kleinstes gemeinschaftliches Vielfaches der beiden ΔOZ). Diese Beziehungen gestatten die Berechnung der Koeffizienten.

Beispiele

1. Kupfer löst sich in Salpetersäure unter Bildung von Kupfer(II)-nitrat und Stickstoff(II)-oxid.

$$\overset{0}{Cu} + \overset{+V}{HNO_3} \rightarrow \overset{+II}{Cu(NO_3)_2} + \overset{+II}{NO}$$

Die beiden Elemente, deren Oxidationszahl ändert, werden als Ionen geschrieben. Ionen, die nicht frei existieren können, werden in Klammern gesetzt.

$$\overset{+\,3e^-}{Cu^0 + (N^{5+}) \rightarrow Cu^{2+} + (N^{2+})} \quad \Delta OZ \text{ von Cu: 2; } \Delta OZ \text{ von N: 3;}$$
$$\underset{-\,2e^-}{} \qquad\qquad\qquad \text{kleinstes gemeinschaftliches Vielfaches} = 6$$

$$\overset{+\,6e^-}{3Cu^0 + 2(N^{5+}) \rightarrow 3Cu^{2+} + 2(N^{2+})}$$
$$\underset{-\,6e^-}{}$$

Der Stickstoff ist vor der Reaktion mit 3, nachher noch mit 1 O^{2-} verbunden ($NO_3^- \rightarrow NO$). Aus $2NO_3^-$ werden somit $4O^{2-}$ frei. Die O^{2-}-Ionen sind aber nicht beständig und verbinden sich sofort mit H^+-Ionen der Säure zu H_2O.

$3Cu + 2NO_3^- + 8H^+ \rightarrow 3Cu^{2+} + 2NO + 4H_2O$ (Ionengleichung)

Die entsprechende Molekülgleichung lautet:

$3Cu + 8HNO_3 \rightarrow 3Cu(NO_3)_2 + 2NO + 4H_2O$

---

2. Methanol setzt sich mit Chromsäure in Gegenwart von Schwefelsäure zu Kohlendioxid und Chrom(III)-sulfat um.

$$\overset{-II}{CH_3OH} + \overset{+VI}{H_2CrO_4} \rightarrow \overset{+IV}{CO_2} + \overset{+III}{Cr_2(SO_4)_3}$$

$$\overset{+\,3e^-}{(C^{2-}) + (Cr^{6+}) \rightarrow (C^{4+}) + Cr^{3+}}$$
$$\underset{-\,6e^-}{}$$

$(C^{2-}) + 2(Cr^{6+}) \rightarrow (C^{4+}) + 2Cr^{3+}$

$CH_3OH + 2CrO_4^{2-} \rightarrow CO_2 + 2Cr^{3+} + 7(O^{2-}) + 4(H^+)$

Zum Abbinden der $7(O^{2-})$ braucht es $14H^+$, also noch zusätzliche $10H^+$, d. h. $4H^+$ aus der Chromsäure und weitere $6H^+$ aus der zugesetzten Schwefelsäure:

$$CH_3OH + 2CrO_4^{2-} + 10H^+ \rightarrow CO_2 + 2Cr^{3+} + 7H_2O$$

$$CH_3OH + 2H_2CrO_4 + 3H_2SO_4 \rightarrow CO_2 + Cr_2(SO_4)_3 + 7H_2O$$

3. Permangansäure oxidiert Wasserstoffperoxid in Gegenwart von Schwefelsäure zu elementarem Sauerstoff.

$$\overset{+VII}{H}MnO_4 + \overset{-I}{H_2O_2} + H_2SO_4 \rightarrow \overset{+II}{Mn}SO_4 + \overset{0}{O_2}$$

$$(Mn^{7+}) + (O^-) \rightarrow Mn^{2+} + (O^0)$$

$$(Mn^{7+}) + 5(O^-) \rightarrow Mn^{2+} + 5(O^0)$$

$$2MnO_4^- + 5H_2O_2 \rightarrow 2Mn^{2+} + 5O_2 + 8(O^{2-}) + 10(H^+)$$

$$\mathbf{2MnO_4^- + 5H_2O_2 + 6H^+ \rightarrow 2Mn^{2+} + 5O_2 + 8H_2O}$$

$$2HMnO_4 + 5H_2O_2 + 2H_2SO_4 \rightarrow 2MnSO_4 + 5O_2 + 8H_2O$$

4. Nitrobenzol wird durch Zink in salzsaurer Lösung zu Anilin reduziert. Das Zink wird dabei zu Zink(II)-chlorid oxidiert.

$$C_6H_5-\overset{+IV}{N}O_2 + \overset{0}{Z}n + HCl \rightarrow C_6H_5-\overset{-II}{N}\overset{+II}{H_2} + \overset{}{Z}nCl_2$$

$$(N^{4+}) + Zn^0 \rightarrow (N^{2-}) + Zn^{2+}$$

$$(N^{4+}) \mid 3Zn^0 \rightarrow (N^{2-}) \mid 3Zn^{2+}$$

$$C_6H_5-NO_2 + 3Zn \rightarrow (C_6H_5-N^{2-}) + 3Zn^{2+} + 2(O^{2-})$$

$$\mathbf{C_6H_5-NO_2 + 3Zn + 6H^+ \rightarrow C_6H_5-NH_2 + 3Zn^{2+} + 2H_2O}$$

$$C_6H_5-NO_2 + 3Zn + 6HCl \rightarrow C_6H_5-NH_2 + 3ZnCl_2 + 2H_2O$$

Für alle bereinigten Ionengleichungen gilt: Rechts und links gleiche Masse **und** gleiche Ladung.

G. Ozon und Wasserstoffperoxid

Ozon (O_3) ist eine **Modifikation** des Sauerstoffs. Es entsteht aus O_2 bei Bestrahlung von Luft mit Ultraviolett oder bei elektrischen Entladungen in Luft. Die eine O-O-bindung im O_3 ist eine normale Kovalenzdoppelbindung, die andere eine kombinierte Atom-/Ionen-Bindung (S. 76). Ozon hat einen intensiven Geruch und ist nach dem Fluor das stärkste Oxidationsmittel. Durch die intensive Ultraviolettbestrahlung durch die Sonne bildet sich Ozon in der obersten Schicht der Atmosphäre. Dadurch wird das lebensfeindliche kurzwellige Ultraviolett absorbiert und von der Erdoberfläche ferngehalten. Mit Ozonisatoren (fortgesetzten schwachen elektrischen Entladungen) kann Luft geruch- und keimfrei gemacht werden.

Ozon   Wasserstoffperoxid

Wasserstoffperoxid ist ein häufig gebrauchtes Oxidationsmittel. Alle Verbindungen mit der **Gruppe -O-O-** zählen zu den **Peroxiden** und sind starke Oxidationsmittel (weitere Beispiele: Na_2O_2, BaO_2). H_2O_2 gefriert bei $-1,7\,°C$ und siedet bei $151\,°C$. Es ist farblos und kommt in wässriger Lösung (etwa 300 g/kg Lösung) als Perhydrol in den Handel. In verdünnter Lösung wird es als Desinfektions- und Bleichmittel verwendet (Coiffeur).

H_2O_2 kann zerfallen. Dabei bilden sich atomarer, sehr reaktionsfreudiger Sauerstoff und Wasser. Der Spontanzerfall verläuft sehr langsam. Er kann aber durch das Enzym Katalase und auch durch Hämoglobin enorm beschleunigt werden. Dieser Umstand wird zum **Nachweis von Blutspuren** ausgenützt: In Gegenwart von Hämoglobin werden Benzidin oder Tolidin (S. 291) durch H_2O_2 zu einem blaugrünen Farbstoff oxidiert. Ohne Blut bleibt die Probe farblos.

Das Oxidationsmittel H_2O_2 kann unter Wasserstoffabgabe selber oxidiert werden (Beispiel 3, S. 83).

XVI. Thermochemie

1. Die Wärmetönung

Bei allen chemischen Reaktionen wird mehr oder weniger Energie umgesetzt. **Endotherm** heisst ein Vorgang, bei dem die Reaktionsteilnehmer **Energie aus der Umgebung aufnehmen** und als **chemische Energie** in den Produkten speichern (endo = innen). Bei **exothermen** Reaktionen **wandelt sich chemische Energie** der Reaktionsteilnehmer **in andere Energieformen um** (Energieabgabe: exo = aussen).
Energie kann weder vernichtet noch aus nichts gebildet werden (Gesetz von der Energieerhaltung, Unmöglichkeit des Perpetuum mobile).
Bei allen exothermen Reaktionen wird ein Teil, meist der Hauptbetrag der Energie, als **Wärme** frei (z. B. alle Verbrennungen). Es können aber auch andere Energieformen auftreten: **Mechanische Energie** im Muskel; **elektrische Energie** in der Trockenbatterie, im Akkumulator, aber auch im Nervensystem; **Licht** beim Leuchtkäfer. Gibt man zu einer Lösung von 3-Amino-phthalsäurehydrazid (Luminol) und H_2O_2 in alkalischer Lösung eine Spur Hämoglobin, so erstrahlt die Lösung in blauem Licht (exotherme katalytische Oxidation des Luminols unter Lichtemission).
Bei den endothermen Reaktionen wird meist ebenfalls Wärme, aber auch elektrische Energie oder Licht aufgenommen. Die für den Biokosmos wichtigste endotherme Reaktion ist die **Assimilation des Kohlendioxids durch die grüne Pflanze.** Energiequelle ist das **Sonnenlicht.** Der Aufbau von Kohlenhydraten aus CO_2 ist ein komplizierter Prozess. Die eigentliche photochemische Reaktion ist die **Spaltung von Wasser mit Chlorophyll als Katalysator.** Der dabei gebildete Wasserstoff wird über eine Reihe von Hilfsstoffen mit verschiedenen Enzymen zur Reduktion des von der Pflanze aufgenommenen CO_2 verwendet. **Der Sauerstoff wird an die Umwelt abgegeben** (S. 19).
Auch im menschlichen Organismus finden endotherme Prozesse statt (z. B. Fett- oder Eiweiss-Synthese). Alle solchen Vorgänge sind mit exothermen Reaktionen gekoppelt, und zwar so, dass ein Teil der bei diesen freiwerdenden Energie auf den verbrauchenden Prozess übertragen wird, ohne erst als Wärme in Erscheinung zu treten (S. 247). Alle für Biosynthesen benötigte Energie, ebenso die Muskelenergie und die elektrische Energie des Nervensystems stammt aus der chemischen Energie der Nährstoffe (Kohlenhydrate, Fette, Proteine) und letzlich aus dem Sonnenlicht, das bei der CO_2-Assimilation «fixiert» wurde.

2. Thermochemische Gleichungen

Jeder Stoff enthält eine gewisse chemische Energie. Diese innere Energie wird auch als **Enthalpie** (H) bezeichnet. Bei jedem chemischen Vorgang ändert sich die Enthalpie eines Systems. Bei exothermen Reaktionen (Abgabe von Energie an die Umwelt) nimmt die Enthalpie eines Stoffsystems ab, bei endothermen Vorgängen zu. Die

Reaktionsenthalpie ΔH ist die Differenz der Energiegehalte der End- und Ausgangsprodukte einer Reaktion. Sie lässt sich messen und wird pro Mol eines reagierenden
Stoffes oder Reaktionsproduktes angegeben. Einheit der Energie ist das Joule (J).
4,18 J entsprechen der früher üblichen Kalorie (Erwärmung von 1 g Wasser um 1 °C).
Enthalpien werden in kJ (1 kJ = 1000 J) ausgedrückt. Beispiele von thermochemi-
schen Gleichungen:

$C + O_2 \rightarrow CO_2$	$\Delta H = -394$ kJ/mol C	Verbrennung von Kohle, exotherm
$2H_2O_{fl} \rightarrow O_2 + 2H_2$	$\Delta H = +286$ kJ/mol H_2O	Elektrolyse von Wasser, endotherm
$2HgO \rightarrow 2Hg + O_2$	$\Delta H = +\ 86$ kJ/mol HgO	Thermolyse von Quecksilberoxid, endotherm

$$HCl + NaOH \rightarrow NaCl + H_2O$$
$$H_2SO_4 + 2KOH \rightarrow K_2SO_4 + 2H_2O$$
$$\left. \right\} \quad \Delta H = -57 \text{ kJ/mol } H_2O$$

Die **Neutralisationswärme** für 1 eq starke Säure mit 1 eq starker Lauge (Vereinigung
von 1 mol H^+ mit 1 mol OH^-) ist stets gleich, unabhängig von der Art der Säure und
Lauge. Für schwach dissoziierte Elektrolyte ist die pro Mol gebildetes H_2O freigesetzte Energie kleiner als 57 kJ, weil für das Ionisieren von H^+ und OH^- Energie
gebraucht wird (S. 54).

$H_2 + F_2 \rightarrow 2HF$	$\Delta H = -535$ kJ/mol F_2
$H_2 + Cl_2 \rightarrow 2HCl$	$\Delta H = -184$ kJ/mol Cl_2
$H_2 + Br_2 \rightarrow 2HBr$	$\Delta H = -\ 71$ kJ/mol Br_2
$H_2 + I_2 \rightarrow 2HI$	$\Delta H = +\ 52$ kJ/mol I_2

Je negativer ΔH bei einer Reaktion ist, desto beständiger sind die entstandenen
Produkte. HF ist somit der beständigste, HI der am wenigsten beständige Halogenwasserstoff.

Alle hier angegebenen Werte für ΔH stimmen im strengen Sinne nur, wenn sich Druck
und Temperatur während der Reaktion nicht ändern.

XVII. Reaktionsgeschwindigkeit und chemisches Gleichgewicht

Unter der **Reaktionsgeschwindigkeit** (RG) versteht man in der Chemie **die pro Zeiteinheit umgesetzte Stoffmenge**, z. B. g/s oder mol/s.
Die Reaktionsgeschwindigkeit eines bestimmten Vorgangs ist in erster Linie von der Natur der Teilnehmer abhängig (Kalium und Wasser reagieren unter gleichen Bedingungen ganz anders miteinander als Eisen und Wasser); sie kann aber durch verschiedene Faktoren in weiten Grenzen beeinflusst werden.

A. Beeinflussung der Reaktionsgeschwindigkeit

1. Temperatur

Die Reaktionsgeschwindigkeit nimmt mit steigender Temperatur zu, aber nicht linear, sondern exponentiell.
RGT-Regel: Bei Erhöhung der Temperatur um 10 °C wird die Reaktionsgeschwindigkeit mindestens verdoppelt. Setzt sich z. B. bei 20 °C 1 mg/s um, sind es bei 100 °C etwa 250 mg/s (von 20 bis 100 °C finden 8 Verdoppelungen statt: $2^8 = 256$); bei 500 °C läuft dieselbe Reaktion 2^{48} oder etwa 280 Billionen mal schneller, d. h. mit etwa 280 000 Tonnen pro Sekunde (Abb. 40).
Die erwähnte Regel ist kein strenges Gesetz. Sie gilt auch für Enzymreaktionen. Im Kühlschrank verdirbt ein Nahrungsmittel mindestens 4mal langsamer als bei Raumtemperatur. Bei der Bestimmung von Enzymaktivitäten muss die vorgeschriebene Temperatur genauestens eingehalten werden. Eine Abweichung von 1 °C führt zu Fehlern von etwa 10 % (S. 277).

2. Oberfläche

Bei Reaktionen zwischen Stoffen verschiedener Aggregatzustände (sog. heterogene Reaktionen) ist die **Grösse der Kontaktfläche** gasförmig/flüssig, gasförmig/fest oder flüssig/fest für die Reaktionsgeschwindigkeit ausschlaggebend. Ein Haufen Späne verbrennt viel rascher als ein kompaktes Holzstück gleicher Masse. Ein massiver Eisenblock löst sich in Säure langsamer als die gleiche Menge Fe-Pulver.

3. Katalysatoren

Durch Katalysatoren können Reaktionen **um einige Zehnerpotenzen beschleunigt** werden (S. 19). Das Wesen der Katalyse wird im Kapitel «Enzyme» (S. 276) erläutert.

4. Konzentration der Reaktionsteilnehmer

Ein Stück Kalkstein löst sich in konzentrierter HCl schneller als in verdünnter. Eine Verbrennung verläuft in reinem O_2 rascher als in Luft. Eine Reaktion zwischen zwei

Teilchen kann nur stattfinden, wenn sie zusammenstossen. Je höher die Konzentration eines Reaktionsteilnehmers, desto häufiger die erfolgreichen Zusammenstösse seiner Teilchen mit dem Partner: Eine Lösung enthalte die beiden Molekülarten A und B, die sich zur Verbindung AB vereinigen. Die Konzentration von A und B, c(A) bzw. c(B) sei je 1 mol/l, die Reaktionsgeschwindigkeit sei 1 mmol/s. Wird die Konzentration von A verdoppelt, diejenige von B gleich belassen, so wird die Zahl der Zusammenstösse pro Sekunde, also auch die Reaktionsgeschwindigkeit, verdoppelt (2 mmol/s). Wird auch B noch verdoppelt, so steigt sie auf 4 mmol/s. Bei verdreifachtem A und gleichzeitig vervierfachtem B werden die Kollisionen $3 \cdot 4 = 12$mal häufiger.

Die Reaktionsgeschwindigkeit ist proportional der Konzentration jedes der beiden Reaktionspartner, also proportional dem (arithmetischen) **Produkt der Einzelkonzentrationen.**

$$RG = k \cdot c(A) \cdot c(B)$$

k ist eine von Temperatur und Katalysatoren abhängige Proportionalitätskonstante.

Bei der Vereinigung von gleichartigen Teilchen gilt eine analoge Überlegung:

$$A + A \rightarrow A_2$$

Um welchen Faktor wird die Reaktionsgeschwindigkeit grösser, wenn die Konzentration von A verdreifacht wird?

Modellvorstellung: In einem geschlossenen Raum fliegen wahllos gleichartige Kugeln herum. Jede Kugel ist zugleich Projektil und Zielscheibe. Jede Sekunde ereignet sich die gleiche Zahl Kollisionen. Nun wird die Zahl der Kugeln verdreifacht. Damit verdreifachen sich die Projektile **und** die Zielscheiben. Die Trefferwahrscheinlichkeit wird dadurch $3 \cdot 3$ mal $= 9$mal grösser.

$$RG = k \cdot c(A) \cdot c(A) = k \cdot c^2(A)$$

Alle Vorgänge, die der mathematischen Beziehung $RG = k \cdot c(A) \cdot c(B)$ bzw. $RG = k \cdot c^2(A)$ gehorchen, heissen **Reaktionen 2. Ordnung.**
Reaktionen, bei denen gleichzeitig 3 Partner zusammenstossen (Reaktionen 3. Ordnung) sind selten. Für diese gilt: $RG = k \cdot c(A) \cdot c(B) \cdot c(C)$ oder $RG = k \cdot c(A) \cdot c^2(B)$ oder $RG = k \cdot c^3(A)$. Reaktionsgleichungen, in denen grössere Koeffizienten als 3 figurieren, sind stets Bilanzen von nacheinander ablaufenden Teilreaktionen 2. eventuell 3. Ordnung.
Es gibt auch Reaktionen, die nicht auf Teilchenkollisionen angewiesen sind. Beispiele: Thermolytischer Zerfall einer Verbindung, radioaktive Kernumwandlungen. Die Reaktionsgeschwindigkeit ist hier in jedem Zeitpunkt der noch vorhandenen Menge reagierender Substanz direkt proportional: $RG = k \cdot c(A)$. Man spricht von **Reaktionen 1. Ordnung** (S. 39).
Im Verlauf aller Reaktionen verarmt der Reaktionsraum mehr und mehr an Teilnehmerpartikeln. Die Reaktionsgeschwindigkeit flaut deshalb ab. Sie ist maximal bei

Beginn, nimmt erst rasch, dann immer langsamer ab und nähert sich allmählich dem Wert null (asymptotischer Verlauf; Abb. 23 und 40). Die Reaktion hört strenggenommen erst dann auf, wenn sich das letzte umherirrende Teilchenpaar getroffen hat oder das letzte Molekül zerfallen ist.

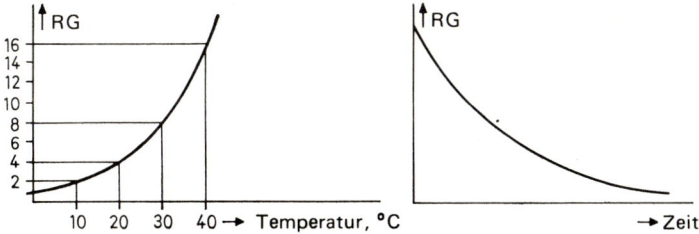

Abb. 40. Reaktionsgeschwindigkeit als Funktion von Temperatur und Zeit.

Reaktionen mit extrem grosser Geschwindigkeit sind die **Explosionen.** Im Sprengstoff Nitroglycerin breitet sich nach erfolgter Zündung die Zerfallsreaktion mit 7000 m/s aus. Ein Sprengsatz von 1 kg zerfällt in wenigen Millionstelsekunden. Die Freisetzung grosser Energiebeträge in dieser extrem kurzen Zeit erklärt die verheerende Wirkung der Explosionen (hohe Temperaturen, Druckwelle).

B. Unvollständig ablaufende Reaktionen; chemische Gleichgewichte

Es gibt eine Vielzahl chemischer Reaktionen, die selbst bei optimalen Mengenverhältnissen der Ausgangsstoffe nicht zu Ende ablaufen. Bringt man z. B. Wasserstoffgas und Ioddampf bei erhöhter Temperatur in einen geschlossenen Raum, so bildet sich farbloser Iodwasserstoff. Auch bei längerem Zuwarten verschwindet aber die Farbe des Iods nie ganz. Erwärmt man anderseits reinen Iodwasserstoff auf die gleiche Temperatur, zerfällt er in Iod und Wasserstoff. Auch dieser Vorgang verläuft indes nicht vollständig. Analysiert man die auf beide Arten erhaltenen Gasgemische, nachdem keine Farbänderung mehr festzustellen ist, so findet man identische Zusammensetzung. Spaltung und Synthese sind **umkehrbare Prozesse,** die bei einem bestimmten Konzentrationsverhältnis der reagierenden Teilchen miteinander im **Gleichgewicht** stehen. Beide Reaktionen laufen auch im stationären Endzustand noch weiter, sie haben aber gleiche Geschwindigkeit und heben sich in ihrer Wirkung gegenseitig auf. Man spricht von einem **dynamischen Gleichgewicht.**

C. Das Massenwirkungsgesetz

$$H_2 + I_2 \rightleftharpoons 2HI$$

Hinreaktion: $RG_1 = k_1 \cdot c(H_2) \cdot c(I_2)$ Rückreaktion: $RG_2 = k_2 \cdot c^2(HI)$

Im Gleichgewichtszustand (Hin- und Rückreaktion halten sich die Waage) ist $RG_1 = RG_2$, also $k_1 \cdot c(H_2) \cdot c(I_2) = k_2 \cdot c^2(HI)$.

$$\frac{c^2(HI)}{c(H_2) \cdot c(I_2)} = \frac{k_1}{k_2} = K \qquad K = \textbf{Gleichgewichtskonstante}$$

Für irgendeine umkehrbare (reversible) Reaktion 2. Ordnung $A + B \rightleftharpoons C + D$ ist

$$\frac{c(C) \cdot c(D)}{c(A) \cdot c(B)} = K$$

Für den Gleichgewichtszustand gilt:

Das Produkt der Stoffmengenkonzentrationen (mol/l) der Teilnehmer an der Rück-reaktion geteilt durch das Produkt der Konzentrationen der Teilnehmer an der Hin-reaktion ist für eine bestimmte Temperatur unveränderlich (Massenwirkungsgesetz).

Treten in der Reaktionsgleichung Koeffizienten auf, die von 1 verschieden sind, so erscheinen diese in der Massenwirkungsgleichung als Exponenten der Konzentrationen.

D. Beeinflussung von Gleichgewichten; Regel vom kleinsten Zwang

1. Katalysatoren

Durch Katalysatoren werden Reaktionen beschleunigt. Für alle reversiblen Reaktionen gilt: Katalysatoren beeinflussen die Geschwindigkeit von Hin- und Herreaktion in gleichem Masse. **Durch Katalysatoren wird die Lage eines Gleichgewichts und damit die Konzentration sämtlicher Teilchen nicht verändert.** Die Einstellung eines Gleichgewichts (von beiden Seiten her) kann durch Katalysatoren beschleunigt werden.

2. Zusatz bzw. Entfernung von Reaktionsteilnehmern

Gibt man zu einer Lösung von Essigsäure Natriumacetat (Na-Salz der Essigsäure), so stellt man eine Abnahme der H^+-Ionen fest, die Lösung wird weniger sauer.

$HAc \rightleftharpoons H^+ + Ac^-$ (Ac = Säurerest der Essigsäure)

$$\frac{c(H^+) \cdot c(Ac^-)}{c(HAc)} = K$$

Durch Zusatz von Acetationen (Natriumacetat) würde der Zähler des obigen Bruchs vergrössert. Weil der Wert des Bruchs aber konstant bleibt, muss sich ein Teil der H^+-Ionen mit den neuen Ac^--Ionen zu undissoziierter HAc (Essigsäuremolekül) verbinden. Die Lösung verarmt an H^+-Ionen.

Zahlenbeispiel: Für eine Säure HA sei $K = 0,0001$. Im Gleichgewichtszustand sei $c(H^+) = c(A^-) = 0,01$ mol/l und $c(HA) = 1$ mol/l. Die Konzentration von A^- wird nun durch Salzzusatz auf 0,1 mol/l erhöht.

$$\frac{c(H^+) \cdot c(A^-)}{c(HA)} = 0,0001 \qquad \text{vor dem} \quad \frac{0,01 \cdot 0,01}{1} \qquad \text{nach dem} \quad \frac{0,001 \cdot 0,1}{1}$$
$$\qquad\qquad\qquad\qquad\qquad\qquad \text{Salzzusatz} \qquad\qquad\qquad \text{Salzzusatz}$$

Durch Verzehnfachung der Anionenkonzentration $c(A^-)$ wird die H^+-Ionenkonzentration 10mal verkleinert. Die Rechnung stimmt nur annäherungsweise, weil sich ja die verschwundenen H^+-Ionen mit A^- zu HA verbunden haben. Der Nenner wird also etwas grösser als 1, $c(H^+)$ etwas grösser als 0,001.

Durch Zusatz bzw. Wegnahme eines Reaktionsteilnehmers werden die Konzentrationen aller Teilnehmer an einer Gleichgewichtsreaktion verändert.

Wird ein Reaktionsteilnehmer laufend aus dem Reaktionsraum entfernt (z. B. Gasentwicklung), so wird das Gleichgewicht **ganz auf eine Seite verschoben,** die eine Reaktion läuft vollständig ab. Beispiele: Auflösung von Metallen in Säure unter H_2-Entwicklung, doppelte Umsetzung von Salzen mit Säuren oder Laugen bei Bildung flüchtiger Produkte (S. 31, 62). Auch bei der Bildung von Niederschlägen findet eine starke Gleichgewichtsverschiebung statt; sie ist aber weniger vollständig als bei der Gasentwicklung, weil kein Feststoff vollständig unlöslich ist. Gase können vollständig aus einer Lösung ausgetrieben werden.

Zahlreiche Reaktionen, die scheinbar vollständig ablaufen, sind in Wirklichkeit Gleichgewichte mit extrem grossen Gleichgewichtskonstanten. Beispiel: Knallgasverbrennung (s. unten).

3. Temperatur

Im Knallgasgleichgewicht ($2H_2 + O_2 \rightleftharpoons 2H_2O$) sind unterhalb 1000°C die freien Elemente nicht nachweisbar. Eine Knallgasverbrennung läuft bei 1000°C praktisch vollständig ab. Bei 1400°C ist der Anteil der Elemente am Gleichgewichtsgemisch 0,1%, bei 2500°C 3%, bei 3500°C 29%, bei 4000°C 92%.

Für jedes Gleichgewicht ist die eine Reaktion exotherm, die Gegenreaktion endotherm. Durch Temperaturerhöhung wird die endotherme (energieverbrauchende) Reaktion begünstigt, die energieproduzierende dagegen gebremst. Temperatursenkung hat den gegenteiligen Effekt.

Durch Temperaturänderung wird die Gleichgewichtskonstante verändert.

4. Druck

Ändert sich im Verlauf einer Gasreaktion das Volumen (Änderung der Zahl der Gasmoleküle), so wird durch eine **Druckerhöhung das Gleichgewicht nach der Seite des kleineren Volumens verschoben.** Druckerniedrigung begünstigt die Reaktion mit der Vermehrung der Gasmoleküle.

Bei Gasreaktionen wird durch die Druckänderung die Gleichgewichtskonstante verändert.

$N_2 + 3H_2 \rightleftharpoons 2NH_3$
4 Moleküle   2 Moleküle

Durch Druckerhöhung wird das Gleichgewicht nach der Seite des Ammoniaks verschoben. Die NH_3-Synthese aus H_2 und N_2 wird deshalb bei sehr hohem Druck (1000 bar) ausgeführt.

Alle Gleichgewichtsbeeinflussungen können zur **Regel vom kleinsten Zwang** (Prinzip von Le Chatelier) zusammengefasst werden:

Ein chemisches Gleichgewicht weicht einem von aussen auferlegten Zwang nach Möglichkeit aus.

1. Ein weggenommener Reaktionspartner wird nach Möglichkeit ersetzt, ein zugesetzter nach Möglichkeit verbraucht.
2. Eine Temperaturerhöhung bzw. -erniedrigung wird dadurch gedämpft, dass die energieverbrauchende bzw. energieliefernde Reaktion begünstigt wird.
3. Einer Druckerhöhung bzw. -erniedrigung wird so ausgewichen, dass die volumenverkleinernde bzw. volumenvergrössernde Reaktion mehr betont wird.

Die Regel vom kleinsten Zwang wird in der Industrie zur Erzielung möglichst hoher Ausbeuten ausgenützt.

E. Eingefrorene Gleichgewichte

Ein Gemisch aus Wasserstoff und Sauerstoff ist bei Zimmertemperatur beständig, obschon das Knallgasgleichgewicht bei Zimmertemperatur praktisch nur Wasser und keine freien Elemente enthält. Die Reaktionsgeschwindigkeit für die Vereinigung von H_2 und O_2 ist bei 20 °C unmessbar klein, das Gleichgewicht würde sich erst nach Jahren einstellen. Man spricht von einem **eingefrorenen Gleichgewicht** oder einem **metastabilen Zustand** («nur mittlerweile stabil»). Bringt man ein kaltes Knallgasgemisch mit einem Katalysator (z. B. Pt) in Berührung, vereinigen sich die Elemente in kurzer Zeit zu Wasser.

Alle brennbaren Stoffe verdanken ihre Existenz in Gegenwart von Luft eingefrorenen Redoxgleichgewichten, die alle stark auf die Seite der Oxide verschoben wären.

V. Fragen zur Eigenkontrolle (Stoffgebiet S. 71–92)

1. Was ist eine Wasserstoffbrücke?

2. BaO_2 ist ein Peroxid, PbO_2 ist ein normales Oxid. Zeichnen Sie die Strukturformeln der beiden (Ionenbindung zwischen Metall und Sauerstoff).

3. Die Lewis-Formeln von S, Br, Ca, He, Boroxid, Cyanwasserstoff sind zu zeichnen.

4. Was versteht man unter einem s–p-Molekülorbital?

5. Wie kommt der Hydratmantel der Ionen zustande?

6. Welcher Unterschied besteht zwischen einer kovalenten und einer Ionen-Bindung?

7. Die korrekte Lewis-Formel von Phosphor-(V)-oxid unter Beachtung der Oktettregel ist zu zeichnen.

8. Was geschieht a) mit dem Chlormolekül, b) mit dem Magnesiumatom, wenn sich die beiden Elemente zu Magnesiumchlorid vereinigen?

9. Im Iodwasserstoff hat Iod die Oxidationszahl $-I$, in der Iodsäure $+V$. Wieviele Mol Iodsäure müssen mit 2 mol Iodwasserstoff gemischt werden, wenn alles Iod in I_2 umgewandelt werden soll?

10. Vervollständigen Sie folgende Redoxgleichungen:

a) $CrO_3 + HCl + HI \rightarrow CrCl_3 + I_2 + H_2O$

b) $MnO_4^- + C_2O_4^{2-} + H^+ \rightarrow Mn^{2+} + CO_2 + H_2O$
($C_2O_4^{2-}$: Anion der Oxalsäure).

11. Welche Oxidationszahl haben C, Cl und As in folgenden Verbindungen:

a) CH_3—CH_3;   b) H—C—O—H;

$\qquad\qquad\qquad\qquad\qquad$ $\overset{\|}{O}$

c) H—O—Cl;   d) As_2O_3?

12. Beim Einleiten von Chlorgas in eine farblose Lösung von Eisen(II)-chlorid wird die Flüssigkeit gelb. Erklärung mit Gleichung?

13. Was ist im folgenden Vorgang das Reduktionsmittel? Erklärung!

$Cu^{2+} + Fe \rightarrow Cu + Fe^{2+}$

14. 2 Beispiele von endothermen und 2 von exothermen Reaktionen sind zu nennen und als Gleichungen zu formulieren.

15. Bei 50°C werden bei einer Reaktion pro Sekunde 2 g Substanz umgesetzt. Wie gross ist die Reaktionsgeschwindigkeit für dieselbe Reaktion bei 10°C?

16. Was versteht man unter der Elektronegativität eines Elementes? Welches Element ist elektronegativer: Cl oder I, N oder O?

17. Was ist ein eingefrorenes Gleichgewicht?

18. Wie kann in einer Ammoniaklösung ohne Temperaturänderung auf 2 Arten die Konzentration der NH_4^+-Ionen herabgesetzt werden? ($NH_3 + H_2O \rightleftharpoons NH_4^+ + OH^-$)

19. Was geschieht, wenn Blut in eine Lösung von H_2O_2 gerät?

20. $2CO + O_2 \rightleftharpoons 2CO_2$. Wie wird dieses Gleichgewicht a) durch Temperaturerhöhung, b) durch Druckerhöhung verschoben? Begründung!

21. Die Vereinigung von H_2 und N_2 zu NH_3 ist ein exothermer Vorgang. Welche Temperatur ist günstiger für die Ammoniaksynthese, 500 oder 600°C? Begründung!

22. Bei der Verbrennung von 12 g Kohlenstoff zu CO_2 werden 394 kJ frei, bei der Verbrennung zu CO 110 kJ. Welches ist die Reaktionsenthalpie für den Vorgang $2CO + O_2 \rightarrow 2CO_2$?

23. $H_2 + Cl_2 \rightleftharpoons 2HCl$. Die Gleichgewichtskonstante für dieses Beispiel ist bei Raumtemperatur sehr gross. Was geschieht demzufolge beim Mischen gleicher Volumina von Wasserstoff und Chlor?

24. Welche Wirkung hat ein Katalysator auf ein eingespieltes Gleichgewicht?

(Antworten S. 353)

XVIII. Lösungen; Lösen und Kristallisieren

A. Konzentrationen

Für jede Lösung sind primär zwei Dinge von Interesse: 1. Welche Stoffe enthält sie? 2. Welche **Konzentration** haben die gelösten Stoffe, d. h. welche Stoffmasse (Gramm) oder welche Stoffmenge (Teilchenzahl, Mol) enthält die Volumeneinheit Lösung?

1. Masseinheiten für Masse, Stoffmenge und Volumen

SI-Einheit (SI = Système international d'unités) für die Masse ist das Kilogramm, für das Volumen der Kubikmeter. Im Laboratorium werden aber nach wie vor die handlicheren, 1000mal kleineren Einheiten **Gramm (g)** und **Liter (l)** bevorzugt. Einheit der Stoffmenge ist das **Mol** (S. 45).

2. Bruchteile und Vielfache von Masseinheiten, Präfixe

Für sehr grosse und sehr kleine Messdaten hat man sogenannte **Vorsätze** oder **Präfixe** für die Masseinheiten geschaffen. Jedes Präfix verkörpert einen Faktor von 1000^n (n = ganze Zahl zwischen -6 und $+6$). Die 12 SI-Präfixe sind in Tabelle 13 zusammengestellt. Vorsätze wie Dezi-, Zenti-, Deka-, Hekto- sind zu vermeiden.

Tabelle 13. Präfixe (Vorsätze) für die Masseinheiten

Exa-	E	10^{18}	Trillion	Milli-	m	10^{-3}	Tausendstel
Peta-	P	10^{15}	Billiarde	Mikro-	μ	10^{-6}	Millionstel
Tera-	T	10^{12}	Billion	Nano-	n	10^{-9}	Milliardstel
Giga-	G	10^{9}	Milliarde	Pico-	p	10^{-12}	Billionstel
Mega-	M	10^{6}	Million	Femto-	f	10^{-15}	Billiardstel
Kilo-	k	10^{3}	Tausend	Atto-	a	10^{-18}	Trillionstel

Regel: Durch Einbezug des passenden Vorsatzes soll ein Messwert zwischen 1 und 1000 zu liegen kommen, also nicht 0,000 35 g sondern 350 μg, nicht 63 500 μl sondern 63,5 ml.

3. Massenkonzentration (g/l)

Die Massenkonzentration K einer Stoffkomponente in einem Gemisch oder einer Lösung ist der Quotient aus der Masse (Anzahl Gramm) der Komponente und dem Volumen (Anzahl Liter) des Gemisches. Masseinheit für die Massenkonzentration ist demzufolge **g/l** (mg/l, μg/l usw.). Alle Kombinationen mit Prozent, Promille, «parts per million», «parts per billion» sind veraltet und nicht mehr empfohlen (Tab. 14). Die amerikanische «billion» entspricht der deutschen Milliarde.

Tabelle 14. Alte und neue Einheiten für Massenkonzentrationen

1% G/V = 10 g/l	1 mg% = 10 mg/l	1 ppm = 1 mg/kg
1‰ G/V = 1 g/l	1 γ% = 10 μg/l	1 ppb = 1 μg/kg

4. Stoffmengenkonzentration (mol/l)

Die Stoffmengenkonzentration **c** einer Lösung oder eines Gemisches ist der Quotient aus der Stoffmenge (Anzahl Mol) und dem Volumen des Gemisches (Anzahl Liter). Masseinheit für die Stoffmengenkonzentration ist mol/l (mmol/l, μmol/l usw.). Wenn Zweifel möglich sind, ist die Formel des Teilchens, auf das sich die Konzentrationsangabe bezieht, mitanzugeben: $c(Ca_3(PO_4)_2) = 5$ mmol/l. Für die gleiche Lösung würde gelten: $c(Ca) = 15$ mmol/l oder $c(P) = 10$ mmol/l.
Lösungen verschiedener Stoffe mit gleicher Stoffmengenkonzentration enthalten **dieselbe Anzahl Teilchen** (Moleküle, Ionen, Atome, Formeleinheiten) **pro Liter.** Ihre Massenkonzentration ist dagegen verschieden, weil die Masse der Einzelteilchen verschieden ist.
Für die Stoffmengenkonzentration wurde bisher die Bezeichnung Molarität verwendet. Eine Lösung mit der Konzentration 1 mol/l wurde als 1 molar (1 M) bezeichnet. Diese Ausdrücke und die Abkürzung sind heute nicht mehr empfohlen. Sie werden in diesem Lehrbuch konsequent vermieden.
Sowohl Massen- als auch Stoffmengenkonzentrationen sind temperaturabhängig (wegen der Volumenvergrösserung bei Erwärmung).

5. Massenverhältnis

Der Massenanteil einer Gemischkomponente kann statt auf das Gesamtvolumen auch auf die Gesamtmasse des Gemisches bezogen werden. Man erhält dann einen Quotienten Teilmasse/Gesamtmasse (kg/kg), also einen Bruch <1.
Für handelsübliche Lösungen werden Gehaltsangaben oft noch in Massenprozent gemacht. 65% (z.B. Salpetersäure) bedeutet ein Massenverhältnis von 0,65 kg/kg, d.h. 1 kg Lösung enthält 0,65 kg Reinsubstanz. Massenverhältnisse sind temperatur- und druckunabhängig.

6. Volumenverhältnis

Für Gemische aus Flüssigkeiten oder aus Gasen kann auch die Angabe des Volumenverhältnisses sinnvoll sein. Es ist dies der Quotient aus dem Volumen der Gemischkomponente und dem Gesamtvolumen des Gemisches (Liter/Liter, l/l).
Wie die Massenprozentangaben sind auch solche in Volumenprozent noch in Gebrauch. 90% (z.B. für Alkohol) bedeuten ein Volumenverhältnis von 0,90 Liter/l, d.h. 1 Liter Gemisch enthält 0,90 Liter absoluten Alkohol.
Sowohl Massen- als auch Volumenprozent sind keine SI-Einheiten. Ohne Angabe der Prozentart (Masse oder Volumen) sind Verwechslungen möglich. Schon deshalb ist die Verwendung dieser veralteten Einheiten zu unterlassen.

B. Gegenseitige Umrechnung verschiedener Gehaltsangaben

Genauigkeit von Laborrechnungen

Grundsatz: **Die Genauigkeit der Massen-, Volumen- und Konzentrationsberechnungen soll mit der Genauigkeit der verwendeten Messgeräte und -methoden in Einklang stehen.** Die Präzision von Vollpipetten, Pipettoren und Messkolben liegt um 0,1%, jene von Messzylindern um 1%. Rechnungen in Verbindung mit hochpräzisen Analysen (Gravimetrie, Titrimetrie) werden auf 4 Ziffern genau ausgeführt (die letzte Ziffer darf auf- oder abgerundet sein). Für fotometrische Analysen (klinisches Labor) genügen in der Regel 3 Ziffern. Für Reagenslösungen reichen meist 2 Ziffern.

1. Umrechnung Massenkonzentration ↔ Stoffmengenkonzentration

Stoffmengenkonzentration (mol/l) mal molare Masse (g/mol) = Massenkonzentration (g/l).
Massenkonzentration (g/l) geteilt durch molare Masse (g/mol) = Stoffmengenkonzentration (mol/l).

$$\frac{g}{l} : \frac{g}{mol} = \frac{g}{l} \cdot \frac{mol}{g} = \frac{mol}{l} \qquad\qquad \frac{mol}{l} \cdot \frac{g}{mol} = \frac{g}{l}$$

Rechenbeispiele

1. Wieviele Gramm pro Liter Kaliumdihydrogenphosphat enthält eine Lösung, wenn $c(KH_2PO_4) = 0,4$ mol/l? (Auf 3 Ziffern genau.)
$M(KH_2PO_4) = 136$ g/mol $(39 + 2 + 31 + 64)$
$0,4$ mol/l $\triangleq 0,4 \cdot 136 =$ **54,4 g/l KH_2PO_4**

2. Wieviele Milligramm pro Liter Schwefelsäure enthält eine Lösung, wenn deren Gesamtwasserstoffionenkonzentration 12 mmol/l ist? (Reagensgenauigkeit)
$c(H^+) = 12$ mmol/l $\rightarrow c(H_2SO_4) = 6$ mmol/l (1 mol H_2SO_4 entspricht 2 mol H^+)
$M(H_2SO_4) = 98$ g/mol
6 mmol/l $\triangleq 6 \cdot 98 =$ **588 mg/l H_2SO_4** (aufgerundet 590 mg/l)

3. 100 ml einer Blutprobe enthalten 80 mg Glucose. Wie gross ist die Stoffmengenkonzentration? (Auf 3 Ziffern genau.)
80 mg/100 ml $\triangleq 800$ mg/l
$M(C_6H_{12}O_6) = 180$ g/mol $\triangleq 180$ mg/mmol
800 mg/l $\triangleq 800 : 180 =$ **4,44 mmol/l Glucose**

4. Eine Lösung enthält 15,78 g/l $(NH_4)_3PO_4$.
a) Wieviele Mikromol P, b) wieviele Mikromol N enthalten 50 µl dieser Lösung? (Auf 4 Ziffern genau.)
$M((NH_4)_3PO_4) = 149,09$ g/mol
15,78 g/l $\triangleq 15,78 : 149,09 = 0,1058$ mol/l $(NH_4)_3PO_4 \triangleq 0,1058$ µmol/µl
50 µl enthalten $50 \cdot 0,1058 = 5,292$ µmol $(NH_4)_3PO_4$
1 mol $(NH_4)_3PO_4 \triangleq 1$ mol P $\triangleq 3$ mol N
5,292 µmol $(NH_4)_3PO_4 \triangleq$ **5,292 µmol P** $\triangleq 3 \cdot 5,292 =$ **15,88 µmol N** in 50 µl Lösung

2. Umrechnung Massenverhältnis ↔ Massenkonzentration

Für Umrechnungen dieser Art muss die Dichte der Lösung bekannt sein (ϱ: g/ml).

Massenverhältnis (kg/kg) mal Dichte (g/ml) mal 1000 = Massenkonzentration (g/l).
Massenkonzentration (g/l) geteilt durch 1000 geteilt durch Dichte (g/ml) = Massenkonzentration (kg/kg).

Rechenbeispiele

1. Welche Konzentration (Gramm pro Liter) und (Mol pro Liter) hat die konzentrierte Salzsäure des Handels (37%), wenn ihre Dichte 1,19 g/ml ist? (Auf 3 Ziffern genau.)

37% $\hat{=}$ Massenverhältnis 0,37 kg/kg

1 Liter Lösung $\hat{=}$ 1,19 kg Lösung $\hat{=}$ 1,19 · 0,37 kg/l HCl $\hat{=}$ 1,19 · 370 = **440 g/l HCl**

M(HCl) = 36,5 g/mol

440 g/l HCl $\hat{=}$ 440 : 36,5 = **12,1 mol/l HCl**

2. Eine Ammoniakflasche ist mit 25,0%, Dichte 0,91 g/ml, angeschrieben. Durch Titration wird der Gehalt kontrolliert. Man findet c(NH_3) = 13,12 mol/l. Wie gross ist der prozentuale Unterschied zwischen dem gemessenen und dem angegebenen Gehalt?

M(NH_3) = 17,03 g/mol

13,12 mol/l $\hat{=}$ 13,12 · 17,03 = 223,4 g/l NH_3

1 Liter NH_3-Lösung $\hat{=}$ 0,91 kg

223,4 g/l $\hat{=}$ 223,4 : 0,91 = 245,5 g/kg $\hat{=}$ 0,2455 kg/kg NH_3

Angegebenes Massenverhältnis 0,250 kg/kg $\hat{=}$ 100%   ⎫
Gefundenes Massenverhältnis   0,2455 kg/kg $\hat{=}$ 98,2% ⎬ Differenz **1,8**%
                                                              ⎭

C. Zubereitung von Lösungen

1. Wägen

Im Laboratorium verwendet man vor allem zwei Arten von Waagen, die **Oberschalenwaage** mit einem Wägebereich von zirka 1 kg und einer Empfindlichkeit zwischen 10 und 100 mg und die **Mikro-** oder **Analysenwaage** mit einem Bereich von zirka 100 g und einer Empfindlichkeit zwischen 0,01 und 0,1 mg. Für die Herstellung grösserer Mengen von Reagentien reicht die Empfindlichkeit der Oberschalenwaage aus.
Es ist unsinnig, 10 g Substanz für ein Reagens auf 0,1 mg genau abzuwägen, wenn die Genauigkeit der Volumenmessung etwa 1000mal geringer ist. Auch das offene Abwägen von feuchten, hygroskopischen und flüchtigen Substanzen auf der Mikrowaage ist unzweckmässig. Für die Zubereitung von Standard- und Urtiterlösungen für die quantitative Analyse (S. 138) ist die Analysenwaage am Platz. Als Präzisionsinstrument ist sie vor jedem Missbrauch zu schonen.

2. Zubereitung von Lösungen aus Festsubstanzen

Reagentien

1. Einwägen der Substanz in Becherglas oder Erlenmeyerkolben auf der Oberschalenwaage. 2. Vollständiges Auflösen mit etwas weniger Lösungsmittel als vorgesehen.

3. Überführen der Lösung in einen Messzylinder und auffüllen mit Lösungsmittel bis zum vorgesehenen Volumen. 4. Umgiessen der Lösung in Vorratsgefäss und gründlich durchmischen (Abb. 41).

Standard- und Urtiterlösungen

1. Einwägen der Substanz auf der Analysenwaage in möglichst kleinem Gefäss. 2. Verlustfreies Überführen des Wägeguts in einen Messkolben (Nachspülen des Wägegefässes mit Lösungsmittel). 3. Vollständiges Auflösen in wenig Lösungsmittel. 4. Auffüllen zur Volumenmarke mit Lösungsmittel, Kolbeninhalt gründlich durchschütteln. Bei der Volumeneinstellung muss die Temperatur der Lösung der Eichtemperatur des Messkolbens entsprechen (meist 20 °C) (Abb. 42).

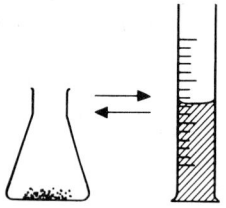 

Abb. 41. Zubereitung einer Reagenslösung.   **Abb. 42.** Zubereitung einer Standardlösung.

3. Herstellung verdünnter Gebrauchslösungen aus konzentrierten Vorratslösungen

Reagentien
Berechnetes Volumen der konzentrierten Lösung in Messzylinder giessen (bei grossem Verdünnungsfaktor pipettieren), auffüllen auf gewünschtes Volumen, umgiessen in Vorratsgefäss und mischen.

Standard- und Urtiterlösungen
Berechnetes Volumen der konzentrierten Lösung in Messkolben pipettieren, auffüllen auf vorgesehenes Volumen, mischen und umgiessen in Vorratsgefäss.

4. Wechselseitige Umrechnung von Stoffmasse bzw. Stoffmenge und Lösungsvolumen bei bekannter Konzentration

$$\text{Massenkonzentration (g/l)} = \frac{\text{Stoffmasse (g)}}{\text{Lösungsvolumen (l)}} \qquad K = \frac{S}{V} \qquad S = K \cdot V \qquad V = \frac{S}{K}$$

Stoffmengenkonzentrationen müssen für solche Rechnungen erst in Massenkonzentrationen verwandelt werden.

Stoffmasse aus Lösungsvolumen und Konzentration; Rechenbeispiele
1. Wieviele Milligramm Substanz braucht es für 30 ml Lösung mit dem Gehalt 9 g/l?
9 g/l $\cong$ 9 mg/ml $\cong$ 30 · 9 = **270 mg in 30 ml**

2. Wieviele Mikrogramm Festsubstanz enthalten 3 ml Natriumhydrogencarbonat, wenn $c(NaHCO_3)$ = 1,2 mmol/l?
$M(NaHCO_3)$ = 84,01 g/mol
1,2 mmol/l $NaHCO_3$ $\cong$ 1,2 · 84,01 = 100,8 mg/l $\cong$ 100,8 µg/ml
3 ml Lösung enthalten 3 · 100,8 = **302,4 µg $NaHCO_3$**

Lösungsvolumen aus Stoffmasse und Konzentration; Rechenbeispiele

1. Wieviele Milliliter einer Lösung mit einer Konzentration von 6,5 g/l lassen sich mit 1,25 g Substanz herstellen?

$V = S : K \qquad V = 1,25 : 6,5 = 0,192 \ l \ \hat{=} \ \textbf{192 ml}$

2. Welches Volumen 70 mmol/l Eisen(III)-sulfat enthält 0,65 g Salz? (Auf 3 Ziffern.)

$M(Fe_2(SO_4)_3) = 400 \ g/mol$

$70 \ mmol/l \ \hat{=} \ 70 \cdot 400 = 28000 \ mg/l \ \hat{=} \ 28 \ g/l$

$V = S : K \qquad V = 0,65 : 28 = 0,0232 \ l \ \hat{=} \ \textbf{23,2 ml Fe}_2\textbf{(SO}_4\textbf{)}_3\textbf{-Lösung}$

5. Berechnung von Verdünnungen

Für alle Verdünnungen gilt:

Die Masse des aufgelösten Materials S ist vor und nach der Verdünnung dieselbe.

Es sei: K_1 = Konzentration vor dem Verdünnen, K_2 = Konzentration nach dem Verdünnen, V_1 = Lösungsvolumen vor dem Verdünnen, V_2 = Lösungsvolumen nach dem Verdünnen.

$$S_1 = K_1 \cdot V_1 \qquad S_2 = K_2 \cdot V_2 \qquad \text{weil } S_1 = S_2, \text{ wird } \mathbf{K_1 \cdot V_1 = K_2 \cdot V_2}$$

Bedingung: K_1 und K_2 bzw. V_1 und V_2 in gleichen Einheiten. Die Gleichung kann nach allen 4 Grössen aufgelöst werden.

Statt der Massenkonzentrationen K_1 und K_2 können auch die Stoffmengenkonzentrationen c_1 und c_2 gesetzt werden.

Rechenbeispiele

1. Wieviele Milliliter einer Lösung mit einer Konzentration von 20 g/l braucht es für die Zubereitung von 600 ml einer Gebrauchslösung mit 0,3 g/l?

$$V_1 = \frac{K_2 \cdot V_2}{K_1}; \quad V_1 = \frac{600 \cdot 0,3}{20} = \textbf{9 ml}$$

2. 7 ml einer Lösung mit 12 mol/l Salzsäure sollen auf 50 mmol/l verdünnt werden. Auf welches Volumen muss aufgefüllt werden?

$50 \ mmol/l \ \hat{=} \ 0,05 \ mol/l$

$$V_2 = \frac{c_1 \cdot V_1}{c_2}; \quad V_2 = \frac{12 \cdot 7}{0,05} = \textbf{1680 ml}$$

3. 0,6 ml einer Lösung von 0,7 mol/l wird mit 20 ml Wasser gemischt. Welche Stoffmengenkonzentration hat die verdünnte Lösung?

$$c_2 = \frac{c_1 \cdot V_1}{V_2}; \quad c_2 = \frac{0,7 \cdot 0,6}{20,6} = 0,0204 \ mol/l \ \hat{=} \ \textbf{20,4 mmol/l}$$

4. Wieviele Milliliter Lösung mit c(Na) = 30 mmol/l lassen sich aus 3 ml Lösung mit 30 g/l Na_2SO_4 herstellen?

$M(Na_2SO_4) = 142 \ g/mol$

$30 \ g/l \ Na_2SO_4 \ \hat{=} \ 30 : 142 = 0,211 \ mol/l \ Na_2SO_4 \ \hat{=} \ 0,422 \ mol/l \ Na \ \hat{=} \ 422 \ mmol/l \ Na$

$$V_2 = \frac{422 \cdot 3}{30} = \textbf{42,2 ml}$$

5. Wieviele Milliliter 70% Perchlorsäure ($\varrho = 1{,}67$ g/ml) braucht es für die Zubereitung von 0,5 Liter Lösung mit $c(HClO_4) = 3{,}5$ mol/l?

$M(HClO_4) = 100{,}5$ g/mol

$70\% \triangleq 0{,}7$ kg/kg $\triangleq 700$ g/kg $\triangleq 700 \cdot 1{,}67 = 1169$ g/l

Variante 1:

1169 g/l $\triangleq 1169 : 100{,}5 = 11{,}63$ mol/l

$$V_1 = \frac{0{,}5 \cdot 3{,}5}{11{,}63} = 0{,}1505 \text{ l} = \textbf{150,5 ml}$$

Variante 2:

$3{,}5$ mol/l $\triangleq 3{,}5 \cdot 100{,}5 = 351{,}8$ g/l

$$V_1 = \frac{0{,}5 \cdot 351{,}8}{1169} = 0{,}1505 \text{ l} \triangleq \textbf{150,5 ml}$$

Vor der eigentlichen Verdünnungsrechnung müssen die Konzentrationen beider Lösungen auf gleiche Masseinheiten gebracht werden (beide mol/l oder g/l).

6. Berechnung von Mischlösungen

Statt durch Verdünnen einer konzentrierten Lösung mit Lösungsmittel kann eine Gebrauchslösung auch durch Mischen einer konzentrierten mit einer verdünnten Lösung gewonnen werden. Die Berechnungen der Volumina und Konzentrationen basieren auch hier auf der Tatsache, dass die gelöste Stoffmenge konstant bleibt.

$V_1 \cdot K_1 + V_2 \cdot K_2 = (V_1 + V_2) \cdot K_m$ $\qquad$ $K_m = $ Konzentration des Gemisches

---

Die Gleichung kann nach irgendeiner Grösse aufgelöst werden.

D. Serumelektrolyte

Alle Körperflüssigkeiten enthalten anorganische und organische Elektrolyte, welche den Hauptanteil der gelösten Substanzen ausmachen. Das Elektrolytgemisch des Blutserums hat eine ganz bestimmte Zusammensetzung, die **beim Gesunden nur in engen Grenzen variiert.** Die analytische Ermittlung von Normabweichungen in den Serumelektrolytkonzentrationen kann für die Krankheitsdiagnose wertvoll sein. Da die Salze des Serums alle praktisch vollständig dissoziiert sind, ist es sinnlos, eine bestimmte Metallionenart einem bestimmten Anion zuzuordnen. Alle positiven Ionen sind an allen negativen beteiligt und umgekehrt. Die Blutflüssigkeit enthält nicht Natriumchlorid, Kaliumhydrogencarbonat usw., sondern ein Gemisch von Na^+, K^+, Cl^-, HCO_3^- usw.

Ionenkonzentrationen können in Gramm pro Liter oder Mol pro Liter angegeben werden. Will man jedoch ein Mass für die Zahl der Ladungen in einer Ionenlösung haben, gibt man die Konzentration in **Ionenäquivalenten pro Liter** (eq/l) an. **1 eq irgendeiner Ionenart hat $6 \cdot 10^{23}$** (Loschmidtsche Zahl) **Einheitsladungen** (s. «Säure- und Laugenäquivalente», S. 57).

1 eq einer Ionenart kann ladungsmässig 1 eq jeder anderen gleichsinnig geladenen Ionenart ersetzen. 1 eq irgendeines Kations neutralisiert elektrisch 1 eq irgendeines Anions.

---

1 mmol $Ca^{2+} \mathrel{\widehat{=}} 2$ meq $\mathrel{\widehat{=}} 40$ mg

1 g $SO_4^{2-} \mathrel{\widehat{=}} 1 : 96 = 0,0104$ mol $\mathrel{\widehat{=}} 2 \cdot 0,0104 = 0,0208$ eq $\mathrel{\widehat{=}} 20,8$ meq

---

Die Serumionen sind unter anderem als Ladungsträger, als Bestandteile des Ionengleichgewichts von Bedeutung. Ihre Konzentration wird deshalb vorzugsweise in Milliäquivalenten pro Liter angegeben. Wegen der Elektroneutralität ist die Gesamtkonzentration aller Kationen in Milliäquivalenten pro Liter gleich der Gesamtkonzentration aller Anionen. Dies kommt im sogenannten **Ionogramm** von Gamble zum Ausdruck (Abb. 43). Die verschiedenen Ionen können sich innerhalb ihrer Säule in gewissen Grenzen gegenseitig ersetzen. Das gilt vor allem für Cl^- und HCO_3^- (1 meq $Cl^- \mathrel{\widehat{=}} 1$ meq HCO_3^-).

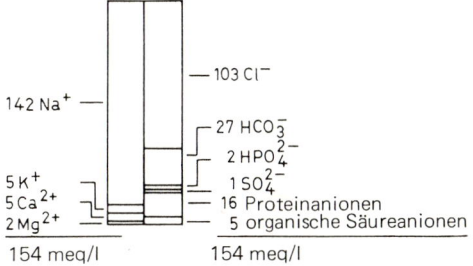

154 meq/l   154 meq/l   **Abb. 43.** Ionogramm der Serumelektrolyte.

Das **Ionogramm der Zellflüssigkeit** ist von jenem des Serums stark verschieden. Hauptkationen der Zelle sind Kalium und Magnesium, Hauptanionen Phosphat und Protein. Diese vier Ionen treten im Serum stark zurück. Bei der Bestimmung des Serumkaliums muss dem Umstand Rechnung getragen werden, dass beim Stehen des Blutes Kalium aus den abgestorbenen Blutzellen ins Serum diffundieren und so eine erhöhte Serumkaliumkonzentration vortäuschen kann. Das Serum ist daher kurz nach Blutentnahme von den Zellen zu trennen.

Ein Sonderfall im Ionogramm ist das Hydrogencarbonat oder Bicarbonat. Es hat eine wichtige Pufferfunktion im Blut (S. 136). Näheres über die Bestimmung von Serumelektrolyten siehe S. 135, 152, 346.

E. Der Lösungsvorgang

1. Volumenkontraktion

Löst man ein kompaktes Stück Salz von 1 cm³ Inhalt in 5 ml Wasser, so entstehen **weniger** als 6 ml Lösung. 50 ml Wasser und 50 ml Alkohol ergeben weniger als 100 ml Mischung. Diese **Volumenkontraktion** ist auf den unterschiedlichen Raumbedarf verschiedenartiger Moleküle und Ionen zurückzuführen. Kleine Teilchen füllen teilweise den ursprünglichen Zwischenraum zwischen den grossen, so dass der gesamte

Raum besser ausgenützt ist als vor dem Durchmischen (Vergleichsmodell: Steine + Sand).

Man merke sich: **Bei der Zubereitung von Lösungen wird das Volumen erst endgültig eingestellt, wenn aller Stoff gelöst ist.**

2. Lösungswärme

Löst man eine grössere Menge Ammoniumnitrat in wenig Wasser auf, so kühlt sich die Flüssigkeit dermassen ab, dass sich das Gefäss mit Tau beschlägt. Beim Auflösen (wie auch beim Schmelzen) von Kristallen muss die gegenseitige Anziehung der Ionen und Moleküle überwunden werden, was einer Arbeitsleistung gleichkommt. Die dazu nötige Energie, die **Lösungswärme,** wird der Lösung selbst und deren Umgebung entzogen. Beim Auskristallisieren des gelösten Stoffes wird die Lösungswärme wieder frei.

Löst man Calciumchlorid in Wasser, so erwärmt sich die Flüssigkeit. Mit festem KOH kann man Wasser zum Sieden bringen, ohne von aussen zu heizen. Auch für das Auflösen dieser Stoffe ist Wärme erforderlich. Der Zerstörung des Kristallgitters folgt aber ein zweiter Prozess, die **Hydratisierung.** Die Ionen reissen Wasser an sich (S. 76). Der Aufprall der angezogenen Wassermoleküle auf die Ionen erzeugt Wärme. Das Auflösen ist endotherm, die Hydratisierung exotherm. Im Fall des Ammoniumnitrats dominiert der endotherme, bei Calciumchlorid und Kaliumhydroxid der exotherme Teilvorgang. Die freigesetzte Hydratationswärme tritt beim Verdünnen konzentrierter Schwefelsäure besonders krass in Erscheinung. Hier fällt der endotherme Lösevorgang weg (Abb. 44).

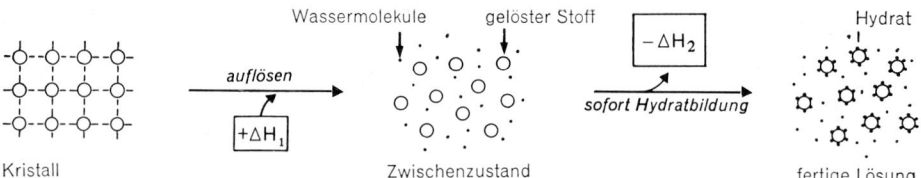

Abb. 44. Auflösevorgang mit Hydratbildung und Wärmeerzeugung; $+\Delta H_1$, $-\Delta H_2$: Änderung der inneren Energie (S. 85).

3. Beschleunigung des Auflösungsprozesses

Vom Alltag her ist bekannt, dass die Zeit zum Auflösen einer bestimmten Festsubstanz (z. B. Zucker in Wasser) auf 3 Arten abgekürzt werden kann:

1. Zerkleinern des Festkörpers. Je grösser die Oberfläche, um so leichter kann das Lösungsmittel die Kristalle angreifen.

2. Umrühren. Beim blossen Stehenlassen umgibt sich der zu lösende Stoff bald mit einer hochkonzentrierten Lösungsschicht, die das Weiterauflösen hemmt. Durch Bewegung wird dieser Schutzmantel immer wieder zerstört.

3. Erwärmen. In der Wärme sind die Molekülschwingungen stärker als in der Kälte. Die Kristallordnung lässt sich daher mit warmem Lösungsmittel leichter aufheben als mit kaltem. Die Diffusion der gelösten Moleküle durch die Lösung erfolgt zudem rascher in der Wärme, so dass sich der konzentrierte Schutzmantel schneller verteilt als in der Kälte.

F. Die Löslichkeit

Die Löslichkeit eines Stoffes ist die Masse Substanz in Gramm, die von 100 g Lösungsmittel eben noch aufgelöst wird.

1. Die Löslichkeit von Feststoffen und Gasen

Die **Löslichkeit von Feststoffen nimmt** (mit wenig Ausnahmen) **bei steigender Temperatur zu; die Gaslöslichkeit nimmt mit steigender Temperatur ab, mit steigendem Druck zu.**

Beispiele für das Verhalten der Gase:
1. Beim Kochen von Leitungswasser entstehen Gasblasen, bevor der Siedepunkt erreicht ist; gelöster Sauerstoff wird ausgetrieben. 2. Durch Kochen kann destilliertes Wasser von gelöstem CO_2 befreit werden. 3. Unter Druck löst sich in Getränken viel CO_2 (Mineralwasser, Bier, Champagner); beim Öffnen des Flaschenverschlusses entweicht ein Grossteil des gelösten Gases, weil der Druck abnimmt. 4. Taucht der Mensch tief unter Wasser, löst sich wegen des höheren Drucks mehr Stickstoff im Blut. Steigt der Taucher zu schnell wieder auf, scheidet sich das gelöste Gas als Bläschen aus, welche die Kapillargefässe blockieren, was im Extremfall zum Tode führen kann («Taucherkrankheit»).

2. Die gesättigte Lösung

Eine Lösung ist mit einem Stoff gesättigt, wenn bei Zusatz noch so kleiner Mengen desselben nichts mehr in Lösung geht. Bei Feststoffen bleibt ein Bodensatz, bei Flüssigkeiten eine Schicht unter oder über der Lösung. Bei konstanter Temperatur eine Lösung zu sättigen, dauert lange, weil sich die letzten Teilchen nur noch sehr träge lösen. Man macht deshalb bei etwas höherer Temperatur eine fast gesättigte Lösung. Beim Abkühlen auf Raumtemperatur fällt dann das «Zuviel» an gelöstem Stoff wieder aus. Die Bildung von Kristallen ist Beweis für die vollständige Sättigung. Die Lösung wird mit etwas Bodensatz aufbewahrt, damit sie bei allfälligem Temperaturanstieg gesättigt bleibt.

Stellt man die Löslichkeit als Funktion der Temperatur grafisch dar, erhält man die sogenannte **Löslichkeitskurve** (Abb. 45).

3. Die übersättigte Lösung

Gewisse Lösungen (z. B. Natriumthiosulfat) kann man bis unter den Sättigungspunkt abkühlen, ohne dass der gelöste Stoff auskristallisiert. Die Lösung enthält dann mehr Stoff, als ihrer Sättigungskonzentration entsprechen würde; sie ist übersättigt. Eine solche Lösung ist instabil. Wird sie mit einem Kriställchen des gelösten Stoffes – einem sogenannten Kristallkeim – «geimpft», setzt intensive Kristallisation ein. Alles überschüssig gelöste Material fällt aus. Eine übersättigte Lösung kann nur durch Abkühlen («Überlisten») einer gesättigten Lösung, nie durch direktes Auflösen von zuviel Substanz erzeugt werden. Voraussetzung ist die Abwesenheit jeglicher Kristallkeime (Abb. 46).

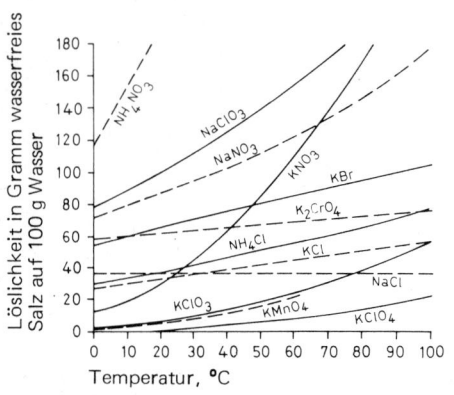

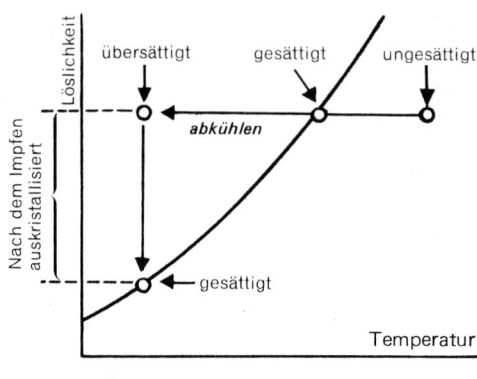

Abb. 45. Löslichkeitskurven einiger Salze.   **Abb. 46.** Übersättigte Lösung.

4. Das Löslichkeitsprodukt

Bei Elektrolyten stehen Ionen und undissoziierte Teilchen miteinander im Dissoziationsgleichgewicht. Dies gilt auch für Salze. Hier sind allerdings die undissoziierten Teilchen Kristallverbände. Man spricht von heterogenen Gleichgewichten (zwischen Flüssigkeit und Feststoff). Auch für solche lässt sich die Massenwirkungsgleichung formulieren:

$$AgCl \rightleftharpoons Ag^+ + Cl^- \qquad \frac{c(Ag^+) \cdot c(Cl^-)}{c(AgCl)} = K$$

Bei einem Feststoff kann indessen nicht von einer Konzentration gesprochen werden. Die nicht messbare «Als-ob-Konzentration» $c(AgCl)$ ist für eine gegebene Temperatur unveränderlich, unabhängig von der Menge Bodensatz. Die Massenwirkungsgleichung kann daher wie folgt vereinfacht werden:

$$c(Ag^+) \cdot c(Cl^-) = \underbrace{K \cdot c(AgCl)}_{konstant} = \textbf{Lp} \text{ (Löslichkeitsprodukt)}$$

Für eine gesättigte Elektrolytlösung mit Bodensatz gilt:
Das Produkt aus den Stoffmengenkonzentrationen von Anion und Kation ist konstant und heisst **Löslichkeitsprodukt.**
Das Gesetz gilt in dieser Form nur für binäre Elektrolyte (1 Kation + 1 Anion)

Tabelle 15. Einige Löslichkeitsprodukte

CaSO$_4$	$6 \cdot 10^{-5}$	CaCO$_3$	$1,0 \cdot 10^{-8}$	AgCl	$1,6 \cdot 10^{-10}$	FeS	10^{-21}
PbSO$_4$	$1,7 \cdot 10^{-8}$	BaCO$_3$	$5,0 \cdot 10^{-9}$	AgBr	$5,0 \cdot 10^{-13}$	PbS	10^{-28}
AgOH	$1,2 \cdot 10^{-8}$	BaSO$_4$	$1,0 \cdot 10^{-10}$	AgI	$1,0 \cdot 10^{-16}$	CuS	10^{-40}

Aus dem Lp eines Salzes kann dessen Löslichkeit berechnet werden.

Das Löslichkeitsprodukt von Kupfer(II)-sulfid ist 10^{-40}: $Lp = c(Cu^{2+}) \cdot c(S^{2-}) = 10^{-40}$
$c(Cu^{2+}) = c(S^{2-}) = x$ $\qquad x^2 = 10^{-40}$ $\qquad x = 10^{-20}$

1 Liter Wasser mit CuS als Bodensatz enthält also je 10^{-20} mol Cu^{2+}- und S^{2-}-Ionen, das sind je $6 \cdot 10^{23} \cdot 10^{-20} = 6 \cdot 10^3 = 6000$ Ionen

Wie jedes andere Gleichgewicht kann auch das Dissoziationsgleichgewicht schwerlöslicher Salze durch Zusatz oder Wegnahme von Gleichgewichtspartnern verschoben werden. Wird in einer gesättigten Lösung von $BaSO_4$ die Ba^{2+}-Ionenkonzentration erhöht (z. B. durch Zusatz von $BaCl_2$), so muss die Konzentration von SO_4^{2-} absinken. Wird dagegen H_2SO_4 zugesetzt, so fällt entsprechend die Bariumionenkonzentration.

Rechenbeispiel
Welche Ba^{2+}-Konzentration hat gesättigtes Bariumsulfat   a) in blossem Wasser, b) in 0,1 mol/l Na_2SO_4? (Lp von $BaSO_4 = 10^{-10}$.)

a) $c(Ba^{2+}) = c(SO_4^{2-}) = \sqrt{10^{-10}} = \mathbf{10^{-5}}$ **mol/l**

b) $c(Ba^{2+}) \cdot 0{,}1 = 10^{-10}$ $\qquad c(Ba^{2+}) = \dfrac{10^{-10}}{10^{-1}} = \mathbf{10^{-9}}$ **mol/l**

In blossem Wasser ist die Bariumkonzentration somit 10000mal grösser als in 0,1 mol/l Natriumsulfatlösung.

In der gesättigten Lösung eines Salzes lässt sich die Konzentration des Kations durch Zusatz eines zweiten Salzes mit gleichem Anion herabsetzen. Ein zweites Salz mit gleichem Kation senkt umgekehrt die Konzentration des Anions.
Von dieser Tatsache macht man z. B. Gebrauch, wenn ein bestimmtes Ion möglichst vollständig aus einer Lösung entfernt werden soll. Wird anderseits ein Ion eines schwerlöslichen Salzes aus der Lösung entfernt, erhöht sich die Konzentration des andern:

$$CaCO_3 \rightleftharpoons Ca^{2+} + CO_3^{2-} \qquad c(Ca^{2+}) \cdot c(CO_3^{2-}) = 10^{-8} \qquad (\text{Lp von } CaCO_3)$$

Bei Zusatz von Säure bildet sich aus CO_3^{2-} und $2H^+$ Kohlensäure, welche als CO_2 die Lösung verlässt. $c(CO_3^{2-})$ nimmt ab, also muss $c(Ca^{2+})$ zunehmen, was bedeutet, dass sich $CaCO_3$ auflöst. Das neu entstandene CO_3^{2-} wird erneut von H^+ gebunden usw. So erklärt sich das Auflösen von «wasserunlöslichem» Kalkstein in Säuren.

G. Gemeinsame Eigenschaften der Lösungen

1. Gefrier- und Siedepunktverschiebungen

Durch gelöste Stoffe werden sowohl das Sieden als auch das Erstarren des Lösungsmittels erschwert. Die gelösten Partikel behindern die Dampfbildung und auch das Sichordnen der Lösungsmittelmoleküle zu Kristallgittern.

Lösungen von nichtflüchtigen Stoffen haben höhere Siedepunkte und tiefere Gefrierpunkte als die reinen Lösungsmittel.

Für ein bestimmtes Lösungsmittel ist der Betrag der Verschiebung der beiden Fix-punkte **proportional der Anzahl gelöster Teilchen pro Kilogramm Lösungsmittel.** Löst man 1 mol Glucose in 1 kg Wasser, so erstarrt die erhaltene Lösung bei $-1,86\,°C$ und siedet bei $100,51\,°C$. Für jedes zusätzliche gelöste Mol sinkt der Er-starrungspunkt um weitere $1,86\,°C$ und der Siedepunkt steigt um weitere $0,51\,°C$. Löst man 1 mol NaCl in 1 kg H_2O, fällt der Gefrierpunkt um $3,7\,°C$, weil 1 mol NaCl in 2 mol Ionen zerfällt. Für 1 mol $CaCl_2$ oder Na_2SO_4 ist die Fixpunktverschiebung 3mal so gross wie für 1 mol Zucker (3 Ionen pro «Molekül»). Der Umstand, dass sich Salz-«moleküle» bezüglich Gefrierpunktsenkung anders verhalten als Zucker und viele andere organische Moleküle, half die Ionentheorie mitbegründen (Arrhenius, 1887). Für organische Lösungsmittel sind die Fixpunktverschiebungen grösser als für Was-ser. 1 mol gelöste Teilchen in 1 kg Campher senkt dessen Gefrierpunkt um $40\,°C$. Durch Messung von Fixpunktverschiebungen lassen sich die molaren Massen von unbekannten Stoffen bestimmen. Die Gehaltsangabe Mol pro Kilogramm Lösungs-mittel wird als **Molalität** bezeichnet.

Rechenbeispiele
1. Welche Molalität hat eine wässrige Lösung, die bei $-11,1\,°C$ erstarrt?
$-1,86\,°C \stackrel{\wedge}{=} 1$ mol/kg
$-11,1\,°C \stackrel{\wedge}{=} 11,1 : 1,86 =$ **5,97 mol/kg**

2. Welchen Gefrierpunkt hat eine gesättigte Kochsalzlösung, wenn die Löslichkeit 35 g/100 g H_2O beträgt?
35 g/100 g $\stackrel{\wedge}{=} 350$ g/kg $\stackrel{\wedge}{=} 350 : 58,5 = 6,0$ mol NaCl/kg $H_2O \stackrel{\wedge}{=} 12$ mol Ionen/kg H_2O
1 mol/kg $H_2O \stackrel{\wedge}{=} -1,86\,°C$
12 mol/kg $H_2O \stackrel{\wedge}{=} 12 \cdot (-1,86) =$ **$-22,3\,°C$**

3. Welche molare Masse hat eine Substanz, wenn 25 g davon in 100 g Campher gelöst dessen Gefrierpunkt um $8,7\,°C$ senken?
1 mol/kg $\stackrel{\wedge}{=} 40\,°C$
250 g/kg $\stackrel{\wedge}{=} 8,7\,°C \stackrel{\wedge}{=} 8,7 : 40 = 0,218$ mol
1 mol $\stackrel{\wedge}{=} 250 : 0,218 = 1150$ g   **M(X) = 1150 g/mol**

Mit Kochsalz lässt sich Eis zum Schmelzen bringen. Die dabei gebrauchte Schmelz- und Lösungswärme kühlt das Gemisch bis gegen $-20\,°C$ ab (Kälteerzeugung mit Eis/Kochsalz-Mischung).

2. Der osmotische Druck

Sind zwei wässrige Lösungen verschiedener Molalität durch eine **semipermeable Membran** getrennt, kommt es zur **Osmose.** Eine semipermeable Membran ist eine poröse Trennwand, durch die H_2O-Moleküle ungehindert passieren können, nicht aber grössere Teilchen, wie Salzionen oder organische Moleküle. Solche Mem-branen sind in der Natur häufig. Meist sind sie allerdings nicht völlig undurchlässig für gelöste Teilchen, deren Durchtritt ist aber stark gehemmt (Zellwände, Zellkern- und Mitochondrienmembranen). Beidseits einer semipermeablen Membran sind alle Moleküle in ständiger Bewegung (Wärme). Sie treffen denn auch von beiden Seiten auf die Trennwand. Angenommen, die eine Seite enthalte gleichviele Zuckermoleküle wie Wassermoleküle, die andere Seite nur Wasser. Die Gesamtzahl Moleküle, die pro Sekunde auf Löcher treffen, ist für beide Seiten gleich. Auf der Lösungsseite fällt je die Hälfte der Treffer auf H_2O- und Zuckermoleküle. Trifft ein H_2O auf ein Loch, so passiert es die Membran; ein Zuckermolekül wird zurückgeworfen. Pro Sekunde wechseln somit doppelt soviele H_2O-Moleküle aus dem Wasser in die Zuckerlösung wie umgekehrt. Ist das Gefäss mit der Zuckerlösung offen, wird diese mehr und mehr verdünnt. Ist es geschlossen, entsteht darin ein Druck. Je grösser dieser Druck wird, desto grösser wird auch die Anzahl Stösse pro Sekunde auf die Membran von der Zuckerseite her. Damit steigt auch die Zahl der Durchtritte von H_2O-Molekülen von der Zucker- zur Wasserseite. Die beiden Räume sind im **osmotischen Gleichgewicht,** wenn sich die Wasserdiffusionen in beiden Richtungen die Waage halten. Der im Gleichgewichtszustand in der Zuckerlösung herrschende Druck wird als deren **osmotischer Druck** bezeichnet (Abb. 47).

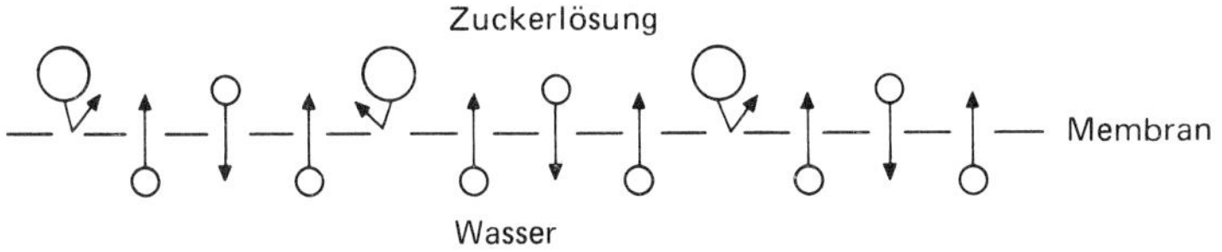

Abb. 47. Osmose zwischen Wasser und Zuckerlösung. Übertritt von H_2O-Molekülen durch thermische Bewegung von Wasser in die Zuckerlösung häufiger als umgekehrt.

Wie die Fixpunktverschiebungen ist auch der **osmotische Druck der Anzahl gelöster selbständiger Teilchen pro Kilogramm Lösungsmittel, also der Molalität, proportional,** unabhängig von der Art des Stoffes, d.h. der Grösse der Partikel. Dies steht mit obiger Trefertheorie durchaus im Einklang. Bei idealer semipermeabler Membran (streng nur für H_2O durchlässig) wäre der osmotische Druck einer 1molalen Lösung (1 mol/kg Wasser) über 20 bar (Druck einer Wassersäule von 200 m Höhe). Zwei Lösungen mit gleichem osmotischem Druck sind **isotonisch.** Hat eine Lösung verglichen mit einer anderen einen höheren osmotischen Druck, ist sie dieser gegenüber **hypertonisch,** im umgekehrten Fall **hypotonisch.**
Beispiele von Osmose im lebenden Organismus: Bei allen Flüssigkeitstransporten durch Zellwände spielt die Osmose eine entscheidende Rolle. 1. Die Wasseraufnahme der Landpflanzen erfolgt durch Osmose. 2. Blutplasma und Flüssigkeit der Blutzellen sind isotonisch. Verdünnt man Blut mit Wasser, wird das Plasma gegenüber den Zellen hypotonisch. Die Zellen nehmen durch Osmose Wasser auf und platzen; das Hämoglobin tritt ins Plasma über. Diese Erscheinung heisst **Hämolyse.** Will man Blut ohne Hämolyse verdünnen, muss eine mit Plasma isotonische Salzlösung (9 g/l NaCl) verwendet werden (wichtig bei Infusionen!). Geraten Blutkörperchen in den Harn (Nierenschaden), läuft die Osmose in der anderen Richtung, weil der Urin hypertonisch ist; die Zellen schrumpfen. 3. Meerwasser ist zum Durstlöschen unbrauchbar; sein osmotischer Druck ist etwa 2,5mal höher als jener des Zellinhalts. Das Blut nimmt Salz aus dem Darm auf und wird dadurch gegenüber den Körperzellen hypertonisch, so dass Wasser aus diesen ans Blut abgegeben wird, statt umgekehrt.

H. Kristallisieren

1. Ausfällung von gelöstem Stoff durch zweites Lösungsmittel

Durch Zusatz eines zweiten, mit dem ersten mischbaren, Lösungsmittels, in welchem der gelöste Stoff schlechter löslich ist als im ersten, kann dieser ausgefällt werden.
Beispiel: Mischt man eine wässrige Salzlösung mit Alkohol oder Aceton, entsteht ein Salzniederschlag, weil Salze in Alkohol schlechter löslich sind als in Wasser. Es handelt sich dabei um einen **physikalischen Vorgang,** im Gegensatz zur Fällung durch doppelte Umsetzung (S. 62).
Die Ausfällung durch ein zweites Lösungsmittel ist in jedem Fall **unvollständig.**
Mischbare Lösungsmittelpaare (in jedem Verhältnis ineinander löslich) sind z. B.
Wasser/Alkohol, Wasser/Aceton, Wasser/Pyridin, Alkohol/Ether, Eisessig/Ether.

2. Umkristallisieren

Manchmal enthalten im Labor gebrauchte Substanzen Verunreinigungen, die nicht mit den früher beschriebenen Trennmethoden entfernt werden können. Eine Reinigung kann dann in vielen Fällen durch **Umkristallisieren** erreicht werden.

Prinzip
1. Herstellung einer nahezu gesättigten Lösung der unreinen Substanz in möglichst **heissem Lösungsmittel.**
2. Möglichst tiefes **Abkühlen der Lösung,** ohne dass diese gefriert. Ein Teil des zu reinigenden Stoffes kristallisiert aus.
3. **Abfiltrieren** der ausgefallenen Kristalle. Das Filtrat, die **Mutterlauge,** enthält die gelösten Verunreinigungen mit einem Rest des interessanten Stoffes. Ist die abfiltrierte Kristallmasse noch nicht rein genug, kann ein zweites oder drittes Mal umkristallisiert werden. Mit der Mutterlauge muss immer ein Teil des zu reinigenden Stoffes geopfert werden. Hat dieser eine steile Löslichkeitskurve, ist der Verlust kleiner als bei flacher Kurve (Abb. 48).

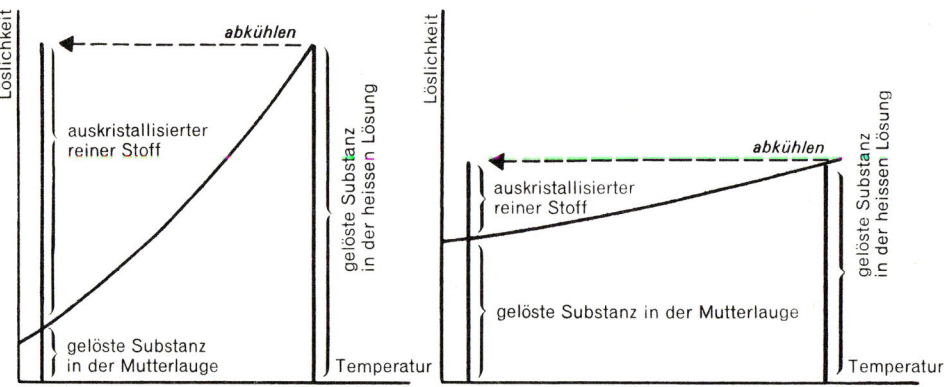

Steile Löslichkeitskurve; gute Ausbeute   Flache Löslichkeitskurve; schlechte Ausbeute

Abb. 48. Umkristallisieren.

I. Kristallwasserhaltige Salze (Hydrate)

Eine grosse Zahl von Salzen baut beim Auskristallisieren Wassermoleküle mit in die Kristalle ein. Ein Teil des Hydratmantels der Ionen wird mit in die Gitterordnung einbezogen. Dieses **Kristallwasser** tritt nicht als Feuchtigkeit in Erscheinung. Es ist im Ionengitter gebunden. Das Zahlenverhältnis zwischen Wassermolekülen und Salz«molekül» ist für jedes Salz eine **ganze Zahl zwischen 1 und 18.** Deshalb sind auch definierte Formeln möglich. Einige Kristallwassersalze haben eigene Namen:

$CaSO_4 \cdot 2H_2O$	Calciumsulfat-2-hydrat	Gips
$CuSO_4 \cdot 5H_2O$	Kupfersulfat-5-hydrat	
$Na_2S_2O_3 \cdot 5H_2O$	Natriumthiosulfat-5-hydrat	Fixiersalz
$CaCl_2 \cdot 6H_2O$	Calciumchlorid-6-hydrat	
$ZnSO_4 \cdot 7H_2O$	Zinksulfat-7-hydrat	
$Na_2SO_4 \cdot 10H_2O$	Natriumsulfat-10-hydrat	Glaubersalz
$Na_2CO_3 \cdot 10H_2O$	Natriumcarbonat-10-hydrat	Kristallsoda
$KAl(SO_4)_2 \cdot 12H_2O$	Kaliumaluminiumsulfat-12-hydrat	Alaun

Der Punkt zwischen der Salzformel und dem Kristallwasser soll die lose Bindung andeuten.

Das Kristallwasser wird sehr unterschiedlich festgehalten. Kristallsoda und Glaubersalz verlieren bei normaler Luftfeuchtigkeit schon bei Raumtemperatur einen Teil ihres Wassers. Die Kristalle **verwittern** zu feinem Pulver. Andere Salze muss man weit über 100°C erhitzen, bis sie alles Wasser preisgeben.

Natürlicher **Gips** verliert beim Erhitzen auf 130°C drei Viertel seines Kristallwassers (Gipsbrennen). Macht man aus diesem «gebrannten» Gipspulver und Wasser einen Brei, bildet sich erneut das 2-Hydrat in Form feiner, sich verfilzender Kristallnadeln; der Brei erstarrt, der Gips «bindet ab». Auf 200°C erhitzter Gips kann nicht mehr abbinden; er hat alles Kristallwasser verloren, er ist «totgebrannt».

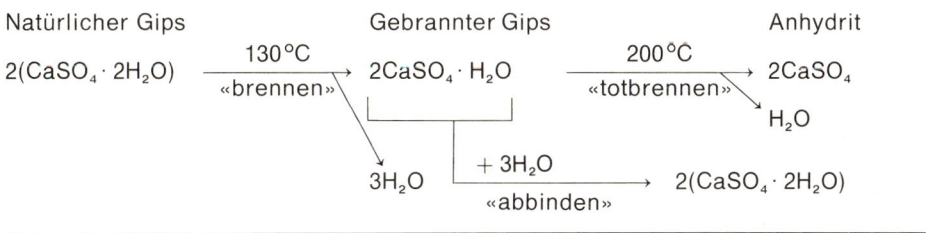

Die wasserfreie Form von Hydratbildnern, z.B. $CuSO_4$ oder Na_2SO_4, wird oft zum **Trocknen von organischen Lösungsmitteln** verwendet.

Bei der Herstellung von Salzlösungen bestimmter Konzentrationen muss allfälliges Kristallwasser berücksichtigt werden (molare Masse der ganzen Formel einsetzen). Für 100 ml 1 mol/l Natriumcarbonat braucht es z.B. 10,6 g Na_2CO_3, aber 28,6 g $Na_2CO_3 \cdot 10H_2O$.

J. Trocknen von feuchten Substanzen

Gewisse **Säure- und Laugenanhydride, wasserfreie Säuren und Hydroxide** sowie **hydratbildende Salze** können aus der Luft Feuchtigkeit aufnehmen. Solche Stoffe sind **hygroskopisch.** Die Wasseraufnahme kann so gierig sein, dass feste Stoffe beim Stehen an der Luft im absorbierten H_2O in Lösung gehen – sie zerfliessen.

Der «Durst» von stark hygroskopischen Substanzen kann zur Trocknung von nicht oder nur schwach hygroskopischen ausgenützt werden (Abb. 49). Man bringt das zu trocknende und das hygroskopische Material neben- oder übereinander in ein geschlossenes Gefäss, einen sogenannten **Exsikkator** («Austrockner»). Der hygroskopische Stoff trocknet die Luft im Exsikkator. Die Wasserverdunstung aus dem feuchten Stoff wird dadurch stark gefördert. Das Wasser wandert vom feuchten Stoff ins Trocknungsmittel. Die Trocknung wird stark beschleunigt, wenn man den Exsikkator **evakuiert** (stärkere Verdunstung, raschere Diffusion des H_2O-Dampfes.

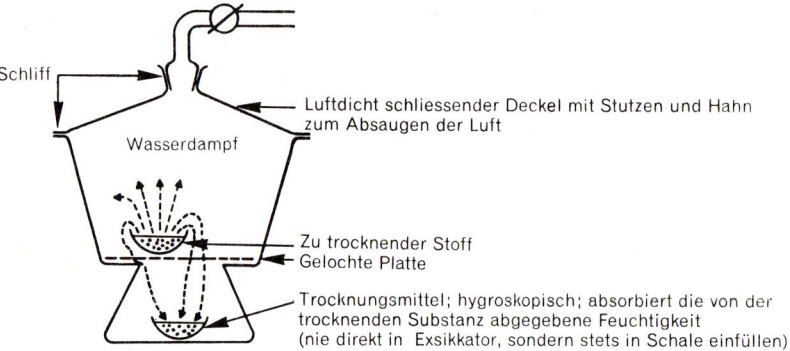

Schliff

Wasserdampf

Luftdicht schliessender Deckel mit Stutzen und Hahn zum Absaugen der Luft

Zu trocknender Stoff
Gelochte Platte

Trocknungsmittel; hygroskopisch; absorbiert die von der trocknenden Substanz abgegebene Feuchtigkeit (nie direkt in Exsikkator, sondern stets in Schale einfüllen)

Abb. 49. Vakuumexsikkator.

Gebräuchliche **Trocknungsmittel** für Exsikkatoren sind: **Phosphorpentoxid, konzentrierte Schwefelsäure, wasserfreies Calciumchlorid, Silicagel** (wasserfreie Kieselsäure). Silicagel wird mit etwas Cobaltsalz imprägniert (Blaugel). Das wasserfreie Co^{2+}-Ion ist tiefblau, das hydratisierte schwach rosa. Der Farbumschlag von blau nach rosa zeigt an, wann das Blaugel verbraucht ist. Es kann durch Erhitzen und damit Austreiben des aufgenommenen Wassers beliebig oft regeneriert werden.

Gefriertrocknung

Will man einen gelösten Stoff möglichst schonend vom Lösungsmittel trennen, bedient man sich der **Gefriertrocknung:** Die Lösung wird **eingefroren** und dann an eine **Hochleistungsvakuumpumpe** (nicht Wasserstrahlpumpe) angeschlossen. Das Eis **sublimiert** im Hochvakuum. Der Wasserdampf wird in einer der Pumpe vorgeschalteten Trockeneisfalle ($-78°C$) ausgefroren. Die gefrorene Lösung bleibt selbst bei Raumtemperatur bis zum Ende der Trocknung fest, weil ihr laufend Sublimationswärme entzogen wird. Der getrocknete Rückstand ist sehr locker und lässt sich leicht wieder auflösen. Man nennt das Gefriertrocknen deshalb auch **Lyophilisieren** (lyophil = lösefreundlich). In der Eiweisschemie, aber auch in der Blutkonserven- und Genussmittelindustrie (Kaffee) ist das Lyophilisieren eine beliebte Methode.

VI. Fragen zur Eigenkontrolle (Stoffgebiet S. 94–110)

1. Durch welche 3 Operationen kann das Auflösen von Kristallen beschleunigt werden?

2. 0,2 g Kaliumphosphat wird in Wasser gelöst und auf 250 ml aufgefüllt. Wie gross ist a) $c(K^+)$, b) $c(PO_4^{3-})$?

3. Warum erhält man rotgefärbtes Serum, wenn man Blut zentrifugiert, das mit einer nassen Spritze entnommen wurde?

4. 300 ml einer Lösung von der Dichte 1,43 g/ml werden zur Trockne eingedampft. Der Rückstand wiegt 170 g. Welches Massenverhältnis hatte die Lösung?

5. Auflösen von $CaCl_2$ in Wasser führt zu Erwärmung, Auflösen von $CaCl_2 \cdot 6H_2O$ zu Abkühlung. Warum der Unterschied?

6. Wie gross ist $c(NaCl)$, wenn 15 ml Lösung 8 mg Eindampfrückstand geben?

7. Eine Lösung soll 500 ml/l Alkohol enthalten. Warum dürfen zu deren Herstellung nicht einfach 0,5 Liter Wasser mit 0,5 Liter absolutem Alkohol gemischt werden?

8. 6 ml 11 mol/l NaOH werden auf 250 ml verdünnt. Wieviele Millimol pro Liter NaOH und wieviele Gramm pro Liter NaOH enthält die verdünnte Lösung?

9. 3 Trocknungsmittel für Exsikkatoren sind zu nennen.

10. Wieviele Milliliter absoluter Schwefelsäure von der Dichte 1,8 g/ml braucht es für 6 Liter Lösung mit $c(H) = 0,12$ mol/l?

11. Ein Blutserum gefriert bei $-0,54\,°C$. Welche Gesamtmolalität hat das Serum und wieviele selbständige gelöste Teilchen entfallen auf 1 kg Wasser?

12. Für die Lösungen A und B sind die Konzentrationen 30 mmol/l bzw. 50 mmol/l. Wieviele Milliliter A müssen mit 100 ml B gemischt werden, wenn die Mischkonzentration 45 mmol/l sein soll?

13. Wieviele Milligramm wasserfreies Natriumsulfat bzw. Glaubersalz braucht es für 500 ml Lösung mit $c(Na_2SO_4) = 0,2$ mmol/l?

14. Nach welchen 3 Methoden kann man gelöste Stoffe zum Kristallisieren bringen?

15. 100 ml einer Salzlösung von 50 g/l sollen auf 90 g/l konzentriert werden. Wieviele Milliliter H_2O müssen abgedampft werden?

16. Was versteht man unter Lyophilisieren?

17. Wieviele Mikrogramm wiegen 0,27 µl einer Lösung von der Dichte 1,3 g/ml?

18. 5 ml einer 3wertigen nichtflüchtigen Säure mit $c(H) = 6$ mol/l ergeben beim Eindampfen 620 mg Rückstand. Welche molare Masse hat die Säure?

19. Wie kann eine übersättigte Lösung hergestellt und wie zum Kristallisieren gebracht werden?

20. Welche Konzentration in Gramm pro Liter hat eine Kaliumchloridlösung, die mit einer NaCl-Lösung von 9 g/l isotonisch ist?

21. Wieviele Mikroliter 0,2 mol/l $Ba(OH)_2$ braucht es für 1,5 Liter Lösung mit $c(OH) = 15$ µmol/l?

22. Eine Charge KOH enthält 120 g Wasser/kg. Wieviele Gramm des Materials sind für 80 ml 0,75 mol/l KOH erforderlich?

23. Welche Lösung hat den höheren osmotischen Druck: 26,75 g/l NH_4Cl oder 44,05 g/l $(NH_4)_2SO_4$?

24. Calciumsulfat hat Lp $6 \cdot 10^{-5}$. Wieviele Gramm K_2SO_4 muss 1 Liter Gipswasser enthalten, wenn die Ca^{2+}-Konzentration 0,1 mmol/l sein soll?

(Antworten S. 354)

XIX. Stöchiometrie

Aus der **Molekülformel** lässt sich der **Massenanteil** jedes Elements in einer Verbindung ermitteln. Umgekehrt kann aus den Ergebnissen der Elementaranalyse die Formel einer Verbindung bestimmt werden.

Mit Hilfe der Reaktionsgleichung lässt sich vorausbestimmen, wieviel Reaktionsprodukt aus einer gegebenen Menge Ausgangsstoff entsteht oder wieviel Material umgesetzt werden muss, um eine bestimmte Menge Produkt zu erhalten.

Die Basis solcher **stöchiometrischen Rechnungen** (griech. stoicheion = Element) sind die Gesetze von der **Erhaltung der Masse** und von den **konstanten Proportionen.**

A. Massenanteil von Elementen an einer Verbindung

Rechenbeispiele

1. Wieviele Gramm Na, C und O enthalten 15 g Natriumcarbonat?

$1 \text{ mol } Na_2CO_3(106 \text{ g}) \stackrel{\wedge}{=} 2 \text{ mol } Na(46 \text{ g}) \stackrel{\wedge}{=} 1 \text{ mol } C(12 \text{ g}) \stackrel{\wedge}{=} 3 \text{ mol } O(48 \text{ g})$

106 g Natriumcarbonat enthalten 46 g Natrium

  15 g Natriumcarbonat enthalten x g Natrium

Für alle Rechnungen dieses Typs gilt der lapidare Satz: Der Teil verhält sich zum Ganzen wie der *Teil* zum *Ganzen.*

$$\frac{Teil}{Ganzes} = \frac{x \text{ g Natrium}}{15 \text{ g Natriumcarbonat}} = \frac{Teil}{Ganzes} = \frac{46 \text{ g Natrium}}{106 \text{ g Natriumcarbonat}}$$

Dasselbe Massenverhältnis zwischen Element und Verbindung wie in 1 mol Verbindung herrscht auch in irgendeinem Quantum derselben.

$$\frac{x}{15} = \frac{46}{106}$$

Jede derartige Verhältnisgleichung wird nach x aufgelöst, indem man beide Seiten mit dem Nenner von x multipliziert.

$$x = \frac{46 \cdot 15}{106} = \textbf{6,51 g Na}$$

Sinngemäss gilt für C und O:

$$\frac{y}{15} = \frac{12}{106} \qquad y = \frac{12 \cdot 15}{106} = \textbf{1,70 g C} \qquad \frac{z}{15} = \frac{48}{106} \qquad z = \frac{48 \cdot 15}{106} = \textbf{6,79 g O}$$

Kontrolle: Die drei Ergebnisse müssen die Summe 15,00 g ergeben.

2. Wieviele Prozent Eisen enthalten die beiden Erze Fe_2O_3 und Fe_3O_4?

2Fe	x g	111,7 g	2 mol
↑	↑	↑	↑
Fe_2O_3	100 g	159,7 g	1 mol

$$\frac{x}{100} = \frac{111,7}{159,7} \qquad x = \frac{111,7 \cdot 100}{159,7} = 69,94 \text{ g}$$

3Fe	y g	167,55 g	3 mol
↑	↑	↑	↑
Fe_3O_4	100 g	231,55 g	1 mol

$$y = \frac{167,55 \cdot 100}{231,55} = 72,36 \text{ g}$$

Fe_2O_3 enthält **69,94% Fe**, Fe_3O_4 **72,36% Fe**

Die allermeisten stöchiometrischen Probleme lassen sich mit dem in Beispiel 2 angewandten Vierzahlenschema lösen:

x	B
↕	↕
A	C

x: gesucht; A, B, C: bekannt; B, C: molare Massen. Ersetzt man die Pfeile durch Bruchstriche und verbindet die beiden Brüche mit einem Gleichheitszeichen, bekommt man die Proportion, die nach x aufgelöst wird.

3. Der Schwefelgehalt einer organischen Verbindung wird bestimmt. 0,5 g davon wird mit Natriumperoxid vollständig oxidiert. Dabei wird aller Schwefel zu Na_2SO_4 umgesetzt. Das Sulfat wird mit Ba^{2+} als $BaSO_4$ gefällt. Der getrocknete Niederschlag wiegt 55 mg. Wieviele Gramm S sind in 100 g organischem Material enthalten?

100 g organisches Material $\rightarrow$ $200 \cdot 55$ mg $\triangleq$ 11 g $BaSO_4$

S	x g	32 g	1 mol
↓	↓	↓	↓
$BaSO_4$	11 g	233,3 g	1 mol

$$x = \frac{32 \cdot 11}{233,3} = \textbf{1,51 g S/100 g}$$

4. Für die Kupferbestimmung wird eine Standardlösung mit 200 µg/l Cu hergestellt. Wieviele Milligramm $CuSO_4 \cdot 5H_2O$ braucht es für 30 Liter dieser Lösung?

Für 30 Liter braucht es $30 \cdot 0,2 = 6$ mg Cu

$CuSO_4 \cdot 5H_2O$	x mg	249,67 g
↑	↑	↑
Cu	6 mg	63,55 g

$$x = \frac{249,67 \cdot 6}{63,55} = \textbf{23,6 mg } CuSO_4 \cdot 5H_2O$$

5. Die Elementaranalyse einer Verbindung aus C, H und O liefert folgendes Ergebnis: C 31,6%, H 5,25%, O 63,1%. Welches ist die einfachste Bruttoformel der Verbindung? Aus dem Massenverhältnis der drei Elemente wird zuerst das Zahlenverhältnis ihrer Atome berechnet:

$$100 \text{ g Verbindung} \triangleq 31,6 \text{ g C} \triangleq \frac{31,6}{12} = 2,63 \text{ mol}$$

$$\triangleq 5,25 \text{ g H} \triangleq \frac{5,25}{1} = 5,25 \text{ mol}$$

$$\triangleq 63,1 \text{ g O} \triangleq \frac{63,1}{16} = 3,94 \text{ mol}$$

Auf 2,63 Atome C entfallen 5,25 Atome H und 3,94 Atome O. Das Verhältnis $C : H : O = 2,63 : 5,25 : 3,94$ muss ganzzahlig gemacht werden; dazu werden vorerst alle Zahlen durch die kleinste dividiert (das zahlenmässig schwächste Element muss mindestens mit 1 Atom im Molekül vertreten sein).

$$C : H : O = \frac{2,63}{2,63} : \frac{5,25}{2,63} : \frac{3,94}{2,63} = 1 : 2 : 1,5 = \mathbf{2 : 4 : 3}$$

Die einfachste Formel ist somit $\mathbf{C_2H_4O_3}$. Möglich wäre auch jedes beliebige Vielfache der 3 Indizes, also $C_4H_8O_6$, $C_6H_{12}O_9$ usw. Welche Alternative zutrifft, lässt sich nur bei bekannter molarer Masse der Verbindung entscheiden.

B. Umsatzberechnungen mit Massen

Rechenbeispiele

1. Wieviele Gramm $CaCl_2$ enthielt eine Lösung, wenn nach Zusatz von überschüssigem $AgNO_3$ 2,35 g AgCl-Niederschlag abfiltriert werden?

$CaCl_2 + 2AgNO_3 \rightarrow Ca(NO_3)_2 + 2AgCl$

1 mol (111,0 g) $CaCl_2 \,\hat{=}\, 2$ mol (286,6 g) AgCl

$CaCl_2$	x g	111,0 g	1 mol
↓	↓	↓	↓
$2AgCl$	2,35 g	286,6 g	2 mol

$$\frac{x}{2,35} = \frac{111,0}{286,6} \qquad x = \frac{111,0 \cdot 2,35}{286,6} = \mathbf{0,910\ g\ CaCl_2}$$

Für Umsatzberechnungen gelten analoge Überlegungen wie für die Ermittlung von Massenanteilen. Die molaren Massen der Reaktionsteilnehmer und -produkte stehen im gleichen Verhältnis zueinander wie die tatsächlich umgesetzten Massen.

2. Wieviele Milligramm NaOH braucht es, um 100 mg $Fe_2(SO_4)_3$ vollständig in $Fe(OH)_3$ überzuführen? Wieviele Milligramm $Fe(OH)_3$ können abfiltriert werden und wieviele Milligramm Na_2SO_4 bleiben im Filtrat?

$6NaOH + Fe_2(SO_4)_3 \rightarrow 2Fe(OH)_3 + 3Na_2SO_4$

6 mol NaOH + 1 mol $Fe_2(SO_4)_3 \rightarrow 2$ mol $Fe(OH)_3 + 3$ mol Na_2SO_4

240,0 g + 399,9 g $\rightarrow$ 213,7 g + 426,1 g

x mg + 100 mg $\rightarrow$ y mg + z mg

$$\begin{array}{l} NaOH \\ Fe_2(SO_4)_3 \end{array} \quad \frac{x}{100} = \frac{240,0}{399,9} \qquad x = \frac{240,0 \cdot 100}{399,9} = \mathbf{60,0\ mg\ NaOH}$$

$$\begin{array}{l} Fe(OH)_3 \\ Fe_2(SO_4)_3 \end{array} \quad \frac{y}{100} = \frac{213,7}{399,9} \qquad y = \frac{213,7 \cdot 100}{399,9} = \mathbf{53,4\ mg\ Fe(OH)_3}$$

$$\frac{Na_2SO_4}{Fe_2(SO_4)_3} \qquad \frac{z}{100} = \frac{426,1}{399,9} \qquad\qquad z = \frac{426,1 \cdot 100}{399,9} = \textbf{106,6 mg Na}_2\textbf{SO}_4$$

Kontrolle: $x + 100 = y + z \rightarrow 60,0 + 100 = 53,4 + 106,6$

3. M(Hämoglobin) = 65323. Wieviele Moleküle O_2 bindet 1 Molekül Hämoglobin, wenn 400 g 0,783 g binden?

O_2	x g	0,783 g
$\uparrow$	$\uparrow$	$\uparrow$
Hämoglobin	65323 g	400 g

$$x = \frac{0,783 \cdot 65323}{400} = 128\ g\ O_2$$

1 mol Hämoglobin (65323 g) bindet 128 g O_2, das sind $\dfrac{128}{32} = 4\ mol\ O_2$

1 Molekül Hämoglobin bindet somit **4 Moleküle O_2**

4. 3 Liter Traubensaft mit 160 g/l Glucose werden vergoren. Der entstandene Wein wird «gebrannt». Wieviele Liter Branntwein mit einem Alkoholgehalt von 300 g/l werden erhalten, wenn aller Alkohol ins Destillat übergeht?

$$C_6H_{12}O_6 \xrightarrow{\text{Hefe}} 2C_2H_5OH + 2CO_2\uparrow$$

3 Liter Saft enthalten $3 \cdot 160 = 480$ g Glucose

Alkohol	x g	92 g	2 mol
$\uparrow$	$\uparrow$	$\uparrow$	$\uparrow$
Glucose	480 g	180 g	1 mol

$$x = \frac{92 \cdot 480}{180} = 245,3\ g\ \text{absoluter Alkohol}$$

Mit 245,3 g Alkohol ergeben sich $\dfrac{245,3}{300} \cdot 1000 = \textbf{817,7 ml Branntwein mit 300 g/l Alkohol}$

5. Aus Benzol wird mit Salpetersäure Nitrobenzol hergestellt. Dieses wird mit Zink und Säure zu Anilin reduziert und das Anilin wird durch Erhitzen mit Schwefelsäure in Sulfanilsäure übergeführt. Aus 300 g Benzol entstehen 573 g Sulfanilsäure. Wie gross ist die Ausbeute in Prozent der Theorie?

$$C_6H_6 + HNO_3 \rightarrow C_6H_5NO_2 + H_2O$$

$$C_6H_5NO_2 + 3Zn + 6H^+ \rightarrow C_6H_5NH_2 + 3Zn^{2+} + 2H_2O$$

$$C_6H_5NH_2 + H_2SO_4 \rightarrow C_6H_4(NH_2)(SO_3H) + H_2O$$

Aus 1 mol Benzol entsteht 1 mol Sulfanilsäure. Die Zwischenprodukte können für die Rechnung übersprungen werden.

Sulfanilsäure	x g	173 g	1 mol
$\uparrow$	$\uparrow$	$\uparrow$	$\uparrow$
Benzol	300 g	78 g	1 mol

$$x = \frac{173 \cdot 300}{78} = 665\ g$$

Die theoretisch gebildete Menge wäre 665 g Sulfanilsäure (100%)

$$573\ g \mathrel{\hat=} \frac{573 \cdot 100}{665} = \textbf{86\% der Theorie}$$

6. Wieviele Milligramm CO_2 entstehen bei der Umsetzung von 50 ml 0,2 mol/l Natriumcarbonat mit HCl?

In 50 ml 0,2 mol/l Lösung hat es 10 mmol Na_2CO_3

$$Na_2CO_3 + 2H^+ \rightarrow 2Na^+ + H_2O + CO_2$$

1 mol $Na_2CO_3 \triangleq 1$ mol CO_2

10 mmol $Na_2CO_3 \triangleq 10$ mmol $CO_2 \triangleq 10 \cdot 44 =$ **440 mg CO_2**

7. Wieviele Milliliter 0,1 mol/l Silbernitrat braucht es zur vollständigen Ausfällung des Chlorids aus 40 ml 0,2 mol/l Magnesiumchlorid?

$$2AgNO_3 + MgCl_2 \rightarrow 2AgCl + Mg(NO_3)_2$$

40 ml 0,2 mol/l $MgCl_2 \triangleq 8$ mmol $MgCl_2 \triangleq 16$ mmol $AgNO_3 \triangleq$ **160 ml 0,1 mol/l $AgNO_3$**

Die Beispiele 6 und 7 zeigen den Vorteil der **Stoffmengenkonzentration** (mol/l) für Umsatzberechnungen.

C. Die allgemeine Gasgleichung; Umsatzberechnungen mit Gasvolumen

1 mol Gas $\triangleq$ 22,4 Liter bei Normalbedingungen.

Für Bedingungen, die von 0 °C und 1,013 bar (760 mm Quecksilbersäule) abweichen, muss die obige Zahl korrigiert werden. Druckerniedrigung und Temperaturerhöhung führen zur Volumenvergrösserung eines Gases. Der mathematische Ausdruck dieser Aussage ist die **allgemeine Gasgleichung:**

$$\frac{V_0 \cdot p_0}{T_0} = \frac{V_1 \cdot p_1}{T_1}$$

T = Absolute Temperatur (K = °C + 273); p = Druck (bar); V_0 = Volumen bei $T_0 = 273$ K und $p_0 = 1,013$ bar; V_1: Volumen bei beliebiger Temperatur T_1 und beliebigem Druck p_1.

Rechenbeispiele

1. Wieviele Gramm wiegt 1 Liter CO_2 von 26 °C bei 0,957 bar?

$$V_0 = \frac{V_1 \cdot p_1 \cdot T_0}{T_1 \cdot p_0} = \frac{1 \cdot 0,957 \cdot 273}{299 \cdot 1,013} = 0,863 \text{ Liter}$$

x g	44 g	1 mol
↑	↑	↑
0,863 l	22,4 l	1 mol

$$\frac{x}{0,863} = \frac{44}{22,4} \qquad x = \frac{0,863 \cdot 44}{22,4} = \textbf{1,695 g}$$

2. Wieviele Liter CO_2 bei Normalbedingungen entstehen im Organismus bei der vollständigen Oxidation von 100 g Rohrzucker?

$$C_{12}H_{22}O_{11} + 12O_2 \rightarrow 12CO_2 + 11H_2O$$

Kohlendioxid	x Liter	12 · 22,4 Liter	12 mol
↑	↑	↑	↑
Zucker	100 g	342 g	1 mol

$$x = \frac{12 \cdot 22,4 \cdot 100}{342} = \textbf{78,6 Liter CO}_2$$

3. Wieviele Kilogramm Wasser müssen elektrolysiert werden, wenn 200 Stahlflaschen von 30 Liter Inhalt mit Wasserstoff von 250 bar und 20°C gefüllt werden sollen?

Gesamtvolumen $V_1 = 200 \cdot 30 = 6000$ Liter

$$V_0 = \frac{6000 \cdot 250 \cdot 273}{1,013 \cdot 293} = 1\,379\,700 \text{ Liter} = 1,380 \cdot 10^6 \text{ Liter}$$

1 mol $H_2 \hat{=} 1$ mol H_2O

H_2O	x g	18 g	1 mol
↓	↓	↓	↓
H_2	$1,380 \cdot 10^6$ Liter	22,4 Liter	1 mol

$$x = \frac{18 \cdot 1,380 \cdot 10^6}{22,4}$$
$$= 1,109 \cdot 10^6 \text{ g} \hat{=} \textbf{1109 kg H}_2\textbf{O}$$

4. Wieviele Liter Sauerstoff braucht man zur Verbrennung von 30 Liter CH_4 (alles Normalbedingungen)?

$$CH_4 + 2O_2 \rightarrow CO_2 + 2H_2O$$

O_2	x Liter	2 · 22,4 Liter	2 mol
↑	↑	↑	↑
CH_4	30 Liter	22,4 Liter	1 mol

$$x = \frac{2 \cdot 22,4 \cdot 30}{22,4} = \textbf{60 Liter O}_2$$

Achtung: Bei allen Verhältnisgleichungen vom Typ $\frac{x}{A} = \frac{B}{C}$ müssen die 4 Zahlen immer **paarweise gleiche Einheiten** haben, entweder die beiden nebeneinander oder die beiden untereinander, niemals übers Kreuz!

Zum Beispiel: $\frac{g}{g} = \frac{l}{l}$; $\frac{kg}{ml} = \frac{kg}{ml}$; $\frac{mg}{mg} = \frac{\mu g}{\mu g}$ usw.

VII. Fragen zur Eigenkontrolle (Stoffgebiet S. 112–117)

1. Um wieviele Gramm nimmt 1 kg Eisen zu, wenn es vollständig zu Fe_2O_3 verrostet?

2. Wieviele Milligramm Kaliumdihydrogenphosphat benötigt man für 250 ml Lösung mit 50 mg/l P?

3. 100 mg einer organischen Verbindung werden vollständig oxidiert. Das gebildete CO_2 wird in einem Rohr durch festes NaOH absorbiert. Das Rohr wird so 150 mg schwerer. Wieviele Prozent C enthält die untersuchte Verbindung?

4. In einer Lösung hat es Natriumchlorid und Natriumphosphat. Die Analyse ergibt 106,5 mg/l Cl und 31 mg/l P. Wieviele Milligramm Na enthalten 650 ml der Lösung?

5. Bei der Reaktion zwischen Harnstoff und salpetriger Säure entstehen Stickstoff und Kohlendioxid:
$(NH_2)_2CO + 2HNO_2 \rightarrow 2N_2 + CO_2 + 3H_2O$.
Das CO_2 wird in Lauge absorbiert. Das Restgasvolumen (N_2) ist 15 ml (0°C, 1,013 bar). Wieviel Harnstoff (mg) wurde umgesetzt?

6. $N_2 + 3H_2 \rightarrow 2NH_3$. Wieviele Liter NH_3-Gas von Normalbedingungen entstehen, wenn das stöchiometrisch ideale Gemisch von N_2 und H_2 100 Liter ist?

7. Wieviele Milligramm CO_2 entstehen bei der vollständigen Oxidation von 10 ml 2 mol/l Essigsäure (CH_3COOH)?

8. 10 ml 0,75 mol/l Zinksulfatlösung sollen mit 2 mol/l NaOH vollständig in Zinkhydroxid übergeführt werden. Wieviele Milliliter Lauge braucht es?

9. Der Phospholipidgehalt des Serums wird bestimmt: Aus 0,5 ml Serum werden die Lipide isoliert und verascht. Im Oxidationsrückstand findet man 38,6 µgP. Wieviele Gramm Phospholipid von der Formel $C_{44}H_{86}NO_8P$ hat es in 1 Liter Serum?

10. Welche Dichte hat Luft von 15°C und 0,930 bar (210 ml O_2, 780 ml N_2 und 10 ml Argon pro Liter Luft)?

11. Durch Einleiten von 100 ml NH_3-Gas und der stöchiometrisch abgestimmten Menge CO_2 in H_2O erhält man 300 ml Ammoniumcarbonatlösung. Wie gross ist $c((NH_4)_2CO_3)$ und wieviele Milliliter CO_2 werden benötigt (Normalbedingungen)?

12. Wieviele Liter CO_2 entstehen bei der Verbrennung von 100 Liter CO (Druck und Temperatur konstant)?

13. Zur Kontrolle des Eiweissstoffwechsels wird bei einem Patienten 24 h der Urin gesammelt (1650 ml). 3 ml des Sammelurins enthalten 65 mg Harnstoff $(NH_2)_2CO$. Wieviel Eiweiss wurde in einem Tag abgebaut, wenn Eiweiss zu 16% aus Stickstoff besteht?

14. Wieviele Kubikmeter Luft von Normalbedingungen mit 0,3 ml/l CO_2 können mit 500 ml 10 g/l NaOH von CO_2 befreit werden, wenn die Lauge vollständig in Hydrogencarbonat übergeführt wird?

15. In 350,7 mg reinem kristallisiertem Nickelsulfat findet man 73,3 mg Ni. Wie gross ist die Zahl n in der Formel $NiSO_4 \cdot nH_2O$?

16. Eine Aminosäure, bestehend aus C, H, N und O, enthält 40,6% C, 7,9% H und 15,7% N. Welche Bruttoformel hat sie, wenn sie 1 Atom N pro Molekül enthält?

17. Aus Apfelsaft wird Essig hergestellt. Der Fruchtzucker wird zu Alkohol vergoren und dieser mit Essigbakterien und Luftsauerstoff zu Essigsäure oxidiert.

$$C_6H_{12}O_6 \rightarrow 2C_2H_5OH + 2CO_2;$$
$$C_2H_5OH + O_2 \rightarrow CH_3COOH + H_2O.$$

1 Liter Most enthält 60 g Zucker. Wie gross ist der Essigsäuregehalt in Gramm pro Liter, wenn aus 1 Liter Most 1 Liter Essig entsteht?

18. Wieviele Milliliter Brom ($\varrho = 3,12$ g/ml) braucht es zur Bromierung von 300 ml Benzol ($\varrho = 0,88$ g/ml)? $C_6H_6 + Br_2 \rightarrow C_6H_5Br + HBr$.

19. Ein Blasenstein besteht aus Calciumoxalat (CaC_2O_4) und Magnesiumammoniumphosphat ($MgNH_4PO_4$). In 80 mg des Steins findet man 7,4 mg N. Wieviele Prozent des Steins sind Calciumoxalat?

20. Eine Lösung enthält 300 mg/l KCl. Wieviele Milligramm pro Liter K_2SO_4 muss eine Lösung mit gleicher K-Konzentration enthalten?

21. Wieviele Milliliter a) 5 mol/l Schwefelsäure, b) 10 mol/l Salzsäure braucht es für die vollständige Auflösung von 20 g Zink?

22. Nach folgender Gleichung wird Chlor fabriziert: $MnO_2 + 4HCl \rightarrow Cl_2 + MnCl_2 + 2H_2O$. Wieviele Liter Cl_2 (Normalbedingungen) können aus 1 Liter 1 mol/l HCl-Lösung erhalten werden? Was ist an folgender Rechnung falsch?

$4 \cdot 22,4$ Liter HCl $\,\hat{=}\, 22,4$ Liter Cl_2.

$$1 \text{ Liter HCl} \,\hat{=}\, \frac{22,4}{4 \cdot 22,4} = 0,25 \text{ Liter } Cl_2.$$

23. Warum ist folgendes Analysenergebnis unglaubwürdig? Aus 10 ml Lösung, die verschiedene N-Verbindungen enthält, wurden durch NaOH-Zusatz und Erhitzen 15 ml NH_3-Gas (Normalbedingungen) ausgetrieben. In 10 ml der gleichen Lösung fand man 6,7 mg N.

24. Wieviele Gasmoleküle hat es in einer Elektronenröhre von 20 ml Inhalt bei 20°C und 1 nbar Druck?

(Antworten S. 354)

XX. Säuren und Basen; der pH-Wert

A. Die Protolyse

Auf Seite 49 wurde definiert: Säuren sind Stoffe, die in wässriger Lösung in Wasserstoffionen und Säurerest dissoziieren. Freie Wasserstoffionen sind aber als hüllenlose Protonen nicht existenzfähig. Sie können von einer Säure nur abgegeben werden, wenn sie von einem anderen Molekül oder Ion aufgenommen werden (Analogie zur Elektronenübertragung im Redoxvorgang). Die Protonenfänger nennt man **Basen.**

Säuren sind Protonenspender (Protonendonoren).
Basen sind Protonenempfänger (Protonenakzeptoren).

Diese Definitionen sind 1923 vom Dänen Brönsted formuliert worden.

Je nach der Anzahl der Protonen, die eine Säure abgeben oder eine Base binden kann, spricht man von **ein- oder mehrprotonigen Säuren oder Basen** (neuere Bezeichnung für ein- oder mehrwertig).

Die Protonenübertragung von einer Säure auf eine Base nennt man **Protolyse.** Protolysereaktionen sind grundsätzlich **reversibel,** d. h. jede Base kann das aufgenommene Proton wieder zurückgeben. Die protonierte Base wird damit selbst zur Säure, und die deprotonierte Säure wird zur Base. Jede Protolyse kann deshalb durch folgendes Gleichgewicht charakterisiert werden:

$$HA + B \; \rightleftharpoons \; HB + A \qquad \text{Säure I} + \text{Base I} \; \rightleftharpoons \; \text{Säure II} + \text{Base II}$$

Säure I + Base II bzw. Base I + Säure II sind **konjugierte Säure-Basen-Paare.** Eine Säure ist um so stärker, je grösser ihr Bestreben, Protonen abzugeben; eine Base ist um so stärker, je grösser ihr «Hunger» nach Protonen. Je stärker eine Säure, desto schwächer ist ihre konjugierte Base und umgekehrt. Je nach Stärke der Reaktionspartner liegt auch das Protolysegleichgewicht mehr auf die eine oder andere Seite verschoben. Trifft eine starke Säure mit einer starken Base zusammen, findet ein praktisch vollständiger Protonentransfer statt, das Gleichgewicht liegt extrem nach der Seite der beiden konjugierten Produkte verschoben.

Sowohl Säuren als auch Basen können **neutrale Moleküle,** aber auch **Ionen** sein:

Säure		Konj. Base			
HCN	$\rightarrow$	CN^-	$+$	(H^+)	
H_2S	$\rightarrow$	HS^-	$+$	(H^+)	
H_3PO_4	$\rightarrow$	$H_2PO_4^-$	$+$	(H^+)	an Partnerbase
$H_2PO_4^-$	$\rightarrow$	HPO_4^{2-}	$+$	(H^+)	abgegebene
HPO_4^{2-}	$\rightarrow$	PO_4^{3-}	$+$	(H^+)	Protonen
NH_4^+	$\rightarrow$	NH_3	$+$	(H^+)	

B. Ampholyte

Die beiden Ionen $H_2PO_4^-$ und HPO_4^{2-} sind Beispiele für Teilchen, die sowohl als H-Spender als auch als Empfänger auftreten können; sie sind Säuren und Basen zugleich. Man nennt solche Partikel **Ampholyte.** Ob sie als Donoren oder Akzeptoren in Erscheinung treten, hängt vom jeweiligen Protolysepartner ab. Ein Ampholyt spezieller Art ist das **Wasser.** Es ist extrem schwache Säure und gleichzeitig extrem schwache Base.

$H_2O + (H^+) \rightarrow H_3O^+$			$H_2O \rightarrow (H^+) + OH^-$	
Base	konjugierte		Säure	konjugierte
(schwach)	Säure (stark)		(schwach)	Base (stark)

Alle Säuren und Basen bilden mit Wasser Protolysegleichgewichte:

Säuren	Basen
$HCl \ \ + H_2O \rightleftharpoons Cl^- \ \ + H_3O^+$	$NH_3 \ \ + H_2O \rightleftharpoons NH_4^+ \ \ + OH^-$
$H_2SO_3 + H_2O \rightleftharpoons HSO_3^- + H_3O^+$	$HCO_3^- + H_2O \rightleftharpoons H_2CO_3 + OH^-$
$HSO_4^- + H_2O \rightleftharpoons SO_4^{2-} + H_3O^+$	$PO_4^{3-} + H_2O \rightleftharpoons HPO_4^{2-} + OH^-$
$NH_4^+ \ \ + H_2O \rightleftharpoons NH_3 \ \ + H_3O^+$	$CN^- \ \ + H_2O \rightleftharpoons HCN \ \ + OH^-$
	$O^{2-} \ \ + H_2O \rightleftharpoons OH^- \ \ + OH^-$

Für starke Säuren, z. B. HCl, ist das Protolysegleichgewicht mit Wasser praktisch vollständig auf die Seite von H_3O^+ verschoben, für starke Basen, z. B. O^{2-}, praktisch vollständig auf die Seite von OH^-.

C. Laugen

Die altbekannten **Laugen** wurden früher auch als Basen bezeichnet. Im Säure-Basen-Konzept von Brönsted ist die Lauge eine Ionenverbindung aus der negativ geladenen **Base OH^-** und einem **positiv geladenen Leichtmetall** (eine Art Salz). Das Metallion ist somit nur elektrischer Gegenpart der Base und nicht Teil derselben wie im alten Konzept von Arrhenius.

Das OH^--Ion ist eine Base besonderer Art. Wenn es mit Wasser zusammenkommt, ist keine Protolyse merkbar, weil beide Seiten des Gleichgewichts identisch sind: $OH^- + H_2O \rightleftharpoons OH^- + H_2O$. Nimmt man schweres Wasser und normales OH^-, so findet man das Deuterium nach kurzer Zeit gleichmässig auf Wasser und Hydroxid verteilt.

D. Dissoziationskonstanten

Die Protolysegleichgewichte von Abschnitt B lassen sich als Massenwirkungsgleichungen formulieren (S. 89), z. B.

$$\frac{c(Cl^-) \cdot c(H_3O^+)}{c(HCl) \cdot c(H_2O)} = konstant \qquad \frac{c(NH_4^+) \cdot c(OH^-)}{c(NH_3) \cdot c(H_2O)} = konstant$$

Für verdünnte Lösungen ist $c(H_2O)$ praktisch unveränderlich: 55,5 mol/l. Multipliziert man die obigen Gleichungen mit diesem Wert, erhält man:

$$\frac{c(Cl^-) \cdot c(H_3O^+)}{c(HCl)} = K_a \qquad \frac{c(NH_4^+) \cdot c(OH^-)}{c(NH_3)} = K_b$$

Die Konstanten K_a und K_b bezeichnet man als **Dissoziationskonstanten** von Säuren («acidum») und Basen.

Mehrprotonige Säuren und Basen dissoziieren (protolysieren) stufenweise (S. 55). Jede Stufe hat ihre eigene Dissoziationskonstante:

$$H_3PO_4 + H_2O \rightleftharpoons H_3O^+ + H_2PO_4^- \qquad \frac{c(H_2PO_4^-) \cdot c(H_3O^+)}{c(H_3PO_4)} = 10^{-1,96}$$

$$H_2PO_4^- + H_2O \rightleftharpoons H_3O^+ + HPO_4^{2-} \qquad \frac{c(HPO_4^{2-}) \cdot c(H_3O^+)}{c(H_2PO_4^-)} = 10^{-7,21}$$

$$HPO_4^{2-} + H_2O \rightleftharpoons H_3O^+ + PO_4^{3-} \qquad \frac{c(PO_4^{3-}) \cdot c(H_3O^+)}{c(HPO_4^{2-})} = 10^{-12,3}$$

Die Dissoziationskonstante ist für jeden Elektrolyten eine spezifische Grösse. Im Gegensatz zum Dissoziationsgrad (S. 54, 90) ist sie für verdünnte Lösungen **konzentrationsunabhängig,** aber temperaturabhängig. **Je kleiner die Konstante, desto schwächer die Säure oder Base.** Der Zahlenwert der Dissoziationskonstante wird in der Regel als Zehnerpotenz (mit gebrochenem Exponenten) ausgedrückt. Statt der ganzen Potenz gibt man oft nur den Exponenten mit umgekehrtem Vorzeichen, also den negativen Logarithmus der Konstanten an. Man bezeichnet diese Zahl als **pK-Wert** der Säure oder Base (p für Potenz).
Beispiel: $K = 10^{-4,8}$; pK = 4,8.
Je grösser der pK-Wert, desto schwächer der Elektrolyt (Tab. 8).

E. Autoprotolysegleichgewicht des Wassers

Auch das reinste Wasser leitet den elektrischen Strom ganz minim. Dies beweist, dass es Ionen enthält. Das Wasser als Ampholyt geht nicht bloss mit fremden Säuren und Basen Protolyse ein, sondern auch mit sich selber. Man nennt diese Erscheinung **Autoprotolyse.**

Das Gleichgewicht lässt sich als Massenwirkungsgleichung formulieren:

$$\frac{c(H_3O^+) \cdot c(OH^-)}{c^2(H_2O)} = \text{konstant} = 10^{-17,5} \text{ (Autoprotolysekonstante des Wassers)}$$

Der Nenner $c^2(H_2O)$ kann als konstant angenommen werden: $(55,5)^2$. Multipliziert man die Gleichung mit diesem Wert, erhält man:

$$c(H_3O^+) \cdot c(OH^-) = 10^{-14} = K_w$$

K_w bezeichnet man als das **Ionenprodukt** des Wassers. Auch diese Konstante ist temperaturabhängig. Genau 10^{-14} ist sie bei 25°C ($10^{-13,6}$ bei 37°C).

Bei der Autoprotolyse bilden sich aus 2 Molekülen H_2O 1 Ion H_3O^+ (starke Säure) und 1 Ion OH^- (starke Base). Bei Zusatz fremder Säuren und Basen wird das Autoprotolysegleichgewicht verschoben, **das Ionenprodukt $c(H_3O^+) \cdot c(OH^-)$ bleibt aber konstant.** Folgende Reaktionen spielen sich ab:

Säurezusatz:

$HA + OH^- \rightarrow H_2O + A^-$ OH^--Ionenkonzentration des Wassers nimmt ab

$HA + H_2O \rightarrow H_3O^+ + A^-$ H_3O^+-Ionenkonzentration des Wassers nimmt zu

Basenzusatz:

$B^- + H_3O^+ \rightarrow H_2O + HB$ H_3O^+-Ionenkonzentration des Wassers nimmt ab

$B^- + H_2O \rightarrow OH^- + HB$ OH^--Ionenkonzentration des Wassers nimmt zu

F. Der pH-Wert

Das Konzentrationsverhältnis der H_3O^+- und OH^--Ionen in einer Lösung entscheidet, ob diese **sauer, neutral** oder **alkalisch** ist.

$c(H_3O^+) = c(OH^-)$:   neutrale Lösung

$c(H_3O^+) > c(OH^-)$:   saure Lösung

$c(H_3O^+) < c(OH^-)$:   alkalische Lösung

Weil sowohl $c(H_3O^+)$ als auch $c(OH^-)$ meist Zahlen unter 1 sind, verwendet man statt der Konzentrationen selbst vorzugsweise deren negative Logarithmen, also die sogenannten p-Werte (Abschnitt D, S. 121). Es gelten folgende Beziehungen:

$$\textbf{pH} = \textbf{-log } \textbf{c(H}_3\textbf{O}^+\textbf{)} \qquad\qquad \textbf{c(H}_3\textbf{O}^+\textbf{)} = \textbf{10}^{-\textbf{pH}}$$

$$pOH = -\log c(OH^-) \qquad\qquad c(OH^-) = 10^{-pOH}$$

$$\log[c(H_3O^+) \cdot c(OH^-)] = \log 10^{-14}$$

$$\log c(H_3O^+) + \log c(OH^-) = -14$$

$$-\log c(H_3O^+) + [-\log c(OH^-)] = 14 \qquad \textbf{pH + pOH = 14}$$

Weil mit der Konzentration der H_3O^+-Ionen auch jene der OH^--Ionen festgelegt ist, genügt die Angabe eines der beiden p-Werte zur Charakterisierung des Säure- bzw. Alkaligrades einer Lösung. Der pH-Wert hat dabei den Vorzug (pH = «Wasserstoffionenpotenz»).

pH = 7: neutral   **pH < 7: sauer**   **pH > 7: alkalisch**

Die pH-Skala geht von etwa -1 bis etwa $+15$. Ein pH von -1 würde einer vollständig protolysierten Säure von 10 mol/l entsprechen, pH 15 einer ebensolchen Lauge.

Ein pH-Unterschied von 1 Einheit entspricht einem Konzentrationsfaktor von 10. Bei pH 4 ist die H_3O^+-Konzentration z.B. 1000mal grösser als bei pH 7. Eine Verdoppelung der H_3O^+-Konzentration entspricht einer pH-Senkung um 0,3 Einheiten ($\log 2 \approx 0,3$).

Tabelle 16. pH-Werte einiger Flüssigkeiten

	pH		pH
Destilliertes Wasser	etwa 5,5[1]	Liquor cerebrospinalis	7,35–7,55
Brunnenwasser	6–8	Speichel	6,35–6,85
Meerwasser	etwa 8	Magensaft	1,5 –2,5
Milch	6,6–7,6	Pankreassaft	7,5 –8,0
Apfelsaft	3,7–5,6	Darmsaft	7,0 –8,0
Wein	2,8–3,8	Urin	4,8 –7,5
Zitronensaft	2,2	Schweiss	3,0 –3,6
Blut	7,40 7,45	Tränen	7,4

[1] Wegen Luftkohlensäure unter 7.

pH-Rechnungen

Berechnungen des pH-Wertes aus der Konzentration einer Säure oder Base und umgekehrt

1. Welches pH hat eine Lösung, wenn $c(H_3O^+) = 0,06$ mol/l?

$$pH = -\log 0,06 = \textbf{1,22}$$

2. Welches pH hat eine Lösung, wenn $c(OH^-) = 0,3$ mol/l?

$$pOH = -\log 0,3 = 0,52 \rightarrow pH = 14 - pOH = \textbf{13,48}$$

3. Welche H_3O^+-Konzentration hat eine Lösung mit pH 8,5?

$-\log c(H_3O^+) = 8,5 \rightarrow c(H_3O^+) = 10^{-8,5} = 3,16 \cdot 10^{-9}$ mol/l $\hateq$ **3,16 nmol/l**

4. Wieviele Mikromol OH^- enthalten 3 m³ Lösung mit pH 5,3?

pH 5,3 $\hateq$ pOH 8,7 $\rightarrow c(OH^-) = 10^{-8,7}$ mol/l $\hateq 3000 \cdot 10^{-8,7}$ mol/3 m³ $= 3 \cdot 10^{-5,7}$ mol/3 m³
$= 6,0 \cdot 10^{-6}$ mol/3 m³ $\hateq$ **6,0 µmol in 3 m³**

5. Welches pH hat eine Salzsäurelösung mit 1 g/l HCl?

HCl protolysiert in Wasser praktisch vollständig.

1 g/l HCl $\hateq$ 1 : 36,5 mol/l HCl $\hateq$ 1 : 36,5 = 0,0274 mol/l $H_3O^+ \rightarrow$ pH = **1,56**

6. Welche Stoffmengenkonzentration hat eine Natronlauge, wenn ihr pH 12,7 ist?

pOH = 1,3 $\rightarrow c(OH^-) = 10^{-1,3} = 0,05$ mol/l $OH^- \hateq$ **0,05 mol/l NaOH**

Für 1protonige starke Säuren und Basen gilt:

pH $\approx$ − log c(Säure)	**pOH $\approx$ − log c(Base)**

7. Welches pH hat eine 1 mol/l Essigsäure (1protonig), wenn ihr pK_a-Wert 4,76 ist?
Schwache Säuren protolysieren nur geringfügig:

$HAc + H_2O \rightleftharpoons H_3O^+ + Ac^-$ (Ac steht für Acetat, das Anion der Essigsäure)

$$\frac{c(H_3O^+) \cdot c(Ac^-)}{c(HAc)} = 10^{-4,76}$$

Vernachlässigt man die aus der Autoprotolyse des Wassers stammenden H_3O^+, wird $c(H_3O^+) \approx c(Ac^-)$.

Die Massenwirkungsgleichung vereinfacht sich dadurch auf:

$c^2(H_3O^+) = 10^{-4,76} \cdot c(HAc)$

Setzt man ferner c(HAc) der Gesamtkonzentration der Säure gleich (der dissoziierte Anteil kann vernachlässigt werden), so wird für das vorliegende Beispiel:

$c^2(H_3O^+) = 10^{-4,76} \cdot 1$ und $c(H_3O^+) = \sqrt{10^{-4,76}} = 10^{-2,38}$ mol/l $\rightarrow$ **pH $\approx$ 2,4**

Allgemein gilt:
Der pH-Wert von 1 mol/l schwachen Säuren ist etwa die Hälfte von deren pK_a-Wert; der pOH-Wert von 1 mol/l schwachen Basen ist etwa die Hälfte von deren pK_b-Wert.

Für eine 0,1 mol/l bzw. 0,01 mol/l Säure ergibt sich:

pH $= \frac{1}{2}pK_a + 0,5$ bzw. $\frac{1}{2}pK_a + 1$ $(-\log\sqrt{0,1} = 0,5; \quad -\log\sqrt{0,01} = 1)$.

pH-Verschiebungen

1. Wieviel 1 mol/l HCl (vollständig protolysiert) braucht es, um in 1 Liter Lösung das pH von 7 auf 6 zu verschieben?

Ausgangslage	$c(H_3O^+) = 10^{-7} = 1 \cdot 10^{-7}$ mol/l	$c(OH^-) = 10^{-7} = 10 \cdot 10^{-8}$ mol/l
Endlage	$c(H_3O^+) = 10^{-6} = 10 \cdot 10^{-7}$ mol/l	$c(OH^-) = 10^{-8} = 1 \cdot 10^{-8}$ mol/l
Differenz	$9 \cdot 10^{-7}$ mol/l	$9 \cdot 10^{-8}$ mol/l

Für die Erhöhung von $c(H_3O^+)$ braucht es $9 \cdot 10^{-7}$ mol Säure, für die Verminderung von $c(OH^-)$ weitere $9 \cdot 10^{-8}$ mol, also total $99 \cdot 10^{-8}$ mol oder $99 \cdot 10^{-8}$ Liter 1 mol/l HCl, das ist knapp **1 µl**.

2. Wieviel HCl braucht es für die Verschiebung von pH 3 auf 2 unter sonst gleichen Bedingungen wie bei Aufgabe 1?

Ausgangslage	$c(H_3O^+) = 10^{-3} = 1 \cdot 10^{-3}$ mol/l
Endlage	$c(H_3O^+) = 10^{-2} = 10 \cdot 10^{-3}$ mol/l
Differenz	$9 \cdot 10^{-3}$ mol/l

Die Abnahme von $c(OH^-)$ kann hier vernachlässigt werden.

Die Verschiebung erfordert somit $9 \cdot 10^{-3}$ mol H_3O^+ oder **9 ml** 1 mol/l HCl.

Für die Verschiebung von pH 3 auf 2 braucht es somit etwa 10 000mal mehr Säure als für den Schritt von 7 auf 6. Macht man also die analoge Berechnung für alle möglichen pH-Schritte, erhält man Tabelle 17. Für Verschiebungen von niedrigen zu höheren pH-Werten kann eine gleichartige Tabelle mit 1 mol/l Lauge aufgestellt werden. Die Tabelle 17 illustriert die grosse pH-Empfindlichkeit von neutralen Lösungen auf geringfügige Säure- oder Basenzusätze bei Abwesenheit von Puffern (S. 132).

Tabelle 17. pH-Verschiebung in ungepufferter Lösung

pH-Verschiebung	Für 1 Liter Lösung erforderliche 1 mol/l HCl, ml
13–12	90,0000000009 $\approx$ 100
12–11	9,000000009 $\approx$ 10
11–10	0,90000009 $\approx$ 1
10– 9	0,0900009 $\approx$ 0,1
9– 8	0,009009 $\approx$ 0,01
8– 7	0,00099 $\approx$ 0,001
7– 6	0,00099 $\approx$ 0,001
6– 5	0,009009 $\approx$ 0,01
5– 4	0,0900009 $\approx$ 0,1
4– 3	0,90000009 $\approx$ 1
3– 2	9,000000009 $\approx$ 10
2– 1	90,0000000009 $\approx$ 100

3. Je 1 Liter Lösung von pH 5 und 10 werden gemischt. Welches ungefähre pH hat die Mischung?

pH 5 → $c(H_3O^+) = 10^{-5}$ mol/l

pH 10 → $c(OH^-) = 10^{-4}$ mol/l

10^{-5} mol H_3O^+ bilden mit 10^{-5} mol OH^- Wasser. Es bleiben somit $9 \cdot 10^{-5}$ mol OH^- in 2 Liter Lösung, das sind $4,5 \cdot 10^{-5}$ mol/l OH^-.

$4,5 \cdot 10^{-5} = 10^{-4,3}$ mol/l $OH^- →$ pOH = 4,3 → **pH = 9,7**

G. Dissoziation von Säuren und Basen in Abhängigkeit vom pH-Wert

---

$HA + H_2O \rightleftharpoons A^- + H_3O^+$

Erhöht man die H_3O^+-Konzentration (Senkung des pH) durch Zusatz einer **fremden** Säure, so wird obiges Protolysegleichgewicht zwischen Wasser und Säure nach links verschoben, d.h. c(HA) steigt, $c(A^-)$ fällt. Der Dissoziationsgrad der Säure HA nimmt ab. Wird $c(H_3O^+)$ gesenkt (Erhöhung des pH durch Basenzusatz), verschiebt sich das Gleichgewicht nach rechts, $c(A^-)$ steigt auf Kosten von c(HA). Der Dissoziationsgrad der Säure nimmt zu.

$B + H_2O \rightleftharpoons BH^+ + OH^-$

Erhöht man die OH^--Konzentration (Erhöhung des pH) durch Zusatz einer **fremden** Base, wird das Protolysegleichgewicht zwischen Base und Wasser nach links verschoben, d.h. c(B) steigt, $c(BH^+)$ fällt. Der Dissoziationsgrad (Protolysegrad) der Base nimmt ab. Wird $c(OH^-)$ durch Säurezusatz vermindert (Abfall des pH), steigt $c(BH^+)$ auf Kosten von c(B); der Dissoziationsgrad der Base nimmt zu.

pH-Senkung vermindert die Protolyse einer Säure, pH-Erhöhung verstärkt sie.

pH-Senkung verstärkt die Protolyse einer Base, pH-Erhöhung setzt sie herab
(s. «Trennung von organischen Säuren und Basen», S. 253).

H. K-Werte konjugierter Säure-Basen-Paare

$HA + H_2O \rightleftharpoons A^- + H_3O^+$ $A^- + H_2O \rightleftharpoons HA + OH^-$

HA = Säure A^- = konjugierte Base zur Säure HA

$\dfrac{c(A^-) \cdot c(H_3O^+)}{c(HA)} = K_a$ der Säure $\dfrac{c(HA) \cdot c(OH^-)}{c(A^-)} = K_b$ der konjugierten Base

---

Multipliziert man die beiden Massenwirkungsgleichungen miteinander, erhält man:

$$\frac{c(A^-) \cdot c(H_3O^+)}{c(HA)} \cdot \frac{c(HA) \cdot c(OH^-)}{c(A^-)} = c(H_3O^+) \cdot c(OH^-) = K_a \cdot K_b = K_w = 10^{-14}$$

Logarithmiert man die Gleichung $K_a \cdot K_b = 10^{-14}$, erhält man

$pK_a + pK_b = 14$

Die pK-Werte eines konjugierten Säure-Basen-Paares ergänzen sich zu 14.

I. Der pH-Wert von Salzlösungen

Speist man eine negativ geladene Base statt mit einem Proton mit irgendeinem positiven Ion ab, entsteht ein **Salz**. Salze beeinflussen das Autoprotolysegleichgewicht des Wassers.

Alkalisalzlösungen

Das Leichtmetallion eines Natrium- oder Kaliumsalzes hat keinen Einfluss auf das Protolysegleichgewicht, wohl aber das Basenion. Je stärker das Basenion (je schwächer die zugehörige konjugierte Säure), desto stärker der Eingriff in das Wassergleichgewicht.

$$2H_2O \rightleftharpoons H_3O^+ + OH^-$$

$$H_3O^+ + A^- \rightleftharpoons HA + H_2O$$

Der Abfang von H_3O^+-Ionen durch das Salzanion A^- verschiebt das Wassergleichgewicht nach rechts. Das führt zu einem Anstieg der OH^--Ionenkonzentration. Je schwächer die Säure HA, desto mehr Protonen werden von A^- gebunden, desto grösser wird der OH^--Überschuss, desto alkalischer somit die Salzlösung (Tab. 18).

Tabelle 18. pH-Werte von Salzlösungen

	Säure						
	HNO_3	HF	HSO_3^-	HCN	HCO_3^-	HPO_4^{2-}	H_2O
pK_a der Säure	−1,3	3,1	7,2	9,4	10,4	12,3	15,7
Salz	KNO_3	KF	K_2SO_3	KCN	K_2CO_3	K_3PO_4	KOH
~pH einer etwa 1 mol/l Salzlösung	7	$8\frac{1}{2}$	10	$11\frac{1}{2}$	12	13	14

Salze, die durch Neutralisation von starken Säuren mit NaOH oder KOH entstanden sind, bilden annähernd neutrale Lösungen. Salze aus schwachen Säuren und NaOH oder KOH sind in Lösung umso stärker alkalisch, je schwächer die beteiligte Säure ist. Auch die Lösungen von NaOH und KOH selbst sind eigentlich Extremfälle von Salzen (Tab. 18). Das OH^--Ion ist ja das Anion der extrem schwachen Säure H_2O.

Ammoniumsalze

Im Gegensatz zu den Alkalimetallsalzen sind bei den Ammoniumsalzen **beide** Ionen für das pH der Lösung mitbestimmend:

Ammoniumsulfat:

$NH_4^+ + H_2O \rightleftharpoons NH_3 + H_3O^+$ (I) $pK_a = 9,3$ ⎫ Protolyse I dominiert

$SO_4^{2-} + H_2O \rightleftharpoons HSO_4^- + OH^-$ (II) $pK_b = 12,3$ ⎬ (mehr H_3O^+ als OH^-); ⎭ saure Lösung

Ammoniumacetat:

$NH_4^+ + H_2O \rightleftharpoons NH_3 + H_3O^+$ (I) $pK_a = 9,3$ ⎫ Protolyse I und II

$CH_3COO^- + H_2O \rightleftharpoons CH_3COOH + OH^-$ (II) $pK_b = 9,3$ ⎬ halten sich die Waage; ⎭ Lösung neutral

Ammoniumcarbonat:

$NH_4^+ + H_2O \rightleftharpoons NH_3 + H_3O^+$ (I) $pK_a = 9,3$ ⎫ Protolyse II dominiert

$CO_3^{2-} + H_2O \rightleftharpoons HCO_3^- + OH^-$ (II) $pK_b = 3,7$ ⎬ (mehr OH^- als H_3O^+); ⎭ Lösung alkalisch

---

Salze mehrwertiger Metalle

Mehrwertige Ionen sind stark hydratisiert. Wegen der Anziehung durch das Metallion wird das H_2O des Hydratmantels stärker polarisiert. Es kann deshalb leichter 1 H^+ abgeben als normales Wasser. Das gleichzeitig entstehende OH^--Ion bleibt im Hydratmantel sitzen und beteiligt sich nicht am Autoprotolysegleichgewicht des Wassers. Mehrwertige Metallionen wirken deshalb wie schwache Säuren und beeinflussen das pH der Lösung ähnlich wie das Ammoniumion.

$FeCl_3$ und $AlCl_3$ bilden mässig saure, $ZnCl_2$ und $CuCl_2$ schwach saure Lösungen.

Im gleichen Sinn wie die stark hydratisierten mehrwertigen Metallionen lassen sich auch die schwach hydratisierten Alkalimetallionen als (extrem) schwache Säuren bezeichnen. Somit lässt sich zusammenfassen: Die beiden Ionen eines Salzes wirken in Lösung als Säure und Base auf die Autoprotolyse des Wassers ein:

Lösungen von Salzen aus starker Säure und schwacher Base sind sauer;

Lösungen von Salzen aus schwacher Säure und starker Base sind alkalisch;

Lösungen von Salzen aus gleichstarker Säure und Base sind neutral.

Hydrogensalzlösungen

Der Eingriff des Anions eines Alkalisalzes ins Autoprotolysegleichgewicht des Wassers führt zur paradoxen Erscheinung, dass selbst gewisse Hydrogensalze («saure» Salze) alkalische Lösungen bilden. Die Anionen der Hydrogensalze sind Ampholyte. Sie bilden deshalb mit Wasser **zwei Protolysegleichgewichte.** Je nachdem, welche der beiden Protolysen mehr betont ist, bilden sich mehr H_3O^+- oder OH^--Ionen:

1. $NaHCO_3$

$$HCO_3^- + H_2O \rightleftharpoons H_2CO_3 + OH^- \qquad (I) \qquad PK_b = 7{,}6$$

$$HCO_3^- + H_2O \rightleftharpoons CO_3^{2-} + H_3O^+ \qquad (II) \qquad PK_a = 10{,}4$$

Protolyse I dominiert; Lösung alkalisch

2. KH_2PO_4

$$H_2PO_4^- + H_2O \rightleftharpoons H_3PO_4 + OH^- \qquad (I) \qquad pK_b = 12{,}0$$

$$H_2PO_4^- + H_2O \rightleftharpoons HPO_4^{2-} + H_3O^+ \qquad (II) \qquad pK_a = 7{,}2$$

Protolyse II dominiert; Lösung sauer

3. K_2HPO_4

$$HPO_4^{2-} + H_2O \rightleftharpoons H_2PO_4^- + OH^- \qquad (I) \qquad pK_b = 6{,}8$$

$$HPO_4^{2-} + H_2O \rightleftharpoons PO_4^{3-} + H_3O^+ \qquad (II) \qquad pK_a = 12{,}3$$

Protolyse I dominiert; Lösung alkalisch

J. Indikatoren

Auf Seite 18 wurde definiert: Säure-Laugen-Indikatoren sind Farbstoffe, die in saurem und alkalischem Milieu verschiedene Farbe annehmen. Alle Säure-Laugen-Indikatoren sind selbst schwache Säuren oder Basen, die bei der Protolyse die Farbe wechseln.

$$HA + H_2O \rightleftharpoons A^- + H_3O^+ \qquad (I)$$
Farbe Ia \qquad\qquad Farbe IIa

$$B + H_2O \rightleftharpoons BH^+ + OH^- \qquad (II)$$
Farbe Ib \qquad\qquad Farbe IIb

Ein Stoff ist farbig, wenn er aus dem weissen Licht selektiv gewisse Wellenlängen absorbiert, andere durchlasst oder reflektiert. Die Absorption kommt dadurch zustande, dass bestimmte Partien eines Moleküls durch die Lichtwellen in Schwingung versetzt werden (Resonanz). Wenn nun ein Farbstoffmolekül protolysiert, wird seine Polarisierung verändert (S. 74), die Elektronenwolken verschieben sich, die Resonanzfrequenzen für Licht werden verändert, andere Wellenlängen werden absorbiert, die Farbe wechselt.

Das in Abschnitt G (S. 126) über pH und Protolysegrad Gesagte gilt auch für Indikatoren. Durch Säurezusatz werden die obigen Gleichgewichte I nach links und II nach rechts verschoben. Im stark sauren Milieu hat also eine Indikatorsäure fast nur HA und fast kein A^-, also die praktisch reine Farbe Ia. Eine Indikatorbase hat in der gleichen Lösung fast nur BH^+ und fast kein B, also praktisch die reine Farbe IIb. In stark alkalischem Milieu sind die Verhältnisse umgekehrt, die Säure hat Farbe IIa, die Base Farbe Ib (Abb. 50, 51).

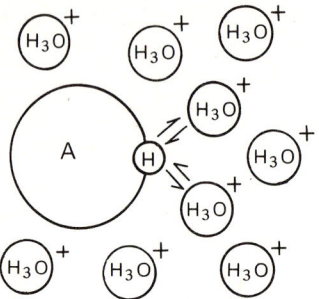 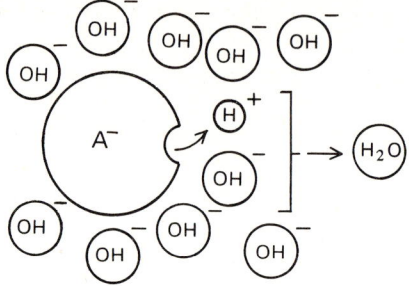

Indikatorsäure in stark saurer Umgebung: Wenn das Proton H$^+$ abdissoziiert und auf ein H$_2$O überwechselt, wird es sofort aus einem H$_3$O$^+$ ersetzt. Die Indikatorsäure **HA** kann praktisch nicht dissoziieren.

Indikatorsäure in stark alkalischer Umgebung: Das Proton von HA wird vom erstbesten OH$^-$-Ion eingefangen. Die Indikatorsäure ist praktisch vollständig zu **A$^-$** protolysiert.

Abb. 50. Indikatorsäure in stark saurem und stark alkalischem Milieu.

Gibt man einen Indikator in eine extrem saure Lösung, so hat er die reine Farbe der protonierten Form. Setzt man mehr und mehr Lauge zu, so nimmt die deprotonierte Form auf Kosten der protonierten mehr und mehr zu. Fällt das Konzentrationsverhältnis HA/A$^-$ bzw. BH$^+$/B unter 10 : 1, wird in der Regel für das Auge eine Farbänderung merkbar. Beim Verhältnis 1 : 1 hat der Indikator seine Mischfarbe (sind die Reinfarben gelb und blau, ist die Lösung jetzt grün). Hat das Konzentrationsverhältnis HA/A$^-$ bzw. BH$^+$/B etwa den Wert 1 : 10 erreicht, ist der Umschlag für das Auge beendet (Abb. 51).

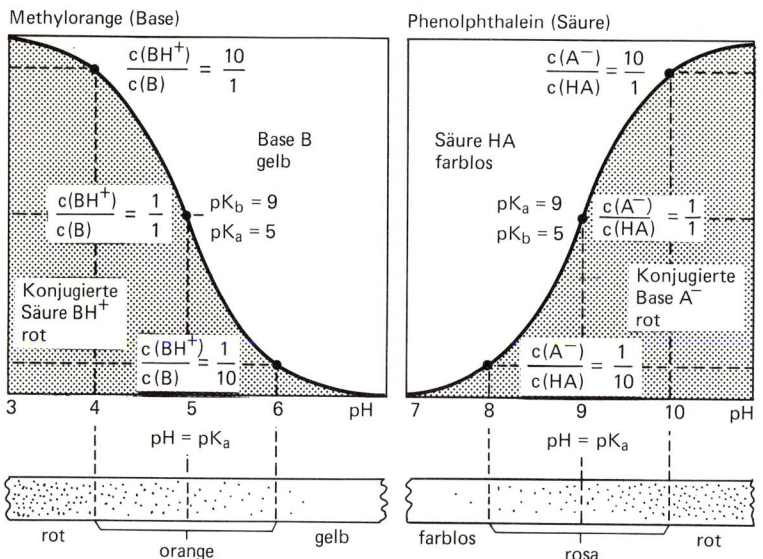

Abb. 51. Protolyse und Farbe der Indikatoren Methylrot und Phenolphthalein in Abhängigkeit vom pH der Lösung.

Der pH-Wert, bei dem sich protonierte und deprotonierte Form die Waage halten (Mitte des Umschlagsgebietes), ist für jeden Indikator eine spezifische Grösse. Er lässt sich wie folgt ermitteln:

$$\frac{c(H_3O^+) \cdot c(A^-)}{c(HA)} = K_a$$

Wenn $c(A^-) = c(HA)$, lässt sich die Gleichung kürzen. Sie reduziert sich damit zu:

$$c(H_3O^+) = K_a \rightarrow -\log c(H_3O^+) = -\log K_a \quad \text{oder} \quad \mathbf{pH = pK_a}$$

Das pH der Umschlagsmitte einer Indikatorsäure ist gleich ihrem pK_a.

$$\frac{c(OH^-) \cdot c(BH^+)}{c(B)} = K_b$$

Wenn $c(BH^+) = c(B)$, reduziert sich diese Gleichung zu:

$$c(OH^-) = K_b \rightarrow -\log c(OH^-) = -\log K_b \rightarrow pOH = pK_b \quad \text{oder} \quad \mathbf{pH = 14 - pK_b}.$$

Je stärker eine Indikatorsäure und je schwächer eine Indikatorbase, desto niedriger ist ihr Umschlags-pH. Nur wenn pK_a oder $pK_b = 7$, schlägt ein Indikator am Neutralpunkt um. Es gibt Indikatorsäuren, die im alkalischen Gebiet umschlagen ($pK_a > 7$), und Indikatorbasen, die bei saurem pH Farbe wechseln ($pK_b > 7$) (Abb. 51).

Wenn $c(A^-)/c(HA) = 1/10$, wird $c(H_3O^+) = 10 \cdot K_a$ (Umschlagsbeginn).

Logarithmiert man diese Gleichung im gleichen Sinn wie die früheren, erhält man:

$pH = pK_a - 1$, denn $-\log 10 = -1$

Für $c(A^-)/c(HA) = 10$ (Umschlagsende) wird $pH = pK_a + 1$

Aus diesen Rechnungen (für Indikatorbasen analog) geht hervor, dass sich das sichtbare Umschlagsgebiet über etwa 2 pH-Einheiten erstreckt ($pK \pm 1$). Je nach der jeweiligen Farbnuance ist es oft auch etwas enger (Tab. 19).

Tabelle 19. Indikatoren

Indikator	Färbung bei tiefem pH	Färbung bei hohem pH	pH des Umschlagsgebietes
Thymolblau[1]	rot	gelb	1,2– 2,8
Methylorange	rot	gelb	3,1– 4,4
Kongorot	blau	rot	3,0– 5,0
Methylrot	rot	gelb	4,2– 6,3
Bromkresolpurpur	gelb	purpur	5,2– 6,8
Bromthymolblau	gelb	blau	6,0– 7,6
Phenolrot	gelb	rot	6,8– 8,4
Thymolblau[1]	gelb	blau	8,0– 9,6
Phenolphthalein	farblos	rot	8,3–10,0

[1] Thymolblau besitzt zwei Umschlagsgebiete, weil es zwei dissoziierbare Atomgruppen hat.

Mit Hilfe einer Auswahl von Indikatoren, deren Umschlagsgebiete sich über einen möglichst grossen Bereich der pH-Skala verteilen, kann das pH einer Lösung auf etwa 0,2 pH-Einheiten genau ermittelt werden.

Mischt man 3 oder 4 Indikatoren, deren pK-Werte möglichst gleichmässigen Abstand voneinander haben, so erhält man einen sogenannten **Universalindikator.** Beim Durchlaufen der pH-Skala schlagen die Gemischkomponenten nacheinander um, so dass sich die Mischfarbe stetig ändert. Durch Vergleich der jeweiligen Mischfarbe mit einer gedruckten Eichfarbskala lässt sich das pH einer Lösung auf ganze pH-Einheiten genau ermitteln. Für solchen Zweck praktisch sind Papierstreifen, die mit Universalindikator imprägniert sind.

Indikatorfehler

Tropft man eine ungepufferte Lösung, deren pH in der Nähe von 7 liegt, auf einen Indikatorstreifen, riskiert man Fehlablesungen, weil die Protonenaufnahme oder -abgabe **des Indikators selbst** das pH der Lösung verfälschen kann. Auch in konzentrierten Salzlösungen und Eiweisslösungen sind Fehler möglich (starke Wasserbindung durch die Salzionen und damit Verschiebung des Protolysegleichgewichts für den Indikator nach der Seite der ungeladenen Form; Komplexbildung zwischen Indikator und Eiweiss).

K. Puffer

Säure-Basen-Puffer sind Lösungen, die auf Zusatz oder Wegnahme von relativ viel Protonen mit relativ kleiner pH-Verschiebung reagieren.
Ein Puffer ist demnach imstande, zugesetzte Protonen (Säurezusatz) zu binden und weggenommene Protonen (Laugenzusatz) zu ersetzen.

1. Zusammensetzung und Wirkung von Puffern

Jedes Protolysegleichgewicht schwacher bis mittelstarker Säuren und Basen hat Puffereigenschaften.

$$HA + H_2O \rightleftharpoons H_3O^+ + A^-$$

Bei Zusatz von Säure ($+ H_3O^+$): Linksverschiebung des Gleichgewichts; neues H_3O^+ wird weitgehend verbraucht. Bei Zusatz von Lauge ($+ OH^- \; \hat{=} \; - H_3O^+$): Rechtsverschiebung; neutralisiertes H_3O^+ wird weitgehend ersetzt.

$$B + H_2O \rightleftharpoons BH^+ + OH^-$$

Bei Zusatz von Säure ($+ H_3O^+ \; \hat{=} \; - OH^-$): Rechtsverschiebung; neutralisiertes OH^- wird weitgehend ersetzt. Bei Zusatz von Lauge ($+ OH^-$): Linksverschiebung; neues OH^- wird weitgehend verbraucht.

Es leuchtet ein, dass ein Protolysegleichgewicht am wirksamsten puffert, wenn Säure HA und konjugierte Base A⁻ bzw. Base B und konjugierte Säure BH⁺ etwa gleich stark vertreten sind. Dann ist nämlich das «Reservepolster» für beide «Stossrichtungen» gleich gut.

Jede (schwache) Säure, die man zur Hälfte mit Lauge neutralisiert und jede (schwache) Base, die man zur Hälfte mit Säure neutralisiert hat, ist ein wirkungsvoller Puffer.

Beispiele:
Essigsäure/Natriumacetat im Molverhältnis 1 : 1
Ammoniak/Ammoniumchlorid im Molverhältnis 1 : 1
Kaliumhydrogencarbonat/Kaliumcarbonat im Molverhältnis 1 : 1
     Säure   konjugierte Base

Ausser vom jeweiligen Molverhältnis Base/Säure ist die **Pufferkapazität** natürlich von der Gesamtkonzentration des Puffers abhängig.

2. Das pH-Optimum der Puffer

Auch für Puffer gilt naturgemäss das Massenwirkungsgesetz:

$$\frac{c(H_3O^+) \cdot c(A^-)}{c(HA)} = K_a \qquad\qquad \frac{c(BH^+) \cdot c(OH^-)}{c(B)} = K_b$$

Jede Änderung der Quotienten $c(A^-)/c(HA)$ oder $c(BH^+)/c(B)$ führt zwangsläufig zu einer Änderung von $c(H_3O^+)$ bzw. $c(OH^-)$, also zu einer pH-Verschiebung. Weil andersseits jeder Säure- oder Basenzusatz zu einem Puffer dessen Gleichgewicht verschiebt, muss dabei gleichzeitig auch eine (geringe) pH-Änderung stattfinden. Auch der beste Puffer kann deshalb Säure- oder Laugenzusätze in ihrer Wirkung nur dämpfen, nie ganz neutralisieren.

Das unterschiedliche Verhalten einer gepufferten und ungepufferten Lösung soll an einem Rechenbeispiel gezeigt werden:

1 Liter Lösung von pH 7 enthält je 0,5 mol Puffersäure und konjugierte Base

$c(HA) + c(A^-) = 0,5 + 0,5 = 1$ mol/l.

Wieviele Mol Salzsäure (vollständig protolysiert) müssen zugesetzt werden, damit das pH auf 6 absinkt?

$\frac{c(H_3O^+) \cdot c(A^-)}{c(HA)} = 10^{-7}$; weil $c(A^-) = c(HA)$ ist, folgt: $c(H_3O^+) = 10^{-7}$; pH = 7

Wenn pH = 6 → $c(H_3O^+) = 10^{-6}$, also $c(A^-) : c(HA) = 1 : 10$

Weil $c(A^-) + c(HA)$ immer noch 1 mol/l ist, bedingt dies, dass

$c(A^-) = 1/11$ mol/l und $c(HA) = 10/11$ mol/l ($1/11 : 10/11 = 1/10$; $1/11 + 10/11 = 1$)

Die Konzentration von HA hat also von $^1/_2$ auf $^{10}/_{11}$ mol/l zugenommen, es sind somit 0,41 mol H_3O^+ oder **0,41 mol HCl** verbraucht worden. Die Erhöhung von $c(H_3O^+)$ von 10^{-7} auf 10^{-6} mol/l kann daneben vernachlässigt werden.

Für die gleiche pH-Verschiebung in ungepuffertem reinem Wasser braucht es etwa 10^{-6} mol HCl (S. 125), also rund 400 000mal weniger als im 1 mol/l Puffer.

Verschiebt man im gleichen Puffer von pH 6 auf 5, so wird $c(A^-) : c(HA) = 1 : 100$ oder $^1/_{101} : {}^{100}/_{101}$. Die Konzentration $c(HA)$ hat also von $^{10}/_{11}$ auf $^{100}/_{101}$ oder von 0,91 auf 0,99 zugenommen; das entspricht noch 0,08 mol Säure oder rund 5mal weniger als beim Schritt von 7 auf 6.

Macht man analoge Rechnungen für alle möglichen pH-Schritte – auch mit Laugenzusatz – und stellt die Ergebnisse graphisch dar, erhält man die Kurve von Abbildung 52. Diese bestätigt, dass die Pufferung am wirksamsten ist, wenn die Puffersäure und ihre konjugierte Base gleiche Konzentration haben (Wendepunkt der Kurve).

Wenn $c(A^-) = c(HA)$, wird $c(H_3O^+) = K_a$ oder **pH = pK$_a$**

Wenn $c(BH^+) = c(B)$,   wird $c(OH^-) = K_b$ oder $pOH = pK_b$; $pH = 14 - pK_b = pK_{a\,konj}$

Die Wirkung eines Puffers ist dann am besten, wenn das pH der Lösung dem pK$_a$ der Puffersäure entspricht.

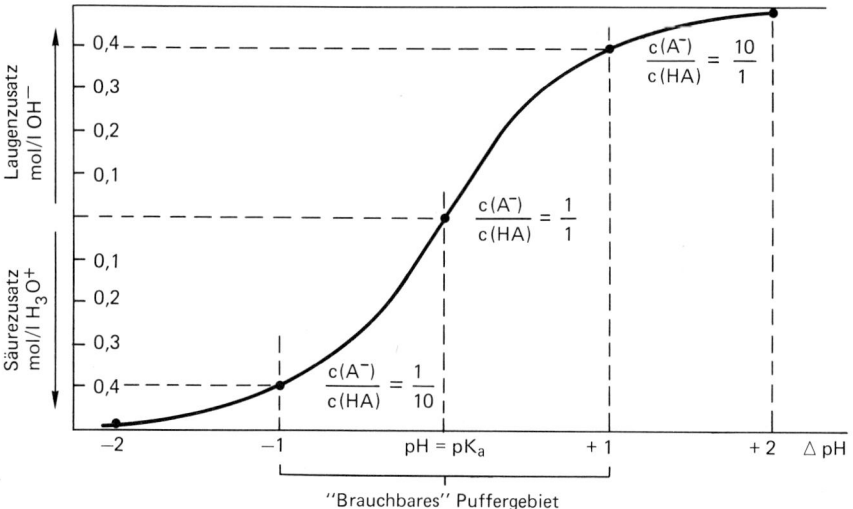

Abb. 52.   Pufferkurve für 1protonige Säure HA und deren konjugierte Base A^-; $c(HA + A^-) = 1$ mol/l.

Soll in einem Experiment ein bestimmtes pH «verteidigt» werden, so wählt man einen Puffer, dessen pK$_a$ möglichst mit diesem pH zusammenfällt. Je weiter sich das pH vom pK_a des Puffers entfernt, desto bescheidener wird die Pufferung. Der experimentell brauchbare Bereich eines Puffers liegt zwischen $pH \approx pK_a + 1$ und $pK_a - 1$. Das Molverhältnis Säure : konjugierte Base bzw. Base : konjugierte Säure liegt für dieses Gebiet zwischen 1 : 10 und 10 : 1 (s. dazu den Umschlagsbereich der Indikatoren, S. 130).

In Tabelle 20 sind einige häufig gebrauchte Puffer zusammengestellt.

Tabelle 20. Einige gebräuchliche Puffer mit ihrem pH-Optimum

Phthalsäure/Hydrogenphthalat	2,8	
Citronensäure/Dihydrogencitrat	3,7	
Essigsäure/Acetat	4,8	
Dihydrogencitrat/Monohydrogencitrat	4,8	
Kohlensäure/Hydrogencarbonat	6,4	schwache Säure
Dihydrogenphosphat/Monohydrogenphosphat	7,2	+ konjugierte Base
Veronal/Veronal-Natrium	7,4	
Borsäure/Dihydrogenborat	9,2	
Glycin/Glycin-Natrium	9,8	
Hydrogencarbonat/Carbonat	10,3	
Monohydrogenphosphat/Phosphat	12,7	
Triethanolamin/Triethanolamin-Hydrochlorid	4,5	schwache Base
Collidin/Collidin-Hydrochlorid	7,2	+ konjugierte Säure
Trishydroxymethylaminomethan/«Tris»-Hydrochlorid	8,1	

3. Die Gleichung von Henderson-Hasselbalch

Ist für einen Puffer das Konzentrationsverhältnis von Säure und konjugierter Base bekannt, lässt sich aus der Massenwirkungsgleichung dessen pH berechnen.

$$\frac{c(H_3O^+) \cdot c(A^-)}{c(HA)} = K_a \rightarrow c(H_3O^+) = K_a \cdot \frac{c(HA)}{c(A^-)}$$

$$\log c(H_3O^+) = \log K_a + \log \frac{c(HA)}{c(A^-)} \rightarrow \mathbf{pH = pK_a + \log \frac{c(A^-)}{c(HA)}} \quad \text{Gleichung von Henderson-Hasselbalch}$$

Für eine Pufferbase lautet die analoge Gleichung:

$$pOH = pK_b + \log \frac{c(BH^+)}{c(B)}$$

Die Gleichung von Henderson-Hasselbalch kommt bei der Bestimmung der Hydrogencarbonatkonzentration im Blut, dem sogenannten **Standardbicarbonat,** zur praktischen Anwendung:

$$pH = 6,4 + \log \frac{c(HCO_3^-)}{c(H_2CO_3)} \quad (6,4 = pK_{a1} \text{ von } H_2CO_3)$$

Durch Begasung mit Luft von bekanntem CO_2-Gehalt sorgt man für ein bekanntes $c(H_2CO_3)$ in der Blutprobe. Dann wird das pH der Blutprobe auf 0,001 Einheit genau gemessen und daraus $c(HCO_3^-)$ berechnet.

4. Puffer aus mehrprotonigen Säuren

Bei 2protonigen Säuren sind 2, bei 3protonigen 3 Puffersysteme möglich. Beispiel: Phosphorsäure

---

a) $H_3PO_4/H_2PO_4^-$ Säurezusatz: $H_3O^+ + H_2PO_4^- \rightarrow H_3PO_4 + H_2O$

                           Laugenzusatz: $OH^- + H_3PO_4 \rightarrow H_2PO_4^- + H_2O$

b) $H_2PO_4^-/HPO_4^{2-}$ Säurezusatz: $H_3O^+ + HPO_4^{2-} \rightarrow H_2PO_4^- + H_2O$

                           Laugenzusatz: $OH^- + H_2PO_4^- \rightarrow HPO_4^{2-} + H_2O$

c) HPO_4^{2-}/PO_4^{3-} Säurezusatz: $H_3O^+ + PO_4^{3-} \rightarrow HPO_4^{2-} + H_2O$

                           Laugenzusatz: $OH^- + HPO_4^{2-} \rightarrow PO_4^{3-} + H_2O$

Jedes dieser 3 Puffersysteme hat sein eigenes pH-Optimum, das dem Eigen-pH der 1:1-Mischung entspricht. K_2HPO_4 oder KH_2PO_4 allein puffern gar nicht. Die 1:1-Mischung der beiden Salze aber ist ein ausgezeichneter Puffer. Dasselbe gilt für $NaHCO_3$ und Na_2CO_3.

5. Bedeutung und Verwendung der Puffer

Puffersysteme haben sowohl im Labor als auch im lebenden Organismus wichtige Aufgaben. Ungezählte Reaktionen laufen nur bei bestimmtem pH in gewünschter Weise ab. Sämtliche Enzymreaktionen sind ausgesprochen pH-abhängig. Überall wo es gilt, einen bestimmten pH-Wert zu verwirklichen und zu halten, ist ein Puffer unerlässlich. Vor allem pH-Werte in der Nähe von 7 lassen sich nie ohne geeigneten Puffer einhalten (S. 125, 140). Praktisch der ganze Stoffwechsel im Organismus basiert auf enzymatischen Prozessen. Die Körperflüssigkeiten enthalten denn auch verschiedene Puffersysteme, welche die pH-Konstanz des Reaktionsmilieus gewährleisten. Die wichtigsten Puffer des Blutes sind die Proteine (S. 264) und Kohlensäure/Hydrogencarbonat. Letzterer ist ein Puffer besonderer Art:

$$HCO_3^- + H_3O^+ \rightleftharpoons H_2O + H_2CO_3 \rightarrow 2H_2O + CO_2\uparrow$$

Geraten durch krankhaften Stoffwechsel vermehrt organische Säuren ins Blut (z. B. Acetessigsäure bei Zuckerkrankheit), werden diese vom Hydrogencarbonat abgefangen. Die gebildete Kohlensäure kann in Wasser und Kohlendioxid zerfallen. Das CO_2 wird in der Lunge an die Luft abgegeben. Man spricht von einem «offenen Gleichgewicht». Im Ionogramm ersetzen die organischen Anionen einen Teil der HCO_3^--Säule (S. 101).

L. Die acidimetrische Titration

Giesst man 1 mol H_3O^+ und 1 mol OH^- zusammen, entsteht eine neutrale Lösung ($H_3O^+ + OH^- \rightarrow 2H_2O$). Für starke Säuren und Basen (vollständige Protolyse) gilt:

---

1 mol 1protonige Säure neutralisiert 1 mol 1protonige Base

$\underbrace{A \text{ mol B protonige Säure}}_{A \cdot B \text{ mol } H_3O^+}$ neutralisieren $\underbrace{B \text{ mol A protonige Base}}_{B \cdot A \text{ mol } OH^-}$

Haben sich eine Portion starke Säure und eine Portion starke Base genau neutralisiert (Indikator zeigt pH 7), so gilt:

Stoffmenge (Anzahl Mol) H_3O^+ der Säure = Stoffmenge (Anzahl Mol) OH^- der Base

Sind beide Portionen Lösungen, so gilt weiter:

$$\underbrace{c(H_3O^+) \cdot V_S}_{\text{Anzahl Mol } H_3O^+} = \underbrace{c(OH^-) \cdot V_B}_{\text{Anzahl Mol } OH^-}$$

$c = $ mol/Liter; $V = $ Liter; $c \cdot V = $ mol.

Lassen sich 3 der 4 Grössen in obiger Gleichung messen, kann die vierte (unbekannte) berechnet werden. Messungen dieser Art nennt man **acidimetrische Titrationen** (acidimetrisch = mit Säure messend; Titration = Bestimmung).

Eine Säure mit Stoffmengenkonzentration $c(H_3O^+) = 1$ mol/l und eine Base mit Stoffmengenkonzentration $c(OH^-) = 1$ mol/l, d. h. Lösungen mit 1 eq/l (1 val/l) Säure bzw. 1 eq/l (1 val/l) Base wurden bisher als 1 normal (1 N) bezeichnet. Die Konzentration $c(H_3O^+)$ bzw. $c(OH^-)$ galt als Normalität N_S der Säure bzw. N_B der Base. Die Ausdrücke «Normalität» und «normal» sind gemäss SI-Normen nicht mehr empfohlen. Weil man sie in den meisten Laboratorien zur Zeit noch verwendet, werden die Rechenbeispiele dieses Kapitels «zweisprachig» gehalten (modern und alt).

1. Technik der Titration

Das Vorgehen wird für die Bestimmung einer Laugenkonzentration mit einer Säure erläutert. Lauge und Säure können aber ihre Rolle vertauschen (Abb. 53).

— Ein abgemessenes Volumen Lauge wird ins Titriergefäss gegeben (= Titriervorlage).

— Ein paar Tropfen Säure-Laugen-Indikatorlösung werden zugesetzt.

— Aus einer Bürette lässt man tropfenweise Säure von bekannter Konzentration $c(H_3O^+)$ (Normalität) in die ständig bewegte Vorlage laufen.

— Sobald der Indikator umschlägt (Neutralpunkt = Äquivalenzpunkt), wird die Säurezufuhr abgestellt.

— An der Bürette wird das Volumen der verbrauchten Titriersäure abgelesen.

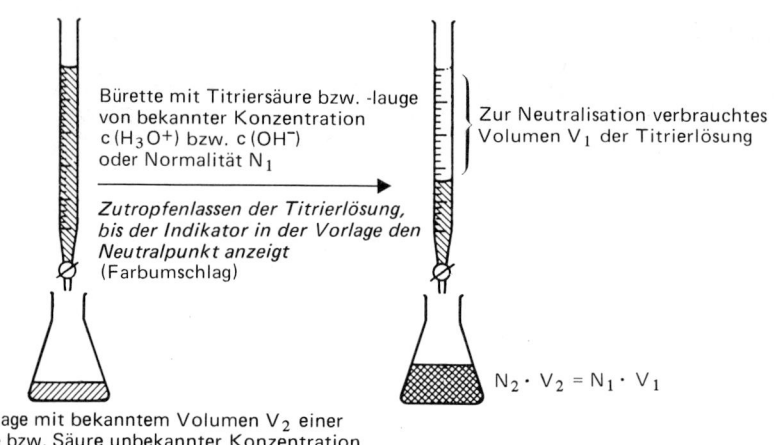

Bürette mit Titriersäure bzw. -lauge
von bekannter Konzentration
$c(H_3O^+)$ bzw. $c(OH^-)$
oder Normalität N_1

Zur Neutralisation verbrauchtes
Volumen V_1 der Titrierlösung

Zutropfenlassen der Titrierlösung,
bis der Indikator in der Vorlage den
Neutralpunkt anzeigt
(Farbumschlag)

$N_2 \cdot V_2 = N_1 \cdot V_1$

Vorlage mit bekanntem Volumen V_2 einer
Base bzw. Säure unbekannter Konzentration
$c(OH^-)$ bzw. $c(H_3O^+)$ oder Normalität N_2

Abb. 53. Acidimetrische Titration.

In der Titrationsgleichung sind nunmehr die beiden Volumen und die H_3O^+-Konzentration (Normalität) der Säure bekannt. Die OH^--Konzentration (Normalität) der Lauge lässt sich berechnen:

$$c(OH^-) = \frac{c(H_3O^+) \cdot V_s}{V_B} \qquad oder \qquad N_B = \frac{N_s \cdot V_s}{V_B}$$

Oft ist nicht eine Laugen- oder Säure**konzentration** gesucht, sondern ganz einfach die neutralisierte **Stoffmenge** = Äquivalentmenge (Anzahl Mol OH^- bzw. H_3O^+).

Anzahl eq (val) Lauge $= c(H_3O^+) \cdot V_s = N_s \cdot V_s$

Anzahl eq (val) Säure $= c(OH^-) \cdot V_B = N_B \cdot V_B$

2. Titriersäuren und Titrierlaugen

Als Titrierlösungen dienen vor allem Natronlauge, Salzsäure und Schwefelsäure. Schwache Säuren und Laugen eignen sich nicht (Erklärung s. S. 140). Die Konzentration der Titrierlösungen, der sogenannte Titer, wird meist möglichst nahe an Dezimalwerten (1; 0,1; 0,01 mol/l H_3O^+ bzw. OH^-) gehalten. Kleine Abweichungen werden mit einem **Titerfaktor** angegeben. Natronlauge 0,1 mol/l (0,1 N), Faktor 1,02 bedeutet: $c(OH^-) = 0,102$ mol/l. Der Titerfaktor muss von Zeit zu Zeit überprüft werden. Dies geschieht mit Hilfe von **Urtitersubstanzen,** das sind besonders rein erhältliche und stabile Säuren oder Basen. Titrierlaugen, vor allem die verdünnten, müssen vor Kohlendioxid geschützt werden. Zu ihrer Herstellung dient ausgekochtes destilliertes Wasser. Das Vorratsgefäss wird, falls nicht ganz verschlossen, mit einer CO_2-Falle aus Natronkalk (Gemisch aus CaO und NaOH) versehen. Diese neutralisiert und bindet das Luft-CO_2.

3. Analysenbeispiele

1. Vorlage: 10 ml Säure unbekannter Konzentration: $c(H_3O^+) = x$; zur Titration verbraucht: 2,3 ml 0,01 N Lauge mit Faktor 1,02, d.h. $c(OH^-) = 0,0102$ mol/l. Welche Konzentration in Mol pro Liter hat die Säure, wenn sie 2protonig ist?

$$x \cdot 10 = 0,0102 \cdot 2,3 \qquad x = \frac{0,0102 \cdot 2,3}{10} = 0,00235 \text{ mol/l } H_3O^+ \triangleq \textbf{0,00117 mol/l Säure}$$
$$(= 0,00235 \text{ N})$$

2. Wieviele Gramm pro Liter H_2SO_4 enthält eine Schwefelsäurelösung, wenn 500 µl davon mit 18 ml 0,1 N Lauge $c(OH^-) = 0,1$ mol/l neutralisiert werden?

500 µl = 0,5 ml

$$x \cdot 0,5 = 0,1 \cdot 18 \qquad x = \frac{0,1 \cdot 18}{0,5} = 3,6 \text{ mol/l } H_3O^+ \quad \text{(die Säure ist 3,6 normal)}$$

3,6 mol/l $H_3O^+ \triangleq 1,8$ mol/l $H_2SO_4 \triangleq 1,8 \cdot 98 = \textbf{176 g/l } H_2SO_4$

3. Der Wassergehalt eines festen Natriumhydroxids in Gramm pro Kilogramm soll durch Titration bestimmt werden. 2,054 g festes NaOH werden in etwas Wasser gelöst und titriert. Verbrauch: 46,2 ml 1,03 N Säure, d.h. $c(H_3O^+) = 1,03$ mol/l. Die Vorlage enthält somit $46,2 \cdot 1,03$ mmol OH^-, das sind auch $46,2 \cdot 1,03$ mmol NaOH, oder $46,2 \cdot 1,03 \cdot 40 = 1903$ mg NaOH.

2,054 g Substanz $\triangleq$ 1,903 g NaOH und $2,054 - 1,903 = 0,151$ g H_2O

in 1000 g Substanz hat es $\dfrac{0,151}{2,054} \cdot 1000 = 73,52$ g H_2O \qquad Wassergehalt = **73,52 g/kg**

4. 0,3 g reine 3protonige Säure verbraucht zur Titration 26,7 ml 0,104 N Lauge, d.h. $c(OH^-) = 0,104$ mol/l. Welche molare Masse M hat die Säure?

$$26,7 \cdot 0,104 = 2,777 \text{ mmol } OH^- \triangleq 2,777 \text{ mmol } H_3O^+ \triangleq \frac{2,777}{3} = 0,926 \text{ mmol Säure}$$

0,926 mmol $\triangleq$ 300 mg \qquad 0,926 mol = 300 g

1 mol $\triangleq \dfrac{300}{0,926} = 324$ g \qquad Molare Masse der Säure = **324 g/mol**

5. Bei einer Stickstoffbestimmung nach Kjeldahl (S. 271) wird in eine Vorlage von 10 ml 0,01 N HCl, d.h. $c(H_3O^+) = 0,01$ mol/l, Ammoniak eingeleitet. Dadurch wird ein Teil der Säure neutralisiert. Der Rest wird mit 0,01 N Lauge vom Faktor 1,01, d.h. $c(OH^-) = 0,0101$ mol/l, titriert. Wieviele Milligramm NH_3 wurden eingeleitet, wenn zur Titration des Säureüberschusses 6,7 ml Lauge verbraucht werden?

Vorlage: $10 \cdot 0,01 = 0,1000$ mmol H_3O^+ (A)

Titriert: $6,7 \cdot 0,0101 = 0,0677$ mmol H_3O^+ (B)

Durch NH_3 neutralisiert: 0,0323 mmol H_3O^+ (A − B)

Da NH_3 eine 1protonige Base ist, entsprechen 0,0323 mmol H_3O^+ auch 0,0323 mmol NH_3, das sind $0,0323 \cdot 17 = \textbf{0,549 mg NH}_3$.

4. Titration schwacher Säuren und Basen

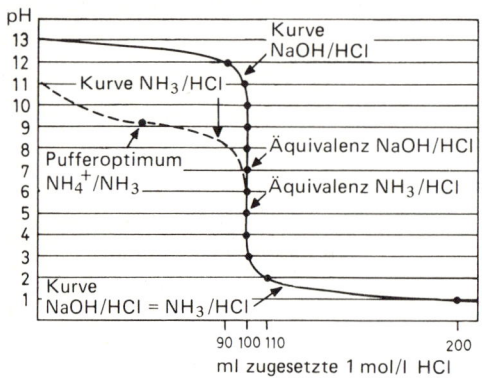

Abb. 54. pH-Verlauf bei der Titration von 1 Liter 0,1 mol/l NaOH bzw. NH_3 mit 1 mol/l HCl.

Die durchgezogene Kurve in Abb. 54 zeigt den pH-Verlauf bei der Neutralisation von 1 Liter 0,1 mol/l NaOH mit 1 mol/l HCl. Die Kurve ist zugleich die graphische Darstellung von Tabelle 17. In der Nähe des Äquivalenzpunktes (Anzahl Mol NaOH = Anzahl Mol HCl) springt das pH mit einem Tropfen Säure (etwa 30 µl) über 5–6 Einheiten hinweg. Vom Umschlags-pH von Methylorange bis zu jenem von Phenolphthalein (~ 4 bis ~ 9) braucht es demnach nur **einen** zusätzlichen Tropfen Säure; das sind auf 100 ml bezogen 0,03%, was zu vernachlässigen ist. Titriert man eine starke Säure mit einer starken Lauge, sind die Verhältnisse analog, die Kurve läuft spiegelbildlich von links unten nach rechts oben.

Anders sieht es bei der Titration schwacher Säuren und Basen aus. Die gestrichelte Kurve in Abb. 54 zeigt den pH-Verlauf bei der Neutralisation von 1 Liter 0,1 mol/l Ammoniak. Das Anfangs-pH ist hier nicht 13, wie bei NaOH, sondern etwa 11.

$NH_3 + H_2O \rightleftharpoons NH_4^+ + OH^-$ $pK_b = 10^{-4,8}$

Das pOH einer 0,1 mol/l schwachen Base ist $\frac{1}{2}pK_b + 0,5$ (S. 124).

0,1 mol/l NH_3 hat demnach pOH $2,4 + 0,5 = 2,9$; das entspricht einem pH von 11,1.

Beim Neutralisieren des NH_3 wird das Puffergebiet NH_4^+/NH_3 durchlaufen. Das pH ändert sich hier schleppend (Terrasse der pH-Kurve). Ist die Base halb neutralisiert (Pufferoptimum), ist $pOH = pK_b = 4,8$; $pH = 9,2$. Der Wert entspricht dem Umschlags-pH von Phenolphthalein. Dieser Indikator ist somit gänzlich ungeeignet für die Ammoniaktitration. Bei pH 7 sind etwa 99% der Base neutralisiert ($pOH \sim pK_b + 2$). Der Äquivalenzpunkt liegt etwa bei pH 5, dem Eigen-pH einer 0,1 mol/l Lösung von NH_4Cl (S. 128). Die Titrationskurve NH_3/HCl hat ihren «Steilabsturz» zwischen pH 6,5 und 4. Dieser ist kaum halb so hoch wie bei NaOH/HCl. Es eignen sich somit nur Indikatoren mit Umschlags-pH zwischen 4 und 6,5 (z. B. Methylrot).

Die pH-Kurve für die Titration von Essigsäure mit NaOH läuft spiegelbildlich zu jener von NH_3/HCl (pK_a von Essigsäure 4,8). Der Äquivalenzpunkt liegt bei pH 9 (Eigen-pH von 0,1 mol/l Natriumacetat). Hier ist Phenolphthalein der ideale Indikator.

Zusammenfassung
Titration starker Basen mit starken Säuren: Äquivalenzpunkt bei neutralem pH; grosser pH-Sprung; freie Indikatorwahl (pK_a zwischen 4 und 10).

Titration schwacher Basen mit starken Säuren: Äquivalenzpunkt bei saurem pH; kleiner pH-Sprung; nur Indikatoren mit Umschlag im sauren Gebiet (je höher das pK_b der titrierten Base, d. h. je schwächer diese ist, desto tiefer muss das Umschlags-pH des Indikators sein).

Titration schwacher Säuren mit starken Basen: Äquivalenzpunkt bei alkalischem pH; kleiner pH-Sprung; nur Indikatoren mit Umschlag im alkalischen Gebiet (je höher das pK_a der titrierten Säure ist, desto höher muss das Umschlags-pH des Indikators sein).

Gegenseitige Titration von schwachen Säuren und Basen ist zu vermeiden, weil ihr Äquivalenzpunkt schwer zu erkennen ist (kein richtiger pH-Sprung).

Statt mit Hilfe von Indikatoren kann auch mit dem elektrischen pH-Meter titriert werden. Der Äquivalenzpunkt ist stets der Wendepunkt der pH-S-Kurve (Punkt mit grösster Kurvensteilheit).

5. Acidimetrische Titration von Salzen

Alkalisalze schwacher Säuren mit pK_a-Werten von 8 und mehr lassen sich ganz ähnlich titrieren wie z. B. Ammoniak: $A^- + H_3O^+ \rightarrow HA + H_2O$. Vergleich: $NH_3 + H_3O^+ \rightarrow NH_4^+ + H_2O$.

Bei $pK_a = 8$ hat eine 0,1 mol/l Lösung von HA ein pH von etwa 4,5 (S. 124). Wird eine 0,1 mol/l Salzlösung Na^+A^- auf pH 4,5 neutralisiert (z. B. mit Kongorot als Indikator), dann ist: Anzahl Mol HCl (Titriersäure) = Anzahl Mol Na^+A^-. So lassen sich z. B. Borate, Carbonate und selbst Hydrogencarbonate titrieren. pK_{a1} von Kohlensäure ist allerdings 6,4. Weil bei der Reaktion $CO_3^{2-} + 2H_3O^+ \rightarrow H_2CO_3 + 2H_2O$ das flüchtige CO_2 entsteht ($H_2CO_3 \rightarrow H_2O + CO_2$), fällt das pH einer Kohlensäurelösung nie unter etwa 5. Na_2CO_3 und $NaHCO_3$ eignen sich gut als Urtitersubstanzen für die Acidimetrie (S. 138).

XXI. Elektrochemie

A. Elektrolyse

Verbindet man zwei Metallplatten über eine elektrische Batterie oder eine andere **Gleichstromquelle,** werden diese durch die angelegte Spannung entgegengesetzt aufgeladen. Taucht man die Platten **(Elektroden)** in eine Elektrolytlösung oder -schmelze, so fliesst Strom. Das bedeutet, dass sich geladene Teilchen im Stromkreis bewegen. Weil sich entgegengesetzte Ladungen anziehen, wandern die positiven Ionen zur negativen Elektrode, die negativen Ionen zur positiven Elektrode. In der Lösung besorgen also die Ionen den Ladungstransport, im Metall ist es das sogenannte Elektronengas (S. 76). Stromrichtung ist immer die Fliessrichtung der positiven Ladung. Im metallischen Leiter sind Stromrichtung und Elektronenfluss entgegengesetzt.

Die **positive Elektrode** heisst **Anode,** die von ihr angezogenen **negativen Ionen** sind die **Anionen.** Die **negative Elektrode** ist die **Kathode,** die zu ihr wandernden **positiven Ionen** sind die **Kationen** (Abb. 55).

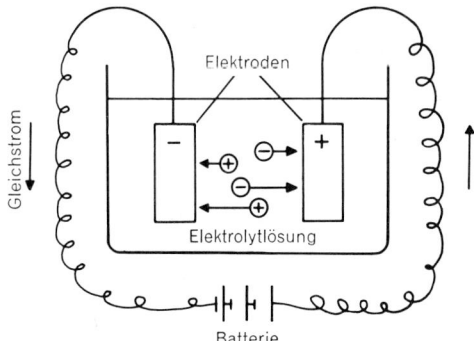

Abb. 55. Elektrolyse.

An der Kathode treten Elektronen in die Lösung aus. Die am leichtesten reduzierbaren Teilchen in der Umgebung der Kathode nehmen diese auf. **Von der Anode werden Elektronen abgesogen.** Die am leichtesten oxidierbaren Teilchen in der Umgebung der Anode, eventuell das Anodenmaterial selbst, geben diese ab. Die Stromquelle wirkt als Elektronenpumpe. Der gesamte Prozess an beiden Elektroden heisst **Elektrolyse.**

Eine Elektrolyse ist ein erzwungener Redoxvorgang mit räumlich getrennter Oxidation und Reduktion.

Beispiele:
1. Bei der Elektrolyse einer **NaCl-Schmelze** entsteht an der Kathode Na-Metall, an der Anode Chlorgas.

$Na^+ + e^- \rightarrow Na$ (Kathode) $Cl^- - e^- \rightarrow Cl$ (Anode)

$$2Cl \rightarrow Cl_2$$

$$2NaCl \xrightleftharpoons[\text{Spontanreaktion, exotherm}]{\text{Elektrolyse, erzwungen, endotherm}} 2Na + Cl_2$$

Bei der Elektrolyse von Lösungen können verschiedenartige Vorgänge ablaufen:

2. Elektrolyse von verdünnter Natronlauge. Die Na^+-Ionen wandern an die Kathode, die OH^--Ionen an die Anode. Wasser nimmt aber an der Kathode leichter Elektronen auf als Na^+. Wasser gibt auch leichter Elektronen an die Anode ab, als das OH^--Ion. An den Elektroden finden deshalb folgende Vorgänge statt:

Kathode: Reduktion von Wasser	Anode: Oxidation von Wasser
$4H_2O + 4e^- \rightarrow 4OH^- + 2H_2$	$2H_2O - 4e^- \rightarrow 4H^+ + O_2$

In der Umgebung der Kathode nimmt das pH zu (Bildung von OH^-), in der Umgebung der Anode ab (Bildung von H^+). Durchmischt man die Lösung in der Elektrolysezelle, so verbinden sich alle neu entstandenen Ionen zu Wasser ($4OH^- + 4H^+ \rightarrow 4H_2O$). Die Gesamtbilanz der Elektrolyse wird somit: **$2H_2O \rightarrow 2H_2 + O_2$.**
Die Na^+- und OH^--Ionen besorgen lediglich den Ladungstransport in der Lösung. In der Sprache der Lewis-Formeln präsentiert sich die Wasserelektrolyse wie folgt:

3. Elektrolyse von verdünnter Kaliumiodidlösung.

Kathode: Reduktion von Wasser	Anode: Oxidation von Iodid zu Iod
$2H_2O + 2e^- \rightarrow 2OH^- + H_2$	$2I^- - 2e^- \rightarrow I_2$

I^- lässt sich leichter oxidieren als H_2O; dieses wird anderseits leichter reduziert als K^+. Die Umgebung der Anode färbt sich vom abgeschiedenen Iod braun, die Umgebung der Kathode wird alkalisch. Wenn alles I^- zu I_2 oxidiert ist, läuft die Elektrolyse weiter wie bei Beispiel 2 (Bildung von O_2), sofern die Spannung hoch genug ist.

4. Elektrolyse von Kupfersulfatlösung mit Cu-Platten als Elektroden.

Kathode: Reduktion von Kupferionen, Abscheidung von Cu auf der Elektrode	Anode: Oxidation des Elektrodenmaterials, Kupfer geht in Lösung
$Cu^{2+} + 2e^- \rightarrow Cu$	$Cu - 2e^- \rightarrow Cu^{2+}$

Bilanz: Kupfermetall wird von der Anode zur Kathode verschoben; die Lösung verändert sich nicht. Das Beispiel zeigt, wie man ein Metall elektrolytisch reinigen kann. Das unreine Metall wird als Anode geschaltet. Unedlere Verunreinigungen (leichter oxidierbar als das Metall) bleiben in Lösung, edlere Beimengungen (schwerer oxidierbar) fallen als Anodenschlamm zu Boden (Rohmaterial zur Gewinnung von seltenen Edelmetallen).

5. Herstellung von Aluminium aus geschmolzener Tonerde (Al_2O_3); geschmolzenes Al als Kathode am Grund des Elektrolyseofens, Graphitstange als Anode:

Kathode: Reduktion von Al^{3+}-Ionen	Anode: Oxidation der Anodenkohle zu CO_2
$Al^{3+} + 3e^- \rightarrow Al$	$C - 4e^- \rightarrow (C^{4+})$ $(C^{4+}) + 2O^{2-} \rightarrow CO_2$

Der Schmelzpunkt der Tonerde wird mittels Kryolith $Na_3[AlF_6]$ herabgesetzt.

Die bei der Elektrolyse an einer Elektrode umgesetzte **Stoffmenge ist proportional** der durch den Stromkreis geflossenen **Ladungsmenge.** Diese berechnet sich aus Stromstärke und Zeit. Fliesst 1 Ampère (A) durch einen Elektrolysekreis, so treten an der Kathode jede Sekunde $6,24 \cdot 10^{18}$ Elektronen aus, an der Anode ebensoviele ein. Für die Verschiebung von 1 mol (Loschmidtsche Zahl) Elektronen von einem Stoff in der Umgebung der Anode auf einen Stoff in der Umgebung der Kathode (1 Redox-Äquivalent) braucht es

$$\frac{6,02 \cdot 10^{23}}{6,24 \cdot 10^{18}} = \textbf{96\,500 A} \cdot \textbf{s} \text{ oder } 96\,500 \text{ C (Coulomb)}.$$

Die Ladung von $96\,500$ A · s heisst **1 Faraday** (engl. Physiker 1791–1867).
Mittels Elektrolyse können Redoxprozesse erzwungen und damit Stoffe hergestellt werden, die anders gar nicht zugänglich wären (z. B. Alkali- und Erdalkalimetalle, Aluminium und auch Fluor aus Schmelzen von Salzen oder Oxiden).

B. Die elektrochemische Spannungsreihe

1. Elektroden

Taucht man ein Metall in eine Lösung seiner eigenen Ionen, so treten Metallatome und -ionen in Wechselwirkung. Man bezeichnet ein solches System (Metall + Lösung seiner Ionen) als **Elektrode im weiteren Sinn.** Unedle Metalle sind bestrebt, Elektronen abzugeben und in den positiven Ionenzustand überzugehen. Die Ionen edler Metalle gehen dagegen gern in den elementaren Atomzustand über. Die Vorgänge sollen am Beispiel der Zinkelektrode (unedel) und der Kupferelektrode (relativ edel) erläutert werden.
Vom Zinkstab lösen sich einige Zn-Atome ab und gehen unter Zurücklassung von 2 Elektronen als Zn^{2+}-Ionen in Lösung. Der Stab wird dadurch negativ, die Lösung positiv. Zwischen Stab und Lösung entsteht eine **Spannung,** ein **Potential.** Aus der Kupfersalzlösung scheiden sich einige Cu^{2+}-Ionen als Metall auf dem Cu-Stab ab, natürlich ohne Valenzelektronen mitzubringen. Der Stab wird positiv, die Lösung negativ. Es entsteht ein Potential, das demjenigen bei der Zinkelektrode entgegen-

gesetzt ist. In beiden Fällen stellt sich rasch ein Gleichgewicht ein. Die zunehmende Spannung hindert weitere Zinkatome am Ionisieren und weitere Kupferionen am Abscheiden. Die Höhe des Gleichgewichtspotentials (in Volt) ist von der Konzentration der zugehörigen Ionen in der Lösung abhängig (je weniger Ionen, desto leichter das «Abspringen» von Teilchen aus dem Stab in die Lösung – desto schwerer das «Aufspringen» von Teilchen aus der Lösung aufs Metall, in gleicher Weise bei edlen und unedlen Metallen).

Das Potential zwischen Metall und zugehörigen Ionen lässt sich nicht messen, wohl aber die Spannung zwischen zwei verschiedenen Metallatom/Metallion-Paaren. Verbindet man die Stäbe einer Kupfer- und einer Zinkelektrode (in ihren 1-mol/l-Ionenlösungen) über ein Voltmeter, so registriert man 1,1 V.

2. Die Normalwasserstoffelektrode

Als Vergleichsbasis für alle kationenbildenden Elemente hat man den **Wasserstoff** gewählt. Als Wasserstoffelektrode nimmt man ein Stück Platin mit feinporöser Oberfläche, das in eine Säure mit genau 1 mol/l H_3O^+ = 1 mol/l Wasserstoffionen (etwas über 0,5 mol/l H_2SO_4) eintaucht. Am Platin lässt man H_2-Gas von 1,013 bar vorbeiperlen. Der Wasserstoff wird vom Platin adsorbiert (in dünner Schicht festgehalten), so dass die Pt-Oberfläche wie ein Stück Wasserstoff wirkt. Zwischen diesem H_2-«Stück» und den H_3O^+-Ionen entsteht dieselbe Wechselwirkung wie zwischen irgendeinem Metall und dessen Ionen. Die Einrichtung heisst **Normalwasserstoffelektrode.**

3. Normalpotentiale

Die Spannung zwischen einer Metallelektrode mit 1 mol/l Ionenlösung und der Normalwasserstoffelektrode nennt man **Normalpotential** des betreffenden Metalls. Alle Elemente, deren Tendenz, Elektronen abzugeben, grösser ist als die des Wasserstoffs, haben ein negatives, alle andern ein positives Normalpotential. Je positiver das Normalpotential eines Elements, desto edler ist es. Die unedelsten Metalle, die Alkali- und Erdalkalimetalle, haben die negativsten Normalpotentiale (Tab. 21).

Tabelle 21. Elektrochemische Spannungsreihe (Normalpotentiale in Volt)

Li	K	Ca	Na	Mg	Al	Mn	Zn	Cr	Fe	Cd	Co
Li^+	K^+	Ca^{2+}	Na^+	Mg^{2+}	Al^{3+}	Mn^{2+}	Zn^{2+}	Cr^{3+}	Fe^{2+}	Cd^{2+}	Co^{2+}
$-3,02$	$-2,92$	$-2,87$	$-2,71$	$-2,34$	$-1,67$	$-1,05$	$-0,76$	$-0,71$	$-0,44$	$-0,40$	$-0,28$

Ni	Sn	Pb	H	Sb	Bi	Cu	Ag	Hg	Pt	Au
Ni^{2+}	Sn^{2+}	Pb^{2+}	H^+	Sb^{3+}	Bi^{3+}	Cu^{2+}	Ag^+	Hg^{2+}	Pt^{2+}	Au^+
$-0,25$	$-0,14$	$-0,13$	$0,00$	$+0,21$	$+0,32$	$+0,34$	$+0,80$	$+0,85$	$+1,20$	$+1,68$

Die Spannung zwischen irgend zwei Normalelektroden ist die Differenz zwischen ihren Normalpotentialen, z. B. Cu/Zn = 0,34 − (−0,76) = 1,1 V

$$\text{Ni/Fe} = -0,25 - (-0,44) = 0,19 \text{ V}$$

Alle Elemente mit negativem Normalpotential lassen sich in gewöhnlichen starken Säuren unter Wasserstoffentwicklung auflösen, diejenigen mit positivem Normalpotential nur in oxidierenden Säuren.

$Fe + 2H_3O^+ \rightarrow Fe^{2+} + H_2 + 2H_2O$ $\qquad\qquad$ $Cu + 2H_3O^+ \rightarrow \emptyset$

Das Oxoniumion (Wasserstoffion) hat den grösseren Elektronensog als das Fe-Ion.

Das Kupfer gibt dagegen keine Elektronen an den Wasserstoff preis.

Spontaner Elektronentransfer kann auch zwischen zwei Metallen stattfinden, aber ebenfalls nur von links nach rechts in der Spannungsreihe (Tab. 21).

$Fe + Cu^{2+} \rightarrow Fe^{2+} + Cu$ $\qquad\qquad$ $Cu + Hg^{2+} \rightarrow Cu^{2+} + Hg$

Ein in Kupfersulfatlösung getauchtes Eisenstück wird rot.
Kupfer in Quecksilber(II)-salzlösung wird silberglänzend.

4. Das galvanische Element

Verbindet man zwei verschiedene Elektroden zu einem Kreis (metallische Verbindung zwischen den Elektrodenmetallen, Elektrolytverbindung zwischen den Ionenlösungen), so fliessen Elektronen vom unedleren zum edleren Metall über die Metallverbindung (**Gleichstrom** in umgekehrter Richtung). Dadurch wird das Gleichgewicht an den Elektroden gestört. An der Elektrode mit dem negativeren Potential gehen weitere Atome als Ionen in Lösung, an der anderen scheiden sich weitere Ionen als Atome ab. Der Strom fliesst, bis entweder das unedlere Elektrodenmetall vollständig in Lösung oder die edleren Ionen vollständig abgeschieden sind. Die beschriebene Anordnung wird als **galvanisches Element** (Galvani: ital. Forscher 1737–1798) bezeichnet (Abb. 56). Der Strom aus dem galvanischen Element kann Arbeit leisten (Heizung, Glühlampe, Antrieb eines Motors, Elektrolyse). Es wird somit chemische Energie in elektrische und diese wieder in andere verwandelt. Durch Serieschaltung mehrerer Elemente können beliebig hohe Arbeitsspannungen erzeugt werden (die Einzelspannungen jeder Zelle addieren sich). Man erhält so **elektrochemische Batterien.** Wird der Elektrolyt durch ein Geliermittel oder eine poröse Matrix verfestigt, entsteht eine sogenannte **Trockenbatterie.**

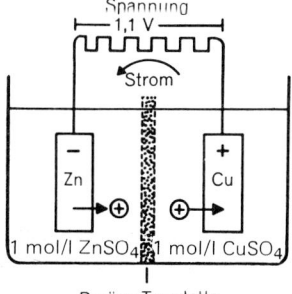

Poröse Tonplatte   **Abb. 56.** Galvanisches Element.

5. Redoxpotentiale

Metalle und ihre Kationen bilden Redoxsysteme. Die Metalle mit den negativsten Normalpotentialen sind die stärksten Reduktionsmittel (Alkali- und Erdalkalimetalle). Salze von Edelmetallen anderseits sind Oxidationsmittel.

Nicht nur zwischen Metallen und deren Ionen bestehen Potentiale, sondern auch zwischen **verschiedenen Oxidationsstufen** irgendeines Elementes. Zu deren Messung verwendet man ähnliche Anordnungen wie bei der Wasserstoffelektrode. Taucht man z. B. ein Pt-Blech in eine Lösung, die ein Gemisch von 1 mol/l Fe^{2+} und 1 mol/l Fe^{3+} enthält und verbindet das Blech über ein Voltmeter mit einer Normalwasserstoffelektrode, so zeigt das Instrument $+0,75$ V an. $Fe^{3+} + e^- \rightarrow Fe^{2+}$. Die Elektronen für diese Reaktion werden dem Platin entzogen. Dadurch entsteht die positive Spannung gegenüber der Wasserstoffelektrode. Wird das Elektronendefizit im Platin nicht ersetzt (kein Stromkreis), so stellt sich schnell ein Gleichgewicht ein wie bei den Metallelektroden. $+0,75$ V ist das **Redoxpotential** von Fe^{2+}/Fe^{3+}; das Fe^{3+} ist ein Oxidationsmittel (Elektronensauger), Fe^{2+} ist dessen reduzierte Form.

Das höchste Redoxpotential ist jenes zwischen Fluorid und Fluor ($+2,85$ V). Es übertrifft noch das Normalpotential von Gold ($+1,68$ V) (Tab. 22).

Tabelle 22. Einige Redoxpotentiale

V		V		V	
$2I^-/I_2$	$+0,53$	$2H_2O/O_2 + 4H^+$	$+1,23$	$N_2H_5^+/N_2 + 5H^+$ (Hydrazin)	$-0,23$
$2Br^-/Br_2$	$+1,06$	$2H_2O/H_2O_2 + 2H^+$	$+1,77$	$H_3PO_3 + H_2O/H_3PO_4 + 2H^+$	$-0,28$
$2Cl^-/Cl_2$	$+1,36$	$Mn^{2+} + 4H_2O/MnO_4^- + 8H^+$	$+1,52$	S^{2-}/S	$-0,51$
$2F^-/F_2$	$+2,85$[1]	$Cl^- + 4H_2O/ClO_4^- + 8H^+$	$+1,34$	$SO_3^{2-} + 2OH^-/SO_4^{2-} + H_2O$	$-0,90$

Je positiver das Redoxpotential, desto stärker das Oxidationsmittel (rechts vom Strich), je negativer das Potential, desto stärker das Reduktionsmittel (links vom Strich).
[1] Höchstes vorkommendes Redoxpotential.

6. Der Bleiakkumulator

Im galvanischen Element wird ein unedles Metall durch die Ionen eines edleren oxidiert. Die Elektronen werden dabei durch einen metallischen Leiter «fernübertragen» (Strom). Grundsätzlich kann mit jedem Redoxsystem, dessen Reaktionspartner durch einen metallischen Leiter und eine Elektrolytbrücke getrennt sind, Strom erzeugt werden. Eine beliebte Gleichstromquelle dieser Art ist der **Bleiakkumulator** (Abb. 57). Dessen **Oxidationsmittel** ist **Blei(IV)-oxid,** das bei Stromentnahme zu **Blei(II)-sulfat reduziert** wird (B). Das Reduktionsmittel ist **metallisches Blei** (auf der andern Seite des Stromverbrauchers), das zu **Blei(II)-sulfat oxidiert** wird (A). Das Redoxpotential für A ($Pb + SO_4^{2-}/PbSO_4$) ist $-0,36$ V, dasjenige für B ($PbSO_4 + 2H_2O/PbO_2 + 4H^+ + SO_4^{2-}$) ist $+1,68$ V, die Differenz beider Potentiale, also die Spannung des Akkumulators, somit etwa 2 V. Im frischen Zustand besteht der Pb-Akkumulator aus einer Wanne mit Schwefelsäure (200 g/kg) und zwei Gitterplatten aus einer Bleilegierung. Beim einen Gitter (A) sind die Maschen mit schwammigem Blei, beim andern (B) mit Bleidioxid ausgefüllt. Verbindet man die Platten über einen

Stromverbraucher, so wandelt sich bei A das Pb^0 in Pb^{+II}, bei B das Pb^{+IV} in Pb^{+II} um; es fliessen Elektronen von A nach B durch den Verbraucher. An beiden Elektroden verwandelt sich die Gitterfüllung in weisses, schwerlösliches $PbSO_4$. Die Schwefelsäure wird verdünnter. Ist das Gerät erschöpft (alles PbO_2 in $PbSO_4$ verwandelt), kann es **regeneriert**, d.h. wieder aufgeladen werden, indem es an eine andere Gleichstromquelle mit entgegengesetzter Spannung von mehr als 2 V angeschlossen wird. Die beim Entladen spontan ablaufenden Redoxprozesse werden durch die äussere Elektronenpumpe umgekehrt. Auch aus Pb-Akkumulatoren lassen sich durch Serieschaltung mehrerer Einzelzellen Batterien mit beliebiger Gesamtspannung bauen.

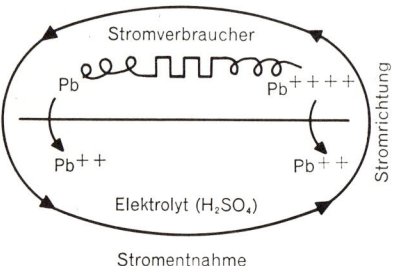

Abb. 57. Bleiakkumulator.

7. Konzentrationspotentiale

Das Potential der Elektrode Pb/Pb^{2+} im Bleiakkumulator ist $-0,36$ V; das Normalpotential von Blei wäre aber $-0,13$ V. Woher diese Diskrepanz? Eine Elektrode hat nur das Normalpotential, wenn ihre Ionenkonzentration 1 mol/l ist (S. 145). Beim schwerlöslichen $PbSO_4$ ist die Konzentration sehr viel niedriger. Für Ionenkonzentrationen, die von 1 mol/l verschieden sind, gilt folgende Gesetzmässigkeit:

Kationen: $U = U_0 + \dfrac{0,059}{n} \cdot \log c$ Anionen: $U = U_0 - \dfrac{0,059}{n} \cdot \log c$

U = Potential; U_0 = Normalpotential; n = Wertigkeit des Ions

Der Ausdruck $\dfrac{0,059}{n} \cdot \log c$ wird als **Konzentrationspotential** bezeichnet.

Durch Messung von Konzentrationspotentialen lassen sich die extrem niedrigen Ionenkonzentrationen von Suspensionen schwerlöslicher Salze und Hydroxide bestimmen. Die Löslichkeitsprodukte von Tabelle 15 sind z.B. so ermittelt worden. Auch die pH-Messung macht sich obige Formel zunutze (S. 349).

Rechenbeispiel
Das gegen die Normalwasserstoffelektrode gemessene Potential einer Silberelektrode ist 0,33 V. Wie gross ist die Ag^+-Konzentration ihrer Elektrolytlösung? Das Normalpotential Ag/Ag^+ ist $+0,81$ V

$0,33 = 0,81 + 0,059 \cdot \log x$

$\log x = \dfrac{0,33 - 0,81}{0,059} = -8,14$ $x = 10^{-8,14} = \mathbf{7,3 \cdot 10^{-9}\ mol/l\ Ag^+}$

VIII. Fragen zur Eigenkontrolle (Stoffgebiet S. 119–148)

1. Welches sind die konjugierten Säuren bzw. Basen zu folgenden Basen bzw. Säuren: $H_2S_2O_3$, PO_3^-, CH_3NH_2, HCO_3^-, NH_4^+, O^{2-}? Die Protolysegleichgewichte der 6 Elektrolyte mit Wasser sind aufzustellen.

2. Wie erklärt sich die elektrische Leitfähigkeit von reinem Wasser?

3. Welcher Unterschied besteht zwischen den Begriffen «starke Säure» und «konzentrierte Säure»?

4. Wieviele Mikromol H_3O^+ enthalten 3,3 ml Lösung von pH 3,3?

5. Warum hat destilliertes Wasser, das mit Luft Kontakt hat, nie pH 7?

6. Wie gross ist $c(OH^-)$ in einer 0,001 mol/l 1protonigen Säure vom Dissoziationsgrad 0,01?

7. Eine 0,1 mol/l 1protonige Säure hat pH 5. Welchen Dissoziationsgrad hat sie?

8. Warum lässt sich in ungepufferter Lösung ein pH von 2 viel leichter auf 0,1 pH-Einheit konstant halten als ein pH von 7?

9. Zwei ungepufferte Lösungen von gleichem Volumen haben pH 4 bzw. 11. In beiden soll das pH durch Säurezusatz um 2 Einheiten verschoben werden. In welchem Fall braucht es mehr Säure und warum?

10. Eine Lösung von HCl hat pH 1. Durch Zusatz von Natriumphosphat wird das pH auf 5 angehoben. Wie ist das Verschwinden der vielen H_3O^+-Ionen zu erklären?

11. Die pK_a-Werte von Milchsäure und Ameisensäure sind 3,1 bzw. 3,8. Die pK_b-Werte von Methylamin und Trimethylamin sind 3,4 bzw. 4,2. Welche der 4 möglichen Salze der beiden Säuren und Basen bilden schwach saure, welche schwach alkalische Lösungen? Begründung!

12. Ein Indikator ist ein organisches Ammoniakderivat (schwache Base). Sein pK_b ist 6, die Farbe der geladenen Form ist gelb, die Farbe der ungeladenen Form ist blau. Welche Farbe hat der Indikator bei pH 6,5?

13. Wie lässt sich erklären, dass eine $KHSO_4$-Lösung sauer, eine $KHCO_3$-Lösung alkalisch ist?

14. Vollkommen reines Wasser hat pH 7. Bringt man einen Tropfen davon auf gelbes Bromthymolblaupapier, bleibt dieses gelb, obschon der Indikator bei pH 7 grün sein sollte. Erklärung?

15. HCl ist eine Säure und Cl^- deren konjugierte Base. Warum hat ein Gemisch von 1 mol/l HCl und 1 mol/l NaCl kaum Puffereigenschaften, während dies bei einem 1:1-Gemisch von HF und NaF der Fall ist?

16. In einem kompliziert geformten Gefäss soll der Wasserinhalt gemessen werden. Dem Inhalt werden 6 ml H_2SO_4 mit Massenverhältnis 980 g/kg und der Dichte 1,83 g/ml zugemischt. Von der homogenen Mischung werden 10 ml titriert: Verbrauch 7,25 ml Lauge mit $c(OH^-) = 0,01$ mol/l. Wieviel Flüssigkeit fasst das Gefäss?

17. 5 ml Lauge von $c(OH^-) \sim 0,02$ mol/l sollen mit einer 25-ml-Bürette mit 0,1-ml-Einteilung titriert werden. Warum ist dazu eine 1 mol/l Salzsäure nicht geeignet?

18. Vorlage: 50 ml 2protonige Säure. Zur Titration verbraucht: 23 ml Lauge mit $c(OH^-)$ = 1 mol/l (1 N). Welche molare Masse hat die Säure, wenn ihre Massenkonzentration 80 g/l ist?

19. Wie kann metallisches Kalium hergestellt werden?

20. Aus Eisen, Silber und den Salzlösungen der beiden Metalle wird ein galvanisches Element gebaut. In welcher Richtung fliesst der Strom in der metallischen Verbindung zwischen den beiden Elektroden?

21. Warum löst sich Zink in Salzsäure, Silber dagegen nicht?

22. Welche Vorgänge spielen sich an den Elektroden eines Bleiakkumulators beim Aufladen ab?

23. Das Redoxpotential von $2Br^-/Br_2$ ist 1,06 V. Unter welchen Bedingungen wird diese Spannung registriert?

24. Welche Spannung registriert man zwischen der Normalwasserstoffelektrode und einer Wasserstoffelektrode gleicher Bauart, aber mit pH 7 im Elektrolyten statt pH 0?

(Antworten S. 355)

XXII. Die Halogene; Oxidimetrie

A. Die Halogengruppe

Die Halogene bilden die **Nichtmetallgruppe VIIa** des Periodensystems. Allen fehlt in der äussersten Schale 1 Elektron zum vollständigen Edelgasoktett. Sie sind deshalb Elektronensauger, also **Oxidationsmittel**. Das Redoxpotential $2Hal^-/Hal_2$ nimmt vom Fluor zum Iod ab. Alle Halogene bilden im Elementarzustand **2atomige Moleküle** mit einfacher Kovalenzbindung. Alle lassen sich durch Schmelzelektrolyse ihrer Alkalisalze gewinnen (elektrische Oxidation der Halogenide durch Elektronenentzug). Cl_2, Br_2 und I_2 können auch durch nichtelektrolytische Oxidation, z.B. mit Kaliumpermanganat, aus den entsprechenden Ionen erhalten werden.

Die **H-Verbindungen** der Halogene sind bei Raumtemperatur farblose Gase mit stechendem Geruch und guter Wasserlöslichkeit. Alle werden durch doppelte Umsetzung der Halogenide mit Schwefelsäure gewonnen.

Die **Metallverbindungen** der Halogene sind typische Salze (Halogen = Salzbildner). Nicht- und Halbmetallhalogenide sind nicht dissoziierbar. Die meisten zerfallen in Wasser zu Säuren:

$$PCl_5 + 4H_2O \rightarrow H_3PO_4 + 5HCl \qquad SiCl_4 + 3H_2O \rightarrow H_2SiO_3 + 4HCl$$

Halogenoxide sind unbeständig. **Sauerstoffsäuren** gibt es von Cl, Br und I in verschiedenen Oxidationsstufen (Tab. 23).

Tabelle 23. Eigenschaften der Halogene

	Schmelz-punkt, °C	Siede-punkt, °C	Dichte, g/ml	Farbe	Oxidationszahlen
F_2	-223	-188	1,1 ⎫ ver-	schwach gelbgrün	$-I, 0$
Cl_2	-163	-34	1,5 ⎭ flüssig	gelbgrün	$-I, 0, +I, +III, +IV, +V, +VI, +VII$
Br_2	-7	$+59$	3,2	braun	$-I, 0, +I \qquad\qquad +V$
I_2	$+113,7$	$+184$	4,9	schwarzviolett	$-I, 0, +I, +III, \qquad +V \qquad +VII$

1. Fluor

Das Mineral **Flussspat** oder Fluorit CaF_2 wurde schon im Altertum dazu verwendet, die bei der Metallgewinnung anfallenden Schlacken zu verflüssigen (lat. fluere = fliessen). Ein anderes Fluormineral, das Komplexsalz **Kryolith** $Na_3[AlF_6]$ wird für die elektrolytische Aluminiumgewinnung gebraucht (S. 171).

F_2 reagiert praktisch mit jedem Material und bildet ausser mit He, Ne und Ar mit allen Elementen Verbindungen. **Fluorwasserstoff** unterscheidet sich wesentlich von den 3 anderen Halogenwasserstoffen. Sein relativ hoher Siedepunkt (+ 19,5°C) erklärt sich aus der Zusammenlagerung (Assoziation) von 2 HF-Molekülen zu H_2F_2. Nur bei höherer Temperatur existieren freie HF-Moleküle. Wässrige H_2F_2-Lösungen (Flusssäure) reagieren mit Glas und Quarz. Der Vorgang wird zum **Glasätzen** ausgenützt:

$$SiO_2 + 2H_2F_2 \rightarrow SiF_4\uparrow + 2H_2O$$

Viele Fluorverbindungen sind **Gifte** (Fluorschäden an Pflanzen und Haustieren in der Umgebung von fluorverarbeitenden Fabriken mit ungenügender Abgasreinigung). Das F^--Ion blockiert verschiedene Enzymreaktionen. Durch Zusatz von NaF zu frischen Blutproben wird der Zuckerabbau durch die Blutzellen verhindert (entscheidend für eine zuverlässige Blutzuckerbestimmung!). In sehr kleinen Dosen dient Fluorid zur **Zahnkariesbekämpfung.** Es wird als Fluorapatit in die Zähne eingebaut.

2. Chlor

Wie alle anderen Halogene kommt Chlor nicht elementar vor. Die Hauptmenge findet sich im Meer (zirka 20 g/l Cl^-). Weitere wichtige Cl-Vorkommen sind die **Steinsalzlager** (in der Schweiz bei Rheinfelden und Bex, in Norddeutschland bei Stassfurt mit bis zu 1000 m Mächtigkeit).

Cl_2-Gas lässt sich unter Druck (6 bar) bei Zimmertemperatur **verflüssigen** und kommt so in Stahlflaschen in den Handel. Es ist ein **starkes Gift** (schon 0,1 ml/l in der Atemluft sind schwer gesundheitsschädlich).

Feuchtes Chlor reagiert mit allen Metallen, selbst mit Gold, unter Salzbildung. Mit H_2 bildet Cl_2 ein Gemisch, das bei Zündung explodiert wie $2H_2/O_2$ (Chlorknallgas). Die beiden Gase können auch durch Licht zur Reaktion gebracht werden. Bei schwacher Belichtung mit kurzwelligem Licht erfolgt die Synthese langsam, bei starker (Blitzlicht) explosionsartig. Durch das Licht werden einzelne Cl_2-Moleküle in Atome gespalten (Photolyse). Nur Cl-Atome reagieren mit H_2. Ist die Cl_2-Photolyse schnell genug, erwärmt sich das Gemisch als Folge der freiwerdenden Synthesewärme, so dass auch durch Thermolyse Cl-Atome entstehen. Die Reaktion «schaukelt sich auf» zur Explosion.

In 1 Liter H_2O lösen sich etwa 3 Liter Cl_2-Gas. Die Lösung heisst **Chlorwasser,** ist ein **starkes Oxidationsmittel** und wirkt desinfizierend (Schwimmbäder). Chlor reagiert auch mit Laugen:

$2NaOH + Cl_2 \rightarrow NaClO + NaCl + H_2O$ $Ca(OH)_2 + Cl_2 \rightarrow Cl^-Ca^{2+}OCl^- + H_2O$
Chlorkalk

Im Cl_2 haben beide Atome die Oxidationszahl 0. Nach der Reaktion hat 1 Atom Cl die Oxidationszahl +I (OCl^-), das andere −I (Cl^-). Man nennt einen solchen «internen» Redoxprozess **Disproportionierung** (mittlere Oxidationsstufe → höhere + tiefere Oxidationsstufe).

Lösungen von KClO (Javelwasser) oder NaClO (Natriumhypochlorit) werden zum Bleichen von Textilien und zur Desinfektion verwendet. Chlorkalk, ein Doppelsalz mit 2 Anionen, dient ähnlichen Zwecken. NaClO braucht man im klinischen Labor zur Harnstoffbestimmung nach Berthelot (S. 260).

Chlorwasserstoff und Chloride

HCl wird grosstechnisch aus Kochsalz hergestellt:

$$2NaCl + H_2SO_4 \rightarrow 2HCl + Na_2SO_4$$

HCl-Gas ist stark hygroskopisch und bildet mit der Luftfeuchtigkeit Nebel. Trifft es mit Ammoniakgas zusammen, bildet sich Salz:

$HCl + NH_3 \rightarrow NH_4Cl$ (weisser Rauch; gegenseitiger Nachweis von HCl und NH_3)

1 Liter H_2O löst bei Zimmertemperatur 450 Liter HCl-Gas.
Nach dem Gesetz über die Fixpunktverschiebung ist der Siedepunkt von Salzsäure höher als der von reinem Wasser. Eine HCl-Lösung von 202 g/kg siedet bei 111°C. Setzt man mehr HCl zu, so nimmt der Dampfdruck des gelösten Gases derart zu, dass der Siedepunkt der Lösung wieder sinkt. Kocht man eine Salzsäure von weniger als 202 g/kg, destilliert Wasser ab; der Siedepunkt steigt, bis 202 g/kg erreicht sind. Siedet man konzentrierte Salzsäure, entweicht HCl-Gas; der Siedepunkt steigt ebenfalls, bis 202 g/kg erreicht sind. Beim Kochen von 202 g/kg Salzsäure destilliert diese mit **gleichbleibendem Siedepunkt wie ein einheitlicher reiner Stoff.** Man nennt eine solche Lösung ein **azeotropes Gemisch.**
Salzsäure wird auch im **Magen der Warmblüter** produziert. Die HCl des menschlichen Magensaftes ist durchschnittlich 0,03 mol/l (Höchstwerte bis 0,15 mol/l). Die Magensäure sorgt für das optimale pH für den Abbau der Nahrungsproteine durch das Pepsin (S. 273).
Alle Chloride – mit Ausnahme von AgCl, Hg_2Cl_2, CuCl, $PbCl_2$ – sind gut wasserlöslich.

Mercurimetrische Titration

Einen Sonderfall unter den Chloriden bildet $HgCl_2$ («Sublimat»). Das Salz ist wasserlöslich, aber undissoziiert (s. «Komplexverbindungen», S. 172). Diese Sondereigenschaft benützt man zur **titrimetrischen Bestimmung von Chlorid,** z.B. im Blut:
Zur Cl^--haltigen Titriervorlage gibt man einen Indikator (Diphenylcarbazon), der mit Hg^{2+}-Ionen violett, ohne solche gelb ist. Aus einer Bürette wird $Hg(NO_3)_2$-Lösung zugetropft. Die Hg^{2+}-Ionen werden vom Cl^- der Vorlage gebunden. Der gelbe Indikator schlägt nach violett um, sobald die ersten zugetropften Hg^{2+}-Ionen nicht mehr von Cl^- gebunden werden (Äquivalenzpunkt). 1 mol Cl^- bindet 0,5 mol Hg^{2+}. Das Verfahren heisst **mercurimetrische Titration** (lat. mercurium = Quecksilber).

Analysenbeispiel: 0,1 ml Serum verbraucht zur Titration 1,07 ml 0,005 mol/l Quecksilber(II)-nitrat. Welche Cl^--Konzentration in Millimol pro Liter hat das Serum?
$1,07 \cdot 0,005 = 0,00535$ mmol $Hg^{2+} \stackrel{\wedge}{=} 0,0107$ mmol Cl^-
0,1 ml Serum $\stackrel{\wedge}{=} 0,0107$ mmol Cl^-
1000 ml Serum $\stackrel{\wedge}{=} 107$ mmol Cl^- Das Serum enthält **107 mmol/l Chlorid**

Sauerstoffverbindungen des Chlors (Tab. 24)
Unterchlorige und **chlorige Säure** existieren nur in stark verdünnten Lösungen. Sie zerfallen leicht in HCl und O_2. **Chlorsäure** ist bis zu etwa 400 g/l beständig. **Per-**

chlorsäure lässt sich absolut herstellen (Eigenschaften s. S. 51). Alle 4 Säuren und ihre Salze dienen als Oxidationsmittel. Chlorate finden in der Pyrotechnik (Feuerwerk) und leider auch als Unkrautvertilger Verwendung.

Tabelle 24. Eigenschaften der Sauerstoffsäuren des Chlors

Name	Formel	Beständigkeit	Oxidationswirkung	Säurestärke
Unterchlorige Säure	$HClO$			
Chlorige Säure	$HClO_2$			
Chlorsäure	$HClO_3$			
Perchlorsäure	$HClO_4$			

3. Brom

Brom (griech. bromos = Gestank) kommt in der Natur als Begleiter des Chlors vor. Das Konzentrationsverhältnis im Meerwasser Br^- : Cl^- ist etwa 1 : 250. Br_2 ist neben Hg das einzige bei Raumtemperatur **flüssige** Element. Bromdampf ist noch giftiger als Chlor. Flüssiges Brom erzeugt schwer heilende Verätzungen. In 100 ml Wasser lösen sich 3,5 g Br_2. Besser ist die Löslichkeit in organischen Lösungsmitteln, z. B. Chloroform oder Schwefelkohlenstoff. **Bromwasser ist ein gutes Oxidationsmittel.** Hauptabnehmer für Brom sind die Farbstoffindustrie (z.B. Eosin) und die Fotoindustrie (S. 175).
HBr und die Bromide haben ähnliche Eigenschaften wie HCl und die Chloride. Im Gegensatz zu Chlor bildet Brom nur 2 O-haltige Säuren: unterbromige Säure HBrO und Bromsäure $HBrO_3$. Mit Laugen bildet Brom Hypobromit:

$$Br_2 + 2NaOH \rightarrow NaBrO + NaBr + H_2O \quad \text{(Disproportionierung)}$$

4. Iod

Das Iod (griech. ioeides = veilchenfarbig) wurde erst 1811 in der Asche von Seetang entdeckt. Meerwasser enthält 2–3 mg/l I . Industriell wird Iod aus Chilesalpeter gewonnen, der etwa 1 g/kg $NaIO_3$ enthält. Festes Iod lässt sich leicht verdampfen, ohne zu schmelzen, und wieder aus dem Dampfzustand kristallisieren. Durch solche **Sublimation** kann Iod leicht gereinigt werden. Ioddampf ist dunkelviolett und wie die anderen Halogene giftig. **In Wasser ist I_2 schlecht löslich,** viel besser in vielen organischen Lösungsmitteln. In Alkohol und Ether (O-haltig) bildet es braune, in Chloroform und Tetrachlorkohlenstoff (O-frei) violettrote Lösungen. Der Unterschied wird zum Nachweis von Sauerstoff in organischen Verbindungen ausgenützt.
Elementares Iod bindet sich locker an Iodidionen unter Bildung des **komplexen Ions I_3^-** (S. 172). I_3^- ist braun und im Gegensatz zu I_2 sehr gut wasserlöslich. Eine Lösung aus 2 g KI + 1 g I_2 in 300 ml Wasser bezeichnet man als Lugolsche Lösung.
Auch mit Stärke bildet Iod lockere, tiefblau gefärbte Verbindungen. Diese **Iod-Stärke-Additionsverbindungen** benützt man zum gegenseitigen Nachweis und selbst zur quantitativen Bestimmung von Iod und Stärke. Beim Erwärmen zerfällt die Iod-Stärke-Verbindung, bildet sich aber beim Abkühlen erneut.

Iod wird als alkoholische Lösung (Iodtinktur) zur **Wunddesinfektion** verwendet (oxidative Vernichtung von Mikroorganismen). Wegen möglicher Iodallergie ist es von weniger problematischen Mitteln verdrängt worden.

Iod ist ein **lebenswichtiges Spurenelement**. Iodmangel in der Nahrung führt zu Schilddrüsenerkrankung und Störung des Hormonhaushalts. Dem Speisesalz werden daher 5–10 mg KI/kg zugesetzt. Das Haupthormon der Schilddrüse, das Thyroxin, besteht zu 65 Massenprozent aus Iod. Es steuert den Energiestoffwechsel.

Iod ist das schwächste Oxidationsmittel der 4 Halogene. Iodid wird durch Fluor, Chlor und Brom zu Iod oxidiert (Elektronentransfer zum elektronegativeren Element).

Iodwasserstoff hat ähnliche Eigenschaften wie HCl und HBr (gasförmig, Nebelbildung in feuchter Luft, gute Wasserlöslichkeit, starke Säure). Er lässt sich durch viele, auch schwache, Oxidationsmittel zu Iod oxidieren, z. B.

$$4HI + 2Cu^{2+} \rightarrow I_2 + 2CuI + 4H^+$$

Die Iodide AgI (hellgelb), HgI_2 (leuchtend rot), CuI (bräunlichweiss) und PbI_2 (gelb) sind sehr schwer löslich.

Nachweis und Bestimmung kleinster Iodmengen

Das Serum des gesunden Menschen enthält etwa 50 μg/l Gesamtiod. Zur Bestimmung derart kleiner Konzentrationen braucht es eine hochempfindliche Methode. Folgender durch I^- katalysierte Redoxvorgang wird ausgenützt:

$+III$	$+IV$	$+V$	$+III$
H_3AsO_3	$+ 2Ce(SO_4)_2 + H_2O \rightarrow H_3AsO_4$	$+ Ce_2(SO_4)_3 + H_2SO_4$	
Arsenige Säure	Cer(IV)-sulfat	Arsen-säure	Cer(III)-sulfat

Das **gelbe Cer(IV)-ion** wird von der **arsenigen Säure** zum **farblosen Cer(III)-ion** reduziert. Ohne Iodid läuft die Reaktion sehr langsam. Je mehr I^- zugegen ist, desto schneller entfärbt sich die Lösung, was sich fotometrisch registrieren lässt. Mit Iodidlösungen bekannter Konzentration lässt sich die Methode standardisieren. Die Nachweisgrenze ist bei etwa 10 ng/l oder 1 mg/100 m³! Vor der Messung wird alles organisch gebundene Iod durch Veraschung (Mineralisierung) in Iodid übergeführt.

Die Landolt-Reaktion

Mischt man stark verdünnte angesäuerte Lösungen von Natriumsulfit, Kaliumiodat und Stärke, so bleibt das Gemisch vorerst farblos und wird dann, ohne weitere Beeinflussung von aussen, ganz plötzlich dunkelblau («blauer Knall»). Drei miteinander gekoppelte Reaktionen führen zu dieser Erscheinung:

$$IO_3^- + 3SO_3^{2-} \rightarrow I^- + 3SO_4^{2-} \qquad\qquad I$$

$$IO_3^- + 5I^- + 6H_3O^+ \rightarrow 3I_2 + 9H_2O \qquad\qquad II$$

$$I_2 + SO_3^{2-} + 3H_2O \rightarrow 2I^- + SO_4^{2-} + 2H_3O^+ \qquad\qquad III$$

Reaktion I läuft in verdünnter Lösung langsam, II schneller und III sehr schnell. Solange die Lösung noch SO_3^{2-} enthält, wird deshalb alles bei II entstandene Iod sofort in III verbraucht. Erst wenn alles SO_3^{2-} verschwunden ist, hört III auf und das bei II gebildete Iod färbt die Stärke blau.

B. Oxidimetrische Titrationen; Iodometrie

Wie die Säure-Basen-Neutralisation (Protolyse) werden auch Redoxvorgänge analytisch ausgenützt. Oxidierbare Stoffe lassen sich mit Oxidationsmitteln, reduzierbare mit Reduktionsmitteln titrieren, sofern der **Reaktionsendpunkt sichtbar** gemacht werden kann. Bei der Säure-Basen-Titration wechseln Protonen ihren Platz, beim Redoxvorgang sind es Elektronen, mit und ohne H oder O (S. 80). In Analogie zu den 1- und mehrprotonigen Säuren und Basen kann man von 1- und mehrelektronigen (1- und mehrwertigen) Oxidations- und Reduktionsmitteln reden (die Ausdrücke «1elektronig» usw. sind nicht offiziell!).

1 mol 1elektroniges Oxidationsmittel oxidiert 1 mol 1elektroniges Reduktionsmittel.

A mol B-elektroniges Oxidationsmittel oxidieren B mol A-elektroniges Reduktionsmittel

<u>   </u>   <u>   </u>

    A · B mol Elektronen   A · B mol Elektronen

Die Menge Redoxpartner, die 1 mol Elektronen (1 mol H-Atome; $\frac{1}{2}$ mol O-Atome) aufnimmt bzw. abgibt, ist 1 **Redoxäquivalent** (1 eq oder 1 val).
Eine Lösung mit 1 eq/l wurde früher als 1 normal (1 N) bezeichnet. Wie für die Acidimetrie (S. 137) sind auch für andere Titrationsarten die Bezeichnungen «Val» und «normal» nach SI-Normen nicht mehr empfohlen. Weil 1 val einmal 1 mol Protonen und einmal 1 mol Elektronen verkörpert, können Unsicherheiten entstehen, wenn keine präzisierende Angabe gemacht wird.

Acidimetrie: 1 mol HClO $\triangleq$ 1 val   (1 mol HClO gibt 1 mol Protonen ab)
Oxidimetrie: 1 mol HClO $\triangleq$ 2 val   (1 mol HClO gibt 1 mol O-Atome, also 2 mol
                                   «Elektronenlöcher» ab)

Weil «Val» und «Normalität» auch für die Oxidimetrie im Labor noch einige Zeit überleben werden, sind die folgenden Betrachtungen «zweisprachig» gehalten (S. 138). Am Beispiel der 3elektronigen Chromsäure sind neue und alte Bezeichnungen einander gegenübergestellt:

neu	alt
Stoffmengenkonzentration $c(H_2CrO_4)$	Molarität
z. B. 1 mol/l Chromsäure	z. B. 1 M (1 molare) Chromsäure
Äquivalentkonzentration $c(\frac{1}{3}H_2CrO_4)$	Normalität
z. B. 2 mol/l Redoxelektronen (Redoxäquivalente)	z. B. 2 N (2 normale) Chromsäure
1 mol/l Chromsäure $\triangleq$ 3 mol/l Redoxelektronen	1 M Chromsäure $\triangleq$ 3 N Chromsäure (3 val/l)

1. Titration von Iodlösungen

$$I_2 + 2e^- \rightleftharpoons 2I^-$$

Obiger reversibler Redoxvorgang eignet sich aus zwei Gründen besonders gut für oxidimetrische Titrationen: 1. Das Redoxpotential $2I^-/I_2$ ist mit $+0,53$ V so klein, dass für beide Richtungen der Reaktion eine grosse Zahl von Partnern (Elektronendonoren und -akzeptoren) in Frage kommen. 2. Das erste Auftreten bzw. letzte Verschwinden von Iod in einer Lösung kann mittels Stärke empfindlich registriert werden.

I^- ist ein 1elektroniges Reduktionsmittel, I_2 ein 2elektroniges Oxidationsmittel. Eine 1 normale I^--Lösung enthält 1 mol/l KI, eine 1 normale I_2-Lösung 0,5 mol/l I_2.

Ein ausgezeichnetes Reduktionsmittel zur Titration von Iod, das sich an der Luft über Wochen kaum verändert, ist **Natriumthiosulfat.** Das Thiosulfation reagiert wie folgt mit elementarem Iod:

$$^-O_3S-S^\ominus + I-I + {}^\ominus S-SO_3^- \rightarrow {}^-O_3S-S-S-SO_3^- + 2I^-$$

Thiosulfat   Iod   Thiosulfat   Tetrathionat   Iodid

In Lösung liegt Iod in der Regel als komplexes I_3^--Ion vor. Dieses zerfällt aber während des Redoxvorgangs leicht in I_2 und I^-.

Das Thiosulfat ist eine 2protonige Base, aber ein **1elektroniges Reduktionsmittel.** Nur das Elektron am Thioschwefel, nicht aber jenes am Sulfatschwefel, kann abgegeben werden.

Technik der Iodtitration

Die iodhaltige Vorlage vom Volumen V_i und der unbekannten Äquivalentkonzentration $c(\frac{1}{2}I_2)$ oder Normalität N_i wird mit 1 Tropfen **Stärkelösung** versehen. Aus einer Bürette wird Natriumthiosulfatlösung von bekannter Äquivalentkonzentration $c(Na_2S_2O_3)$ oder Normalität N_t zugetropft, bis die blaue Farbe der Iodstärke verschwindet. Das zugetropfte Volumen V_t wird abgelesen. Es gilt dann:

$$V_i \cdot c(\tfrac{1}{2}I_2) = V_t \cdot c(Na_2S_2O_3) \qquad c(\tfrac{1}{2}I_2) = \frac{V_t \cdot c(Na_2S_2O_3)}{V_i} \quad \text{oder:}$$

$$V_i \cdot N_i = V_t \cdot N_t \qquad\qquad N_i = \frac{V_t \cdot N_t}{V_i}$$

Die Stoffmengenkonzentration von I_2 ist $\frac{1}{2} \cdot c(\frac{1}{2}I_2)$ oder $\frac{1}{2} \cdot N_i$ mol/l I_2.

Rechenbeispiel

Für eine Synthese werden 250 mg Iod benötigt. Es steht eine Iodlösung unbekannter Konzentration zur Verfügung. 5 ml dieser Lösung werden mit 17,3 ml 0,1 mol/l Thiosulfat titriert. Wieviele Milliliter Iodlösung braucht es für die Synthese?

$$c(\tfrac{1}{2}I_2) = \frac{17{,}3 \cdot 0{,}1}{5} \text{ mol/l Redoxäquivalente} \quad (N_i = \frac{17{,}3 \cdot 0{,}1}{5})$$

1 eq (1 val) Iod $\hat{=}$ 1 mol I oder $\tfrac{1}{2}$ mol I_2 $\hat{=}$ 126,9 g I_2

$$\frac{17{,}3 \cdot 0{,}1}{5} = 0{,}346 \text{ mol/l I} \hat{=} 0{,}346 \cdot 126{,}9 = 43{,}9 \text{ g/l Iod}$$

43 900 mg Iod $\hat{=}$ 1000 ml $\rightarrow$ 250 mg Iod $\hat{=}$ $\dfrac{1000 \cdot 250}{43\,900}$ = **5,69 ml Iodlösung**

2. Titration von Oxidationsmitteln

Ein bekanntes Volumen V_{Oxm} des zu bestimmenden Oxidationsmittels wird mit einem Überschuss von HI (KI + Säure) umgesetzt. Dabei wird eine dem Oxidationsmittel äquivalente Menge Iod gebildet. Dieses wird mit Thiosulfat titriert (Abb. 58).

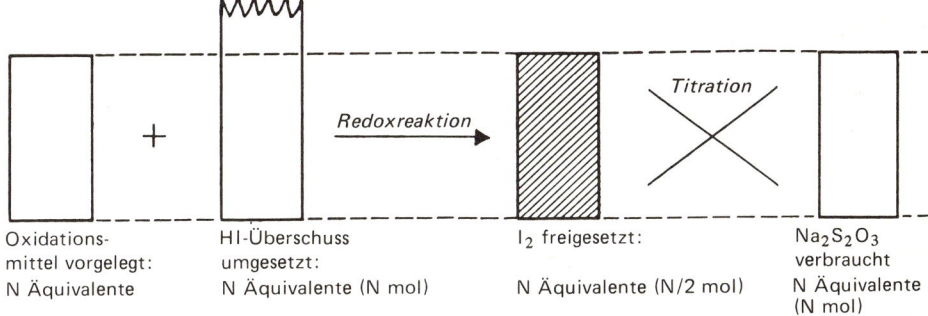

Oxidations-   HI-Überschuss I_2 freigesetzt: $Na_2S_2O_3$
mittel vorgelegt: umgesetzt: verbraucht
N Äquivalente   N Äquivalente (N mol)   N Äquivalente (N/2 mol)   N Äquivalente (N mol)

Abb. 58. Iodometrische Titration von Oxidationsmitteln.

Das Iod ist Elektronenvermittler zwischen Oxidationsmittel und Thiosulfat. 1 Redoxäquivalent (1 val) verbrauchtes Thiosulfat entspricht 1 Redoxäquivalent umgesetztes Oxidationsmittel. Für die Oxidationsmitteltitration kann somit dieselbe Formel gebraucht werden wie für die Iodtitration (s. oben).

$$c(\tfrac{1}{n} Oxm) = \frac{V_t \cdot c(Na_2S_2O_3)}{V_{Oxm}} \quad \text{oder} \quad N_{Oxm} = \frac{V_t \cdot N_t}{V_{Oxm}}$$

V_t = Volumen des verbrauchten Thiosulfats; V_{Oxm} = Volumen des vorgelegten Oxidationsmittels; $c(\tfrac{1}{n} Oxm)$ = Äquivalentkonzentration des Oxidationsmittels (= Normalität N_{Oxm}); n = Anzahl aufgenommener Elektronen pro Molekül Oxidationsmittel; $c(Na_2S_2O_3)$ = Äquivalentkonzentration des Thiosulfats (= Normalität N_t).

Hinweis: Es muss 5- bis 10mal die mutmasslich verbrauchte Menge KI und Säure zugesetzt werden. Der I^--Überschuss hält das gebildete I_2 als I_3^- in Lösung.

Rechenbeispiele

1. 0,2 ml Wasserstoffperoxidlösung wird mit KI + H_2SO_4 umgesetzt. Das gebildete Iod braucht zur Titration 2,4 ml 1 mol/l $Na_2S_2O_3$. Welche Massenkonzentration (g/l) hat das H_2O_2?

$H_2O_2 + 2HI \rightarrow I_2 + 2H_2O$ (1 mol H_2O_2 nimmt 2 mol Elektronen auf)

$c(\frac{1}{2}H_2O_2) = \dfrac{2,4 \cdot 1}{0,2} = 12$ mol/l Redoxäquivalente $\hat{=}$ 6 mol/l $H_2O_2 \hat{=} 6 \cdot 34 = $ **204 g/l H_2O_2**.

2. Der Chlorgehalt eines Abgases soll bestimmt werden. 1 m³ Gas von Normalbedingungen wird durch eine Iodwasserstofflösung geleitet. Dabei wird eine dem Chlor äquivalente Menge Iod abgeschieden. Für dessen Titration werden 5,2 ml 0,1 mol/l Thiosulfat vom Faktor 1,04 verbraucht.

$Cl_2 + 2I^- \rightarrow I_2 + 2Cl^-$

---

1 mol Thiosulfat entspricht $\frac{1}{2}$ mol I_2 und auch $\frac{1}{2}$ mol Cl_2
5,2 ml 0,104 mol/l Thiosulfat $\hat{=}$ 0,541 mmol Thiosulfat $\hat{=}$ 0,270 mmol Cl_2
1 mmol $Cl_2 \hat{=}$ 22,4 ml $\rightarrow$ 0,270 mmol $Cl_2 \hat{=}$ 6,05 ml
1 m³ Abgas enthält 6,05 ml Chlor

3. Titration von Reduktionsmitteln

Reduktionsmittel (oxidierbare Substanzen) können auf zwei Arten titriert werden:

1. Die Titriervorlage mit dem abgemessenen Volumen V_{Red} des Reduktionsmittels wird angesäuert und mit 1 Tropfen Stärkelösung versehen. Aus einer Bürette wird Iodlösung bekannter Äquivalentkonzentration $c(\frac{1}{2}I_2)$ oder N_i zugetropft, bis der erste Blaustich erscheint. Das Volumen der verbrauchten Iodlösung V_i wird abgelesen.

$$c(\tfrac{1}{n}Red) = \dfrac{V_i \cdot c(\frac{1}{2}I_2)}{V_{Red}} \qquad \text{oder} \qquad N_{Red} = \dfrac{N_i \cdot V_i}{V_{Red}}$$

---

2. Zwei Gefässe werden mit der gleichen Menge Iodlösung, Säure und Stärke versehen. Dem einen wird die abgemessene Menge Reduktionsmittel (V_{Red}) zugesetzt. Der Inhalt darf sich nicht entfärben, das Iod muss im Überschuss da sein. Beide Vorlagen werden dann mit Thiosulfat von bekannter $c(Na_2S_2O_3)$ (N_t) titriert. Verbrauch: V_{t1} bzw. V_{t2}. Der Unterschied $V_{t1} - V_{t2}$ entspricht der Menge des Reduktionsmittels.

$$V_{Red} \cdot c(\tfrac{1}{n}Red) = (V_{t1} - V_{t2}) \cdot c(Na_2S_2O_3) \qquad c(\tfrac{1}{n}Red) = \dfrac{(V_{t1} - V_{t2}) \cdot c(Na_2S_2O_3)}{V_{Red}} \quad \text{oder:}$$

$$V_{Red} \cdot N_{Red} = (V_{t1} - V_{t2}) \cdot N_t \qquad\qquad N_{Red} = \dfrac{(V_{t1} - V_{t2}) \cdot N_t}{V_{Red}}$$

$c(\frac{1}{n}Red)$ bzw. N_{Red} = Äquivalentkonzentration oder Normalität des Reduktionsmittels.

Rechenbeispiele
1. Welche Konzentration in Gramm pro Liter hat eine Kaliumhydrogensulfitlösung, wenn 20 ml davon 7,3 ml Iodlösung von $c(\frac{1}{2}I_2) = 0,102$ mol/l verbrauchen?

$KHSO_3 + I_2 + H_2O \rightarrow KHSO_4 + 2HI$ (KHSO$_3$ ist ein 2elektroniges Reduktionsmittel)

$$c(\tfrac{1}{2}KHSO_3) = \frac{7,3 \cdot 0,102}{20} = 0,0372 \text{ mol/l Redoxäquivalente} \stackrel{\wedge}{=} 0,0186 \text{ mol/l } KHSO_3$$

$N_{KHSO_3} = 0,0372$ val/l $\stackrel{\wedge}{=} 0,0186$ mol/l $\stackrel{\wedge}{=} 0,0186 \cdot 120,2 = $ **2,24 g/l KHSO$_3$**

2. Der bei einer Reaktion gebildete Schwefelwasserstoff in Milligramm soll bestimmt werden. Zwei Vorlagen mit gleichviel Iodlösung werden bereitgestellt. In der einen wird H$_2$S absorbiert. Beide Vorlagen werden mit 0,01 mol/l Thiosulfat titriert: $V_{t1} = 22,2$ ml; $V_{t2} = 5,4$ ml

$H_2S + I_2 \rightarrow S + 2HI$ (H$_2$S ist ein 2elektroniges Reduktionsmittel)

$22,2 - 5,4 = 16,8$ ml
16,8 ml 0,01 mol/l Na$_2$S$_2$O$_3$ $\stackrel{\wedge}{=} 0,168$ mmol Na$_2$S$_2$O$_3$ $\stackrel{\wedge}{=} 0,084$ mmol H$_2$S $\stackrel{\wedge}{=} 0,084 \cdot 34$
$$= \textbf{2,86 mg H}_2\textbf{S}$$

Urtitersubstanz für die Iodometrie ist **Kaliumiodat.** Daraus werden Iodlösungen von genau bekanntem Titer hergestellt:

$HIO_3 + 5HI \rightarrow 3I_2 + 3H_2O$

Die genau eingewogene Menge KIO$_3$ zusammen mit einem genügenden Überschuss KI wird **angesäuert.** Dabei findet obige Umsetzung statt. Aus 1 mol KIO$_3$ entstehen somit 3 mol oder 6 eq Iod. Für 1 Liter Iodlösung mit $c(\tfrac{1}{2}I_2) = 0,1$ mol/l braucht es 1/60 mol KIO$_3$, das sind $0,01667 \cdot 214,0 = 3,567$ g KIO$_3$. 3,567 g KIO$_3$ + etwa 30 g KI werden in H$_2$O gelöst, etwa 20 ml konzentrierter HCl werden zugesetzt und die Lösung auf 1 Liter aufgefüllt. Das braune I_3^- bildet sich erst beim Säurezusatz.

XXIII. Sauerstoff- und Stickstoffgruppe

A. Die VI. Hauptgruppe

Die Elemente O, S, Se, Te und Po haben 6 Elektronen auf der äussersten Schale. Alle treten daher mit **Oxidationszahl $-$II** auf (Aufnahme von 2 Elektronen zur Komplettierung des Oktetts). O ist ausschliesslich 2wertig. In Sauerstoffverbindungen haben die übrigen Elemente der Gruppe auch **Oxidationszahlen $+$IV und $+$VI.**
Die Eigenschaften des Sauerstoffs sind früher besprochen worden (S.17, 84).

1. Schwefel

S (lat. sulfur, griech. theion) ist das am längsten bekannte Nichtmetall. In der Erdrinde findet sich die Hauptmenge als Pyrit FeS_2 (auch Schwefelkies oder Katzengold genannt). Weitere sulfidische Erze sind Bleiglanz (PbS), Kupferkies ($CuFeS_2$), Zinkblende (ZnS) und Zinnober (HgS). In Sizilien und Nordamerika wird elementarer Schwefel abgebaut.
Schwefel bildet **zwei kristalline** (rhombisch und monoklin) und **eine amorphe** (nicht kristallisierende) **Modifikation.** Das Element ist wasserunlöslich, löslich in Ether, Toluol und besonders gut in Schwefelkohlenstoff (CS_2). Schwefelblumen sind ein Pulver aus amorphem S, das man beim Abschrecken von Schwefeldampf erhält. Bei Raumtemperatur ist Schwefel reaktionsträg, bei 250 °C ist er selbstentzündlich in Luft. Etwa drei Viertel der Weltproduktion werden zur Schwefelsäuresynthese, grosse Mengen zur Kautschukfabrikation verwendet.

Schwefelwasserstoff und Sulfide
H_2S ist ein sehr giftiges, brennbares Gas (Siedepunkt -60 °C). Es wird durch Synthese aus H_2 und geschmolzenem Schwefel oder aus FeS und HCl gewonnen. Zum Nachweis verwendet man Bleiacetatpapier, das sich mit H_2S schwarz färbt.

$$Pb^{2+} + H_2S + 2H_2O \rightarrow \underset{\downarrow}{PbS} + 2H_3O^+$$

Alle Schwermetallsulfide sind schwerlöslich. Für Ag, Hg, Pb, Bi, Cd, As, Sb und Sn wird das Löslichkeitsprodukt schon in saurer H_2S-Lösung erreicht (S. 104). Die geringe S^{2-}-Konzentration von H_2S (sehr schwache Säure) genügt zur Ausfällung dieser Metallionen. Für Fe, Ni, Co, Zn und Mn muss dagegen ein vollständig dissoziiertes Alkalisulfid verwendet werden. Das unterschiedliche Verhalten wird zur Trennung der beiden Metallgruppen ausgenützt.

Schwefeldioxid und schweflige Säure
SO_2 wird grosstechnisch durch Verbrennen von Schwefel oder durch «Abrösten» (Erhitzen unter Luftzutritt) sulfidischer Erze gewonnen (Gleichung von Frage 20,

S. 28). Das Gas bildet sich in kleinen Mengen bei der Verbrennung von Kohle und Heizöl (Umweltbelastung, saurer Regen, Schäden an Vegetation und Gebäuden). SO_2-Gas ist farblos, riecht stechend und kondensiert bei $-10°C$. **Schweflige Säure** (H_2SO_3) existiert nur in verdünnter Lösung und zerfällt leicht in Anhydrid und Wasser, wie die strukturell verwandte Kohlensäure. Sie ist aber stärker dissoziiert als diese. Hydrogensulfite geben saure, Hydrogencarbonate alkalische Lösungen.

Natriumdithionit
Durch Reduktion von Alkalisulfiten erhält man Dithionite $^-O_2S{-}SO_2^-$. Natriumdithionit ist ein kräftiges **Reduktionsmittel**.

Schwefeltrioxid und Schwefelsäure
Das meiste industriell produzierte SO_2 wird zu H_2SO_4 verarbeitet. SO_2 lässt sich nur katalytisch (z. B. mit V_2O_5) in guter Ausbeute mit O_2 weiteroxidieren. Die SO_3-Synthese ist Beispiel einer **Kontaktkatalyse.** Die gasförmigen Reaktionspartner werden an der Oberfläche des festen Katalysators adsorbiert (von schwachen elektrischen Kräften festgehalten). Dies kommt einer enormen Konzentrationserhöhung in dieser dünnen Oberflächenschicht gleich, so dass die erfolgreichen Zusammenstösse der Partner viel häufiger werden als in der freien Gasphase (S. 88). Durch Einleiten von SO_3 in verdünnte H_2SO_4 erhält man konzentrierte Säure. In reinem Wasser ist SO_3 schlecht löslich. Absolute Schwefelsäure kann grössere Mengen SO_3 lösen. Dabei entsteht rauchende Schwefelsäure oder **Oleum** (grösstenteils $H_2S_2O_7$ = Pyroschwefelsäure). Oleum findet für die Synthese organischer Schwefelsäurederivate Verwendung.

2. Selen

Selen kommt als Begleiter des Schwefels vor (20000mal seltener als dieser). Se hat eine nichtmetallische (rote) und eine metallische (graue) Modifikation. Bei Belichtung nimmt die elektrische Leitfähigkeit des grauen Selens zu, in der Dunkelheit wieder ab. Die Erscheinung wird für Schaltvorrichtungen, die auf Licht ansprechen sollen, und für die Belichtungsmessung in der Fotografie ausgenützt.

B. Die V. Hauptgruppe

Die Elemente N, P, As, Sb und Bi haben 5 Elektronen in der äussersten Schale. Alle 5 Elemente haben deshalb die **Oxidationszahlen −III und +V.** Von allen existiert die Wasserstoffverbindung XH_3. Deren Beständigkeit nimmt von NH_3 zu BiH_3 ab. Im Gegensatz zu den Halogenen sind die H-Verbindungen der V. Gruppe keine Säuren. Alle 5 Elemente bilden dagegen **Sauerstoffsäuren** mit der Oxidationszahl +V: HNO_3, H_3PO_4, H_3AsO_4, H_3SbO_4, $HBiO_3$.

1. Stickstoff

Das Hauptvorkommen des irdischen Stickstoffs beschränkt sich auf die Atmosphäre (780 ml/l). Gebundener N findet sich im Chilesalpeter (Anden), in Nitraten und Ammoniumsalzen des Humus und im Protein der Lebewesen. Zur Reindarstellung wird flüssige Luft destilliert. Der käufliche komprimierte Stickstoff enthält noch Edelgase, die für die meisten Verwendungszwecke nicht stören. N_2 ist nach den Edelgasen das reaktionsträgste Gas, weil zur Spaltung der $N\equiv N$-Moleküle sehr viel Energie nötig ist. Nur N-Atome reagieren.

Ammoniak

Ammoniak NH_3 (Salmiakgeist) lässt sich bei **Zimmertemperatur unter Druck verflüssigen** (Siedepunkt $-33°C$). Es kommt flüssig in den Handel (Stahlflaschen). NH_3 entsteht bei Fäulnis von Eiweiss und anderen organischen N-Substanzen. Grosstechnisch wird Ammoniak aus den Elementen synthetisiert (Haber-Bosch-Verfahren, S. 91). 1 Liter H_2O löst 727 Liter NH_3-Gas. **Ammoniumsalze** lassen sich **sublimieren,** NH_4Cl schon bei $350°C$ (Salmiakrauch). Starke Laugen setzen aus NH_4-Salzen NH_3 frei, das sich mit Indikatorpapier nachweisen lässt. Zum **empfindlichen Nachweis** von NH_3 dient **Nesslers Reagens** $K_2[HgI_4]$. Das Komplexsalz bildet mit NH_3 gelbe Trübungen oder Niederschläge.

Zur acidimetrischen **Bestimmung** von NH_3 leitet man das Gas in Säure ein und titriert den Säureüberschuss mit Lauge zurück (S. 139). Die fotometrische Ammoniakbestimmung wird auf Seite 260 besprochen.

Hydroxylamin und Hydrazin

Hydroxylamin NH_2OH bildet sich bei elektrolytischer Reduktion von HNO_3. In reiner Form ist es schlecht, als Salz $[NH_3OH]Cl$ gut beständig.

Hydrazin NH_2-NH_2 ist wie Hydroxylamin ein Ammoniakderivat.

Hydroxylamin und Hydrazin sind als **Reduktionsmittel** beliebt, weil bei ihrer «Arbeit» nur Wasser und Stickstoff als Oxidationsprodukte entstehen (Tab. 22).

$$2NH_2OH \;\rightarrow N_2 + 2H_2O + (2H)$$
$$NH_2-NH_2 \rightarrow N_2 \qquad\quad + (4H)$$

$\left. \right\}$ zur Reduktion

Stickstoffwasserstoffsäure und Azide

HN_3, die **Stickstoffwasserstoffsäure,** ist eine schwache, sehr unbeständige Säure, die bei Erwärmung oder Erschütterung mit ungeheurer Brisanz explodiert und in die Elemente zerfällt. Ihre Salze sind die **Azide.** Alkalimetallazide sind beständig, $Pb(N_3)_2$, HgN_3 und AgN_3 werden in der Schiess- und Sprengtechnik als **Initialzünder** gebraucht. Sie explodieren heftig auf Schlag. Die scharfe Erschütterung beim Zerfall des Zünders startet die Reaktion des eigentlichen Sprengsatzes bzw. der Geschosstreibladung. Die 3 N-Atome in HN_3 sind ähnlich verbunden wie die 3 O im Ozon:

$$H-N\!\!=\!\!\overset{+}{N}\!\!=\!\!\overset{-}{N} \rightleftharpoons H-\overset{-}{N}-\overset{+}{N}\!\!\equiv\!\!N \;\;(S.\,84).$$

Salpetersäure und Nitrate

Tabelle 25 gibt einen Überblick über die Sauerstoffverbindungen des Stickstoffs. Wichtigste davon ist die Salpetersäure. Sie wird heute grosstechnisch durch Oxidation von Ammoniak hergestellt.

$$NH_3 + 2O_2 \xrightarrow[500°C]{Platin} HNO_3 + H_2O$$

Alle Salze der Salpetersäure, die Nitrate, sind gut wasserlöslich. Zum Nachweis von NO_3^- dient die Ringprobe: Die zu prüfende Lösung wird im Reagensglas mit $FeSO_4$ und verdünnter H_2SO_4 gemischt und dann mit konzentrierter H_2SO_4 unterschichtet. An der Berührungsfläche zwischen H_2SO_4 und Lösung bildet sich in Gegenwart von NO_3^- eine braune Zone von $[Fe(NO)]^{2+}$.

Tabelle 25. Sauerstoffverbindungen des Stickstoffs

Distickstoffmonoxid	N_2O	Lachgas, Narkotikum, Oxidationsgas für die Flammenfotometrie
Stickstoffmonoxid	NO	farbloses Gas, bildet sich bei elektrischen Funken in Luft, in Benzinmotoren und beim Auflösen von Metallen in HNO_3
Distickstofftrioxid	N_2O_3	Anhydrid der salpetrigen Säure, nur als Flüssigkeit unter Druck beständig (Siedepunkt $-10°C$)
Stickstoffdioxid	NO_2	«nitroses Gas», dunkelbraun, giftig, entsteht bei der Reduktion von HNO_3 durch Metalle oder organische Substanzen
Distickstoffpentoxid	N_2O_5	fest, Anhydrid der Salpetersäure
Salpetrige Säure	HNO_2	} s. S. 50, 51
Salpetersäure	HNO_3	

Rhodanwasserstoff (Thiocyansäure)

HSCN ist nur in der Kälte, ihre Salze sind auch bei Raumtemperatur beständig. Silberrhodanid ist schwerlöslich, Eisen(III)-rhodanid intensiv rot, löslich, aber undissoziiert (s. «Komplexverbindungen», S. 172). Die Eigenschaften dieser beiden Rhodanide werden zur **Fällungstitration** von Ag^+ ausgenützt: Zur silberhaltigen Lösung wird wenig Fe(III)-salz gegeben. Durch Zutropfen von KSCN bekannter Stoffmengenkonzentration werden alle Ag^+-Ionen ausgefällt. Die ersten SCN^--Ionen, die nicht mehr von Ag^+ gebunden werden, vereinigen sich mit den Fe^{3+}-Ionen zu $Fe(SCN)_3$. Die Vorlage schlägt nach rot um (Titrationsendpunkt). Die Bildung von rotem $Fe(SCN)_3$ bei Zusatz von KSCN zu einer Lösung wird auch zum Eisennachweis benützt. Tabelle 26 gibt eine Zusammenstellung der kohlenstoffhaltigen Säuren des Stickstoffs.

Tabelle 26. C-N-Säuren

Name	Formeln		Salz	
Blausäure	HCN	$H-C\equiv N$	Cyanid	
Cyansäure	HOCN	$H-O-C\equiv N$	Cyanat	isomere Verbindungen (gleiche Bruttoformel)
Isocyansäure	HNCO	$H-N=C=O$	Isocyanat	
Knallsäure	HONC	$H-O-N=C$	Fulminat	
Rhodanwasserstoff	HSCN	$H-S-C\equiv N$	Rhodanid	

Stoffwechsel und natürlicher Kreislauf des Stickstoffs

Der Stickstoff ist nach C, H und O das wichtigste Element im Biokosmos (Tab. 3, S. 12). Sämtliche Eiweissarten einschliesslich der Enzyme enthalten zirka 16% N. Die Träger der Erbmasse, die Nucleinsäuren, sind ebenfalls stickstoffreich. Zahlreiche pflanzliche Gifte (Alkaloide) sowie auch gewisse Hormone sind basische Ammoniakderivate (S. 253, 298, 322). Der Stickstoff im Körper von Tieren und Menschen stammt praktisch vollständig aus pflanzlichem Eiweiss. Beim Abbau der Proteine im menschlichen Körper bildet sich Harnstoff. Gut 90% des gesamten N werden als Harnstoff, der Rest in Form anderer organischer Verbindungen (Harnsäure, Kreatinin, Aminosäuren) und als NH_4^+ ausgeschieden. Der organisch gebundene Stickstoff der Abwässer und der toten Organismen wird durch Bakterien in Ammoniumsalze und Nitrate übergeführt. Diese werden von den grünen Pflanzen aufgenommen und für den Aufbau von neuem Eiweiss verwertet. Der Stickstoff beschreibt somit einen Kreislauf (Abb. 59).

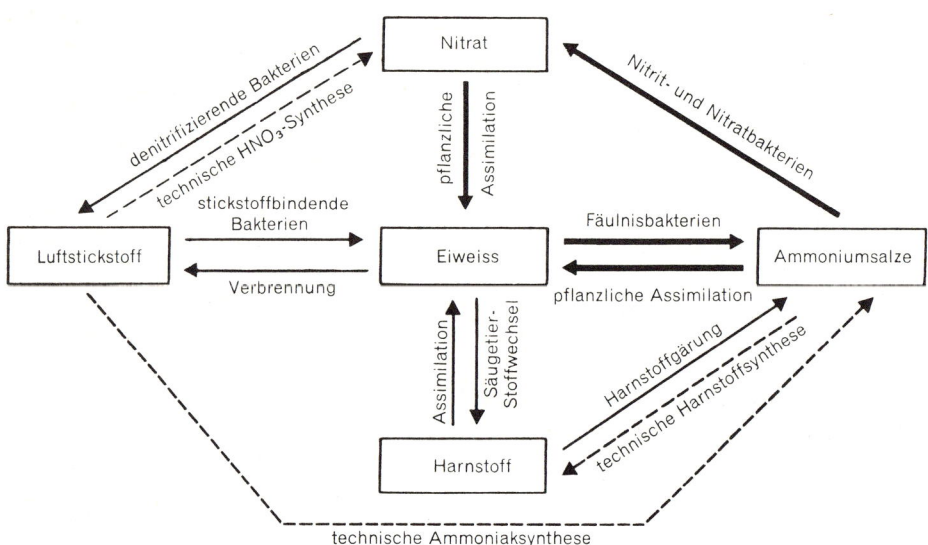

Abb. 59. Stickstoffkreislauf. Die dicken Pfeile markieren den Hauptkreislauf.

2. Phosphor

Die Hauptmenge P der Erdrinde findet sich in verschiedenen Ca-Phosphaten, den Apatiten und dem Phosphorit $Ca_3(PO_4)_2$. Zur Herstellung von elementarem P wird Calciumphosphat mit Kohle und Quarzsand erhitzt. Dabei entstehen Ca-Silikat, CO und Phosphordampf. Das Element P existiert in drei **allotropen Modifikationen** mit verschiedenen spezifischen Eigenschaften (weisser, roter und schwarzer Phosphor). Der weisse P ist am reaktionsfreudigsten, der schwarze am trägsten. Weisser P ist an der Luft selbstentzündlich und sehr giftig. Unter O_2-Ausschluss verwandelt sich weisser P in der Wärme in roten P. Schwarzer P entsteht unter sehr hohem Druck. Die drei Modifikationen kristallisieren in verschiedenen Kristallsystemen. Bei der langsamen Oxidation in Luft leuchtet der weisse Phosphor mit weissgelbem Licht («Chemilumineszenz», S. 85). Der grösste Teil des industriell gewonnenen Phosphors wird zu Phosphorsäure und von dieser das meiste zu Phosphatdünger verarbeitet.

Phosphorwasserstoff (Phosphin)
PH_3 ist ein übelriechendes Gas. Im Gegensatz zu NH_3 ist es wasserunlöslich und auch nicht basisch. Das aus Calciumcarbid gewonnene Acetylengas verdankt seinen Geruch dem beigemengten Phosphorwasserstoff, entstanden aus Calciumphosphid, einer Verunreinigung des Calciumcarbids (S.197).

Sauerstoffverbindungen des Phosphors
Phosphorpentoxid ist eines der stärksten Trocknungsmittel. Es vermag in der Wärme sogar Schwefelsäure in ihr Anhydrid SO_3 zu verwandeln. Man kennt eine ganze Reihe verschiedener Säuren des Phosphors. Die wichtigsten sind die phosphorige Säure H_3PO_3, die gewöhnliche Phosphorsäure oder Orthophosphorsäure H_3PO_4, die Metaphosphorsäure HPO_3 und die Pyrophosphorsäure $H_4P_2O_7$. Die phosphorige Säure ist ein Reduktionsmittel (Redoxpotential, S. 147). Zwischen Ortho-, Meta- und Pyrophosphorsäure besteht folgende Beziehung:

$$2H_3PO_4 \xrightarrow{-H_2O} H_4P_2O_7 \xrightarrow{-H_2O} 2HPO_3 \xleftarrow{+H_2O} P_2O_5$$

Meta- und Pyrophosphorsäure sind glasartig und haben ähnliche Säurestärke wie H_3PO_4. Metaphosphorsäure kann ähnlich wie Perchlorsäure zum Enteiweissen von Lösungen verwendet werden.

Chlorverbindungen des Phosphors
PCl_3 Phosphortrichlorid (flüssig), PCl_5 Phosphorpentachlorid (fest) und $POCl_3$ Phosphoroxychlorid (flüssig) sind Säurechloride (S. 225). Sie sind nicht dissoziierbar und zerfallen in Gegenwart von Wasser in HCl und die entsprechende Säure des Phosphors, z. B.

$$PCl_5 + 4H_2O \longrightarrow 5HCl + H_3PO_4$$

Als sehr reaktionsfähige Verbindungen werden die P-chloride zur Synthese von Phosphorsäureestern verwendet (S. 229).

Nachweis und Bestimmung von Phosphat
Mit **Ammoniummolybdat** in salpetersaurer Lösung bildet PO_4^{3-} einen intensiv gelben Niederschlag von komplexer Zusammensetzung (Nachweis von Phosphat z.B. in Harnsteinen). In Gegenwart von Reduktionsmitteln entsteht aus Ammoniummolybdat und Phosphat eine blaue, wasserlösliche Verbindung, die zur fotometrischen Bestimmung des PO_4^{3-}-Gehaltes von Lösungen ausgenützt wird.

Bedeutung des Phosphors für den menschlichen Körper
Phosphate sind wichtig als **Baustoffe** und auch als Bestandteile von **Wirkstoffen.**

Haare, Nägel und besonders Knochen und Zähne sind reich an einem Komplexsalz aus Calciumphosphat und Calciumcarbonat (S. 170). Im Blut sind Phosphationen Teil des Puffersystems. Gewisse Proteine, z. B. Casein, enthalten organisch gebundenes Phosphat (S. 268). Grössere Mengen von P hat es in den **Phospholipiden** der Nerven- und Gehirnsubstanz (S. 237) und in den **Nucleinsäuren** der Zellkerne und der Zellflüssigkeit. Bei vielen Reaktionen des **Energiestoffwechsels** (Nährstoffabbau) sind organische Phosphate massgeblich beteiligt. Der tägliche P-Bedarf des Menschen ist 1–2 g. Alle in Lebewesen gefundenen P-Verbindungen sind Salze oder organische Derivate der Ortho- und Pyrophosphorsäure. Der Phosphor wird als HPO_4^{2-} und $H_2PO_4^-$ im Urin ausgeschieden. Mit Ca^{2+} oder Mg^{2+} und NH_4^+ zusammen können unlösliche Sedimente oder auch **Steine** entstehen. Der grösste beschriebene Phosphatblasenstein wog über 1 kg!

3. Arsen

Die wichtigsten As-Mineralien sind Arsenkies FeAsS, Auripigment As_2S_3 und Realgar As_2S_2. Arsen bildet wie Selen zwei Modifikationen (metallisch grau und nichtmetallisch hellgelb).

Arsenwasserstoff (Arsin)
AsH_3 bildet sich aus As-Verbindungen in Gegenwart von naszierendem (atomarem) Wasserstoff. In der Wärme zerfällt Arsin in die Elemente.

$$\text{As-Verbindung} + H \rightarrow AsH_3 \xrightarrow{\text{Hitze}} As + H_2$$

Diese Reaktionsfolge wird zum empfindlichen Nachweis von Arsen benützt: Die auf As zu prüfende Substanz wird mit Zn-Pulver + H_2SO_4 gemischt. Der entweichende Wasserstoff wird durch ein dünnes, lokal erhitztes Glasrohr geleitet. Enthält er AsH_3, so schlägt sich an der heissen Stelle ein dunkler Arsenspiegel nieder (Nachweisgrenze 0,1 μg).

Sauerstoffverbindungen des Arsens
Arsentrioxid (Arsenik) As_2O_3 ist stark giftig (tödliche Dosis für den Menschen etwa 0,1 g). Ganz kleine Dosen werden als Heilmittel gegen Blutarmut angewandt. **Arsenige Säure** H_3AsO_3 ist ein Ampholyt. Sie bildet sowohl mit Laugen als auch mit Säuren Salze, was den Halbmetallcharakter des Arsens zum Ausdruck bringt.

$$H \dot{+} O - As \begin{matrix} \diagup O \dot{+} H \\ \diagdown O \dot{+} H \end{matrix} + 3NaOH \rightarrow Na_3AsO_3 + 3H_2O$$

$$H - O \dot{+} As \begin{matrix} \diagup O - H \\ \diagdown O - H \end{matrix} + 3HCl \rightarrow AsCl_3 + 3H_2O$$

Über die Verwendung der arsenigen Säure zur Iodbestimmung s. S.154.
Arsenpentoxid As_2O_5 und Arsensäure H_3AsO_4 haben ähnliche Eigenschaften wie Phosphorpentoxid und Phosphorsäure.

4. Antimon

Antimonmineralien sind der Grauspiessglanz Sb_2S_3 und das Rotgiltigerz Ag_3SbS_3. Das silberweisse spröde Metall lässt sich pulverisieren (Schmelzpunkt 630°C, $\varrho = 6,7$ g/cm³). Das Element wird für Legierungen verwendet. Sb-Verbindungen sind nicht giftig, erregen aber Brechreiz. Ein seit alters verwendetes Medikament ist der **Brechweinstein,** ein Antimonsalz der Weinsäure. $SbCl_3$ («Antimonbutter») hat, verglichen mit andern Salzen, einen extrem niedrigen Schmelzpunkt (73°C). Es wird zum sogenannten Brünieren von Eisen verwendet. Beim Eintauchen von Fe in $SbCl_3$-Schmelzen schlägt sich auf dem Eisen eine zusammenhängende schwarze, das Eisen vor Rost schützende Antimonschicht nieder.

$$2Sb^{3+} + 3Fe \rightarrow 3Fe^{2+} + \underset{\downarrow}{2Sb}$$

5. Wismut

Bi kommt als Wismutglanz Bi_2S_3 und auch gediegen vor. Es ist ein rötlich glänzendes Schwermetall ($\varrho = 9,8$ g/cm³). Eine Wismutlegierung (Bi : Pb : Cd : Sn = 4 : 2 : 1 : 1) ist das **Woodsche Metall** (Schmelzpunkt 71°C!). Bi-Salze werden in Kosmetik und Hautmedizin verwendet.

XXIV. Leichtmetalle

Abgesehen vom Aluminium finden sich die Leichtmetalle in den beiden ersten Hauptgruppen des Periodensystems, also der Alkali- und Erdalkaligruppe.

A. Alkalimetalle

Die 6 Elemente der Hauptgruppe I haben alle **1 Einzelelektron auf der äussersten Schale.** Dieses hält sich in relativ grossem Abstand vom Kern auf und gibt damit dem Atom ein relativ grosses Volumen. Dieser Umstand ist schuld an der **kleinen Dichte** und auch am **tiefen Schmelzpunkt** der Alkalimetalle. Lithium, das leichteste Metall und leichteste feste Element überhaupt, schwimmt sogar auf Ether und Benzin. Das einsame Valenzelektron wird leicht abgegeben. Deshalb sind die Alkalimetalle die stärksten Reduktionsmittel (S. 80). Das Einzelelektron lässt sich nicht nur absprengen (Ionisation), es kann auch **angeregt** werden: Beim Erwärmen auf hohe Temperatur, auch bei Zufuhr von elektrischer oder Licht-Energie springen die Valenzelektronen auf grössere Umlaufbahnen (Orbital mit höherem Energieniveau). Beim Zurückfallen auf die normale Bahn wird die aufgenommene Energie als **Licht bestimmter Wellenlängen** abgestrahlt. Jedes Alkalimetall zeigt deshalb seine charakteristische **Flammenfarbe** (Tab. 27). Rb und Cs wurden 1861 von Bunsen im Flammenspektrum von Mineralwasser entdeckt. Die Lichtemission der angeregten Alkaliatome wird in der **Flammenfotometrie** analytisch ausgenützt (Anhang, S. 346).

Alle Alkali- und auch Erdalkalimetalle werden durch **Elektrolyse von Salzschmelzen** gewonnen. Wegen ihrer grossen Reaktionsfreudigkeit in Gegenwart von Wasser und Sauerstoff müssen die Alkalimetalle unter Petroleum oder in evakuierten Gefässen aufbewahrt werden.

Tabelle 27. Alkali- und Erdalkalimetalle

	Li	Na	K	Rb	Cs	Be	Mg	Ca	Sr	Ba	Ra
Smp, °C	180	98	63	39	29	1278	650	845	771	710	700
ϱ, g/cm³	0,53	0,97	0,86	1,53	1,90	1,86	1,74	1,54	2,7	3,7	6,0
Flammenfarbe	rot	gelb	violett	rot	blau	–	–	orange	rot	grün	rot

Alle Alkalimetalle bilden **starke Laugen** von der Formel MeOH. Das Cäsiumhydroxid ist die stärkste Lauge überhaupt (Kation mit dem grössten Durchmesser und damit der geringsten Anziehung auf das OH^--Ion). Die Alkalisalze sind sehr beständig und mit ganz wenig Ausnahmen, z.B. $KClO_4$, $Na[Sb(OH)_6]$, gut wasserlöslich.

Im menschlichen Organismus kommen Na und K nur als Ionen vor. **Im Blutplasma dominiert das Natrium, im Zellplasma das Kalium.**

1. Lithium

Li kommt als Silikat im Verein mit Al vor (griech. lithos = Stein). Li_2CO_3 wird als **Psychopharmakon** (den Gemütszustand beeinflussendes Medikament) verwendet. Li-Salze können zur Ermittlung des Verlaufs unterirdischer Wasserläufe gebraucht werden, da sich das Metall in sehr hoher Verdünnung spektralanalytisch nachweisen lässt.

2. Natrium

Na hat seinen Namen von der altägyptischen Bezeichnung Neter für Soda (engl. u. franz.: Na = sodium). Das **Hauptvorkommen** des Natriums liegt in den **Feldspäten** der Urgesteine und im **Meerwasser** (27 g/l Salz im Weltmeer, 200–300 g/l im Toten Meer). Zur Gewinnung von Kochsalz dienen vor allem die aus eingetrockneten Binnenmeeren entstandenen **Steinsalzlager.**

Metallisches Na wird als **Reduktionsmittel** und zum **Trocknen organischer Lösungsmittel,** mit denen es selbst nicht reagiert (z. B. Ether), gebraucht. Es bindet die letzten Wasserspuren unter Bildung von NaOH und H_2. Bei der Verbrennung von Na in Luft entsteht nicht das gewöhnliche Oxid Na_2O, sondern das Peroxid Na_2O_2, das als starkes Oxidationsmittel verwendet wird.

Natronlauge wird grosstechnisch durch Elektrolyse von Kochsalzlösung gewonnen.

Anode: $2Cl^- - 2e^- \rightarrow Cl_2$ Kathode: $2H_2O + 2e^- \rightarrow 2OH^- + H_2$

---

3. Kalium

Der Name Kalium ist abgeleitet von Alkali, der arabischen Bezeichnung für Soda (Na_2CO_3!). Die Hauptmenge des irdischen Kaliums findet sich im **Feldspat** und **Glimmer** des Urgesteins. Gewonnen wird K aus den **Abraumsalzen** der Steinsalzlager. Hauptkonsument von Kalisalzen ist die Düngerindustrie.

Kaliumhydroxid ist die stärkste technisch verwendete Lauge. Käufliches festes KOH enthält bis zu 20% Wasser, was bei der Zubereitung von Lösungen zu beachten ist.

B. Erdalkalimetalle und Aluminium

Be, Mg, Ca, Sr, Ba und Ra haben 2 Valenzelektronen und sind **ausschliesslich 2wertig.** Auch die Erdalkaliatome lassen sich zum Strahlen anregen (Tab. 27). Wie bei den Alkalimetallen nimmt die Reaktionsfähigkeit in der Gruppe nach unten zu.

1. Magnesium

Mg kommt als Ion im **Meerwasser** und als Carbonat im Sedimentgestein vor. Das Doppelsalz $CaMg(CO_3)_2$ heisst **Dolomit.** Talk und Asbest sind Mg-silikate. Mg bildet das Zentrum des Chlorophyllmoleküls. Im Gegensatz zu den anderen Erdalkali- und den Alkalimetallen sind Be und Mg an der Luft beständig, weil sie sich mit einer **schützenden Oxidhaut** bedecken. Mg ist Bestandteil vieler Aluminiumlegierungen und wird auch zu Blitzlicht und Feuerwerk verwendet. **$Mg(OH)_2$** ist in H_2O schwerlöslich. $MgSO_4 \cdot 7H_2O$ kommt als Bittersalz in zahlreichen Mineralquellen vor (Abführmittel). **$MgNH_4PO_4$** ist ebenfalls schwerlöslich und kommt in Harnsteinen vor. Dessen Bildung wird zum Mg-Nachweis verwendet.

2. Calcium

Die Hauptmenge des Calciums liegt in den Sedimentgesteinen, vor allem als **Kalkstein** $CaCO_3$. Besonders reiner Kalk ist der **Marmor.** Grobkristallines $CaCO_3$ heisst **Calcit** oder Kalkspat. Aus $CaCO_3$ bestehen auch die Kreidefelsen (z.B. in Südengland) und die Korallenriffe. $CaCO_3$ ist sehr wenig wasserlöslich. Wesentlich besser als in reinem H_2O löst es sich in CO_2-haltigem Regenwasser. Man spricht von **chemischer Verwitterung** der Kalkfelsen. Besonders eindrücklich ist diese chemische Erosion in den Karstgebieten oder Karrenfeldern:

$CaCO_3 + H_2O + CO_2 \rightarrow Ca(HCO_3)_2$ **Calciumhydrogencarbonat,** wasserlöslich

---

Der Rhein führt pro Jahr eine Menge $Ca(HCO_3)_2$ von der Grösse eines Würfels mit über 100 m Kantenlänge zum Meer. Das Calciumhydrogencarbonat im Leitungswasser wird als **temporäre** («zeitweilige») **Härte** bezeichnet. Durch Erhitzen des Wassers wird das Hydrogencarbonat gespalten, $CaCO_3$ wird als **Kesselstein** ausgefällt.

$Ca(HCO_3)_2 \rightarrow CaCO_3 + CO_2 + H_2O$

Die Wasserhärte wird in Graden angegeben. 1° deutsche Härte $\triangleq$ 1 mg CaO/100 ml; 1° französische Härte $\triangleq$ 1 mg $CaCO_3$/100 ml. Die Ca^{2+}-Ionen des Leitungswassers können durch Na_2CO_3 (Soda) ausgefällt oder mit Kationenaustauschern entfernt werden (S. 69).
Beim Erhitzen auf 900°C wird $CaCO_3$ zu CaO und CO_2 gespalten (Kalkbrennen). Mit Wasser bildet sich $Ca(OH)_2$ aus CaO (Kalklöschen). Setzt man $Ca(OH)_2$ längere Zeit der Luft aus, so nimmt es CO_2 auf und geht wieder in $CaCO_3$ über (Abbinden).

$$CaCO_3 \xrightarrow[-CO_2]{900°C} CaO \xrightarrow{+H_2O} Ca(OH)_2 \xrightarrow[-H_2O]{+CO_2} CaCO_3$$

Kalkstein   gebrannter   gelöschter   Kalkmörtel
                     Kalk   Kalk

Ein weiteres wichtiges Ca-Mineral ist der **Gips** $CaSO_4 \cdot 2H_2O$. In 1 Liter H_2O lösen sich 2 g Gips. Er erscheint als **permanente** («immerwährende») **Härte** im Quellwasser. Die Sulfathärte ist im Gegensatz zur Carbonathärte durch Erwärmen nicht ausfällbar.
Calciumchlorid, ein Abfallprodukt der Grossindustrie, ist sehr hygroskopisch (Trocknung von Gasen und organischen Flüssigkeiten, Staubbinder auf Strassen). Das Salz zerfliesst im aufgenommenen Wasser.
Calcium ist das mengenmässig bedeutendste Metall im menschlichen Organismus. Ein Komplexsalz, der Carbonat-Apatit $\{Ca[Ca_3(PO_4)_2]_3\}CO_3$ bildet das **Stützmaterial der Knochen und Zähne.** Ca^{2+}-Ionen sind **unentbehrlich für die Blutgerinnung.** Durch Binden des Calciums mit Oxalat oder Citrat kann Blut ungerinnbar gemacht werden.

Im Serum ist das Ca teilweise ionisiert, teilweise komplex an Eiweiss gebunden. Der **Ca-Stoffwechsel** ist eng mit dem P-Stoffwechsel gekoppelt. Er wird durch das Parathormon aus der Nebenschilddrüse und das Calcitonin aus der Schilddrüse sowie **Vitamin D** gesteuert. **Calciumoxalat** ist ein häufiges Harnsediment. Etwa drei Viertel aller Harnsteine sind Ca-oxalat.

3. Strontium und Barium

Strontium ist in jeder Beziehung dem Calcium ähnlich, aber sehr viel seltener. Bei der Explosion von Nuklearsprengkörpern entsteht unter anderem das radioaktive ^{90}Sr mit einer Halbwertszeit von 28 Jahren. Nach Kernexplosionen in der Atmosphäre kommt es mit dem Niederschlag auf die Erde und wird wegen seiner Ca-Ähnlichkeit von den Pflanzen aufgenommen. Durch die Nahrungskette gelangt das Nuklid auch in die menschlichen Knochen, wo seine β-Strahlung Zellschäden verursacht.

Barium kommt als Baryt oder Schwerspat $BaSO_4$ vor (griech. barys = schwer). $BaSO_4$ findet als Blanc fixe in der Dekorationsmalerei Verwendung. Das Salz ist nicht nur in Wasser, sondern auch in wässrigen Lösungen starker Säuren schwerlöslich. In konzentrierter H_2SO_4 löst es sich. Es wird für Röntgenaufnahmen des Magen-Darm-Traktes als Kontrastmaterial benützt. Je grösser die Atommasse, desto stärker die Absorption von eingestrahltem Röntgenlicht. Das Ba-Atom ist schwerer als alle Bioelemente (Verwendung und Eigenschaften von Bariumhydroxid: S. 17, 65).

4. Aluminium

Aluminium hat seinen Namen von dem seit dem Altertum bekannten **Alaun** $KAl(SO_4)_2 \cdot 12H_2O$ (lat. alumen). Es ist nach O und Si das häufigste Element der Erdkruste, wurde aber erst 1828 als Metall hergestellt. Eine Reihe von Al-silikaten (Feldspäte, Glimmer, Tone) bilden das Hauptvorkommen. Zement und auch alles Keramikmaterial besteht zur Hauptsache aus Aluminiumsilikaten. Zur **Al-Gewinnung** wird **Bauxit** $AlO(OH)$ verwendet. Dieser wird zuerst in Al_2O_3 übergeführt. Das Aluminiumoxid (Tonerde) wird als Schmelze **elektrolytisch reduziert** (S. 142). Das Metall scheidet sich an der Kathode flüssig ab (Schmelzpunkt 658°C). Trotz seines unedlen Charakters (Spannungsreihe, S. 145) ist Al **an der Luft gut beständig,** weil es sich wie Mg mit einer dichten **schützenden Oxidhaut** überzieht. Durch elektrolytische Oxidation mit dem Al-Gegenstand als Anode (Eloxierung) wird die Schutzschicht künstlich verstärkt.

Aus kristallisiertem Al_2O_3 bestehen die Edelsteine **Korund** (farblos), **Rubin** (rot, mit Spur Cr) und **Saphir** (blau, mit Spur Ti). Wegen ihrer grossen Härte werden diese Mineralien, die sich auch synthetisch herstellen lassen, als Lager (z. B. für Uhren) verwendet. Das in H_2O praktisch unlösliche **Aluminiumhydroxid** ist sowohl in Säure als auch in Lauge löslich. Es verhält sich wie ein Ampholyt (S. 120):

$$Al(OH)_3 + 3H_3O^+ \rightarrow Al^{3+} + 6H_2O \qquad Al(OH)_3 + OH^- \rightarrow [Al(OH)_4]^- \text{ (Komplexion)}$$

Essigsaure Tonerde ist basisches Aluminiumacetat $(CH_3COO)_2AlOH$. Es dient in wässriger Lösung als Adstringens (Entschwellungsmittel).

XXV. Komplexverbindungen

Gewisse Elektrolyte gehen Reaktionen ein, die mit den klassischen Bindungstheorien nicht zu erklären sind. Beispiele:

1. Gibt man zu einer Kupfer(II)-salzlösung Ammoniak, entsteht zuerst ein gallertiger Niederschlag von $Cu(OH)_2$. Setzt man mehr NH_3 zu, löst sich die Fällung wieder auf. Die Lösung wird tief dunkelblau und klar.

2. Mischt man Kaliumiodid zu einer Lösung von Quecksilber(II)-nitrat, entsteht eine zinnoberrote Fällung von HgI_2, die bei Zusatz von mehr Iodid vollständig wieder verschwindet. Lässt man diese Lösung eine Anionenaustauschersäule passieren, so ist das Hg im Auslauf nicht mehr nachweisbar.

3. Setzt man einer Silbernitratlösung Kaliumcyanid und dann Natriumchlorid zu, bleibt die erwartete Fällung von AgCl aus.

1. Struktur der Komplexverbindungen

Das ungewöhnliche Verhalten von Ionen wie in obigen Beispielen findet man vorzugsweise bei den Metallen der Nebengruppen (Übergangselemente), deren d-Orbitale der zweitäussersten Schale nicht voll besetzt sind. Diese Metallionen (weniger ausgeprägt auch solche der Hauptgruppen) haben die Fähigkeit zur Bildung von **Komplexen** oder **Koordinationsverbindungen.** Sie sind bestrebt, eine für jedes Element charakteristische Zahl von Bindungspartnern um sich zu gruppieren. Diese Partnerteilchen können **Anionen,** aber auch **neutrale Moleküle** mit einem freien Elektronenpaar (z. B. NH_3) sein. Die Anzahl gebundener Teilchen (vorzugsweise 2, 4 oder 6) steht in keinem direkten Zusammenhang mit der positiven Ladung des Metallions. Das komplexbildende Metallion heisst Zentralion oder **Zentralatom,** die gebundenen Partner sind die **Liganden** (lat. ligare = binden). Die Anzahl der pro Zentralatom festgehaltenen Liganden heisst **Koordinationszahl.**

Die koordinative Bindung kommt durch Überlagerung von Ligandenorbitalen mit d-Orbitalen des Zentralatoms zustande. Die Verhältnisse sind aber bedeutend komplizierter als bei den typischen Ionen- oder Elektronenpaarbindungen. Die Natur der Komplexverbindungen ist erst in den letzten Jahrzehnten befriedigend aufgeklärt worden. Die Erläuterung der modernen Komplextheorie würde über den Rahmen dieses Lehrgangs hinausgehen. Es muss auf die Lehrbücher für höhere Fachschulen verwiesen werden.

2. Nomenklatur und Formeln

Ist die Summe der Ligandenladungen entgegengesetzt gleich der Ladung des Zentralatoms, so entsteht ein **neutraler Komplex.** Ein Beispiel dafür ist $HgCl_2$. Die beiden Chloratome sind nicht wie in normalen Salzen nur durch elektrische Anziehung (Ionenbindung), sondern koordinativ ans Quecksilber gebunden. Das Molekül dissoziiert praktisch nicht (S.152).

Ist die Summe der Ligandenladungen null oder doch kleiner als die Ladung des

Zentralatoms, liegt ein **komplexes Kation** vor. Beispiel: $[Co(NH_3)_6]^{2+}$. Die 6 Ammoniakliganden haben keine Ladung, deshalb hat das Komplexion die gleiche Ladung wie das Zentralion selbst $(2+)$.

Wird die Ladung des Zentralatoms durch die Ligandenladungen überkompensiert, so entsteht ein **komplexes Anion**. In Beispiel 2 der Einleitung entsteht aus dem unlöslichen HgI_2 und Iodidionen das lösliche $[HgI_4]^{2-}$, also ein quecksilberhaltiges Anion, das im Anionenaustauscher festgehalten wird.

Komplexe Ionen werden in **eckige Klammern** gesetzt. Salze mit mindestens einem Komplexion heissen **Komplexsalze**. Beispiele: $[Cu(NH_3)_4]SO_4$, $K_3[Fe(CN)_6]$. Für die **Namen** der Komplexsalze gelten folgende Regeln: Die Reihenfolge Kation – Anion ist wie bei normalen Salzen. Zahl und Namen der Liganden werden dem Namen des Zentralatoms vorangestellt. Analog zu den gewöhnlichen Anionen erhalten die komplexen Anionen die lat. Bezeichnung des zentralen Elementes. Obige zwei Beispiele heissen somit Tetrammin-kupfer(II)-sulfat und Kalium-hexacyanoferrat(III) (Tab. 28). Auch die **kristallwasserhaltigen Salze** sind in Wirklichkeit Komplexe. Eisen(III)-chlorid-6-hydrat $FeCl_3 \cdot 6H_2O$ ist richtigerweise Hexaquo-eisen(III)-chlorid von der Formel $[Fe(H_2O)_6]Cl_3$. Das Hexaquo-eisen(III)-ion existiert auch in Lösung und bildet sich nicht erst beim Kristallisieren des Salzes.

Selbst die gewöhnlichen Anionen der Sauerstoffsäuren, wie Nitrat, Sulfat, Phosphat usw., lassen sich zu den Komplexionen im weiteren Sinn rechnen. Man bezeichnet sie als **Oxokomplexe** des Stickstoffs, Schwefels, Phosphors usw.

Tabelle 28. Einige Komplexsalze

Formel	Moderner Name	Alter Name, Trivialname
$K_3[Fe(CN)_6]$	Kalium-hexacyanoferrat(III)	Kaliumferricyanid
$K_4[Fe(CN)_6]$	Kalium-hexacyanoferrat(II)	Kaliumferrocyanid
$Na_2[Fe(CN)_5NO]$	Natrium-pentacyano-mononitrosoferrat(III)	Natriumnitroprussiat
$K_2[HgI_4]$	Kalium-tetraiodomercurat	Nessler-Reagens
$Na_3[AlF_6]$	Natrium-hexafluoro-aluminat	Kryolith
$K[AuCl_4]$	Kalium-tetrachloroaurat	
$K_2[PtCl_6]$	Kalium-hexachloroplatinat	
$Na_3[Ag(S_2O_3)_2]$	Natrium-dithiosulfatoargentat	

3. Komplexzerfallskonstanten

Die Komplexsalze dissoziieren praktisch vollständig in einfache und komplexe Ionen. Die komplexen Ionen können geringfügig in Zentralion und Liganden zerfallen:

$$[Fe(CN)_6]^{4-} \rightleftharpoons Fe^{2+} + 6CN^- \qquad\qquad [Ag(NH_3)_2]^+ \rightleftharpoons Ag^+ + 2NH_3$$

Wie für andere Gleichgewichte gilt auch hier das Massenwirkungsgesetz (S. 89):

$$\frac{c(Ag^+) \cdot c^2(NH_3)}{c([Ag(NH_3)_2]^+)} = K_K = \textbf{Komplexzerfallskonstante}$$

Beispiele von Zerfallskonstanten:

$[Ag(NH_3)_2]^+$: 10^{-7}; $[Ag(S_2O_3)_2]^{3-}$: 10^{-13}; $[Ag(CN)_2]^-$: 10^{-21}.

Je kleiner die Konstante, desto beständiger ist der Komplex.

4. Auflösung schwerlöslicher Salze und Hydroxide unter Komplexbildung

In Beispiel 1 der Einleitung wird $Cu(OH)_2$ durch Ammoniak aufgelöst. Der Vorgang erklärt sich wie folgt: Die Cu^{2+}-Ionen sind an 2 Gleichgewichten beteiligt:

$$Cu(OH)_2 \rightleftharpoons Cu^{2+} + 2OH^- \quad (I) \qquad\qquad Cu^{2+} + 4NH_3 \rightleftharpoons [Cu(NH_3)_4]^{2+} \quad (II)$$

Die Cu^{2+}-Konzentration von Gleichgewicht I wird durch das Löslichkeitsprodukt und die OH^--Ionenkonzentration bestimmt. Für die Cu^{2+}-Konzentration in II sind die Komplexzerfallskonstante und die NH_3-Konzentration massgebend.
Die Lösung kann naturgemäss nur **eine** Cu^{2+}-Konzentration haben. Deshalb sind die beiden Gleichgewichte nur nebeneinander möglich, wenn $c(Cu^{2+})$ für beide gleich ist. Wird die NH_3-Konzentration erhöht, so sinkt für II die Cu^{2+}-Konzentration. Dadurch wird Gleichgewicht I gestört; $Cu(OH)_2$ dissoziiert nach; die neuen Cu^{2+}-Ionen werden laufend von NH_3 «komplexiert»; neues $Cu(OH)_2$ muss zerfallen usw.

$Cu^{2+} + 2OH^- \leftarrow Cu(OH)_2$ Zusammengefasst ergibt sich:
$\downarrow$
$Cu^{2+} + 4NH_3 \rightarrow [Cu(NH_3)_4]^{2+} + 2OH^-$ $Cu(OH)_2 + 4NH_3 \rightarrow [Cu(NH_3)_4] + 2OH^-$
                                              fest   gelöst

Ein analoger Vorgang spielt sich im 2. Beispiel der Einleitung ab:

$HgI_2 + 2KI \rightarrow K_2[HgI_4]$
fest   gelöst

Eine Fällung von AgCl lässt sich mit Ammoniak auflösen, eine solche von AgI dagegen nicht. Mit KCN löst sich auch AgI spielend auf. Erklärung:

$AgCl \rightleftharpoons Ag^+ + Cl^-$ I

$[Ag(NH_3)_2]^+ \rightleftharpoons Ag^+ + 2NH_3$ II

$AgI \rightleftharpoons Ag^+ + I^-$ III

$[Ag(CN)_2]^- \rightleftharpoons Ag^+ + 2CN^-$ IV

Misst man $c(Ag^+)$ in den 4 Gleichgewichten (I und III in Suspensionen von AgCl bzw. AgI, II und IV in etwa 1 mol/l NH_3 bzw. KCN), so findet man I > II > III > IV (Abb. 60). Jedes der 4 Gleichgewichte ist also «fähig», alle über ihm stehenden Gleichgewichte durch Entzug von Ag^+-Ionen zu stören, d.h. dessen Kristalle oder Komplexionen aufzuspalten. In Gegenwart von viel Cyanidionen sind also weder AgI-Kristalle noch $[Ag(NH_3)_2]^+$-Ionen noch AgCl-Kristalle haltbar. KI kann $[Ag(NH_3)_2]^+$ und AgCl zerstören, während NH_3 nur AgCl aufzulösen vermag. Damit findet auch Beispiel 3 der Einleitung seine Erklärung.

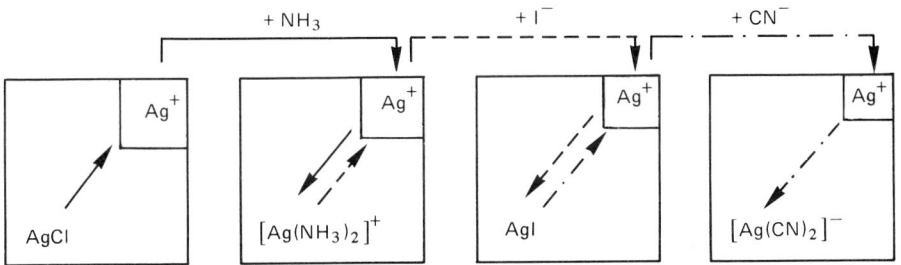

——→ Auflösen von Silberchlorid in Ammoniak, Bildung von Diammin-silber-Komplex.
----→ Zerstörung des Diammin-silber-Komplexes durch Iodid, Ausfällung von Silberiodid.
—·—·—→ Auflösen von Silberiodid mit Kaliumcyanid, Bildung von Dicyanoargentat-Komplex.

Abb. 60. «Reaktionskaskade»: Bildung und Zerfall von Silberkomplexen.

5. Eigenschaften einiger Komplexsalze (Tab. 28)

$K_3[Fe(CN)_6]$, auch rotes Blutlaugensalz genannt, ist ein oft verwendetes mildes Oxidationsmittel. $K_4[Fe(CN)_6]$ (gelbes Blutlaugensalz) bildet mit Fe^{3+} und $K_3[Fe(CN)_6]$ mit Fe^{2+} einen intensiv blauen kolloidalen Niederschlag **(Berlinerblau)**. Die beiden Fällungen lassen sich nicht unterscheiden, weil in beiden das Fe^{+II} und das Fe^{+III} laufend 1 Elektron austauschen. Dieses oszillierende Elektron ist denn auch Grund für die starke Farbe des Berlinerblaus. Die Reaktion wird zum Nachweis von Fe^{2+}- und Fe^{3+}-Ionen gebraucht. Mit **Natriumnitroprussiat** können lösliche Sulfide und auch Aceton nachgewiesen werden (Rotfärbung).
Chloroaurat und **Chloroplatinat** gehören zu den wenigen stabilen Edelmetallverbindungen. Sie bilden sich beim Auflösen von Au und Pt in Königswasser (S. 51). Von der Tatsache, dass Thiosulfationen Silberhalogenide auflösen, wird im fotografischen Fixierprozess Gebrauch gemacht.

6. Schwarzweissfotografie

AgCl, AgBr und AgI sind instabile Verbindungen, die durch kurzwelliges Licht in die Elemente zerlegt werden können (Fotolyse). Silberhalogenide, vor allem **Silberbromid,** werden deshalb für die Fotografie verwendet. Durch Einbetten von AgBr-Kriställchen in Gelatine, die in dünner Schicht auf einen Träger aus Kunststoff gegossen wird, entsteht der lichtempfindliche Film. Der Werdegang einer Fotografie gliedert sich in die in Abbildung 61 geschilderten Teilprozesse.

Belichten

In der Kamera wird die lichtempfindliche Schicht durch ein Objektiv **belichtet.** In allen AgBr-Kristallen, die von Lichtquanten mit genügender Energie getroffen werden, entstehen dabei einzelne Ag-Atome, sogenannte **Silberkeime.** Das Ergebnis ist ein **latentes** («verborgenes») **Bild.** An stark belichteten Stellen sind viele, an schwach belichteten wenig Silberkeime entstanden.

Entwickeln

Die belichtete Schicht wird im Dunkeln mit einem organischen **Reduktionsmittel** in schwach alkalischer Lösung, dem **Entwickler,** behandelt. Alle AgBr-Kristalle mit Silberkeimen werden vollständig zu **metallischem Silber** reduziert.

$AgBr + «H»$ (Reduktionsmittel) $\rightarrow$ **Ag** $+ HBr$

Die unbelichteten Kristalle werden vom Entwickler nicht angegriffen.

Fixieren

Die nichtreduzierten AgBr-Kristalle müssen aus der fotografischen Schicht entfernt werden, damit diese gegen weitere Belichtung unempfindlich wird. Durch Behandlung mit **Natriumthiosulfat** im **Fixierbad** wird dem unlöslichen Halogenid das Silber entzogen und in das lösliche Dithiosulfatoargentat übergeführt:

$AgBr + 2Na_2S_2O_3 \rightarrow NaBr + Na_3[Ag(S_2O_3)_2]$

Durch längeres Wässern wird die Gelatineschicht von allen löslichen Produkten befreit. Zurück bleibt das metallische Silber. Die **Schwärzung** des Bildes ist **proportional der eingestrahlten Lichtmenge.** Helle Stellen des abgebildeten Objekts sind auf dem Bild dunkel und umgekehrt **(Negativbild).**

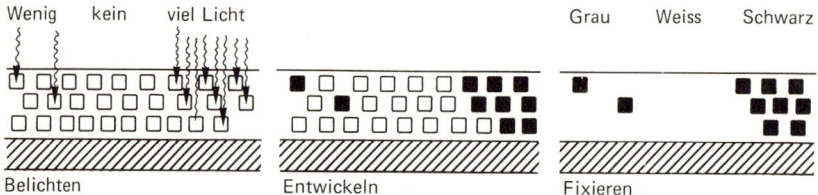

Abb. 61. Schwarzweissfotografie.

Herstellung des Positivbildes

Eine **neue Fotoschicht** wird **durch das Negativ hindurch belichtet,** entweder direkt (Kontaktkopie) oder mit Hilfe eines Objektivs (Vergrösserung oder Verkleinerung). Entwickelt und fixiert wird das Positivbild wie das Negativ. Helle Stellen der Kopie entsprechen dunkeln Stellen des Negativs und umgekehrt. Die Lichtwerte der Kopie entsprechen den Lichtwerten des fotografierten Objekts.

XXVI. Einige Schwermetalle

1. Eisen

Fe ist nach O, Si und Al das vierthäufigste Element der Erdrinde, aber nur selten abbauwürdig. Die wichtigsten **Eisenerze** sind Roteisenstein oder Hämatit Fe_2O_3, Brauneisenstein $Fe(OH)_3$ und Magneteisenstein oder Magnetit Fe_3O_4. Aus all diesen oxidischen Erzen wird das Metall im **Hochofen** gewonnen. Das gemahlene Erz wird, mit Koks vermischt, in einen gemauerten Turm gefüllt. Von unten wird Luft von etwa 800°C eingeblasen. Der Koks verbrennt zu CO. Dieses reduziert die Eisenoxide und Hydroxide zu flüssigem Fe. Am Grund des Ofens wird das Eisen von Zeit zu Zeit «abgestochen» und in Formen gegossen **(Roheisen).** In dem Mass, wie Kohle verbrennt und Eisen ausfliesst, wird oben Koks-Erz-Gemisch nachgeschüttet. Der Hochofen arbeitet kontinuierlich (etwa 1000 t Roheisen/24 h). Das Roheisen enthält noch S, P, Si und bis 4% C und ist wegen seiner Sprödigkeit ein schlechter Werkstoff.
Stahl erhält man im Stahlofen, wo längere Zeit Luft durch das flüssige Roheisen geblasen wird. Dadurch werden die Beimengungen oxidiert und als Gas (SO_2, CO_2) oder als Schlacke (SiO_2, P_2O_5) abgeschieden. Stahl enthält noch 0,4–1,7% C. Kohlenstofffreies Eisen heisst **Weicheisen,** ist unelastisch und leicht schmiedbar.

Eine Anzahl Eisenverbindungen sind früher besprochen worden (S. 13, 54, 78, 173). Das hellgrüne **Eisen(II)-sulfat** $FeSO_4$ und das dunkelgrüne **Eisen(II)-hydroxid** $Fe(OH)_2$ werden als milde Reduktionsmittel oft verwendet, z.B. zur Zerstörung der gefährlichen Etherperoxide (S. 206). Ein an der Luft gut beständiges Salz des 2wertigen Fe ist das **Mohrsche Salz** $(NH_4)_2Fe(SO_4)_2 \cdot 6H_2O$. Es wird für Standardlösungen zur Eisenbestimmung verwendet. Das gebräuchlichste Eisen(III)-salz ist $FeCl_3$. Es ist gelbbraun, stark hygroskopisch und in Lösung sauer (S. 128). Fe kann oxidimetrisch titriert, als gefärbter organischer Komplex fotometriert oder mittels Atomabsorption bestimmt werden (S. 181, 327, 347).

Biologische Bedeutung des Eisens
Organische Eisenkomplexe besorgen den O_2-Transport im Blut **(Hämoglobin)** und auch dessen Übertragung auf den beim Nährstoffabbau in den Zellen anfallenden Wasserstoff (Cytochrome). Das Fe hat damit eine Schlüsselstellung im ganzen Atmungsprozess (S. 318). Die gesamte Eisenmenge eines Erwachsenen ist etwa 3–5 g, der tägliche Bedarf etwa 12 mg. Aus dem Darm wird praktisch nur **2wertiges Fe** aufgenommen. Trotz der «Allgegenwart» von Eisenverbindungen und des geringen Bedarfs ist Eisenmangel mit Blutarmut als Folge nicht selten – weil ein Grossteil des Eisens in der Nahrung nicht verwertbar ist. Im Blut wird das aufgenommene Eisen nicht als Ion, sondern als Serumeiweisskomplex (Siderophilin oder Transferrin) zum blutbildenden Knochenmark geführt. Eine Blutarmut widerspiegelt sich in einem abnorm niedrigen Gehalt an Serumeisen (normal etwa 1 mg/l Serum).

2. Kupfer

Die wichtigsten Cu-Mineralien sind Kupferglanz CuS_2, Kupferkies $CuFeS_2$ und gediegenes Kupfer. Das Metall wird durch «Rösten» der Sulfide (S. 160) und Reduzieren der Oxide mit Kohle gewonnen. Legierungen von Cu und Zn heissen **Messing,** von Cu und Sn **Bronze** und von Cu, Ni und Zn **Neusilber** (Münzenmetall). Cu ist nach Ag der beste elektrische Leiter.

Wässrige Lösungen von Cu(II)-Verbindungen (auch z.T. die Festsubstanzen selbst) sind blau. Das gebräuchlichste Kupfersalz ist **$CuSO_4 \cdot 5H_2O$** (alter Name: Kupfervitriol). Dessen dunkelblaue Kristalle verwittern an der Luft unter Abgabe von Kristallwasser. Cu(II)-Ionen sind sehr komplexfreudig. Nicht nur mit anorganischen Liganden, auch mit organischen Molekülen bildet Cu leicht Komplexe. Fehlingsche und Benediktsche Lösung, wie auch das Biuret-Reagens, sind Cu(II)-Komplexe der Weinsäure bzw. Citronensäure (S. 241, 272). Über Eigenschaften weiterer Cu-Verbindungen s. S. 25, 54, 174.
Cu(II)-Ionen können mit NH_3 empfindlich nachgewiesen werden (Bildung des dunkelblauen $[Cu(NH_3)_4]^{2+}$). Verschiedene organische Substanzen liefern noch stärker gefärbte Komplexe. Cu^{2+}-Konzentrationen können iodometrisch, fotometrisch (als organischer Komplex) oder mit Atomabsorption (S. 347) bestimmt werden. Für die Iodometrie wird folgende Reaktion ausgenützt:

$$2Cu^{2+} + 4I^- \rightarrow 2CuI + I_2$$

Cu^{2+} ist ein 1elektroniges Oxidationsmittel.

Biologische Bedeutung des Kupfers
Cu gehört zu den **lebenswichtigen Spurenelementen.** Es ist Bestandteil verschiedener Redoxenzyme. Im Blutserum findet sich Kupfer in ähnlicher Konzentration wie Eisen, als blauer Eiweisskomplex (Caeruloplasmin). Cu spielt auch bei der Bildung der roten Blutkörperchen mit. Cu-Mangel führt zu Anämie.

3. Zink

Hauptmineral des Zinks ist die Zinkblende ZnS, so benannt, weil es bis ins 17. Jahrhundert nicht gelang, aus dem Sulfid das Metall zu gewinnen (Blendwerk der Erdgeister). Zn ist eines der unedelsten Schwermetalle und an der Luft nur beständig, weil es sich wie Al und Mg mit einer Oxidschicht schützt. Dank dieser Eigenschaft wird es für Überzüge von Fe-Gegenständen benützt (verzinken). Wegen seiner stürmischen Reaktion mit Säuren braucht man Zn zur Herstellung von **naszierendem Wasserstoff,** z.B. zur Reduktion von organischen Verbindungen (Aufgabe 4, S. 83). Ein oft gebrauchtes Zn-Salz ist **$ZnSO_4 \cdot 7H_2O$.** Mit dem weissen $Zn(OH)_2$ lässt sich Eiweiss aus Lösungen ausfällen. Das **Zinkweiss** des Malerhandwerks ist ZnO.

Der Körper eines Erwachsenen enthält 2–4 g Zn, die Augen enthalten bis 5 mg/g. Einige Enzyme sind auf Zink angewiesen, so z.B. die für den Alkoholabbau verantwortliche Alkoholdehydrogenase.

4. Quecksilber

Wichtiges Hg-Mineral ist HgS (Zinnober). Hg ist das einzige bei Raumtemperatur flüssige Metall. Weil es **chemisch inert** ist (Halbedelmetall), eine **hohe Dichte** und relativ **gute Leitfähigkeit** hat, braucht man es als Barometer-, Manometer- und Thermometerfüllung, aber auch für elektrische Geräte (Gleichrichter, Schalter usw.). Schmelzpunkt ($-39\,°C$) und Siedepunkt ($357\,°C$) begrenzen den Messbereich des Hg-Thermometers. Nach oben kann die Grenze bis gegen $700\,°C$ erweitert werden, indem man die Thermometerkapillare unter hohem Druck mit Stickstoff füllt («Stickstoffthermometer»). Hg-Legierungen heissen **Amalgame**. Das Silberamalgam wird für Zahnfüllungen verwendet.

Die wichtigsten Hg-Salze sind das **Quecksilber(II)-chlorid** $HgCl_2$ («Sublimat»), das praktisch wasserunlösliche **Quecksilber(I)-chlorid** Hg_2Cl_2 (Kalomel) und das **Quecksilber(II)-nitrat**. Alle löslichen Hg-Salze sind **sehr giftig** (tödliche Dosis für den Erwachsenen etwa 0,2 g). Das Hg schädigt vor allem die Nieren. Chronische Hg-Vergiftung (tägliche Aufnahme von wenigen Milligramm) führt zu Störungen des Zentralnervensystems. Wegen der ausgedehnten Verwendung von Hg-Verbindungen in verschiedenen Industrien (z. B. Holzkonservierung) und in der Landwirtschaft (Desinfizieren von Saatgut) bildet Hg eine Gefahr für die Umwelt.

5. Blei

An erster Stelle der Pb-Mineralien steht der Bleiglanz PbS. Das Element ist sehr **weich und zäh**. Das meiste Blei wird für Akkumulatoren verwendet. Auch die Motortreibstoffindustrie verbraucht grosse Mengen.

Drei **Bleioxide** existieren: Bleiglätte PbO (braun- bis rotgelb), Bleidioxid PbO_2 (schwarzbraun) und Mennige Pb_3O_4 (rotorange). Das PbO wird bei der Bleiglasherstellung, das Dioxid für Akkumulatoren und die Mennige als Rostschutzanstrichfarbe verwendet. Im Pb_3O_4 haben 2 Pb-Atome Oxidationszahl + II und eines + IV.

Die wichtigsten Bleisalze fürs Labor sind **Blei(II)-nitrat** $Pb(NO_3)_2$ und **Bleiacetat** $Pb(CH_3COO)_2$, auch Bleizucker genannt. Beide sind farblos und gut wasserlöslich. Bleiacetat dient zum Nachweis von H_2S und zur Enteiweissung von Urinproben für die Zuckerpolarimetrie (S. 225). **Bleiweiss** des Malergewerbes ist basisches Bleicarbonat, **Chromgelb** ist Bleichromat. Beide Pigmentfarben sind schwerlöslich.

Ein Zusatz von **Tetraethylblei** zum Benzin erhöht dessen Klopffestigkeit, d. h. die Selbstentzündungstemperatur des Benzindampfes wird heraufgesetzt. Das im Auspuffgas ausgestossene Bleioxid belastet aber die Umwelt.

Blei ist in allen Verbindungen **giftig**. Chronische Pb-Vergiftung führt unter anderem wegen Störung der Hämoglobinsynthese zu Anämie. Eine Vergiftung lässt sich mit einer Blut-Pb-Bestimmung nachweisen. (Fotometrie des roten Blei-Dithizon-Komplexes, S. 328, oder Atomabsorption, S. 347). Das Blut des Gesunden enthält bis 0,3 mg/l Pb.

6. Chrom

Wichtigstes Chromerz ist der Chromeisenstein Cr_2FeO_4. Das Metall wird zur Hauptsache für korrosionsbeständige Legierungen (Chromnickelstahl) und für die Oberflächenveredlung (verchromen) gebraucht. **Chrom(III)-oxid** (grün) und **Bleichromat** (gelb) werden im Malergewerbe verwendet (griech. chroma = Farbe). Auch die Gerbereien verbrauchen Chromsalze (Chromleder). Die Hauptwertigkeiten sind III und VI. Smaragd und auch grünes Glas haben ihre Farbe von geringen Mengen Cr_2O_3. Die **Cr(III)-Salze**, z. B. $CrCl_3$, geben dunkelgrüne bis violette Lösungen. **Chromalaun** $KCr(SO_4)_2 \cdot 12H_2O$ kristallisiert in violetten Oktaedern. $Cr(OH)_3$ fällt als graugrüner Niederschlag aus, wenn eine Cr(III)-Salzlösung schwach alkalisch gemacht wird. In stark alkalischem Milieu löst sich der Niederschlag unter Bildung des $[Cr(OH)_4]^-$-Komplexions (S. 171).

Säurebildende Metalle

Die Metalle der VI. und VII. Nebengruppe zeigen in ihren **höchsten Oxidationsstufen** (+ VI und + VII) eine Besonderheit: Wie die Elemente der entsprechenden Hauptgruppen bilden sie **Sauerstoffsäuren**. Das dunkelrote **Chrom(VI)-oxid** CrO_3 löst sich in Wasser unter Bildung von gelber **Chromsäure** H_2CrO_4. In konzentrierter Lösung entsteht **Dichromsäure** $H_2Cr_2O_7$, eine Pyrosäure (S. 49). Die Alkalisalze (Chromate) sind gelb, jene der Dichromsäure (Dichromate) orange. Alle Cr(VI)-Verbindungen sind **starke Oxidationsmittel**. Chromsäure wird denn auch in der organischen Chemie oft für Oxidationen eingesetzt (z. B. Alkohole → Aldehyde, Ketone, Carbonsäuren; S. 215). Eine Lösung von Kaliumdichromat in konzentrierter Schwefelsäure ist heiss ein wirksames Reinigungsmittel zur Entfernung von hartnäckigem organischem Schmutz an Glaswaren. Diese **Chromschwefelsäure** ist aber auch äusserst aggressiv auf Textilien und Haut und wegen ihrer Giftigkeit als Abfall eine Umweltbelastung.

7. Molybdän und Wolfram

Molybdän ist ein hartes, silberweisses Metall (Schmelzpunkt 2500°C) und kommt als Molybdänglanz MoS_2 vor. Es wird für Spezialstähle gebraucht. Seine Wertigkeiten sind II, III, IV, V und VI. Nur in der höchsten Stufe bildet es beständige Verbindungen. **Molybdänsäure** H_2MoO_4 kann unter Wasseraustritt Dimolybdän- und verschiedene Polymolybdänsäuren bilden. Das für den **Phosphornachweis** und die fotometrische **P-Bestimmung** verwendete **Ammoniummolybdat** ist ein Salz der Heptamolybdänsäure $(NH_4)_6Mo_7O_{24} \cdot 4H_2O$. Verbindungen des 5wertigen Molybdäns sind tiefblau.

Wolfram wird aus Wolframit $FeWO_4$ gewonnen. Das silberweisse harte Metall schmilzt bei 3380°C. Es eignet sich deshalb für **Glühlampendrähte.** Wolframlampen füllt man mit Edelgas, um das Verdampfen des Glühfadens zu verhindern. Zusatz von wenig Iod zur Gasfüllung erhöht die Lebensdauer des Drahtes (Halogenlampen). Auch beim Wolfram sind mit wenig Ausnahmen nur die 6wertigen Verbindungen beständig. Es bildet Polysäuren wie das Molybdän. **Wolframsäure** H_2WO_4 wird zum Ausfällen von Eiweiss gebraucht (S. 269). Wolframcarbid (WC) ist fast so hart wie Diamant. Bohrerschneiden werden deshalb oft mit WC versehen.

8. Mangan

Häufigstes Manganerz ist der **Braunstein** MnO_2. Die Hauptmenge des harten und spröden Metalls wird für Stahllegierungen gebraucht. Die wichtigsten Wertigkeiten sind II, IV und VII. Nur in der 2wertigen Stufe bildet Mn beständige Kationen. Die

Mn(II)-Salze sind meist schwach rosa. MnS fällt als hautfarbener Niederschlag bei Zusatz von S^{2-} zu Mn^{2+}-Lösungen aus. Mn(II)-Ionen bilden sich immer, wenn Permanganat in saurer Lösung reduziert wird (s. unten).

MnO₂, ein schwarzes Pulver, ist ein **starkes Oxidationsmittel**. Es oxidiert z. B. Wasserstoffperoxid zu Sauerstoff und Wasser, und Salzsäure zu Chlor:

$$MnO_2 + H_2O_2 \rightarrow MnO + H_2O + O_2 \qquad MnO_2 + 2Cl^- + 4H^+ \rightarrow Mn^{2+} + 2H_2O + Cl_2\uparrow$$

Braunstein findet bei der Herstellung von Trockenbatterien Verwendung.

Schmilzt man Mn-Verbindungen mit K_2CO_3 und $KClO_3$ zusammen, bildet sich das intensiv grüne Kaliummanganat K_2MnO_4 (empfindlicher Mn-Nachweis). MnO_4^{2-} (Oxidationszahl $+VI$) entsteht auch als Zwischenstufe bei der Reduktion von Permanganat in alkalischem Milieu.

Manganheptoxid Mn_2O_7, das Anhydrid der **Permangansäure** ($HMnO_4$), ist eine schwarze, unbeständige Flüssigkeit. Die intensiv rotviolette Permangansäure ist eines der **stärksten Oxidationsmittel** und nur in verdünnter Lösung einigermassen beständig. **Kaliumpermanganat** $KMnO_4$ kristallisiert in metallglänzenden schwarzvioletten Prismen. Es wird durch elektrolytische Oxidation von Kaliummanganat gewonnen. $AgMnO_4$ wird in Filtern für Spezialgasmasken verwendet (Oxidation des giftigen CO zu CO_2). Von den gewöhnlichen Kohlefiltern wird CO nicht zurückgehalten. Die Adsorption von Gasen und Dämpfen an Kohle ist von deren Molekülmasse abhängig. Je grösser diese, desto intensiver die Adsorption. Das CO-Molekül ist gleichschwer wie das N_2-Molekül und sogar leichter als O_2. CO wird deshalb durch Luft von der Kohleoberfläche verdrängt.

Manganometrie

Die Manganometrie ist wie die Iodometrie (S. 155) eine **oxidimetrische Titrationsanalyse.** Wegen ihres hohen Oxidationspotentials kann Permangansäure auf zahlreiche Stoffe «losgelassen» werden, die sich mit Iod nicht oxidieren lassen. Das oxidierbare Analysenmaterial wird mit H_2SO_4 (nicht mit HCl!) angesäuert. Aus einer Bürette wird $KMnO_4$ bekannter Konzentration zugetropft. Das Permanganat wird laufend entfärbt. Titrationsendpunkt ist das Erscheinen des ersten bleibenden Rosatons. Dank seiner intensiven Farbe ist Permanganat **sein eigener Indikator.** In saurer Lösung wird das Mn von der Oxidationszahl $+VII$ zu $+II$ reduziert. Permanganat ist somit ein **5elektroniges** Oxidationsmittel.

Beispiel:

$$MnO_4^- + 5Fe^{2+} + 8H^+ \rightarrow Mn^{2+} + 5Fe^{3+} + 4H_2O$$

$$Mn^{+VII} + 5e^- \rightarrow Mn^{+II} \qquad 5Fe^{+II} - 5e^- \rightarrow 5Fe^{+III}$$

(Siehe auch Gleichung S.83.)

1 mol $KMnO_4$ verkörpert somit 5 Redoxäquivalente oder 5 mol «Elektronenlöcher». Eine 1 normale Permanganatlösung entspricht $^1/_5$ mol/l $KMnO_4$.

In alkalischem Milieu geht die Reduktion von Permanganat nur bis zum MnO_2 ($+VII \rightarrow +IV$). 1 mol/l Permanganat ist dann nur 3 normal und nicht 5 normal wie bei saurer Titration. Das Beispiel zeigt erneut die Mehrdeutigkeit des Normalitätsbegriffs und damit die Unsicherheit bei dessen Handhabung (S. 155).

Als **Urtitersubstanz** für die genaue Einstellung von Permanganat-Titrierlösungen dient Natriumoxalat $Na_2C_2O_4$. Vor der Titration wird die Oxalatlösung angesäuert.

$$2MnO_4^- + 5C_2O_4^{2-} + 16H^+ \rightarrow 2Mn^{2+} + 10CO_2 + 8H_2O$$

Die Oxidation von Oxalsäure mit MnO_4^- ist Beispiel einer **Autokatalyse.** Die ersten zugesetzten Permanganattropfen entfärben sich nur sehr langsam. Je weiter die Oxidation fortschreitet, desto grösser wird die Reaktionsgeschwindigkeit. Der Redoxvorgang wird durch Mn^{2+}-Ionen katalysiert, die aber erst im Verlauf der Reaktion gebildet werden.

Rechenbeispiele

1. Von einer Permanganatlösung mit $c(\frac{1}{5}KMnO_4) \sim 0,1$ mol/l Redoxäquivalente ($\sim 0,1$ N) soll mittels Titration von $Na_2C_2O_4$ der Titerfaktor bestimmt werden. 246,9 mg Natriumoxalat verbrauchen 36,61 ml Permanganatlösung.

Natriumoxalat ist ein 2elektroniges Reduktionsmittel.

1 mmol $Na_2C_2O_4 \triangleq 134,0$ mg $\triangleq 2$ mmol Elektronen

$$246,9 \text{ mg} \triangleq \frac{2 \cdot 246,9}{134,0} = 3,685 \text{ mmol Elektronen}$$

36,61 ml Permanganatlösung $\triangleq 3,685$ mmol Redoxäquivalente

$$1000 \text{ ml} \triangleq \frac{3,685}{36,61} \cdot 1000 = 100,7 \text{ mmol} \rightarrow \text{Der Faktor für die Lösung ist } \mathbf{1,007.}$$

2. 6 ml Wasserstoffperoxidlösung verbrauchen 13,7 ml Permanganat $c(\frac{1}{5}KMnO_4)$ $= 0,1025$ mol/l Redoxäquivalente (0,1025 N). Wie viele Gramm pro Liter H_2O_2 enthält die Lösung?

$$2MnO_4^- + 5H_2O_2 + 6H^+ \rightarrow 2Mn^{2+} + 5O_2 + 8H_2O$$

$$V_{Redm} \cdot c(\tfrac{1}{n}Redm) = V_{Oxm} \cdot c(\tfrac{1}{m}Oxm) \quad \text{oder} \quad V_{Redm} \cdot N_{Redm} = V_{Oxm} \cdot N_{Oxm}$$

$$V_{H_2O_2} \cdot c(\tfrac{1}{2}H_2O_2) = V_{KMnO_4} \cdot c(\tfrac{1}{5}KMnO_4) \quad \text{oder} \quad V_{H_2O_2} \cdot N_{H_2O_2} = V_{KMnO_4} \cdot N_{KMnO_4}$$

$$c(\tfrac{1}{2}H_2O_2) = \frac{13,7 \cdot 0,1025}{6} = 0,234 \text{ mol/l Redoxäquivalente } (= 0,234 \text{ val/l})$$

$$c(H_2O_2) = \frac{0,234}{2} = 0,117 \text{ mol/l} \triangleq 0,117 \cdot 34,01 = \mathbf{3,98 \text{ g/l } H_2O_2.}$$

XXVII. Glas

Als Gläser im weiteren Sinn bezeichnet man alle amorphen (nichtkristallinen) Stoffe, die durch Unterkühlen von Schmelzen entstanden sind. Es sind **Flüssigkeiten von extrem hoher Viskosität**. Wegen der grossen Zähigkeit ist die Bewegung der Moleküle derart behindert, dass sie sich nur äusserst schwer zu Kristallen ordnen können. Bei alten Silikatgläsern kann – vor allem beim Erwärmen – eine Teilkristallisation oder «Entglasung» eintreten (Trübungsbildung, Erhöhung der Sprödigkeit).

1. Zusammensetzung der Silikatgläser (Glas im engeren Sinn)

Tabelle 29 stellt die Bestandteile von gewöhnlichem Fensterglas und dem hitzebeständigeren Geräteglas gegenüber. Die Gläser sind aber nicht etwa Gemische der hier aufgezählten Oxide, sondern immer Riesenmoleküle (lange Ketten und Netze) aus den verschiedensten Polysilikaten (Abb. 62).

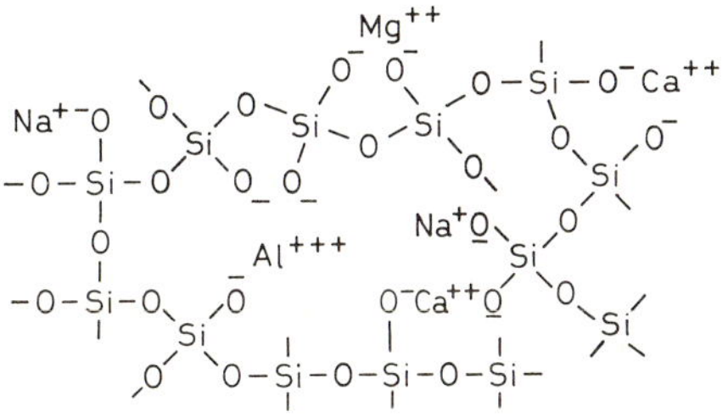

Abb. 62. Struktur eines Silikatglases.

Obligatorischer Bestandteil der Gläser im engeren Sinn ist SiO_2. **Quarzglas** ist reines Siliciumdioxid, das im Gegensatz zum Bergkristall amorph ist wie andere Gläser. Hauptbestandteile der meisten technischen Gläser sind SiO_2, Na_2O (oder K_2O) und CaO. Zusätzliche Komponenten von **Spezialgläsern** sind B_2O_3, Al_2O_3, PbO, BaO, La_2O_3, ZrO_2, SnO_2 und anorganische Farbstoffe (Tab. 29, 30).

Tabelle 29. Zusammensetzung von Gläsern

Fensterglas		Hitzebeständiges Geräteglas	
Bestandteil	%	Bestandteil	%
SiO_2	73	SiO_2	81
Al_2O_3	1	Al_2O_3	2,2
Na_2O	12	Na_2O	3,2
CaO	10	K_2O	1,4
MgO	3,5	B_2O_3	12,2
SO_3	0,5		

Tabelle 30. Farbige Gläser

Zusatz	Glasfarbe
Fe	grün oder braun
Mn	violett oder braun
Cr	gelb oder grün
Cu	blaugrün
Au	rot

2. Glasherstellung

Ausgangsmaterialien für gewöhnliches Glas sind Quarzsand, Soda oder Natriumsulfat und Kalkstein. Für die Herstellung von Spezialgläsern werden die oben aufgezählten Oxide in gewünschter Menge der Grundmasse zugesetzt. Das fein gemahlene Gemisch der Rohprodukte wird im Glasofen bei 1000–1600°C «erschmolzen». Die Carbonate geben dabei CO_2 ab, das für eine gründliche Durchmischung der Schmelze sorgt.

3. Eigenschaften der Gläser

Chemische Beständigkeit

Alle Silikatgläser, auch reiner Quarz, werden von Flussäure und Alkalischmelzen angegriffen. Je nach Beständigkeit gegenüber Wasser, Säuren und Laugen werden die Gläser in Qualitätsklassen eingeteilt. Gutes Geräteglas wird durch kochendes Wasser und auch kochende konzentrierte Säuren nur minim angegriffen. Bei der Säureklasse I (beste Qualität) löst sich aus 100 cm^2 Glasoberfläche weniger als 1 mg Material, wenn sie 1 h mit kochender HCl von 200 g/kg behandelt wird.

Thermisches Verhalten

Für die Beständigkeit der Gläser gegen thermische Wechselbelastung ist der **Ausdehnungskoeffizient** entscheidend. Dieser ist in der Regel um so kleiner, je grösser der SiO_2-Gehalt ist. Quarzglas (Ausdehnungskoeffizient $6 \cdot 10^{-7}$) kann ohne Bruchgefahr bei Rotglut mit kaltem Wasser abgeschreckt werden. Duran- und Pyrexglas ($32 \cdot 10^{-7}$) sind relativ feuerfest und werden für die meisten Laborgeräte verwendet, die raschen Temperaturwechseln ausgesetzt sind. Gewöhnliches Geräteglas ($87 \cdot 10^{-7}$) ist gegen Temperatursprünge wenig resistent.

Es gilt die Regel: Je kleiner der Ausdehnungskoeffizient ist, desto höher liegt die Erweichungstemperatur. Die hochschmelzenden werden als **harte,** die niedrigschmelzenden als **weiche Gläser** bezeichnet.

Sicherheitsglas wird erhalten, wenn eine heisse Glasplatte unter kontrollierten Bedingungen abgeschreckt wird. Das Glas erhält so eine «überspannte» Oberfläche. Wird diese verletzt, zerspringt das ganze Stück in kleine Brocken und nicht in die üblichen schneidenden Scherben.

Optische Eigenschaften

Der **Brechungsindex** variiert je nach Zusammensetzung zwischen 1,5 und 2,5. Gläser mit besonders hohem Brechungsindex sind die Blei- oder Kristallgläser mit 20–30% PbO. Glas mit bis zu 80% PbO wird als durchsichtiges Strahlenschutzmaterial gebraucht.

Die **Lichtdurchlässigkeit** ist bei Quarzglas am besten (etwa 200–2000 nm). Fensterglas absorbiert dagegen das kurz- und mittelwellige Ultraviolett und ist erst oberhalb etwa 350 nm durchlässig. Durch geeignete Zusätze (vor allem verschiedener Schwermetalle) werden optische Filter hergestellt, die gewünschte Teile des sichtbaren und infraroten Spektrums absorbieren (Tab. 30). Der Grünstich des gewöhnlichen Fensterglases rührt von Eisenspuren im Rohmaterial des Glassatzes her.

Milchglas entsteht bei Zusatz von SnO_2, TiO_2 oder Calciumphosphat.

IX. Fragen zur Eigenkontrolle (Stoffgebiet S. 150–184)

1. Welche Oxidationszahlen hat Chlor in a) Perchlorsäure, b) Natriumchlorit, c) Chlorkalk, d) Chlorgas?
2. Welchen Gehalt an NaClO in Gramm pro Liter hat eine Lösung, wenn 5 ml davon nach Umsetzung mit überschüssigem Iodwasserstoff 13,8 ml 0,1 mol/l Thiosulfat verbrauchen ($NaClO + 2HI \rightarrow NaCl + I_2 + H_2O$)?
3. Was ist a) Iodtinktur, b) Iodstärke, c) Lugolsche Lösung, d) Thyroxin?
4. In einer Meerwasserprobe soll das Chlorid mercurimetrisch titriert werden. Wie ist vorzugehen?
5. Fluorwasserstoff ist eine schwächere Säure als Chlorwasserstoff. Warum kann Salzsäure in Glasgefässen aufbewahrt werden, Flusssäure dagegen nicht?
6. Was ist an folgender Beschreibung unglaubwürdig? Eine KBr-Lösung soll iodometrisch titriert werden. 10 ml der Lösung werden mit 1 ml konzentrierter HCl angesäuert und mit 10 ml einer Iodlösung (genügend Überschuss) umgesetzt. Der nicht umgesetzte Iodüberschuss der Analysenprobe und eine Leerprobe mit 10 ml Iodlösung + 1 ml HCl werden mit Thiosulfat bekannter Konzentration titriert. Aus der Volumendifferenz im Thiosulfatverbrauch der beiden Titrationen wird der KBr-Gehalt der untersuchten Lösung berechnet.
7. Wie heissen folgende Stoffe: FeS_2, $Na_2S_2O_4$, $H_2S_2O_7$, HSCN?
8. Welche Formeln haben folgende Substanzen: Calciumcyanat, Hydroxylamin, Blei(II)-azid, Eisen(III)-rhodanid?
9. Was versteht man unter allotropen Modifikationen? 4 Beispiele sind zu nennen.
10. Wo findet sich die Hauptmenge des Phosphors im menschlichen Körper?
11. Wie kommt die Flammenfärbung der Alkali- und Erdalkalimetalle zustande?
12. Warum enthält Warmwasser aus einem Boiler weniger Calcium als kaltes, frisches Leitungswasser?
13. Warum sind Zink und Aluminium in feuchter Luft beständiger als Eisen, obschon Fe das edelste der drei Metalle ist?
14. Bei Zusatz von NaOH zu einer $FeCl_3$-Lösung bildet sich ein $Fe(OH)_3$-Niederschlag. Warum entsteht keine Fällung aus NaOH und $K_3[Fe(CN)_6]$?
15. Warum löst sich Silberbromid in Natriumthiosulfatlösung auf? (Gleichung)
16. Wie heissen folgende Komplexsalze und welche Ladung hat das Zentralatom des jeweiligen Komplexions: $K_4[Fe(CN)_6]$, $[Ag(NH_3)_2]_2SO_4$, $Na_3[AlF_6]$, $K_2[HgI_4]$?
17. Was geschieht bei der fotografischen Schwarzweissentwicklung?
18. Wie lässt sich Eisen und wie Kupfer in stark verdünnten Lösungen nachweisen?
19. Welcher Unterschied besteht zwischen Roheisen, Weicheisen und Stahl?
20. Welchen Indikator verwendet man bei der manganometrischen Titration?
21. Warum darf bei der Manganometrie nicht Salzsäure zum Ansäuern verwendet werden?
22. Welche Bedeutung hat das Eisen für den menschlichen Organismus?
23. In einem Stahl wird der Fe-Gehalt manganometrisch bestimmt: 150 mg des Metalls werden unter Luftabschluss in Schwefelsäure aufgelöst. Zur Titration der Lösung ($Fe^{2+} \rightarrow Fe^{3+}$) werden 25,87 ml 0,02 mol/l $KMnO_4$-Lösung verbraucht. Wieviele Gramm Fremdelemente enthalten 100 g des Stahls?
24. Welche Eigenschaften hat Quarzglas?

(Antworten S. 356)

Organische Chemie und Biochemie

Einleitung

Bis zum Anfang des letzten Jahrhunderts hat man streng unterschieden zwischen mineralischen = «anorganischen» und «organischen», d. h. von lebenden Organismen erzeugten Substanzen. Man glaubte, dass zur Synthese der «organischen» Stoffe eine besondere Lebenskraft nötig sei, die nur dem lebenden Organismus innewohne. Um die Mitte des 18. Jahrhunderts erkannte Lavoisier, dass die **organische Materie grösstenteils aus den 4 Elementen C, H, O und N** besteht. 1828 gelang Wöhler die erste Synthese einer organischen Verbindung. Er verwandelte durch Erhitzen Ammoniumcyanat (in Lebewesen nicht vorkommend) in Harnstoff (tierisches Stoffwechselendprodukt).

$$NH_4OCN \rightarrow NH_2 - CO - NH_2$$

Durch diese Synthese wurde die Hypothese von der obligatorischen Lebenskraft widerlegt. Die Grenze zwischen «anorganischen» und «organischen» Stoffen wurde durch weitere Laborsynthesen mehr und mehr verwischt. Man hat die beiden Begriffe aber später wieder aufgenommen und neu definiert:

Anorganisch: Substanzen ohne C;   **organisch: Substanzen mit C**

CO, CO_2, H_2CO_3, Carbonate und Carbide zählt man als Ausnahmen zu den anorganischen Stoffen.

Seit Wöhlers Harnstoffsynthese hat man Hunderttausende von organischen Verbindungen im Labor hergestellt, darunter viele nicht in der Natur vorkommende (Medikamente, Farbstoffe, Kunstfasern, Kunstharze, Sprengstoffe usw.). Man kennt heute gegen 5 Millionen organische Verbindungen (und etwa 100 000 anorganische).

Die Mannigfaltigkeit der organischen Chemie beruht auf der einmaligen Eigenschaft des Kohlenstoffs, **Kettenmoleküle** zu bilden. C-Atome können sich unter gewissen Bedingungen zu Ketten, Ringen und Netzen mit praktisch unbeschränkter Gliederzahl aneinanderreihen. Je nach Art der C-Ketten werden die Kohlenstoffverbindungen in folgende Klassen eingeteilt:

Offene Ketten: aliphatische Verbindungen
Ringförmige Ketten; nur C-Atome als Ringglieder: isozyklische Verbindungen
Ringförmige Ketten; neben C andere Elemente als Ringglieder: heterozyklische Stoffe

In allen organischen Verbindungen mit ganz wenig Ausnahmen ist der Kohlenstoff **4wertig**.

I. Aliphatische Verbindungen

Der Sammelname «aliphatische Verbindungen» für alle organischen Stoffe mit offenen Kettenmolekülen ist vom griechischen Wort «aleiphar» = Salbe, Fett, Öl abgeleitet. Die Fette sind denn auch typische Vertreter der aliphatischen Stoffklasse.

A. Kohlenwasserstoffe

Neben dem Kohlenstoff kommt Wasserstoff in fast allen organischen Verbindungen vor. Als **Kohlenwasserstoffe** (KW) gelten **Verbindungen, die nur C und H enthalten.** Könnten sich die C-Atome nicht mit ihresgleichen verbinden, gäbe es nur einen Kohlenwasserstoff mit 4wertigem C, das Methan CH_4. Wegen der Kettenbildung sind aber theoretisch unendlich viele Kohlenwasserstoffe möglich.
Die aliphatischen Kohlenwasserstoffe werden in zwei grosse Gruppen eingeteilt:

Kohlenwasserstoffe mit lauter **Einfachbindungen** zwischen den C-Atomen = **gesättigte Kohlenwasserstoffe**	Kohlenwasserstoffe mit einer oder mehreren **Doppel-** oder **Dreifachbindungen** = **ungesättigte Kohlenwasserstoffe**

Maximaler Wasserstoffgehalt (mit Wasserstoff gesättigt)	Kleinerer Wasserstoffgehalt als bei den gesättigten Kohlenwasserstoffen

Sowohl gesättigte wie ungesättigte Kohlenwasserstoffe bilden **verzweigte und unverzweigte Moleküle.** Die C—C- und C—H-Bindungen sind kovalent («Elektronenpaarbindung», S. 73). Weil die C—H-Bindung nur sehr schwach polar ist, sind die Protonen der Kohlenwasserstoffe nicht dissoziierbar. **Kohlenwasserstoffe sind Nichtelektrolyte und praktisch wasserunlöslich.**

1. Gesättigte Kohlenwasserstoffe = Alkane (Paraffine)

Kohlenwasserstoffe mit maximalem Wasserstoffgehalt heissen **Alkane.** Die Endung **-an** ist bezeichnend für die vollständige Sättigung.

Unverzweigte Alkane
Die in Tabelle 31 aufgeführten Kohlenwasserstoffe bilden eine homologe Reihe. **Verbindungen, die sich nur durch eine oder mehrere CH_2-Gruppen unterscheiden, gehören zur gleichen homologen Reihe.** Dies gilt nicht nur für Kohlenwasserstoffe,

sondern für beliebige aliphatische Verbindungsklassen (Alkohole, Carbonsäuren, Amine usw.). Die Angehörigen einer homologen Reihe sind in allen Eigenschaften unter sich verwandt. Die Ähnlichkeit ist um so grösser, je weniger CH_2-Gruppen den Unterschied ausmachen. Beim Durchlaufen einer homologen Reihe ändert sich eine bestimmte Eigenschaft meist stetig in kleinen Schritten (Tab. 31, Kolonne Sdp). Die Alkane CH_4 bis C_4H_{10} haben historisch bedingte Namen (Methan, Ethan, Propan, Butan). Ethan wurde bis vor kurzem noch als Äthan geschrieben. Die Namen aller höheren Kohlenwasserstoffe (Pentan, Hexan usw.) leiten sich vom griechischen Zahlwort ab, das der Kettengliederzahl entspricht (Tab. 31).

Tabelle 31. Unverzweigte Alkane

Name	Bruttoformel	Strukturformel	Gruppenformel	Sdp, °C	Smp, °C
Methan	CH_4		CH_4	− 164	− 184
Ethan	C_2H_6		CH_3—CH_3	− 89	− 172
Propan	C_3H_8		CH_3—CH_2—CH_3	− 42	− 190
Butan	C_4H_{10}		CH_3—$(CH_2)_2$—CH_3	+ 1	− 135
Pentan	C_5H_{12}		CH_3—$(CH_2)_3$—CH_3	36	− 130
Hexan	C_6H_{14}		CH_3—$(CH_2)_4$—CH_3	69	− 94
Heptan	C_7H_{16}		CH_3—$(CH_2)_5$—CH_3	98	− 91
Octan	C_8H_{18}		CH_3—$(CH_2)_6$—CH_3	126	− 57
Nonan	C_9H_{20}		CH_3—$(CH_2)_7$—CH_3	151	− 54
Decan	$C_{10}H_{22}$		CH_3—$(CH_2)_8$—CH_3	173	− 30
Undecan	$C_{11}H_{24}$		CH_3—$(CH_2)_9$—CH_3	195	− 26
⋮	⋮		⋮		
Eicosan	$C_{20}H_{42}$		CH_3—$(CH_2)_{18}$—CH_3		+ 37
⋮	⋮		⋮		
Alkan	C_nH_{2n+2}		CH_3—$(CH_2)_{n-2}$—CH_3		

Verzweigte Alkane

Mit 2 und 3 C-Atomen sind keine verzweigten Ketten möglich. Der Bruttoformel C_4H_{10} lassen sich aber zwei Strukturbilder zuordnen:

H H H H
| | | |
H—C—C—C—C—H   normal-Butan
| | | | (n-Butan)
H H H H

H   H   H
| | |
H—C———C———C—H   iso-Butan
| | | (i-Butan)
H H—C—H H
      |
      H

Unverzweigtes und verzweigtes Butan sind **isomer** (gr. iso = gleich, meros = Teil).

Isomere Verbindungen haben die gleiche prozentuale Elementarzusammensetzung und auch die gleiche Molekülmasse. Ihre Atome sind aber innerhalb des Moleküls verschieden angeordnet (gleiche Brutto-, aber verschiedene Strukturformel). Man spricht von **Strukturisomerie.** Das Pentan hat folgende 3 Isomere:

H H H H H
| | | | |
H—C—C—C—C—C—H
| | | | |
H H H H H

H   H   H H
| | | |
H—C———C———C—C—H
| | | |
H H—C—H H H
      |
      H

            H
            |
    H H—C—H H
    | | |
H—C———C———C—H
| | |
H H—C—H H
      |
      H

Die Isomerenzahl nimmt mit steigender C-Zahl lawinenartig zu. Vom Octan gibt es 18, vom Eicosan $C_{20}H_{42}$ 366 319, vom Tetracontan $C_{40}H_{82}$ 62 491 178 805 831 Isomere.

Gruppen- oder Halbstrukturformeln, Alkylgruppen

In der organischen Chemie werden Bruttoformeln seltener verwendet als in der anorganischen, weil sie meistens vieldeutig sind. Strukturformeln anderseits brauchen viel Platz. Man bedient sich deshalb oft der **Gruppenformeln** (Halbstrukturformeln), die ebenso eindeutig sind wie die Strukturformeln (Tab. 31). Die fünf Isomere des Hexans präsentieren sich in Gruppenformeln wie folgt:

$CH_3—CH_2—CH_2—CH_2—CH_2—CH_3$ oder $CH_3(CH_2)_4CH_3$

$CH_3—CH—CH_2—CH_2—CH_3$ oder $(CH_3)_2CH(CH_2)_2CH_3$
     |
    CH_3

$CH_3—CH_2—CH—CH_2—CH_3$ oder $CH_3CH_2CH(CH_3)CH_2CH_3$
         |
        CH_3

$CH_3—CH—CH—CH_3$ oder $(CH_3)_2CHCH(CH_3)_2$
    | |
   CH_3 CH_3

   CH_3
    |
$CH_3—C—CH_2—CH_3$ oder $(CH_3)_3CCH_2CH_3$
    |
   CH_3

Um auch die verzweigten Kohlenwasserstoffe eindeutig benennen zu können, hat man für Kettenstücke folgende Bezeichnungen gewählt:

CH_3-	Methylgruppe	$\begin{array}{c}CH_3 \\ \\ CH_3\end{array}\!\!\Big\backslash\!\!\Big/ CH-$	Isopropylgruppe
CH_3CH_2-	Ethylgruppe		
$CH_3CH_2CH_2-$	Propylgruppe	$C_nH_{2n+1}-$	Alkylgruppe (oft noch kürzer: R-)

Genfer Nomenklatur

Die ungeheure Fülle von Isomeren bei den höheren Kohlenwasserstoffen fordert eine eindeutige Namengebung. Der «Vorname» iso- ist nur brauchbar, wenn eine Verbindung bloss 2 Strukturisomere hat (Butan). Die Basis zu einer allgemein gültigen rationellen Nomenklatur ist 1892 in Genf gelegt worden. Diese **Genfer Nomenklatur** ist seither für die gesamte organische Chemie ausgebaut worden. Ein internationales Gremium, die IUPAC (International Union of Pure and Applied Chemistry), ist heute für alle Nomenklaturfragen zuständig.

Verzweigte Kohlenwasserstoffe werden nach folgendem Prinzip benannt: **Die längste durchgehende Kette gibt der Verbindung den Hauptnamen. Die Glieder dieser Kette werden numeriert, und zwar so, dass die Summe der Ziffern aller Verzweigungsstellen möglichst klein wird.** Die Alkylgruppen der Seitenketten mit ihren Positionsnummern werden, nach zunehmender Länge bzw. Komplexität (oder auch alphabetisch) geordnet, dem Hauptnamen vorangestellt. Gleichartige Alkylgruppen werden im Namen zusammengefasst. Ihre Anzahl wird mit einem griechischen Zahlwort angegeben.

Die vorher aufgeführten vier verzweigten Hexane heissen somit: 2-Methyl-pentan, 3-Methyl-pentan, 2,3-Dimethyl-butan und 2,2-Dimethyl-butan. (Sitzen zwei gleiche Gruppen am gleichen C, wird deren Position auch zweimal angegeben!) Weitere Beispiele:

3,3-Dimethyl-5-ethyl-heptan
(ein verzweigtes Undecan)

2,3,6,6-Tetramethyl-4-ethyl-5-propyl-
3-isopropyl-octan (ein verzweigtes Eicosan)

Würde im letzten Beispiel die Hauptkette von rechts nach links numeriert, ergäbe die Summe aller Positionsziffern im Namen 34 statt 29. Für kurze Namen, z.B. Methylpropan, wird der Bindestrich oft weggelassen. Namen mit Bindestrich sind aber leichter zu lesen als solche ohne. In diesem Lehrgang sind deshalb konsequent alle Namen mit Bindestrichen geschrieben. Für komplexere Seitenketten als die Iso-propylgruppe hilft man sich wie im folgenden Beispiel:

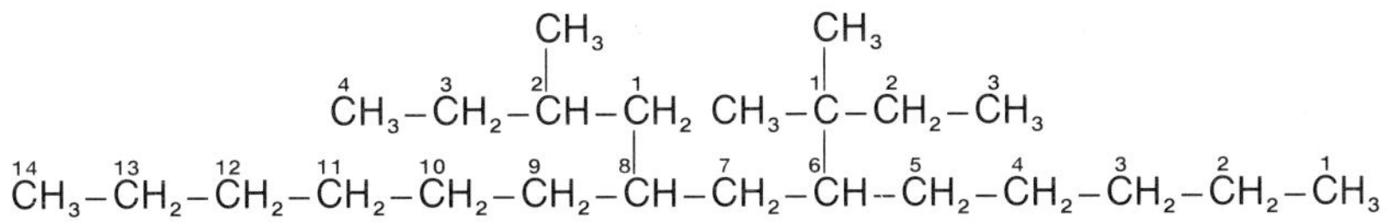

$$\overset{4}{C}H_3-\overset{3}{C}H_2-\overset{2}{C}H-\overset{1}{C}H_2 \quad \overset{1}{C}H_3-\overset{2}{C}-\overset{3}{C}H_2-CH_3$$

$$\begin{matrix} CH_3 & & CH_3 \\ | & & | \end{matrix}$$

$$\overset{14}{C}H_3-\overset{13}{C}H_2-\overset{12}{C}H_2-\overset{11}{C}H_2-\overset{10}{C}H_2-\overset{9}{C}H_2-\overset{8}{C}H-\overset{7}{C}H_2-\overset{6}{C}H-\overset{5}{C}H_2-\overset{4}{C}H_2-\overset{3}{C}H_2-\overset{2}{C}H_2-\overset{1}{C}H_3$$

8-(2-Methyl-butyl)-6-(1,1-dimethyl-propyl)-tetradecan

Beide Seitenketten haben insgesamt 5 C, diejenige an Position 6 ist aber komplexer als jene von Stellung 8, was die Reihenfolge bestimmt.

Das Kohlenstofftetraeder

Die Strukturformeln sind ebene Abbilder der **dreidimensionalen Moleküle.** Die 4 Valenzen des Kohlenstoffs liegen nicht in einer Ebene, also nicht in den Diagonalen eines Quadrats. Sie strahlen vom Schwerpunkt eines **Tetraeders** nach dessen 4 Ecken aus. Bei den gesättigten Kohlenwasserstoffen mit 2 und mehr C stehen immer 2 solche C-Tetraeder Spitze an Spitze. Je 2 von einem C ausgehende Einfachvalenzen bilden einen Winkel von 109,5°. Das Kohlenstoff-«Rückgrat» eines Kohlenwasser-stoffes liegt deshalb nicht in einer Geraden, sondern in einer Zickzacklinie. Die üblichen Strukturformeln, z. B. von Tabelle 31, sind ebene Projektionen dieses Zick-zacks (Abb. 63, 64).

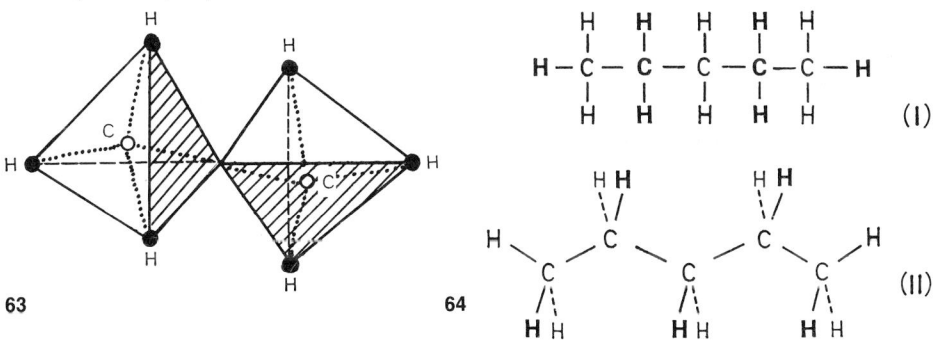

63   **64**

Abb. 63. Kohlenstofftetraeder des Ethans.
Abb. 64. Zwei Projektionen für die Strukturformel des n-Pentans.

Bei Formel I in Abbildung 64 sieht man die Zickzacklinie «von der Seite»; die fettge-druckten C und H liegen vor, die übrigen Atome hinter der Zeichenebene; die beiden H der CH$_2$-Gruppen liegen senkrecht übereinander, gleich weit über und unter der Zeichenebene. Die C–C-Einfachbindungen sind Achsen innerhalb der Moleküle, um die sich ganze Atomgruppen frei drehen können. Es sind deshalb noch fast beliebig viele weitere Projektionen (neben jenen von Abb. 64) möglich.
In Wirklichkeit liegen die Atome eines Kohlenwasserstoffs nicht an langen «Stielen» weit auseinander, wie in den Strukturformeln dargestellt. Dank der Elektronenpaar-bildung durchdringen sich die äussersten Elektronenschalen gegenseitig (Abb. 65).

Trotzdem hat man die «gestielten» Formeln wegen ihrer Übersichtlichkeit beibehalten. Der organische Chemiker verwendet oft und gern Strukturformeln, die auf blosse Zickzackstriche reduziert sind (Abb. 66). Jedes Ende eines Strichs ist ein CH_3, jeder Knick ein CH_2 und jede Verzweigung ein CH bzw. C.

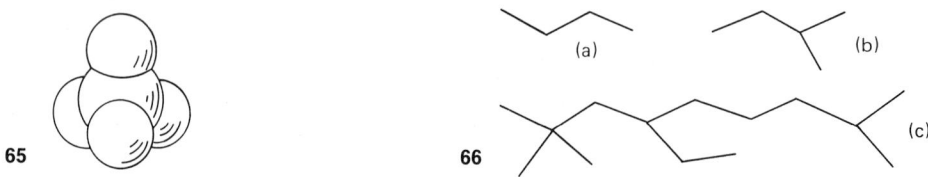

65

66

Abb. 65. Kalottenmodell des Methanmoleküls.
Abb. 66. Strichformeln von Butan (a), 2-Methyl-butan (b) und 2,2,8-Trimethyl-4-ethyl-nonan (c).

Herstellung und chemische Eigenschaften der Alkane

Die überwiegende Menge aller industriell verarbeiteten Kohlenwasserstoffe stammt aus **Erdöl-** und **Erdgaslagern.** Erdgas besteht aus Methan mit wenig Ethan, Propan und Butan (alle bei Raumtemperatur gasförmig). Erdöl besteht aus einer Grosszahl flüssiger und darin gelöster fester Kohlenwasserstoffe. Es enthält je nach Herkunft wechselnde Mengen ungesättigter und zyklischer Kohlenwasserstoffe. Einzelne Kohlenwasserstoffe oder Gruppen davon gewinnt man durch fraktionierte Destillation von Erdöl und verflüssigtem Erdgas. Die Siedepunkte der nah verwandten höheren Homologe und erst recht der Isomere liegen oft dicht beisammen, so dass die Isolierung einzelner Reinsubstanzen sehr aufwendig ist. Die flüssigen Erdölraffinate sind deshalb fast stets Gemische. Nach ihrem Siedebereich (°C) unterscheidet man folgende Fraktionen:

Tiefsiedender Petrolether	30– 50	Mittelöl (Heizöl, Leucht-	
Hochsiedender Petrolether	50– 80	petrol, Dieselöl)	180–250
Leichtbenzin	60–110	Schweröl, Schmieröl	über 250
Schwerbenzin	100–150	Hartparaffin	Schmelzpunkt
Ligroin oder Lackbenzin	150–180	= n-KW C_{24}–C_{40}	50– 60
		Paraffinöl = iso-KW C_{20}–C_{40}	

Sowohl gasförmige, flüssige als auch feste Kohlenwasserstoffe werden in erster Linie als **Brennstoffe** verwendet (Kochgas, Heizöl, Motortreibstoffe, Leuchtpetrol, Kerzenparaffin). Die flüssigen Fraktionen, vor allem Petrolether und Benzine, sind gute **Lösungsmittel** für alle lipophilen («fettfreundlichen») Stoffe (S. 202).

Kohlenwasserstoffe lassen sich auch synthetisch herstellen:

Synthese nach **Fischer-Tropsch:**

$$CO + H_2 \xrightarrow{\text{Katalysator}} \text{Gemisch von Kohlenwasserstoffen}$$

Synthese nach **Bergius:**

$$\text{Kohlepulver in Öl suspendiert} + H_2 \xrightarrow[\text{400–500°C}]{\text{200–700 bar}} \text{Gemisch von Kohlenwasserstoffen}$$

Nach dem Bergius-Verfahren lässt sich aus Kohle Benzin herstellen.
Einzelne bestimmte Kohlenwasserstoffe erhält man nach dem Verfahren von **Wurtz**:

$$CH_3—CH_2—CH_2—Cl$$
$$\quad\quad\quad\quad\quad\quad + 2Na \rightarrow$$
$$CH_3—CH —CH_2—Cl$$
$$\quad\quad\quad|$$
$$\quad\quad CH_3$$

$$CH_3—CH_2—CH_2$$
$$\quad\quad\quad\quad\quad| \quad\quad + 2NaCl$$
$$CH_3—CH —CH_2$$
$$\quad\quad|$$
$$\quad CH_3 \quad 2\text{-Methyl-hexan}$$

Die gesättigten Kohlenwasserstoffe sind alle sehr **reaktionsträg. C−C-Einfachbindungen zwischen Alkylgruppen sind schwer angreifbar.**

2. Ungesättigte Kohlenwasserstoffe = Alkene (Alkylene, Olefine)

Der einfachste Kohlenwasserstoff mit Doppelbindung (DB) ist das **Ethen** oder **Ethylen** C_2H_4. Die Namen aller Kohlenwasserstoffe mit Doppelbindungen enden auf **-en**. Da bei den höheren Alkenen (vom Buten an aufwärts) die Doppelbindung an verschiedenen Stellen des Moleküls sitzen kann, sind die Isomeriemöglichkeiten noch viel zahlreicher als bei den Alkanen. Im Namen wird daher die Stellung der Doppelbindungen angegeben: Die kleinere der beiden Positionsziffern der an der Doppelbindung beteiligten C wird dem Namen vorangestellt, z.B. 2-Buten (Tab. 32).

Tabelle 32. Unverzweigte Alkene und Alkadiene

Name	Bruttoformel	Strukturformel	Gruppenformel
Ethen (Ethylen)	C_2H_4		$CH_2{=}CH_2$
Propen (Propylen)	C_3H_6		$CH_2{=}CH—CH_3$
1-Buten	C_4H_8		$CH_2{=}CH—CH_2—CH_3$
2-Buten	C_4H_8		$CH_3—CH{=}CH—CH_3$
1,2-Butadien (spr. Butadiën)	C_4H_6		$CH_2{=}C{=}CH—CH_3$
1,3-Butadien	C_4H_6		$CH_2{=}CH—CH{=}CH_2$

Neben dieser von der IUPAC bestimmten Schreibweise (Tab. 32) findet man auch Penten-2 und Pent-2-en. Am folgerichtigsten wäre die letzte Variante.

Bei den ungesättigten Kohlenwasserstoffen mit mehr als einer Doppelbindung (Polyolefine oder **Polyene**) unterscheidet man drei Typen, je nach dem gegenseitigen Abstand der Doppelbindungen:

Kumulierte oder **vicinale** Doppelbindungen (benachbart)	$-\overset{\mid}{C}=C=\overset{\mid}{C}-$
Konjugierte Doppelbindungen (1 Einfachbindung zwischen 2 Doppelbindungen)	$-\overset{\mid}{C}=\overset{\mid}{C}-\overset{\mid}{C}=\overset{\mid}{C}-$
Isolierte Doppelbindungen (mindestens 2 Einfachbindungen zwischen 2 Doppelbindungen)	$-\overset{\mid}{C}=\overset{\mid}{C}-(\overset{\mid}{C})_n-\overset{\mid}{C}=\overset{\mid}{C}-$

Die wichtigsten der drei Arten sind die konjugierten Doppelbindungen. Sie sind in Naturstoffen sehr verbreitet und spielen eine grosse Rolle in der Farbstoffchemie. Kumulierte Doppelbindungen sind selten und unbeständig.

Aus der Bruttoformel eines Polyens lässt sich die Anzahl seiner Doppelbindungen ablesen: C_nH_{2n+2} = Alkan; C_nH_{2n} = Alken; C_nH_{2n-2} = Alkadien; C_nH_{2n-4} = Alkatrien usw. Die Gruppe $CH_2=CH-$ heisst **Vinylgruppe.**

cis-trans-Isomerie (cis = diesseits, trans = jenseits)

Sind zwei Molekülgruppen durch Doppelbindung verknüpft, so ist deren wechselseitige freie Drehbarkeit aufgehoben (S. 191). Die folgenden zwei Formeln stellen deshalb zwei verschiedene 2-Buten-Isomere dar:

---

cis-2-Buten
(Z)-2-Buten

trans-2-Buten
(E)-2-Buten

Die cis- und die trans-Form eines Alkens oder Alkenderivates haben unterschiedliche Eigenschaften und lassen sich voneinander trennen. Der Schmelzpunkt von cis-2-Buten ist z.B. $-139\,°C$, jener von trans-2-Buten $-106\,°C$. Die cis-trans-Isomerie wird auch als geometrische Isomerie bezeichnet (im Gegensatz zur Strukturisomerie bei unterschiedlicher Verzweigung). cis-trans-Isomerie tritt immer dann auf, wenn keines der beiden doppelt gebundenen C-Atome zwei gleiche Gruppen trägt.

Struktur der C—C-Doppelbindung

Eine C–C-Doppelbindung entspricht in der Modellvorstellung dem Aneinanderlagern je einer Kante der beiden C-Tetraeder (Einfachbindung: Berührung von zwei Tetraederspitzen). Dies würde bedeuten, dass die Valenzstriche zwischen den beiden C geknickt wären. Valenzstriche stehen aber für Elektronenpaarbildungen, d.h. Molekülorbitale oder gemeinsame Elektronenwolken zwischen 2 Atomen (S. 74). Es wird postuliert, dass das eine Molekülorbital der C–C-Doppelbindung rotationssymmetrisch die beiden C umschliesst (durchgezogene Ellipse in Abb. 67). Es ist eine normale Atombindung, eine sog. σ-Bindung. Das zweite gemeinsame Elektronenpaar soll dagegen zwei wurstförmige Teilwolken bevölkern, die dicht über und unter der von den 4 H- und den 2 C-Atomen gebildeten Ebene liegen (gestrichelte Linie in Abb. 67). Dieses ungewöhnliche Elektronenpaar, π-Bindung genannt, hat eine gewisse Instabilität der C–C-Doppelbindung zur Folge. Die weiter vom Molekül abstehenden Elektronenwolken ziehen positiv geladene Bezirke von Reaktionspartnern stärker an. Alkene sind denn auch unvergleichlich reaktionsfreudiger als Alkane.

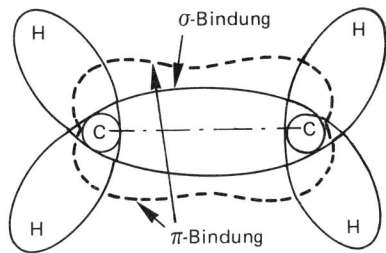

Abb. 67. Orbitalmodell des Ethens; σ- und π-Bindung der Alkene.

Additionsreaktionen der Alkene und Polyene

Das ungewöhnliche zweite Molekülorbital zwischen den beiden C einer Doppelbindung kann sich in Gegenwart zahlreicher Stoffe in die beiden Atomorbitale aufspalten. Dabei entstehen kurzlebige Zwischenprodukte. Die beiden Einzelelektronen bilden rasch Paare mit den fremden Reaktionspartnern. Dadurch verschwindet die Doppelbindung. Das Alken hat Atomgruppen **addiert** (angelagert) und ist zu einem **Alkanderivat** geworden.

Bei den meisten Reaktionen organischer Stoffe werden irgendwelche Elektronenpaarbindungen gelöst und neue gebildet. Bei solchen Vorgängen entstehen fast stets als Zwischenprodukte sogenannte **Radikale,** das sind instabile Molekülbruchstücke, die meist sehr schnell zu stabilen Endprodukten weiterreagieren. Von sehr vielen Reaktionen ist der genaue Ablauf bekannt. Im vorliegenden Lehrgang muss meist auf die Darlegung detaillierter Reaktionsmechanismen verzichtet werden. Wir beschränken uns in der Regel auf die Summengleichungen. Beispiele:

$$\begin{array}{c} H \\ \diagdown \\ \diagup \\ H \end{array} C = C \begin{array}{c} H \\ \diagup \\ \diagdown \\ H \end{array} + Br_2 \rightarrow H - \underset{\underset{Br}{|}}{\overset{\overset{H}{|}}{C}} - \underset{\underset{Br}{|}}{\overset{\overset{H}{|}}{C}} - H$$

Ethen   1,2-Dibrom-ethan

Die Halogenanlagerung an Doppelbindungen wird zur analytischen Bestimmung des Sättigungsgrades einer Polyenverbindung verwendet (Iodzahl, S. 232).

$$CH_3 - CH = CH_2 + HCl \rightarrow CH_3 - CHCl - CH_3$$

Propen   2-Chlor-propan

Für die Addition von Halogenwasserstoffen an Doppelbindungen gilt die Regel von Markownikoff: Der Wasserstoff geht nach Möglichkeit an das H-reichere, das Halogen an das H-ärmere C-Atom.

$$CH_2{=}CH{-}CH{=}CH_2 + 2H_2 \xrightarrow[\text{(Pt oder Ni)}]{\text{Katalysator}} CH_3{-}CH_2{-}CH_2{-}CH_3$$

1,3-Butadien   Butan

Wegen der Stabilität des H_2-Moleküls muss dieses katalytisch angeregt werden.

$$R{-}CH{=}CH{-}R' + O \text{ (aus Oxidationsmittel)} \rightarrow R{-}\underset{\diagdown\ \diagup}{CH}{-}CH{-}R'$$

ein Alken   O   ein Epoxid

Die Buchstaben R, R' usw. in organischen Formeln bedeuten verschiedene beliebige Alkylgruppen (S. 190).

Polymerisation der Alkene

Alkene können sich in Gegenwart geeigneter Katalysatoren (z. B. organischer Peroxide) gegenseitig addieren.

$$\left.\begin{array}{l}\overset{R}{\underset{|}{CH}}{=}CH_2 \ + \ \overset{R}{\underset{|}{CH}}{=}CH_2 \ + \ \overset{R}{\underset{|}{CH}}{=}CH_2 \ + \ \overset{R}{\underset{|}{CH}}{=}CH_2 \ + \ \overset{R}{\underset{|}{CH}}{=}CH_2 \ + \cdots \\[2em] \cdots \overset{R}{\underset{|}{CH}}{-}CH_2{-}\overset{R}{\underset{|}{CH}}{-}CH_2{-}\overset{R}{\underset{|}{CH}}{-}CH_2{-}\overset{R}{\underset{|}{CH}}{-}CH_2{-}\overset{R}{\underset{|}{CH}}{-}CH_2 \cdots\end{array}\right\} \text{Katalysator}$$

Viele kleine Alkenmoleküle vereinigen sich zu einem riesigen Alkanmolekül. Man spricht von **Polymerisation** («Vervielfachung der Teile»). Aus Ethen (Ethylen) wird **Polyethylen** (PE), aus Propen (Propylen) wird Polypropylen, zwei **Kunststoffe** (Thermoplasten) mit mannigfaltigem Anwendungsbereich. Weil Polyalkylene praktisch keine Doppelbindung mehr haben, sind sie **chemisch inert** (träg) – wie die natürlichen Paraffine (unangreifbar für starke Säuren, Laugen und Oxidationsmittel) – und damit geeignet für Chemikalienbehälter und -leitungen.
Ein Polymer von 2-Methyl-1,3-butadien (Isopren) ist der natürliche Kautschuk. Polymerisiertes 1,3-Butadien ist der synthetische Kautschuk «Buna».

Nur Olefine mit **endständiger Doppelbindung** können polymerisieren.

Die **Monomere** (Ausgangsbausteine) der beiden obgenannten Plastikstoffe werden aus Erdöl hergestellt: Bei kurzfristigem hohem Erhitzen von langkettigen Kohlenwasserstoffen brechen einzelne C–C-Bindungen auseinander. Man spricht von Pyrolyse (griech. pyros = Feuer) oder **Cracking.** Das Ergebnis ist ein Gemisch von kurzkettigen Alkanen und Alkenen, unter anderen auch Ethen und Propen.
Ethen ist eines der wichtigsten Schlüsselprodukte der chemischen Industrie. Aus dem Gas werden Ethylalkohol, Acetaldehyd, Essigsäure, Aceton und Glycol und aus die-

sen wiederum ungezählte Syntheseprodukte gewonnen. Ein Grossteil der Erzeugnisse der chemischen Industrie (Farbstoffe, Kunstfasern, Medikamente, Kosmetika, Reinigungsmittel) basiert somit auf dem Erdöl. Verschwendung dieses nicht unerschöpflichen Rohstoffs ist deshalb verfehlt.

3. Ungesättigte Kohlenwasserstoffe mit Dreifachbindung = Alkine

Die **Alkine** (C_nH_{2n-2}) bilden die homologe Reihe der Kohlenwasserstoffe mit **Dreifachbindung**. Nach dem einfachsten und wichtigsten Vertreter der Familie werden die Stoffe auch **Acetylene** genannt. «Acetylen» ist ein **Trivialname** (Volksname): «Ethin» ist der entsprechende **rationelle Name**. Für sehr viele Stoffe sind noch Trivialnamen in Gebrauch. Im Interesse einer einheitlichen Fachsprache sollten womöglich die rationellen, von der IUPAC empfohlenen Namen bevorzugt werden.

$CH{\equiv}CH$	$CH{\equiv}C-CH_3$	$CH_3-C{\equiv}C-CH_2-CH_3$
Ethin oder	Propin oder	2-Pentin oder
Acetylen	Methyl-acetylen	Ethyl-methyl-acetylen

Die Dreifachbindung enthält zwei ungewöhnliche Molekülorbitale (π-Bindungen) von der in Abbildung 67 dargestellten Art. Alkine (und Polyine) sind deshalb noch reaktionsfreudiger als die Kohlenwasserstoffe mit Doppelbindungen. Die Addition von H_2, Halogenen und Halogenwasserstoffen geht ähnlich wie bei den Alkenen. Als Zwischenprodukte sind hier auch ungesättigte Verbindungen möglich, z. B.:

$$CH{\equiv}CH + HCl \rightarrow CH_2{=}CHCl \qquad \text{Vinylchlorid (S.199).}$$

In Gegenwart von Hg(II)-Salzen als Katalysator kann Ethin Wasser anlagern. Beim hohen Erhitzen lagern sich 3 Moleküle Ethin zu einem Ring zusammen:

Ethin ist wie Ethen ein Schlüsselprodukt der organischen Chemie. Es wird aus Kohle + Kalk, neuerdings auch vermehrt aus Erdöl gewonnen.

$$3C + CaO \rightarrow CaC_2 + CO \qquad CaC_2 + 2H_2O \rightarrow Ca(OH)_2 + C_2H_2$$
$$\qquad\quad \text{Calciumcarbid} \qquad\qquad\qquad\qquad\qquad \text{Ethin}$$

Ethin wirkt narkotisierend und liefert mit Sauerstoff eine sehr **heisse Flamme** (3100 °C). Es wird zum Schweissen und Schneidbrennen, aber auch für die Flammenfotometrie (S. 346) verwendet. Verflüssigtes Acetylen ist explosionsgefährlich. Das Gas kommt unter schwachem Druck gelöst in Aceton, als «Acetylen-Dissous», in den Handel.

B. Halogen-kohlenwasserstoffe

1. Nomenklatur

Ein Kohlenwasserstoff, in dessen Molekül 1 H-Atom oder mehrere durch Halogen ersetzt sind, wird als Halogen-kohlenwasserstoff bezeichnet.

Die C-Halogenbindung ist kovalent und zum Dissoziieren zu wenig polarisiert. Die Halogen-kohlenwasserstoffe sind deshalb wie die Kohlenwasserstoffe **Nichtelektrolyte** und kaum wasserlöslich.

Für die Nomenklatur der Halogen-kohlenwasserstoffe sind zwei Systeme in Gebrauch: **Halogen-alkan** und **Alkyl-halogenid.**

CH_3CH_2Br	Brom-ethan oder Ethylbromid
CH_2I_2	Diiod-methan oder Methyleniodid
$CH_2=CHCl$	Chlor-ethen oder Vinylchlorid

Die Namen mit dem Halogen am Anfang folgen dem Genfer Prinzip und sind vorzuziehen. «Methylchlorid» erweckt die falsche Vorstellung von einem Salz. Die Positionsziffern werden nur angegeben, wenn der Name sonst mehrdeutig wäre. Pentachlor-ethan oder Tribrom-ethen sind eindeutig, Dichlor-ethan dagegen zweideutig (1,1-Dichlor-ethan und 1,2-Dichlor-ethan) (Tab. 33).

Tabelle 33. Chlorderivate des Methans, Ethans und Ethens

Namen	Formel	Sdp, °C	ϱ, g/ml
Chlor-methan oder Methylchlorid	CH_3Cl	-24	0,92 (fl.)
Dichlor-methan oder Methylenchlorid	CH_2Cl_2	41	1,34
Trichlor-methan oder Chloroform	$CHCl_3$	61	1,49
Tetrachlor-methan oder Tetrachlorkohlenstoff	CCl_4	77	1,57
Chlor-ethan oder Ethylchlorid	CH_3CH_2Cl	13	0,91
1,2-Dichlor-ethan oder Ethylenchlorid	CH_2ClCH_2Cl	84	1,24
Trichlor-ethen	$CCl_2=CHCl$	87	1,48
Hexachlor-ethan	CCl_3CCl_3	185	2,09

2. Synthese und Verwendung

Halogen-kohlenwasserstoffe kommen in der Natur nicht vor. Sie können auf zahlreiche Arten synthetisiert werden, z.B. durch Anlagerung von Halogen oder Halogenwasserstoff an Alkene und Alkine, Ersatz von Wasserstoff durch Halogen in Alkanen (geht nur mit Cl und F), Umsetzung von Alkoholen mit Halogenwasserstoff.

$$CH_2=CH_2 + Br_2 \rightarrow CH_2BrCH_2Br \qquad CH_3-\overset{\displaystyle OH}{\underset{|}{CH}}-CH_3 + HCl \rightarrow CH_3-\overset{\displaystyle Cl}{\underset{|}{CH}}-CH_3 + H_2O$$

$$CH_4 + 4F_2 \rightarrow CF_4 + 4HF \qquad CH_3Cl + NaI \rightarrow CH_3I + NaCl$$

Die Iod-alkane werden meist durch Umsetzung der entsprechenden Chlorverbindungen mit Natriumiodid gewonnen.

Die an C gebundenen Halogenatome lassen sich durch mannigfache Atomgruppen ersetzen. Die Halogen-kohlenwasserstoffe sind deshalb Ausgangsstoffe für viele Synthesen (vgl. KW-Herstellung nach Wurtz, S. 193). Beispiele:

$CH_3Br + NaOCH_2CH_3 \rightarrow CH_3 \!-\! O \!-\! CH_2 \!-\! CH_3 + NaBr$
      Na-alkoholat   Ethyl-methyl-ether (S. 205)

$CH_3CH_2I + NH_3 \rightarrow HI + CH_3CH_2NH_2$ Ethyl-amin (S. 251)

In etherischer Lösung reagieren die Brom- und Iod-alkane mit Magnesium und bilden **Grignardsche Verbindungen** (S. 211).

$CH_3CH_2CH_2I + Mg \rightarrow CH_3CH_2CH_2MgI$ Propyl-magnesiumiodid

---

Die verschiedenen Chlorderivate von Methan und Ethan sind oftverwendete Lösungs- und **Extraktionsmittel** für Fette und fettartige (lipophile) Substanzen. Sie sind im Gegensatz zu Ether, Petrolether und den zyklischen Kohlenwasserstoffen nicht feuergefährlich. Abfälle dürfen aber nicht durch blosse Verbrennung beseitigt werden (Bildung von **Salzsäure!**). Auffallend ist die hohe Dichte der Halogen-alkane (CHI_3 z. B. 4,1 g/cm^3). Nach dem Ausschütteln wässriger Lösungen ist die organische Schicht unten!

Chloroform wurde früher als Inhalationsnarkotikum verwendet. Wegen toxischer Nebenwirkungen ist es heute nicht mehr in Gebrauch. Iodoform CHI_3 ist ein Desinfektionsmittel (gelb).

Freon CCl_2F_2 (Siedepunkt $-30\,^{\circ}C$) wird als Kühlmittel in Kühlschränken und als Treibgas in Spraydosen verwendet.

3. Polymere Halogen-Kohlenwasserstoffe

Chlor-ethen oder Vinylchlorid $CH_2 \!=\! CHCl$ kann wie Ethen zu Riesenmolekülen polymerisiert werden. Der so gewonnene Thermoplast **Polyvinylchlorid** (PVC) findet z.B. für die Herstellung von Klebfolien, Regenmänteln, Tischtüchern, Schlauchmaterial usw. ausgedehnte Verwendung.

$CH_2 \!=\! CHCl + CH_2 \!=\! CHCl + CH_2 \!=\! CHCl + \cdots$
$\rightarrow CH_3 \!-\! CHCl \!-\! CH_2 \!-\! CHCl \!-\! CH_2 \!-\! CHCl \!-\! \cdots$

Auch bei der Verbrennung von PVC bildet sich Salzsäure (Problem bei der Abfallbeseitigung).

Durch Polymerisation von $CF_2 \!=\! CF_2$ erhält man Polytetrafluor-ethen, bekannt unter dem Markennamen **Teflon** ($\cdots CF_2 \!-\! CF_2 \!-\! CF_2 \!-\! CF_2 \cdots$). Der Thermoplast hat einen ungewöhnlich hohen Erweichungsbereich (etwa $300\,^{\circ}C$), die beste Chemikalienbeständigkeit (hält selbst kochendes Königswasser aus) und ist ein ausgezeichneter elektrischer Isolator.

C. Alkohole

1. Einteilung und Nomenklatur

Alkohole sind Kohlenwasserstoffe, in deren Molekül eines oder mehrere H-Atome durch Hydroxylgruppen ersetzt sind. Der Name «Alkohol» stammt aus dem Arabischen und bedeutet «das Feine».

1wertige und mehrwertige Alkohole

Je nach Anzahl der OH-Gruppen pro Molekül spricht man von **1-, 2- und mehrwertigen Alkoholen.** Hat eine organische Verbindung 2 oder mehr Hydroxylgruppen, müssen diese an verschiedenen C-Atomen sitzen. **2 oder 3 OH am gleichen C sind mit ganz wenigen Ausnahmen unbeständig.**

Primäre, sekundäre und tertiäre Alkohole

Ein C-Atom, das **am Ende einer Kohlenstoffkette** sitzt, wird als **primäres C** bezeichnet. Sitzt es **zwischen 2 anderen C,** dann ist es ein **sekundäres C-Atom; Kettenverzweigungsstellen** werden von **tertiären, Kettenkreuzungen** von **quartären C-Atomen** gebildet.

Nulläres C	Primäres C	Sekundäres C		
(Einzel-C)			**Tertiäres C**	**Quartäres C**

— • Nichtkohlenstoffatom

Je nachdem, ob die OH-Gruppe eines 1wertigen Alkohols an einem primären, sekundären oder tertiären C sitzt, spricht man auch von **primären, sekundären** und **tertiären Alkoholen.** Mehrwertige Alkohole können gleichzeitig primäre, sekundäre und tertiäre OH-Gruppen besitzen (vgl. die Beispiele im folgenden Abschnitt).

Nomenklatursysteme

$CH_3CH_2CH_2CH_2CH_2CH_2CH_2CH_2OH$		
1-Octanol oder n-Octylalkohol oder 1-Hydroxy-octan	2-Methyl-1,2-propandiol oder 1,2-Dihydroxy-2-methylpropan	Pentanpentol oder Pentahydroxy-pentan
ein primärer 1wertiger Alkohol	ein 2wertiger Alkohol mit primärer und tertiärer OH-Gruppe	ein 5wertiger Alkohol mit primären und sekundären OH-Gruppen

Wie aus diesen Beispielen ersichtlich, gibt es für die Alkohole drei Namensysteme:
a) 1wertige OH-Verbindungen sind «Alkylalkohole», z.B. Methylalkohol, Ethylalkohol
usw. Vom Propylalkohol gibt es 2 Isomere, den normal-Propylalkohol oder n-Propylalkohol und den sekundären oder iso-Propylalkohol. Butylalkohol hat 4 Isomere,
2 primäre, 1 sekundäres und 1 tertiäres. Mit den nötigen «Vornamen» lassen sie sich
auseinanderhalten (Tab. 34). Bei 5 und mehr C ist das System der «Alkylalkohole» –
auch mit Vornamen – nicht mehr eindeutig.

Tabelle 34. Homologe Reihe der primären 1wertigen Alkohole

		Smp, $^\circ$C	Sdp, $^\circ$C	ϱ, g/ml
Methanol, Methylalkohol	CH_3OH	-97	65	0,79
Ethanol, Ethylalkohol	C_2H_5OH	-114	78	0,79
1-Propanol, n-Propylalkohol	C_3H_7OH	-126	97	0,80
1-Butanol, n-Butylalkohol	C_4H_9OH	-80	117	0,81
1-Pentanol, n-Amylalkohol	$C_5H_{11}OH$	-79	137	0,81
1-Hexanol, n-Hexylalkohol	$C_6H_{13}OH$	-52	157	0,81
1-Heptanol, n-Heptylalkohol	$C_7H_{15}OH$	-34	176	0,82
1-Octanol, n-Octylalkohol	$C_8H_{17}OH$	-16	194	0,83
1-Dodecanol, Laurylalkohol	$C_{12}H_{25}OH$	$+24$	259	0,83
1-Hexadecanol, Cetylalkohol	$C_{16}H_{33}OH$	$+49$	344	0,82
1-Octadecanol, Stearylalkohol	$C_{18}H_{37}OH$	$+58$		0,81

b) Nach dem Genfer Prinzip wird der **Name des OH-tragenden Kohlenwasserstoffs
mit der Endung -ol** (bzw. -diol, -triol usw.) und falls nötig mit den Positionsnummern
der OH-Gruppen versehen. Diese Nomenklatur ist immer eindeutig und deshalb
unbedingt vorzuziehen (Tab. 35).

Tabelle 35. Isomere von Propanol und Butanol

$\overset{3}{C}H_3-\overset{2}{C}H_2-\overset{1}{C}H_2-OH$	1-Propanol	normal-Propylalkohol (n-Propylalkohol)
$\overset{3}{C}H_3-\overset{2}{C}H-\overset{1}{C}H_3$ $\quad\quad OH$	2-Propanol	Isopropylalkohol (i-Propylalkohol)
$\overset{4}{C}H_3-\overset{3}{C}H_2-\overset{2}{C}H_2-\overset{1}{C}H_2-OH$	1-Butanol	normal-Butylalkohol (n-Butylalkohol)
$\overset{3}{C}H_3-\overset{2}{C}H-\overset{1}{C}H_2-OH$ $\quad\quad CH_3$	2-Methyl-1-propanol	Isobutylalkohol (i-Butylalkohol)
$\overset{4}{C}H_3-\overset{3}{C}H_2-\overset{2}{C}H-\overset{1}{C}H_3$ $\quad\quad\quad OH$	2-Butanol	sekundärer Butylalkohol (sec-Butylalkohol)
CH_3 $\overset{3}{C}H_3-\overset{2}{C}-\overset{1}{C}H_3$ $\quad\quad OH$	2-Methyl-2-propanol	tertiärer Butylalkohol (t-Butylalkohol)

c) Analog zur Nomenklatur der verzweigten Kohlenwasserstoffe (S. 190) kann dem Namen des Kohlenwasserstoffs die Bezeichnung «Hydroxy-» (bzw. «Dihydroxy-» usw.) mit allfälligen Positionsangaben vorangestellt werden (z.B. 2-Hydroxy-3-methyl-butan). Das System wird meist nur dann gebraucht, wenn das Molekül noch andere, die Eigenschaften des Stoffes prägende, funktionelle Gruppen hat (S. 209).

2. Herstellung und Eigenschaften

Alkohole können auf zahlreiche Arten gewonnen werden, z.B. katalytische Addition von Wasser an Olefine oder Kochen von Halogen-alkanen mit Lauge:

$$CH_2{=}CH_2 + H_2O \rightarrow CH_3CH_2OH \qquad (H_3PO_4 \text{ als Katalysator})$$

$$CH_2Br{-}CH_2{-}CH_2Br + 2NaOH \rightarrow CH_2OH{-}CH_2{-}CH_2OH + 2NaBr$$

Weitere Methoden werden in späteren Kapiteln behandelt (S. 203, 208, 211).

Die Alkohole können als Alkylderivate des Wassers aufgefasst werden. 1 Wasserstoffatom des Wassers ist durch eine Alkylgruppe (R) ersetzt.

Winkelstellung und Polarisierung von H und O sind beim Alkohol sehr ähnlich wie beim Wasser. Die Alkohole sind deshalb in vielen Eigenschaften mit dem Wasser verwandt. **Je kürzer die Alkylkette, desto wasserähnlicher, je länger die Kette, desto kohlenwasserstoffähnlicher ist ein Alkohol.**
Die 4 einfachsten 1wertigen Alkohole – Methanol, Ethanol, 1-Propanol und 2-Propanol – sind in jedem Verhältnis mit H_2O mischbar. Mehrwertige Alkohole sind zum Teil sogar hygroskopisch. Die höheren 1wertigen Alkohole sind wohl noch wasserlöslich, die Löslichkeit nimmt aber mit steigender Gliederzahl rasch ab. Alle 1wertigen Alkohole sind anderseits in jedem Verhältnis mit flüssigen Kohlenwasserstoffen (Benzin, Petrolether) mischbar – nicht so die mehrwertigen Alkohole.
Die Hydroxylgruppe ist eine hydrophile (wasserfreundliche) Gruppe. Die Kettenglieder der Kohlenwasserstoffe $CH_3{-}$; $-CH_2{-}$; $-CH\big\langle$ und $\big\rangle C\big\langle$ sind dagegen hydrophob (wasserabstossend) oder **lipophil** (fettfreundlich). Je weniger lipophile Gruppen auf eine hydrophile entfallen, desto besser wasserlöslich ist ein organisches Molekül und desto schlechter verträgt es sich mit Kohlenwasserstoffen. Die **Polarisierung** organischer Moleküle in hydrophile und lipophile Bezirke ist unter anderem für die Biochemie sehr wichtig. Es wird noch öfters davon die Rede sein.
Alle Alkohole sind bei Raumtemperatur **flüssig oder fest.** Wegen der starken Assoziation durch **H-Brücken** zwischen den OH-Gruppen ist, ähnlich wie beim Wasser, das Verdampfen erschwert. Alkohole haben beträchtlich höhere Siedepunkte als Kohlenwasserstoffe mit gleich grossen Molekülen (S.75).

Alkohole gelten als Nichtelektrolyte. Sie sind denn auch noch wesentlich schwächer dissoziiert als Wasser. Der pK-Wert der Alkohole ist etwa 18, d.h. bei pH 14 (in 1 mol/l NaOH) ist erst etwa jedes zehntausendste Molekül dissoziiert in $H^+ + RO^-$.

Mit metallischem Natrium oder Kalium bilden wasserfreie Alkohole **Alkoholate,** und zwar um so stürmischer, je kurzkettiger sie sind:

$$R-OH + Na \rightarrow R-O^-Na^+ + \tfrac{1}{2}H_2$$

Das salzartige Natriumalkoholat zerfällt mit Wasser sofort zu Alkohol und Natronlauge:

$$R-O^-Na^+ + H_2O \rightarrow R-OH + NaOH$$

Das Alkoholat-Ion ist die stärkere Base als das OH^--Ion (S. 120).
Alle 1wertigen Alkohole sind relativ gut, die mehrwertigen schlecht brennbar.

3. Einzelne Alkohole

Methanol
CH_3OH verdankt seinen Namen der alten Herstellungsmethode:
Erhitzen von Holz unter Luftabschluss $\rightarrow$ Essigsäure + Methylalkohol (griech. methy = Wein, xylon = Holz).
Heute wird Methanol grosstechnisch wie folgt gewonnen:

$$CO + 2H_2 \xrightarrow[\text{(ZnO + Cr}_2\text{O}_3\text{)}]{\text{Katalysator}} CH_3OH$$

Methanol riecht widerlich und ist bedeutend giftiger als Ethanol (tödliche Dosis etwa 25 g). Chronischer Genuss kleiner Mengen führt zu Erblindung. Der Alkohol wird als Lösungsmittel und für viele Synthesen verwendet.

Ethanol
Ethylalkohol (auch gewöhnlicher Alkohol) ist von allen flüssigen 1wertigen Alkoholen der am wenigsten giftige. $5^0/_{00}$ (5 ml/l) Ethanol im Blut wirken tödlich (Lähmung des Atemzentrums).
Ethanol entsteht, wenn Zucker durch Hefe vergoren wird:

$$C_6H_{12}O_6 \xrightarrow{\text{Hefe}} 2CH_3CH_2OH + 2CO_2$$

Die alkoholische Gärung ist ein Prozess mit 11 Stufen und 11 Enzymen (S. 245).
Die Gärprodukte **Bier, Most, Wein** usw. enthalten 4–15% Alkohol. Höhere Konzentrationen sind mit dem Leben der Hefe unvereinbar.
Spirituosen erhält man durch Destillation von Gärprodukten (Schnapsbrennen). Sie enthalten bis 60% Alkohol. **Liköre** sind künstliche Gemische aus Feinsprit, Wasser, Zucker und diversen Essenzen.

Feinsprit ist 96%iger Alkohol.

Absoluter Alkohol lässt sich nicht durch Destillation von wasserhaltigem Alkohol gewinnen. 96 ml Ethanol + 4 ml Wasser sieden als azeotropes Gemisch (S. 152). Das Restwasser muss chemisch entfernt werden, z. B. durch Kochen mit Calciumoxid $(CaO + H_2O \rightarrow Ca(OH)_2)$.

Brennsprit (Industriesprit) ist Ethanol mit Zusätzen von Methanol, Ethyl-methyl-keton, Benzol oder Pyridin zur Ungeniessbarmachung (Vergällung, Denaturierung) und damit Befreiung von der Alkoholsteuer.

Ausser Genussmittel ist Ethanol vor allem Lösungsmittel, Brennstoff und Konservierungsmittel. Er ist auch Schlüsselprodukt für viele Synthesen (Acetaldehyd, Essigsäure, Ether usw.). Für die Industrie liefert die H_2O-Addition an Ethen die Hauptmenge Ethanol (Gleichung S. 202).

Propanol, Butanol, Pentanol

Verschiedene Isomere von Propyl- und Butylalkohol (Tab. 35) finden als Lösungsmittel Verwendung, unter anderem in der Chromatografie (S. 335). Von Pentanol existieren 8 Isomere. Eines davon, 3-Methyl-1-butanol (Gärungsamylalkohol), entsteht bei der Vergärung von eiweisshaltigen Kohlenhydraten, z. B. Kartoffelstärke, aus der Aminosäure Leucin (S. 257). Amylalkohol (lat. amylum = Stärke) ist deshalb Hauptbestandteil des Fuselöls (Rückstand beim Redestillieren von Schnaps).

Octanol

Beim Schütteln oder Sieden von eiweiss- oder seifenhaltigen Lösungen bildet sich Schaum. Das Schäumen kann durch Zusatz von ein paar Tropfen Octylalkohol verhindert werden (Antischaummittel).

Höhere 1wertige Alkohole

Alkohole mit Ketten bis zu 30 C kommen mit Fettsäuren verestert in Pflanzenwachsen vor (S. 228). Cetylalkohol $C_{16}H_{33}OH$ ist Bestandteil des Walrats, eines von Walen produzierten Wachses (cetus = Wal). Die langkettigen 1wertigen Alkohole werden auch als Fettalkohole bezeichnet und nach den Fettsäuren mit gleicher C-Zahl benannt (Stearylalkohol von Stearinsäure, Laurylalkohol von Laurinsäure). Aus den Fettalkoholen, die man aus natürlichen Fettsäuren, aber auch aus Erdöl gewinnt, werden synthetische Waschmittel hergestellt (S. 229).

Mehrwertige Alkohole (Polyalkohole)

Alle Alkohole mit 2 und mehr C und maximal möglicher Zahl OH-Gruppen (allgemeine Formel $CH_2OH(CHOH)_nCH_2OH$) sind ausserordentlich hydrophil und anderseits in Fettlösungsmitteln wie Ether sehr schlecht löslich. Ihr Siedepunkt ist sehr hoch (starke zwischenmolekulare Anziehung durch H-Brücken). Die meisten schmecken mehr oder weniger süss. Die einfachsten Polyalkohole sind Ethandiol oder Glycol und Propantriol oder Glycerin (die Trivialnamen sind hier zur Zeit noch gebräuchlicher als die rationellen Bezeichnungen).

Glycol (Schmelzpunkt $-17\,°C$, Siedepunkt $197\,°C$) wird als Gefrierschutz zu Kühlwasser gemischt (S. 105). Es ist Ausgangsmaterial für Polyester-Kunststoffe (S. 303).

Glycerin (Schmelzpunkt 18 °C, Siedepunkt 290 °C) ist sirupartig und hygroskopisch. Es ist Baustein aller Fette (S. 232) und wird vom menschlichen Organismus wie ein Zucker verwertet (S. 245). Synthetisch gewinnt man Glycerin aus Propen. Hauptverbraucher sind die Sprengstoff- und Kosmetikindustrie (S. 229). Im Labor benutzt man Glycerin als Gleitmittel (Gummi/Glas).

5- und **6wertige Alkohole** sind im Pflanzenreich weit verbreitet. Ihre Trivialnamen enden auf -it (nicht zu verwechseln mit den niedrigen Oxidationsstufen von Salzen; S. 60). Beispiele: Erythrit (4 OH), Ribit (5 OH), Mannit (6 OH). Die Namen sind von den entsprechenden nah verwandten Zuckern abgeleitet (S. 241).

D. Ether

1. Definition und Nomenklatur

Stoffe aus zwei über ein O-Atom verbundenen Alkylgruppen heissen Ether. Die dem O benachbarten C-Atome dürfen nur H- oder andere C-Atome tragen.

$CH_3 - (CH_2)_n - CH_2 - O - CH_2 - (CH_2)_m - CH_3$

Gruppenformel

Strichformel

Sind beide Alkylgruppen gleich, spricht man von symmetrischen oder einfachen Ethern, andernfalls von unsymmetrischen oder gemischten Ethern. Der Name wird aus den **beiden alphabetisch geordneten Alkylgruppen, gefolgt von „-ether"**, gebildet:

$CH_3 - O - CH_3$ $CH_3 - CH_2 - CH_2 - O - CH_2 - CH_3$

Dimethylether   Ethyl-propylether   Diisopropylether

Die Gruppe Alkyl–O– heisst **Alkoxygruppe.** Komplizierter gebaute Ether werden nach dem Genfer Prinzip wie verzweigte Kohlenwasserstoffe benannt:

3-Methyl-5-methoxy-2-butoxy-heptan

2. Eigenschaften und Herstellung

Kann der Alkohol als Monoalkylderivat des Wassers aufgefasst werden, so ist der Ether ein Dialkylderivat von H_2O. Die Polarität nimmt vom Wasser über den Alkohol zum Ether ab. Ethermoleküle bilden unter sich keine H-Brücken. Ether sind deshalb viel **lipophiler,** also **kohlenwasserstoffähnlicher** als Alkohole mit gleich grossem Molekül. Sie haben einen ähnlichen Siedepunkt wie die Alkane mit vergleichbarer Molekülmasse: Diethylether: $M = 74$ g/mol, Siedepunkt $= 34,5$ °C; Pentan:

M = 72 g/mol, Siedepunkt = 36°C (zum Vergleich Butanol: M = 74 g/mol, Siedepunkt = 117°C). Wegen der Restpolarität sind die kurzkettigen Ether beschränkt H_2O-
löslich (im Gegensatz zu den Kohlenwasserstoffen). 1 Liter Wasser löst etwa 75 ml
Diethylether, 1 Liter Diethylether löst etwa 15 ml Wasser.
Ether sind ähnlich den gesättigten Kohlenwasserstoffen reaktionsträg und **gut brennbar.**

Für die Herstellung von Ethern sind vor allem zwei Methoden in Gebrauch: Kurzkettige symmetrische Ether gewinnt man durch **Wasserabspaltung aus 2 Molekülen
Alkohol:**

$$CH_3CH_2-OH + HO-CH_2CH_3 \xrightarrow{H_2SO_4} CH_3CH_2-O-CH_2CH_3 + H_2O$$

Ethanol   Ethanol   Diethylether

Die **Vereinigung von 2 oder mehr Molekülen** irgendwelcher Stoffe unter **Wasserabspaltung** wird allgemein als **Kondensation** bezeichnet (S. 227, 240, 259).
Kompliziertere Ether erhält man aus Alkoholen und Halogen-alkanen in Gegenwart
von Silberoxid oder aus Alkoholaten und Halogen-alkanen:

$$2C_nH_{2n+1}OH + 2BrC_mH_{2m+1} + Ag_2O \rightarrow 2C_nH_{2n+1}-O-C_mH_{2m+1} + 2AgBr + H_2O$$

$$Alkyl-ONa + I-Alkyl \rightarrow Alkyl-O-Alkyl + NaI$$

Im Gegensatz zu vielen anderen durch Kondensationen hergestellten Verbindungen lassen sich Ether nur schwer unter Wassereinbau zu Alkoholen spalten.

3. Diethylether

Redet man von Ether ohne nähere Bezeichnung, ist immer Diethylether gemeint. Mit
seinem niedrigen Siedepunkt (34,5°C) ist er ein beliebtes Lösungs- und Extraktionsmittel für Fette und andere lipophile Stoffe. Etherdampf bildet **mit Luft explosive
Gemische.** Jedes Feuer und jede Funkenquelle ist aus der Nähe von Ether zu ver-
bannen! Diethylether ist ein **Inhalationsnarkotikum.** Wegen seiner guten Fettlöslichkeit dringt er in die lipidreichen Nervenzellen ein, verändert deren elektrische Eigenschaften und bewirkt Bewusstlosigkeit. Dank seiner Flüchtigkeit wird er rasch via Blut
durch die Lungen wieder ausgeschieden.
Beim längeren Stehen von Ether in Kontakt mit Luft bilden sich – vor allem bei
Lichtzutritt – **Etherperoxide** und andere Verbindungen mit —O—O-Gruppen. Destilliert man alten Ether, so reichern sich diese schwerer flüchtigen Peroxide im
Rückstand an und können dann äusserst heftig explodieren. Zur Verhinderung solcher Zwischenfälle wird Ether vor dem Destillieren mit einem Reduktionsmittel, z.B.
$Fe(OH)_2$, geschüttelt.

$$CH_3-\overset{\overset{\displaystyle O-O-H}{|}}{C}H-O-CH_2-CH_3 \qquad Etherperoxid$$

Trotz seiner Lipophilie hält Ether beim Destillieren kleine Mengen Wasser hartnäckig fest. Dieses Rest-H_2O wird mit metallischem Natrium gebunden. Mit dem Ether selbst reagiert Na nicht (kein ersetzbarer H wie bei den Alkoholen).

Wegen der nachteiligen Eigenschaften von Diethylether ersetzt man ihn im Labor oft durch Diisopropylether (Siedepunkt 68,5 °C) oder das unbrennbare Dichlor-methan CH_2Cl_2.

X. Fragen zur Eigenkontrolle (Stoffgebiet S. 186–207)

1. Wie heissen die 8 ersten unverzweigten gesättigten Kohlenwasserstoffe? Woher rührt der Ausdruck «gesättigt»?

2. a) Warum ist die Beseitigung von PVC-Abfällen problematischer als jene von PE-Abfällen? b) Wie lautet die Gleichung für die Polymerisation von Propen?

3. Warum lässt sich eine wässrige Lösung mit Amylalkohol, nicht aber mit Ethanol extrahieren?

4. Was versteht man unter hydrophilen und was unter lipophilen Atomgruppen?

5. Wieviele Strukturformeln lassen sich der Summenformel C_4H_6 zuordnen?

6. Wie ist in der organischen Chemie eine homologe Reihe definiert?

7. Wie heissen folgende Kohlenwasserstoffe nach der rationellen Nomenklatur (IUPAC)?

a) $CH_3 - CH - CH - CH = CH_2$
        | |
       CH_3 CH_2
                 |
                CH_3

b)
              CH_3
               |
$CH \equiv C - C - CH_3$
               |
              CH_3

8. Man zeichne die Strichformeln von a) 2,4,5-Trimethyl-1,3,5-heptatrien, b) 1,3-Dihydroxy-5-propoxy-pentan.

9. Warum stellen die beiden Strukturformeln

    Br   Br
     | |
Br - C - H   und   H - C - H   nicht isomere,
     | |
     H   Br

sondern identische Moleküle dar?

10. Mit HCl bilden Silberionen einen Niederschlag von AgCl, mit CCl_4 dagegen nicht. Worauf beruht das unterschiedliche Verhalten der Cl-Verbindungen?

11. a) Was ist ein primärer, ein sekundärer, ein tertiärer Alkohol?
b) Was ist ein 1wertiger, was ein mehrwertiger Alkohol?

12. Wie lässt sich ein ungesättigter in einen gesättigten Kohlenwasserstoff überführen?

13. Welcher Stoff ist besser H_2O-löslich, Butanol oder Hexanol? Begründung.

14. Aus einem Gewebehomogenat wird mit 40 ml Ether das Fett extrahiert. Der Etherextrakt wird durch Papier filtriert und das Filter 2mal mit 5 ml Ether nachgewaschen (total 50 ml Ether). In 10 ml des Filtrats wird das Fett bestimmt. Das Resultat wird mit 5 multipliziert. Warum ist der so erhaltene Wert zu hoch?

15. Wie heissen Doppelbindungen, die mit Einfachbindungen abwechseln, und wie Doppelbindungen, die dicht aufeinanderfolgen?

16. Wie lautet die Gleichung für die Etherbildung aus Brom-methan und n-Propanol?

17. Was versteht man unter Strukturisomerie und was unter geometrischer Isomerie?

18. Wie heissen folgende Verbindungen:
a) $CHCl_3$; b) CCl_4; c) CCl_2F_2; d) CF_3CF_3?

19. Was ist a) Paraffin, b) Erdgas, c) Benzin?

20. Wie kann aus Ethin 1,1-Dichlor-ethan hergestellt werden?

21. Was ist a) Brennsprit, b) Feinsprit, c) Likör?

22. Je eine Portion 1-Propanol und 1-Brompropan werden mit Natrium versetzt. Welche Produkte bilden sich dabei?

23. Was ist a) ein Epoxid, b) ein Etherperoxid?

24. Mit der Bruttoformel $C_4H_{10}O_2$ sind mindestens 10 Strukturformeln zu konstruieren. Die Stoffe sind zu benennen.

(Antworten S. 356)

E. Aldehyde und Ketone (Oxoverbindungen)

1. Definition und Nomenklatur

Durch Oxidationsmittel können Alkohole dehydriert werden (Abspaltung von 2 H-Atomen). Dabei entstehen **Oxoverbindungen, die Aldehyde** und **Ketone.**
Dehydrierung von primären Alkoholen führt zu Aldehyden, von sekundären zu Ketonen (tertiäre Alkohole lassen sich nicht dehydrieren). Die **Dehydrierung ist reversibel** (umkehrbar), d. h. Oxoverbindungen lassen sich zu Alkoholen hydrieren (reduzieren).

$$\underset{\substack{\text{Primärer}\\\text{Alkohol}}}{R-\overset{\displaystyle H}{\underset{\displaystyle H}{C}}-O-H} \underset{\text{Reduktion}}{\overset{\text{Oxidation}}{\rightleftarrows}} \underset{\textbf{Aldehyd}}{R-\overset{\displaystyle H}{C}=O} \qquad \underset{\substack{\text{Sekundärer}\\\text{Alkohol}}}{R-\overset{\displaystyle R'}{\underset{\displaystyle H}{C}}-O-H} \underset{\text{Reduktion}}{\overset{\text{Oxidation}}{\rightleftarrows}} \underset{\textbf{Keton}}{\overset{R'}{\underset{R}{>}}C=O}$$

Alle Aldehyde und Ketone haben mindestens eine **Carbonylgruppe** $>C=O$.

Aldehyde sind Verbindungen mit mindestens einer endständigen (primären) **Carbonylgruppe (R—CO).** Das H am Carbonyl darf nicht durch andere Gruppen ersetzt sein. H

Ketone sind Verbindungen mit mindestens einer innerständigen (sekundären) **Carbonylgruppe (R—CO—R').**

Der Name „**Aldehyd**" wurde aus **Al**kohol **dehyd**rogenatus konstruiert. Nach dem Genfer Prinzip werden die Aldehyde wie die Alkohole benannt, nur mit der Endung **-al** statt -ol. Beispiele:

$$\underset{\text{Butanal}}{CH_3-CH_2-CH_2-\overset{\displaystyle}{\underset{\displaystyle H}{C}}=O} \qquad \underset{\text{3-Methyl-pentandial}}{O=\overset{\displaystyle}{\underset{\displaystyle H}{C}}-CH_2-\overset{\displaystyle}{\underset{\displaystyle CH_3}{CH}}-CH_2-\overset{\displaystyle}{\underset{\displaystyle H}{C}}=O}$$

Für die homologe Reihe der unverzweigten 1wertigen Aldehyde sind indessen auch die Trivialnamen, die sich von den analogen Carbonsäuren ableiten (S. 216), in Gebrauch (Tab. 36).
Für die Benennung der Ketone stehen zwei Systeme zur Verfügung:
a) Analog zu den Ethern werden die Namen der am Carbonyl sitzenden Alkylgruppen alphabetisch geordnet dem Wort -keton vorangestellt. Beispiele:

$$\underset{\text{Dimethyl-keton}}{CH_3-CO-CH_3} \qquad \underset{\text{Isopropyl-pentyl-keton}}{CH_3-\overset{\displaystyle}{\underset{\displaystyle CH_3}{CH}}-\overset{\displaystyle}{\underset{\displaystyle O}{\overset{\|}{C}}}-CH_2-CH_2-CH_2-CH_2-CH_3}$$

b) Nach dem Genfer System sind die Ketone **Alkanone.** Die beiden Beispiele von a) heissen Propanon bzw. 2-Methyl-3-octanon. Wie bei den Ethern und vielen anderen Verbindungen taugt auch für komplizierte Ketoverbindungen nur die Genfer Nomenklatur. Einen eigentlichen Trivialnamen hat nur das **Aceton** (Propanon). Es ist nach der Essigsäure (Acidum aceticum) benannt, weil es aus deren Calciumsalz hergestellt wird. Vom Aceton leitet sich auch der Sammelname Keton ab.

Carbonyl-, Hydroxyl- und zahlreiche andere Gruppen, die einer organischen Verbindung ihr Gepräge geben, bezeichnet man als **funktionelle Gruppen.**

Für Stoffe, die sowohl Aldehyd- als auch Ketogruppen und eventuell noch andere funktionelle Gruppen tragen, wählt man das schon bei den Ethern verwendete universelle Namensystem der substituierten Kohlenwasserstoffe. Der Carbonyl-Sauerstoff heisst dabei «Oxo-». Beispiel:

$$OHC-CHOH-CH_2-CO-CH_2-CO-CH_2-CH_2OH$$

1,4,6-Trioxo-2,8-dihydroxy-octan

Tabelle 36. Homologe Reihe der Monoaldehyde und Monoketone

Formel	IUPAC-Name	Trivialname	Sdp, $^{\circ}C$
HCHO	Methanal	Formaldehyd	-21
CH_3CHO	Ethanal	Acetaldehyd	$+21$
C_2H_5CHO	Propanal	Propionaldehyd	49
C_3H_7CHO	Butanal	Butyraldehyd	73
C_4H_9CHO	Pentanal	Valeraldehyd	102
$C_5H_{11}CHO$	Hexanal	Capronaldehyd	128
$C_7H_{15}CHO$	Octanal	Caprylaldehyd	163
$C_9H_{19}CHO$	Decanal	Caprinaldehyd	208
CH_3COCH_3	Propanon	Dimethyl-keton, Aceton	56
$CH_3COC_2H_5$	Butanon	Ethyl-methyl-keton	80
$CH_3COC_3H_7$	2-Pentanon	Methyl-propyl-keton	102
$C_2H_5COC_2H_5$	3-Pentanon	Diethyl-keton	103
$CH_3COC_4H_9$	2-Hexanon	Butyl-methyl-keton	127
$C_2H_5COC_3H_7$	3-Hexanon	Ethyl-propyl-keton	124

2. Herstellung und Eigenschaften

Statt Alkohole zu Aldehyden zu **oxidieren** (s. oben), kann man auch **Carbonsäuren** oder deren Derivate zu Aldehyden **reduzieren**. Die Aldehyde stehen somit in einer Redoxkette zwischen Alkoholen und Carbonsäuren. Durch rasches Entfernen des Aldehyds aus dem Reaktionsraum muss man vermeiden, dass die Oxidation bzw. Reduktion zu weit geht. Ketone lassen sich im Gegensatz zu den Aldehyden nicht weiteroxidieren.

$$R-CH_2-OH \rightleftarrows R-CHO \rightleftarrows R-COOH$$

Alkohol   Aldehyd   Carbonsäure

Die einfachen symmetrischen Ketone können durch Erhitzen der Calciumsalze von Carbonsäure gewonnen werden. Beispiel:

$$CH_3-CO-O^- \ Ca^{2+} \ ^-O-CO-CH_3 \xrightarrow{\text{erhitzen}} CH_3-CO-CH_3 + CaCO_3$$

Calciumacetat   Aceton   Calciumcarbonat

Ketone und vor allem Aldehyde haben einen intensiven Geruch.

Die Carbonylgruppe ist polar und hydrophil wie die Hydroxylgruppe $\overset{\delta+ \ \ \delta-}{\diagdown C = O}$.
Wegen der H-Brückenbildung sind alle C_3-Oxoverbindungen ohne Phasentrennung in jedem Verhältnis mit Wasser mischbar.
Carbonylverbindungen sind sehr reaktionsfreudig. Nicht nur die Doppelbindung kann alle möglichen Reaktionspartner addieren; durch die Polarisierung werden auch die der CO-Gruppe benachbarten C-Atome aktiviert.

3. Reaktionen der Aldehyde und Ketone

Die beiden folgenden Abschnitte umfassen Reaktionen, die für Aldehyde und Ketone möglich sind (R = Alkyl **oder** H). Aldehyde reagieren stets leichter als Ketone.

Additionen an die C = O-Doppelbindung
– Wasserstoff:
Durch Addition von H (naszierend oder katalytisch angeregt) entstehen Alkohole (primäre beim Aldehyd, sekundäre beim Keton).

– Cyanwasserstoff:

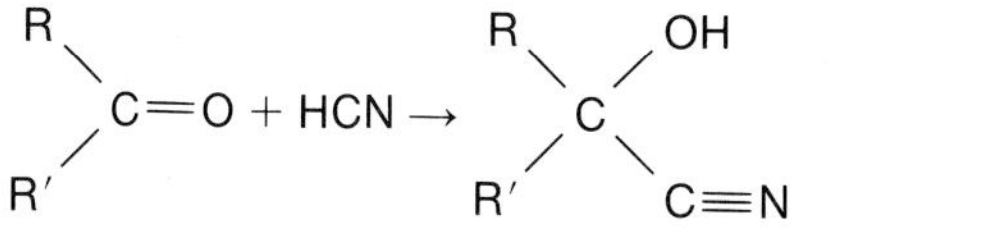

$$\underset{R'}{\overset{R}{\diagdown}}C=O + HCN \rightarrow \underset{R'}{\overset{R}{\diagdown}}C\underset{C\equiv N}{\overset{OH}{\diagup}}$$

Cyanhydrinverbindung

Die negative CN-Gruppe geht an das positiv polarisierte C, das H$^+$-Ion ans negative O.

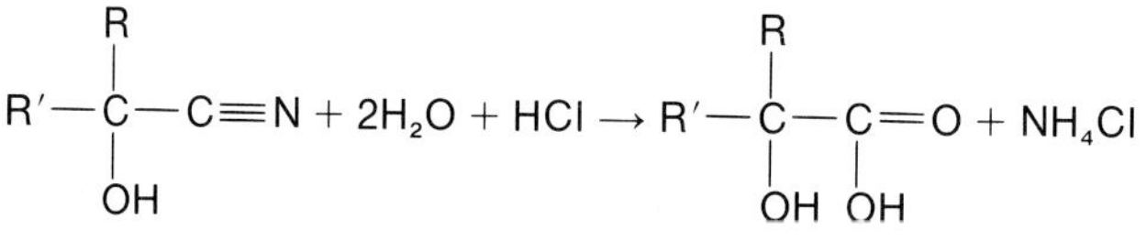

$$R'-\underset{OH}{\overset{R}{\underset{|}{\overset{|}{C}}}}-C\equiv N + 2H_2O + HCl \rightarrow R'-\underset{OH}{\overset{R}{\underset{|}{\overset{|}{C}}}}-\underset{OH}{\overset{|}{C}}=O + NH_4Cl$$

Hydroxy-carbonsäure

– Wasser:

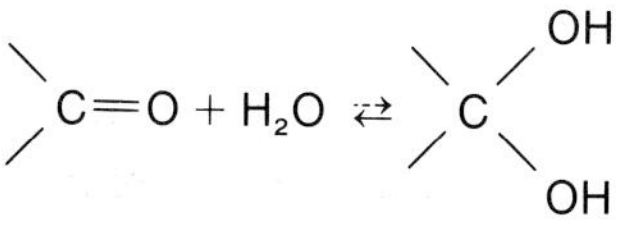

$$\diagup\diagdown C=O + H_2O \rightleftarrows \diagup\diagdown C\underset{OH}{\overset{OH}{\diagup}}$$

Aldehyd- bzw- Ketonhydrat, unbeständig (2 OH am gleichen C), nur bei den niedersten Aldehyden nachweisbar.

– Alkohol:

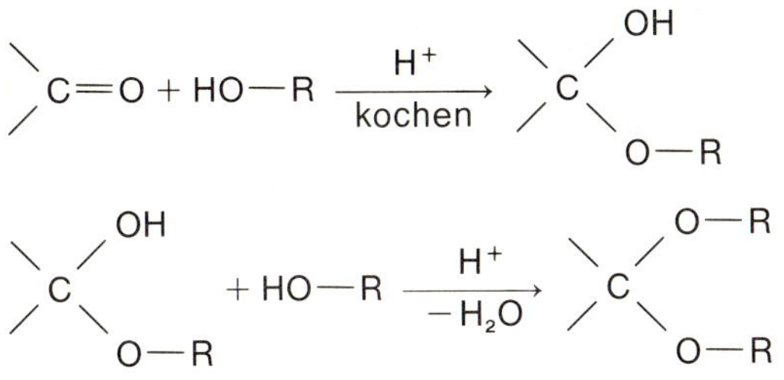

$$\diagup \!\!\! \diagdown C=O + HO-R \xrightarrow[\text{kochen}]{H^+} \diagup \!\!\! \diagdown C \diagup \!\!\! \diagdown \begin{matrix} OH \\ O-R \end{matrix} \qquad \text{Halbacetal}$$

$$\diagup \!\!\! \diagdown C \diagup \!\!\! \diagdown \begin{matrix} OH \\ O-R \end{matrix} + HO-R \xrightarrow[-H_2O]{H^+} \diagup \!\!\! \diagdown C \diagup \!\!\! \diagdown \begin{matrix} O-R \\ O-R \end{matrix} \qquad \text{Acetal}$$

Halbacetale und Acetale sind Kondensate (Ether) der Aldehyd- und Ketonhydrate (s. «Kohlenhydrate», S. 239). Acetale sind beständig, aber leichter spaltbar als echte Ether.

Alkyl-magnesium-halogenide (Grignardsche Synthesen)

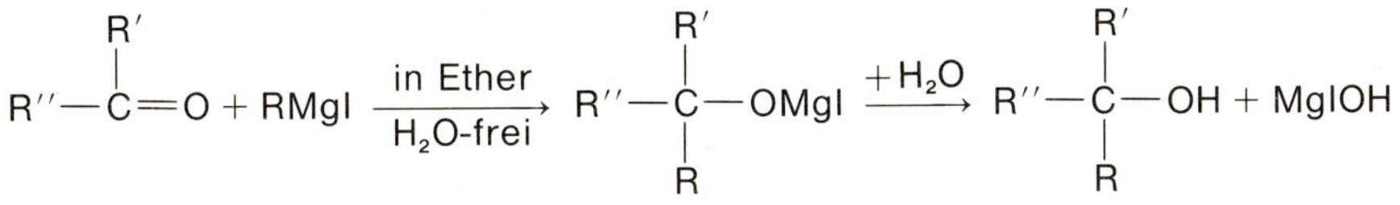

$$R''-\underset{|}{\overset{R'}{C}}=O + RMgI \xrightarrow[\text{H}_2\text{O-frei}]{\text{in Ether}} R''-\underset{\underset{R}{|}}{\overset{\overset{R'}{|}}{C}}-OMgI \xrightarrow{+H_2O} R''-\underset{\underset{R}{|}}{\overset{\overset{R'}{|}}{C}}-OH + MgIOH$$

Die positive MgI-Gruppe lagert sich ans negativ polarisierte O.
Mit der Grignardschen Synthese lassen sich aus Aldehyden sekundäre, aus Ketonen tertiäre Alkohole herstellen. Beispiele:

$CH_3CHO + CH_3CH_2MgI \rightarrow CH_3CHOHCH_2CH_3$ 2-Butanol

$CH_3COCH_3 + CH_3MgBr \rightarrow (CH_3)_3COH$ 2-Methyl-2-propanol

Kondensation mit Ammoniakderivaten
– Hydroxylamin:

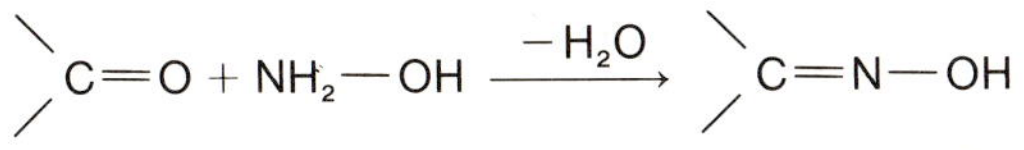

$$\diagup \!\!\! \diagdown C=O + NH_2-OH \xrightarrow{-H_2O} \diagup \!\!\! \diagdown C=N-OH \qquad \text{Oxim (Aldoxim oder Ketoxim)}$$

– Hydrazin:

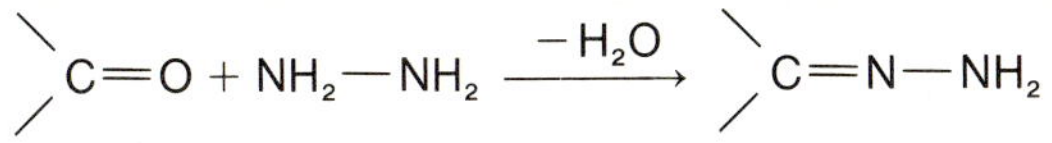

$$\diagup \!\!\! \diagdown C=O + NH_2-NH_2 \xrightarrow{-H_2O} \diagup \!\!\! \diagdown C=N-NH_2 \qquad \text{Hydrazon}$$

Die Oxime und Hydrazone – auch der leichtflüchtigen Aldehyde und Ketone – kristallisieren gut und werden deshalb zur Identifizierung (Schmelzpunkt) von Carbonylverbindungen benützt.

Oxidation von Aldehyden zu Carbonsäuren; Nachweis der Aldehydgruppe

Aldehyde werden schon durch Luft-O_2 oxidiert. Sie sind also an der Luft auf längere Zeit nicht beständig. Die spontane Reaktion einer Substanz mit Luftsauerstoff bei Raumtemperatur heisst **Autoxidation.**

Gibt man einen Aldehyd zu ammoniakalischer Silbersalzlösung, so bildet sich bei Erwärmen an der Gefässwand ein **Silberspiegel** (Nachweisreaktion für Aldehyde):

$$R—CHO + 2[Ag(NH_3)_2]^+ + 2OH^- \rightarrow R—COOH + 2Ag + 4NH_3 + H_2O$$

Aldehyd   Säure

Die entstandene Carbonsäure bildet mit dem NH_3 ein Ammoniumsalz.

Für die Herstellung von Carbonsäuren im grossen Stil verwendet man HNO_3 oder CrO_3 als Oxidationsmittel.

Polymerisation der Aldehyde

Die niederen Aldehyde können bei Säurekatalyse zu Ketten oder Ringen polymerisieren. Im Gegensatz zur Polymerisation der Alkene ist jene der Aldehyde reversibel. Allgemein bekannt ist das zyklische Tetramer des Ethanals, das als Campingbrennstoff und Schneckengift verwendete «Meta».

Disproportionierung (Cannizzaro-Reaktion)

Aldehyde können in alkalischem Milieu mit sich selber eine Redoxreaktion eingehen. Aus der mittleren Oxidationsstufe entstehen gleichzeitig die höhere und die tiefere, also eine Carbonsäure und ein Alkohol (S.151).

$$R—CHO + R—CHO + H_2O \xrightarrow{OH^-} R—COOH + R—CH_2OH$$

4. Einzelne Aldehyde und Ketone

Formaldehyd (Methanal)

$H_2C{=}O$ wird durch katalytische Oxidation von Methanol mit Luft gewonnen:

$$2CH_3OH + O_2 \xrightarrow[\text{Rotglut}]{Cu} 2H_2C{=}O + 2H_2O$$

Formaldehyd ist ein stechend riechendes Gas. Er kommt als wässrige Lösung (etwa 400 g/kg) unter dem Namen Formalin in den Handel. Formalinpulver ist polymerer Formaldehyd. Dank seiner Giftwirkung auf Mikroorganismen braucht man Formalin zur Konservierung biologischer Präparate. Methanal hat die reaktionsfähigste Carbonylgruppe überhaupt. Er bildet deshalb zahlreiche Kondensationsverbindungen (Vereinigung unter H_2O-Austritt). Mit Phenol polykondensiert er zum **Duroplasten** Bakelit. Duroplaste sind netzartig polymerisierte Kunststoffe, die nur während der Entstehung verformbar sind (im Gegensatz zu den jederzeit durch Erwärmen verformbaren Thermoplasten PE, PVC usw.). Auch mit Eiweiss verbindet sich Formaldehyd (Gerbung der Haut).

Acetaldehyd (Ethanal)

CH_3CHO siedet bei Raumtemperatur und riecht weniger stechend als CH_2O. Ethanal wird aus Ethin und vor allem aus Ethen (Erdölcrackprodukt) gewonnen:

$$CH\equiv CH + H_2O \xrightarrow{\text{Katalysator}} CH_2{=}CH{-}OH \rightarrow CH_3CHO$$

$$CH_2{=}CH_2 \xrightarrow{H_2O, O_2} CH_3{-}CH_2OH \rightarrow CH_3{-}CHO$$

Acetaldehyd ist das letzte Zwischenprodukt bei der Vergärung von Glucose zu Ethanol (S. 246).

Höhere Monoaldehyde und Dialdehyde

Langkettige Monoaldehyde entstehen beim Ranzigwerden der Fette (S. 233). Sie sind weitgehend schuld am schlechten Geruch von altem Fett.
Der einfachste Dialdehyd ist Ethandial oder **Glyoxal** $O{=}CH{-}CH{=}O$. Er ist grünlich und polymerisiert noch leichter als Formaldehyd.

Acrolein (Propenal)

Der einfachste ungesättigte Aldehyd, Acrolein $CH_2{=}CH{-}CHO$, bildet sich aus Glycerin beim hohen Erhitzen von Fett. Die Substanz ist mitverantwortlich am beissenden Geruch von Holzrauch.

Chloral, Chloralhydrat

Trichlor-ethanal oder Chloral CCl_3CHO erhält man durch Behandeln von Acetaldehyd oder Ethanol mit Chlor. Die Verbindung bildet mit H_2O ein beständiges Aldehydhydrat (S. 210), das als Schlafmittel verwendet wurde.

Aceton (Propanon)

Das einfachste Keton CH_3COCH_3 wird zur Hauptsache aus Propen (Erdölprodukt) gewonnen:

$$CH_3{-}CH{=}CH_2 + H_2O \xrightarrow{\text{Katalysator}} CH_3{-}CHOH{-}CH_3 \xrightarrow{\text{Oxidation}} CH_3COCH_3$$

Eine ältere Synthese geht vom Calciumacetat aus (S. 210). Aceton ist ein vorzügliches Lösungsmittel für Lacke, Harze, Kunstfasern usw. und anderseits mit Wasser in jedem Verhältnis mischbar. Der Zuckerkranke scheidet Aceton im Harn aus – als Endprodukt eines fehlgesteuerten Fettabbaus (S. 236).

Höhere Ketone

Ethyl-methyl-keton (Butanon) dient unter anderem zur Vergällung von Alkohol (Ketonsprit). Weil es fast den gleichen Siedepunkt wie Ethanol hat, lässt es sich nicht durch gewöhnliche Destillation von diesem trennen. Für Lösungen und Extraktionen wird oft das mit H_2O nicht mischbare **Isobutyl-methyl-keton** verwendet.
Das einfachste Diketon ist Butandion oder **Diacetyl** $CH_3{-}CO{-}CO{-}CH_3$ ($CH_3{-}CO{-}$

wird als **Acetylgruppe** bezeichnet). Es ist gelb und hauptverantwortlich für Farbe und Duft der Kuhbutter. Diacetyl-monoxim ist ein Reagens für die Harnstoffbestimmung (S. 260). Das Dioxim des Diketons, auch Dimethylglyoxim genannt, bildet mit Nickel-ionen einen tiefroten schwerlöslichen Komplex, der zum Nachweis und zur gravimetrischen Bestimmung von Nickel verwendet wird.

$$CH_3—C=N—OH$$
$$|$$
$$CH_3—C=O$$
Diacetyl-monoxim

$$CH_3—C=N—OH$$
$$|$$
$$CH_3—C=N—OH$$
Diacetyl-dioxim

$CH_3—CO—CH_2—CO—CH_3$, 2,4-Pentandion oder **Acetyl-aceton,** bildet mit Form-aldehyd und Ammoniak eine intensiv gelbe heterozyklische Verbindung (Hantzsch-Kondensation) und dient zur fotometrischen Bestimmung von Formaldehyd.

F. Carbonsäuren

1. Einteilung und Nomenklatur

In die Aldehydgruppe kann noch ein zweites O-Atom eingeführt werden. Bei einer solchen Oxidation entsteht eine **Carbonsäure.**

$$R—C\overset{O}{\diagdown H} \xrightarrow{Oxidation} R—C\overset{O}{\diagdown O—H} \xleftarrow{in\ Wasser} R—C\overset{O}{\diagdown O^-} + H^+$$

Charakteristisch für alle Carbonsäuren ist die Carboxylgruppe $-\overset{O}{\overset{\|}{C}}-O-H$ (–COOH). Die Carboxylgruppe kann nur aus primären (und einzelnen) C-Atomen hervorgehen. Ketone lassen sich ohne Bruch der C-Kette nicht weiteroxidieren (s. Reaktionsschema auf S. 215).

Je nach der Anzahl Carboxylgruppen pro Molekül spricht man von 1- und mehr-wertigen Carbonsäuren oder **Monocarbonsäuren, Dicarbonsäuren, Tricarbonsäuren** usw.

$$H—(CH_2)_n—COOH$$

$$HOOC—(CH_2)_n—COOH$$

$$HOOC—(CH_2)_n—\underset{\underset{COOH}{|}}{CH}—(CH_2)_m—COOH$$

n und m können auch null sein.

Nach dem Genfer Prinzip wird der Name einer Mono- bzw. Dicarbonsäure aus dem des Kohlenwasserstoffs mit gleicher C-Zahl und den Worten «-säure» bzw. «-disäure» gebildet. Beispiele: CH_3COOH = Ethansäure; $HOOC—(CH_2)_2—COOH$ = Butan-disäure. Die nach wie vor populären Trivialnamen der Carbonsäuren sind von deren Vorkommen abgeleitet (Tab. 37). Die Monocarbonsäuren mit 4 und mehr C heissen **Fettsäuren.**

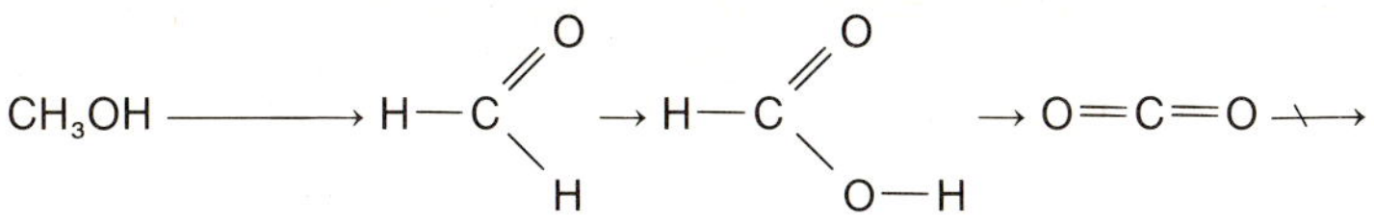

CH$_3$OH ⟶ H—C(=O)(H) → H—C(=O)(O—H) → O=C=O ⤳

Methanol   Methanal   Methansäure   Kohlendioxid

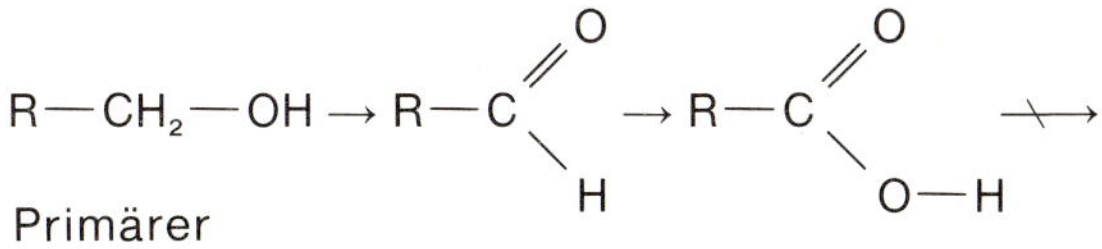

R—CH$_2$—OH → R—C(=O)(H) → R—C(=O)(O—H) ⤳

Primärer
Alkohol   Aldehyd   Carbonsäure

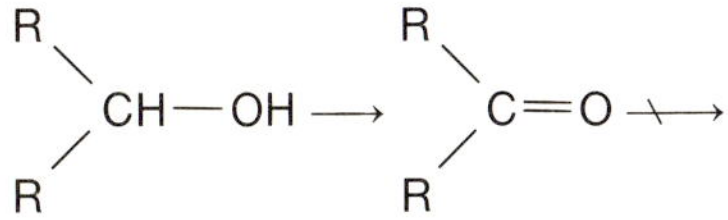

R$_2$CH—OH ⟶ R$_2$C=O ⤳

Sekundärer   Keton
Alkohol

R$_3$C—OH ⤳

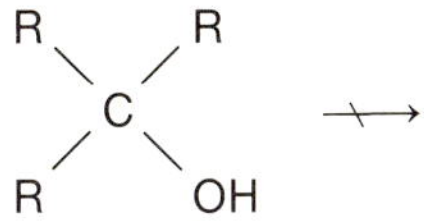

Tertiärer Alkohol

2. Eigenschaften und Herstellung

Das Carboxyl ist Träger eines sauren H-Atoms. Durch die beiden elektronensaugenden O-Atome am Carboxyl-C wird die Bindung zwischen H und O so stark polarisiert, dass das Proton in wässriger Lösung abdissoziieren kann. Carbonsäuren sind indes schwache Elektrolyte (pK-Werte Tab. 37). Wie die mehrprotonigen anorganischen Säuren dissoziieren auch die Dicarbonsäuren stufenweise (S. 55). Je länger die Alkylkette zwischen den beiden Carboxylen ist, desto weniger beeinflussen sich diese gegenseitig, desto näher beisammen liegen auch die beiden pK-Werte. Mit Laugen bilden Carbonsäuren **Salze** wie anorganische Säuren. Deren wässrige Lösungen sind **alkalisch,** weil die Säureanionen als Basen dem Wasser Protonen entreissen (S. 127).

R—C(=O)—OH + NaOH → R—C(=O)—O⁻Na⁺ + H$_2$O   Salzbildung

R—C(=O)—O⁻ + H$_2$O ⇌ R—C(=O)—OH + OH⁻   Protolyse des Carbonsäureanions

Die Moleküle der Carbonsäure assoziieren dank ihrer grossen Polarität stärker als die der Alkohole und haben deshalb bei gleicher Molekülmasse noch höhere Siedepunkte als diese. Die **4 ersten Monocarbonsäuren** sind **mit H_2O in jedem Verhältnis ohne Phasentrennung mischbar.** Sie sind wie die niederen Alkohole Lösungsvermittler zwischen lipophilen Stoffen und Wasser. Die Wasserlöslichkeit nimmt mit steigender C-Zahl stark ab. Wie die langkettigen Alkohole sind auch die höheren Carbonsäuren paraffinähnlich. Die niederen Homologe riechen stechend und zum Teil widerlich. Die 9 ersten Monocarbonsäuren sind bei Raumtemperatur flüssig, die übrigen fest. Der Schmelzpunkt ist ausser von der Kettenlänge auch von der Molekülsymmetrie abhängig. Deshalb steigt er im Gegensatz zum Siedepunkt in der homologen Reihe nicht stetig an. Alle Dicarbonsäuren sind fest.

Tabelle 37. Trivialnamen und Eigenschaften der Mono- und Dicarbonsäuren

Formel	Name der Säure	Name des Salzes	Herkunft des Namens	ϱ, g/ml	Smp, °C	Sdp, °C	pK
HCOOH	Ameisensäure	Formiat	Formica = Ameise	1,22	8	100	3,77
CH_3COOH	Essigsäure	Acetat	Acetum = Essig	1,05	17	118	4,76
CH_3CH_2COOH	Propionsäure	Propionat	Pro = vor, pion = Fett	0,99	−21	141	4,88
$CH_3(CH_2)_2COOH$	Buttersäure	Butyrat	Butyron = Butter	0,96	− 7	163	4,82
$CH_3(CH_2)_3COOH$	Valeriansäure	Valerat	Valeriana = Baldrian	0,94	−35	186	4,81
$CH_3(CH_2)_4COOH$	Capronsäure	Capronat	Capra = Ziege	0,93	− 4	205	4,85
$CH_3(CH_2)_6COOH$	Caprylsäure	Caprylat	Capra = Ziege	0,91	17	240	4,85
$CH_3(CH_2)_8COOH$	Caprinsäure	Caprinat	Capra = Ziege	0,88	31	270	
$CH_3(CH_2)_{10}COOH$	Laurinsäure	Laurat	Laurus − Lorbeer	0,87	44		
$CH_3(CH_2)_{12}COOH$	Myristinsäure	Myristat	Myristica = Muskat	0,86	58		
$CH_3(CH_2)_{14}COOH$	Palmitinsäure	Palmitat	Palma = Palme	0,85	63		
$CH_3(CH_2)_{16}COOH$	Stearinsäure	Stearat	Stear = Talg, Fett	0,85	69		

Formel	Name der Säure	Name des Salzes	Herkunft des Namens	ϱ, g/ml	Smp, °C	pK$_1$	pK$_2$
HOOC–COOH	Oxalsäure	Oxalat	Oxalis = Sauerklee	1,90	189	1,23	4,19
HOOC–CH$_2$–COOH	Malonsäure	Malonat	Malus = Apfel	1,63	136	2,85	5,36
HOOC(CH$_2$)$_2$COOH	Bernsteinsäure	Succinat	Succinum = Bernstein	1,56	185	4,19	5,35
HOOC(CH$_2$)$_3$COOH	Glutarsäure	Glutarat	Gluten = Leim	1,43	98	4,36	5,28
HOOC(CH$_2$)$_4$COOH	Adipinsäure	Adipat	Adeps = Fell	1,36	151	4,41	5,28

Die Carboxylgruppe vereinigt keineswegs die Eigenschaften der Aldehyde und Alkohole. Durch H-Brückenbildung assoziieren die Carbonsäuremoleküle zu Paaren. In diesen können die beiden H der OH-Gruppen leicht zwischen den beiden Molekülen hin und her pendeln (s. Gleichung). So wechselt die $C{=}O$-Doppelbindung ständig ihren Platz. Im ionisierten Carboxyl läuft dieser Platzwechsel auf das Pendeln des Ladungselektrons hinaus. Das überzählige Elektron des Carbonsäureanions hat somit keinen festen Platz; es ist **delokalisiert.** Man spricht bei einer solchen Erscheinung von **zwei mesomeren Zuständen** eines Moleküls.

$$R-C\overset{O\cdots HO}{\underset{OH\cdots O}{}}C-R \rightleftharpoons R-C\overset{OH\cdots O}{\underset{O\cdots HO}{}}C-R \qquad R-C\overset{O}{\underset{O^{\ominus}}{}} \rightleftharpoons R-C\overset{O^{\ominus}}{\underset{O}{}}$$

Wegen der Mesomerie sind Carbonsäuren keine echten Carbonylverbindungen. Die typischen Additionsreaktionen des Carbonyls (S. 210) bleiben bei den Carbonsäuren aus. Das **OH des Carboxyls** lässt sich hingegen durch eine ganze Anzahl anderer Gruppen ersetzen. Es entstehen dabei Carbonsäure-halogenide, -amide, -anhydride, -ester usw. (S. 225, 226, 259).

Für die **Herstellung** von Carbonsäuren stehen, neben zahlreichen Spezialmethoden für einzelne Verbindungen, folgende Möglichkeiten zur Verfügung:
- **Oxidation von primären Alkoholen und Aldehyden**
- **Reaktion von Halogenalkanen mit KCN und nachfolgende Umsetzung mit Wasser:**

$$BrCH_2CH_2Br + 2KCN \rightarrow N\equiv C-CH_2-CH_2-C\equiv N + 2KBr$$

$$N\equiv C-CH_2-CH_2-C\equiv N + 4H_2O \xrightarrow{H^+} NH_4^+{}^-OOC-CH_2-CH_2-COO^-NH_4^+$$

Ammoniumsuccinat (Salz der Bernsteinsäure)

- **Grignard-Reaktion mit CO_2:**

$$CH_3CH_2MgBr + O{=}C{=}O \rightarrow CH_3CH_2-\underset{O}{\overset{\|}{C}}-OMgBr \xrightarrow{+H_2O} CH_3CH_2-COOH + MgBrOH$$

Propionsäure

- **Spaltung von Alkenen mit starken Oxidationsmitteln:**

$$CH_3-CH{=}CH_2 \xrightarrow{H_2CrO_4} CH_3COOH + CO_2$$

3. Einzelne Carbonsäuren

Ameisensäure (Acidum formicicum, Methansäure)
Die Ameisensäure ist in der Natur nicht selten (Ameisen, Brennesseln, Quallen, Honig). Sie riecht stechend und ätzt die Haut. Technisch gewinnt man sie wie folgt:

$$NaOH + CO \xrightarrow{120-150\,°C} HCOONa \qquad 2HCOONa + H_2SO_4 \rightarrow 2\,HCOOH^\uparrow + Na_2SO_4$$

Aus Ameisensäure und konzentrierter Schwefelsäure entsteht wiederum CO:

$$HCOOH \xrightarrow{H_2SO_4} CO + H_2O \qquad \text{(einfaches Verfahren zur CO-Herstellung im Labor)}$$

HCOOH dient zum Entkalken von Metallgegenständen. Die Säure löst das Calcium-carbonat, nicht aber das Metall. Die Landwirtschaft braucht Ameisensäure als Kon-servierungsmittel in Futtersilos.

HCOOH ist **Säure und Aldehyd zugleich** (Hydroxy-formaldehyd). Sie zeigt deshalb auch typische Aldehydreaktionen, wie Schwärzung einer ammoniakalischen Silber-lösung (S. 212).

Essigsäure (Acidum aceticum, Ethansäure)

Die Essigsäure ist die am längsten bekannte organische Säure. Sie ist in der Natur verbreitet und entsteht bei der Essiggärung aus Ethanol:

$$CH_3CH_2OH \xrightarrow[\text{Luftsauerstoff}]{\text{Essigbakterien}} CH_3COOH$$

Alkohol (Wein)   Essigsäure (Weinessig)

Wein- oder Fruchtessig enthält 4–7% (40–70 ml/l) Essigsäure. Absolute Essigsäure heisst **Eisessig,** weil sie bei 16,7°C zu eisähnlichen Kristallen erstarrt. Technisch wird Essigsäure vor allem aus Ethen (und Ethin) über Acetaldehyd gewonnen. Zu-sammen mit ihren Alkalisalzen (Acetaten) wird Essigsäure oft für Pufferzwecke eingesetzt (S. 135). Über Al- und Pb-Salze der Essigsäure s. S. 171 und S. 179.

Propionsäure (Acidum propionicum, Propansäure) und
Buttersäure (Acidum butyricum, Butansäure)

Die Propionsäure C_3 dient unter anderem als Fliessmittel für die Chromatografie. Buttersäure C_4 ist die kürzeste in natürlichen Fetten verestert vorkommende Carbon-säure. Sie findet sich auch frei in der Natur, z.B. im Schweiss. Sie ist schuld am Geruch der ranzigen Butter. Im Gegensatz zu den Butanolen ist Buttersäure bei Raumtemperatur in jedem Verhältnis mit Wasser mischbar.

Höhere Monocarbonsäuren

Von C_4 bis C_{24} kommen alle Monocarbonsäuren mit **gerader C-Zahl** in verschiedenen Fetten vor, und zwar mit Glycerin verestert (S. 232). Die niederen Homologen finden sich vor allem im Milchfett. Die häufigsten gesättigten Fettsäuren sind **Palmitin-** und **Stearinsäure** (Tab. 37). Sie sind wachsartig und praktisch H_2O-unlöslich.
In Pflanzenölen dominiert eine ungesättigte Carbonsäure, die **Ölsäure** $CH_3(CH_2)_7CH=CH(CH_2)_7COOH$ (1 Doppelbindung in der Mitte des Moleküls).

Acrylsäure (Propensäure)

Die einfachste ungesättigte Carbonsäure ist die Acrylsäure $CH_2=CH-COOH$. Sie ist leicht polymerisierbar. Verschiedene Acrylsäurederivate sind Mono-mere von Kunstharzen. Das Polymerisat des Methylesters der Methacrylsäure $CH_2=C(CH_3)-COOCH_3$ ist das bekannte **Plexiglas.**

Oxalsäure (Ethandisäure)

Die Oxalsäure $HOOC-COOH$ ist eine mittelstarke Säure, mit der Phosphorsäure vergleichbar. Sie kommt in zahlreichen Pflanzen vor, z.B. in Sauerklee (Oxalis),

Sauerampfer, Rhabarber, Spinat. Ihr Calciumsalz ist sehr schwer löslich. Die Säure wird in unserem Körper kaum abgebaut. Sie erscheint im Harnsediment als **Calcium-oxalat** in Form von «Briefkuvertkristallen» (Octaedern). Unter ungünstigen Bedingungen bildet Ca-oxalat **Nierensteine,** die heftige Schmerzen verursachen können. Die Fällung von Ca^{2+} als Oxalat wird zur Isolierung und Bestimmung des Ions verwendet (Löslichkeitsprodukt $1,8 \cdot 10^{-9}$; S. 104). Beim Erhitzen zerfällt das Salz: $CaC_2O_4 \rightarrow CaCO_3 + CO$. Auf dieser Reaktion beruht ein Nachweis von Oxalat. Zur Blutgerinnung braucht es Calciumionen. Durch Zusatz von Na-oxalat zu einer Blutprobe kann deshalb deren Gerinnung verhindert werden.

Oxalsäure kann aus Natriumformiat gewonnen werden:

$$\begin{array}{l} HCOONa \\ HCOONa \end{array} \xrightarrow[360\,°C]{NaOH} H_2\uparrow + \begin{array}{l} COONa \\ | \\ COONa \end{array} \xrightarrow{H_2SO_4} \begin{array}{l} COOH \\ | \\ COOH \end{array} + Na_2SO_4$$

Aus wässriger Lösung kristallisiert Oxalsäure als **Dihydrat:** $C_2H_2O_4 \cdot 2H_2O$.

C_3-, C_4- und C_6-Dicarbonsäuren

Malonsäure (Propandisäure) $HOOC-CH_2-COOH$ hat eine besonders reaktionsfreudige CH_2-Gruppe. Deren H-Atome sind leicht durch verschiedene Gruppen ersetzbar. Die Säure und ihre Ester werden deshalb für zahlreiche Synthesen verwendet. Malonsäurederivate sind alle Barbiturate, z. B. Veronal (Schlafmittel).

Bernsteinsäure oder Butan-disäure (Salz = Succinat) ist Zwischenprodukt beim Abbau von Fetten, Zuckern und Aminosäuren im Organismus (Citratzyklus; S. 236).

Die einfachste ungesättigte Dicarbonsäure, die 2-Buten-disäure, zeigt cis-trans-Isomerie (S. 194). Die trans-Form, die **Fumarsäure,** ist ebenfalls ein Glied des Citratzyklus, nicht aber das cis-Isomer, die **Maleinsäure.**

$$HOOC-CH_2-CH_2-COOH \qquad \begin{array}{c} HOOC \\ \diagdown \\ \quad\;\; C=C \\ \diagup \qquad \diagdown \\ H \qquad\quad COOH \end{array} \qquad \begin{array}{c} HOOC \qquad\quad COOH \\ \diagdown \qquad\quad \diagup \\ \quad\;\; C=C \\ \diagup \qquad\quad \diagdown \\ H \qquad\qquad H \end{array}$$

Bernsteinsäure   Fumarsäure (trans)   Maleinsäure (cis)

Adipinsäure (Hexandisäure) $HOOC-(CH_2)_4-COOH$ ist Ausgangsstoff für die Nylonherstellung (S. 260).

G. Halogen-carbonsäuren

1. Definition und Nomenklatur

Carbonsäuren, in deren Alkylrest 1 H-Atom oder mehrere durch Halogen ersetzt sind, heissen Halogen-carbonsäuren. Beispiel: $CH_3CHClCOOH$.

Statt der für die Genfer Nomenklatur üblichen Ziffern verwendet man bei den Carbonsäuren zur Positionsangabe von Substituenten oft auch griechische Buchstaben. Die C-Atome der Alkylkette werden vom Carboxyl ausgehend (aber ohne dieses) mit α, β, γ usw. angeschrieben. Das Ende einer längeren Alkylkette wird oft mit ω (Omega) bezeichnet, unabhängig von der Kettenlänge. Beispiele:

CH_3—$CHCl$—CH_2—$COOH$	CH_3—CBr_2—$COOH$	CH_2F—CH_2—...CH_2—$COOH$
β-Chlor-buttersäure	α-Dibrom-propionsäure	ω-Fluor-carbonsäure
(3-Chlor-butansäure)	(2,2-Dibrom-propansäure)	

2. Herstellung, Eigenschaften, Verwendung

Unter Einwirkung von starkem Licht kann Essigsäure stufenweise chloriert werden:

$CH_3COOH + Cl_2 \rightarrow HCl + CH_2Cl$—$COOH$	Monochlor-essigsäure	pK 2,8
CH_2Cl—$COOH + Cl_2 \rightarrow HCl + CHCl_2$—$COOH$	Dichlor-essigsäure	pK 1,3
$CHCl_2$—$COOH + Cl_2 \rightarrow HCl + CCl_3$—$COOH$	Trichlor-essigsäure	pK 0,7

Jede Stufe erfordert eine höhere Temperatur als die vorhergehende. Durch das Licht werden die Chlormoleküle in freie Atome gespalten (Fotolyse, S. 85).
Nur die freien Cl-Atome reagieren mit der Methylgruppe der Essigsäure.
Durch die **starke Elektronenaffinität des Chlors** wird die **Polarität der Essigsäure kräftig verstärkt.** Die Chloressigsäuren sind deshalb wesentlich saurer als das unsubstituierte Molekül. Trichloressigsäure ist etwa 100mal stärker dissoziiert als Essigsäure (s. pK-Werte). CF_3COOH hat pK 0 und zählt zu den starken Säuren (CH_3COOH: pK 4,8). Trichloressigsäure ist bei Raumtemperatur fest (Schmelzpunkt 57°C) und ätzt die Haut. Im biochemischen Labor wird sie wie Perchlorsäure zum Nachweis und Ausfällen von Eiweiss verwendet.
Halogen-carbonsäuren sind Ausgangsstoffe für die Synthese anderer Säurederivate:

R—CH—COOH + KOH → R—CH—COOH   α-Hydroxy-carbonsäure
   | |
  Cl   OH + KCl

R—CH—COOH + KCN → R—CH—COOH $\xrightarrow{H_2O}$ R—CH—COOH   Dicarbonsäure
   | | | (Ammonium-
  Cl   CN + KCl $COONH_4$ salz)

R—CH—COOH + 2NH_3 → R—CH—COOH   α-Aminosäure
   | |
  Cl $NH_2 + NH_4Cl$

H. Hydroxy-carbonsäuren und Oxo-carbonsäuren

1. Definition, Nomenklatur und Eigenschaften

Hydroxy-carbonsäuren sind Säure und Alkohol in **einem** Molekül, Oxo-carbonsäuren sind gleichzeitig Säure und Keton oder Aldehyd. Beispiele:

$CH_2OH-(CH_2)_2COOH$ $CH_2OH-CHOH-COOH$ $HOOC-(CH_2)_2-CO-COOH$

γ-Hydroxy-buttersäure   α,β-Dihydroxy-propionsäure   α-Keto-glutarsäure
4-Hydroxy-butansäure   2,3-Dihydroxy-propansäure   2-Oxo-pentandisäure

Hydroxy- und Oxo-carbonsäuren lassen sich leicht ineinander umwandeln:

$$CH_2OH-COOH \underset{Reduktion}{\overset{Oxidation}{\rightleftarrows}} CHO-COOH \overset{Oxidation}{\longrightarrow} COOH-COOH$$

Glycolsäure   Glyoxylsäure   Oxalsäure
(Hydroxy-essigsäure)   (2-Oxo-essigsäure)   (Ethandisäure)

Der zusätzliche Sauerstoff der Hydroxyl- bzw. Oxogruppe **verstärkt die Polarität der Carboxylgruppe** (ähnlich den Halogenen), und zwar am meisten bei α-Stellung. α-Hydroxy-propionsäure (Milchsäure) hat pK 3,1, Propionsäure selbst 4,9. α-Hydroxy-carbonsäuren erhält man nach der Cyanhydrinsynthese aus Aldehyden (S. 210) und durch Einwirkung von NaOH auf α-Halogen-carbonsäuren (s. oben).

2. Einzelne Hydroxy- und Keto-carbonsäuren

Kohlensäure
Die Hydroxy-ameisensäure $HO-COOH$ ist die unbeständige **Kohlensäure** H_2CO_3 (2 OH am gleichen C).

Milchsäure (2-Hydroxy-propansäure) und Brenztraubensäure (2-Oxo-propansäure)

$CH_3-CH-COOH$ Milchsäure $CH_3-C-COOH$ Brenztraubensäure
      | ‖
      OH   α-Hydroxy-propionsäure   O   Keto-propionsäure

Milchsäure ist in Nahrungsmitteln verbreitet (saure Milch, Joghurt, Sauerkraut, Fleisch). Sie wird in der Getränkeindustrie als Zusatz verwendet. Konzentrierte Milchsäure ist sirupartig. Sie lässt sich wegen der starken Assoziation nur im Vakuum ohne Zersetzung destillieren.
Die Brenztraubensäure verdankt ihren Namen der Entstehung beim Erhitzen von Weinsäure (griech. pyros = Feuer, uva = Traube).
Lactat und **Pyruvat,** die Salze von Milchsäure und Brenztraubensäure, sind wichtige Stoffwechselzwischenprodukte beim Menschen und auch bei Mikroorganismen.

Hefe: Glucose → Pyruvat → Acetaldehyd → Ethylalkohol
                                    + CO_2

Mensch: Stärke → Glucose ⎫
                                ⎬ ⇄ Pyruvat $\underset{Oxidation}{\overset{Reduktion}{\rightleftarrows}}$ Lactat
            Eiweiss → Aminosäuren ⎭   ↓
                                    Acetat → CO_2 + H_2O

Mehr über diese biochemischen Vorgänge S. 245, 275.

β-Hydroxy-buttersäure und Acetessigsäure

Ein ähnliches Redoxpaar wie Milch- und Brenztraubensäure bilden im menschlichen Organismus **β-Hydroxy-buttersäure** (3-Hydroxy-butansäure) und β-Keto-buttersäure oder **Acetessigsäure** (3-Oxo-butansäure).

$$CH_3—CHOH—CH_2—COO^- \underset{\text{Reduktion}}{\overset{\text{Oxidation}}{\rightleftarrows}} CH_3—CO—CH_2—COO^-$$

β-Hydroxy-butyrat   Acetoacetat oder β-Ketobutyrat

Die beiden Säuren können sich bei Zucker-, Fett- und Eiweissabbau im Körper bilden, erreichen aber beim Gesunden nie höhere Konzentrationen, weil sie sehr rasch weiterverarbeitet werden. Im gestörten Stoffwechsel des Zuckerkranken können sie in grossen Mengen ins Blut und von da in den Urin geraten. Sie verursachen eine Acidose (Blut-pH saurer als normal). Die Acetessigsäure zerfällt leicht in **Aceton** und **CO_2**. Der Diabetiker kann deshalb Aceton im Urin ausscheiden.

$$CH_3—CO—CH_2—\textbf{COOH} \rightarrow CH_3—CO—CH_3 + \textbf{CO}_2$$

Ein solcher Vorgang wird als **Decarboxylierung** bezeichnet.
Praktisch alles CO_2, das wir ausatmen, bildet sich bei Decarboxylierungen verschiedener Carbonsäuren. Die Abspaltung kleiner Atomgruppen von organischen Verbindungen nennt man allgemein **Elimination**.
β-Hydroxy-buttersäure, Acetessigsäure und Aceton werden vom Biochemiker unter dem Sammelnamen **Ketonkörper** zusammengefasst.

Äpfelsäure, Weinsäure und Citronensäure

HOOC—CH—CH₂—COOH   HOOC—CH—CH—COOH
        | | |
       OH   OH   OH
Äpfelsäure, 2-Hydroxy-butandisäure;   **Weinsäure,** 2,3-Dihydroxy-butandisäure;
Salz = **Malat**   Salz = **Tartrat**

                        COOH
                          | **Citronensäure,**
HOOC—CH₂—C—CH₂—COOH   3-Carboxy-3-hydroxy-pentandisäure;
                          | Salz = **Citrat**
                        OH

Alle diese drei Säuren kommen in Früchten vor (Namen), Malat und Citrat aber auch im menschlichen Körper, als Zwischenprodukte des Energiestoffwechsels («Citratzyklus», S. 236). Das saure K-Salz der Weinsäure (Kaliumhydrogentartrat) heisst Weinstein, das K–Na-tartrat Seignettesalz. Kupferkomplexe der Weinsäure werden zur Analyse von Zuckern und Eiweiss verwendet (Fehlingsche Lösung, Biuret-Reagens; S. 241, 272). Citronensäure und Citrate werden oft als Puffer verwendet. Die 3 pK-Werte der Säure liegen näher beisammen (3,1; 4,7; 5,4) als jene der ebenfalls 3protonigen Phosphorsäure (2,1; 7,2; 12,7). Die 3 Puffergebiete des Citrats überlappen sich deshalb (S. 135).

3. Optische Aktivität

Milchsäure, Äpfelsäure, Weinsäure und β-Hydroxy-buttersäure sind optisch aktive Verbindungen. **Optisch aktive Stoffe drehen die Schwingungsebene von polarisiertem Licht.** Alle optisch aktiven Verbindungen besitzen ein oder mehrere **asymmetrische Kohlenstoffatome,** d. h. C-Atome, deren **4 Valenzen durch 4 verschiedene Atome oder Atomgruppen besetzt sind.**

Alle optisch aktiven Stoffe kommen in **2 Isomeren,** sogenannten **optischen Antipoden** oder **Enantiomeren,** vor, welche sich in ihrem räumlichen Bau unterscheiden wie Gegenstand und Spiegelbild oder wie rechte und linke Hand. Statt von optischer Aktivität spricht man deshalb auch von **Chiralität** (griech. cheir = Hand). Die beiden Antipoden drehen die Schwingungsebene des polarisierten Lichts gleich stark, aber in entgegengesetztem Sinn (Abb. 68).

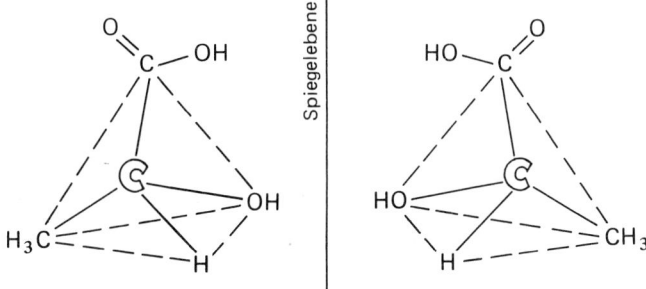

Abb. 68. Optische Antipoden der Milchsäure im Tetraedermodell.

Bei aller Symmetrie sind Enantiomere nicht identisch, weil sie im Raum nicht zur Deckung gebracht werden können. Zur Unterscheidung der Antipoden werden dem Namen der Verbindung die Buchstaben **D** bzw. **L** vorangestellt (lat. dexter = rechts, laevus = links). Die Bezeichnungen beziehen sich auf den absoluten räumlichen Bau und nicht unbedingt auf den Drehsinn. Diese seltsam klingende Feststellung soll im folgenden erklärt werden.

Als Bezugssubstanz aller optisch aktiven Stoffe hat man willkürlich den **Glycerinaldehyd** (2,3-Dihydroxy-propanal) gewählt, weil sich von diesem ausgehend unter anderem alle Zucker synthetisieren lassen. D-Glycerinaldehyd dreht polarisiertes Licht nach rechts, L-Glycerinaldehyd nach links. Die tatsächliche Anordnung der 4 am asymmetrischen C sitzenden Gruppen, die **Konfiguration,** ist für die beiden Isomere fixiert. Sie ist durch Röntgenstrukturanalyse ermittelt worden (Abb. 69).

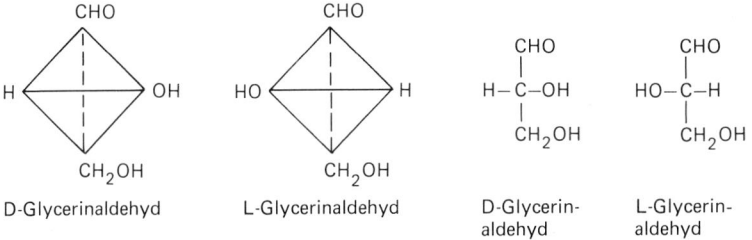

Abb. 69. Projektionsformeln optischer Antipoden.

In Abbildung 69 sind links die C-Tetraeder der beiden Antipoden so gestellt, dass die «Kante» zwischen H und OH horizontal über, die «Kante» zwischen CHO und CH_2OH horizontal unter der Zeichenebene liegt. Das asymmetrische C ist im Innern des Tetraeders, in der Zeichenebene. In der rechten Hälfte der Abbildung sind die Tetraedermodelle flachgedrückt. Nach internationaler Vereinbarung werden die beiden Enantiomere des Glycerinaldehyds und auch alle von ihm abgeleiteten Derivate stets in der Anordnung von Abbildung 69 rechts wiedergegeben.

Alle Stoffe, deren Moleküle sich ohne Umkrempelung des Grundtetraeders von D-Glycerinaldehyd (bzw- L-Glycerinaldehyd) ableiten lassen, haben naturgemäss D- (bzw. L-)Konfiguration. Das Ausmass der Drehung der Schwingungsebene des Lichts und **sogar der Drehsinn** ist von der Art der 4 am asymmetrischen C sitzenden Gruppen abhängig. Ein Angehöriger der D-Reihe kann sehr wohl linksdrehend sein. D-Glucose z. B. dreht rechts, während die sehr nah verwandte D-Fructose (mit gleicher Konfiguration des Grundtetraeders) linksdrehend ist. Will man im Namen den Drehsinn mitangeben, schreibt man D(+)-Glucose bzw. D(−)-Fructose (plus für rechts- und minus für linksdrehend). Für Symmetrie oder Asymmetrie eines C-Atoms sind nicht die 4 unmittelbar benachbarten Teilgruppen, sondern jeweils die **ganzen** 4 Reste massgebend.

$$CH_3-CH_2-\overset{\overset{\displaystyle H}{|}}{\underset{\underset{\displaystyle CH_3}{|}}{C}}-CH_2-CH_3 \qquad \text{Optisch inaktiv} \qquad CH_3-CH_2-\overset{\overset{\displaystyle H}{|}}{\underset{\underset{\displaystyle CH_3}{|}}{C}}-CH_2-CH_2-CH_3 \qquad \text{Optisch aktiv}$$

Auch alle Moleküle **mit mehr als einem asymmetrischen C** sind optisch aktiv. Gemische, die beide Enantiomere eines Stoffes in gleicher Konzentration enthalten, sind optisch inaktiv. Sie werden als **Racemate** bezeichnet und durch die Buchstaben DL charakterisiert, z. B. DL-Milchsäure. Bei der Synthese optisch aktiver Verbindungen aus inaktiven Vorstufen (ohne Mitwirkung von Enzymen) entstehen immer Racemate. Beispiel:

$$CH_3CH_2COOH + Cl_2 \rightarrow HCl + CH_3-CHCl-COOH \qquad \text{DL-2-Chlor-propionsäure}$$

In der Natur kommen optisch aktive Stoffe oft ausschliesslich in **einer** Isomerenform vor. Dies rührt daher, dass die Enzyme, welche deren Synthese katalysieren, selbst optisch aktiv sind. Das Enzym bildet mit dem Stoff, den es aufbauen (oder abbauen) hilft, einen Komplex und macht ihn dadurch reaktionsfähiger (S. 276).

Die Komplexbildung ist aber nur möglich, wenn Enzym und Reaktionspartner räumlich zusammenpassen. Modellvorstellung: Ein bestimmter Schlüssel mit asymmetrischem Bart passt ins Schlüsselloch, das Schloss lässt sich öffnen. Das Spiegelbild des gleichen Schlüssels passt nicht, das Schloss bleibt zu. Die Hefe kann z. B. nur D-Glucose vergären. Dies lässt sich zur Gewinnung von L-Glucose aus einem synthetisch hergestellten Racemat ausnützen (im Gärprodukt bleibt L-Glucose übrig). Durch gewöhnliche Trennverfahren (Destillation, Extraktion, Chromatografie usw.) lassen sich Racemate nicht auftrennen, weil die physikalischen Eigenschaften (mit Ausnahme der optischen) der beiden Isomere identisch sind.

Die optische Aktivität eines Stoffes kann für dessen analytische Bestimmung ausgenützt werden. Ist man sicher, dass sich in einer Lösung nur **ein** optisch aktiver Stoff
und dieser nur in einer Isomerieform befindet, kann dessen Konzentration durch
Messung der optischen Drehung im **Polarimeter** bestimmt werden (z. B. Glucose im
Urin). Der Betrag der Drehung ist abhängig von:

1. der Natur des optisch aktiven Stoffes
2. der Konzentration des aktiven Stoffes
3. der Schichtdicke der Lösung

4. dem Lösungsmittel
5. der Temperatur
6. der Wellenlänge des Lichts

Die Drehung einer Lösung mit Konzentration 1 g/ml und Schichtdicke 1 dm heisst
spezifische Drehung [α]. Für gegebene Temperatur, Wellenlänge und Lösungsmittel
ist [α] für jeden optisch aktiven Stoff eine Konstante. Ist auch die Schichtdicke
gegeben, so ist die **Drehung der Konzentration proportional.** Beispiel:

Eine Glucoselösung von 10 g/l (Standard) dreht 7°, ein pathologischer Urin bei
gleicher Schichtdicke 2,5°. Welche Zuckerkonzentration hat der Urin?

$$K_x : K_{st} = D_x : D_{st} \qquad K_x = \frac{2,5 \cdot 10}{7} = \textbf{3,57 g/l}$$

I. Carbonsäurehalogenide (Acylhalogenide)

Wird in einem Carboxyl die OH-Gruppe durch Halogen ersetzt, entsteht ein **Säure-
halogenid** (S. 165). Der Rest $CH_3(CH_2)_n$—CO— (Carbonsäure ohne OH) wird allgemein als **Acylgruppe** bezeichnet.
Zur Herstellung von Carbonsäurechloriden lässt man Carbonsäuren mit Phosphortrichlorid oder Thionylchlorid $SOCl_2$ reagieren:

$$3R—CO—OH + PCl_3 \rightarrow 3R—CO—Cl + H_3PO_3$$

Carbonsäure   Acylchlorid   Phosphorige Säure

Die Acylhalogenide assoziieren praktisch nicht und haben deshalb trotz schwererer
Moleküle tiefere Siedepunkte als die entsprechenden Säuren (z. B. CH_3COOH
118°C; CH_3COCl 52°C). Die Carbonsäurehalogenide sind wie die anorganischen
Säurehalogenide **nicht dissoziierbar.** Mit Wasser reagieren sie stark exotherm unter
Bildung von Carbonsäuren und Halogenwasserstoff. Man spricht von **Hydrolyse**
(= Spaltung unter Einbau von Wasser; S. 228).

$$R—COCl + H_2O \rightarrow R—COOH + HCl$$

Im Acylhalogenid ist die Mesomerie der Carbonsäure aufgehoben. Das Halogen lässt
sich sehr viel leichter durch andere Gruppen ersetzen als das OH der Carbonsäure.
Säurechloride sind deshalb beliebte Ausgangsstoffe für viele Synthesen (Ester,
Amide, Anhydride usw.). Alle Acylhalogenide riechen stechend; ihr Dampf reizt zu
Tränen. Die Trivialnamen leiten sich von den lateinischen Bezeichnungen der Säuren
ab. Beispiele:

CH_3COI: Acetyliodid (Ethansäureiodid)

$CH_3CH_2CH_2COCl$:   Butyrylchlorid (Butansäurechlorid)

$Cl—CO—CH_2—CH_2—CO—Cl$:   Succinyldichlorid (Butandisäuredichlorid)

Das Dichlorid der Kohlensäure, das **Phosgen** $COCl_2$, ist ein sehr giftiges Gas (Siedepunkt 8°C). Eingeatmetes Phosgen wird im Körper zu HCl und CO_2 hydrolysiert. Das Gas wurde im Ersten Weltkrieg als Kampfstoff eingesetzt. Es kann sich bei der Oxidation von Chloroform oder Tetrachlorkohlenstoff bilden. CCl_4 soll deshalb in geschlossenen Räumen nicht als Feuerlöscher gebraucht werden.

J. Carbonsäureanhydride

Wie aus anorganischen Säuren lassen sich auch aus Carbonsäuren Anhydride erhalten, allerdings kaum durch direkte H_2O-Abspaltung aus 2 Carboxylgruppen, sondern aus Säurechlorid und Salz:

$$R—CO—Cl + NaO—CO—R \rightarrow R—CO—O—CO—R + NaCl$$

Acylchlorid   Salz   Säureanhydrid

Nach dieser Gleichung lassen sich auch gemischte oder unsymmetrische Anhydride herstellen (verschiedene Alkylgruppen in Acylchlorid und Salz). Dicarbonsäuren können zyklische Anhydride bilden.

Essigsäureanhydrid   Bernsteinsäureanhydrid   Maleinsäureanhydrid

Fumarsäure (trans-Butendisäure) bildet kein Anhydrid, weil die beiden Carboxylgruppen zu weit auseinander liegen.
Essigsäureanhydrid ist eine stechend riechende Flüssigkeit (Siedepunkt 136°C). Es ist mit kaltem Wasser nicht mischbar. In heissem Wasser wird es rasch zu Essigsäure hydrolysiert.

K. Ester

1. Definition und Nomenklatur

Ester sind Kondensationsprodukte aus Alkoholen und Säuren.

$$R-\overset{\overset{O}{\|}}{C}-O-H + H-O-R' \rightarrow R-\overset{\overset{O}{\|}}{C}-O-R' + H_2O$$

Säure   Alkohol   Ester

$$CH_3-OH + HO-CO-CO-OH + HO-CH_3 \rightarrow CH_3-O-CO-CO-O-CH_3 + 2H_2O$$

Methanol   Oxalsäure   Methanol   Oxalsäure-dimethylester

Früher wurden auch die Ester als Äther bezeichnet. Das Kondensat aus Ethanol und Essigsäure hiess Essigäther. Aus diesem Namen wurde durch Zusammenziehung «Es-ter». Die Bezeichnung wurde später zum Sammelnamen aller Säure-Alkohol-Kondensate. Für die Bezeichnung einzelner Ester gibt es **zwei Nomenklaturen:**
1. Name der Säure + Name der Alkylgruppe des Alkohols + -ester. Beispiel: Essigsäure-ethylester. Trivialnamen von Alkoholen erscheinen als Ganzes im Esternamen: Monophosphorsäure-glycerinester.
2. Die Ester werden wie Salze benannt. Die Alkylgruppe des Alkohols vertritt das Metall. Obige Beispiele heissen dann Ethylacetat bzw. Glycerinmonophosphat (vgl. Namen der Halogenalkane, S. 198). Diese Nomenklatur ist nicht mehr empfohlen.

2. Herstellung und Eigenschaften

Die Kondensation von Alkohol und Säure wird als Veresterung bezeichnet. Die an Salze erinnernden alten Esternamen und die Bildung von Wasser bei der Veresterung wecken die Vorstellung, der Vorgang sei mit der Säure-Laugen-Neutralisation vergleichbar. Die folgende Gegenüberstellung soll zeigen, dass dies nicht zutrifft.

Neutralisation	Veresterung
Spontane Vereinigung von Protonen und OH^--Ionen zu Wasser	Wasserbildung durch Abspaltung von H und OH aus Säure und Alkohol
Reaktion sehr schnell (Momentanreaktion zwischen Ionen)	Langsame und unvollständige Reaktion; Beschleunigung durch wasserentziehende Mittel und Katalysatoren
Das entstehende Salz bleibt vollständig dissoziiert	Der entstehende Ester ist nicht dissozierbar

Beim Erhitzen der Reaktionspartner Alkohol und Säure bildet sich ein **Gleichgewicht:**

$$R-COOH + R'-OH \rightleftharpoons R-COO-R' + H_2O$$

Das Gleichgewicht lässt sich durch laufendes Entfernen des H_2O (z.B. durch H_2SO_4) nach rechts verschieben. In Gegenwart von Laugen verschiebt es sich dagegen nach links.
Viel leichter als die Kondensation von Säure und Alkohol geht die Reaktion zwischen Säurechlorid und Natriumalkoholat. Beispiel:

$$CH_3CH_2CH_2 - \overset{\overset{\displaystyle O}{\|}}{C} - Cl + NaO - CH(CH_3)_2 \rightarrow CH_3CH_2CH_2 - \overset{\overset{\displaystyle O}{\|}}{C} - O - CH(CH_3)_2 + NaCl$$

Butyrylchlorid   Na-isopropylat   Buttersäure-isopropylester

Die Ester sind ähnlich **schwach polar** wie die Ether und entsprechend **wenig hydrophil** (schlecht H_2O-löslich). Sie sind auch kaum assoziiert und haben tiefere Siedepunkte als die freien Säuren gleicher Molekülmasse. Zur Reinigung schwerflüchtiger Säuren stellt man oft deren Ester her, destilliert diese und spaltet wieder in Säure und Alkohol. Ester der einfachen (festen) Dicarbonsäuren mit niederen Alkoholen sind flüssig.

Ester sind in der Natur verbreitet. Der Duft vieler Früchte ist auf Ester zurückzuführen. Verschiedene synthetische Ester braucht man als Fruchtessenzen für Nahrungs- und Genussmittel, z.B. Essigsäure-amylester als Birnenaroma.

Pflanzliche und tierische **Wachse** sind Ester aus langkettigen Monocarbonsäuren und langkettigen 1wertigen Alkoholen. Ester besonderer Art sind die **Fette** (S. 232 ff.). Hydroxy-carbonsäuren können ringförmige Ester, sogenannte **Lactone,** bilden. Beispiel:

$$HO - CH_2 - CH_2 - CH_2 - CO - OH \rightarrow H_2O + \begin{array}{l} CH_2 - CO \\ | \qquad\qquad \diagdown \\ CH_2 - CH_2 \diagup \end{array} O$$

γ-Hydroxy-buttersäure   Butyrolacton

3. Esterhydrolyse oder Verseifung

Wie das Gleichgewicht (S. 227) zeigt, ist die Veresterung umkehrbar. Durch Kochen mit verdünnten Laugen oder auch durch Einwirkung von Enzymen (Esterasen) werden Ester unter Wasseraufnahme in Alkohol und Säure gespalten. Solche Spaltungen von Kondensationsprodukten unter Wasseraufnahme bezeichnet man als **Hydrolyse** oder **Verseifung** (S. 233).

Ester + OH^- → Alkohol + Säureanion

Der Ausdruck «Verseifung» geht auf die seit der Antike bekannte alkalische Fetthydrolyse zurück, bei der Seifen gebildet werden.

4. Einzelne Ester

Ester der Halogenwasserstoffsäuren
Alle Halogen-kohlenwasserstoffe können als Ester aufgefasst werden. Durch Kochen mit Laugen werden sie zu Alkohol und einem Halogenidion hydrolysiert:

$R - CH_2 - Br + OH^- \rightarrow R - CH_2 - OH + Br^-$

Salpetersäure-ester

Durch Eintropfen von wasserfreiem Glycerin in ein Gemisch von konzentrierter HNO_3 und rauchender H_2SO_4 (Nitriersäure) erhält man den Trisalpetersäure-glycerinester, kurz als **Nitroglycerin** bezeichnet. Das Produkt ist flüssig und ein hochbrisanter **Sprengstoff**, der bei geringer Erschütterung explodieren kann.

$$
\begin{array}{l}
CH_2-OH \\
| \\
CH-OH \\
| \\
CH_2-OH
\end{array}
+ 3HO-NO_2 \xrightarrow{\ H_2SO_4\ }
\begin{array}{l}
CH_2-O-NO_2 \\
| \\
CH\ -O-NO_2 \\
| \\
CH_2-O-NO_2
\end{array}
+ 3H_2O
$$

Glycerin   Salpetersäure   Nitroglycerin

Tränkt man Kieselgur (feinporige Kieselalgenskelette) mit Nitroglycerin, erhält man **Dynamit.** In dieser von dem Schweden Nobel entwickelten Form ist der Sprengstoff stabil und detoniert nur nach **Initialzündung** (S. 162). Sprengstoffe sind Substanzen, die «im eigenen Sauerstoff verbrennen» können. Wird das Nitroglycerinmolekül erschüttert, springt der Nitratsauerstoff auf die C-Kette über. Diese sehr schnell ablaufende intramolekulare Redoxreaktion ist stark exotherm. Die entstehenden heissen Gase (CO_2, CO, N_2, H_2O) erzeugen hohen Druck und damit die Sprengwirkung.

Nitrocellulose oder Schiessbaumwolle erhält man durch Verestern der OH-Gruppen der Cellulose (S. 243) mit Salpetersäure. Nitrocellulose «brennt» langsamer ab als Nitroglycerin und eignet sich als Treibladung für Geschosse.

Schwefelsäure-ester

Als 2wertige Säure lässt sich H_2SO_4 in zwei Stufen verestern:

$$R-OH + HO-SO_2-OH \xrightarrow{-H_2O} R-O-SO_2-OH \quad \text{Schwefelsäure-monoalkylester}$$

$$R-O-SO_2-OH + HO-R \xrightarrow{-H_2O} R-O-SO_2-O-R \quad \text{Schwefelsäure-dialkylester}$$

Die Monoester der Schwefelsäure sind 1wertige starke Säuren und lassen sich zu Salzen neutralisieren: $R-O-SO_3H + NaOH \rightarrow R-O-SO_3Na + H_2O$.

Von grosser technischer Bedeutung sind die Salze der Schwefelsäure-monoester höherer Alkohole. Es sind **Netzmittel,** synthetische Waschmittel oder **Emulgatoren** (S. 234).

Kurzkettige Dialkylester der Schwefelsäure werden zur Übertragung von Alkylgruppen auf andere Stoffe benützt.

Phosphorsäure-ester

Mit H_3PO_4 lassen sich Mono-, Di- und Trialkyl-ester herstellen. Die Phosphorsäure-monoester einer grossen Zahl von Hydroxyverbindungen sind Schlüsselprodukte unseres Stoffwechsels (S. 247).

Kohlensäure-ester

Im Gegensatz zur freien Kohlensäure sind deren Ester gut beständig.

$Cl—CO—Cl + 2CH_3CH_2OH \rightarrow CH_3—CH_2—O—CO—O—CH_2—CH_3 + 2HCl$

Phosgen   Kohlensäure-diethylester oder Diethylcarbonat

Essigsäure-ester

Essigsäure-ethylester $CH_3—CO—O—CH_2CH_3$, auch kurz Essigester genannt, so wie Butyl- und Amyl-ester werden vielfach als Lösungsmittel gebraucht. Sie sind wenig giftig und riechen angenehm. Der Essigsäure-ester der Cellulose (Celluloseacetat, «Acetylcellulose») ist ein Halbkunststoff, der sich verspinnen und zu dünnen Häuten verarbeiten lässt (Acetatseide bzw. Acetatfolien).

Acetessig-ester (Acetyl-essigsäure-ethylester)

Acetessig-ester $CH_3—CO—CH_2—CO—O—CH_2—CH_3$ ist viel beständiger als die freie Acetessigsäure (S.222). Die beiden H am α-C (zwischen Keto- und Carboxylgruppe) sind wegen der Polarisierung durch die benachbarten O-Atome leicht durch verschiedene Atomgruppen ersetzbar, ähnlich wie bei Acetyl-aceton und Malonsäure (S. 216). Der Ester ist deshalb Schlüsselprodukt für organische Synthesen.

Am Acetessig-ester ist die Erscheinung der **Tautomerie** besonders untersucht worden. Der Ketosäure-ester bildet zwei isomere (tautomere) Formen, die miteinander im Gleichgewicht stehen:

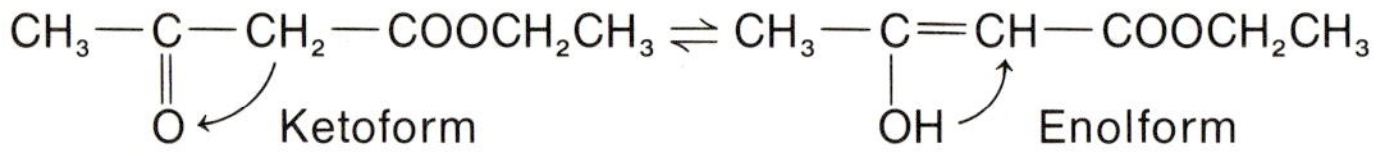

$CH_3—C—CH_2—COOCH_2CH_3 \rightleftharpoons CH_3—C=CH—COOCH_2CH_3$

O Ketoform   OH Enolform

Im Gegensatz zur Mesomerie (S.216) wechseln bei der Tautomerie nicht nur Elektronen, sondern auch Protonen ihren Platz. Im Acetessig-ester stehen 7% Enolform mit 93% Ketoform im Gleichgewicht. Alle Ketoverbindungen zeigen Keto-Enol-Tautomerie, nur ist das Gleichgewicht sehr unterschiedlich gelagert (Aceton: 0,00025%, Acetyl-aceton: 76% Enolform). Je mehr Enolform, desto deutlicher treten die Eigenschaften hervor, wie sie für 1,2-ungesättigte Hydroxyverbindungen typisch sind, z.B. Komplexbildung mit Fe^{3+}-Ionen (s. «Phenole», S.295).

XI. Fragen zur Eigenkontrolle (Stoffgebiet S. 208–230)

1. Wie heissen die 4 einfachsten Aldehyde sowie deren Reduktions- und Oxidationsprodukte (IUPAC-Nomenklatur und Trivialnamen)?

2. Wie heissen folgende Stoffe:
a) $CH_3COCOCH_3$, b) CH_3COCH_2COOH,
c) $CH_2OHCOCH_2OH$?

3. Formaldehyd wird mit Butyl-magnesiumiodid umgesetzt. Welcher Stoff entsteht nach Reaktion des gebildeten Produkts mit Wasser?

4. Mit $C_3H_6O_2$ sind 4 Strukturformeln zu bilden und die Stoffe zu benennen.

5. Eine Lösung enthält eine Oxoverbindung. Wie lässt sich entscheiden, ob es sich um einen Aldehyd oder ein Keton handelt?

6. Was ist a) ein Aldoxim, b) eine Cyanhydrinverbindung?

7. Welche Eigenschaften haben a) Chloral, b) Trichloressigsäure?

8. Was ist a) die Carbonylgruppe, b) die Carboxylgruppe, c) die Acetylgruppe?

9. Folgende Säuren sind nach zunehmender Stärke zu ordnen, mit Begründung der Ordnung: $HOOC-COOH$, CCl_3COOH, CH_3COOH.

10. Wie erklärt es sich, dass $CH_3-CO-CH_3$ mit Wasser mischbar, $CH_3CH_2CH_3$ dagegen praktisch wasserunlöslich ist?

11. Aus welchen Säuren entstehen folgende Salze: a) Lactat, b) Succinat, c) Malat, d) Malonat, e) Pyruvat, f) Tartrat?

12. Wie heissen folgende Stoffe und was entsteht bei deren alkalischer Hydrolyse:
a) $H-CO-O-CH_3$;
b) $CH_3CH_2-O-PO-O-CH_3$;

$$O \quad CH_2CH_2CH_3$$
c) $(CH_3)_2CH-O-CO-O-CH(CH_3)_2$?

13. Unter welchen Bedingungen ist ein Stoff optisch aktiv?

14. Welche Unterschiede bestehen zwischen Verestern und Neutralisieren?

15. Eine 1 mol/l Milchsäure dreht bei durchstrahlter Schicht von 10 cm die Ebene des polarisierten Lichts um 3,4°. Wieviele g/l enthält eine Lösung mit 3,9° Drehung bei gleicher Schicht?

16. Was versteht man unter a) Autoxidation, b) Decarboxylierung?

17. Was lässt sich über die Struktur folgender Stoffe aussagen: a) L(−)-α-Hydroxy-carbonsäure; b) DL-α-Methyl-β-hydroxy-carbonsäure?

18. a) Wie stellt man ein Acylchlorid her? b) Was ist Phosgen?

19. Welche Lösung hat das höhere pH, 1 mol/l Na-formiat oder 1 mol/l Na-acetat? Begründung?

20. Die Gleichung für die vollständige Veresterung von Glutarsäure mit Isopropanol ist aufzustellen.

21. Eine klare wässrige Lösung wird mit Chromsäure erhitzt. Danach lassen sich in der Lösung Essigsäure und Aceton nachweisen. Welche Substanzen kann die Lösung vor der Behandlung enthalten haben?

22. Wie lässt sich Milchsäure herstellen?

23. Was ist charakteristisch an einem Sprengstoff?

24. Welchen Aggregatzustand haben folgende Stoffe bei Raumtemperatur: a) Methanal; b) Oxalsäure; c) 2-Hydroxy-propansäure; d) Natriumacetat?

(Antworten S. 357)

L. Fette

1. Übersicht

Alle tierischen und pflanzlichen Fette sind Ester aus Glycerin und verschiedenen gesättigten und ungesättigten Monocarbonsäuren mit Kettenlängen von 4 bis 24 C. In den **Warmblüterfetten** stellen **Stearinsäure, Palmitinsäure** und **Ölsäure** den Hauptanteil. Im Fischtran überwiegen die mehrfach ungesättigten Säuren mit 18, 20 und 22 C. Auch die meisten **Pflanzenöle** enthalten vornehmlich ungesättigte Säuren, vorab die **Ölsäure. Kurzkettige Fettsäuren** C_4–C_{14} finden sich im **Milchfett,** aber auch in der Kokosnuss.

Charakteristisch für alle natürlichen Fette sind die **geradzahligen C-Ketten** ihrer Säuren. Dies ist auf den Synthesemechanismus zurückzuführen (S. 237). Neben Molekülen mit 3 identischen Fettsäureresten enthalten die Fette vor allem gemischte Ester.

2. Physikalische Eigenschaften und chemisches Verhalten

Löslichkeit und Schmelzbereich

Die Fette sind Inbegriff des wasserunlöslichen, wasserabstossenden Materials. Sie sind dagegen gut löslich in allen lipophilen (fettfreundlichen) Lösungsmitteln, wie Petrolether, Diethylether, Chloroform, Dichlor-methan.

Die **Schmelztemperatur** ist von der Fettsäurekombination der einzelnen Estermoleküle, in erster Linie aber von der Zahl der Doppelbindungen pro Molekül abhängig. Weil Fette nie einheitlich sind, haben sie keinen scharfen Schmelzpunkt, sondern einen Schmelz**bereich.**

Regel: **Je mehr ungesättigte Säuren ein Fett enthält, desto tiefer schmilzt es.**

Iodzahl

Ein Mass für den Sättigungsgrad eines Fettes ist dessen **Iodzahl.** Doppelbindungen können Halogene anlagern (S. 195):

$$CH_3(CH_2)_7 - \overset{\overset{\displaystyle H}{|}}{C} = \overset{\overset{\displaystyle H}{|}}{C} - (CH_2)_7COOH + I_2 \rightarrow CH_3(CH_2)_7 - \overset{\overset{\displaystyle H}{|}}{\underset{\underset{\displaystyle I}{|}}{C}} - \overset{\overset{\displaystyle H}{|}}{\underset{\underset{\displaystyle I}{|}}{C}} - (CH_2)_7COOH$$

Ölsäure   9,10-Diiod-stearinsäure

Die Iodzahl gibt an, wieviele Milligramm Iod von 100 mg Fett gebunden werden.

Bei der Iodzahlbestimmung geht man wie folgt vor: In zwei Gefässe gibt man gleichviel Iod, gelöst in einem Chlor-kohlenwasserstoff. Im einen Gefäss werden 100 mg Fett aufgelöst. Die Probe darf sich nicht entfärben, d.h. das Iod muss im Überschuss sein. Nach einiger Zeit wird in beiden Proben das elementare Iod mit Thiosulfatlösung titriert. Rechenbeispiel:

Leerprobe	15,3 ml 0,1 mol/l Thiosulfat	
Fettprobe	7,6 ml	
Differenz	7,7 ml $\cong$ 0,77 mmol Thiosulfat $\cong$ 0,77 $\cdot$ 127 = **98 mg Iod** (S.156).	

Die Iodzahl des untersuchten Fettes ist also **98**.

Regel: **Je höher die Iodzahl, desto tiefer der Schmelzbereich.** Beispiele:
Kokosfett: etwa 10% ungesättigte Fettsäure, Iodzahl 7–10, Schmelzbereich 24–27°C.
Sonnenblumenöl: etwa 90% ungesättigte Fettsäure, Iodzahl 125–136, schmilzt bei −18 bis −16°C.

Fetthärtung

Doppelbindungen können nicht nur Halogene, sondern auch Wasserstoff anlagern, allerdings nur in Gegenwart von Katalysatoren (S.196).

$$\text{Ölsäure} + H_2 \xrightarrow{\text{Katalysator}} \text{Stearinsäure}$$

Wird ein Öl mit einem Katalysator, z. B. Ni-Pulver, in einer H_2-Atmosphäre geschüttelt, verschwinden seine Doppelbindungen. Weil dabei der Schmelzbereich steigt, spricht man von **Fetthärtung**. So können aus Pflanzenölen, z. B. Erdnussöl, feste Speisefette hergestellt werden. Gehärtete Fette sind leichter zu lagern und besser haltbar als flüssige. Die Doppelbindungen sind Angriffsstellen für Luftsauerstoff und auch Enzyme von Mikroorganismen. In der Praxis werden die Öle nicht «erschöpfend» hydriert. Ein Rest Doppelbindungen wird übriggelassen, sonst steigt der Schmelzbereich auf über 37°C und das Fett wird schwer verdaulich. Die Fetthärtung hat einen grossen Nachteil: Im Fett gelöste **Vitamine** werden mithydriert und inaktiviert. Sie müssen nach der Härtung frisch zugesetzt werden. Auch die **essentiellen Fettsäuren** (S. 236) werden wertlos. An die Stelle der Härtung tritt heute deshalb vermehrt die **Umesterung:** Durch **Austausch** ungesättigter gegen gesättigte Fettsäuren lässt sich ohne Zerstörung kostbarer Wirkstoffe ein ähnlicher Effekt erzielen wie bei der Härtung.

Ranzigkeit

Unter dem Einfluss von Licht, Luftsauerstoff und Feuchtigkeit können aus ungesättigten Fettsäuren durch Sprengung der Doppelbindungen **Aldehyde** entstehen. Durch Mikroorganismen bilden sich auch **freie Fettsäuren**. Solchen Abbauprodukten verdankt ranziges Fett seinen unangenehmen Geruch.

3. Fettverseifung, Seifen

Als Ester lassen sich Fette hydrolysieren. Bei der Spaltung unter Mitwirkung von Laugen entstehen **Seifen:**

$$
\begin{aligned}
&CH_2-O-CO-(CH_2)_nCH_3 && CH_2-OH \\
&CH\ -O-CO-(CH_2)_nCH_3 + 3NaOH \rightarrow\ CH\ -OH + 3CH_3(CH_2)_n-COO^- + 3Na^+ \\
&CH_2-O-CO-(CH_2)_nCH_3 && CH_2-OH
\end{aligned}
$$

Die Natriumsalze der Fettsäuren sind mehr oder weniger hart und werden als **Kernseifen** bezeichnet. Die Kaliumsalze sind weich und heissen **Schmierseifen**. Als Al-

kalisalze schwacher Säuren bilden die Seifen **alkalische Lösungen.** Das ionisierte
Carboxyl ist stark **hydratisiert.** Die Seifen haben somit einen hydrophilen «Kopf»
(Carboxyl) und einen lipophilen «Schwanz» (Alkylkette) (Abb. 70).

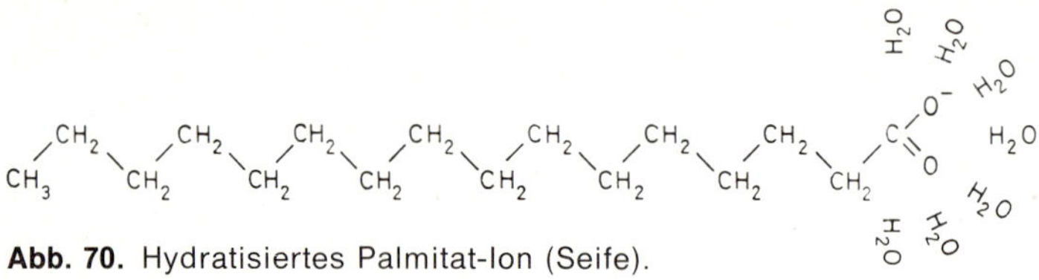

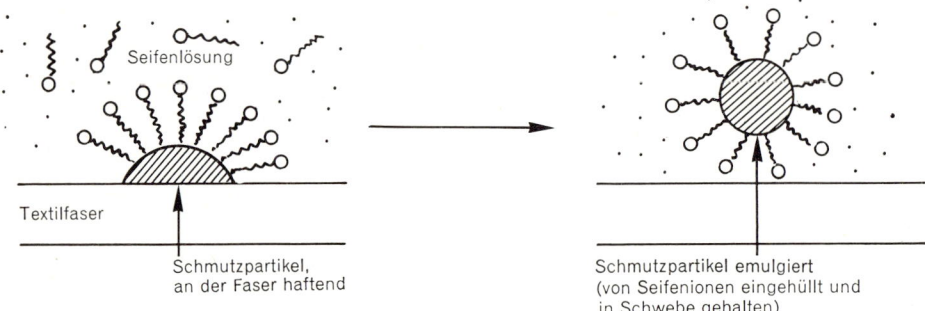

Abb. 70. Hydratisiertes Palmitat-Ion (Seife).

Die Seifen sind ausgezeichnete Vermittler zwischen Wasser und Fett, zwischen
hydrophilen und hydrophoben Medien. Sie wirken als **Emulgatoren** und **Netzmittel.**
Beim Kontakt einer verschmutzten Oberfläche (Textilfaser, Haut, Geschirr) mit einer
Seifenlösung werden die wasserunlöslichen Schmutzpartikel von Seifenionen eingehüllt, und zwar so, dass sich der lipophile Schwanz an das lipophile Schmutzteilchen
heftet, während der hydrophile Carboxylkopf ins Wasser ragt. Damit wird der Schmutz
«hydrophilisiert». Durch Bewegen der Waschflüssigkeit wird er emulgiert, d.h. im
Wasser fein verteilt und in Schwebe gehalten. An der Wasseroberfläche orientieren
sich die Seifenionen wie ein feiner Plüschrasen («Köpfchen ins Wasser, Schwänz-
chen in die Luft»). Dadurch wird die Oberflächenspannung des Wassers verringert
und die Schaumbildung begünstigt (Abb. 71).

Seifenlösung

Textilfaser

Schmutzpartikel,
an der Faser haftend

Schmutzpartikel emulgiert
(von Seifenionen eingehüllt und
in Schwebe gehalten)

Abb. 71. Emulgierwirkung der Seifen.

Die Seifen haben als Waschmittel einen Nachteil: In hartem Wasser (viel Ca-Ionen)
bilden sich unlösliche **Kalkseifen,** die nicht emulgieren, sondern selbst ver-
schmutzen.

$$2CH_3(CH_2)_nCOO^- + Ca^{2+} \rightarrow CH_3(CH_2)_n-CO-O^-Ca^{2+-}O-CO-(CH_2)_nCH_3$$

Kalkseife

Für die Textilwäsche braucht man statt der gewöhnlichen Seifen vermehrt synthetische Produkte, die mit Ca-Ionen keine Niederschläge bilden. Oft verwendet sind die
Na-Salze der Schwefelsäure-monoester langkettiger Alkohole.
Neben **anionischen Netzmitteln** (die gewöhnlichen Seifen und die Schwefelsäureester gehören dazu) gibt es auch **kationische Emulgatoren,** sogenannte **Invertseifen**

(invertieren = umkehren). Es sind organische Ammoniakderivate mit langer Alkylkette und positiv geladenem hydrophilem «Kopf». Anionische Netzmittel sind in
neutralem und alkalischem Milieu wirksam, die kationischen in neutraler und saurer
Umgebung. In saurer Lösung gehen Seifen in undissoziierte Fettsäuren über und
fallen aus. Analog verhalten sich die Invertseifen in alkalischem Milieu. Auch nicht-
ionogene, vom pH des Milieus unabhängige Netzmittel werden gebraucht (Poly-
hydroxy-Verbindungen). Viele synthetische Waschmittel können – im Gegensatz zu
den gewöhnlichen Seifen – von der Mikroflora nicht abgebaut werden (Belastung der
Gewässer).

4. Physiologische Bedeutung der Fette

Aufgabe im Warmblüterorganismus
Fette sind in erster Linie **Energielieferanten.** Bei vollständiger Oxidation liefert 1 g
Fett gegen 40 kJ (Kilojoule) Energie. Aus 1 g Zucker oder Eiweiss entsteht weniger als
die Hälfte davon. Wegen seiner hohen Energiekonzentration ist das Fett der beste
Energiespeicher. Die Zusammensetzung des Depotfettes variiert je nach Körper-
gegend. Das Unterhautfett schmilzt wesentlich tiefer als das Nierenfett.
Nebenfunktionen des Körperfettes: **Gleitmittel** (Haut auf Muskeln und Gelenken);
Schutz gegen Wärmeverlust; Stützmaterial für die Nieren; **Trägermaterial für die
wasserunlöslichen Vitamine** A, D, E und K.

Verdauung, Resorption und Verteilung im Körper
Im Magen findet nur eine ganz geringe Hydrolyse von fein verteiltem Fett (z. B. Milch)
statt. Im Zwölffingerdarm mischen sich **Galle** und **Pankreassekret** (Bauchspeichel)
mit der Nahrung. Der Pankreassaft enthält das Enzym **Lipase,** das die Fetthydrolyse
katalysiert (S. 279). Die Salze der Gallensäuren im Gallensekret emulgieren das Fett
und aktivieren die Lipase. Diese ist nicht fettlöslich und kann nur an der Oberfläche
der Fetttröpfchen wirken. Deshalb ist die Fettverdauung um so schneller, je feiner das
Nahrungsfett verteilt ist. Durch die Lipase wird das Fett grösstenteils zu **Fettsäuren**
(bzw. Seifen) und **Glycerin-monoestern** hydrolysiert. Die Spaltprodukte werden vom
Darmepithel aufgenommen. Bereits in der Darmwand werden sie enzymatisch wieder
zu Fett kondensiert. Dieses gelangt als feinste, von einer Proteinhaut umschlossene
Tröpfchen **(Chylomikronen)** durch die Lymphgefässe in die Blutbahn. Nach fettreicher
Mahlzeit ist das Blutserum wegen der Chylomikronen milchig **(lipämisch).** Die
Lipämie verschwindet nach ein paar Stunden. Das nicht unmittelbar zum Energie-
gewinn «verbrannte» Fett wird vorerst von der Leber aufgenommen. Kurzkettige
Fettsäuren gelangen unverestert via Pfortader dahin. Die Leber koppelt die Fette mit
Globulinen (Eiweiss) zu **Lipoproteinen** (S. 268). Diese sind dank der Hydrophilie des
Proteins wasserlöslich und können vom Blut in jede beliebige Körpergegend (Spei-
chergewebe) verfrachtet werden.

Fettabbau
Wenn die Muskeln Energie benötigen, werden neben den Kohlenhydratreserven auch
Depotfette mobilisiert. Durch Hormone induziert, werden in den Speicherzellen Fett-
moleküle hydrolysiert (Lipolyse). Die Spaltprodukte diffundieren ins Blut. Das

Glycerin wird in der Leber umgebaut und in den Glucosestoffwechsel eingeschleust. Die Fettsäuren werden, an Serumalbumin gebunden, in die Muskelzellen gebracht. Hier werden sie mit Coenzym A (CoA), einem komplizierten schwefelhaltigen Wirkstoff, kondensiert und dadurch **aktiviert.** In einer mehrstufigen Reaktionskette wird das Säuremolekül am β-C oxidiert. Dann wird unter Eintritt eines weiteren Moleküls CoA 1 Molekül aktivierte Essigsäure (Acetyl-CoA) abgespalten:

$$R\text{-}CH_2\text{-}CH_2\text{-}\underset{\underset{O}{\|}}{C}\text{-}CoA \xrightarrow{-2H} R\text{-}CH=CH\text{-}\underset{\underset{O}{\|}}{C}\text{-}CoA \xrightarrow{+H_2O} R\text{-}\underset{\underset{OH}{|}}{CH}\text{-}CH_2\text{-}\underset{\underset{O}{\|}}{C}\text{-}CoA$$

Acyl-CoA I $\Big]\; -2H$

$$R\text{-}\underset{\underset{O}{\|}}{C}\text{-}CoA + CH_3\text{-}\underset{\underset{O}{\|}}{C}\text{-}CoA \xleftarrow{+CoA} R\text{-}\underset{\underset{O}{\|}}{C}\text{-}CH_2\text{-}\underset{\underset{O}{\|}}{C}\text{-}CoA$$

Acyl-CoA II Acetyl-CoA

Mit der um 2 C verkürzten Fettsäure (Acyl-Coenzym A II) wiederholt sich das gleiche Spiel, bis die ganze Fettsäure in lauter Acetyl-CoA aufgespalten ist.

Das Acetyl-CoA wird im **Citronensäure-** oder **Tricarbonsäurezyklus** (nach dem Entdecker auch Krebs-Zyklus genannt) vollständig zu CO_2 oxidiert (Abb. 72).

Das Acetyl-CoA verbindet sich mit Oxalessigsäure (2-Oxo-butandisäure) $HOOC-CO-CH_2-COOH$ zu Citronensäure ($C_2 + C_4 \rightarrow C_6$). In 8 Reaktionsschritten mit 8 Enzymen wird die Citronensäure wieder zu Oxalessigsäure abgebaut, die erneut eine Acetylgruppe aufnimmt usw. Die entscheidenden Schritte des Zyklus sind Dehydrierungen (Oxidationen) und Decarboxylierungen (CO_2-Abspaltungen). Zwischenprodukte sind unter anderem α-Ketoglutarsäure, Bernsteinsäure, Fumarsäure und Äpfelsäure. Beim pH der Zelle liegen alle diese Säuren als Anionen vor (Citrat, Malat usw.). Der beim Fettsäureabbau anfallende Wasserstoff wird in der **Atmungskette** mit dem aus dem Blut in die Zellen gelangten Sauerstoff zu Wasser vereinigt. Der Hauptanteil der in den Fettsäuren gespeicherten chemischen Energie wird aus dieser Wasserstoffoxidation gewonnen (S. 318). Fast das gesamte CO_2, das wir ausatmen, stammt aus dem Krebs-Zyklus.

Essentielle Fettsäuren

Gesättigte Fettsäuren und Ölsäure (1 Doppelbindung) können vom Warmblüter synthetisiert werden. Zum Aufbau **doppelt und mehrfach ungesättigter** Fettsäuren ist er aber nicht fähig. Solche «hochungesättigten» Fettsäuren sind lebensnotwendig und müssen mit der Nahrung zugeführt werden. Man nennt sie **essentielle** (unentbehrliche) Fettsäuren (früher Vitamin F). Die drei essentiellen Fettsäuren sind: Linolsäure (C_{18} mit 2 Doppelbindungen), Linolensäure (C_{18} mit 3 Doppelbindungen) und Arachidonsäure (C_{20} mit 4 Doppelbindungen). Bei allen dreien liegen immer 2 Einfachbindungen zwischen den Doppelbindungen. Die hochungesättigten Fischlebertrane enthalten nur wenig essentielle Fettsäuren. Reichlich kommen sie z. B. im Sonnenblumenöl vor. Der tägliche Bedarf ist 4–7 g. Mangel begünstigt unter anderem die Arteriosklerose.

Phospholipide

Alle Fette und fettähnlichen Stoffe, d. h. Verbindungen, die in ihrem Bau oder physiologischen Verhalten mit den Fetten verwandt sind, bezeichnet man als **Lipide.**
Eine wichtige Gruppe von Lipiden sind die Phosphatide oder **Phospholipide.** Es sind fettartige Stoffe, die veresterte Phosphorsäure und zudem noch **Stickstoff** enthalten. Die häufigsten Phospholipide haben wie die Fette Fettsäuren und Glycerin als Bausteine. Es sind die **Lecithine** und **Kephaline.** Die Kephaline unterscheiden sich von den Lecithinen (Abb. 73) in der N-haltigen Komponente (Colamin statt Cholin; S. 255).

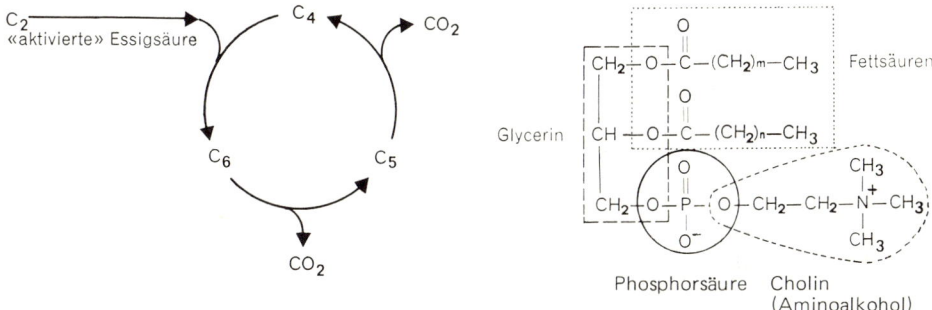

Abb. 72. Schema des Krebs-Zyklus.　　　**Abb. 73.** Strukturformel von Lecithin.

Phospholipide sind Bestandteile der Zellmembranen. Besonders reich daran ist das ganze **Nervensystem.** Die Trockensubstanz des Gehirns besteht zu 30% aus Phospholipiden. Das Serum enthält 1–3 g/l. Zur analytischen Bestimmung genügt eine P-Analyse in den von anorganischen Salzen befreiten Gesamtlipiden. Da der P-Gehalt der Serumphospholipide ziemlich konstant ist, lässt sich deren Konzentration aus dem Phosphor berechnen. Die Konzentration in Millimol pro Liter ist für Lipidphosphor und Phospholipid identisch, weil 1 Molekül Phospholipid immer 1 Atom Phosphor enthält.

Fettsäuresynthese

Die mit der Nahrung aufgenommenen Fettsäuren werden grossenteils unverändert im Körperfett eingebaut. Unser Organismus kann aber auch kurzkettige Fettsäuren verlängern und **aus Acetyl-Coenzym A neue Fettsäuren aufbauen.** Der dabei beschrittene Weg ist ein Stück weit die Umkehrung des oxidativen Abbaus, allerdings unter Mitwirkung anderer Enzyme. Die Synthese der Fettsäuren aus Essigsäurebausteinen erklärt die stets **gerade C-Zahl** der Endprodukte. Dank der Fettsäureneusynthese hat jede Tierart bei einigermassen normaler Kost ihr eigenes spezifisches Körperfett. Die für den Fettsäureaufbau benötigte aktivierte Essigsäure kann aus abgebautem Nahrungsfett, aber auch aus **Glucose** oder **Eiweiss** stammen (S. 246). Dass Kohlenhydrate zu Fett umgebaut werden können, ist seit langem bekannt (Mästung von Haustieren mit Stärkekost; schlechte Verträglichkeit von Süssigkeiten mit schlanker Linie).

M. Kohlenhydrate

1. Definition, Einteilung, Nomenklatur

Alle Kohlenhydrate sind Monooxo-polyhydroxy-Verbindungen (Aldehyd-alkohole oder Keton-alkohole) oder acetalische Kondensate von solchen.
Mit wenigen Ausnahmen haben alle Kohlenhydrate (KH) die Bruttoformel $C_n(H_2O)_m$, was zu ihrem Namen geführt hat. Obschon man längst weiss, dass von einem Kohlenstoffhydrat keine Rede sein kann, hat man den alten Namen beibehalten. Nicht jeder Stoff mit obiger Formel muss indes ein Kohlenhydrat sein (Beispiel: Milchsäure $C_3H_6O_3$).
Die Kohlenhydrate umfassen sämtliche **Zuckerarten,** die **Stärke,** das **Glycogen** (tierische Stärke), die **Cellulose** und eine Reihe anderer Naturprodukte.
Das Genfer Prinzip wird für die Nomenklatur der einzelnen Zucker kaum verwendet, weil es der grossen Zahl von Isomeren (asymmetrische C-Atome; C* in Tab. 38) nicht gerecht wird. Alle Kohlenhydrate haben gebräuchliche Trivialnamen. Die der Zucker enden alle auf **-ose;** über den Molekülbau sagen sie sonst nichts aus.
Die grosse Zahl von Kohlenhydraten wird nach verschiedenen Kriterien in Gruppen eingeteilt (Tab. 38).

Tabelle 38. Einteilung der Kohlenhydrate

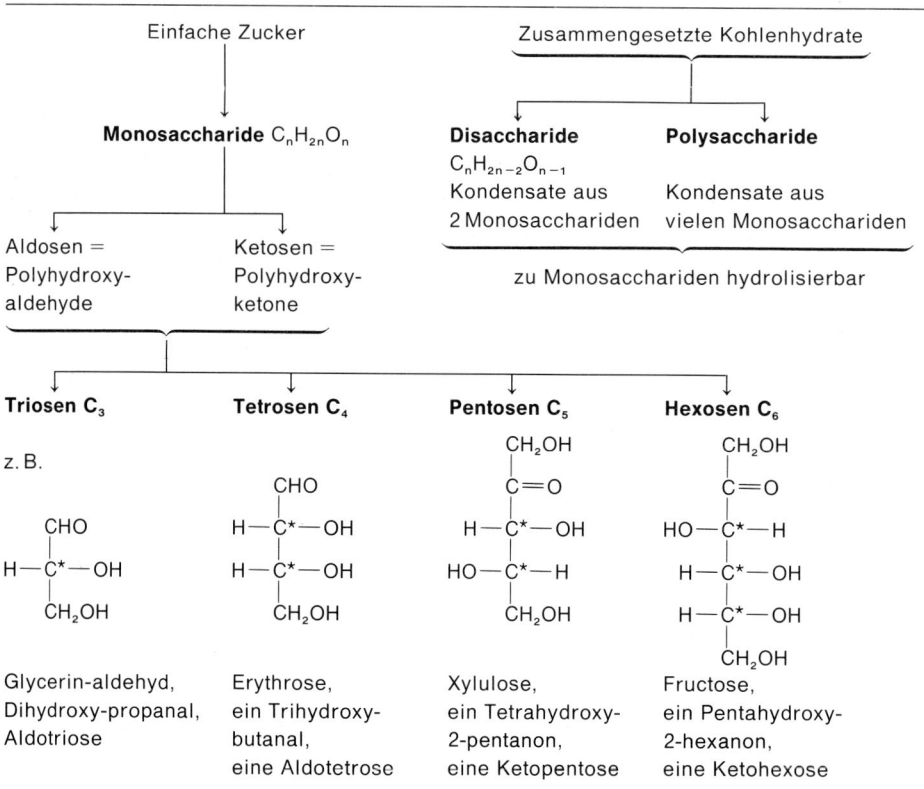

2. Räumlicher Bau der Kohlenhydratmoleküle

Alle Zucker, mit Ausnahme des Dihydroxy-acetons $HO-CH_2-CO-CH_2-OH$, haben **mindestens 1 asymmetrisches C-Atom** (Tab. 38). Verbindungen mit 1 C* existieren in 2 optischen Antipoden. Bei 2 C* ergeben sich 2 Antipodenpaare mit von Paar zu Paar verschiedenen Eigenschaften und deshalb eigenen Namen. Mit 3 C* hat es 4 Isomerenpaare und mit 4 C* deren 8. Es gibt somit 8 verschiedene Aldohexosen mit eigenen Namen und je 1 rechts- und 1 linksdrehenden Enantiomer. In der Strukturformel werden die Isomere durch die Anordnung der OH rechts und links (bzw. über und unter) der C-Kette auseinandergehalten. Beispiele von Aldosen:

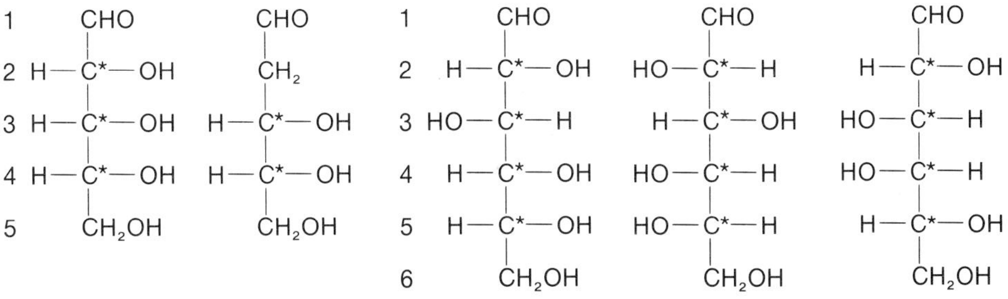

1 CHO	CHO	1 CHO	CHO	CHO
2 H—C*—OH	CH$_2$	2 H—C*—OH	HO—C*—H	H—C*—OH
3 H—C*—OH	H—C*—OH	3 HO—C*—H	H—C*—OH	HO—C*—H
4 H—C*—OH	H—C*—OH	4 H—C*—OH	HO—C*—H	HO—C*—H
5 CH$_2$OH	CH$_2$OH	5 H—C*—OH	HO—C*—H	H—C*—OH
		6 CH$_2$OH	CH$_2$OH	CH$_2$OH
D-Ribose	D-2-Desoxy-ribose	D-Glucose	L-Glucose	D-Galactose

Alle Formeln mit der zweitletzten OH-Gruppe (vom Carbonyl aus gezählt; bei den Pentosen Nr. 4, bei den Hexosen Nr. 5) auf der **rechten** Seite verkörpern **D**-Zucker. Bei allen D-Zuckern (lauter Derivate des D-Glycerinaldehyds) lässt sich das zweitletzte C-Tetraeder mit seinen «Anhängern» zur Deckung bringen.

Bei Pentosen und Hexosen sind die meisten Moleküle nicht offene Ketten, sondern **Halbacetalringe** (innermolekulare Vereinigung) des Carbonyls mit einem OH (S. 211).

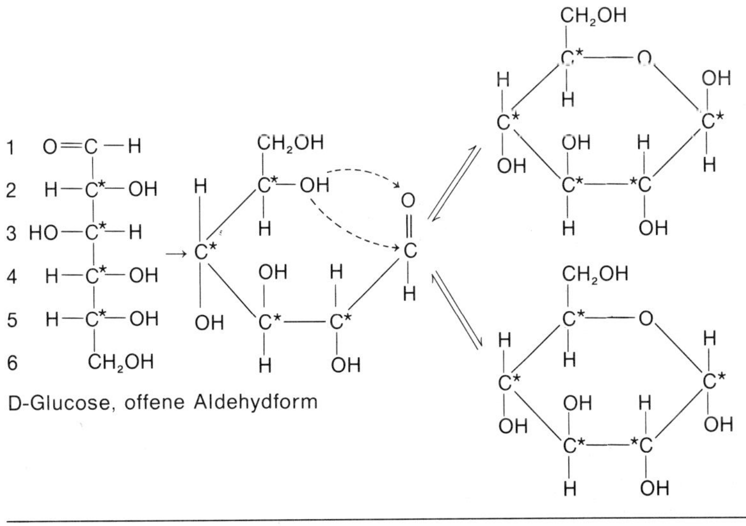

D-Glucose, offene Aldehydform

β-D-Glucose (Cyclohalbacetal)

α-D-Glucose (Cyclohalbacetal)

Durch den Halbacetal-Ringschluss erhält die Glucose ein 5. asymmetrisches C. Sowohl die D- als auch die L-Glucose haben somit wieder je 2 Isomere, die α- und die β-Form. In wässriger Lösung stehen die beiden Ringformen über die offene Form miteinander im Gleichgewicht.

Bei der **Kondensation der Monosaccharide** zu Disacchariden vereinigt sich die OH-Gruppe eines Cyclohalbacetals unter Wasserabspaltung entweder mit der gleichen Gruppe des Partnermoleküls oder mit einem alkoholischen OH desselben. Man spricht von der **Glycosidbindung.**

α-Glucose   β-Fructose   Saccharose, ein Disaccharid ohne freie acetalische OH-Gruppe, beide Carbonyle voll acetalisiert

α-Glucose   α-Glucose   Maltose, ein Disaccharid mit einer freien Halbacetal-OH-Gruppe; nur ein Carbonyl acetalisiert

In den Vollacetalen sind die α- bzw. β-Stellungen fixiert (keine Ringöffnung mit Isomerisierung wie bei den Halbacetalen). Das Halbacetal der Maltose kann weiter kondensieren (Bildung von Polysacchariden).

3. Physikalische und chemische Eigenschaften der Zucker

Dank der **Vielzahl hydrophiler Gruppen** bei relativ kleinem Molekül sind alle Zucker **gut wasserlöslich.** Sie lassen sich nicht ohne Zersetzung verdampfen.

Der süsse Geschmack der Zucker ist der Häufung von OH-Gruppen zuzuschreiben (auch mehrwertige Alkohole schmecken süss).

Kohlenhydratnachweis nach Molisch

Mit konzentrierter H_2SO_4 bilden Pentosen und Hexosen (auch Di- und Polysaccharide aus solchen) unter Wasserabspaltung ungesättigte Ringverbindungen (Furfurale; S. 315). Diese lassen sich mit Phenolen zu Farbstoffen kondensieren. Die Reaktionsfolge wird zum empfindlichen Kohlenhydratnachweis benützt.

Reduktionsproben

In heisser alkalischer Lösung werden **alle Monosaccharide** und die **Disaccharide mit freiem Halbacetal-OH** in verschiedene ungesättigte Bruchstücke, sogenannte Reduktone, gespalten. Diese «Zuckertrümmer» wirken **in alkalischem Milieu reduzierend.** Aus blauen Kupfer(II)-Komplexen (Fehlingsche oder Benediktsche Lösung) wird rotes Cu_2O ausgefällt; gelbe Kaliumhexacyanoferrat(III)-Lösung wird zu Hexacyanoferrat(II) entfärbt; aus gelber Pikrinsäure entsteht orange Pikraminsäure und aus dem Silber-Ammoniak-Komplex bildet sich ein Silberspiegel. Diese Redoxreaktionen werden zum **Nachweis** (früher auch zur quantitativen Analyse) von Mono- und Disacchariden verwendet. Mit **Rohrzucker** fällt der Test **negativ** aus (kein Halbacetal). Die Reduktionsproben auf Zucker sind unspezifisch und werden von anderen reduzierenden Stoffen verfälscht.

Mit den Zuckern lassen sich die meisten Carbonyl- und Alkoholreaktionen durchführen (Oxim- und Hydrazonbildung, Cyanhydrinsynthese zur Kettenverlängerung, Veresterung, Veretherung usw.).

4. Einzelne Zucker

Triosen und Tetrosen

Die beiden möglichen Triosen, **Glycerinaldehyd** und **Dihydroxy-aceton,** treten als Phosphorsäure-ester beim Glucoseabbau (Glycolyse) auf (S. 245). Die **Erythrose** (Formel S. 238) ist Zwischenprodukt bei der Fotosynthese von Kohlenhydraten aus CO_2 und H_2O in der grünen Pflanze.

Pentosen

Die Pentosen **Ribose** und **Desoxy-ribose** (Formel S. 239) sind Bestandteile von Nucleinsäuren, die Ribose auch von verschiedenen Coenzymen und energiereichen Phosphaten (S. 326). «Desoxy-» bedeutet «ein Sauerstoff weniger». Desoxyribose ist Baustein der Desoxy-ribonucleinsäuren. Aus diesen setzen sich die Gene (Erbfaktoren) der Chromosomen zusammen (S. 323).

Glucose und Maltose

Traubenzucker oder **D-Glucose** ist der physiologisch wichtigste Zucker (Formel S. 239). Wegen seiner Rechtsdrehung wurde er auch Dextrose genannt (spezifische Drehung in Lösung $+52,5°$). In freier Form tritt die Glucose vor allem in den süssen Früchten auf. Das **Blut** des (nüchternen) Menschen enthält 0,6–0,9 g/l. Bei der **Zuckerkrankheit** (Diabetes mellitus) hat man schon das Zwanzigfache der Norm gefunden. Der Gesunde scheidet praktisch keine Glucose im Urin aus, wohl aber der unbehandelte Diabetiker. Glucose ist Baustein von **Rohrzucker, Stärke** und auch **Cellulose,** der mengenmässig wichtigsten organischen Verbindung überhaupt. Die durch Fotosynthese in der grünen Pflanze erzeugte Glucose ist die Lebensgrundlage der gesamten Tier- und Pflanzenwelt. Für die **Bestimmung** der Glucose in biologischem Material gibt es viele Methoden. Wegen ihrer Spezifität bevorzugt man heute die **enzymatischen** Verfahren (S. 279).

Das 1–4-Kondensat zweier Glucosemoleküle ist die **Maltose** oder der **Malzzucker** (Formelgerüst S. 240). Das Disaccharid entsteht beim enzymatischen Abbau von

Stärke, sowohl in unserer Verdauung als auch beim Keimen von Samen (z. B. Gerstenkörner). Die Maltose ist der Nährboden für die Hefe bei der Bierbrauerei.

Galactose und Lactose

Eine Aldohexose wie die Glucose ist die **Galactose** (Formel S. 239). Mit Glucose in 1–4-Stellung kondensiert, bildet sie das Disaccharid **Lactose** oder **Milchzucker.** Beim Gesunden wird die mit dem Milchzucker aufgenommene Galactose von der Leber in Glucose umgewandelt. Bei einer seltenen angeborenen Krankheit, der Galactosämie, fehlt ein Enzym für diese Umwandlung. Werden Kinder mit dieser Stoffwechselanomalie nicht milchzuckerfrei ernährt, häuft sich die Galactose in ihrem Körper bis zur tödlichen Vergiftung an. Lactose wird von Hefe nicht vergoren.

Fructose und Saccharose

Fructose oder **Fruchtzucker** ist die bekannteste **Ketohexose** (Formel S. 238). Mit Ausnahme des auf Platz 2 verschobenen Carbonyls haben D-Glucose und D-Fructose dieselbe Raumstruktur. Trotzdem ist die D-Fructose linksdrehend: $[\alpha] = -92°$. Als Gegenstück zur Dextrose wurde der Fruchtzucker auch Lävulose genannt. Er kommt frei in süssen Früchten und im Honig vor und schmeckt wesentlich süsser als Traubenzucker. Das Vollacetalkondensat von Glucose mit Fructose (1–2-Bindung) ist die **Saccharose** oder der **Rohrzucker** (Formelgerüst S. 240). Das Disaccharid ist nicht reduzierend. Es ist der wirtschaftlich bedeutendste Zucker und kommt in zahlreichen Pflanzen vor, besonders reichlich in Zuckerrüben und Zuckerrohr, aber auch im Blütennektar. Saccharose dreht rechts: $[\alpha] = +66,5°$. Das bei der Hydrolyse des Rohrzuckers entstehende 1:1-Gemisch von Glucose und Fructose dreht links, weil der Drehbetrag der Fructose ($-$) grösser ist als jener der Glucose ($+$). Wegen dieser Umkehrung des Drehsinns bei der Spaltung nennt man das Rohrzuckerhydrolysat **Invertzucker.** Ein natürlicher Invertzucker ist der Honig. Bienenspeichel enthält eine Saccharase, welche die Nektar-Saccharose hydrolysiert.

Neben den hier besprochenen kommen in der Natur zahlreiche andere Zucker vor, unter anderem auch verschiedene Tri- und Tetrasaccharide. Alle glucosidischen Kondensate lassen sich durch Kochen mit Säuren (nicht mit Laugen!) hydrolysieren.

5. Polysaccharide

In den Polysacchariden sind einige Dutzend bis mehrere Tausend Monosaccharideinheiten glucosidisch zu **Riesenmolekülen** kondensiert. Obschon stark hydrophil, sind die hochmolekularen Polysaccharide entweder wasserunlöslich oder bestenfalls kolloidal löslich (S. 263). Sie sind bedeutend reaktionsträger als ihre Bausteine, die Mono- und Disaccharide.

Stärke

Die Stärke (lat. amylum) ist ein Polykondensat aus einigen Hundert bis etwa 5000 α-**Glucose**-Einheiten in 1–4-Bindung. Man unterscheidet zwei Fraktionen: die unverzweigte Amylose und das verzweigte Amylopektin (Verzweigungen = 1–6-Bindung). Stärke lässt sich in heissem Wasser mehr oder weniger gut zu kolloidalen Lösungen (Kleister) verarbeiten. Mit **Iod** wird sie **violettblau** (gegenseitiger Nachweis von Iod und Stärke). Als wichtigster pflanzlicher Reservestoff findet man sie besonders reichlich in Getreidesamen, Kartoffeln, Hülsenfrüchten und Wurzeln von Yams, Maniok usw. Das Polysaccharid ist, weltweit gesehen, die **Hauptenergiequelle** des menschlichen Organismus.

Glycogen

Das **tierische Reservekohlenhydrat Glycogen** ist der pflanzlichen Stärke sehr ähnlich. Wie diese ist es ein Polykondensat aus α-**Glucose.** Die Glycogenmoleküle sind durchschnittlich etwa 10mal grösser als die der Stärke und reicher verzweigt. Es findet sich nach kohlenhydratreicher Mahlzeit in hoher Konzentration in der Leber. Auch die Muskelzellen speichern Glycogen. Die Kohlenhydratreserven lassen sich wesentlich rascher mobilisieren als das Speicherfett. Der gesamte Glycogenvorrat eines Erwachsenen (satt und in Ruhe) entspricht etwa 400 g Glucose oder 7000 kJ (täglicher Gesamtenergiebedarf etwa 10 000 kJ).

Cellulose

Die **Cellulose** (Zellstoff) ist die **Gerüstsubstanz** aller höheren Pflanzen. Sie macht etwa zwei Drittel des trockenen Holzes aus. Fast reine Cellulose ist die Baumwolle. Das Monomer der Cellulose ist der β-Glucosering. Trotz des geringfügigen strukturellen Unterschieds gegenüber Stärke (spiegelbildliche Ordnung am C_1) haben die beiden Polyglucosen ganz verschiedene Eigenschaften. Cellulose hat **Faserstruktur,** ist sehr zäh, völlig wasserunlöslich und für den Menschen **unverdaulich.** Wie alle anderen Polysaccharide lässt sich Cellulose durch Kochen mit Säure «verzuckern» (Holzzucker).

Dextrin und Dextran

Bei der Hydrolyse von Stärke durch Säure oder Enzyme entstehen als Zwischenprodukte kurzkettige Polyglucosen, die **Dextrine.** Sie bilden sich auch beim Rösten und Backen von Mehl. Je nach Kettenlänge sind sie mehr oder weniger gut wasserlöslich und färben sich mit Iod blau, rot oder gar nicht.

Dextran ist wie Stärke ein Polykondensat der α-Glucose, aber im Gegensatz zu dieser vornehmlich mit 1–6-Bindung. Es wird aus Bakterien gewonnen und ist der Rohstoff für das Trägermaterial bei verschiedenen Chromatografieverfahren (S. 338). Dextranlösungen dienen auch als Blutplasmaersatz bei Mangel an Blutkonserven (Katastrophen).

Inulin

Ein Kondensat von weniger als 100 Molekülen **Fructose** ist das in Korbblütlern vorkommende **Inulin** (Inula = Alant, Korbblütlerart). Es wird als völlig ungiftige, im Körper nicht abbaubare Substanz für Nierenfunktionsprüfungen verwendet (Inulin-Clearance).

6. Derivate von Kohlenhydraten

Glucoside und Glycoside

Kondensate irgendwelcher Stoffe mit beliebigen Zuckern werden als **Glycoside,** solche mit **Glucose** als **Glucoside** bezeichnet. Glucoside sind im Pflanzenreich häufig

(Farbstoffe, Gifte, Wirkstoffe, Aromastoffe usw.). Es finden sich Ester, Ether, Acetale und auch N-Verbindungen unter ihnen.

Gluconsäure, Glucuronsäure, Ascorbinsäure

Wird die Aldehydgruppe der Glucose oxidiert, entsteht die **Gluconsäure.** Sie bildet sich aus Traubenzucker und Luftsauerstoff in Gegenwart von Glucoseoxidase (S. 279). Oxidiert man das 6. C-Atom der Glucose zum Carboxyl, erhält man die **Glucuronsäure** (Eselsbrücke: Glucon = oben; Glucuron = unten). Die in unserem Körper aus Glucose gebildete Glucuronsäure spielt bei Entgiftungsprozessen eine wichtige Rolle. Verschiedene Hormone und deren Abbauprodukte, der abgebaute Blutfarbstoff (Bilirubin), aber auch Medikamente und Gifte werden ester- und etherartig an die Säure gebunden. Dadurch werden diese physiologisch aktiven Stoffe unwirksam und für die Ausscheidung in Urin oder Galle gut wasserlöslich gemacht.

Gluconsäure   Glucuronsäure   L-Ascorbinsäure

Auch die **Ascorbinsäure** ist ein Hexosederivat. Sie bildet wie die Zucker ein zyklisches Molekül (Fünfring), und zwar ein Lacton (S. 228). Die Verbindung ist ein starkes **Reduktionsmittel.** Die 2 OH-Gruppen an der Doppelbindung **(Endiol)** geben ihre H-Atome leicht ab und gehen in Oxogruppen über; aus der Ascorbinsäure wird Dehydro-ascorbinsäure; die Reaktion ist reversibel.

Fehlingsche Lösung oder Eisen(III)-Salze werden von Ascorbinsäure schon **in der Kälte** leicht reduziert (Unterscheidung von den erst nach Kochen in alkalischer Lösung reduzierenden Zuckern beim Nachweis im Urin).

Die Protonen der Endiolgruppe sind dissoziierbar; deshalb – und nicht wegen der veresterten Säuregruppe – ist die Verbindung leicht sauer.

L-Ascorbinsäure ist eine lebenswichtige Substanz. Im Gegensatz zu den meisten anderen Warmblütern ist der Mensch nicht fähig, sie aus D-Glucose zu synthetisieren. Sie muss deshalb als **Vitamin C** mit der Nahrung aufgenommen werden (etwa 70 mg/Tag).

Vitamine sind organische Substanzen, die für den Organismus lebensnotwendig sind, von diesem nicht oder in ungenügendem Mass synthetisiert und in Mengen unter 100 mg pro Tag benötigt werden.
Fehlt ein Vitamin in der Nahrung, kommt es zu Mangelerscheinungen **(Avitaminosen).** Vitamin C-Mangel führt zu **Skorbut,** der Krankheit der Langstreckenseefahrer früherer Jahrhunderte.

Chitin
Der Panzer der Insekten und auch die Gerüstsubstanz von Pilzen, das Chitin, ist ein Polysaccharidderivat mit Glucosamin als Baustein (Glucose mit NH_2 am 2. C-Atom, statt OH). Chitin ist sehr zäh und wie die Cellulose für den Menschen unverdaulich.

7. Physiologie der Kohlenhydrate

Verdauung, Resorption und Speicherung
Die mit der Nahrung aufgenommenen Polysaccharide (Stärke und Glycogen) wie auch die Disaccharide Maltose, Saccharose und Lactose werden im Verdauungstrakt durch Enzyme **zu Monosacchariden hydrolysiert.** Die Spaltung der **Stärke** besorgt die **Amylase,** die im Mundspeichel, besonders reichlich aber im Bauchspeichel (Pankreassekret) auftritt. Das Enzym hydrolysiert die Polysaccharidketten zu **Maltose.** Der Warmblüter hat **keine Cellulase.** Dass viele Pflanzenfresser Cellulose trotzdem weitgehend verdauen können, verdanken sie den Mikroorganismen, die ihren Magen-Darm-Trakt bevölkern. Die Disaccharid spaltenden Enzyme Maltase, Saccharase und Lactase werden vom Darm produziert. Lactase erzeugt nur der Säugling in grösserer Menge. **Vom Darm werden nur Monosaccharide resorbiert.** Diese gelangen mit dem Pfortaderblut in die **Leber.** Hier wird die Galactose in Glucose umgewandelt. Teile der Glucose und der Fructose werden in die Muskeln und alle übrigen Gewebe geführt und dort zur Energiegewinnung abgebaut. Der nicht direkt «verheizte» Zuckerüberschuss wird in der Leber und in den Muskeln zu **Glycogen** kondensiert. Diese Synthese wird durch das Insulin, ein Hormon aus dem Inselgewebe der Pankreasdrüse, gesteuert. Bei Insulinmangel (Diabetes) kommt es zu Hyperglykämie (zuviel Blutzucker) und damit zur Glucoseausscheidung im Urin.

Fructose kann in Glucose verwandelt werden; sie wird aber grossenteils direkt abgebaut. Der Fructosestoffwechsel ist bei Diabetes nicht gestört. Überschüssige Glucose, die weder verbrannt noch als Glycogen gespeichert werden kann, wird **in Fett umgewandelt** und als solches gespeichert. Vor dem Aufbau zu Fettsäuren muss der Zucker zu Acetyl-Coenzym A abgebaut werden (S. 236).

Glycolyse und Gärung
In den meisten lebenden Zellen wird zur Energiegewinnung ständig Glucose abgebaut. Endprodukte des Kohlenhydratstoffwechsels sind CO_2 und H_2O. Zur vollständigen «Verbrennung» des Zuckers braucht es Sauerstoff. Aus der Glucose kann aber auch ohne Gegenwart von elementarem Sauerstoff (anaerob) Energie gewonnen werden. Im tierischen Gewebe entsteht dabei **Milchsäure,** in der Hefe **Ethanol.** Im ersten Fall spricht man von **Glycolyse,** im zweiten von **Gärung:**

$$C_6H_{12}O_6 \rightarrow 2C_3H_6O_3 \quad \text{Milchsäure} \qquad C_6H_{12}O_6 \rightarrow 2CO_2 + 2C_2H_5OH \quad \text{Ethanol}$$

Diese Gleichungen sind nur Bilanzen komplizierter Reaktionsketten. Die Bildung von Milchsäure aus Glucose umfasst 10 Stufen, die Alkoholgärung deren 11. Jeder Schritt hat sein eigenes Enzym. Die ersten 9 Stufen sind für Glycolyse und Gärung dieselben. Die Glucose wird in 3 Schritten zu einem Diphosphorsäure-ester der Fructose (Fructose-1,6-diphosphat) umgebaut. Dieser wird in 2 Triosephosphate gespalten, die sukzessive in **Brenztraubensäure** übergeführt werden. Die Ketosäure wird in den Muskeln zu **Milchsäure** reduziert, in der Hefe zu **Acetaldehyd** decarboxyliert. Der letzte Schritt der Gärung ist die Reduktion des Aldehyds zum Alkohol. Eine der Reaktionen, die von Triosephosphat zu Brenztraubensäure führen, ist eine Dehydrierung. Der dabei von einem Coenzym aufgenommene Wasserstoff wird bei der Milchsäure- bzw. Alkoholbildung wieder abgegeben. Die Redoxbilanz ist somit gleich null, wie die Summengleichungen zeigen.

Glycolyse und Gärung sind **exotherme** Vorgänge. Sie setzen weniger als ein Zehntel der in der Glucose gespeicherten Energie frei, haben aber den grossen Vorteil, völlig **sauerstoffunabhängig** zu sein.

Biosynthese der Glucose beim Menschen (Gluconeogenese)
Glucose ist praktisch ausschliesslicher Energielieferant für Zentralnervensystem und rote Blutzellen (im Gegensatz zu den Muskeln, die auch grosse Mengen von Fettsäuren verarbeiten). Bei kohlenhydratarmer Ernährung oder Hunger müssen wir deshalb anderes organisches Material in Glucose umwandeln. Die Leber kann die von den Muskeln an das Blut abgegebene Milchsäure (unter Energieaufwand) wieder in Glucose überführen. Mit Ausnahme zweier Reaktionsschritte ist die Synthese die genaue Umkehrung der Glycolyse.

Hauptrohstoff für die Zuckerneubildung sind verschiedene **Eiweissaminosäuren** (S. 257). **Fettsäuren lassen sich nicht in Glucose verwandeln!**

Biologische Oxidation, Energiestoffwechsel
In der Zelle schliesst sich an die Glycolyse die **Zellatmung** an. Bei genügender Sauerstoffzufuhr geht die Glycolyse nur bis zur Brenztraubensäure. Diese wird wie folgt weiterverarbeitet:

$$CH_3-CO-COOH + \text{Coenzym A} \xrightarrow{-2H} CH_3-CO-CoA + CO_2$$

Brenztraubensäure   Acetyl-Coenzym A (aktivierte Essigsäure)

Die aktivierte Essigsäure wird in Krebs-Zyklus und Atmungskette zu CO_2 und H_2O oxidiert. Fettsäuren und Zucker erfahren also vom Acetyl-CoA weg dasselbe Schicksal (S. 236). Die vollständige «Verbrennung» der Brenztraubensäure geht bedeutend langsamer vor sich als deren Bildung aus Glucose. **Der Antransport von O_2 in die Zelle ist der begrenzende Faktor** («Flaschenhals») **für die Geschwindigkeit der biologischen Oxidation.**

Gegenüberstellung von Glycolyse und Atmung (Abb. 74):

Glycolyse	Atmung
Anaerober Prozess	Aerober Prozess
Rasche Energieproduktion	**Langsame Energieproduktion**
Kurzfristige Muskelhöchstleistung («Sprint»)	Muskel in Ruhe oder im Zustand der Dauerleistung (Dauerlauf)
Geschwindigkeit der Energieerzeugung durch Enzymaktivitäten und Glucose- bzw. Glycogenvorrat der Zelle bestimmt	Geschwindigkeit der Energieerzeugung durch die Sauerstoffdiffusion in die Zellen begrenzt
Schlechte Ausnützung der Nährstoffenergie	**Optimale Ausnützung der Nährstoffenergie**

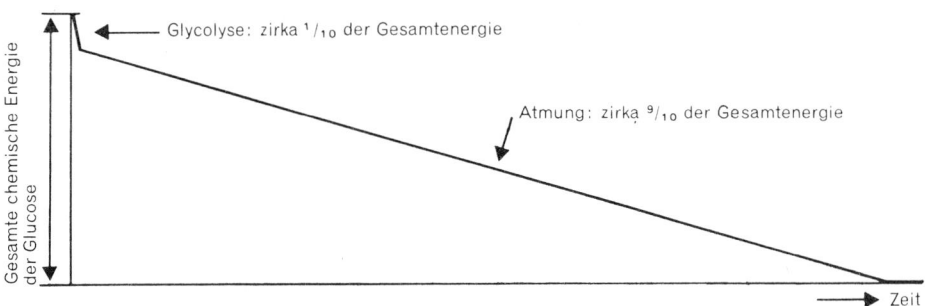

Abb. 74. Geschwindigkeit und Ausmass der Energiefreisetzung aus Glucose.

Der Glycogenvorrat der Muskeln ist bei Höchstleistung innerhalb weniger Minuten aufgebraucht, d. h. zu Milchsäure abgebaut. Die Muskeln ermüden. Zur weiteren Arbeitsleistung sind sie auf Sauerstoffzufuhr angewiesen. Herz- und Lungentätigkeit werden gesteigert. Bei längerdauernder Anstrengung werden zur Energieproduktion auch die Glycogenvorräte der Leber, schliesslich der Fettvorrat und im Notfall (Hunger) auch Muskeleiweiss abgebaut. Der Mechanismus der Energieübertragung vom Nährstoff auf die arbeitenden Muskelfasern ist kompliziert. Der Grossteil der bei Stoffwechselvorgängen umgesetzten Energie wird als **Wärme** frei. Etwa ein Drittel wird aber zum Aufbau von **energiereichen Phosphaten** verwendet. Wichtigster Vertreter dieser Stoffgruppe ist das **Adenosin-triphosphat** (ATP; Formel S. 326). Das ATP kann seine gespeicherte Energie bei Bedarf sehr leicht wieder abgeben – unter gleichzeitiger Abspaltung von Phosphorsäure. Bei den meisten energieverbrauchenden Syntheseprozessen und auch bei den Muskelkontraktionen ist ATP der unmittelbare Energiespender (Abb. 75).

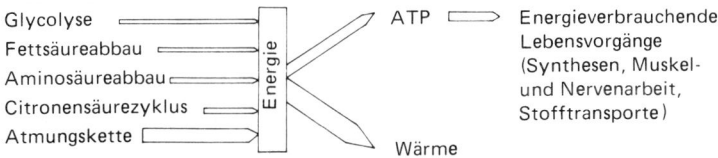

Abb. 75. Energiehaushalt.

Zusammenfassende Regeln der biologischen Oxidation:

1. Der eingeatmete Sauerstoff reagiert nie direkt mit den abzubauenden Nährstoffen.

2. Die organischen Verbindungen werden immer durch Wasserstoffabspaltung (Dehydrierung) oxidiert.

3. Der abgespaltene Wasserstoff wird von Hilfsenzymen aufgenommen und am Ende einer Redoxreihe (Atmungskette) mit dem aus dem Blut in die Zelle diffundierenden Sauerstoff zu Wasser vereinigt.

4. Der Sauerstoff der Hydroxyverbindungen stammt aus Wasser, das an Doppelbindungen addiert wurde.

5. CO_2 entsteht durch Decarboxylierung von Ketosäuren.

N. Organische Schwefelverbindungen

Die nahe chemische Verwandtschaft von O und S (benachbarte Elemente in der gleichen Hauptgruppe) erklärt, wieso der Sauerstoff in zahlreichen organischen Molekülen durch 2wertigen Schwefel ersetzt werden kann.

Einfachste organische S-Verbindung ist der **Schwefelkohlenstoff** CS_2, $S=C=S$. Er ist ein gutes, aber giftiges Lösungsmittel für Fette, Harze und Schwefel, hat einen hohen Brechungsindex und niedrigen Siedepunkt (46°C). CS_2-Dampf kann sich wenig oberhalb 100°C an der Luft selbst entzünden. Er verbrennt mit blauer Flamme zu SO_2 und CO_2.

Für die Benennung der organischen Verbindungen des 2wertigen Schwefels verwendet man oft die Namen der entsprechenden O-Verbindungen mit der Vorsilbe «Thio-» (s. «Thiosulfat», S. 60). Beispiele:

$R-CH_2-OH$	Alkohol	$R-CH_2-SH$	**Thioalkohol** (Mercaptan)
$R-CH_2-O-CH_2-R'$	Ether	$R-CH_2-S-CH_2-R'$	**Thioether** (Dialkylsulfid)
$R-C{\overset{O}{\underset{OH}{}}}$	Carbonsäure	$R-C{\overset{O}{\underset{SH}{}}}$	**Thiocarbonsäure**

So wie Alkohol und Ether Mono- bzw. Dialkylderivate des Wassers sind, lassen sich Thioalkohole und Thioether von H_2S ableiten. Die SH-Gruppe wird als **Thiol-** oder **Sulfhydrylgruppe** bezeichnet. Sie lässt sich leicht oxidieren. Dabei entstehen aber nicht Thioaldehyde und Thioketone, sondern **Disulfide,** die sich leicht wieder zu Thiolen reduzieren lassen (S. 258).

$$2R-SH \underset{+2H}{\overset{-2H}{\rightleftarrows}} R-S-S-R$$

Thiol/Disulfid-Redoxsysteme spielen in der Proteinchemie eine wichtige Rolle (S. 262). Thioalkohole oder Mercaptane sind sehr übelriechende Flüssigkeiten. Sie können aus Halogen-alkanen und Kaliumhydrogensulfid hergestellt werden:

$CH_3CH_2Cl + KHS \rightarrow CH_3CH_2SH + KCl$

Ein chlorierter Thioether, das Senfgas oder Yperit $Cl-CH_2-CH_2-S-CH_2-CH_2-Cl$, wurde im Ersten Weltkrieg als Kampfstoff eingesetzt. Es erzeugt als Flüssigkeit auf der Haut und als Dampf in der Lunge schwere Verätzungen.

Durch starke Oxidationsmittel wird der 2wertige Schwefel der Thioverbindungen in 4- oder 6wertigen übergeführt. Aus Thioalkoholen entstehen **Sulfinsäuren** und **Sulfon-säuren**, aus Thioäthern **Sulfoxide** und **Sulfone.**

$R-SH \xrightarrow{\text{Oxidation}} R-SO_2H \xrightarrow{\text{Oxidation}} R-SO_3H$

Thioalkohol   Alkyl-sulfinsäure   Alkyl-sulfonsäure

$R-S-R \xrightarrow{\text{Oxidation}} R-SO-R \xrightarrow{\text{Oxidation}} R-SO_2-R$

Thioether   Dialkyl-sulfoxid   Dialkyl-sulfon

Die Alkyl-sulfonsäuren sind nicht zu verwechseln mit den Schwefelsäure-alkyl-estern (S. 229), die keine $C-S$-Bindung haben und hydrolysierbar sind. Eine physiologische Sulfonsäure ist das **Taurin** $NH_2-CH_2-CH_2-SO_3H$. Es ist Bestandteil einer Gallen-säure (S. 312) und kommt auch im Urin vor.

XII. Fragen zur Eigenkontrolle (Stoffgebiet S. 232–249)

1. Welche Beziehung besteht zwischen dem Sättigungsgrad und dem Schmelzbereich eines Fettes?

2. Wie unterscheiden sich Fructose und Glucose?

3. Was versteht man unter Fetthärtung?

4. Eine gut wasserlösliche Substanz zeigt eine positive Molisch-Probe, aber negative Fehling-Probe. Um welchen Stoff kann es sich handeln?

5. Warum bezeichnet man die Ascorbinsäure als Vitamin?

6. Was ist Acetyl-Coenzym A und woraus entsteht dessen Acetylgruppe im menschlichen Organismus?

7. Wie heissen folgende Stoffe:
a) CS_2; b) CH_3-SO_3H; c) $CH_3-S-CH_2CH_3$; d) CH_3CH_2SH; e) $CH_3CH_2-S-S-CH_2CH_3$? Wie kann e) in d) umgewandelt werden?

8. Was versteht man unter essentiellen Fettsäuren? 2 Beispiele sind zu nennen!

9. Eine Lösung von Natriumstearat wird in zwei Teile geteilt. Ein Teil wird unverändert, der andere nach Ansäuern auf pH 2 mit Ether geschüttelt. Die beiden Etherextrakte werden eingedampft. Woraus bestehen die beiden Rückstände?

10. Welchen Vor- und welchen Nachteil haben synthetische Waschmittel?

11. Wieviele Milliliter Sauerstoffgas braucht es zum Abbau von 10 g Glucose zu Milchsäure?

12. Wie entsteht das CO_2, das wir ausatmen?

13. Welche Iodzahl hat Ölsäure (ausrechnen!)?

14. Welche Möglichkeiten der Energiespeicherung stehen dem menschlichen Körper zur Verfügung?

15. In welcher Form wird das Fett von der Darmwand aufgenommen?

16. Welcher strukturelle Unterschied besteht zwischen Cellulose und Stärke?

17. Essigsäure und Palmitinsäure haben praktisch denselben pK-Wert. Warum ist Natriumpalmitat ein guter Emulgator, Na-acetat nicht?

18. Je eine Triose, Pentose und Aldohexose sind zu nennen.

19. Was versteht man a) unter einem Cyclohalbacetal, b) unter einer Glycosidbindung?

20. Warum werden Seifen in hartem Wasser unwirksam?

21. Welche Rolle spielt die Galle und welche die Lipase bei der Fettverdauung?

22. Was ist a) Invertzucker, b) Glucuronsäure, c) Inulin, d) Lactose?

23. Warum können wir uns nicht von Cellulose ernähren, obschon bei deren hydrolytischem Abbau Glucose entsteht?

24. In welche 4 Stoffarten zerfällt ein Phospholipid bei der Hydrolyse?

(Antworten S. 359)

O. Amine und andere aliphatische N-Verbindungen

1. Definition, Einteilung und Nomenklatur der Amine

Amine sind Alkylderivate des Ammoniaks.

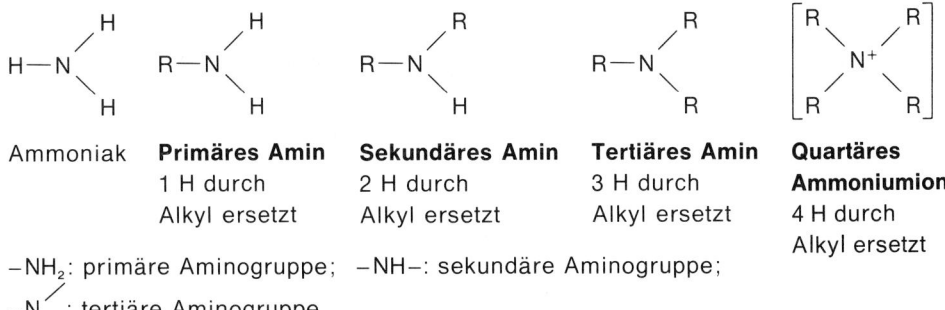

| Ammoniak | **Primäres Amin** 1 H durch Alkyl ersetzt | **Sekundäres Amin** 2 H durch Alkyl ersetzt | **Tertiäres Amin** 3 H durch Alkyl ersetzt | **Quartäres Ammoniumion** 4 H durch Alkyl ersetzt |

$-NH_2$: primäre Aminogruppe; $-NH-$: sekundäre Aminogruppe;

$-N\begin{smallmatrix}\\ \\ \end{smallmatrix}$: tertiäre Aminogruppe

Der Stickstoff ist in allen Aminen, auch im quartären Ammonium-Komplexion, **3wertig** wie im Ammoniak und in den Ammoniumsalzen.
Achtung! Die Einteilung in primär, sekundär usw. folgt bei den N-Alkyl-Verbindungen nicht dem gleichen Prinzip wie bei den O-Alkyl-Verbindungen (S. 200).

| Primäres Amin | Sekundäres Amin | Sekundärer Alkohol | Ether |

Verbindungen mit 2 bzw. 3 bzw. vielen Aminogruppen sind **Diamine** bzw. **Triamine** bzw. **Polyamine.** Für die **Benennung** einzelner Amine gibt es zwei Möglichkeiten:

a) Dem Wort «-amin» werden die Namen der am N sitzenden Alkylgruppen vorangestellt:

CH_3-NH_2 Methyl-amin

Dimethyl-amin   Triethyl-amin   Methyl-ethyl-isopropyl-amin

Diese Nomenklatur braucht man vor allem für Monoamine mit einfachen Alkylgruppen.

b) Verbindungen mit mehr als einer Aminogruppe und nicht nur Alkylresten werden nach dem rationellen Genfer System benannt. Beispiele:

$NH_2-CH_2-CH_2-CH_2-NH_2$ 1,3-Diamino-propan

$CH_3-\underset{\underset{NH_2}{|}}{CH}-CCl_2-CH_3$ 2-Amino-3,3-dichlor-butan

$HO-CH_2-\underset{\underset{CH_3}{|}}{\overset{\overset{CH_3}{|}}{C}}-\underset{\underset{NH-CH_2-CH_3}{|}}{CH}-CH_2-COOH$ N-Ethyl-3-amino-4,4-dimethyl-5-hydroxy-pentansäure

2. Eigenschaften und Herstellung der Amine

Alle Amine sind **Basen.** Wie beim Ammoniak hat das einsame Elektronenpaar der Amine die Tendenz, ein Proton zu binden. Stammt das aufgenommene Proton aus dem Wasser, resultiert eine **alkalische** Lösung; ist eine Säure der H^+-Donator, erhält man ein **Salz,** ein Alkyl-ammoniumchlorid:

$$R-\underset{\underset{H}{|}}{\overset{\overset{H}{|}}{N}}| + H_2O \rightarrow R-\underset{\underset{H}{|}}{\overset{\overset{H}{|}}{N^+}}-H + OH^- \qquad\qquad R-\underset{\underset{H}{|}}{\overset{\overset{H}{|}}{N}}| + HCl \rightarrow R-\underset{\underset{H}{|}}{\overset{\overset{H}{|}}{N^+}}-H + Cl^-$$

Einige Amine, z. B. Dimethyl-amin, sind bedeutend stärkere Basen als NH_3. Nach einer alten – wenig glücklichen – Nomenklatur werden die Salze aus HCl und Aminen statt als Ammoniumsalze als Hydrochloride bezeichnet, z. B. Ethyl-amin-hydrochlorid $CH_3CH_2NH_2 \cdot HCl$, als ob zwischen dem Molekül des Amins und jenem der Säure eine lose Verbindung bestünde. Durch Laugen lassen sich aus Alkylammoniumsalzen die ungeladenen Amine freisetzen – so wie aus anorganischen Ammoniumsalzen Ammoniakgas ausgetrieben wird (S. 65). Die folgenden Gleichungen stellen organische Säuren und organische Basen einander gegenüber:

$$R-COO^- + H_3O^+ \rightarrow RCOOH + H_2O \qquad\qquad R-NH_3^+ + OH^- \rightarrow R-NH_2 + H_2O$$

Carbonsäure-anion	undissoziierte Carbonsäure	Alkyl-ammo-nium-kation	undissoziiertes Alkyl-amin

Alkyl-ammonium-kationen (saure Lösung) und Carbonsäure-anionen (alkalische Lösung) sind beide stark hydrophil und mit organischen Lösungsmitteln nicht aus wässriger Lösung extrahierbar. Undissoziierte Amine (alkalische Lösung) und undissoziierte Carbonsäure (saure Lösung) sind nur schwach hydrophil und lassen sich z. B. mit Ether ausschütteln. Die Beeinflussung der Hydrophilie organischer Elektrolyte durch das pH wird zur Auftrennung von Stoffgemischen ausgenützt (Abb. 76).

Zur **Herstellung** von Aminen gibt es viele Methoden. Meist geht man von anderen organischen N-Verbindungen aus (Nitrilen, Amiden, Hydrazonen, Nitro- und Azover-

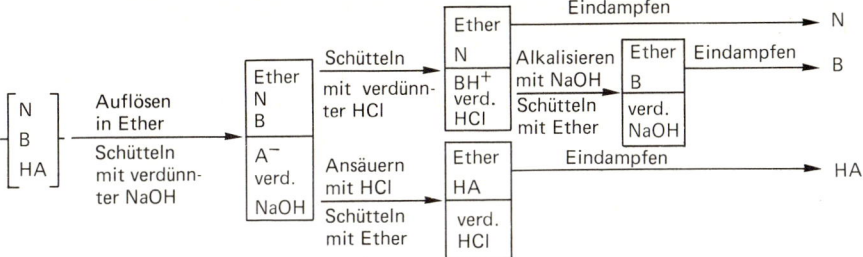

Abb. 76. Trennung von organischen Nichtelektrolyten, Aminen und Carbonsäuren. N = Nichtelektrolyt; B = Base; HA = Säure. Die Rechtecke symbolisieren Scheidetrichter mit Ether- und Wasserschicht.

bindungen usw.). **Ammoniak** lässt sich mit **Halogen-alkanen** direkt umsetzen. Dabei erhält man aber meist Gemische verschieden alkylierter Amine:

$$NH_3 + CH_3Cl \rightarrow CH_3-NH_3^+Cl^- \quad CH_3-NH_3^+Cl^- + NaOH \rightarrow CH_3-NH_2 + NaCl + H_2O$$

$$CH_3-NH_2 + CH_3Cl \rightarrow (CH_3)_2NH_2^+ Cl^- \quad (CH_3)_2NH_2^+Cl^- + NaOH \rightarrow (CH_3)_2NH + NaCl + H_2O$$

Die kurzkettigen Amine sind **flüssig,** mit Ausnahme von Methyl-amin (Siedepunkt −6°C). Sie riechen widerlich, Trimethyl-amin z. B. nach faulem Fisch. Ihre Salze sind fest und geruchlos. Die Wasserlöslichkeit nimmt mit zunehmender Länge der Alkylketten ab, wie bei anderen homologen Reihen.

Salze von langkettigen Aminen sind die sogenannten **Invertseifen.** Im Gegensatz zu den gewöhnlichen Seifen (S. 234) sind die Invertseifen **Kationen** mit hydrophilem «Kopf» und lipophilem «Schwanz». Sie sind in **saurem Milieu** als Emulgatoren wirksam.

Alle Amine sind **giftig.** Einfache Amine bilden sich beim Abbau von Proteinen durch Mikroorganismen (Verwesung). Eine Grosszahl von Pflanzengiften, die **Alkaloide,** einschliesslich der bekannten Rauschgifte, sind Amine, allerdings meist mit zyklischen Gruppen am N: Atropin, Cocain, Mescalin, Nicotin, Strychnin, Morphin, Heroin. Auch einzelne Hormone und Vitamine (Name!) sind Aminoderivate. Die synthetischen Lokalbetäubungsmittel sind ebenfalls Salze organischer Basen.

3. Imine, Schiffsche Basen und Nitrile

Alle Amine (primäre, sekundäre usw.) haben C−N-Einfachbindungen. Der Stickstoff kann sich aber auch doppelt oder 3fach an Kohlenstoff binden:

$$\underset{\textbf{Imine}}{R-\overset{\overset{\displaystyle H}{|}}{C}=NH \quad R-\overset{\overset{\displaystyle R'}{|}}{C}=NH} \qquad \underset{\textbf{Schiffsche Basen}}{R-\overset{\overset{\displaystyle H}{|}}{C}=N-R' \quad R-\overset{\overset{\displaystyle R'}{|}}{C}=N-R''} \qquad \underset{\textbf{Nitril}}{R-C\equiv N}$$

Wie die C−C-Doppel- und Dreifachbindungen lassen sich auch C−N-Doppel- und Dreifachbindungen **hydrieren.** Aus Iminen und Nitrilen entstehen dabei primäre, aus Schiffschen Basen sekundäre Amine. Beispiel:

$$R-C\equiv N + 2H_2 \rightarrow R-CH_2-NH_2$$

Die C–N-Doppel- und -Dreifachbindung ist leicht **hydrolysierbar:**

$$R-CH=NH + HCl + H_2O \rightarrow R-CHO + NH_4Cl$$

Imin   Aldehyd

$$R-C\equiv N + HCl + 2H_2O \rightarrow R-COOH + NH_4Cl$$

Nitril   Carbonsäure

Die Nitrile werden nach den Carbonsäuren benannt, zu denen sie sich hydrolysieren lassen ($CH_3-C\equiv N$: Essigsäure-nitril). Das Nitril der Ameisensäure ist die **Blausäure** $H-C\equiv N$. Als Ausnahme ist bei dieser die C–H-Bindung dissoziierbar.

Guanidin, Kreatin und Kreatinin

Ein biochemisch bedeutendes Imin ist das **Guanidin** (Iminoharnstoff). Es hat seinen Namen vom Guano, dem Dünger aus dem Kot peruanischer Seevögel. Ein Derivat des Guanidins ist das **Kreatin** (α-Methyl-guanido-essigsäure), ein wichtiger Bestandteil der Muskelzellen. Dessen Kondensat mit Phosphorsäure, das **Kreatinphosphat,** ist wie das ATP (S. 326) eine energiereiche Verbindung, die ihre Energie für die Muskelkontraktion abgibt. Vor der Ausscheidung wird das Kreatin in ein ringförmiges Anhydrid, das **Kreatinin,** übergeführt.

Der Mensch scheidet pro Tag 1–2 g Kreatinin im Urin aus. Beim gleichen Individuum ist diese Menge über längere Zeit konstant, unabhängig von der Kost. Ein Nierenschaden führt zum Anstieg des Kreatinins im Blut und zu verminderter Ausscheidung. Aus der Kreatininkonzentration des Blutserums und der pro Tag im Urin ausgeschiedenen Menge berechnet sich die **Kreatinin-Clearance,** das Serumvolumen, das von den Nieren in der Minute vollständig von Kreatinin befreit wird:

$$\text{Clearance in ml/min} = \frac{\text{mg Kreatinin in dem pro Minute ausgeschiedenen Urin}}{\text{mg Kreatinin in 1 ml Serum}}$$

Der Zähler berechnet sich aus der Kreatininkonzentration im 24-Stunden-Urin und dessen Gesamtvolumen. Die Clearance des Gesunden liegt um 100 ml/min. Sie ist ein Mass für die Funktionstüchtigkeit der Nieren. Zur fotometrischen Bestimmung des

Kreatinins benützt man den roten Farbstoff, den es in alkalischem Milieu mit Pikrinsäure bildet.

4. Aminoalkohole

Amine, deren Alkylreste eine bis mehrere OH-Gruppen tragen, nennt man **Aminoalkohole.** Hydroxysäuren sind wegen der elektronenanziehenden Wirkung des Sauerstoffs stärker sauer als die unsubstituierten Carbonsäuren (S. 221). Hydroxy-amine sind aus dem gleichen Grund **schwächer basisch** als die entsprechenden gewöhnlichen Amine; die Anziehung des H^+ durch den Stickstoff ist schwächer. Einige Amino-alkohole werden als Puffersubstanzen gebraucht. Sie sind im Gegensatz zu den Aminen kaum flüchtig und geruchlos. Beispiele:

$$HO-CH_2-CH_2 \diagdown$$
$$N-CH_2-CH_2-OH$$
$$HO-CH_2-CH_2 \diagup$$
Triethanol-amin; $pK_b = 9,5$

$$HO-CH_2 \diagdown$$
$$HO-CH_2-C-NH_2$$
$$HO-CH_2 \diagup$$
Tris(hydroxy-methyl)-amino-methan; $pK_b = 5,9$

Zum Vergleich: Ammoniak $pK_b = 4,7$; Dimethyl-amin $pK_b = 3,3$

Zwei Aminoalkohole, das **Colamin** und das **Cholin,** sind Bestandteile von Phospholipiden. Der Essigsäure-ester des Cholins, das **Acetyl-cholin,** ist an der Reizübermittlung im Nervensystem massgebend beteiligt.

$$HO-CH_2-CH_2-NH_2$$
Colamin

$$HO-CH_2-CH_2-{}^+\!N(-CH_3)_2 \quad (CH_3)$$
Cholin (Kation)

$$CH_3-\overset{O}{\overset{\|}{C}}-O-CH_2-CH_2-\overset{+}{N}(CH_3)_3$$
Acetyl-cholin (Kation)

P. Aminosäuren (Aminocarbonsäuren)

1. Definition, Einteilung und Nomenklatur

Carbonsäuren, an deren Alkylrest eine oder mehrere Aminogruppen sitzen, heissen Aminocarbonsäuren oder kurz **Aminosäuren** (AS). Je nach Stellung der Aminogruppen (Abstand vom Carboxyl) unterscheidet man α-, β-, γ- usw. und ω-Aminosäuren (S. 221).

$$R-\underset{\underset{NH_2}{|}}{CH}-COOH$$
α-Aminosäure

$$R-\underset{\underset{NH_2}{|}}{CH}-CH_2-COOH$$
β-Aminosäure

$$NH_2-CH_2\ldots CH_2-COOH$$
ω-Aminosäure

Je nach Zahl der Amino- und Carboxylgruppen pro Molekül teilt man ein in **Monoamino-monocarbonsäuren, Diamino-monocarbonsäuren, Monoamino-dicarbonsäuren** usw. Für die Benennung der Aminosäuren wird das Genfer System gebraucht. Beispiel:

$$CH_2-CH_2-CH_2-CH_2-CH-COOH$$

with NH_2 on the first carbon and NH_2 on the CH carbon

α,ω-Diamino-capronsäure oder
2,6-Diamino-hexansäure

Die meisten natürlich vorkommenden Aminosäuren «hören» jedoch auf Trivialnamen (s. unten).

2. Eigenschaften

Aminosäuren haben alle Eigenschaften von Carbonsäuren und Aminen. Sie sind gleichzeitig Säuren und Basen, also Ampholyte, und können sowohl mit Basen als auch mit Säuren Salze bilden:

$$R-CH \Big\langle{COOH \atop NH_2}$$

$\xrightarrow{+\,NaOH}$ $R-CH\Big\langle{COO^-Na^+ \atop NH_2\,+\,H_2O}$ Natriumsalz der Aminosäure

$\xrightarrow{+\;\;HCl}$ $R-CH\Big\langle{COOH \atop NH_3^+Cl^-}$ Ammoniumsalz («Hydrochlorid») der Aminosäure

Im neutralen Zustand tritt das Carboxyl seinen Wasserstoff an die Aminogruppe ab. Es entsteht so ein **inneres Salz** oder **Zwitterion**:

$R-CH\Big\langle{COO^- \atop NH_2}$ $\underset{-\,H^+}{\overset{+\,H^+}{\rightleftharpoons}}$ $R-CH\Big\langle{COO^- \atop NH_3^+}$ $\underset{-\,H^+}{\overset{+\,H^+}{\rightleftharpoons}}$ $R-CH\Big\langle{COOH \atop NH_3^+}$

Eselsbrücke:
Alkalisch,
Aminosäure
Anion
(3-A-Regel)

Anion   Zwitterion   Kation
alkalisches Milieu   neutrales Milieu   saures Milieu

Für jede einzelne Aminosäure haben Carboxyl- und Aminogruppe ihre spezifischen Dissoziationskonstanten. Wegen der Dissoziationsgleichgewichte (S. 120) existieren immer alle drei der oben symbolisierten Zustände nebeneinander. In alkalischem Milieu dominieren aber die Anionen, in neutralem die Zwitterionen und in saurem die Kationen. Bei den α-Aminosäuren ist das pK_a der Carboxylgruppe etwas kleiner als das pK_b der Ammoniumgruppe. Der statistisch ausgewogene Zwitterzustand (isoionischer Zustand, gleichviel Plus- und Minusladungen auf Aminosäuren) herrscht deshalb in der Nähe von pH 6. Bei den Aminosäuren mit mehr als einer NH_2- bzw. COOH-Gruppe sind entsprechend mehr pH-abhängige Dissoziationszustände möglich.

Als schwache Säuren und schwache Basen eignen sich Aminosäuren für **Puffer.** Jede Amino- und jede Carboxylgruppe regiert ihr eigenes Puffergebiet (Diamino-monocarbonsäuren haben z.B. deren drei). Wird das Carboxyl «maskiert», z.B. durch Veresterung, so wird aus dem Ampholyten eine Base.

Alle Aminosäuren sind fest. Sie lassen sich nicht ohne Zersetzung schmelzen (über 200 °C). Mit wenig Ausnahmen sind sie mässig bis gut **wasserlöslich**.
Ausser der Amino-essigsäure (Glycin) sind alle α-Aminosäuren **optisch aktiv**.

3. Eiweissaminosäuren

20 verschiedene L-α-Aminosäuren kommen als regelmässige Bausteine in fast allen Proteinen vor. Knapp die Hälfte davon sind für die menschliche Ernährung unentbehrlich oder **essentiell** (in Tab. 39 mit e bezeichnet).

Tabelle 39. Eiweissaminosäuren

(e) = essentiell.

Glycin (Glycocoll)

Die Amino-essigsäure ist die einfachste und auch eine der häufigsten Eiweiss-Aminosäuren. Sie schmeckt süsslich und kommt besonders reichlich in Collagen (Bindegewebseiweiss) vor (Name!).

Serin

α-Amino-β-hydroxy-propionsäure ist ein wichtiger Bestandteil der Seide. Im Milcheiweiss Casein ist das Serin Träger von Phosphorsäure (mit der Hydroxylgruppe verestert).

Cystein und Cystin

2 Cysteinmoleküle können sich unter Abgabe von 2 H-Atomen (Oxidation) zu einem Disulfid, dem **Cystin,** vereinigen.

$$HOOC \quad CH \quad NH_2 \quad NH_2-CH-COOH \qquad \xrightarrow{-2H} \qquad HOOC-CH-NH_2 \quad NH_2-CH-COOH$$
$$\quad\quad\; CH_2-SH \quad HS-CH_2 \qquad\qquad\qquad\qquad\qquad CH_2-S-S-CH_2$$

Die Verknüpfung von 2 AS-Molekülen über die S–S-Brücke des Cystins ist für die Struktur der Eiweiss-Riesenmoleküle von grosser Bedeutung (S. 262).
Cystein-SH-Gruppen gehören zum aktiven Zentrum zahlreicher Enzyme. Alle Stoffe, die mit SH-Gruppen reagieren, sind deshalb Gifte für diese Enzyme und somit auch für den Organismus. Cystin ist trotz seiner hydrophilen Gruppen schwer wasserlöslich (vergleichbar mit schwerlöslichen anorganischen Salzen). Bei Cystinurie (Krankheit) wird vermehrt Cystin im Urin ausgeschieden, wo es Nieren- und Blasensteine bilden kann. Cystin ist auch erstmals in einem Blasenstein entdeckt worden (griech. kystis = Blase).
S-haltige Aminosäuren lassen sich mit der Bleisulfidprobe nachweisen (Kochen mit konzentrierter NaOH $\rightarrow$ Abspaltung des Schwefels als S^{2-}; Zusatz von Säure und $Pb^{2+} \rightarrow$ Fällung von schwarzem PbS).

Prolin

Prolin ist eine Aminosäure mit einer sekundären α-Aminogruppe. Es kommt besonders reichlich im Collagen vor und ist im Eiweissverband teilweise zum **Hydroxyprolin** (OH-Gruppe in γ-Stellung zum Carboxyl) oxidiert.

Asparaginsäure und Glutaminsäure; Asparagin und Glutamin

Die Amino-bernsteinsäure und die α-Amino-glutarsäure sind Monoamino-dicarbonsäuren und bilden saure Lösungen (pH etwa 3). Ausser als Proteinbestandteile sind die beiden Säuren auch für den N-Stoffwechsel (s. «Harnstoffbildung», S. 260) von Bedeutung. Im Eiweissverband ist ihre ω-Carboxylgruppe manchmal mit NH_3 kondensiert ($-CO-NH_2$). Die so gebildeten Säureamide (S. 259) heissen Asparagin und Glutamin. Sie sind neutral und selbständige Eiweiss-Aminosäuren.

Lysin, Arginin, Histidin

Diese drei Aminosäuren haben neben der α-Aminogruppe zusätzlichen, zum Teil sekundären Amino-N und bilden daher basische Lösungen. Das Arginin hat eine

Guanidingruppe (S. 254) und ist die letzte Vorstufe des in der Leber gebildeten Harnstoffs (S. 260).

Phenylalanin, Tyrosin, Tryptophan

Diese drei Aminosäuren sind aromatische Verbindungen (S. 284). Ihre Benzolringe sind verantwortlich für gewisse Farbreaktionen der Proteine und auch für deren Absorption im mittleren Ultraviolett (280 nm). Tyrosin ist Ausgangsstoff für die Biosynthese der Hormone Adrenalin und Thyroxin und des braunen Pigments Melanin.

Q. Amide und Peptide

1. Definition, Herstellung und Eigenschaften der Carbonsäureamide

Kondensationsprodukte aus Carbonsäuren und Ammoniak oder Aminen heissen **Carbonsäureamide** oder kurz **Amide**.

$$R-COOH + NH_3 \xrightarrow{-H_2O} R-CO-NH_2$$

$$R-COOH + NH_2-R' \xrightarrow{-H_2O} R-CO-NH-R'$$

Die Amidbildung ist in mancher Hinsicht der Veresterung analog (S. 227). Wie dort geht die Kondensation besser mit Säurechloriden als mit den Säuren selbst.

$$R-CO-Cl + NH_3 \rightarrow R-CO-NH_2 + HCl \; (= R-CO-NH_3Cl)$$

Im Säureamid ist der Stickstoff wegen des Elektronensogs des benachbarten Carbonylsauerstoffs kaum mehr basisch. Wie die Ester lassen sich auch die Amide durch Kochen mit Säuren oder Laugen hydrolysieren (verseifen). Da die C−N-Bindung fester ist als die C−O-Bindung, lassen sich Ester durch Behandlung mit NH_3 in Amide umwandeln:

$$R-CO-O-R' + NH_3 \rightarrow R-CO-NH_2 + R'-OH$$

Ester   Amid   Alkohol

---

2. Einzelne Amide

Formamid

Das Amid und das Dimethyl-amid der Ameisensäure sind hochsiedende sirupartige Flüssigkeiten (Siedepunkte 193 bzw. 153°C). Sie werden als Lösungsmittel verwendet.

$$\underset{\text{Formamid}}{H-\overset{\displaystyle O}{\overset{\|}{C}}-NH_2} \qquad\qquad \underset{\text{Dimethyl-formamid}}{H-\overset{\displaystyle O}{\overset{\|}{C}}-N(CH_3)_2}$$

Carbaminsäure und Harnstoff

Von der 2wertigen Kohlensäure sind 2 Amide möglich. Das freie Monoamid von H_2CO_3, die Carbaminsäure, ist nicht beständig, wohl aber deren Ester, die **Urethane** NH_2-COOR. Sie finden als Schlafmittel Anwendung.

Gut beständig und leicht herstellbar ist das Kohlensäure-diamid, der **Harnstoff** $NH_2-CO-NH_2$. Die ausgezeichnet wasserlösliche Verbindung bildet nadelförmige Kristalle und ist auch gut alkohollöslich. Harnstoff wird in der Düngerindustrie grosstechnisch aus Kohlendioxid und Ammoniak gewonnen.

$$2NH_3 + CO_2 \xrightarrow{\text{Druck}} NH_2-CO-NH_2 + H_2O$$

Harnstoff ist das **Hauptendprodukt des N-Stoffwechsels beim Säuger.** Der Harnstoff des Urins enthält 80–90% des gesamthaft ausgeschiedenen Stickstoffs; die übrigen 10–20% fallen auf Ammoniumionen, Kreatinin, Harnsäure und Aminosäuren. Bei normaler Eiweisskost ist die tägliche Harnstoffproduktion des Erwachsenen 20–30 g (Blutkonzentration 200–450 mg/l oder 3,3–7,5 mmol/l). Die **Harnstoffbiosynthese** aus dem Stickstoff der Aminosäuren ist nicht einfach eine Kondensation von Ammoniak und Kohlensäure. Die eine NH_2-Gruppe wird durch Dehydrierung und Hydrolyse aus Glutaminsäure abgespalten:

$$>CH-NH_2 \xrightarrow{-2H} >C=NH \xrightarrow{+H_2O} >C=O + NH_3$$

Das so gebildete Ammoniak wird unter Mitwirkung von ATP (S. 326) mit CO_2 zum Phosphorsäureester der Carbaminsäure (Carbamylphosphat) kondensiert. Die Komplettierung des Harnstoffmoleküls erfolgt in einem mehrstufigen **Kreisprozess.** Spender des zweiten N ist die Asparaginsäure. Der Stickstoff der anderen Aminosäuren wird durch **Transaminierungen** in Glutamin- oder Asparaginsäure übergeführt.

In Mikroorganismen und auch in höheren Pflanzen kommt das Enzym **Urease** vor, das die Amidbindungen des Harnstoffs hydrolysiert:

$$NH_2-CO-NH_2 + 2H_2O \xrightarrow{\text{Urease}} (NH_4)_2CO_3 \quad \text{Ammoniumcarbonat}$$

Von dieser Hydrolyse macht man für die Harnstoffbestimmung Gebrauch. Durch Zusatz von Alkali wird das gebildete NH_4^+ zu NH_3 deprotoniert. Dieses wird dann z.B. mit der Farbreaktion von Berthelot fotometrisch bestimmt:

$NaOCl + NH_3 \rightarrow NH_2Cl + NaOH$ $NH_2Cl + NaOCl + Phenol \rightarrow$ blaugrüner
Hypochlorit   Chloramin   Farbstoff

3. Polyamide

Aus **Diaminen** und **Dicarbonsäuren** lassen sich Polykondensate von fast beliebiger Länge herstellen. Eines der bekanntesten derartigen **Polyamide** ist das **Nylon,** hergestellt aus 1,6-Diamino-hexan und Adipinsäure (Hexandisäure). Die Polyamide sind thermoplastisch und werden wegen ihrer Zähigkeit vor allem zu Gespinsten verarbeitet.

$$\ldots-NH-(CH_2)_6-NH \!\mid\! CO-(CH_2)_4-CO \!\mid\! NH-(CH_2)_6-NH \!\mid\! CO-\ldots$$

$$\text{Dicarbonsäure} \qquad \text{Diamin}$$

4. Peptide

Aminosäuren lassen sich mit ihresgleichen amidartig zu Polykondensaten, zu **Peptiden,** verketten:

$$NH_2-\underset{R}{CH}-COOH + NH_2-\underset{R'}{CH}-COOH \rightarrow H_2O + NH_2-\underset{R}{CH}-CO-NH-\underset{R'}{CH}-COOH$$

$$\underset{R}{\qquad} \text{Dipeptid} \; \underset{R'}{\qquad}$$

$$\text{Dipeptid} + \text{Aminosäure} \xrightarrow{-H_2O} \text{Tripeptid} \qquad \text{Tripeptid} + nAS \xrightarrow{-nH_2O} \text{Polypeptid}$$

Die Peptidbindung ist von zentraler Bedeutung für das Leben. Sämtliche Proteine bestehen aus peptidartig verknüpften Aminosäuren (s. unten). Kurzkettige Peptide (Oligopeptide) treten vor allem als Eiweissabbauprodukte auf. Einige Peptide greifen aber auch aktiv in die Lebensvorgänge ein, so das **Glutathion,** ein Tripeptid aus Glutaminsäure, Cystein und Glycin. Es ist unter anderem Oxidationsschutz für das Hämoglobin. Die **Hypophysenhormone** Vasopressin und Ocytocin (Octapeptide) und die berüchtigten **Knollenblätterpilzgifte** (ringförmige Verbindungen), ferner verschiedene **Antibiotika,** wie Penicillin und Gramicidin, zählen ebenfalls zur Peptidfamilie. Peptide können wie andere Amide durch Kochen mit Säure oder Lauge, im allgemeinen auch enzymatisch (S. 273), hydrolysiert werden. Man erhält so freie Aminosäuren.

R. Proteine (Eiweiss)

Der Name «Protein» ist nach dem griechischen «proteno» = «ich nehme den ersten Platz ein» geprägt worden, und zwar vom Schweden Berzelius in der ersten Hälfte des 19. Jahrhunderts, als die organische Chemie noch in den Anfängen steckte. Für die Biochemie ist der Name treffend. Das Leben ist ohne Proteine undenkbar. Sie gehören zu jeder lebenden Zelle. Alle Biokatalysatoren, die Enzyme, sind Proteine.

1. Struktur der Proteine

Primärstruktur
Proteine sind aus peptidartig kondensierten Aminosäuren aufgebaut. Zwischen einem Protein und einem Polypeptid besteht diesbezüglich kein Unterschied. Ein Protein ist ein Polypeptid von zirka 100 bis über 10000 Aminosäuren (molare Masse etwa 10000 bis über 1 Million g/mol).

$$\ldots -NH-CH-CO-NH-CH-CO-NH-CH-CO-NH-CH-CO- \ldots$$

$$\qquad\quad | \qquad\qquad\quad | \qquad\qquad\quad | \qquad\qquad\quad |$$

$$\qquad\quad R_1 \qquad\qquad\quad R_2 \qquad\qquad\quad R_3 \qquad\qquad\quad R_4$$

R_1, R_2 usw.: 20 verschiedene Gruppen, entsprechend den 20 Eiweiss-Aminosäuren (S. 257).

Die Kettenlänge und vor allem das «Muster» der Aminosäuren geben jeder Eiweiss-art ihren besonderen Charakter.

Die Kombinationsmöglichkeiten für die Proteinsynthese sind praktisch unbeschränkt. Für eine Kette von nur 100 Aminosäuren sind mit 20 Bausteintypen 20^{100} oder zirka 10^{130} Molekülarten denkbar. Würde man das ganze Weltall, so weit es mit den besten Teleskopen «ausgeleuchtet» wird ($\varnothing$ 4 Milliarden Lichtjahre), mit sich berührenden Neutronen ($\varnothing$ 10^{-2} pm) ausfüllen, und würde man 1 Billion solcher Weltalle an-einanderreihen, so könnte jedes Neutron ein anderes Protein mit 100 Aminosäuren darstellen. Die Natur hat diese Möglichkeiten offenbar nicht ganz ausgeschöpft.

Die Art der Aufeinanderfolge oder **Sequenz** der einzelnen Aminosäuren in einem Proteinmolekül wird als dessen **Primärstruktur** bezeichnet. Die Sequenzanalyse selbst eines kleinen Proteinmoleküls ist sehr aufwendig und zeitraubend. Bis heute sind immerhin mehrere Hundert Proteinarten bis in alle Details aufgeklärt. Die Pri-märstruktur ist für eine bestimmte Proteinart konstant. Sie ist durch die Erbmasse festgelegt. Bei einer vor allem bei Schwarzen vorkommenden Blutkrankheit, der Sichelzellanämie, enthält das Hämoglobinmolekül eine einzige «falsche» Amino-säure, nämlich ein Valin statt einer Glutaminsäure. Man bezeichnet derartige erb-liche Defekte als Molekularkrankheiten.

Sekundär- und Tertiärstruktur (Konformation)

Die **nativen** Proteine (im Zustand, wie sie vom Lebewesen erzeugt wurden) sind keine regellos flottierenden Peptidfadenklüngel. Jede Eiweissart besitzt ihre spezifische räumliche Feinstruktur, die sie schon während der Synthese erhält. Grössere Partien des Fadenmoleküls sind – vor allem bei den wasserlöslichen Proteinen – zu einer Schraube, der α-Helix, aufgewunden. «Geschraubte» Bezirke wechseln mit solchen ohne erkennbare Ordnung (Biegungsstellen der Schraube).

Helixgebiete und verbogene Bezirke reihen sich zu einem mehr oder weniger kuge-ligen Gebilde mit genau definierter Struktur auf (Abb. 77). Die α-Helix wird als **Sekundärstruktur,** die das ganze Proteinmolekül umfassende Knäuelordnung als **Tertiärstruktur** bezeichnet. Heute fasst man die beiden Ordnungen meist in den Begriff **Konformation** zusammen. Diese im wahrsten Sinn verwickelte Feinstruktur der Proteinmoleküle wird durch meist schwache Bindungskräfte aufrechterhalten. In der Helix (Ganghöhe 3,7 Peptideinheiten) sind es **Wasserstoffbrücken** zwischen CO- und NH-Gruppen, die eine Ganghöhe übereinander liegen. Der Carbonyl-Sauerstoff zieht das Elektron des H und damit die ganze über ihm liegende Peptid-kette an. Die Tertiärstruktur wird vor allem durch **S–S-Brücken** von Cystin, das zwei entfernten Bezirken des Fadens angehört, aber auch durch sogenannte hydrophobe Wechselwirkungen (Aneinanderlagerung von Kohlenwasserstoffresten der Amino-säuren) garantiert.

Quartärstruktur

Bei vielen Proteinen, unter anderem etlichen Enzymen, gibt es Gebilde, die aus 2 oder mehr Proteinmolekülen bestehen. Solche meist lockere Wechselbeziehungen zwischen einzelnen Eiweissmolekülen nennt man **Quartärstruktur.** Klassisches Beispiel für ein Protein mit Quartärstruktur ist das Hämoglobin mit 4 Untereinheiten.

Bei den wasserunlöslichen Faserproteinen sind oft viele Peptidfäden mit Wasserstoffbindung zickzackartig aneinandergereiht («Faltblattstruktur»), oder 3 Fäden sind zu einem Strang gedreht, wie z. B. im Collagen.

Die Konformationsaufklärung der Proteine verdanken wir vor allem der Röntgenstrukturanalyse.

Denaturierung

Die Bindungen, welche die Konformation eines Proteins garantieren, sind grösstenteils so schwach, dass sie durch mannigfache Umwelteinflüsse gelöst werden können. Wenn dies geschieht, bricht die subtile Raumordnung zusammen, das Eiweissmolekül wird **denaturiert** (Abb. 77). Vollständige Denaturierungen sind irreversibel (nicht rückgängig zu machen). Denaturierend wirken alle **physikalischen Vorgänge,** die dem Proteinmolekül Energie zuführen (Erwärmung auf über 60 °C, kurzwellige Strahlung, Ultraschall). Die Schwingung der Atome und Atomgruppen wird dadurch verstärkt, schwache Bindungen, wie H-Brücken, werden gesprengt (S. 75). **Chemische Denaturierung** bewirken alle Agenzien, die für die H-Brücken oder die Ionenbindungen der Sekundär- und Tertiärstruktur als Konkurrenten auftreten: Zahlreiche **Säuren** und **Basen,** konzentrierte **Harnstoff-** und Guanidinlösung, **organische Lösungsmittel,** gewisse Netzmittel. Oft geht mit der Denaturierung eine Ausfällung (Koagulierung) des Proteins parallel, dies vor allem bei Hitze-, Säure- oder Lösungsmitteldenaturierung.

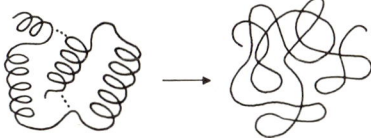

Abb. 77. Denaturierung eines Proteinmoleküls.

Enzyme und Proteinhormone verlieren bei Denaturierung jede Aktivität.

Das Sterilisieren von Nahrungsmitteln und medizinischen Utensilien durch Hitze beruht in erster Linie auf der Denaturierung der Enzyme in den Mikroorganismen.

2. Proteine als Kolloide

Die kolloidale Lösung

Zwischen den **echten Lösungen** kleiner Moleküle und Ionen (z. B. NaCl oder Glucose) und den filtrierbaren und mikroskopisch differenzierbaren **Suspensionen** gibt es eine Übergangsform, die **kolloidale Lösung.** «Kolloidal» bedeutet ursprünglich leimartig. Die verschiedenen Leime (Gummi arabicum, Gelatine, Kleister) sind denn auch typische Kolloide. Zu den Kolloiden gehören alle **Riesenmoleküle,** sofern sie überhaupt wasserlöslich sind, wie Stärke, Proteine, Kieselsäure usw. Es gibt aber auch Kolloide von niedermolekularen Stoffen, die durch Zusammenballung mehrerer Hundert oder Tausend Moleküle zu grösseren Teilchen entstanden sind, z. B. kolloidale Schwermetallhydroxide, kolloidale Goldlösungen usw.

Niedermolekulare Stoffe	«Kristalloide»	$\varnothing$ unter 1 nm	**echte Lösung**
Hochmolekulare Stoffe und zu Aggregaten assoziierte niedermolekulare Stoffe	Kolloide	$\varnothing$ 1–100 nm	**kolloidale Lösung**
Gröbere, sichtbare Partikel		$\varnothing$ über 100 nm	**Suspension**

Kolloide können aus **neutralen Partikeln** (z. B. Stärke) oder aus **Ionen** (z. B. Eiweiss) bestehen. Ionisierte Kolloide sind in der Regel besser wasserlöslich als ungeladene (stärkere Hydratisierung; S.252).

Folgende Eigenschaften zeichnen kolloidale Lösungen aus:
1. In der Durchsicht (Lösung zwischen Betrachter und Lichtquelle) erscheinen sie klar, bei seitlicher Anstrahlung (Lichtstrahl quer zur Blickrichtung) **neblig trüb (Tyndall-Effekt).** Die Kolloidpartikel streuen das Licht – das kurzwellige stärker als das langwellige. Dieser Umstand ist beim Fotometrieren zu beachten.
2. Gelöste Kolloide lassen sich **nicht abfiltrieren** (im Gegensatz zu Suspensionen), aber **in der Ultrazentrifuge sedimentieren** (im Gegensatz zu echten Lösungen).
3. Durch Dialyse lassen sich Kolloide von echt gelösten Teilchen trennen (S. 269).
4. Kolloidale Ionen lassen sich **durch entgegengesetzt geladene grosse Ionen ausfällen.** Umgekehrt kann man schlechtlösliche Kolloide durch gleichsinnig geladene gutlösliche vor dem Ausfällen schützen. Man spricht von **Schutzkolloidwirkung.**

Sole und Gele
Eine tropfbar-flüssige kolloidale Lösung wird als **Sol** («Lösung») bezeichnet. Im Sol sind die Kolloidpartikel frei beweglich. Ein **Gel** («Gefrorenes») oder eine Gallerte ist ein Kolloid, dessen Partikel sich durch elektrische Kräfte (Ionenanziehung, H-Brücken) in lockerem Verband gegenseitig festhalten. Die einzelnen Kolloidteilchen sind zu einem mehr oder weniger formbeständigen Gitterwerk, das grosse Mengen Lösungsmittel einschliessen kann, vereinigt. Gele entstehen vorzugsweise aus Fadenmolekülen (Stärke, Dextran, Agar, Gelatine, Polyacrylamid, Fibrin, Kieselsäure). Ein Gelatine-Gel kann bis 99% Wasser enthalten, ein Fibrin-Gel bildet sich schon mit 4 mg Fibrinogen pro Liter (S. 267). Gele spielen in der Labortechnik eine grosse Rolle, z. B. Kiesel- und Dextran-Gele für die Chromatografie (S. 338), Stärke- und Polyacrylamid-Gele für die Elektrophorese (S. 270), Agar- und Gelatine-Gele als Nährböden für Mikroorganismen. Auch das Zellplasma hat Gel-Eigenschaften.

3. Proteine als Ampholyte

An den Enden der Proteinketten und an den Seitengruppen der Diamino-monocarbon- und Monoamino-dicarbonsäuren sitzen ionisierbare Amino- und Carboxylgruppen. Die Proteine sind somit **Ampholyte** wie die Aminosäuren selbst. Manches Verhalten von Proteinlösungen lässt sich damit erklären.
In saurer Lösung sind die Protein-Kolloidpartikel Kationen, in alkalischer Lösung Anionen («A»-Regel; S.256).

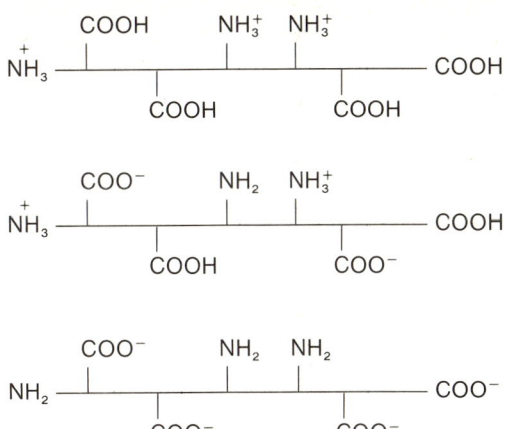

Stark saure Lösung: geladene Ammoniumgruppen, undissoziierte Carboxyle

Lösung mit isoelektrischem pH: sowohl Carboxyl- als auch Amino- bzw. Ammoniumgruppen z.T. geladen, z.T. ungeladen; gleichviel Plus- und Minusladungen pro Molekül

Stark alkalische Lösung: ungeladene Aminogruppen, dissoziierte Carboxyle

Lässt man zu einer alkalischen Proteinlösung allmählich Säure zufliessen, dann verschwinden mehr und mehr negative Ladungen, und mehr und mehr positive entstehen. Einmal wird der Punkt erreicht, bei dem das Proteinmolekül gleichviel positive und negative Ladungen hat, also ein nach aussen neutrales «inneres Salz» oder Zwitterion darstellt. Der bei diesem Zustand herrschende pH-Wert heisst **iso-elektrischer Punkt** (IEP oder pHi). Die Lage des IEP ist vom Zahlenverhältnis Amino-gruppen/Carboxylgruppen, aber auch von den pK-Werten der einzelnen Gruppen abhängig. Bei Proteinen, in denen saure Aminosäuren über die basischen dominie-ren, liegt der IEP im sauren Gebiet (z.B. Albumine), bei Überwiegen der basischen Aminosäuren im alkalischen (z.B. Histone der Zellkerne).
Je grösser die Nettoladung (Differenz von positiver und negativer Ladung), d.h. je weiter vom IEP das pH entfernt ist, desto besser ist die **Löslichkeit** (starke Hydrati-sierung, gegenseitige Abstossung gleichsinniger Ladungen). Am IEP ist die Löslich-keit am geringsten (Abb. 78). Das Phänomen der pH-variablen Löslichkeit ist beim Casein besonders auffällig. Durch leichtes Ansäuern der Milch lässt sich das Casein (IEP 4,6) fast vollständig ausfällen (Joghurt und andere Sauermilchprodukte). Die Ampholytnatur der Proteine und ihren unterschiedlichen IEP nützt man zur Trennung von Proteingemischen mit der **Elektrophorese** aus (S. 270).

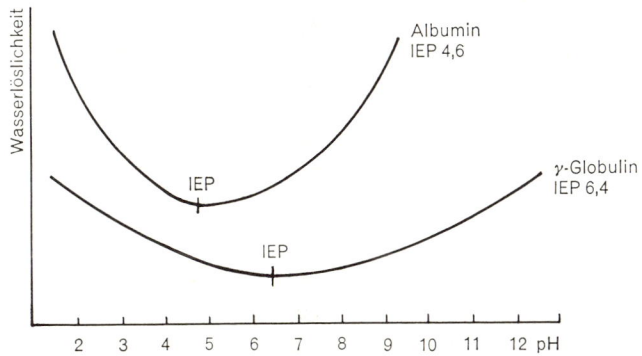

Abb. 78. pH-abhängige Löslichkeit der Proteine.

Als Moleküle mit vielen schwach sauren und schwach basischen Gruppen bilden die Proteine **Puffer** mit kontinuierlichem Wirkungsbereich über ein grosses Gebiet der pH-Skala. In verschiedenen Körperflüssigkeiten kommt dieser Pufferfunktion grosse Bedeutung zu.

4. Klassierung der Proteine

Proteine im engeren Sinn (nur aus kondensierten Aminosäuren aufgebaut)		**Proteide** (zusammengesetzte Proteine; neben Aminosäuren noch «fremde» Bauelemente kovalent oder koordinativ gebunden)
Sphäroproteine wasserlöslich, mehr oder weniger kugelige freie Einzelmoleküle	**Skleroproteine** oder **fibrilläre Proteine** in H₂O schwer oder unlöslich, viele Moleküle zu Strängen oder Gittern verbunden	
Histone, Albumine, Globuline	**Fibrin, Myosin, Collagen, Elastin, Keratin, Seidenfibroin**	**Metallproteine, Phosphoproteine, Lipoproteine, Glycoproteine, Nucleoproteine, Chromoproteine**

5. Einzelne Proteine und Proteide

Histone
Im Zellkern findet man die Histone, niedermolekulare Proteine mit relativ viel basischen Aminosäuren. Sie bilden mit den Nucleinsäuren Nucleoproteine.

Albumine
Die Albumine sind leicht wasserlösliche Proteine von relativ kleiner molarer Masse (17000–69000 g/mol). Wichtig sind Serumalbumin, Lactalbumin (Milch) und Ovalbumin (Ei). Im Gegensatz zu den Globulinen sind die Albumine in destilliertem Wasser löslich. Die Albumine regeln den osmotischen Druck des Blutes und sind Vehikel für gewisse schwer wasserlösliche Stoffe, z.B. freie Fettsäuren und Bilirubin.

Globuline
Die Globuline unterscheiden sich strukturell kaum grundsätzlich von den Albuminen. Einige haben grössere molare Massen als diese und sind schlechter wasserlöslich. In destilliertem Wasser sind sie praktisch nicht löslich, relativ gut dagegen in verdünnten Salzlösungen. Man spricht vom «Einsalzeffekt». In ionenarmem H₂O bilden die Globuline grosse Agglomerate zufolge gegenseitiger Ionenanziehung der Einzelpartikel. Salzionen treten in Konkurrenz mit den geladenen Gruppen der Proteinmoleküle; sie drängen sich zwischen die Eiweisspartikel; das Agglomerat zerfällt. Verdünnt man Blutserum mit Wasser, so wird es trüb, weil die Globuline teilweise ausfallen; verdünnt man mit physiologischer NaCl-Lösung (9 g/l), bleibt die Lösung klar. Besonders gut untersucht sind die Globuline des Serums. Die Elektrophorese (S. 271) der Serumproteine liefert neben Albumin die 4 Fraktionen α_1-, α_2-, β- und

γ-Globuline. Diese Fraktionen sind keineswegs einheitlich. Man kennt über 30 Serum-globuline (Nachweis mittels immunologischer Verfahren). α- und β-Globuline haben mannigfache Transportfunktionen (Fette, Cholesterin, Vitamine, Hormone, Metalle u. a.). Die γ-Fraktion besteht aus den Immunglobulinen, das sind Antikörper gegen fremdes Protein und bakterielle Antigene. Mangel an γ-Globulin bedeutet Infektions-anfälligkeit (Tab. 40).

Tabelle 40. Plasmaproteine beim gesunden Menschen in Prozenten vom Gesamtprotein

Albumin	52–62		
α₁-Globulin	3–5		
α₂-Globulin	6–9	Serum	Plasma
β-Globulin	9–14		
γ-Globulin	11–17		
Fibrinogen	5		

Fibrinogen/Fibrin; Blutgerinnung

Fibrinogen, ein Plasmaprotein, ist trotz seiner langgestreckten Moleküle wasserlös-lich. Bei der Blutgerinnung entsteht aus dem löslichen Fibrinogen das unlösliche **Fibrin-Gel.** Unter Mitwirkung einer ganzen Kette von Faktoren (u. a. Blutplättchen, Ca-Ionen) kann sich im Blut bei Austritt aus den Adern das Enzym **Thrombin** bilden. Dieses spaltet vom Fibrinogen kleinere Peptide ab. Die so «verstümmelten» Protein-moleküle verbinden sich mit ihresgleichen kovalent zu einem riesigen Netzwerk, dem Fibringerinnsel, und bilden zusammen mit den Blutzellen den Wundverschluss. Der Überstand von zentrifugiertem **ungeronnenem** Blut heisst **Plasma** (fibrinogenhaltig), jener von **geronnenem** Blut heisst **Serum** (Tab. 40).

Myosin

Myosin ist ein Hauptprotein der Muskeln. Es ist in destilliertem Wasser unlöslich, löslich dagegen in verdünntem KCl. Das Protein ist das kontraktile Element der Muskelfasern.

Collagen und Elastin

Das Bindegewebseiweiss **Collagen** macht beim Säuger etwa 30% des Gesamtkör-perproteins aus. Es ist in Salzlösungen, verdünnten Laugen und Säuren unlöslich. Gekochtes denaturiertes Collagen ist die wasserlösliche, als Nahrungsprotein ge-ringwertige **Gelatine. Elastin** ist Hauptbestandteil der elastischen Gewebe der Seh-nen und Blutgefässe.

Keratin

Hauptprotein der Hornsubstanz (Haare, Nägel und Klauen, Hörner, Federn) ist das **Keratin** (griech. keros = Horn). Seine Formkonstanz verdankt es dem hohen Gehalt an **Cystin** (menschliches Haar 15%). Dessen S−S-Brücken ergeben einen hohen Vernetzungsgrad. Durch Reduktionsmittel können die Brücken gesprengt werden (S. 258). Das Keratin wird dadurch plastisch. Nach gewünschter Verformung können die S−S-Brücken durch Oxidation an anderen Stellen neu geknüpft werden (Kalt-dauerwellverfahren).

Metallproteine (Protein-Metall-Verbindungen)

Fe, Cu und Zn werden im Organismus als Metallproteine transportiert. Die drei Metalle sind auch funktionelle Bestandteile von Enzymen. Das Vehikel des Eisens heisst **Transferrin,** jenes des Kupfers Caeruloplasmin. Beides sind Globuline.

Phosphoproteine (Protein-Phosphorsäure-Verbindungen)

Ein wichtiges Phosphoprotein ist das **Milchcasein.** Die Phosphorsäure ist mit den OH-Gruppen des Serins verestert.

Lipoproteine (Protein-Lipid-Verbindungen)

Lipoproteine spielen vor allem für den **Fetttransport** im Blut eine wichtige Rolle (S. 235). Auch als Bausteine der Zellmembran haben sie Bedeutung.

Glycoproteine (Protein-Kohlenhydrat-Verbindungen)

Glycoproteine sind im Tier- und Pflanzenreich verbreitet (Schleimstoffe, Zellmembranbestandteile, Blutgerinnungsfaktoren usw.). Die Bindung zwischen Protein und Kohlenhydrat ist meist glycosidisch (S. 243).

Nucleoproteine (Protein-Nucleinsäure-Verbindungen)

Nucleoproteine sind die wichtigsten Bestandteile der **Zellkerne.** Protein und Nucleinsäure (S. 324) sind salzartig verbunden.

Chromoproteine (Protein-Farbstoff-Verbindungen)

Die wichtigsten Farbstoffkomponenten von Chromoproteinen sind **Porphyrine** und **Flavine.** Bestbekanntes Chromoprotein ist das Hämoglobin (S. 317).

6. Isolierung, Bestimmung und Strukturanalyse von Proteinen

Für die Separierung gelöster Proteine von anderen Lösungskomponenten bedient man sich vor allem der **Proteinfällung** und der **Dialyse.**

Proteinfällung, Enteiweissung

Gelöstes Eiweiss kann auf mannigfache Art ausgefällt werden. Man unterscheidet zwischen reversibler und irreversibler Fällung. **Reversibel** gefälltes Eiweiss kann wieder aufgelöst werden; es hat seine native Sekundär- und Tertiärstruktur behalten **(keine Denaturierung).** Enzyme und Hormone bleiben aktiv. Reversibel sind die Fällungen mit konzentrierten Salzlösungen («Aussalzen»). Durch schrittweise Steigerung der Salzkonzentration können die gelösten Proteine grob fraktioniert werden. So werden z.B. durch gesättigtes Ammoniumsulfat alle Serumproteine ausgefällt, bei halber Sättigung nur die Globuline. Auch mit kaltem Alkohol kann reversibel gefällt werden. Ursache der Proteinfällung durch konzentrierte Salzlösung und organische Lösungsmittel ist die teilweise Zerstörung des schützenden Hydratmantels der Eiweissmoleküle.

Aus konzentrierten Lösungen lässt sich Eiweiss auch **isoelektrisch** fällen (pH-Verschiebung bis zum IEP; Löslichkeitsminimum). Eine solche Fällung ist aber meist unvollständig (S. 265).

Die **irreversible Fällung** ist stets mit einer **Denaturierung** verbunden. Das gefällte Eiweiss büsst seine Wasserlöslichkeit weitgehend ein. Irreversibel fällt man, wenn es gilt, eine Lösung möglichst vollständig zu enteiweissen. Bei allen Serumanalysen, bei denen das Eiweiss stört, wird dieses durch irreversible Fällung abgetrennt. Irreversibel fällende Reagenzien sind **Trichloressigsäure, Perchlorsäure,** Wolframsäure, Pikrinsäure, Sulfosalicylsäure, Zinkhydroxid.

Irreversible Fällungen entstehen auch beim **Erhitzen** von Proteinlösungen, vor allem in schwach saurer Lösung (Nachweis von Eiweiss im Urin: Ansäuern mit Essigsäure, aufkochen; eine allfällige Trübung ist ausgefälltes Albumin).

Durch die Fällbarkeit unterscheiden sich echte Proteine von Polypeptiden mit weniger als 100 Aminosäuren.

Dialyse

Wesentlich schonender als die Fällung arbeitet die Dialyse (Abb. 79). Man macht sich den grossen **Unterschied in der Partikelgrösse** zwischen dem kolloidalen Eiweiss und den echt gelösten Gemischkomponenten zunutze. Als «Molekularsieb» verwendet man eine poröse Membran (Cellophan), welche für alle echt gelösten Partikel passierbar, für Kolloide aber undurchlässig ist.

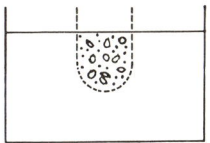

Abb. 79. Dialyse.

Ausgangslage: Ein Cellophansack, gefüllt mit einem Lösungsgemisch aus Kolloiden und «Kristalloiden», z.B. Protein und anorganischen Salzen, wird in ein Gefäss mit Wasser gehängt.

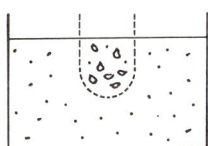

Zwischenlage: Die echt gelösten Stoffe sind durch die Membran in die Aussenflüssigkeit **diffundiert** (Eigenbewegung der Moleküle). Sie verteilen sich schliesslich auf die ganze Flüssigkeit inner- und ausserhalb des Beutels. Die Membran hindert die Kolloidpartikel an der Diffusion. Durch Bewegen des Sackes oder des Aussenwassers kann die Dialyse beschleunigt werden.

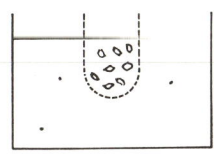

Endlage: Durch mehrmaliges oder auch kontinuierliches Erneuern der Aussenflüssigkeit kann der Sackinhalt vollständig von echt gelösten Stoffen befreit werden.

Eine erschöpfende Dialyse dauert in der Regel Stunden bis Tage. Die Dialyse ist nicht mit der Osmose zu verwechseln (S. 106). Die ideale Osmosemembran lässt im Gegensatz zur Dialysemembran nur Wassermoleküle passieren.

Eine Anwendung der Dialyse ist die **künstliche Niere.** Das urämische (harnstoffreiche) Blut des Nierenkranken wird durch einen Dialysierschlauch gepumpt. Es wird aber nicht gegen reines Wasser dialysiert, sondern gegen eine Lösung, die alle im Plasma gelösten Salze in physiologischer Konzentration enthält. Die Plasmaproteinmoleküle können die Schlauchwand nicht passieren, die Blutzellen erst recht nicht. Dank der

freien Diffusion aller anorganischen Ionen in beiden Richtungen durch die Membran-
poren ändert sich deren Konzentration im dialysierten Blut nicht. Die Konzentration
der sogenannten harnpflichtigen Stoffe, die in der frischen Aussenflüssigkeit fehlen
(Harnstoff, Kreatinin, Harnsäure usw.), fällt im dialysierten Blut unter das lebens-
bedrohende Niveau, wenn die Aussenflüssigkeit ständig erneuert wird.

Ultrazentrifuge
In der Ultrazentrifuge, bei Zentrifugalbeschleunigungen bis 500 000 g (auf 1 Gramm
Masse wirkt dann eine Kraft von einer halben Tonne), lassen sich Proteingemische
fraktioniert sedimentieren. Die Sedimentationsgeschwindigkeit ist von Grösse und
Form der Kolloidpartikel abhängig.

Elektrophorese (griech. phoros = Träger)
Ionen wandern im elektrischen Feld. Ihre Geschwindigkeit ist um so grösser, 1. je
grösser die Feldstärke (V/cm), 2. je grösser die Ladung des Ions und 3. je besser
beweglich das Ion ist (abhängig von Partikelgrösse und -form und der inneren Rei-
bung der Flüssigkeit). Bei konstanter Feldstärke und gleichbleibender Flüssigkeit ist
die Wandergeschwindigkeit nur noch eine Funktion von Ladung, Grösse und Gestalt
der Ionen. Diese Tatsache lässt sich für ein Verfahren zur Trennung von Eiweiss-
gemischen, die **Elektrophorese,** ausnützen:
Durch Auflösen des Proteingemisches in einem Puffer von definiertem pH erhält jedes Einzelprotein eine **bestimmte Nettoladung,** je nach Lage seines isoelektrischen
Punktes (S. 265). Eingeschlossen zwischen zwei Zonen mit leerem Puffer von gleichem pH wird die Eiweisslösung an eine Gleichspannung von einigen Hundert Volt
angeschlossen (Abb. 80).
Je nach Nettoladung (Lage des IEP) und Beweglichkeit (Molekülgrösse und -ge-
stalt) wandern die einzelnen Proteine mehr oder weniger schnell in die leeren
Pufferzonen hinein:

Moleküle mit IEP > Puffer-pH (Nettoladung positiv) wandern Richtung Kathode
Moleküle mit IEP = Puffer-pH (Nettoladung null) bleiben am Ort
Moleküle mit IEP < Puffer-pH (Nettoladung negativ) wandern Richtung Anode

---

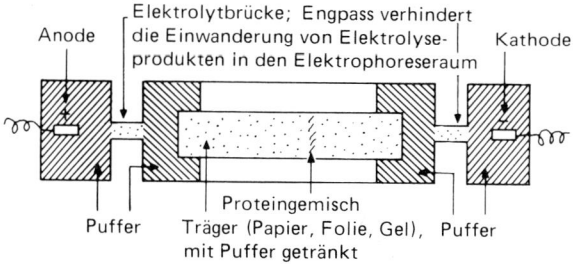

Anode   Elektrolytbrücke; Engpass verhindert
         die Einwanderung von Elektrolyse-   Kathode
         produkten in den Elektrophoreseraum

Puffer   Proteingemisch   Puffer   **Abb. 80.** Schema eines Elektro-
         Träger (Papier, Folie, Gel),   phoreseapparates.
         mit Puffer getränkt

Das Puffer-pH wird so gewählt, dass die Wanderstrecken der Gemischkomponenten
nicht zu klein und möglichst verschieden werden (für Serumproteine 8,7).
Je nach der technischen Ausführung unterscheidet man:

Trägerfreie Elektrophorese: Die Proteine wandern in einem Rohr mit freier Puffer-lösung. Die wandernden Eiweisszonen können z. B. anhand ihrer Lichtbrechung lokalisiert werden.

Folien-Elektrophorese: Eine quellbare Folie aus Cellulose-acetat (früher Filter-papier) ist Träger von Puffer und Eiweissgemisch. Die Folien-Elektrophorese dient vor allem analytischen Zwecken. Nach dem «Lauf» werden die Eiweisszonen mit einem Farbstoff angefärbt, der sich nur mit dem Eiweiss, nicht aber mit dem Träger-material verbindet. Mit einem Fotometer wird dann die Farbintensität, d. h. Licht-absorption der Zonen ausgemessen. Abbildung 81 zeigt das grafische Ergebnis einer solchen Auswertung. Die Fläche der «Berge» ist proportional der Proteinmenge.

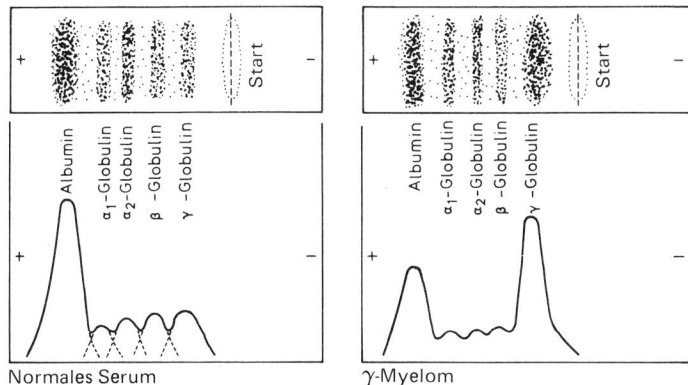

Normales Serum   γ-Myelom

Abb. 81. Elektrophorese eines normalen und eines pathologischen Serums; Puffer pH 8,7.

Gel-Elektrophorese: Ein gequollener Gelblock aus Stärke, Agar oder Polyacrylamid ist Träger für Puffer und Eiweiss. Mit der Gel-Elektrophorese werden grössere Eiweiss-mengen präparativ getrennt und nach Auswaschen der Zonen (der Gelblock wird nach dem Lauf in Scheiben geschnitten) weiterverarbeitet.
Eine besondere Art der Elektrophorese ist die **isoelektrische Fokussierung:** Der Puffer, in dem das Proteingemisch wandern soll, hat hier kein einheitliches pH, sondern einen pH-Gradienten, d. h. das pH nimmt von einer Elektrode zur andern kontinuierlich zu. Jedes Protein wandert dann bis in die Gegend, deren pH seinem eigenen IEP entspricht und bleibt dort stehen.

Gelfiltration oder Gelchromatographie (S. 338)

Bestimmung der Gesamtproteinkonzentration
Albumine, Globuline und andere Proteine enthalten etwa 16% Stickstoff. Der Eiweiss-gehalt einer Probe kann daher durch eine N-Bestimmung ermittelt werden, sofern sie keine anderen N-haltigen Stoffe enthält. Andernfalls muss das Protein erst durch Fällung oder Dialyse isoliert werden. Eine solche N-Bestimmung ist die **Kjeldahl-Analyse:** Durch feuchte Veraschung mit H_2SO_4 und einem Oxidationskatalysator (Cu, Hg, Se) wird alles organische Material zerstört. Amino-, Imino- und Amid-N wird dabei in Ammoniumsulfat übergeführt. 5wertiger Stickstoff (Nitrate und Nitrover-bindungen) wird nicht miterfasst. In einem besonderen Destillationsapparat wird das

Veraschungsgemisch mit konzentrierter NaOH umgesetzt. Durch Einblasen von Wasserdampf in die Lösung wird das freigesetzte NH_3 in eine Säurevorlage überdestilliert. Das aufgefangene Ammoniak wird titriert oder fotometrisch bestimmt. Aus der NH_3-Menge lässt sich der Eiweissgehalt wie folgt berechnen:

$$\text{mmol } NH_3 \text{ mal } 14 = \text{mg N}; \qquad \text{mmol } NH_3 \text{ mal } \frac{14 \cdot 100}{16} = \text{mg Eiweiss}$$

Von den verschiedenen **fotometrischen** Eiweissbestimmungsmethoden ist die **Biuret-Reaktion** die meistgebrauchte. Proteine und Peptide geben in alkalischer Lösung mit 2wertigem Kupfer einen violetten Komplex (S. 327), dessen Farbintensität proportional zur Anzahl Peptidbindungen und damit auch angenähert zur Eiweisskonzentration ist.

Orientierende Schnellbestimmungen der Serumeiweisskonzentration basieren auf Messungen des Brechungsindexes oder der Dichte des Serums.

Ermittlung des Anteils der einzelnen Aminosäuren an einem Protein

Proteine lassen sich durch längeres Erhitzen in starker Säure **zu Aminosäuren hydrolysieren.** Aus dem Hydrolysat können die einzelnen Aminosäuren isoliert und ihr Anteil am Gemisch bestimmt werden. Mit der **Chromatografie** steht heute ein leistungsfähiges Verfahren zur Separierung von nah verwandten Homologen, unter anderem auch von Aminosäuren zur Verfügung (S. 335).

Für **Nachweis** und **Bestimmung** von Aminosäuren benützt man vorzugsweise die **Ninhydrin-Reaktion.** Alle Aminoverbindungen bilden beim Erhitzen mit Ninhydrin (Formel S. 300) Farbstoffe mit verschiedenen, meist blauvioletten Nuancen. Auch Peptide, Proteine und Ammoniak haben positive Ninhydrin-Reaktion (unspezifischer Gruppentest).

Sequenzanalyse (Bestimmung der Primärstruktur)

Für kurze Peptidketten gibt es verschiedene Verfahren, mit denen man eine Aminosäure nach der anderen vom Fadenmolekül abspalten und so deren Reihenfolge ermitteln kann. Für langkettige Peptide versagen diese Methoden, weil nach wiederholter Einzelabspaltung das Restpeptid mehr und mehr mit Nebenprodukten des Spaltprozesses verunreinigt wird. Ein Protein wird deshalb zuerst mit Enzymen «teilverdaut», d. h. es wird nur ein Teil der Peptidbindungen hydrolysiert, so dass eine Anzahl kurzkettiger Peptide entsteht. Diese werden chromatografisch oder elektrophoretisch voneinander separiert und dann auf Sequenz analysiert. Bei geschickt geleiteter Teilhydrolyse des Proteins entstehen Peptide, die sich teilweise überlappen. Ein Peptid enthält z. B. die Aminosäuren Nr. 1, 2, 3, 4, 5, 6, 7, 8, ein anderes Nr. 5, 6, 7, 8, 9, 10. Die Kunst besteht dann darin, aus den Ergebnissen der Sequenzanalysen der vielen Teilpeptide die Überlappungsstücke aufzuspüren und das ganze «Puzzle» richtig zum Proteinmolekül zusammenzufügen.

7. Physiologie der Proteine

Verdauung und Resorption der Nahrungsproteine

Das Nahrungseiweiss wird von den **proteolytischen Enzymen** (Proteasen) des Verdauungstraktes **hydrolysiert.** Im **Magen** findet sich das **Pepsin,** welches in **salzsaurem** Milieu die Proteine zu **Peptonen** (grössere Eiweisskettenbruchstücke) aufspaltet. Das pH für die optimale Pepsinwirkung liegt um 1,5. Die Hauptverdauung der Proteine erfolgt im **Dünndarm.** Das Pankreassekret liefert die Proteasen **Trypsin** und **Chymotrypsin.** Die beiden Enzyme, wie auch das Pepsin, spalten die Proteinmoleküle nur an ganz bestimmten Peptidbindungen, das Pepsin z. B. nur an solchen mit Beteiligung der aromatischen Aminosäuren Phenylalanin und Tyrosin.

Die Proteasen werden als inaktive **Proenzyme** (Pepsinogen usw.) synthetisiert (Schutz vor Selbstverdauung der Zellproteine!). Erst im Verdauungskanal werden diese Vorstufen aktiviert und zwar durch Abspaltung eines kurzen Peptids, einer Art Schutzkappe des aktiven Zentrums. Das Pankreas und vor allem die Darmschleimhaut sezernieren verschiedene Peptidasen, die das Werk der Proteasen vollenden. **Carboxypeptidasen** spalten die Peptide vom Carboxylende her, **Aminopeptidasen** von der andern Seite aus in einzelne Aminosäuren auf. Vom Blut werden praktisch nur freie Aminosäuren aufgenommen.

Verwertung der resorbierten Aminosäuren

Die nach Eiweissverdauung im Blut zirkulierenden Aminosäuren diffundieren in die Gewebezellen, wo sie entweder zu **arteigenem Protein** verkettet, zur **Energiegewinnung** abgebaut oder für die **Zucker- und Fettsynthese** umgebaut werden. Einzelne Aminosäuren sind Ausgangsmaterial für die Synthese verschiedener Wirkstoffe (Coenzyme, Hormone). Ein besonderes Depot für überschüssige Aminosäuren gibt es nicht. Was nicht im Gewebseiweiss fixiert wird, muss abgebaut werden.

Protein-Biosynthese

Die Eiweiss-Synthese in den Zellen ist ein ungemein verwickelter Prozess, der in Jahrzehnten intensiver Forschung weitgehend aufgeklärt worden ist. Im folgenden sind nur die Grundzüge dieser neuesten Erkenntnisse dargelegt.

Steuerzentrale der Proteinsynthese ist der **Zellkern.** Die Nucleinsäuren des Kerns sind sozusagen die Urdokumente, von denen die Aminosäure-Sequenzen der aufzubauenden Proteine «kopiert» werden. **Nucleinsäuren** sind hochpolymere Kettenmoleküle, aufgebaut aus Zucker (Ribose oder Desoxy-ribose; S. 239), Phosphorsäure und im wesentlichen **4 verschiedenen heterozyklischen Basen** (S. 322) Nucleinsäuren mit Desoxy-ribose heissen DNA (im Kern), solche mit Ribose heissen RNA (A = acid). Das Verteilungsmuster der 4 Basen, ihre Aufeinanderfolge in einer bestimmten DNA-Kette des Kerns, bildet den «Code» für die Aminosäuresequenz eines bestimmten Proteins. Jedes Protein hat seine **DNA-«Matrize».** Immer 3 aufeinanderfolgende Basen, ein **Basentriplett,** bilden das «Kennwort» für eine bestimmte Aminosäure. Eine Art Abschrift der Kern-DNA (einem Fotonegativ vergleichbar), die Boten-RNA, wird vom Zellkern ins Zellplasma gesandt. Jede der 20 Eiweiss-Aminosäuren wird ihrerseits mit einer für jede einzelne Aminosäure spezifischen niedermolekularen Nucleinsäure, einer Transfer-RNA, gekoppelt. Jede dieser RNA trägt an einer Art Fühler ein gleiches Basentriplett, wie es in der DNA-Matrize für die betreffende Aminosäure vorgesehen ist. Dieses heftet sich an das entsprechende «negative» Abschrift-Triplett der Boten-RNA. Auf diese Weise werden alle Transfer-RNA mit ihren Aminosäureanhängern dem DNA-Code entsprechend an der Boten-RNA entlang aufgereiht (Abb. 82). Die Aminosäuren werden laufend enzymatisch miteinander kondensiert und der entstehende Peptidfaden von den Nucleinsäuren abgelöst. Ein bestimmtes Basentriplett, das Initiationstriplett, sorgt für den Beginn, das Stopptriplett für den Abbruch der Aminosäureverkettung. Sekundär- und Tertiärstruktur bilden sich schon im Lauf der Synthese aus.

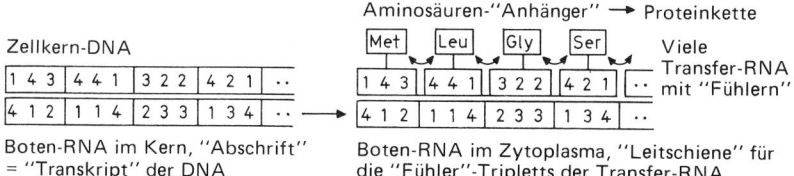

Abb. 82. Proteinsynthese. Übersetzung des «Nucleinsäure-Codes» in «Aminosäure-Klartext». Abschrift von Base 1 ist Base 4 und umgekehrt, von Base 2 ist es Base 3 und umgekehrt. 1 und 4 bzw. 2 und 3 sind komplementäre Basen in DNA und Boten-RNA bzw. in Boten-RNA und Transfer-RNA.

Das gesamte DNA-«Code-Archiv» erhält der Organismus aus den Kernen der beiden Geschlechtszellen (Erbmasse). Das ganze Heranwachsen eines Lebewesens und all seine Lebensäusserungen basieren auf dem Wirken von Enzymen. Deren spezifische Arbeitsweise ist von ihrem Bau, also letztlich von ihrer Aminosäure-Sequenz abhängig. Man darf füglich behaupten, dass die gesamte Anatomie eines Lebewesens und auch sein Verhalten zur Umwelt durch den Code der DNA-Matrizen determiniert ist.

Die zur Proteinsynthese benötigten Aminosäuren stammen mehrheitlich aus der Nahrung. 11 der 20 Aminosäuren können vom Erwachsenen durch Umbau aus andern Aminosäuren hergestellt werden. Der Stickstoff einer Aminosäure kann z. B. durch **Transaminierung** auf eine Ketosäure übertragen werden:

$$NH_2-\underset{\underset{CH_3}{|}}{CH}-COOH + O=\underset{\underset{CH_2-COOH}{|}}{C}-COOH \xrightarrow{\text{Transaminase}} NH_2-\underset{\underset{CH_2-COOH}{|}}{CH}-COOH + O=\underset{\underset{CH_3}{|}}{C}-COOH$$

α-Alanin   Oxalessigsäure   Asparaginsäure   Brenztrauben-
                     (aus Krebs-Zyklus)   säure

Aus Methionin und Serin kann Cystein gebildet werden (nicht umgekehrt!). Aus Phenylalanin bildet sich durch enzymatische Oxidation Tyrosin.

$$\text{Phenyl}-CH_2-\underset{\underset{NH_2}{|}}{CH}-COOH \xrightarrow{\text{Oxidation}} HO-\text{Phenyl}-CH_2-\underset{\underset{NH_2}{|}}{CH}-COOH$$

Phenylalanin   Tyrosin

9 Aminosäuren sind für den Menschen essentiell, d. h. unentbehrlich (Tab. 39). Sie müssen für ein normales Gedeihen mit der Nahrung aufgenommen werden. Im

tierischen Eiweiss (Fleisch, Milch, Eier) sind alle essentiellen Aminosäuren in ausreichender Menge vertreten – nicht so in gewissen pflanzlichen Proteinen. Im Zein, dem Maisprotein, fehlen z. B. Tryptophan und Lysin fast vollständig. Bei rein vegetarischer Ernährung ist deshalb eine möglichst vielseitige Kost geboten.

Abbau von Körperprotein

Auch die Baustoffe der Zelle unterstehen dem Stoffwechsel, also einer ständigen Erneuerung, ohne dass der Organismus zu wachsen oder abzunehmen braucht. «Alte» Proteinmoleküle werden laufend durch neu synthetisierte ersetzt. Beim Eiweissabbau entstehen durch Proteolyse wieder freie Aminosäuren. Der erste Schritt im Abbau der Aminosäuren ist die Abspaltung des Stickstoffs durch **oxidative Desaminierung** bzw. Transaminierung (s. oben).

$$NH_2-CH-COOH \xrightarrow{-2H} NH{=}C-COOH \xrightarrow{+H_2O} NH_3 + O{=}C-COOH$$

$$\quad\quad\ \ |\quad\quad\quad\quad\quad\quad\quad\quad\ \ |\quad\quad\quad\quad\quad\quad\quad\quad\quad\ \ |$$
$$\quad\quad\ \ R\quad\quad\quad\quad\quad\quad\quad\quad\ R\quad\quad\quad\quad\quad\quad\quad\quad\quad\ R$$

α-Aminosäure   α-Iminosäure   α-Ketosäure

Das abgespaltene Ammoniak wird mit CO_2 und ATP in Carbamylphosphat übergeführt und in den Harnstoffzyklus eingeschleust (S. 260). Die Ketosäuren gelangen entweder in den Krebs-Zyklus oder sie werden nach besonderen Mechanismen zu CO_2 und Wasser abgebaut. Das C-Skelett der meisten Aminosäuren kann auch zur Glucose- oder Fettsäuresynthese verwendet werden (S. 237). Der oxidative Aminosäureabbau ist die Hauptenergiequelle der Fleischfresser.

Der Schwefel aus Cystein, Cystin und Methionin wird mehrheitlich zu Sulfat oxidiert und so im Urin ausgeschieden. Ein kleinerer Teil erscheint im Taurin (S. 249).

S. Enzyme (Fermente)

Die Unzahl chemischer Umsetzungen im Organismus und die gesamten Stoffwechselvorgänge sind nur dank besonderen Katalysatoren, den **Enzymen** oder **Fermenten,** möglich. Diese Synonyme gehen auf die griechische bzw. lateinische Bezeichnung für die Gärung zurück. An der Hefe wurde das Wesen der Fermentkatalyse erstmals näher untersucht.

1. Bau der Enzyme

Alle Enzyme sind **Proteine** oder **Proteide.** Über 100 verschiedene Enzyme hat man bisher isolieren und als Reinstoffe kristallisieren können. Bei einer Grosszahl ist auch die Aminosäuresequenz aufgeklärt. Für die spezifische Katalysewirkung ist in jedem Enzym eine ganz bestimmte Aminosäuregruppierung und räumliche Anordnung (Konformation) verantwortlich. **Bei der Denaturierung** (Zerstörung der Feinstruktur) **verlieren die Enzyme ihre Aktivität** (S. 263). Die proteidartigen Enzyme lassen sich oft ohne Denaturierung in Protein- und Nichtproteinanteil aufspalten. Katalytische Aktivität hat immer nur die **ganze** Verbindung.

2. Katalyse; Wirkungsweise der Enzyme

In der Natur gilt das Prinzip, dass jeder Körper den Zustand des kleinstmöglichen Energiegehaltes anstrebt. Ein heisser Körper strahlt seine Energie als Wärme ab, ein hochgelegener Körper fällt und gibt seine potentielle Lageenergie ebenfalls in Form von Wärme ab. Auch jeder Stoff hat die Tendenz, seine potentielle chemische Energie durch Umwandlung in Stoffe mit geringerem Energiegehalt abzugeben. Damit ein Körper seine potentielle Energie loswerden kann, ist aber oft erst eine kleinere Energiezufuhr nötig. Der Stein an der Halde (Abb. 83) kann erst zu Tal rollen, wenn er über die Bodenwelle gehoben worden ist. Wasserstoff und Sauerstoff reagieren bei Raumtemperatur nicht miteinander, obschon bei ihrer Vereinigung viel Energie frei wird. Es muss eben erst Energie für die Spaltung der Gasmoleküle in Atome zugeführt werden, ehe die Vereinigung zu H_2O erfolgen kann. Solche «eingefrorenen» Zustände (S. 92), wie das kalte Knallgasgemisch einen darstellt, lassen sich auf zwei Arten überwinden: Zufuhr der nötigen Aktivierungsenergie durch hohes Erwärmen oder **Verkleinerung der Aktivierungsenergie durch Katalysatoren** (Abb. 84).

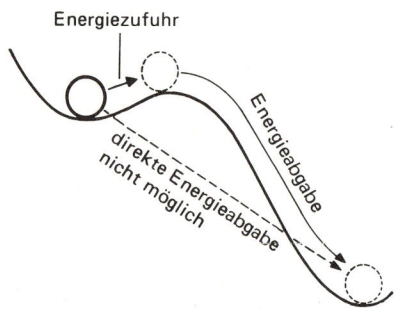

Abb. 83. Abgabe potentieller Energie.

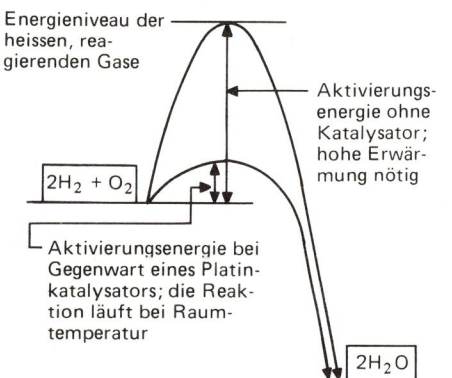

Abb. 84. Knallgasreaktion mit und ohne Katalysator.

Ein Katalysator ist ein Stoff, der eine chemische Reaktion beschleunigt, ohne dabei selbst umgesetzt zu werden. Die Definition passt auch auf Enzyme. Diese verbinden sich mit dem umzusetzenden Stoff, dem **Substrat,** zu einem **Enzym-Substrat-Komplex.** Der Bereich des Enzymmoleküls, der das Substrat anlagert, ist das **aktive Zentrum.** Durch die Koppelung wird das Substrat aktiviert, d.h. die zu seiner Umsetzung (Spaltung, Oxidation, Reduktion, Kondensation usw.) erforderliche Aktivierungsenergie wird herabgesetzt. Nach erfolgter Umsetzung wird das veränderte Substrat wieder freigesetzt, und das Enzym ist für die nächste «Runde» bereit (Abb. 85). An der Aktivierung ist in erster Linie eine Verlagerung von Elektronen im Substrat infolge Anziehung bzw. Abstossung durch das aktive Zentrum schuld.

3. Spezifität der Enzymkatalyse

Enzyme katalysieren in der Regel nur eine ganz bestimmte Reaktion, z.B. eine Esterhydrolyse oder eine H-Übertragung, sie sind also **reaktionsspezifisch.** Die

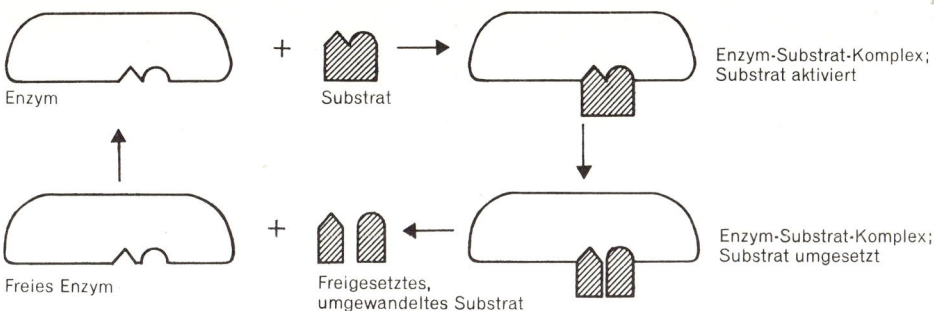

Enzym   +   Substrat   →   Enzym-Substrat-Komplex;
                                              Substrat aktiviert

Freies Enzym   +   Freigesetztes,   ←   Enzym-Substrat-Komplex;
                     umgewandeltes Substrat   Substrat umgesetzt

Abb. 85. Enzymkatalyse.

meisten Enzyme sind zudem **substratspezifisch,** d. h. sie katalysieren nur die Umsetzung eines einzigen Stoffes. Schon ein Isomer desselben wird nicht mehr «akzeptiert». Substrat und Enzym müssen zusammenpassen wie Schlüssel und Schloss. Das Spiegelbild des Schlüssels (optische Isomerie) passt nicht ins Schlüsselloch. Einige Enzyme, z. B. die Phosphatasen, sind weniger wählerisch bezüglich des Substrats. Sie spalten verschiedene Phosphorsäure-ester – auch synthetische (S. 281).

4. Beeinflussung der Enzymaktivität

Temperatur
Wie für alle chemischen Reaktionen gilt auch für enzymatische Vorgänge die RGT-Regel (S. 87). Bei 40 °C läuft eine Enzymreaktion etwa $2^3 = 8$mal schneller als bei 10 °C. Dass 1 °C Temperaturerhöhung die Aktivität eines Enzyms um etwa 10% erhöht, muss bei Enzymbestimmungen beachtet werden (S. 280). Die **Hitzedenaturierung** setzt der Aktivitätssteigerung eine Grenze (Abb. 86).

Wasserstoffionenkonzentration (pH)
Enzyme sind wie alle Proteine Ampholyte. Auch das aktive Zentrum besitzt dissoziierbare Gruppen. Die katalytische Wirkung kommt nur voll zur Entfaltung, wenn ein ganz bestimmter Ionisierungs- und damit Ladungszustand verwirklicht ist. **Die Enzymaktivität ist stark pH-abhängig.** Jedes Enzym hat sein **pH-Optimum,** d. h. einen mehr oder weniger schmalen pH-Bereich mit grösster Aktivität (Abb. 87). Dieser Bereich fällt nicht unbedingt mit dem pH des biologischen Milieus zusammen, in dem das Enzym wirkt. Die alkalische Phosphatase hat ihr Optimum bei pH 10, verschiedene saure Phosphatasen um 5. Alle arbeiten aber in den Zellen in der Nähe von 7.
Durch **starke pH-Verschiebung** (Zusatz starker Lauge oder Säure) kann eine Enzymreaktion **abrupt unterbrochen** werden.

Substratkonzentration
Die Zahl der Umsetzungen pro Minute, die ein Enzymmolekül im Maximum ermöglicht, heisst **Wechselzahl.** Sie beträgt bei der Urease (Hydrolyse von Harnstoff) etwa 500 000, bei der Katalase (Spaltung von H_2O_2 zu Sauerstoff und Wasser) sogar 5 Millionen. Das Anlagern, Umsetzen und Abspalten eines Substratteilchens braucht somit eine bestimmte, wenn auch kurze, nicht unterbietbare Zeit. Die maximale Umsatzgeschwindigkeit (V_{max}) eines Enzyms ist dann erreicht, wenn sich das Substrat

so dicht um das aktive Zentrum drängt, dass die Zeit für den Herbeitransport eines neuen Moleküls praktisch null wird. Man spricht dann von **Substratsättigung**. Ist das aktive Zentrum nicht «vollbeschäftigt» (geringere Substratkonzentration), ist auch die Umsatzgeschwindigkeit kleiner (Abb. 88).

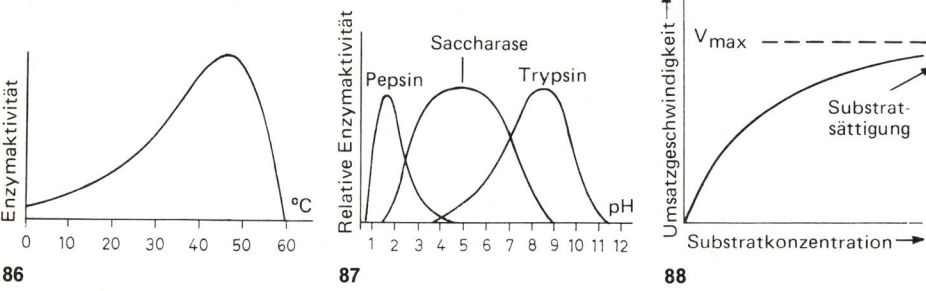

86   **87**   **88**

Abb. 86. Temperaturabhängigkeit der Enzymaktivität.
Abb. 87. pH-Abhängigkeit der Enzymaktivität.
Abb. 88. Substratsättigungskurve.

Enzymaktivatoren und -inhibitoren (Effektoren)

Viele Enzyme brauchen zur vollen Entfaltung die Gegenwart bestimmter anorganischer Ionen. Solche **Aktivatoren** sind z. B. Mg^{2+}, Zn^{2+}, Mn^{2+}. Die Enzymkatalyse kann aber auch auf verschiedenste Arten **gehemmt** werden:

Kompetitive oder Konkurrenzhemmung. Das aktive Zentrum des Enzyms bildet mit dem Hemmstoff einen Komplex wie mit dem Substrat. Der Hemmstoff kann aber nicht umgesetzt werden und wird unverändert wieder abgegeben. Das Enzymmolekül hat eine «Leerlaufrunde» gemacht. Ein derartiger Leerlauf drückt die Gesamtleistung eines Enzyms herunter. Durch genügende Erhöhung der Substratkonzentration lässt sich der «sterile» Konkurrent ausmanövrieren und die maximale Aktivität wieder herstellen. Konkurrenzhemmung gibt es nur bei naher Verwandtschaft zwischen Hemmer und Substrat. Klassisches Beispiel ist die Hemmung der Succinatdehydrogenase durch Malonsäure. Die der Bernsteinsäure homologe Malonsäure lagert sich ans Enzym an, kann aber nicht dehydriert werden.

Allosterische Hemmung. Der Hemmstoff bindet sich **ausserhalb des aktiven Zentrums** ans Enzym, verändert damit dessen Konformation und setzt die Bereitschaft zur Substratbindung herab. Man spricht vom allosterischen («andersräumlichen») Effekt. Diese Art Hemmung kann durch Erhöhung der Substratkonzentration nicht aufgehoben werden.

Enzym-«Vergiftung». Bei vielen Enzymen kann durch gewisse Substanzen die katalytische Wirkung vollständig unterbunden werden (ohne Denaturierung des Proteins). Das Enzymgift **verbindet sich irreversibel mit dem aktiven Zentrum.** Gut bekannt ist die Vergiftung der Cytochrome durch Cyanid. Das CN^- verbindet sich im aktiven Zentrum mit dem Eisen und blockiert so die Redoxkatalyse vollständig. Mit gezielter Enzymvergiftung kann man biologisches Material konservieren. Durch Zusatz von Fluorid wird z. B. die Glucose in einer Blutprobe vor dem Abbau durch Erythrozytenenzyme geschützt.

5. Nomenklatur und Klassierung der Enzyme

Die am längsten bekannten Verdauungsenzyme haben Trivialnamen mit der Endung -in (Pepsin, Trypsin u. a.). Später hat man die Enzymnamen aus den Substraten mit der Endung -ase konstruiert (Lipase, Uricase, Urease usw.). Viele dieser alten Namen sind heute noch im Gebrauch, vor allem für die hydrolytischen Enzyme. Die moderne Nomenklatur der über 1000 bekannten Enzyme hält sich an folgendes System: **Substrat + katalysierte Reaktion + -ase:**

Lactatdehydrogenase: spaltet Wasserstoff von Lactat ab; Acyl-CoA-Glycerin-3-phosphat-Acyltransferase: überträgt Fettsäuregruppen (R–CO–) von Acyl-CoA (aktivierte Fettsäure) auf Glycerin-phosphorsäure-ester (Fettsynthese)

Sämtliche Enzyme lassen sich in 6 Hauptklassen unterbringen:
1. Oxidoreduktasen katalysieren irgendwelche Redoxreaktionen zwischen einem Substratpaar. Beispiel: Alkoholdehydrogenase.
2. Transferasen katalysieren den Transfer (Übertragung) einer Atomgruppe zwischen einem Substratpaar. Beispiel: Glutamat-Pyruvat-Transaminase. Auch alle Kinasen (Hexokinase, Kreatinkinase usw.) sind Transferasen (Übertragung von Phosphat von ATP auf andere Stoffe).
3. Hydrolasen katalysieren die Hydrolyse von Estern, Acetalen, Säureamiden und Säureanhydriden. Beispiel: Glucose-6-Phosphatase.
4. Lyasen katalysieren die nichthydrolytische Abspaltung von Atomgruppen unter Zurücklassung einer Doppelbindung oder die Anlagerung von Gruppen an eine Doppelbindung. Beispiel: Fumarase (spaltet Wasser von Malat ab oder lagert Wasser an Fumarat an).
5. Isomerasen katalysieren die Umwandlung eines Isomeren in ein anderes. Beispiel: Triosephosphat-Isomerase (wandelt in der Glycolyse Dihydroxy-aceton-phosphat in Glycerinaldehyd-phosphat um).
6. Ligasen katalysieren endotherme Synthesen (Aufbau von Bindungen unter Verbrauch energiereicher Phosphate, z. B. ATP; S. 326). Beispiel: Acyl-Coenzym-A-Synthetase (Bildung von aktivierter Fettsäure aus Fettsäure und Coenzym A).

6. Enzymanalytik

Enzymatische Bestimmung von Substraten
Die Substratspezifität der Enzyme macht sie zu ausgezeichneten Werkzeugen bei der analytischen Bestimmung von einzelnen Stoffen in komplizierten Gemischen. Man setzt dem Analysengut (z. B. Serum) ein Enzym zu, das nur die Umwandlung des gesuchten Stoffes katalysiert. So kann ein Farbstoff gebildet, ein solcher zerstört oder ein Produkt erzeugt werden, das besonders leicht zu isolieren ist (Gas):
Harnstoff wird durch **Urease** hydrolysiert. Durch Laugenzusatz wird aus dem entstandenen Ammoniumcarbonat NH_3 freigesetzt. Dieses lässt sich mit der Hypochlorit-Phenol-Reaktion fotometrisch bestimmen (S. 260).
Glucose kann mittels **Glucoseoxidase** (GOD) zu Gluconsäure oxidiert werden. Dabei entsteht als Nebenprodukt Wasserstoffperoxid in stöchiometrischem Verhältnis zur umgesetzten Glucose. H_2O_2 reagiert in Gegenwart eines zweiten Enzyms, einer

Peroxidase, mit einer zugesetzten aromatischen Verbindung unter Bildung eines Farbstoffs. Die Extinktion der Farbstofflösung ist proportional der Glucosekonzentration. Im Gegensatz zu den Reduktionsproben (S. 241) ist der GOD-Test für **Glucose spezifisch.** Er ist auch als Papierstreifen-Schnelltest für die orientierende Urinuntersuchung ausgearbeitet worden.

Eine andere Methode zur Glucosebestimmung basiert auf der Hexokinase.

Bestimmung von Enzymaktivitäten

Die Enzymdiagnostik hat sich als junger Zweig der klinischen Chemie in den letzten Jahrzehnten rasch entwickelt. Beim Gesunden ist das Serum arm an Enzymen, die dem Zellinnern oder den Verdauungssekreten angehören. Bei einer ganzen Reihe von Organerkrankungen können solche Enzyme aber vermehrt in die Blutbahn gelangen. Interessant sind vor allem jene Enzyme, die mehr oder weniger selektiv nur in einem Organ oder Gewebe vorkommen, wie die Amylase (Bauch- und Mundspeicheldrüse), die tartrathemmbare saure Phosphatase (Prostata), die Kreatinkinase (Muskel) oder die Glutamat-Pyruvat-Transaminase (Leber). Kenntnis der Konzentration solcher Enzyme im Blut kann für Diagnose und Therapiekontrolle wertvoll sein.

Prinzip der Enzymbestimmung: Enzymkonzentrationen werden allgemein in Aktivitätseinheiten und kaum in Mol oder Gramm pro Liter angegeben. Nicht die Masse eines Enzyms ist in der Regel von Interesse, sondern seine Leistungskapazität. Enzymaktivitäten werden in folgenden Einheiten gemessen:

a) **1 Katal (1 kat)** ist die Enzymaktivität, die in 1 Sekunde 1 mol Substrat umsetzt.

b) **1 Internationale Enzymeinheit (1 U)** ist die Enzymaktivität, die in 1 min 1 μmol Substrat umsetzt. 1 kat $\triangleq$ 6 · 10⁷ U.

Die handliche Internationale Einheit ist nicht mit dem SI (Système international d'unités) konform und soll deshalb durch das Katal (μkat oder nkat) ersetzt werden.

Die Umsatzgeschwindigkeit einer enzymatischen Reaktion ist von einer Reihe von Bedingungen abhängig (pH, Temperatur, Effektoren, Substratkonzentration). Will man Enzymaktivitäten vergleichen, muss man unter standardisierten Bedingungen messen. Üblicherweise wählt man das optimale pH, die besten Aktivatoren und nach Möglichkeit Substratsättigung (sofern das Substrat genügend löslich ist). Als Arbeitstemperatur wird international 30°C empfohlen.

Für die Aktivitätsbestimmung eines Enzyms inkubiert («bebrütet») man dessen Substrat mit der Analysenprobe und misst (fotometrisch, titrimetrisch usw.) die pro Zeiteinheit umgesetzte Stoffmenge (Abbau oder Neubildung). Soll die Umsatzgeschwindigkeit während der ganzen Messung konstant bleiben, muss möglichst Substratsättigung herrschen. Die Stoffumsetzung kann entweder nach der **Zweipunktmethode** oder im **kinetischen Verfahren** gemessen werden. Bei der Zweipunktmethode wird über eine gemessene längere Zeit inkubiert. Durch abrupte pH-Änderung wird die Reaktion gestoppt. Das gebildete Produkt oder das noch übrige Substrat wird dann, falls nicht selbst farbig, in einen Farbstoff übergeführt und fotometriert. Die kinetische Methode ist nur anwendbar, wenn ein Farbstoff (auch UV!) direkt enzymatisch gebildet oder zerstört wird (evtl. auch erst in einer Sekundärreaktion). Die Umsatzgeschwindigkeit kann dann auf dem Messinstrument unmittelbar abgelesen werden.

Beispiele:

1. Phosphatasen im Serum. Phosphatasen katalysieren die **Hydrolyse von Phosphor-säure-estern.** Sie sind wenig substratspezifisch. Man kann daher für ihre Messung synthetische Phosphorsäure-ester als Substrate verwenden. Nach der Esterhydrolyse lässt sich entweder die Zunahme des freien Phosphats oder des organischen Spalt-produkts bestimmen. Weil schon Nativserum anorganisches Phosphat enthält, er-mittelt man mit Vorteil den serumfremden Bestandteil. Als Substrat dient **para-Nitro-phenyl-phosphat** (Phosphorsäure-p-nitrophenylester):

$$O_2N\!-\!\!\langle\ \rangle\!-\!O-\overset{\displaystyle O^-}{\underset{\displaystyle O}{P}}\!-\!O^- + H_2O \xrightarrow{\text{Phosphatase}} O_2N\!-\!\!\langle\ \rangle\!-\!O-H + H-O-\overset{\displaystyle O^-}{\underset{\displaystyle O}{P}}\!-\!O^-$$

p-Nitro-phenyl-phosphat   p-Nitro-phenol   Hydrogenphosphat

Je nachdem, ob man die alkalische oder die sauren Phosphatasen bestimmen will, wählt man einen Puffer mit pH 10,3 oder 4,8. Das p-Nitro-phenyl-phosphat ist bei jedem pH farblos, das p-Nitro-phenol ist in saurer Lösung farblos, in alkalischer **gelb.** Man misst die Extinktion der inkubierten Probe zuerst bei alkalischem und dann bei saurem pH. Die Differenz beider Messungen ist der Konzentration des freigesetzten p-Nitro-phenols proportional. Andere gelbe Farbstoffe ohne Indikatoreigenschaft werden so ausgeschaltet. Rechenbeispiel:

Serum 0,02 ml; Endvolumen der Messlösung 2,52 ml; Inkubationszeit 30 min

Extinktion der Serumprobe (405 nm):			Extinktion der Leerprobe (H_2O statt Serum):		
	alkalisch	0,638		alkalisch	0,035
	sauer	0,073		sauer	0,003
	ΔE	0,565		ΔE	0,032

Die Extinktion des in 30 min freigesetzten p-Nitro-phenols ist $0,565 - 0,032 - \mathbf{0,533.}$ Sein molarer Extinktionskoeffizient (Extinktion einer 1 mol/l Lösung bei Schichtdicke 1 cm) ist 18 800 bei 405 nm. Nach dem Beerschen Gesetz (S. 342) gilt:

$$\frac{\text{Konzentration I}}{\text{Konzentration II}} = \frac{\text{Extinktion I}}{\text{Extinktion II}}, \text{ also:} \quad \frac{x \text{ mol/l}}{1 \text{ mol/l}} = \frac{0,533}{18\,800}$$

Die Konzentration des p-Nitro-phenols im inkubierten Ansatz ist somit $\dfrac{0,533}{18\,800}$ mol/l.

2,52 ml enthalten dann $\dfrac{0,533 \cdot 2,52}{18\,800 \cdot 1000}$ mol oder $\dfrac{0,533 \cdot 2,52}{18,8}$ µmol p-Nitro-phenol, das von 0,02 ml Serum in 30 min freigesetzt wurde.

1 Liter Serum setzt in 1 min $\dfrac{0,533 \cdot 2,52 \cdot 1000}{18,8 \cdot 0,02 \cdot 30} = 119$ µmol, in 1 s $\dfrac{119}{60} = 1,98$ µmol frei.

Das Serum hat somit eine Phosphataseaktivität von **119 U/l** oder 1,98 µkat/l.

Die alkalische Phosphatase – nicht aber die saure – lässt sich mit dem gleichen Substrat auch **kinetisch** bestimmen. Die Freisetzung des p-Nitro-phenols kann dank seiner Farbe im alkalischen MIlieu auf einem Fotometer mit Registriergerät direkt als Funktion der Zeit aufgezeichnet werden.

2. Alanin: 2-Oxo-glutarat-Aminotransferase (ALAT) = Glutamat-Pyruvat-Transaminase (GPT). Die ALAT (GPT) katalysiert folgende Transaminierung:

$$O=C-COOH \quad + \quad NH_2-CH-COOH \xrightarrow{\ ALAT\ } NH_2-CH-COOH \quad + \quad O=C-COOH$$
$$\ \ |\qquad\qquad\qquad\qquad\ |\qquad\qquad\qquad\qquad\qquad |\qquad\qquad\qquad\qquad |$$
$$CH_2-CH_2-COOH \qquad CH_3 \qquad\qquad\qquad CH_2-CH_2-COOH \qquad CH_3$$

| α-Ketoglutarsäure | α-Alanin | Glutaminsäure | Brenztrauben- |
| (α-Ketoglutarat) | | (Glutamat) | säure (Pyruvat) |

Die in einer Probe pro Sekunde produzierte Menge Pyruvat in Mol entspricht der Transaminaseaktivität dieser Probe in Katal. Das Pyruvat kann nach Abstoppen der Enzymreaktion in einen Farbstoff übergeführt und als solcher fotometriert werden. Aus gefundener Menge und Inkubationszeit berechnet sich die Enzymaktivität (Zweipunktmethode). Eleganter und zuverlässiger ist das kinetische Verfahren. Der Transaminierung wird noch ein enzymatischer Redoxprozess (Indikatorreaktion) angeschlossen:

$$\text{Pyruvat} + \text{NADH} \xrightarrow{\ \text{Lactatdehydrogenase (LDH)}\ } \text{Lactat} + \text{NAD}$$

| reduziertes Nicotin-amid-adenin-dinucleotid | oxidiertes Nicotin-amid-adenin-dinucleotid |

NADH (Struktur S. 326) absorbiert langwelliges Ultraviolettlicht, NAD hat im gleichen Spektralbereich keine Absorption (S. 344). Sorgt man dafür, dass das durch die Transaminierung gebildete Pyruvat ohne Aufstau laufend weiter umgesetzt wird (grosser Überschuss an Hilfsenzym LDH), dann ist die Extinktionsabnahme der Probe pro Minute ein Mass für die Transaminaseaktivität. Der ganze Testansatz (Analysengut, Substrate, Hilfsenzym) wird in ein thermostatisiertes Fotometer gestellt. Die Extinktion der Probe bei 340 nm (oder in der Nähe davon) wird laufend aufgezeichnet. Aus dem molaren Extinktionskoeffizienten des NADH und den Messdaten wird die Enzymaktivität berechnet.

Die Lactatdehydrogenase katalysiert, wie ihr Name sagt, die Dehydrierung von Lactat (Salz der Milchsäure) zu Pyruvat. Enthält aber eine Lösung sehr viel Pyruvat und kein Lactat, dann kann die LDH auch die gegenläufige Reaktion ermöglichen (s. Gleichung). Sind beide Stoffe vorhanden, läuft der Prozess in beiden Richtungen, bis sich ein **Gleichgewicht** eingestellt hat (S. 89). Diese Erscheinung ist typisch für eine Vielzahl von Enzymen. So kann ein Grossteil der Reaktionskette der Glycolyse in beiden Richtungen durchlaufen werden (Glucose $\rightleftarrows$ 2 Lactat; S. 245). Bei der Bestimmung von Enzymen, die solche Gleichgewichtsreaktionen katalysieren, sorgt man durch grossen Substratüberschuss dafür, dass der zur Messreaktion gegenläufige Prozess während der Messdauer bedeutungslos bleibt. In welcher Richtung ein reversibler Prozess im Körper abläuft, hängt von Angebot und Nachfrage ab (Verschiebung des Gleichgewichts durch Wegnahme von Reaktionsprodukten). Bei den Hydrolasen liegt das Gleichgewicht extrem auf der Seite der Spaltprodukte. In einem Gemisch aus Aminosäuren und Peptidasen lassen sich z.B. keine Peptide nachweisen.

XIII. Fragen zur Eigenkontrolle (Stoffgebiet S. 251–283)

1. Wie lautet die Gleichung für die Salzbildung aus Diethyl-amin und Schwefelsäure?
2. Was ist ein Ampholyt?
3. Aus Glycin und Glutaminsäure sind 3 verschiedene Peptide zu bilden (Halbstrukturformeln).
4. Eine wässrige Lösung mit pH 3 enthält Butylamin und Leucin. Wie können die beiden Substanzen voneinander getrennt werden?
5. Was ist a) Cholin, b) Guanidin, c) Cystein, d) Glutamin, e) Keratin, f) Kreatin?
6. Wie kommt ein Kolloid-Gel zustande?
7. Die Kreatininkonzentration im Serum sei 11 mg/l, im Urin 1270 mg/l; die über 24 h ausgeschiedene Urinmenge sei 1200 ml. Wie gross ist die Kreatinin-Clearance der untersuchten Person?
8. Warum wandern die Serumproteine bei pH 8,5 gegen die Anode, und warum wandert das Albumin rascher als die Globuline?
9. Was geschieht mit einem Protein bei der Denaturierung?
10. Was sind essentielle Aminosäuren? 4 Beispiele!
11. Warum produziert der Organismus ständig Enzyme, obschon diese ja bei den von ihnen katalysierten Reaktionen nicht verbraucht werden?
12. Stärke und Eiweiss sind beides Polykondensate. Warum gibt es viel mehr verschiedene Eiweissarten als Stärkearten?
13. Welche Rolle spielen die Zellkern-Nucleinsäuren bei der Proteinsynthese?

14. Welche Reaktionen werden von folgenden Enzymen katalysiert: a) Amylase; b) Urease; c) Phosphatase; d) Glucoseoxidase; e) Transaminasen; f) Ligasen?
15. 4 Eiweissfällungsmittel sind zu nennen, unter Angabe, ob die Fällung reversibel ist oder nicht.
16. Das Prinzip der künstlichen Niere ist zu beschreiben.
17. Was versteht man unter einem kompetitiven Hemmer und was unter einem Aktivator eines Enzyms?
18. Warum wird bei der Gel-Elektrophorese der Gelblock mit Pufferlösung und nicht mit destilliertem Wasser getränkt?
19. Welcher Unterschied besteht zwischen Dialyse und Osmose?
20. Ein Präparat Alkoholdehydrogenase oxidiert in 1 h 2,3 g Ethanol zu Acetaldehyd. Wie viele Internationale Enzymeinheiten und wieviele Mikrokatal enthält das Präparat?
21. Zu welcher Stoffklasse gehört Harnstoff und zu welcher Klasse gehört die Reaktion, bei der Harnstoff in Ammoniumcarbonat übergeführt wird?
22. Was ist der isoelektrische Punkt eines Proteins?
23. Wie heissen folgende Stoffe: a) CH_3CONH_2; b) $CH_3CH_2CH_2C{\equiv}N$; c) $HOCH_2CH_2NH_2$?
24. Welche Arten von Bindungen garantieren die Konformation eines Proteins?

(Antworten S. 359)

II. Isozyklische Verbindungen

Die grosse Gesellschaft der Kohlenstoffringe wird in zwei Gruppen eingeteilt:

Aromatische Verbindungen im engeren Sinn haben mindestens einen **Benzolring** (Benzolkern). Der besondere Bau dieses Rings bedingt die Sonderstellung der ganzen Stoffgruppe.

Alizyklische Verbindungen haben mindestens einen **Kohlenstoffring,** aber **ohne Benzolkern.** Sie verhalten sich ähnlich wie aliphatische Stoffe (alizyklisch = aliphatisch-ringförmig).

A. Aromatische Verbindungen

1. Einleitung

Die Bezeichnung «aromatisch» für die Stoffklasse ist entstanden, als man erst einige wenige, eben aromatisch duftende Vertreter kannte. Heute hat der Begriff nichts mehr mit Aroma zu tun. Viele Aromaten riechen gar nicht aromatisch, und viele wohlriechende Stoffe sind aliphatisch, alizyklisch oder heterozyklisch.

Charakteristisch für die aromatischen Verbindungen ist ein Kohlenstoff-Sechsring, der Benzolkern, dessen Atome auf eine besondere Art verbunden sind. Für Benzol fand man die Summenformel C_6H_6. Der Kohlenwasserstoff ist also stark ungesättigt. Weiter fand man, dass sich die 6 C-Atome in ihrem Verhalten nicht unterscheiden. Dies ist nur bei 3 regelmässig verteilten, also konjugierten Doppelbindungen möglich. Die Annahme einer solchen Struktur (Kekulé, 1865) erklärt aber das Verhalten des Benzols nur mangelhaft. So ist es z. B. nicht gelungen, zwei verschiedene Dibrom-benzole mit benachbarten Bromatomen herzustellen, wie dies gemäss untenstehendem Formelbild möglich sein sollte. Der Benzolring ist zudem sehr stabil und resistent gegen Angriffe, die aliphatische Doppelbindungen sprengen würden. Diese Widersprüche lassen sich mit der Existenz einer **Mesomerie** (S. 216) erklären. Die Doppelbindungen, d. h. deren π-Elektronen (S. 195), wechseln in schneller Folge ihren Platz.

Benzol

Zwei hypothetische Formeln des 1,2-Dibrom-benzols

Mesomerie des Benzols

Die π-Elektronen der Doppelbindungen (wurstförmige Wolken über und unter der Ringebene; Abb. 67) haben also keinen festen Platz, sie sind **delokalisiert** (S. 216). Die drei Wurstpaare sind in Wirklichkeit zu einem Ringpaar beidseits der Ebene der 6 C-Atome verschmolzen (Abb. 89). 6 Elektronen des Sechsrings bilden also nicht 3 gesonderte Molekülorbitale wie in Abbildung 67, sondern ein einziges grosses Gebilde. Man sagt, die π-Elektronen seien über den ganzen Ring «verschmiert». Diesem Umstand trägt man im Formelbild der Aromaten Rechnung (Abb. 89). Aus didaktischen Gründen wurde für die aromatischen Verbindungen auf S. 257, 274 und 281 die alte Schreibweise mit den konjugierten Doppelbindungen gewählt.

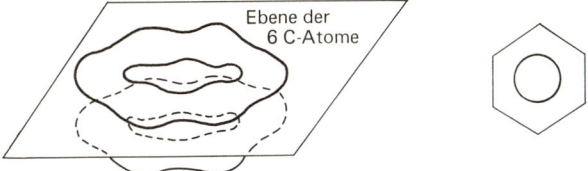

Ebene der 6 C-Atome

Abb. 89. π-Elektronenwolke des Benzols und moderne Darstellung des Benzolrings.

Der Energieinhalt des Benzols ist dank der Delokalisierung der π-Elektronen einiges niedriger als jener des 1,3,5-Hexatriens. Dies erklärt unter anderem die grosse Stabilität der Aromaten, verglichen mit anderen ungesättigten Verbindungen.

Auffallendstes Merkmal der Aromaten ist die **leichte Substituierbarkeit** des Benzol-Wasserstoffs.

2. Benzol-kohlenwasserstoffe

Nomenklatur und Formelsprache

Der Grundkörper der Aromaten, das Benzol C_6H_6, hat seinen Namen vom Benzoeharz. Aus der darin enthaltenen Benzoesäure ist es 1834 hergestellt worden. Die Endung -ol, sonst für Alkohole reserviert, ist irreführend und nur im deutschen Sprachraum gebräuchlich (franz. u. engl. «benzene»). In der Benzolformel (Sechseck mit Kreis) wird der Wasserstoff nur ausnahmsweise gezeichnet. Eine leere Ecke am Sechseck bedeutet somit stets ein Ring-C mit H.

Die Namen der aromatischen Kohlenwasserstoffe werden, abgesehen von einigen Trivialnamen, nach Möglichkeit nach dem Genfer System auf das Benzol zurückgeführt: Die 6 Ringglieder werden numeriert, beginnend beim C mit der längsten Seitenkette. Die Substituenten mit ihren Positionsziffern werden dem Wort -benzol vorangestellt. Beispiele:

CH$_3$

Methyl-benzol
Toluol

CH_3-CH_2- ... $-CH_2-CH_3$

1,3-Diethyl-benzol

$CH_3-CH-CH_3$

CH_3 ... CH_3
CH_3

1-Isopropyl-3,4,5-trimethyl-benzol

Neben dieser Ziffernnomenklatur ist für Benzolderivate mit 2 und 3 gleichen Substituenten noch ein zweites System gebräuchlich:

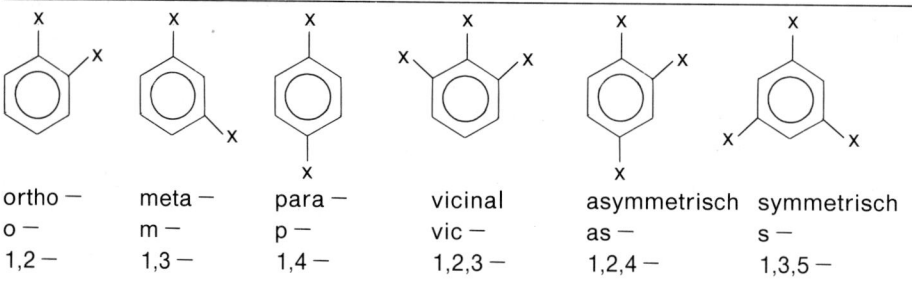

ortho —	meta —	para —	vicinal	asymmetrisch	symmetrisch
o —	m —	p —	vic —	as —	s —
1,2 —	1,3 —	1,4 —	1,2,3 —	1,2,4 —	1,3,5 —

Eselsbrücke für ortho, meta, para: «O mein Papa»
Ist die Stellung eines Substituenten relativ zu einem anderen nicht bekannt oder will man alle Möglichkeiten einschliessen, schneidet man mit dem Valenzstrich des Substituenten eine Kante des Sechsecks. Formelbeispiele:

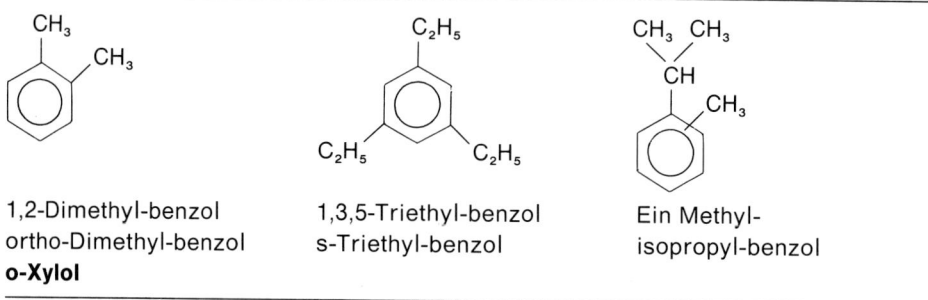

1,2-Dimethyl-benzol
ortho-Dimethyl-benzol
o-Xylol

1,3,5-Triethyl-benzol
s-Triethyl-benzol

Ein Methyl-
isopropyl-benzol

Arylgruppen
Analog zu den aliphatischen Alkylgruppen nennt man aromatische Kohlenwasserstoffreste **Arylgruppen.**

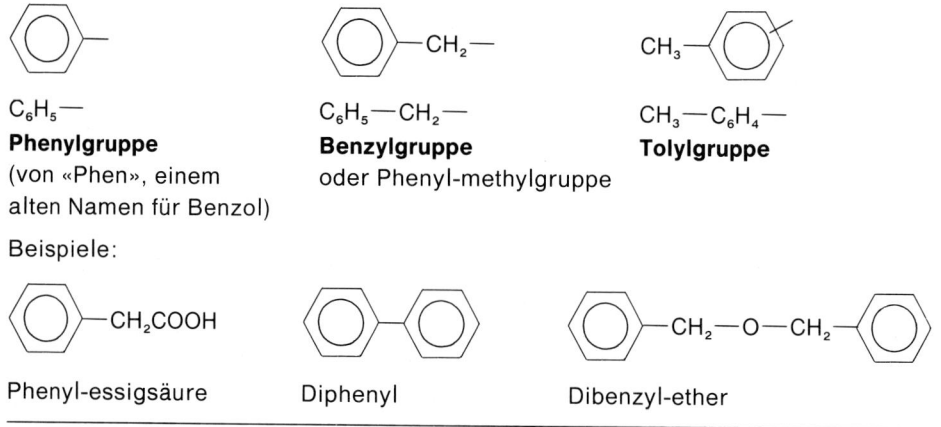

C_6H_5—
Phenylgruppe
(von «Phen», einem
alten Namen für Benzol)

C_6H_5—CH_2—
Benzylgruppe
oder Phenyl-methylgruppe

CH_3—C_6H_4—
Tolylgruppe

Beispiele:

Phenyl-essigsäure

Diphenyl

Dibenzyl-ether

Herstellung und Eigenschaften

Benzol kann aus Acetylen hergestellt werden:

$$3C_2H_2 \xrightarrow{\text{hohe Temperatur}} C_6H_6$$

Grosstechnisch wird Benzol aus **Steinkohlenteer** und neuerdings vermehrt aus **Erdöl** gewonnen. Auch Toluol $C_6H_5CH_3$ und die 3 Xylol-Isomere o-, m-, p-Xylol finden sich im Teerdestillat. Toluol hat seinen Namen vom Tolubalsam, Xylol bildet sich in kleinen Mengen beim trockenen Erhitzen von Holz (griech. xylon = Holz).

Neben zahlreichen Spezialmethoden für einzelne Kohlenwasserstoffe stehen folgende allgemeine Verfahren zur Verfügung:

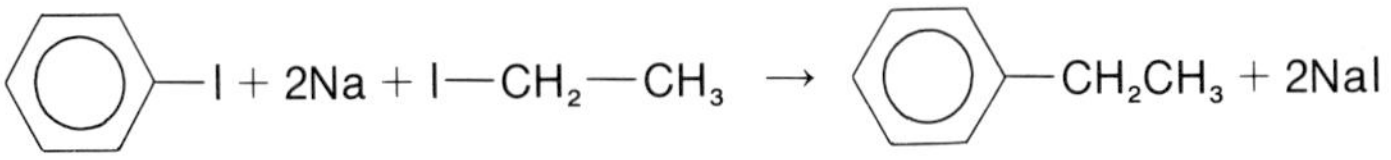

Synthese nach Wurtz (S. 193)

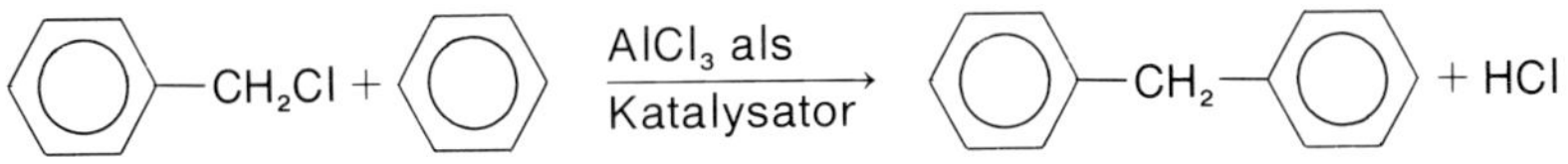

Synthese nach Friedel-Crafts

Tabelle 41. Benzol-kohlenwasserstoffe

		Schmelzpunkt, °C	Siedepunkt, °C
Benzol	C_6H_6	5,5	80
Toluol	$C_6H_5CH_3$	−95	111
o-Xylol	$C_6H_4(CH_3)_2$	−28	144
m-Xylol	$C_6H_4(CH_3)_2$	−54	139
p-Xylol	$C_6H_4(CH_3)_2$	13	138
Hexamethyl-benzol	$C_6(CH_3)_6$	166	265
Ethyl-benzol	$C_6H_5CH_2CH_3$	−93	136
Styrol	$C_6H_5CH=CH_2$	−33	146
Diphenyl	$C_6H_5—C_6H_5$	70	254
Triphenyl-methan	$(C_6H_5)_3CH$	92	359

Die Daten in Tabelle 41 zeigen, dass bei verwandten Stoffen der Siedepunkt mit zunehmender Molekülmasse steigt und dass anderseits der Schmelzpunkt bei Isomeren mit geringer Symmetrie tiefer liegt als bei solchen mit hoher Symmetrie. Je vollkommener die Symmetrie, desto leichter ordnen sich beim Abkühlen die Moleküle zu Kristallen. Von den Benzolderivaten mit 2 gleichen Ringsubstituenten hat das para-Isomer die höchste Symmetrie.

Die flüssigen aromatischen Kohlenwasserstoffe sind wie die aliphatischen gute und oft gebrauchte Lösungsmittel für lipophile Substanzen. **Benzoldampf** ist – vor allem bei chronischer Einwirkung – ein **gefährliches Gift**. Alle aromatischen Kohlenwasserstoffe haben hohen Heizwert und brennen mit stark russender Flamme. Von der leichten Substituierbarkeit ihrer H-Atome wird in den folgenden Kapiteln die Rede sein.

Styrol (Vinyl-benzol oder Phenyl-ethen $C_6H_5CH = CH_2$) lässt sich leicht zu **Polystyrol** polymerisieren, einem glasklaren, aber spröden und lösungsmittelempfindlichen **Thermoplasten.** «Styropor» ist Polystyrol in Schaumform (guter und sehr leichter Wärmeisolator, Verpackungsmaterial).

Styrol   Polystyrol

Alle Aromaten absorbieren Ultraviolett in der Gegend von 280 nm. Dies wird zu ihrem fotometrischen Nachweis ausgenutzt.

3. Aromatische Halogen-kohlenwasserstoffe

Die H-Atome des Benzols lassen sich in Gegenwart von Katalysatoren relativ leicht durch Halogen ersetzen:

Mit dem gleichen Katalysator lassen sich – allerdings mit zunehmendem Widerstand – weitere Chloratome einführen.

| Chlor-benzol | p-Dichlor-benzol | as-Trichlor-benzol | 1,2,4,5-Tetra-chlor-benzol | Pentachlor-benzol | Hexachlor-benzol |

Andere Halogenbenzole werden nach dem obigen, aber auch nach speziellen Verfahren hergestellt. Am trägsten geht die Iodierung. Bei den Alkyl-benzolen wird unterschieden zwischen Kern- und Seitenkettenhalogenierung (3-K-/3-S-Regel):

Isomerengemisch

CH_3

2 [Benzol] $+ 2Cl_2$ **Kälte, Katalysator Kern-halogenierung** → CH_3 [Benzol] Cl $+$ CH_3 [Benzol] $+ 2HCl$

Toluol   o-Chlor-toluol; Cl
                                         1-Methyl-   p-Chlor-toluol;
                                         2-chlor-benzol 1-Methyl-4-chlor-benzol

CH_3

3 [Benzol] $+ 3 Cl_2$ **Sonnenlicht Siedehitze Seitenketten-halogenierung** → CH_2Cl [Benzol] → $CHCl_2$ [Benzol] → CCl_3 [Benzol] $+ 3HCl$

Toluol   Benzylchlorid;   Benzalchlorid;   Benzotrichlorid;
                    Phenyl-chlor-   Phenyl-dichlor-   Phenyl-trichlor-
                    methan   methan   methan

Tabelle 42. Aromatische Halogen-kohlenwasserstoffe

		Smp, °C	Sdp, °C
Fluor-benzol	C_6H_5F	− 45	85
Chlor-benzol	C_6H_5Cl	− 45	132
Brom-benzol	C_6H_5Br	− 31	155
Iod-benzol	C_6H_5I	− 29	188
o-Chlor-toluol	$CH_3C_6H_4Cl$	− 36	159
m-Chlor-toluol	$CH_3C_6H_4Cl$	− 48	162
p-Chlor-toluol	$CH_3C_6H_4Cl$	7	162
p-Dichlor-benzol	$C_6H_4Cl_2$	53	173
Hexachlor-benzol	C_6Cl_6	228	332

Die Halogen-benzole haben einen intensiven Geruch; die meisten sind spezifisch schwerer als Wasser. Sie werden als Zwischenprodukte für die Synthese anderer Aromaten (z. B. Phenol, zahlreiche Farbstoffe) verwendet. Chlor-benzol (Tab. 42) ist ein ausgezeichnetes Fettlösungsmittel (Bestandteil von Fleckenmitteln). p-Dichlor-benzol dient als Mottenschutzmittel. Ein wirtschaftlich bedeutender, aber umstrittener Halogen-kohlenwasserstoff ist das **DDT** (p, p′-**D**ichlor-**d**iphenyl-**t**richlor-ethan). Als hochwirksames **Insektizid** (Kontaktgift) hat es viel zur Eindämmung und gebiets-weisen Ausrottung der Malaria beigetragen. Der in ungeheuren Mengen über die ganze Erde verbreitete Chlor-kohlenwasserstoff (selbst in Pinguinen der Antarktis nachgewiesen!) wird biologisch nicht abgebaut. Er reichert sich als lipophile Substanz in den Fettgeweben an und führt in höheren Dosen auch beim Warm-blüter zu Vergiftungen. Die Verwendung von DDT ist heute in einigen Staaten verboten.

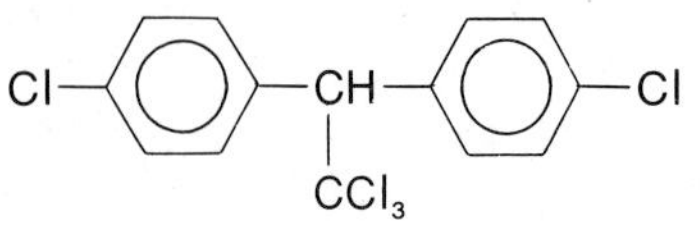

Cl—⟨○⟩—CH—⟨○⟩—Cl   DDT
              |
             CCl$_3$

Mit Brom-benzolen lassen sich Grignardsche Verbindungen herstellen, die unter anderem zur Synthese von aromatischen Alkoholen dienen. Beispiel:

$$C_6H_5—Br + Mg \longrightarrow C_6H_5—MgBr \xrightarrow[\text{2. } H_2O]{\text{1. } CH_3COCH_3} C_6H_5—\overset{\overset{\displaystyle OH}{|}}{\underset{\underset{\displaystyle CH_3}{|}}{C}}—CH_3 + MgBrOH$$

2-Phenyl-2-propanol

4. Aromatische Nitroverbindungen

Der Benzolwasserstoff lässt sich auch durch die **Nitrogruppe** ($—NO_2$) substituieren. Zur Nitrierung des Benzolkerns verwendet man konzentrierte Salpetersäure, gemischt mit konzentrierter Schwefelsäure im Volumenverhältnis 2 : 1 (Nitriersäure).

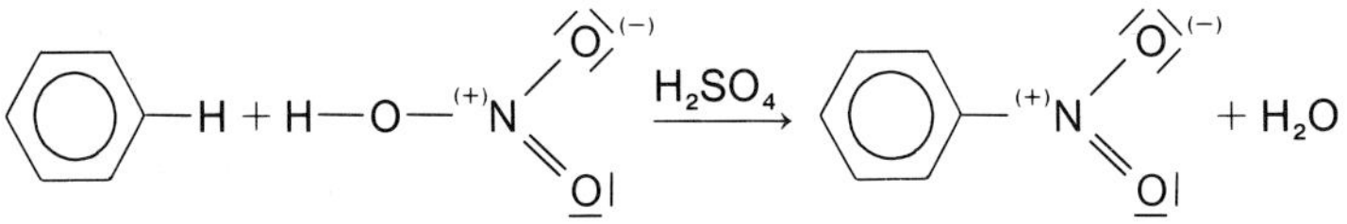

Benzol   Salpetersäure   Nitro-benzol

Die Schwefelsäure bindet das abgespaltene Wasser.

Die Nitrogruppe ist ein Substituent 2. Ordnung, welcher weitere Substituenten irgendwelcher Art stets in Metastellung dirigiert. Im Gegensatz dazu sind Alkylgruppen und Halogene Substituenten 1. Ordnung, die in Ortho- und Parastellung dirigieren.

Die zweite Nitrogruppe lässt sich bedeutend schwerer einführen als die erste. Für die dritte muss sogar mehrere Tage mit rauchender H_2SO_4 und rauchender HNO_3 in grossem Überschuss gekocht werden.

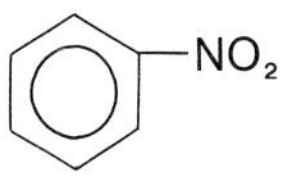

Nitro-benzol,   m-Dinitro-benzol,   s-Trinitro-benzol,
flüssig   fest   fest 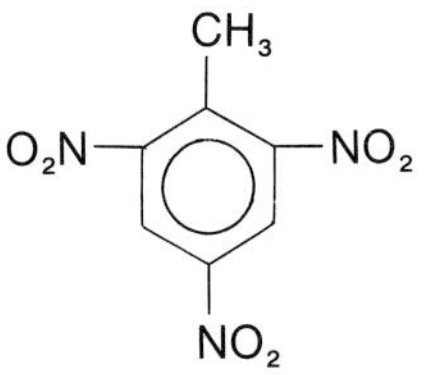   Trinitro-toluol

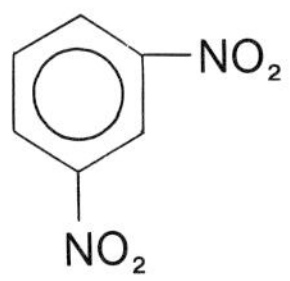

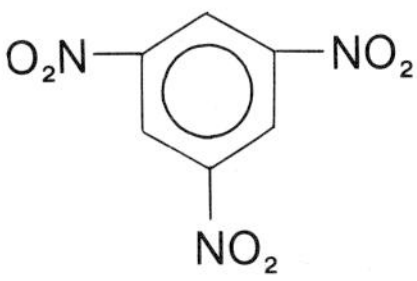

Nitro-benzol ist spezifisch schwerer als Wasser. Es schmilzt bei 6°C und siedet bei 211°C. In reinem Zustand ist es farblos, meist aber leicht gelb. Es riecht nach bitteren Mandeln und ist ein Blutgift (Bildung von Methämoglobin; S. 318). Leichter als Trinitro-benzol lässt sich **Trinitro-toluol** (Trotyl, TNT) erhalten. Dieses ist wie Dynamit ein Sicherheitssprengstoff, der nur auf Initialzündung detoniert (S. 162). Es wird vor allem für Kriegszwecke eingesetzt.

Die Nitroverbindungen (N—C-Bindung) sind nicht mit den Salpetersäure-estern zu verwechseln (N—O—C-Bindung). «Nitroglycerin» ist keine Nitroverbindung, sondern ein Ester!

5. Aromatische Amine

Die aromatische Nitrogruppe lässt sich leicht zur Aminogruppe reduzieren. Diese kann wie die aliphatische Verwandte alkyliert und auch aryliert werden. Die meisten einfacheren Amine haben gebräuchliche Trivialnamen. Beispiele:

$$\text{Nitro-benzol} - NO_2 + 3Fe + 6H^+ \rightarrow \text{Amino-benzol} - NH_2 + 3Fe^{2+} + 2H_2O$$

Nitro-benzol   Amino-benzol = Anilin

o-Amino-toluol; p-Amino-toluol;   p-Diamino-benzol;   o-Nitro-amino-benzol;
o-Toluidin   p-Toluidin   p-Phenylendiamin   o-Nitranilin

N-Dimethyl-anilin   p, p'-Diamino-diphenyl;   3,3'-Dimethyl-4,4'-diamino-
(ein tertiäres Amin) Benzidin   diphenyl; o-Tolidin

Die aromatischen Amine verhalten sich grundsätzlich ähnlich wie die aliphatischen. Sie sind allerdings wesentlich schwächer basisch, bilden aber wie diese mit Säuren Salze (pK$_b$ von Anilin: 9,4; von Methyl-amin 3,4; von Ammoniak 4,7).

$$\text{Anilin} - NH_2 + HCl \rightarrow - NH_3^+Cl^-$$

Anilin   Phenyl-ammoniumchlorid
                         (Anilin-Hydrochlorid)

Die Basen selbst sind schlecht wasserlöslich, ihre Salze dagegen gut (S. 252). Die Aryl-amine riechen wie die Alkyl-amine widerlich, sind wie diese giftig und bei chronischer Einwirkung grossenteils **kanzerogen** (krebserregend).

Anilin. Das einfachste Aryl-amin $C_6H_5NH_2$ ist zum erstenmal aus dem natürlichen Indigo hergestellt worden (span. añil = Indigo). Ausser aus Nitro-benzol (s. Gleichung) wird es auch durch Erhitzen von Chlor-benzol mit Ammoniak unter hohem Druck mit Cu als Katalysator erhalten. Anilin ist eines der Schlüsselprodukte der chemischen Grossindustrie (Farbstoffe, Medikamente). Reines Anilin ist ein farbloses Öl (Siedepunkt 184°C). Es ist autoxidabel (S. 212) und verfärbt sich bei längerem Stehen mit Luftkontakt rotbraun. **Anilinschwarz,** ein Baumwollfarbstoff, ist ein hochmolekulares Oxidationsprodukt des Anilins, das durch Dichromat auf der Cellulosefaser gebildet und niedergeschlagen wird.

Benzidin und Tolidin. Die beiden Diamine (Formeln s. oben) dienen zum Blutnachweis. Sie werden durch H_2O_2 in Gegenwart von Hämoglobin als Katalysator zu stark gefärbten Produkten oxidiert. Das Hämoglobin wirkt bei diesem Prozess als Pseudoperoxidase (wie ein Enzym). Tolidin ist im Gegensatz zu Benzidin und Anilin kaum kanzerogen.

6. Diazonium- und Azoverbindungen

Herstellung und Eigenschaften

Aromatische Amine reagieren mit salpetriger Säure in salzsaurer Lösung unter Bildung von **Diazoniumsalzen:**

$$\langle\bigcirc\rangle\!-\!NH_3^+ + HNO_2 \xrightarrow{\text{Eiskühlung}} \langle\bigcirc\rangle\!-\!N^+\!\equiv\!N + 2H_2O$$

Aryl-ammoniumion   Aryl-diazoniumion

Eine derartige **Diazotierung** gestaltet sich wie folgt: 1 mol Amin wird mit 3 mol verdünnter HCl aufgelöst und auf $0-5°C$ abgekühlt. Eine Lösung von Natriumnitrit wird zugetropft, bis Kaliumiodid-Stärkepapier überschüssige HNO_2 anzeigt (Blaufärbung durch I_2, aus I^- und HNO_2 entstanden).

Nur aromatische Amine lassen sich diazotieren. Aliphatische Diazoniumverbindungen zerfallen schon bei der Entstehung in Alkohol und N_2:

$$R\!-\!NH_2 + HNO_2 \longrightarrow R\!-\!OH + N_2 + H_2O$$

Aliphatisches Amin   Alkohol

Diazoniumsalze sind mit wenigen Ausnahmen nur in Lösung beständig. In trockener Form explodieren sie bei geringer Erwärmung oder Erschütterung. Sie werden daher nicht isoliert, sondern unmittelbar nach ihrer Bildung weiterverarbeitet (s. folgende Seite).

Hydrolyse zu Phenolen

Erhitzt man eine stark saure Lösung eines Diazoniumsalzes, entsteht ein **Phenol**.

$$\left[\text{C}_6\text{H}_5\text{—N}^+\equiv\text{N} \right] \text{Cl}^- + \text{H}_2\text{O} \rightarrow \text{C}_6\text{H}_5\text{—OH} + \text{N}_2 + \text{HCl}$$

Diazoniumsalz   Phenol

Sandmeyer-Reaktion

$$\text{C}_6\text{H}_5\text{—N}^+\equiv\text{N} + \text{I}^- \rightarrow \text{C}_6\text{H}_5\text{—I} + \text{N}_2$$
                              Iod-benzol

Bei Verwendung von Kupfer(I)-Salzen als Katalysator lässt sich die Diazonium-gruppe auch durch andere Halogene und die Cyanidgruppe ersetzen. Die Reaktion ist nach ihrem Entdecker Sandmeyer benannt. Beispiel einer Synthesekette:

Toluol   →nitriert→   o-Nitro-toluol   →redu- ziert→   o-Toluidin   →diazo- tiert→   o-Tolyl-diazoniumion   →Sandmeyer + KCN, CuCN→   o-Tolunitril

Kupplung, Azofarbstoffe

In schwach alkalischer Lösung reagieren Diazoniumsalze leicht mit aromatischen (und auch gewissen heterozyklischen) Hydroxy- und Aminoverbindungen unter Bildung von **Azoverbindungen:**

Diazoniumsalz   Phenol   p-Hydroxy-azo-benzol (orange)

N-Dimethyl-anilin   p-N-Dimethyl-amino-azo-benzol («Buttergelb»)

Die Vereinigung der Diazoniumgruppe mit einem Ring unter Bildung der **Azogruppe** —N=N— bezeichnet man als **Kupplung**. Die Kupplung erfolgt stets in Para-stellung zur Amino- oder Hydroxylgruppe des Partnermoleküls. Ist diese besetzt, so wird in der Orthostellung gekuppelt. Alle Azoverbindungen sind farbig. Die Azogruppe ist ein **Chromophor** («Farbträger»). Beide Ringe der Azoverbindungen können beliebige Substituenten tragen, so dass sehr viele Kombinationen möglich sind. Auch Verbindungen mit 2 und mehr Azogruppen lassen sich synthetisieren. Ein grosser Teil der vielen Hundert industriell hergestellten Farbstoffe — auch viele Säure-Laugen-Indikatoren — sind Azoverbindungen (s. folgendes Kapitel). Die Azofarbstoffe sind nicht besonders lichtecht.

7. Sulfonsäuren und Sulfonamide

Benzol kann auch mit Schwefelsäure Substitutionsreaktionen eingehen. Die Produkte heissen **Sulfonsäuren** (nicht zu verwechseln mit den Schwefelsäure-estern; (S. 229).

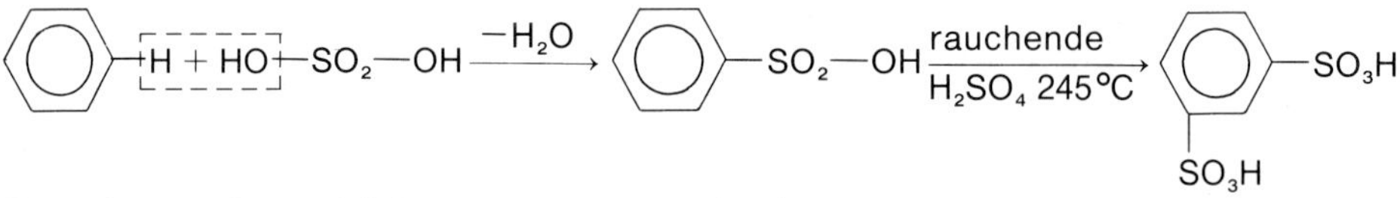

Benzol   Schwefelsäure   Benzol-sulfonsäure   m-Benzol-disulfonsäure

Sulfonsäuren sind 1wertige starke Säuren und dank ihrer Dissoziation relativ gut wasserlöslich. Sie bilden mit anorganischen wie mit organischen Basen Salze:

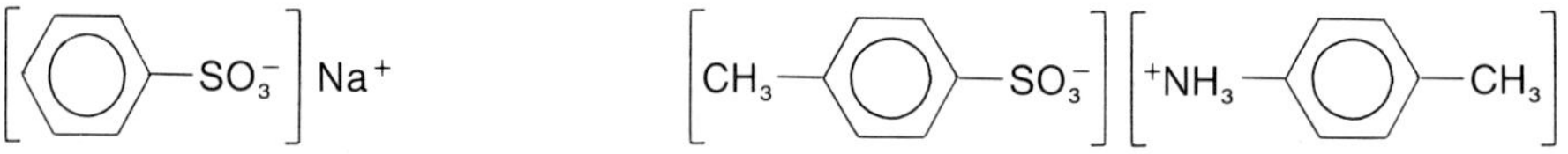

Natrium-benzol-sulfonat   p-Tolyl-ammonium-p′-tolyl-sulfonat

Durch Einführung der Sulfonsäuregruppe in Aromaten werden diese wasserlöslich. Von dieser Tatsache wird vor allem in der Farbstoffindustrie Gebrauch gemacht.

Ein Ausgangsprodukt für die Herstellung zahlreicher wasserlöslicher Farbstoffe ist die p-Amino-benzol-sulfonsäure oder **Sulfanilsäure.** Sie ist wie die Aminocarbonsäuren ein **Ampholyt** und bildet im Neutralzustand ein **inneres Salz.** Sie lässt sich leicht diazotieren und mit verschiedenen Partnern kuppeln. Beispiel:

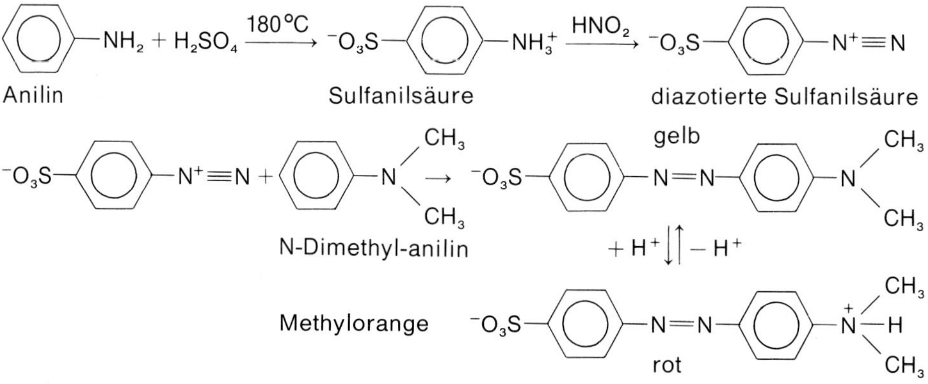

Anilin   Sulfanilsäure   diazotierte Sulfanilsäure

N-Dimethyl-anilin

Methylorange

Farbstoffe mit Sulfonsäuregruppen («saure Farbstoffe») werden in der Woll- und Seidenfärberei, aber auch für das Anfärben von elektrophoretisch getrennten Proteinen verwendet. Die $-SO_3^-$-Gruppe wird durch basische Gruppen der Proteine salzartig gebunden; der Farbstoff «zieht auf».

Diazotierte Sulfanilsäure wird im klinischen Labor auch zur Bestimmung des Gallenfarbstoffs **Bilirubin** verwendet, der bei Lebererkrankungen vermehrt im Blut auftritt (Gelbsucht). Mit dem heterozyklischen Bilirubin entsteht ein roter Azofarbstoff, der in alkalischem Milieu nach blau umschlägt.

Wie die Carbonsäuren lassen sich Sulfonsäuren in Chloride und Amide überführen:

Benzol-sulfonsäure   Benzol-sulfonsäurechlorid

Benzol-sulfonamid

Eine Reihe von Chemotherapeutika (Medikamente gegen bakterielle Infektionskrankheiten) sind Derivate des Benzol-sulfonamids, z. B. Sulfathiazol (Formel s. unten). Ein Sulfonamidabkömmling ist auch der Süssstoff Saccharin, ein zyklisches Imid. Obschon chemisch gar nicht mit den Zuckern verwandt, ist es 550mal süsser als Saccharose.

Sulfathiazol   Saccharin

8. Phenole (Hydroxy-benzole) und Chinone

Phenole im weitern Sinn sind alle Verbindungen, die eine oder mehrere direkt am Benzolkern sitzende Hydroxylgruppen haben.

Herstellung und Eigenschaften
Die geläufigsten Herstellungsmethoden für Hydroxy-benzole sind die Alkalischmelze von Sulfonsäuren und die Hydrolyse von Diazoniumsalzen. Ein drittes Verfahren geht von Halogenverbindungen aus:

Benzol-sulfonsäure   Na-Phenolat   Phenol

$$CH_3-\langle\bigcirc\rangle-N^+\equiv N + 2H_2O \xrightarrow{\text{kochen}} CH_3-\langle\bigcirc\rangle-OH + N_2^\uparrow + H_3O^+$$

Diazotiertes p-Toluidin   p-Hydroxy-toluol; p-Kresol

$$\langle\bigcirc\rangle\overset{\text{Cl}}{\underset{\text{Cl}}{}} \xrightarrow[\text{CuSO}_4 \text{ als Katalysator}]{\text{2NaOH, hoher Druck, 190°C}} \langle\bigcirc\rangle\overset{\text{OH}}{-OH} + 2NaCl$$

o-Dichlor-benzol   o-Dihydroxy-benzol; Brenzcatechin

Phenol selbst gewinnt man mittels einer katalytischen Oxidation auch aus Toluol.

Die meisten Hydroxy-benzole sind fest, einzelne flüssig (alle Schmelzpunkt über 0°C). Ihre Siedepunkte liegen durchwegs hoch (Phenol 181°C). Das phenolische OH ist wie das OH der Enole (S. 244) **schwach sauer.**

$$\langle\bigcirc\rangle-OH + H_2O \rightleftharpoons \langle\bigcirc\rangle-O^- + H_3O^+$$
                        Phenolat

Der pK-Wert von Phenol ist 10,0, d. h. bei pH 10 ist Phenol erst zur Hälfte dissoziiert, bei pH 7 nur etwa zu 0,1 %. Es braucht somit starke Basen, um Phenole vollständig in Salze zu verwandeln.

Gemische aus Phenolen, Carbonsäuren und Nichtelektrolyten lassen sich wie folgt fraktionieren: Das Gemisch wird in Ether gelöst. Durch Schütteln der Etherlösung mit verdünnter Natriumcarbonatlösung (schwach alkalisch) werden die Carbonsäuren als Anionen extrahiert, die Phenole bleiben im Ether. Dann werden die Phenole mit Natronlauge ausgezogen. Im Ether bleiben die Nichtelektrolyte (Kohlenwasserstoffe, Alkohole, Aldehyde, Ketone usw.).

Durch elektronensaugende Substituenten (Halogene, Nitrogruppen) wird der Säurecharakter der Phenole verstärkt (s. Halogencarbonsäuren; S. 220; Tab. 43). Das beschriebene Trennverfahren versagt bei den stärker sauren Polyhalogen- und Nitrophenolen. Die Nitro-phenole haben Indikatoreigenschaften (undissoziiert farblos, dissoziiert gelb; S. 281).

Tabelle 43. pK-Werte von Phenolen

	pK_a		pK_a
Phenol	10,0	p-Nitro-phenol	7,2
o-Chlor-phenol	9,1	2,4-Dinitro-phenol	4,0
2,4,6-Trichlor-phenol	7,6	2,4,6-Trinitro-phenol	0,8

Die Phenole bilden mit Fe(III)-Ionen farbige Komplexe und lassen sich so leicht nachweisen.

o- und p-Dihydroxy-benzole lassen sich ohne Ringöffnung leicht oxidieren. Dabei entstehen **Chinone.**

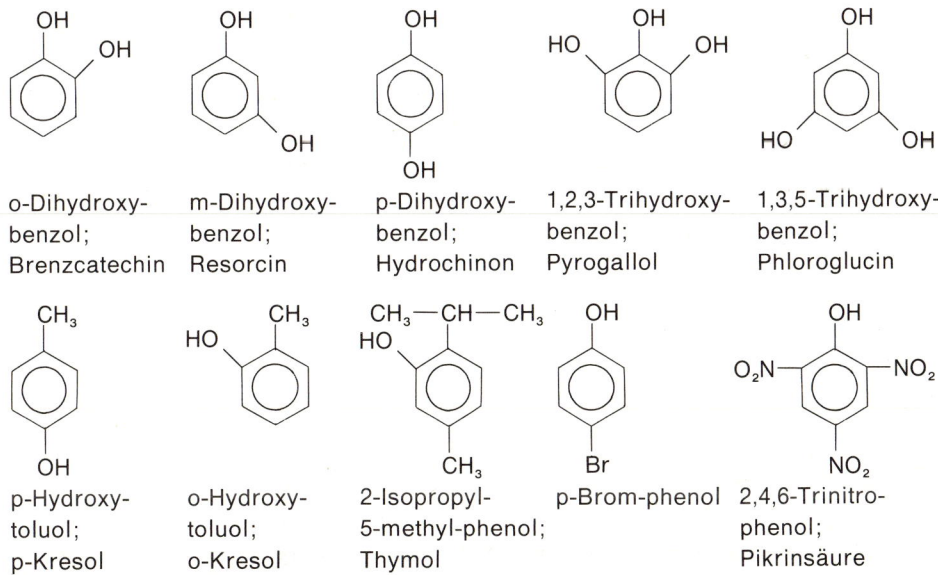

p-Dihydroxy-benzol   p-Chinon   o-Chinon
(aus o-Dihydroxy-benzol)

Die Chinone sind zyklische Diketone. Ihre Ringe sind nicht mehr aromatisch. Sie haben deshalb ähnliche Eigenschaften wie aliphatische Ketone. Alle Chinone und alle Verbindungen mit chinoider Struktur (4 konjugierte Doppelbindungen) sind **farbig.** Beispiel **Phenolphthalein:**

alle Ringe
benzoid:
farblos   OH   sauer   alkalisch   O

1 Ring
chinoid:
rot

Einzelne Hydroxy-benzole

o-Dihydroxy-
benzol;
Brenzcatechin

m-Dihydroxy-
benzol;
Resorcin

p-Dihydroxy-
benzol;
Hydrochinon

1,2,3-Trihydroxy-
benzol;
Pyrogallol

1,3,5-Trihydroxy-
benzol;
Phloroglucin

p-Hydroxy-
toluol;
p-Kresol

o-Hydroxy-
toluol;
o-Kresol

2-Isopropyl-
5-methyl-phenol;
Thymol

p-Brom-phenol

2,4,6-Trinitro-
phenol;
Pikrinsäure

Phenol und Kresole. C_6H_5OH bildet farblose Kristalle (Schmelzpunkt 43 °C). Mit 2–10% Wasser ist es bei Zimmertemperatur flüssig (Phenolum liquidum). An der Luft bildet es braunrote Autoxidationsprodukte. Phenol hat einen typischen aufdringlichen Geruch. Es ätzt die Haut und ist sehr gefährlich für die Augen. Früher wurde es als verdünnte wässrige Lösung unter dem Namen Karbol häufig zur Desinfektion von Räumen verwendet («Spitalgeruch»).

Aus Phenol und Formaldehyd lassen sich vernetzte Polykondensate, sogenannte **Duroplaste,** herstellen (Bakelit).

Die drei isomeren Methyl-phenole (Kresole) haben ähnliche Eigenschaften wie Phenol. Eine Lösung von Kresol in Seifenwasser (= Lysol) wird zur Desinfektion von Gegenständen verwendet.

Hydrochinon. Das p-Dihydroxy-benzol ist ein oft gebrauchtes Reduktionsmittel. Unter anderem wird es als Entwickler in der Fotografie verwendet (S. 176).

$$HO-\langle O \rangle-OH + 2AgBr + 2NaOH \rightarrow O=\langle \rangle=O + 2NaBr + 2H_2O + \underline{2Ag\downarrow}$$

Das belichtete Silberbromid wird durch das Hydrochinon zu schwarzem Silber reduziert. Aus dem Hydrochinon wird p-Chinon.

Im Gegensatz zum Phenol sind die Di- und Polyhydroxy-benzole praktisch geruchlos und kaum ätzend.

Thymol. 2-Isopropyl-5-methyl-phenol ist der Duftstoff des Thymians, daher der Name Thymol. Es ist im Gegensatz zum Phenol nur sehr wenig wasserlöslich und wird als mildes Antiseptikum zur Konservierung von biologischem Material, z. B. Urin, verwendet.

Pikrinsäure. Phenol lässt sich mit Salpetersäure bis zur Trinitro-Verbindung nitrieren (s. Formel). Wegen seines bitteren Geschmacks heisst das 2,4,6-Trinitrophenol Pikrinsäure (griech. picros = bitter). Wie das Trinitro-toluol ist sie, vor allem als Ammoniumsalz, ein brisanter Sicherheitssprengstoff (S. 291). Sie bildet mit zahlreichen organischen Basen schwerlösliche, gut kristallisierende Salze. Pikrate werden deshalb zur Isolierung, Reinigung und Identifizierung von Basen gebraucht. Im klinischen Labor dient Pikrinsäure als Reagens für die fotometrische Kreatininbestimmung (Bildung einer roten Additionsverbindung) und als Eiweissfällungsmittel.

Catecholamine. Die **Hormone des Nebennierenmarks,** die Catecholamine **Adrenalin** und **Noradrenalin,** sind Derivate des Brenzcatechins. Sie werden in der Drüse aus Phenyl-alanin bzw. Tyrosin gebildet (S. 259). Adrenalin wird als Stresshormon bezeichnet. Es ist Antagonist (Gegenspieler) des Insulins und stellt den Organismus auf Leistung ein (Mobilisierung von Zucker aus Glycogen und von Fettsäuren aus dem Fettgewebe). Noradrenalin ist für die Nervenreizübertragung von Bedeutung. Die beiden Hormone werden in kleinen Mengen als solche im Urin ausgeschieden, grösstenteils aber vorgängig in Vanillin-mandelsäure umgewandelt. Die Bestimmung der Catecholamine und der Vanillin-mandelsäure gibt Aufschluss über gewisse Erkrankungen des Nebennierenmarks (Phäochromozytom).

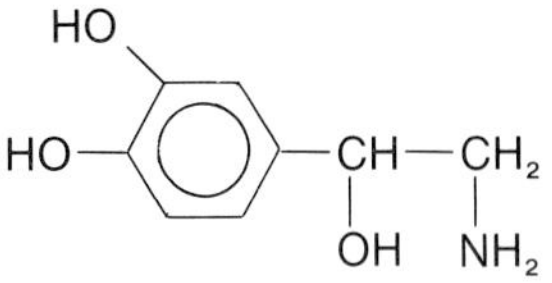

Noradrenalin 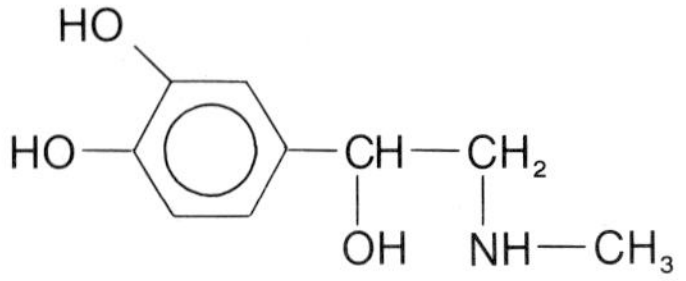   Adrenalin 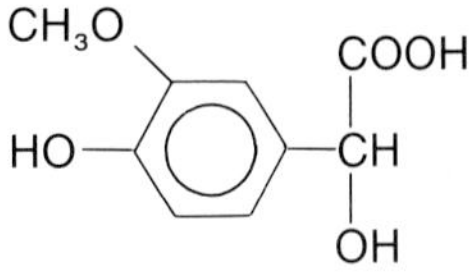   Vanillin-mandelsäure

Phenolether und Phenolester

Aus Phenolen lassen sich Ether und Ester herstellen. Dabei verhalten sich die Phenole wie Alkohole. Beispiele:

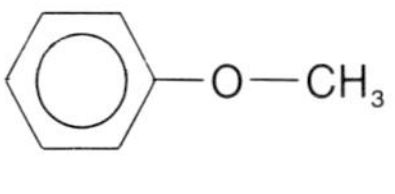

Methoxy-benzol;   Phenoxy-benzol;
Methyl-phenyl-   Diphenyl-ether;
ether; Anisol   Diphenyloxid 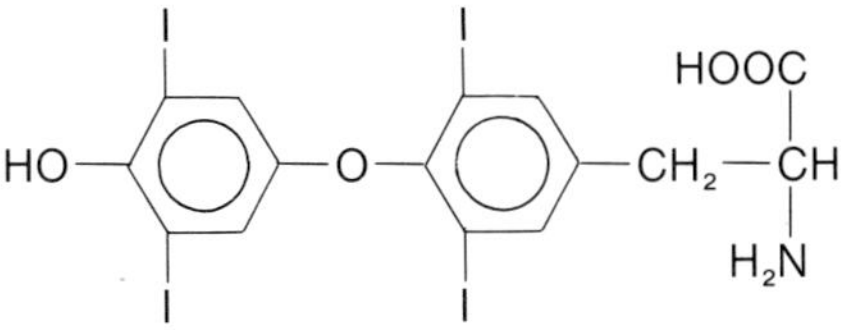   Thyroxin, ein Schilddrüsenhormon

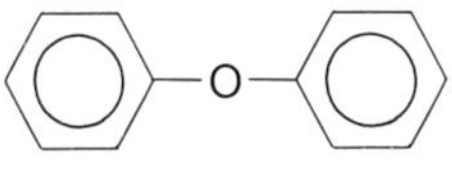

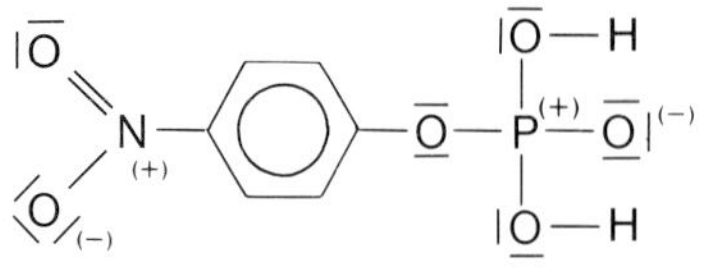

p-Nitro-phenyl-
phosphat, Substrat
für die Phosphatasen

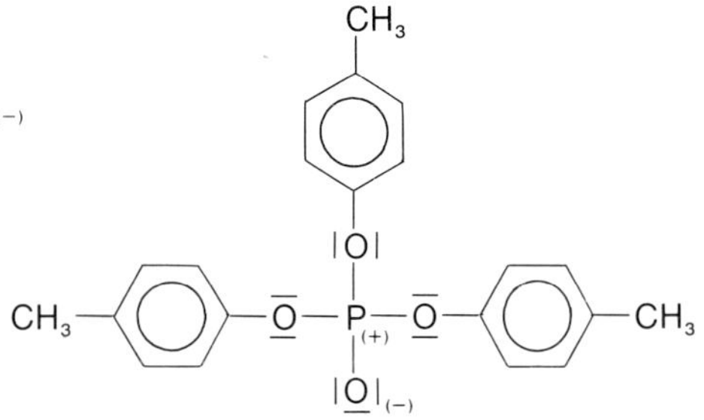

p-Trikresyl-phosphat, Weichmacher für Kunstharze,
Schmiermittel

9. Aromatische Alkohole, Aldehyde und Ketone

Hydroxylgruppen an Seitenketten von Benzolringen haben keinen phenolischen sondern alkoholischen Charakter (nicht dissoziierbar).

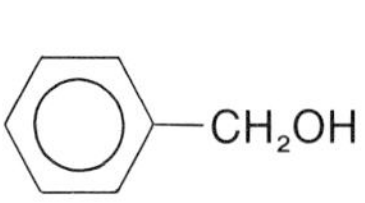

Phenyl-methanol;   2-Phenyl-ethanol   1-Phenyl-ethanol
Benzylalkohol   (Rosenduft)

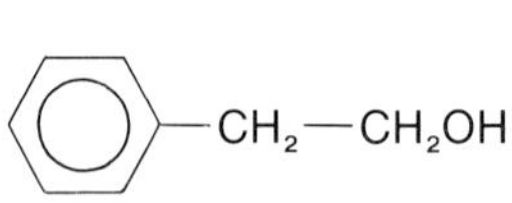

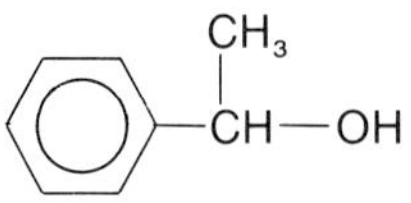

Aromatische Alkohole können ähnlich hergestellt werden wie die aliphatischen. Sie ähneln in vielen Eigenschaften den mittelkettigen Alkanolen.

$$\text{Toluol} \quad \text{CH}_3 \xrightarrow[-\text{HCl}]{+\text{Cl}_2} \quad \text{CH}_2\text{Cl} \xrightarrow[-\text{HCl}]{+\text{H}_2\text{O}} \quad \text{CH}_2\text{OH}$$

Toluol   Benzylchlorid   Benzylalkohol
(vgl. auch die Gleichung auf S. 289)   (Smp −15°C; Sdp 205°C)

Wie die aliphatischen lassen sich auch die aromatischen Alkohole zu Aldehyden, Ketonen (und Carbonsäuren) oxidieren.

Phenyl-formaldehyd;   Methyl-phenyl-keton;   Diphenyl-keton;
Benzaldehyd   Acetophenon   Benzophenon
(Bittermandelaroma)

p-Methoxy-   3-Methoxy-   p-N-Dimethyl-   Ninhydrin,
benzaldehyd;   4-hydroxy-   amino-benz-   ein Ketonhydrat
Anisaldehyd   benzaldehyd;   aldehyd
                    Vanillin

Vanillin ist der Aromastoff der Vanille; p-N-Dimethyl-amino-benzaldehyd ist das Ehrlich-Reagens zum Gallenfarbstoffnachweis; Ninhydrin ist das Nachweisreagens für Aminosäuren (S. 272).

Zur Herstellung von Aryl-aldehyden und -ketonen steht eine grössere Zahl von Methoden zur Verfügung. Beispiele:

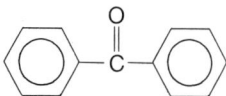

$$\text{Toluol} \quad \text{CH}_3 \xrightarrow[-2\text{HCl}]{+2\text{Cl}_2} \quad \text{CHCl}_2 \xrightarrow{+2\text{OH}^-} \quad \text{C} \overset{O}{\underset{H}{\diagup}} + 2\text{Cl}^- + \text{H}_2\text{O}$$

Toluol   Benzalchlorid   Benzaldehyd

$$\text{R}-\text{COCl} + \text{H}-\!\!\bigcirc\!\! \xrightarrow[\text{Friedel-Crafts-Reaktion}]{\text{AlCl}_3} \text{R}-\text{CO}-\!\!\bigcirc\!\! + \text{HCl}$$

Säurechlorid   Reaktion   Keton   R = Alkyl oder Aryl

Aromatische Aldehyde und Ketone sind Zwischenprodukte für zahlreiche Synthesen. Verschiedene Aldehyde finden in der Parfümerie Verwendung.

10. Aromatische Carbonsäuren

Herstellung und Eigenschaften

Zur Gewinnung von Carbonsäuren, deren Carboxyl direkt am Benzolkern sitzt, oxidiert man vorzugsweise die entsprechenden Methylbenzole:

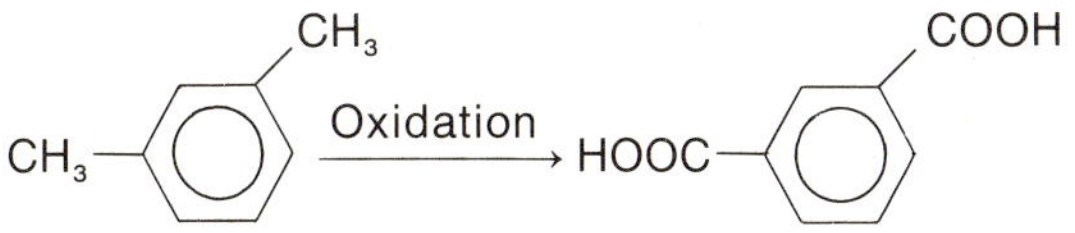

m-Xylol   m-Dicarboxy-benzol

Auch durch Hydrolyse von Nitrilen, die man mit der Sandmeyer-Reaktion aus diazotierten Aminen erhält, gelangt man zu Carboxy-benzolen (S. 254, 293). Alle Aryl-carbonsäuren sind fest (Schmelzpunkt durchwegs über 100°C). Ihre Säurestärke (pK) ist mit derjenigen der aliphatischen Carbonsäuren vergleichbar. Halogen- und nitrosubstituierte Säuren dissoziieren stärker als die übrigen (S. 296).

Einzelne Aryl-carbonsäuren

Benzoesäure. Einfachste aromatische Carbonsäure ist die Phenyl-ameisensäure oder Benzoesäure C_6H_5COOH. Sie kommt in verschiedenen Pflanzenarten (Balsam) vor, als Ester im Benzoeharz. Bei hohem Erhitzen spaltet sie CO_2 ab (Decarboxylierung), unter Bildung von Benzol (Name!). Technisch wird Benzoesäure aus Toluol hergestellt:

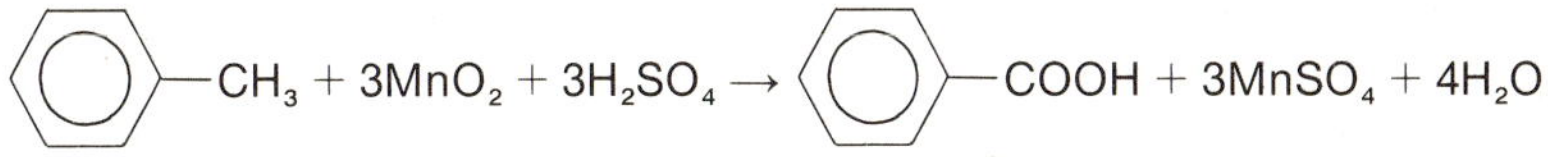

Benzoesäure ist schlecht wasserlöslich (0,2 g/100 ml). Mit einem pK_a von 4,2 ist sie etwas stärker als Essigsäure (4,8), aber schwächer als Ameisensäure (3,8). **Natriumbenzoat** wird wegen seiner bakteriziden Wirkung als Konserviermittel für Nahrungsmittel und Getränke verwendet. Benzoesäure ist im Gegensatz zu Benzol ungiftig. Sie wird im Organismus amidartig an Glycin gebunden und als **Hippursäure** C_6H_5—CO—NH—CH_2—COOH ausgeschieden. Ihr scharfer Schmelzpunkt bei 121,7°C macht die Benzoesäure für das Eichen von Thermometern geeignet.

Alle Carboxylderivate, die sich mit aliphatischen Carbonsäuren herstellen lassen, sind auch bei den Aryl-carbonsäuren zugänglich (Salze, Halogenide, Ester, Amide usw.):

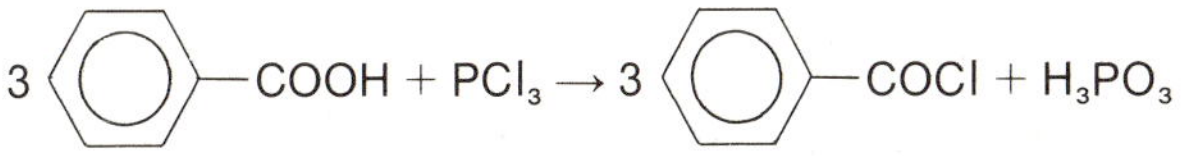

Benzoylchlorid

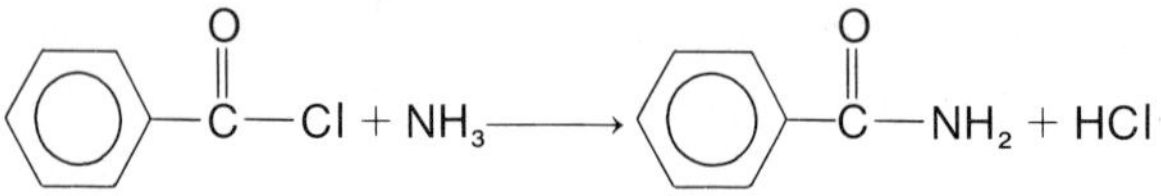

Benzamid

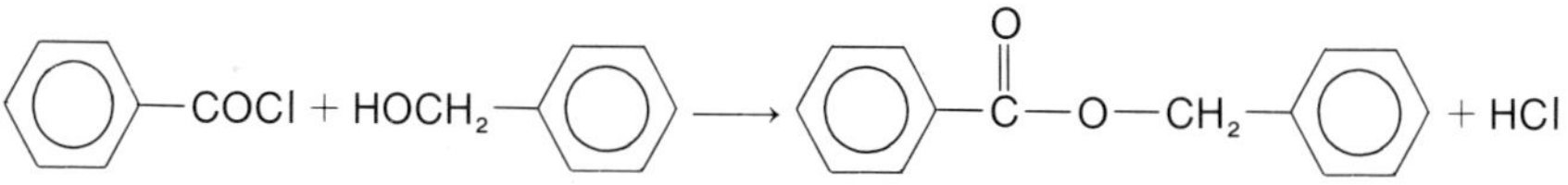

Benzylalkohol   Benzoesäure-benzyl-ester
(Benzyl-benzoat)

Phthalsäuren. Das o-Dicarboxy-benzol wird durch Oxidation von Naphthalin (S. 303) erhalten und heisst deshalb **Phthalsäure** (ein schönes Beispiel für eine phantasievolle Namengebung: Dem Naphthalin werden 2 CH-Gruppen wegoxidiert, also schneidet man auch von dessen Namen Kopf und Schwanz weg).

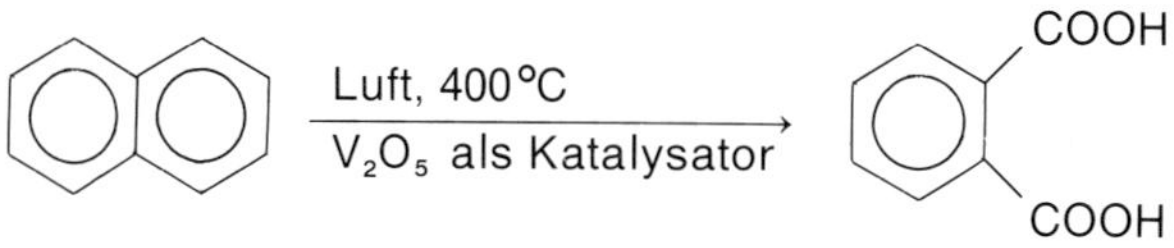

Naphthalin   Phthalsäure

Die Phthalsäure ist mit pK_1 3,0 stärker sauer als die Benzoesäure (s. aliphatische Dicarbonsäuren; S. 216). Sie wird im Labor als Puffersubstanz verwendet (zwei Puffergebiete). Aus Phthalsäureanhydrid und Phenol wird **Phenolphthalein** (S. 297), aus Phthalsäureanhydrid und Resorcin **Fluorescein** hergestellt:

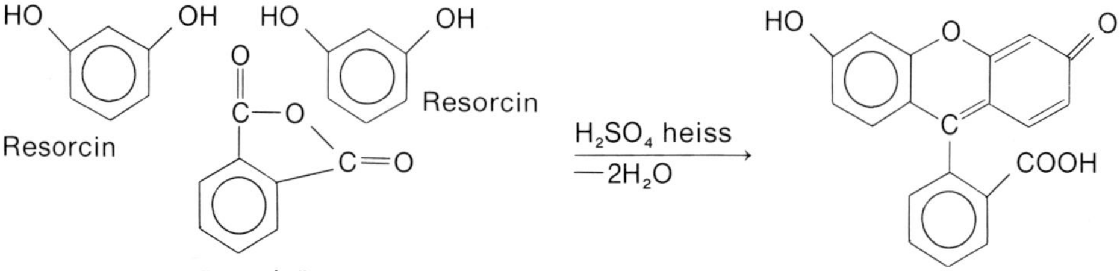

Resorcin   Resorcin

Phthalsäure-anhydrid   Fluorescein

Fluorescein hat einen chinoiden Ring (S. 297) und ist deshalb farbig. Es wandelt zudem ultraviolettes, violettes und blaues Licht in grünes um (Fluoreszenz). Der Farbstoff dient unter anderem zum Aufspüren unterirdischer Wasserläufe. Dank seiner Fluoreszenz lässt er sich mit empfindlichen Instrumenten (S. 346) noch in Konzentrationen bis 10 ng/l nachweisen. Mit 1 kg Fluorescein lässt sich ein See von 5 km² und einer mittleren Tiefe von 20 m nachweisbar «anfärben».

Ein Tetrabrom-fluorescein ist das **Eosin,** ein für mikroskopische Präparate verwendeter roter Farbstoff.

Das meta-Isomer der Phthalsäure heisst Isophthalsäure, das para-Isomer **Tere-phthalsäure**. Die letztgenannte Substanz ist Ausgangsstoff für die Herstellung von **Polyesterkunststoffen** (Terylen, Dacron, Diolen).

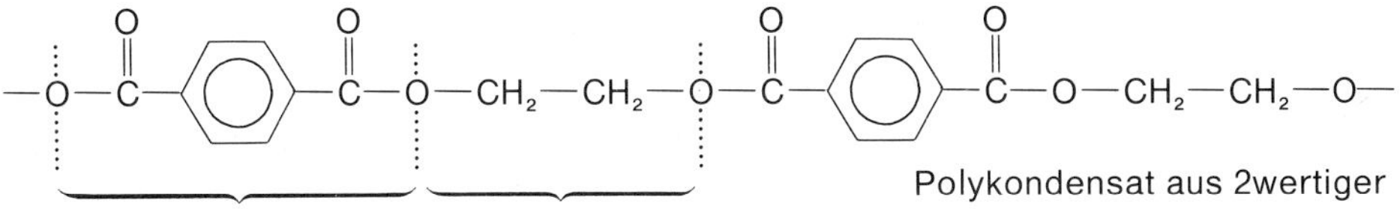

| Terephthalsäure | Ethandiol | Polykondensat aus 2wertiger Säure und 2wertigem Alkohol |

Salicylsäure und «Acetyl-salicylsäure». Die Salicylsäure (Salix = Weide) wird als Konservierungsmittel und als Medikament gegen Rheuma verwendet. Sie ist Phenol und Carbonsäure zugleich. Wegen der Reizwirkung der phenolischen OH-Gruppe auf die Intestinalschleimhaut kann die Säure selbst nicht eingenommen werden, wohl aber deren Essigsäure-ester. Dieser kam erstmals als **Aspirin** — heute auch unter zahlreichen anderen Namen — als Schmerz- und Fiebermittel (Analgetikum und Antipyretikum) in den Handel.

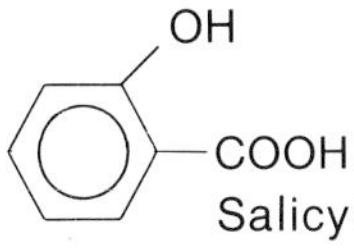

Salicylsäure

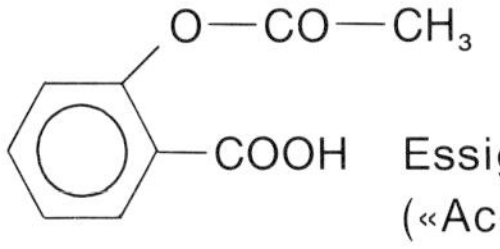

Essigsäure-salicylsäure-ester («Acetyl-salicylsäure»)

Phenyl-essigsäure, Mandelsäure, Zimtsäure. Von den zahlreichen Säuren mit einem oder mehreren C-Atomen zwischen Carboxyl und Benzolkern seien nur drei Beispiele angeführt:

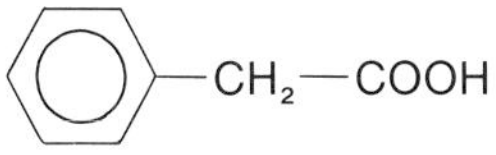

Phenyl-essigsäure

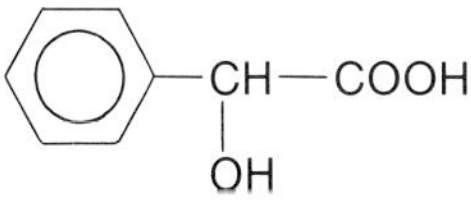

Phenyl-hydroxy-essigsäure; Mandelsäure

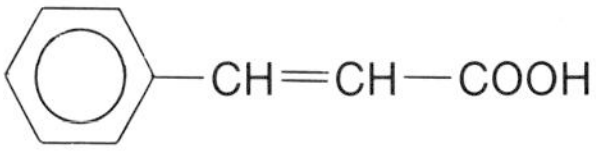

β-Phenyl-acrylsäure; 3-Phenyl-propensure; Zimtsäure

11. Annellierte («kondensierte») aromatische Verbindungen

Stoffe mit 2 und mehr Benzolringen mit gemeinsamer «Kante» (je 2 C gehören gleichzeitig 2 Ringen an) heissen **annellierte** oder kondensierte Aromaten. Sie zeigen analoge Mesomerie wie die Einzel-Benzolkerne. Alle typisch aromatischen Eigenschaften, vor allem die **leichte Substituierbarkeit** der H-Atome, finden wir auch bei den annellierten Verbindungen.

Naphthalin und dessen Derivate
Einfachster bizyklischer Aromat ist das **Naphthalin** $C_{10}H_8$:

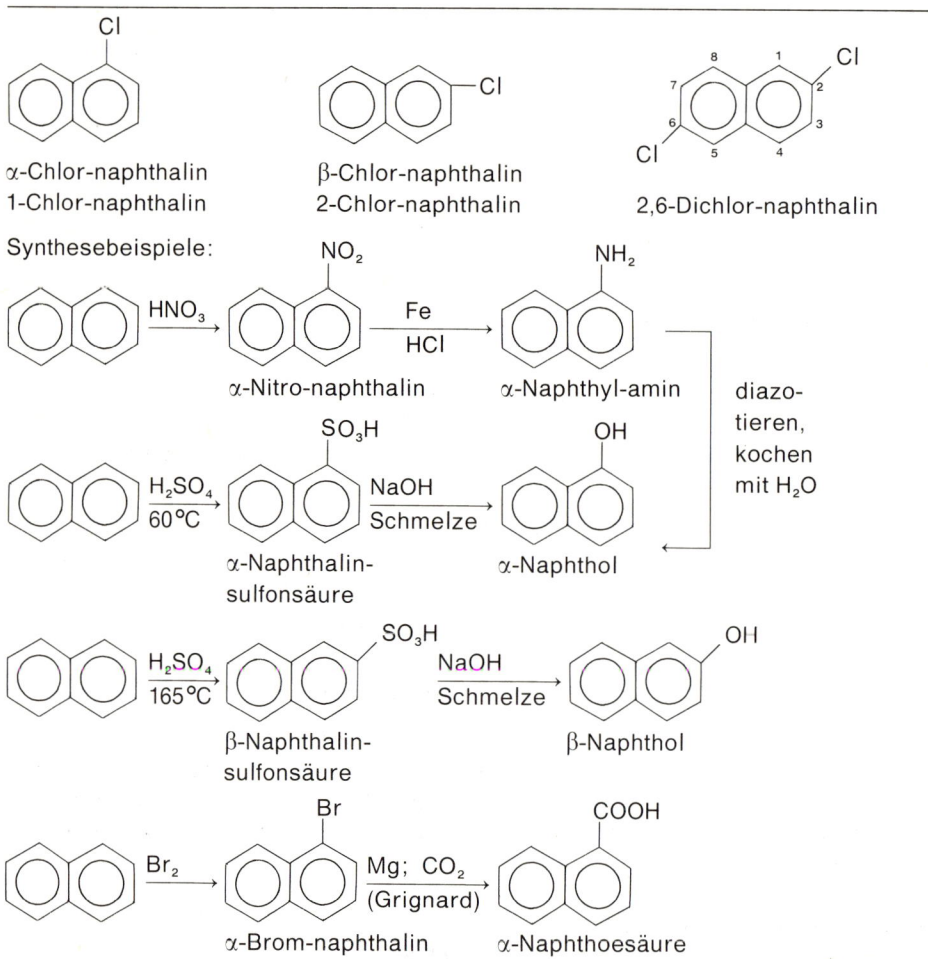

Mesomerie des Naphthalins

Naphthalin ist fest (Schmelzpunkt 80°C), farblos und hat einen typischen starken Geruch. Vor Einführung des p-Dichlor-benzols wurde es häufig als Mottenschutzmittel verwendet. Der Kohlenwasserstoff wird (zusammen mit anderen annellierten Aromaten) aus Steinkohlenteer gewonnen. Die H-Atome des Naphthalins sind noch leichter substituierbar als jene des Benzols. Es gibt 2 Monosubstitutionsisomere. Mit 2 Substituenten sind 10 Isomere möglich (3 beim Benzol). Die C-Atome des Naphthalins werden (wie in der folgenden Formel) von 1 bis 8 numeriert. Die C-Atome, die beiden Ringen gemeinsam gehören (kein substituierbares H), werden nicht mitnumeriert. 2 Substituenten in 1 und 8 stehen in Peri-Stellung.

α-Chlor-naphthalin
1-Chlor-naphthalin

β-Chlor-naphthalin
2-Chlor-naphthalin

2,6-Dichlor-naphthalin

Synthesebeispiele:

Alle diese monosubstituierten Naphthaline sind wichtige Ausgangsprodukte für zahlreiche **Farbstoffsynthesen**. Die Zahl der Naphthalinderivate mit mehreren verschiedenen Substituenten ist viel grösser als beim Benzol. Für die Farbstoffindustrie sind vor allem verschiedene Naphthol-sulfonsäuren und Naphthyl-amin-sulfonsäuren wichtig (wasserlösliche Azofarbstoffe).

Leichter als Benzol lässt sich Naphthalin zu alizyklischen Verbindungen **hydrieren**:

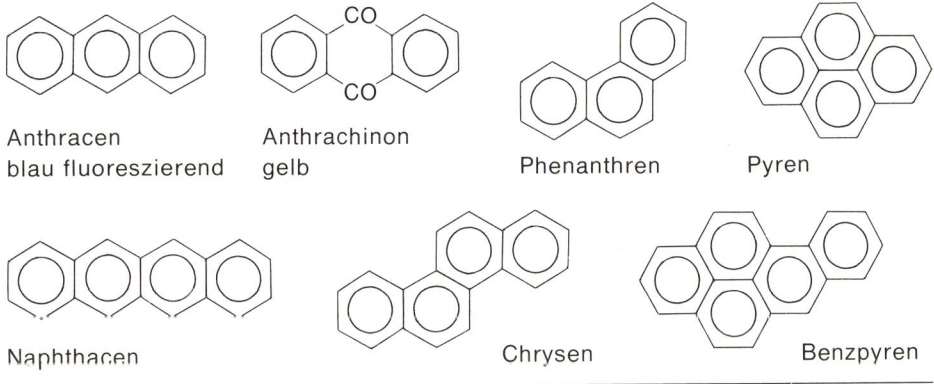

Naphthalin $C_{10}H_8$ Tetrahydro-naphthalin;   Decahydro-naphthalin;
                         Tetralin $C_{10}H_{12}$ Decalin $C_{10}H_{18}$

Im Gegensatz zum Naphthalin sind die beiden Hydro-naphthaline flüssig. Sie werden als Lösungsmittel und Zusatz für Motortreibstoffe verwendet.

Polyzyklische Aromaten

Anthracen   Anthrachinon
blau fluoreszierend   gelb   Phenanthren   Pyren

Naphthacen   Chrysen   Benzpyren

Verschiedene polyzyklische Kohlenwasserstoffe sind krebserregend, besonders ausgeprägt das Benzpyren, das nicht nur im Steinkohlenteer, sondern auch im Holz-, Auspuff- und Zigarettenrauch vorkommt.
Vom Anthrachinon lässt sich eine Reihe licht- und waschechter Baumwollfarbstoffe (Indanthrenfarbstoffe) ableiten.

Graphit
Eine Substanz mit einer riesigen Zahl annellierter Benzolringe ist der Graphit (lauter C-Atome ohne Wasserstoff, in Bienenwabenordnung). Graphit bildet lamellige Kristalle, deren Schichten sich leicht gegeneinander verschieben lassen (Trockenschmiermittel). Den Wolken von delokalisierten π-Elektronen beidseits der Wabenebenen verdankt der Graphit seine relativ gute elektrische Leitfähigkeit.

XIV. Fragen zur Eigenkontrolle (Stoffgebiet S. 284-305)

1. Warum bilden die Benzolderivate eine besondere Familie unter den Kohlenstoffringen?
2. Wie heissen folgende Stoffe:

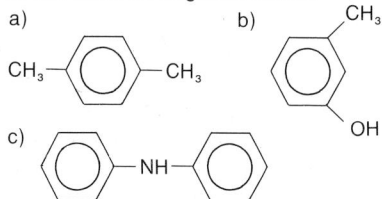

3. Die Gleichung für die Diazotierung von p-Diamino-benzol ist zu formulieren.
4. Die Formeln für a) Anilin, b) Benzidin und c) Triphenylamin sind aufzuzeichnen.
5. Die Gleichungen für die Neutralisation von Bariumhydroxid und m-Toluol-sulfonsäure sind aufzustellen.
6. Aspirin wird im Darm verseift. Wie lautet die Gleichung für diesen Vorgang?
7. Toluol wird unter starker Belichtung in der Siedehitze mit Chlor behandelt. Was entsteht dabei?
8. Wie heissen die 10 Dichlor-derivate des Naphthalins?
9. Was versteht man in der aromatischen Chemie unter einer Kupplung?
10. Wie heissen folgende Stoffe?

a) ⟨benzene⟩—CH₂—CO—COOH

b) ⟨benzene⟩—CH₂—CH—COOH
                          |
                          NH₂

c) ⟨benzene⟩ with COOH and COOH

d) ⟨benzene⟩—C(CH₃)—COOH with CH₂—COOH

11. Welche Verbindung entsteht aus Phenylmagnesiumbromid und Acetaldehyd (Grignard-Reaktion)?
12. p-Kresol und Benzylalkohol haben die gleiche Bruttoformel, beide haben 1 Hydroxylgruppe. Welcher fundamentale Unterschied besteht zwischen ihnen?
13. Woraus wird a) Polystyrol, b) Terylen hergestellt?
14. Nach der Methode von Friedel-Crafts soll Phenyl-propyl-keton hergestellt werden. Welche Ausgangsstoffe sind dazu erforderlich?
15. Wie erklärt es sich, dass p-Xylol einen viel höheren Schmelzpunkt hat als m-Xylol?
16. Was ist a) DDT und b) TNT?
17. Welcher Unterschied besteht zwischen einer Sulfonsäure und einem Schwefelsäureester?
18. p-Nitro-toluol wird mit Zink und Salzsäure reduziert. Die Gleichung ist zu formulieren und der Name des gebildeten Produktes anzugeben.
19. Welche Eigenschaften hat Hydrochinon?
20. a) Welches sind die Formeln von Benzamid, Benzylamin, Benzonitril? b) Welche dieser Stoffe lassen sich hydrolysieren?
21. Wie trennt man ein Gemisch aus einem Toluidin, einem Phenol, Naphthalin und Mandelsäure (ohne Destillation)?
22. Aus Toluol soll Benzoesäure-benzylester hergestellt werden. Über welche Zwischenprodukte kann diese Synthese laufen?
23. Welchen Dissoziationszustand hat Sulfanilsäure a) bei pH 5, b) bei pH 10?
24. Mit der Bruttoformel C_7H_6O ist die Strukturformel eines Aromaten zu konstruieren. Der Stoff ist zu benennen.

(Antworten S. 360)

B. Alizyklische Verbindungen

Alle isozyklischen (carbozyklischen) Verbindungen ohne Benzolkern werden zu den alizyklischen Stoffen gerechnet.

1. Cycloalkane und Cycloalkene

Alle Kohlenwasserstoffe mit 3 und mehr C-Atomen lassen sich als offene Ketten und auch als Ringe herstellen. Einzelne zyklische Kohlenwasserstoffe kommen im Erdöl natürlich vor. Die Cycloalkane haben ähnliche Eigenschaften wie die n-Alkane. Ihre Siedepunkte liegen $10-20\,°C$ höher als die der offenen Ketten mit gleicher C-Zahl.

| Cyclopropan | Cyclobutan | Cyclopentan | Cyclohexan | Cycloalkan |

Die allgemeine Formel der Cycloalkane C_nH_{2n} ist dieselbe wie für die aliphatischen Alkene (dem Ringschluss fallen 2 H zum Opfer).

Beispiel einer Cycloalkansynthese:

$$Br-CH_2-CH_2-CH_2-Br + Zn \rightarrow Cyclopropan + ZnBr_2$$

Im 3- und 4-Ring sind die C-Valenzen aus ihrer normalen Tetraederlage deformiert. Der 5-Ring ist dagegen praktisch spannungsfrei. In Ringen mit 6 und mehr C laufen die C-Valenzen im Zickzack wie bei den offenen Ketten (S. 191). Vom Cyclohexan existieren zwei, allerdings nicht isolierbare, Isomerieformen, die sich leicht ineinander umwandeln, die **Sessel-** und die **Wannenform.** Wie bei den Aromaten gibt es auch bei den alizyklischen Verbindungen mehrringige Moleküle. Neben polyzyklischen Kohlenwasserstoffen vom Typ des Dekalins (S. 305) existieren auch Stoffe ohne Analogie bei den Aromaten, z.B. Spiropentan:

| Sesselform | Wannenform | Spiropentan |

Man hat Cycloalkane mit über 30 C hergestellt. Selbst Verbindungen mit 2 wie bei einer Eisenkette sich durchdringenden, nicht miteinander verknüpften Ringen, sogenannte Catenane, sind synthetisiert worden.

Auch zahlreiche Cycloalkene und Cyclopolyene sind bekannt. Beispiele:

| Cyclopenten | Cyclooctatetraen | Azulen (blau) |

2. Alizyklische Alkohole und Ketone

Zyklische Ketone erhält man beim Erhitzen der Calciumsalze von Dicarbonsäuren:

$$
\begin{array}{c}
\text{O} \\
\| \\
CH_2-CH_2-C-O^- \\
| \qquad\qquad\qquad Ca^{2+} \xrightarrow{\text{erhitzen}} \\
CH_2-CH_2-C-O^- \\
\| \\
\text{O}
\end{array}
\qquad
\begin{array}{c}
CH_2-CH_2 \\
| \qquad\quad\ \ \rangle CO + CaCO_3 \\
CH_2-CH_2
\end{array}
$$

Calciumsalz der Adipinsäure   Cyclopentanon

Cyclohexanon wird grosstechnisch aus Phenol hergestellt:

$$
\langle\!\bigcirc\!\rangle\!-OH \xrightarrow[\text{Kataly-sator}]{3H_2}
\begin{array}{c}
CH_2-CH_2 \\
CH_2 \qquad CH-OH \\
CH_2-CH_2
\end{array}
\underset{\text{Reduktion}}{\overset{\text{Oxidation}}{\rightleftarrows}}
\begin{array}{c}
CH_2-CH_2 \\
CH_2 \qquad C=O \\
CH_2-CH_2
\end{array}
$$

Phenol   Cyclohexanol   Cyclohexanon

Wie die aliphatischen bilden auch die zyklischen Ketone Redoxsysteme mit den entsprechenden sekundären Alkoholen. Cyclohexanon ist ein gutes Lösungsmittel, unter anderem für verschiedene Kunstharze (Siedepunkt 156°C).

Cyclohexanol ist Ausgangsprodukt für die Herstellung von Nylon (S. 260). Durch Oxidation mit HNO_3 wird der Ring gesprengt und es entsteht Adipinsäure. Von deren Diammoniumsalz gelangt man durch Wasserentzug zum Adipinsäure-dinitril. Dieses wird zu 1,6-Diamino-hexan reduziert. Adipinsäure und das Diamin werden zum Polyamid **Nylon** kondensiert.

Ein Keton mit einem 15gliedrigen Ring und einer Methylgruppe in β-Stellung zum Carbonyl ist das **Muscon,** der Duftstoff des natürlichen Moschus.

3. Terpene

Eine besondere Gruppe von Naturstoffen sind die **Terpene.** Ein Grossteil aller pflanzlichen Duftstoffe gehört dazu. Sie umfassen Kohlenwasserstoffe, Alkohole, Aldehyde, Ketone und Carbonsäuren. Allen Terpenen gemeinsam ist das Aufbauprinzip. Strukturelement ist das Isopren oder 2-Methyl-1,3-butadien. Die Terpene werden von den Pflanzen durch verschiedenartige, meist ringförmige, seltener offenkettige

Verknüpfung von 2, 3, 4, 6 oder acht aktivierten Isoprenmolekülen und nachfolgende Oxidation oder Reduktion synthetisiert:

$$CH_2 = \overset{\overset{\displaystyle CH_3}{|}}{C} - CH = CH_2 \quad \text{Isopren}$$

Pinen, im Terpentinöl; ein Kohlenwasserstoff

Campher, im Campherstrauch; ein Keton

Limonen, in Zitronen; ein Kohlenwasserstoff

Menthol, in Pfefferminze; ein Alkohol

Auch die Aromastoffe von Eukalyptus, Lorbeer, Kümmel und vielen anderen Gewürzen sind Terpene. Der Hauptbestandteil des Nadelholzharzes ist die Abietinsäure, eine trizyklische C_{20}-Verbindung (Abies = Weisstanne).
Eine Untergruppe der Terpene sind die C_{40}-Verbindungen der **Carotinoide** (Farbstoffe von Karotten, Tomaten, Paprika, Safran usw.).

β-Carotin $C_{40}H_{56}$

Das β-Carotin ist ein **Provitamin.** In unserem Körper kann es oxidativ in 2 Moleküle **Retinal** (ein C_{20}-Aldehyd) gespalten werden (punktierte Linie in obiger Formel). Retinal bildet nach trans-cis-Umlagerung einer seiner Doppelbindungen eine Verbindung mit einem Protein, den **Sehpurpur.** Diese – auch Rhodopsin genannte – Verbindung ist der lichtempfindliche Farbstoff der Augennetzhaut. Durch Lichteinfall wird die cis-Doppelbindung in die trans-Form umgestülpt und die Bindung des Retinals zum Eiweiss gespalten. Dadurch wird der Nervenreiz ausgelöst, der dem Gehirn das Signal «Licht» übermittelt. Das gespaltene Rhodopsin wird laufend regeneriert. Retinal und Retinol (Aldehydgruppe zu $-CH_2OH$ reduziert; leicht zu Retinal oxidierbar) heissen **Vitamine A.** Mangel an Vitamin A führt zu **Nachtblindheit.** Das Vitamin ist auch für ein normales Wachstum unentbehrlich. Es gehört zu den fettlöslichen Vitaminen (Tagesbedarf etwa 2 mg).

4. Steroide

Einteilung, Vorkommen, Eigenschaften

Eine den Terpenen nah verwandte Naturstoffgruppe von grosser Vielfalt sind die
Steroide. Auch sie werden aus Isopreneinheiten aufgebaut. Sie besitzen aber nur
ausnahmsweise Mehrfache von 5 C-Atomen, weil in der Schlussphase der Synthese
verschiedene Endgruppen oxidativ abgespalten werden. Allen Steroiden gemeinsam
ist ein tetrazyklisches Grundskelett aus 17 C-Atomen. Die einzelnen Vertreter der
Gruppe unterscheiden sich im Sättigungsgrad, in Zahl und Länge der Seitenketten
und in den funktionellen Gruppen (Alkohol, Keton, Aldehyd, Carbonsäure, Ester).
Steroide sind im Pflanzen- und vor allem im Tierreich verbreitet. Sie werden
zusammen mit den Terpenen wegen ihrer Wasserfeindlichkeit zu den Lipiden
gerechnet (S. 237).

Sterangerüst

Man findet die Steroide und auch die Terpene im **Unverseifbaren** des biologischen
Materials. Tierische und pflanzliche Materie lässt sich durch Hydrolyse fast vollständig in wasserlösliche Produkte überführen.

Stärke und Cellulose	$\xrightarrow{\text{Säure}}$	Glucose
Fette	$\xrightarrow{\text{Lauge}}$	Seifen + Glycerin
Proteine	$\xrightarrow{\text{Säure oder Lauge}}$	Aminosäuren
Skelettsubstanz	$\xrightarrow{\text{Säure}}$	lösliche Calciumsalze

Wird das alkalisch gemachte Hydrolysat mit Ether ausgeschüttelt, so geht das
«Unverseifbare» (Lipoide ohne saure Gruppen) in den Ether über. Die einzelnen
Stoffe können daraus z. B. durch Gaschromatographie isoliert werden (S. 338).

Die Steroide werden wie folgt eingeteilt:

Steran heisst der gesättigte Kohlenwasserstoff mit dem nackten Ringgerüst.
Sterine besitzen in Stellung 17 eine verzweigte Alkylkette von 8 oder 9 C-Atomen.
Beispiele: Cholesterin (Formel S. 311), Ergosterin.
Gallensäuren haben eine 17-Seitenkette mit nur 5 C-Atomen, wovon das äusserste
zum Carboxyl oxidiert ist. Beispiel: Cholsäure.
Steroidhormone tragen in Stellung 17 entweder einen C_2-Rest oder keine Seitenkette.
Beispiele: Cortisol, Testosteron.

Saponine, Digitaloide und **Steroidalkaloide** sind pflanzliche Wirkstoffe mit einem heterozyklischen Ring (O oder N als Ringglied) in Stellung 17. Beispiele: Digitonin, Strophanthin (herzaktive Pharmaka aus Fingerhut bzw. Strophanthus).

Die meisten Steroide tragen in Stellung 3 eine OH-Gruppe, einige eine Ketogruppe.

Cholesterin

Das mit Abstand häufigste Steroid des tierischen Organismus ist das **Cholesterin**. Es ist ein 1wertiger sekundärer Alkohol mit 1 Doppelbindung, bildet farblose wachsartige Kristalle und schmilzt bei 148°C. Korrekter als der deutsche Name ist die englische und französische Bezeichnung «Cholesterol».

Cholesterin $C_{27}H_{45}OH$

Das pflanzliche **Ergosterin** unterscheidet sich vom tierischen Cholesterin durch 2 zusätzliche Doppelbindungen (7–8 und 22–23) und eine zusätzliche Methylgruppe in Stellung 24.

Cholesterin wird von uns mit animalischer Nahrung aufgenommen, aber auch in grosser Menge synthetisiert. Die **Cholesterinbiosynthese** ist ein vielstufiger Prozess. Ausgangsmaterial ist **aktivierte Essigsäure** (Acetyl-Coenzym A; S. 236). Ein Zwischenprodukt ist aktiviertes Isopren. Cholesterin ist zusammen mit den Phospholipiden (S. 237) am Aufbau der **Zellmembranen** beteiligt. Besonders hohe Konzentrationen finden sich im Zentralnervensystem. Das Blut des durchschnittlichen Europäers enthält etwa 2 g/l. Etwa zwei Drittel davon sind **mit Fettsäuren verestert.** Sowohl «freies» wie verestertes Cholesterin ist im Blut an Globuline gebunden (Lipoproteine; S. 268). Das Cholesterin ist für das Zustandekommen der **Arteriosklerose** mit ihren verheerenden Folgen (dominierende Todesursache in den westlichen Staaten) mitverantwortlich. Das Steroidskelett kann in unserem Organismus nicht abgebaut werden. Cholesterin wird deshalb als solches ausgeschieden. Wegen seiner Hydrophobie gelangt es nicht in den Urin. Es wird von der Leber als Gallensäureemulsion in den Darm abgegeben. Unter ungünstigen Verhältnissen kann das Cholesterin in der Gallenblase auskristallisieren und Konkremente bilden. Die meisten **Gallensteine** bestehen aus fast reinem Cholesterin (griech. chole = Galle, stereos = fest).

Cholesterin ist Ausgangsmaterial für die **Biosynthese aller anderen tierischen Steroide** (Gallensäuren, Hormone, Vitamin D).

Zur **analytischen Bestimmung** des Cholesterins im klinischen Labor benützt man heute vor allem enzymatische Methoden: Cholesterin wird durch Cholesterinoxidase zum Keton oxidiert. Dabei entsteht H_2O_2. Durch dieses wird mit einer Peroxidase ein Chromogen zu einem Farbstoff oxidiert (S. 280), der sich fotometrieren lässt.

Mit Digitonin, einem Digitalissteroid, bildet unverestertes Cholesterin einen wasser- und alkoholunlöslichen Niederschlag. Es kann so von seinen Estern getrennt werden, die mit Digitonin nicht reagieren.

Vitamin D

Die antirachitischen Vitamine der D-Gruppe, die **Calciferole,** sind streng genommen keine Steroide, werden aber aus solchen gebildet (Provitamine). Aus dem pflanzlichen Ergosterin bzw. dem in unserem Körper gebildeten 7-Dehydro-cholesterin entstehen unter UV-Bestrahlung in der Haut die Vitamine D_2 bzw. D_3 oder Ergocalciferol bzw. Cholecalciferol (Ringöffnung zwischen den C-Atomen 9 und 10). Die Seitenkette erhält dann noch eine Hydroxylgruppe in Position 25.

7-Dehydro-cholesterin   25-Hydroxy-cholecalciferol

Die D-Vitamine fördern die **Resorption von Calciumionen** aus dem Verdauungstrakt und steuern zusammen mit dem Parathormon der Nebenschilddrüse und dem Calcitonin der Schilddrüse den **Knochenstoffwechsel.** Mangel an Vitamin D führt zu **Rachitis** (Tagesbedarf 0,025 mg). Die Calciferole gehören zu den fettlöslichen Vitaminen. Cholecalciferol kommt im Lebertran reichlich vor. Weil sich fettlösliche Vitamine im Fettgewebe anreichern, kann die Einnahme übergrosser Mengen zu Vergiftungen (Hypervitaminosen) führen.

Gallensäuren

Die Leber produziert aus Cholesterin durch Hydrierung, Ringhydroxylierung und oxidative Seitenkettenverkürzung die **Gallensäuren.**

Die **Chenodesoxy-cholsäure** hat in Stellung 12 keine Hydroxylgruppe («Desoxy-» = «eine Hydroxylgruppe weniger»).

Cholsäure

Die Gallensäuren werden, **amidartig mit Glycin oder Taurin verknüpft,** im Gallensekret an den Darm abgegeben ($R-CO-NH-CH_2-COOH$; $R-CO-NH-CH_2-CH_2-SO_3H$).

Sowohl die Carbonsäuren als auch die Sulfonsäuren sind beim pH des Darmes (7–8) praktisch **vollständig ionisiert** (Salzform). Sie haben deshalb ähnliche Eigenschaften wie die Seifen (hydrophiler und lipophiler Pol; Emulgatorwirkung). Die Gallensalze sind massgeblich an der **Fettverdauung** beteiligt (S. 235). Etwa 90% der in den Darm gelangten Gallensäuren werden resorbiert, durch die Pfortader in die Leber zurückgeführt und erneut mit der Galle ausgeschieden **(enterohepatischer Kreislauf).**

Steroidhormone
Hormone («Botenstoffe») sind **Wirkstoffe,** die von bestimmten Drüsen oder Geweben produziert und an die Blutbahn abgegeben werden (innere oder **endokrine Sekretion).** Alle Hormone **steuern** irgendwelche **Lebensvorgänge** unter anderem durch Induktion («Ankurbelung») der Synthese bestimmter Enzyme. Die innersekretorischen Drüsen beeinflussen sich durch die Hormone zum Teil gegenseitig. Zentrales Steuerorgan verschiedener anderer Drüsen ist der Hypophysenvorderlappen, der eine Reihe von **glandotropen Hormonen** (alles Polypeptide) sezerniert, z.B. Gonadotropine (die Keimdrüsen stimulierend), Corticotropin (die Nebennierenrinde stimulierend), Thyreotropin (die Schilddrüse anregend). Die Tätigkeit der Hypophyse wird ihrerseits durch die Hormone der von ihr gesteuerten Drüsen und auch durch das Zwischenhirn beeinflusst.
Die Hormone der Nebennierenrinde (Corticoide) und der Keimdrüsen (Sexualhormone) sind Steroide mit einer auf 2 C verkürzten oder ganz fehlenden 17-Seitenkette. Alle werden aus Cholesterin gebildet.

Gestagene (Schwangerschaftshormone, Ovulationshemmer). Das Schwangerschaftshormon **Progesteron** ist ein Diketon (Formel S. 314). Es wird im Zyklus der Frau vom **Corpus luteum** und in der Schwangerschaft von der **Plazenta** produziert. Das Hormon bereitet die Uterusschleimhaut zur Aufnahme des Eis vor und sorgt für die Aufrechterhaltung einer Schwangerschaft. Durch seine Wirkung auf die Hypophyse verhindert es indirekt die Reifung weiterer Eizellen (Ovulationshemmer). Die Wirkung der «Pille» (synthetische Gestagene) ist analog.

Östrogene. Die **Follikelhormone** oder Östrogene Östron, Östradiol und Östriol zeichnen sich durch einen aromatischen Ring mit einer phenolischen OH-Gruppe aus. Am wichtigsten ist das **Östradiol** (Formel s. unten). Östron hat in Stellung 17 statt einer OH- eine Ketogruppe, Östriol ausser bei 3 und 17 auch bei 16 eine OH-Gruppe. Die Östrogene (lat. oestrus = Brunst) werden im reifenden Follikel gebildet und steuern im Wechselspiel mit dem Progesteron aus dem Gelbkörper und den Gonadotropinen der Hypophyse den weiblichen Genitalzyklus. Sie sind auch für die Entwicklung der sekundären Geschlechtsmerkmale der Frau verantwortlich.

Androgene. Das wichtigste männliche Sexualhormon ist das **Testosteron.** Es wird in den Hoden (Testes) gebildet und ist für die Ausbildung der Genitalien und der sekundären Geschlechtsmerkmale des Mannes (Stimmbruch, Bartwuchs) verantwortlich. Das Hormon steuert auch die Reifung der Spermien.
Weibliche und männliche Hormone sind nicht auf das entsprechende Geschlecht beschränkt. Ihr Mengenverhältnis ist aber bei Mann und Frau stark verschieden.

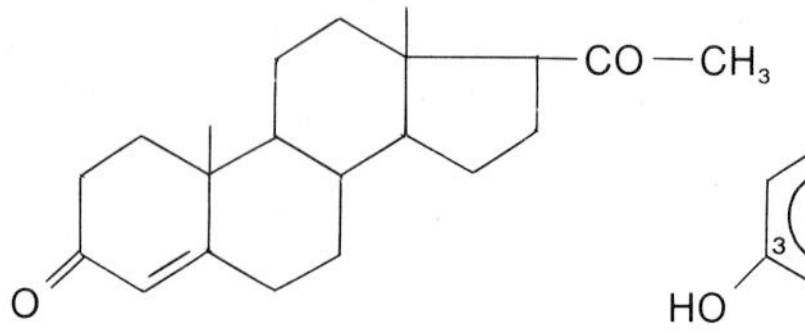

CO—CH₃

OH
17
16

OH
OH

O

HO
3

O

Progesteron 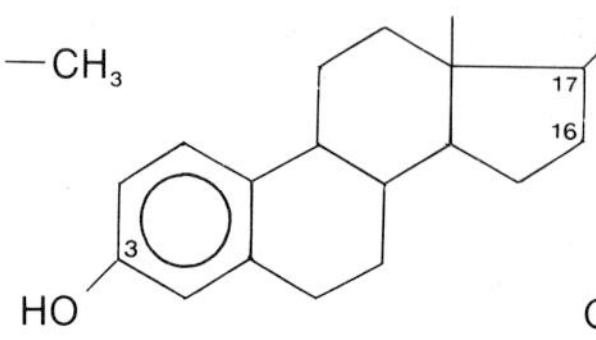   **Östradiol** 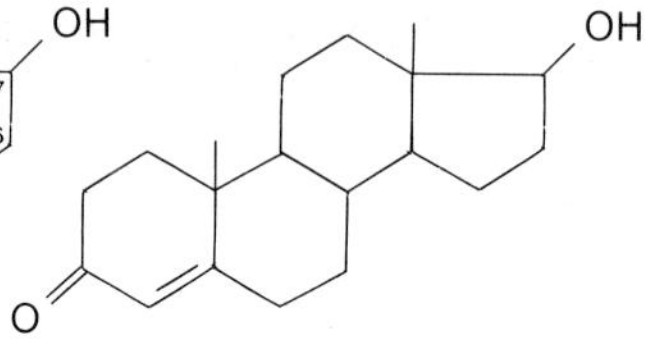   **Testosteron**

Corticoide. Die wichtigsten Hormone der Nebennierenrinde (man hat daraus etwa 30 verschiedene Steroide isoliert) sind **Cortisol, Corticosteron** und **Aldosteron.**

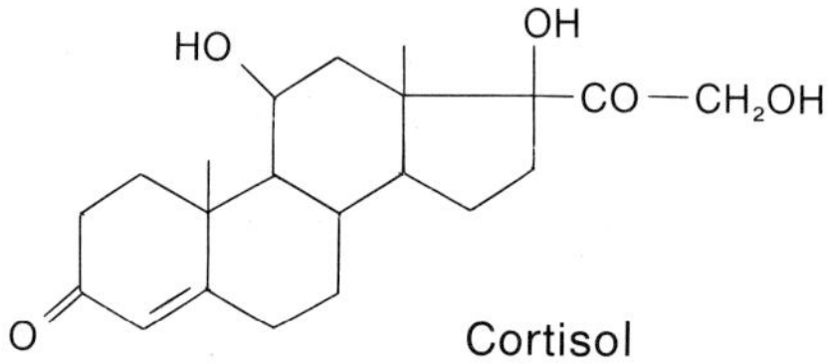

HO

OH

CO—CH₂OH

O——CH—OH
18
11   17
CO—CH₂OH

O   **Cortisol**   O   **Aldosteron**

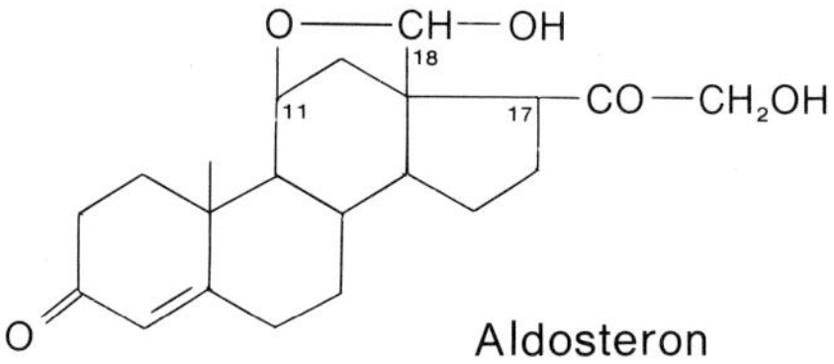

Corticosteron hat dieselbe Formel wie Cortisol, nur ohne OH-Gruppe in Stellung 17. Aldosteron fällt durch seine Aldehydgruppe in Stellung 18 auf, die mit der OH-Gruppe von Position 11 ein Cyclohalbacetal bilden kann (S. 239).
Aldosteron steuert vor allem die Rückresorption von Na^+ aus dem Primärurin, Cortisol und Corticosteron steuern die Bildung von Glucose bzw. Glycogen aus Aminosäuren.

Damit die Hormone ihrer «steuertechnischen» Aufgabe gerecht werden (sie sollen im allgemeinen keine Dauerwirkung entfalten), müssen sie rasch unwirksam gemacht werden können. Da das Steroidgerüst im Körper nicht abgebaut wird, werden die Steroidhormone meist durch Redoxvorgänge inaktiviert (Abbau der Seitenkette, Hydrierung von Doppelbindungen). Zum Teil werden sie auch unverändert, aber mit Glucuronsäure gekoppelt, im Urin ausgeschieden.

III. Heterozyklische Verbindungen

Alle ringförmigen Moleküle, die neben C noch andere Elemente als Ringglieder enthalten, nennt man **heterozyklisch**. Die drei wichtigsten «Heteroelemente» sind **O, S** und **N**. Die heterozyklische Chemie ist sehr umfangreich, die Zahl der Verbindungen riesig. Hier können nur die Grundkörper und einige biochemisch bedeutende Stoffe besprochen werden.

A. Furan, Thiophen und Pyrrol

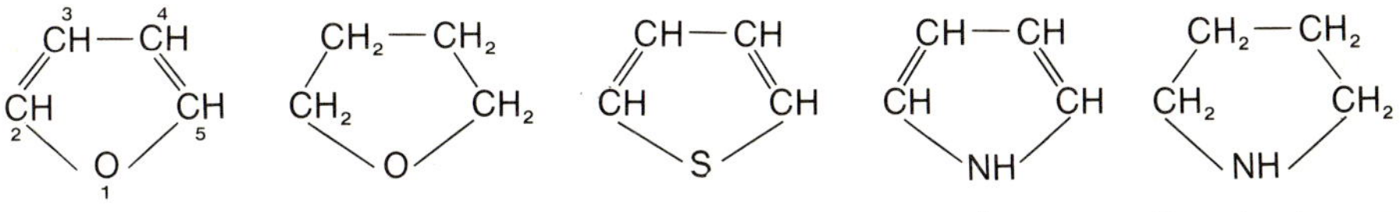

| Furan | Tetrahydro-furan | Thiopen | Pyrrol | Tetrahydropyrrol; Pyrrolidin |

Der Name Furan leitet sich von Furfural (alte Bezeichnung Furfurol) ab, einem Derivat des Furans mit einer Aldehydgruppe in Stellung 2. Furfural wird aus den Pentosen der Kleie (lat. furfur) gewonnen. Thiophen ist ein Begleiter des aus Steinkohlenteer isolierten Benzols (Phen = alter Name des Benzols, thio = Schwefel). Pyrrol bedeutet «Rotöl». Es erzeugt auf Fichtenholz in Gegenwart von HCl eine Rotfärbung. Heterozyklische 5-Ringe mit 2 Doppelbindungen haben aromatischen Charakter (das einsame Elektronenpaar von O, S und N integriert sich in die Wolke der delokalisierten π-Elektronen). Furan-, Thiophen- und Pyrrolringe werden deshalb oft wie der Benzolkern mit eingeschriebenem Kreis gezeichnet.

Das Pyrrol ist trotz seiner sekundären Aminogruppe kaum basisch (pK_b 13,6), wohl aber das Tetrahydropyrrol oder Pyrrolidin (pK_b 3,7). Ein Derivat des Tetrahydropyrrols ist die Aminosäure Prolin (S. 257, 258).

Alle drei Grundkörper lassen sich aus Succindialdehyd herstellen:

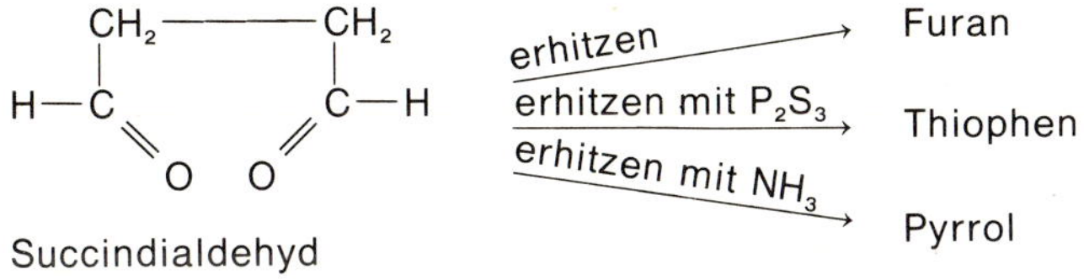

Nimmt man statt des Dialdehyds ein γ-Diketon, so erhält man die entsprechenden 2,5-Alkyl-substituierten Verbindungen.

Furanderivate erhält man auch beim Erhitzen von Zuckern mit starken Säuren (Kohlenhydratnachweis nach Molisch, S. 240).

Glucose oder andere
Aldohexose   5-(Hydroxy-methyl)-furfural

B. Porphyrine und deren Derivate

1. Bau und Eigenschaften der Porphyrine

Die **Porphyrine** umfassen eine Gruppe lebenswichtiger pflanzlicher und tierischer Farbstoffe. Gemeinsamer Grundkörper aller Porphyrine ist das **Porphin,** ein aus 4 Pyrroleinheiten zusammengesetzter Ring. In den Porphyrinen sind die C-Atome 1–8 des Porphins (s. Formel) mit verschiedenen Substituenten besetzt. Wie der Einzelpyrrolring hat auch das ganze Porphin aromatischen Charakter (lauter konjugierte Doppelbindungen). Alle Porphyrine sind farbig (griech. porphyrus = purpurfarbig). In der Nähe von 400 nm haben sie ein ausgeprägtes Absorptionsmaximum (Soret-Bande). Dank dieser Absorption, aber auch dank ihrer **Fluoreszenz** lassen sich Porphyrine nachweisen und bestimmen. Die Stoffgruppe hat eine starke Tendenz zur Bildung von **Metallkomplexen** (Fe, Mg).

Porphin   Protoporphyrin

Die Porphyrine haben eine zentrale Stellung im **Sauerstoffhaushalt** von Tier und Pflanze. Blutfarbstoff und Blattgrün sind Metallkomplexe von Porphyrinen.

Wichtigste Porphyrine in unserem Organismus sind das **Protoporphyrin** und dessen Eisenkomplex, das **Häm**. Die Porphyrinsynthese geht in unserem Körper von Glycin und Bernsteinsäure (bzw. Succinyl-Coenzym A) aus. Eines der ersten Zwischen-produkte ist δ-**Amino-lävulinsäure,** eine γ-Ketosäure. Aus 2 Molekülen dieser Ver-bindung entsteht durch Ringschluss **Porphobilinogen.** 4 Moleküle desselben vereini-gen sich zu einem Porphingerüst mit 8 Säuregrupppen als Seitenketten. Durch eine Reihe von Dehydrierungen und Decarboxylierungen entsteht schliesslich das Proto-porphyrin.

$$2 \begin{array}{l} CH_2-COOH \\ | \\ CH_2-CO-CoA \\ + \\ CH_2-COOH \\ | \\ NH_2 \end{array} \Bigg] \rightarrow 2 \begin{array}{l} COOH \\ | \\ CH_2 \\ | \\ CH_2 \\ | \\ CO \\ | \\ CH_2-NH_2 \end{array} \rightarrow$$

Succinyl-Coenzym A
+ Glycin

δ-Amino-lävulinsäure

Porphobilinogen

Bei verschiedenen Krankheiten (angeborenen Enzymdefekten, Vergiftungen) kön-nen einzelne Syntheseschritte unterbunden oder fehlgeleitet werden. Dann stauen sich Zwischenprodukte der Protoporphyrinsynthese an. Diese und daraus entstandene Nebenprodukte werden ausgeschieden. Deren Isolierung und Bestimmung ist wichtig für die Diagnose solcher Erkrankungen.

2. Häm und Hämoglobin

Durch enzymatischen Einbau von **2wertigem Eisen** in das Protoporphyrin entsteht das **Häm.** Das Eisen des Häms ist nicht salzartig, sondern **komplex** an den Pyrrol-Stickstoff gebunden und nicht dissoziierbar. Man spricht von einem Chelatkomplex (S. 327). Das Häm kann sich mit einem Protein, dem Globin, verbinden. Da das Eisen koordinativ 6wertig ist, kann es noch zwei Liganden aufnehmen. Diese werden von zwei Histidinresten des Proteins gestellt (s. Formel). **Vier Globin-Häm-Komplexe** aus je zwei verschieden langen Peptidketten (α-Kette mit 141 Aminosäuren, β-Kette mit 146 Aminosäuren) bilden zusammen das **Hämoglobin** mit charakteristischer Quartär-struktur (S. 263).

Das Hämoglobin (Hb) ist Hauptbestandteil (etwa 35 g/100 g) der Erythrozyten (roten Blutkörperchen). Es ist das **Transportmittel für den molekularen Sauerstoff** zwischen Lunge und Körperzellen. Bei Eintritt von O_2 in die Erythrozyten löst sich eine der Koordinativvalenzen zwischen Eisen und Eiweiss, und das O_2-Molekül nimmt die Stelle des Histidinrestes ein. Im so entstandenen **Oxy-hämoglobin** ist das Fe immer noch **2wertig.** Die Bindung zum Sauerstoff ist locker. Zwischen dem Oxy-hämoglobin und dem im Blut physikalisch gelösten O_2 besteht folgendes Gleichgewicht: $Hb + O_2 \rightleftharpoons HbO_2$. Wenn in den Kapillaren das Plasma an Sauerstoff verarmt, ver-schiebt sich das Gleichgewicht nach links, das HbO_2 wird wieder zum freien Hb. HbO_2 und Hb haben verschiedene Absorptionsspektren (HbO_2 hellrot, Hb dunkelrot).

CH$_2$=CH   CH$_3$

H$_3$C—[Porphyrin-Ring]—CH=CH$_2$

Fe^{2+}

H$_3$C—   —CH$_3$

CH$_2$ CH$_2$

CH$_2$ CH$_2$

COOH   COOH

Häm

Histidin

>N ····· NH ····· N<
>N ····· Fe ····· N<
      NH
O$_2$ Histidin

Häm

Peptidkette des Globins

Hämoglobin und Oxy-hämoglobin

Statt Sauerstoff kann das Hämoglobin auch **Kohlenmonoxid** binden. Die Affinität zu CO ist etwa 250mal grösser als zu O$_2$. Wenn die Atemluft nur 0,1% CO enthält, wird die Hälfte des gesamten Hb damit beladen und für den O$_2$-Transport blockiert (schwere Vergiftung!).

Durch Oxidationsmittel, z.B. Kaliumhexacyanoferrat(III), wird das Häm-Eisen oxidiert. Dabei bildet sich das rotbraune Methämoglobin oder **Hämiglobin,** das keinen Sauerstoff binden kann. Auch im Körper wird ständig etwas Hämiglobin gebildet. Die Hämiglobinreduktase sorgt aber für laufende Rückreduktion, so dass der Anteil des Hämiglobins beim Gesunden 1% des Gesamtblutfarbstoffs nicht überschreitet. Bei gewissen Vergiftungen (Chlorat, Benzol, Anilin, **Phenacetin**) kann das Hämiglobin stark ansteigen. Das Braunwerden von eingetrocknetem oder gekochtem Blut beruht auf der Bildung von Hämiglobin.

Der Gehalt des Blutes an CO-Hb und an Hämiglobin kann spektrofotometrisch ermittelt werden (S. 344). Zur Bestimmung der Gesamt-Hb-Konzentration führt man mittels Hexacyanoferrat(III) (Ferricyanid) alle Hb-Formen in Hämiglobin über. Nach Zugabe von KCN entsteht der stabile Cyan-hämiglobin-Komplex, der fotometrisch mit einer Standardprobe verglichen wird.

3. Cytochrome und Atmungskette

Alle sauerstoffverbrauchenden Zellen enthalten als Coenzyme der biologischen Oxidation Cytochrome. Dies sind dem Hämoglobin verwandte Chromoproteine. Zum Teil besitzen sie auch das Häm als prosthetische Gruppe, zum Teil einen andern Fe-Porphyrin-Komplex. Das **Cytochrom-Eisen wechselt während der Redoxvorgänge seine Wertigkeit** von II zu III und umgekehrt. Beim Nährstoffabbau fallen grosse Mengen Wasserstoff an, der von Coenzymen (NAD usw.) gebunden wird (S. 236). Damit diese Coenzyme wieder «einsatzfähig» werden, müssen sie ihren Wasserstoff an den aus dem Blut herbeigeführten O$_2$ abgeben. Eine Reaktion zwischen Wasserstoffträger und O$_2$ spielt aber nur unter Vermittlung verschiedener Cytochrome in der **Atmungskette** (S. 326). Der Prozess lässt sich vereinfacht wie folgt darstellen:

$$XH_2 + 2\,Cytochrom\text{-}Fe^{3+} \rightarrow X + 2\,Cytochrom\text{-}Fe^{2+} + 2H^+$$
$$\tfrac{1}{2}O_2 + 2\,Cytochrom\text{-}Fe^{2+} \rightarrow \quad 2\,Cytochrom\text{-}Fe^{3+} + O^{2-}$$

$\rightarrow H_2O \quad X = Coenzym$

X ist in diesem Reaktionsschema das Ubichinon, das den Wasserstoff von den Co-enzymen des oxidativen Nährstoffabbaus (Flavin-adenin-dinucleotid und Nicotin-amid-adenin-dinucleotid) übernimmt. Der ans Ubichinon gebundene Wasserstoff gibt sein Elektron ans Cytochrom-Eisen ab und wird dadurch zum H^+-Ion oxidiert. Das reduzierte Cytochrom gibt das aufgenommene Elektron via zwei weitere Cyto-chrome an den elementaren Sauerstoff weiter. Das so gebildete O^{2-}-Ion ist nicht beständig und verbindet sich sofort mit $2H^+$ zu H_2O. Die ganze Atmungskette ist stark **exotherm.** Die Energie wird dank den vielen Einzelstufen ratenweise frei und kann deshalb optimal ausgenützt werden. Etwa ein Drittel der Gesamtenergie wird zum Aufbau von **energiereichem Phosphat** (ATP; S. 326) verwendet.

Cytochrome mit 3wertigem Eisen verbinden sich wie das Hämiglobin sehr leicht mit **Cyanidionen.** Der CN-Komplex lässt sich nicht mehr reduzieren; die Zellatmung kommt zum Stillstand. Die Blausäurevergiftung beruht somit auf der Blockierung der Atmungskette durch Cyanid.

4. Chlorophyll

Der grüne Farbstoff der pflanzlichen Chloroplasten besteht aus verschiedenen Por-phyrinderivaten, die aber nicht Eisen, sondern **Magnesium** als Zentralatom enthalten. Eine der Carboxylgruppen der Seitenketten ist mit einem ungesättigten C_{20}-Alkohol (Phytol) verestert. Chlorophyll fängt die für die **fotolytische Spaltung von Wasser** nötige Sonnenenergie ein. Der bei der Fotolyse anfallende Sauerstoff wird von der Pflanze an die Umwelt abgegeben, der Wasserstoff wird zur Reduktion von CO_2 und damit zum Aufbau von Kohlenhydraten verwendet (Assimilation).

5. Gallenfarbstoffe

Ein Erythrozyt lebt durchschnittlich 4 Monate. Nach dieser Zeit wird er «einge-schmolzen». In Leber, Milz und Knochenmark wird das Hb abgebaut. Erster Schritt ist eine **oxidative Öffnung des Porphyrinrings** unter CO-Abspaltung. Dann werden Eisen und Protein vom heterozyklischen Rest abgetrennt. Das Eiweiss wird zu Amino-säuren hydrolysiert, welche entweder zu Neusynthesen oder zur Energiegewinnung verarbeitet werden. Das **Eisen** wird grösstenteils **an ein Protein (Ferritin) gebunden** und so für die Hämoglobinneubildung **gespeichert.** Die Fe-Zufuhr mit der Nahrung ist so gering, dass das Metall nicht durch Ausscheidung verschwendet werden darf. Das geöffnete eisen- und globinfreie Protoporphyrin ist das **Biliverdin** (grün). Es wird zu **Bilirubin** (Formel S. 320) reduziert (Aufnahme von 2H; 1 Doppelbindung weniger als Biliverdin).

Ausserhalb der Leber gebildetes Bilirubin wird mit dem Blut (an Albumin als Vehikel gebunden) in die Leber gebracht. Daselbst wird der Farbstoff **mit Glucuronsäure verestert** (Carboxyl des Bilirubins – OH-Gruppe der Glucuronsäure). Durch diese Vereinigung (Konjugation) wird das Bilirubin wasserlöslich und kann mit dem Gallen-sekret **in den Darm** abgegeben werden. Von der Darmflora wird die Pyrrolkette weiter reduziert zu Urobilinogen und Stercobilinogen, die wiederum zu Urobilin bzw. Stercobilin dehydriert werden können. Alle diese Formen (Gallenfarbstoffe) haben noch die Kette der 4 Pyrrolringe mit den vollständigen Seitenketten und unterscheiden sich nur in der Zahl der Doppelbindungen. Die Gallenfarbstoffe können resorbiert und erneut in die Leber geführt werden (enterohepatischer Kreislauf). Kleine Mengen gelangen durch das Blut in den Urin. Bei verschiedenen Lebererkrankungen (Hepatitis, Gallengangverschluss, Knollenblätterpilzvergiftung) steigt der Bilirubingehalt des Blutes. Das Plasma wird mehr oder weniger intensiv gelb (**Ikterus** oder Gelbsucht). Der Gesunde hat weniger als 10 mg Bilirubin pro Liter Plasma. Über 200 mg/l (bei «Rhesuskindern» vorkommend) wirken toxisch. Durch Blutaustausch werden diese Säuglinge vor Hirnschäden bewahrt.

Obschon selbst ein Farbstoff, kann Bilirubin nur bei Neugeborenen direkt fotometriert werden. Bald nach Beginn der oralen Ernährung erscheinen andere gelbe Farbstoffe (Carotine usw.) im Blut. Man führt daher das Bilirubin zur fotometrischen Bestimmung mittels diazotierter Sulfanilsäure (S. 294) in einen roten (in alkalischem Milieu blauen) **Azofarbstoff** über. Für die sichere Diagnose einer Gelbsucht ist eine fraktionierte Bestimmung des Bilirubin-glucuronids und des unkonjugierten, an Eiweiss gebundenen Bilirubins von Bedeutung. Das Glucuronid kuppelt ohne Zusatz mit diazotierter Sulfanilsäure (direktes Bilirubin), während das albumingebundene erst durch gewisse Reagenzien (Coffein, Diphyllin, Methanol) von seinem Vehikel abgelöst werden muss (indirektes Bilirubin).

Bilirubin

C. Indol und dessen Derivate

Indol ist eine gemischt heterozyklisch-aromatische Verbindung. Ein Pyrrolring ist mit einem Benzolkern annelliert. Wie bei verschiedenen Aromaten ist auch hier die Endung -ol irreführend (keine Hydroxylgruppe!).

Die Indigopflanze enthält ein Glucosid des Indoxyls (3-Hydroxy-indol). Wird dieses Glucosid an der Luft enzymatisch gespalten, so wird das freigesetzte Indoxyl zum blauvioletten **Indigo** oxidiert. Dieser ist ein sogenannter Küpenfarbstoff. Er ist selber wasserunlöslich, lässt sich aber durch Reduktion («Verküpung»), z. B. mit Natriumdithionit, in eine alkalilösliche Form überführen. Textilien werden mit dieser Leucoform (farblos) «gefärbt». Durch Luftoxidation wird auf der Faser der unlösliche und deshalb waschechte Farbstoff neugebildet.

Ein weiteres Indolderivat ist das **Tryptophan,** eine essentielle Aminosäure (Formel

S. 257). Ausser Eiweissbestandteil ist das Tryptophan Ausgangsstoff für ein in verschiedenen Organen gebildetes Gewebshormon, das **Serotonin.** Das Hormon reguliert unter anderem Blutdruck und Darmperistaltik.

Indol   Indigo   Serotonin

D. Fünfgliedrige Ringe mit 2 und mehr Heteroatomen

Pyrazol   Imidazol   1,2,3-Triazol   1,2,4-Triazol   Tetrazol   Thiazol

Der Imidazolring findet sich in der Seitenkette des Histidins, einer basischen Aminosäure (S. 257, 258). Durch Decarboxylierung von Histidin entsteht die Base **Histamin,** die bei verschiedenen **Allergien** eine massgebende Rolle spielt.

Ein Thiazolderivat ist das **Thiamin** (Vitamin B$_1$). Thiamin-pyrophosphat wirkt als Coenzym bei Decarboxylierungen im Energiestoffwechsel. Mangel an Thiamin führt zu Beriberi, einer Nervenerkrankung.

Histamin   Thiamin

E. 6-Ringe mit Stickstoff

Die heterozyklischen 6-Ringe mit 1 und 2 N-Atomen und 3 Doppelbindungen haben einen dem Benzol analogen Bau und deshalb ausgesprochen aromatischen Charakter.

Pyridin ist mit einem pK$_b$ von 8,8 etwas stärker basisch als Anilin und sehr viel stärker als Pyrrol. Mit starken Säuren bildet es beständige Pyridiniumsalze. Die Base ist im Gegensatz zu Anilin in jedem Verhältnis mit Wasser mischbar. Sie hat einen durchdringenden widerlichen Geruch und ist giftig. Pyridin findet als Lösungsmittel und als Fliessmittel für die Chromatografie Verwendung (Siedepunkt 115 °C).

Pyridin   Pyrimidin   s-Collidin

Natürliche Derivate des Pyridins sind das **Nicotin** und das Nicotinsäureamid (Nicotinamid), ein B-Vitamin (Antipellagra-Vitamin). Nicotinamid wird zur Biosynthese von NAD, einer Schlüsselsubstanz zahlreicher Redoxvorgänge verwendet.
Das vollständig hydrierte Pyridin heisst Piperidin.

Nicotin   Nicotinsäure-amid   Piperidin   Pyridiniumchlorid

Derivate des **Pyrimidins** sind Bausteine der **Nucleinsäuren** (S. 323) und bilden zusammen mit Purinderivaten (s. unten) den Code für die Aminosäuresynthese (S. 273).

Cytosin   Thymin   Uracil

Alle drei der obigen Hydroxy-pyrimidine unterliegen der Keto-Enol-Tautomerie (S. 230), wie am Beispiel des Uracils dargestellt.

F. Purine

Zu den biochemisch wichtigsten heterozyklischen N-Verbindungen gehören die **Purine.** Der Grundkörper der Stoffgruppe besteht aus einem Pyrimidinring, annelliert mit einem Imidazolring.
Purin ist wie Pyridin und Pyrimidin basisch. **Adenin** und **Guanin** gehören zur **Basengarnitur der Nucleinsäuren** (S. 323). Sie haben im Stoffwechsel auch als Bestandteil von **energiereichen Phosphaten,** das Adenin ausserdem als **Baustein von Coenzymen** (z. B. Coenzym A) wichtige Aufgaben.

Purin   Adenin   Guanin

Der Abbau der in unserem Körper synthetisierten Purinbasen führt über das Xanthin zur **Harnsäure**. Die drei Hydroxylgruppen der Enolform dieses Trihydroxy-purins haben phenolischen Charakter; ihr Wasserstoff ist dissoziierbar. Bei den meisten Säugetieren wird die Harnsäure mittels Uricase durch oxidative Ringöffnung in das gut wasserlösliche Allantoin umgewandelt. Dem Menschen fehlt die Uricase. Er scheidet die Harnsäure als solche im Urin aus (etwa 1 g/Tag). Bei neutralem und schwach saurem pH ist die Harnsäure praktisch undissoziiert und sehr schlecht wasserlöslich. Sie bildet deshalb oft Urinsedimente, unter ungünstigen Verhältnissen auch Nieren- und Blasensteine. Krankhaft erhöhte Purinsynthese kann zu einer «Überschwemmung» des Körpers mit Harnsäure führen. Diese kristallisiert dann unter anderem in den Gelenken aus (Gicht).

Xanthin   Harnsäure

Die Harnsäure wird meist enzymatisch bestimmt (Verwendung von Uricase).

G. Nucleinsäuren und Nucleotide

1. Bausteine und Raumstruktur der Nucleinsäuren

Die Nucleinsäuren (NA = nucleic acids) sind im Kapitel «Proteine» (S. 273) als die Träger der Erbanlagen und «Dirigenten» der Eiweisssynthese beschrieben worden. Ihren Namen verdanken sie der Entdeckung in Zellkernen. Sie kommen aber in jeder lebenden Zelle auch im Zytoplasma vor.
Bausteine der Nucleinsäuren sind 1. Phosphorsäure, 2. Zucker, 3. heterozyklische Basen.

Ausser diesen fünf Basen kommen, vor allem in der Transfer-Ribonucleinsäure (S. 325), noch andere, seltene Pyrimidine und Purine vor. Nach der Art des Zuckers unterscheidet man **Ribonucleinsäuren** (RNA) und **Desoxy-ribonucleinsäuren** (DNA). Die DNA enthalten als Basen A, G, C und **T,** die RNA vor allem A, G, C und **U.** Die drei Bausteine Base (B), Zucker (Z) und Phosphorsäure (P) sind in allen Nucleinsäuren nach folgendem Plan zu mehr oder weniger langen Ketten verknüpft:

$$
\begin{array}{cccc}
\text{B} & \text{B} & \text{B} & \text{B} \\
| & | & | & | \\
\text{—Z—P—Z—P—} & & \text{Z—P—Z—P—} &
\end{array}
$$

Die Phosphorsäure bildet eine Esterbrücke zwischen dem 3. C der einen und dem 5. C der anderen Pentose. Das 1. C des Zuckers (Aldehydgruppe) ist direkt mit einem Ringstickstoff der Base (Position 9 beim Purin, Position 1 beim Pyrimidin) verbunden (Formeln von ATP und NAD S. 326). Von den 3 H-Atomen der Phosphorsäure sind 2 bei der Veresterung verlorengegangen; das 3. ist noch ionogen und für den Säurecharakter der Nucleinsäure verantwortlich.

Die DNA-Moleküle sind sehr hochpolymer und haben eine definierte Raumstruktur, ähnlich der Konformation der Proteine (S. 262). Zwei DNA-Ketten sind jeweils zu einer Schraube, einer **Doppelhelix,** verzwirnt. Ähnlich wie in der α-Helix der Proteine wird auch in der Doppelhelix der DNA die Struktur durch H-Brücken aufrechterhalten. Beim Protein laufen die H-Bindungen von einer Windung zur nächsten, bei der DNA von einem Strang zum anderen (Abb. 90). Die Basen sind im Innern der Ketten so angeordnet, dass sich immer ein Adenin und ein Thymin oder ein Guanin und ein Cytosin gegenüberstehen. Die Basen mit Hydroxylgruppen haben in der Doppelhelix vornehmlich Keto- und nicht Enolform. Der Sauerstoff der Carbonylgruppen und der Wasserstoff der Aminogruppen ziehen sich gegenseitig an (S. 75).

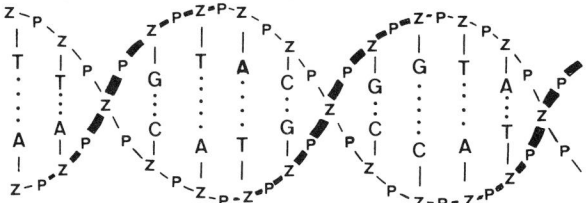

Abb. 90. DNA-Doppelhelix. An den Kreuzungsstellen der beiden Stränge steht die Folge Zucker–Base . . . Base–Zucker senkrecht zur Zeichenebene.

Guanin und Cytosin bzw. Adenin und Thymin sind **komplementäre Basenpaare.** Der eine Strang einer DNA ist als ganzer komplementär zum anderen Strang. Für die Aufeinanderfolge (Sequenz) der 4 Basen gibt es in einem Strang von ein paar Tausend Basen eine riesige Zahl von Möglichkeiten. Jede einzelne Sequenz verkörpert eine ganz bestimmte genetische Information (s. «Proteinsynthese», S. 273). Die DNA-Doppelhelix verbindet sich mit Histonen (basischen Proteinen) zu Nucleoproteinen.

2. Replikation und Transkription

Bei der normalen Zellteilung muss die gesamte genetische Information an die beiden Tochterzellen weitergegeben werden. Vor der Kernteilung wird jede DNA-Doppelhelix von einem Ende her entzwirnt. Längs jedem der beiden komplementären Stränge wird ein neuer, wiederum zum alten komplementärer, Strang synthetisiert. So entstehen zwei absolut identische Doppelstränge, die dann auf die beiden Tochterzellen verteilt werden (Abb. 91). Diese Reproduktion des genetischen Materials wird als **Replikation** bezeichnet.

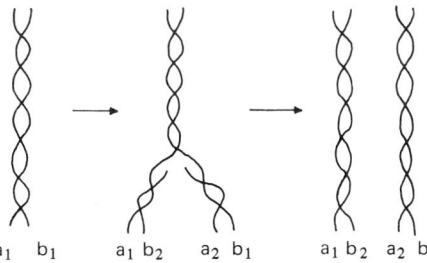

a_1 b_1 a_1 b_2 a_2 b_1 a_1 b_2 a_2 b_1

Abb. 91. Replikation (Verdoppelung) der DNA-Doppelhelix.

Der Replikation ähnlich ist die ebenfalls im Zellkern stattfindende **Transkription,** die Übergabe des Basen-Codes auf die Boten- oder **Messenger-RNA** (m-RNA). Dem einen Strang der entzwirnten Doppelhelix entlang wird die RNA synthetisiert – nach demselben Prinzip wie der neue Strang der DNA bei der Replikation, nur dass Uracil die Stelle des Thymins und Ribose jene der Desoxy-ribose einnimmt (Abb. 92). Die m-RNA löst sich schon während der Synthese laufend von ihrer DNA-«Mutter» ab und gelangt nach Fertigstellung vom Kern ins Zytoplasma, wo sie als «Leitschiene» für die Proteinsynthese dient (S. 273). Die m-RNA hat keine definierte Raumstruktur und ist sehr kurzlebig (Spaltung durch das Enzym Ribonuclease).

```
- R  -  P - R  -  P - R  -  P - R  -  P - R  - P -
  |       |       |       |       |
  A       C       U       G       G          m-RNA (R = Ribose)
  :       :       :       :       :
  T       G       A       C       C          Basentriplett
  |       |       |       |       |          DNA (D = Desoxy-ribose)
- D  -  P - D  -  P - D  -  P - D  -  P - D  - P -
```

Abb. 92. Transkription.

3. Transfer-RNA und Ribosomen-RNA

Die Ribonucleinsäuren, welche die einzelnen aktivierten Aminosäuren binden und sich mit ihrem «Fühler»-Basentriplett ans komplementäre Triplett der Boten-RNA anlagern, heissen Transfer-Ribonucleinsäuren (t-RNA). Sie sind niedermolekular (weniger als 100 Basen), gut wasserlöslich, und sie besitzen eine wohldefinierte Konformation. Jede Aminosäure hat ihre «private» Transfer-RNA (S. 273).
Eine dritte Art von Ribonucleinsäuren verkörpert die **ribosomale RNA.** Sie bildet kleine, im Elektronenmikroskop sichtbare Granula, die **Ribosomen,** die sich an der Proteinsynthese beteiligen. Die Anlagerung der AS-beladenen t-RNA an die m-RNA und die Knüpfung der Peptidbindung findet stets in Gegenwart eines Ribosoms statt. Man bezeichnet deshalb die Ribosomen treffend als Nähmaschinen der Proteine.

4. Nucleotide

Eine Nucleinsäure-Baueinheit, bestehend aus Base, Zucker und Phosphorsäure, wird als **Nucleotid,** die Verbindung aus Base und Zucker ohne Phosphat als **Nucleosid** bezeichnet. Monomere und dimere Nucleotide haben vitale Bedeutung als **Coenzyme** in unserem Zellstoffwechsel. Es seien nur zwei Beispiele mit Formel angeführt, von denen in früheren Kapiteln mehrfach die Rede war (S. 247, 318, 322):

ATP ist ein **energiereiches Phosphat.** Es wird in der Atmungskette und bei einigen anderen exothermen Stoffwechselprozessen gebildet und speichert einen Teil der daselbst freigesetzten chemischen Energie. Bei endothermen Stoffwechselvorgängen (Synthesen, Stofftransporten, Muskel- und Nervenarbeit) gibt ATP pro mol etwa 30 kJ ab und wird dabei zum Diphosphat oder Monophosphat hydrolysiert.

NAD ist Coenzym zahlreicher **Dehydrogenasen.** Es nimmt den durch diese abgespaltenen Wasserstoff auf und gibt ihn in der Atmungskette weiter.

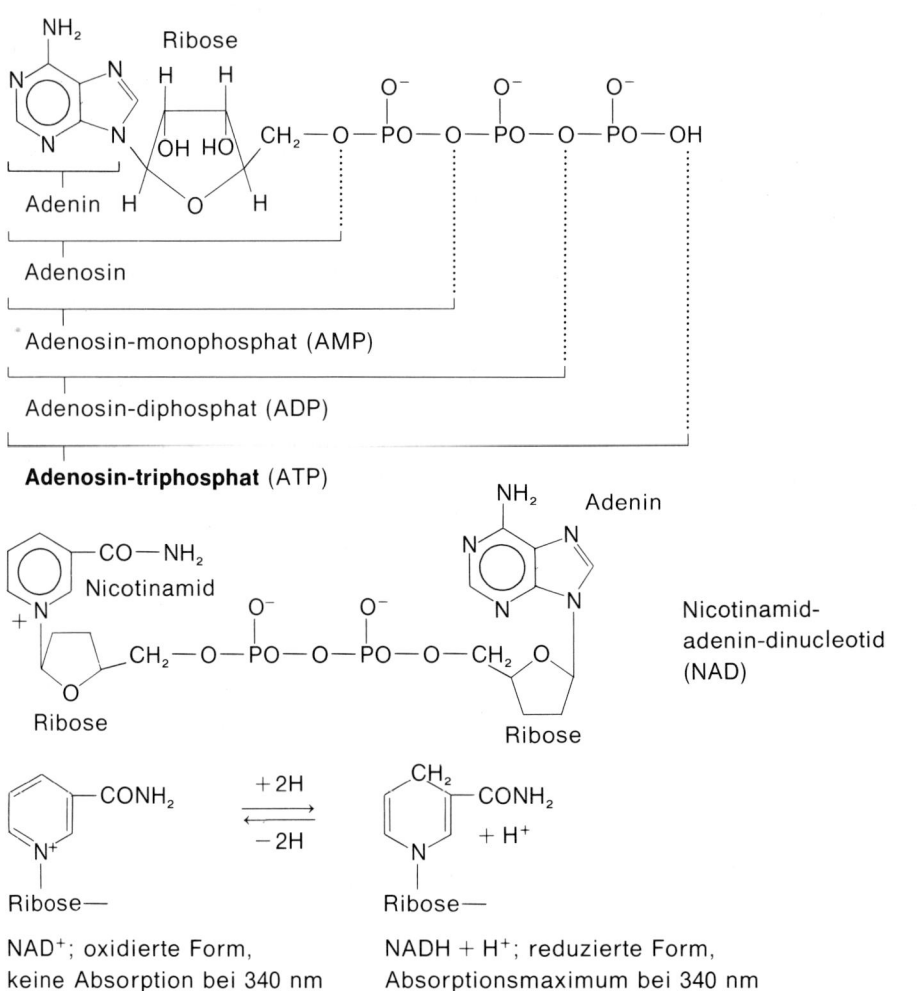

Adenin

Adenosin

Adenosin-monophosphat (AMP)

Adenosin-diphosphat (ADP)

Adenosin-triphosphat (ATP)

Nicotinamid-adenin-dinucleotid (NAD)

NAD$^+$; oxidierte Form, keine Absorption bei 340 nm

NADH + H$^+$; reduzierte Form, Absorptionsmaximum bei 340 nm

Der Wechsel zwischen **benzoider** und **chinoider** Form des Pyridinrings verursacht einen Wechsel in der UV-Absorption. Diese Tatsache wird im optischen Test von Warburg analytisch ausgenützt (S. 282).

Coenzyme mit ähnlicher Funktion wie das NAD sind die **Flavin-nucleotide.** Flavin ist eine trizyklische Base mit 4 N-Atomen. Flavin-adenin-dinucleotid (FAD) übernimmt in der Atmungskette den Wasserstoff vom NADH und gibt ihn an das Ubichinon weiter (S. 319). Das Flavingerüst wird dem Körper mit dem Vitamin B_2 (Riboflavin) zugeführt. Auch das in früheren Kapiteln öfters erwähnte **Coenzym A,** der **Aktivator der Carbonsäuren,** ist ein Nucleotid-Derivat aus Adenin, Ribose, 3 Molekülen H_3PO_4, Pantothensäure (ein Vitamin B) und Cysteamin ($NH_2-CH_2-CH_2-SH$). Es bildet energiereiche Thioester mit den Carbonsäuren.

H. Chelatkomplexe

Hämoglobin und Chlorophyll (S. 317, 319) sind zwei typische Beispiele von **Chelaten;** das sind **organische Metallkomplexe,** in denen ein Metallion von mindestens zwei Koordinativbindungsstellen eines organischen Moleküls «in die Zange genommen» wird (griech. chele = Hummerschere). Man spricht von mehrzähnigen Liganden. Bei den auf den Seiten 172 ff. beschriebenen Komplexen sind die Metallatome von einzelnen unter sich freien (einzähnigen) Liganden umgeben.

Chelate von Schwermetallen sind meist **intensiv gefärbt.** Diese Tatsache wird zum gegenseitigen Nachweis und zur fotometrischen Bestimmung von Metallen und Chelatbildnern ausgenützt. Beispiele:

1. Nachweis und Bestimmung von **Polypeptiden und Proteinen mit Kupfer** (Biuret-Reaktion): Polypeptide sind für das Kupfer zweizähnige Liganden. Das Chelat ist in alkalischem Milieu intensiv violett. Für das Zustandekommen des Komplexes sind mindestens 2 —NH—CO-Gruppen pro Molekül erforderlich, wie im Biuret ($NH_2-CO-NH-CO-NH_2$) oder jedem Peptid aus mehr als 2 Aminosäuren.

Kupfer-Peptid-Komplex;
Peptid tautomerisiert

Eisen(II)-Phenanthrolin-Chelat;
zweizähnige Liganden

2. Nachweis und Bestimmung von **Eisen(II) mit Phenanthrolin:** Das Eisen(II)-Phenanthrolin-Chelat ist intensiv rot. Noch stärker gefärbt ist der entsprechende Diphenyl-phenanthrolin-Komplex. Dieser ist in Wasser schlecht, in Amylalkohol gut löslich. Fe(II)-Ionen lassen sich somit nach Chelierung mit organischen Lösungsmitteln ex-

trahieren. Sulfoniert man den Chelatbildner, so wird der Komplex wasserlöslich. Diphenyl-phenanthrolin-disulfonat wird zur Bestimmung des Serumeisens verwendet.

3. Nachweis und Bestimmung von Pb, Hg und Zn mit Diphenyl-thiocarbazon (Dithizon):

Quecksilber-Dithizon-Chelat;
zweizähnige Liganden

Die Dithizonkomplexe sind gut löslich in Tetrachlorkohlenstoff und Chloroform. Sie können mit diesen Lösungsmitteln aus wässrigem Milieu ausgeschüttelt und fotometriert werden.

Durch Chelierung können **Schwermetalle in alkalischem Milieu in Lösung gehalten** werden (keine Bildung von schwerlöslichen Hydroxiden). Beispiel: Fehlingsche Lösung für den Zuckernachweis: Kupfer(II)-tartrat-Chelat in Natronlauge (tiefblau).

Einige Chelate sind **sehr schwer löslich,** so dass sie zur Isolierung und **gravimetrischen Bestimmung** von Metallionen verwendet werden. Beispiel: Dimethylglyoxim-Nickel-Komplex, intensiv rot (S. 214).

Durch Chelatbildung können Metallionen «**maskiert**» werden. Sie verlieren ihre Ionenaktivität. Beispiel: Durch Zusatz von **Ethylendiamin-tetraessigsäure (EDTA)** zu Leitungswasser wird das Ca^{2+} cheliert, so dass es z.B. mit Seifen keinen Niederschlag bilden kann. Gibt man EDTA zu einer Blutprobe, wird sie ungerinnbar.

Mit EDTA lassen sich **Calciumionen titrieren:** Zur Lösung mit unbekanntem Ca^{2+}-Gehalt gibt man etwas Lauge und den Indikator Calcein, der in Gegenwart von Ca^{2+}-Ionen grün fluoresziert. Dann lässt man EDTA bekannter Konzentration zutropfen, bis die Fluoreszenz verschwindet (Bildung des stabilen Ca-EDTA-Komplexes auf Kosten des weniger stabilen Ca-Calcein-Komplexes). 1 mol EDTA entspricht 1 mol Ca^{2+}.

Ethylendiamin-tetraessigsäure
(EDTA)

Calcium-EDTA-Chelat;
sechszähniger Ligand

XV. Fragen zur Eigenkontrolle (Stoffgebiet S. 307–328)

1. Wie lässt sich Cyclohexanon herstellen?
2. Welchen gemeinsamen Baustein haben alle Terpene?
3. Wie lässt sich Kupfer(II) in alkalischem Milieu in Lösung halten?
4. Zu welcher Stoffklasse gehören: a) die Gallensäuren; b) die Harnsäure?
5. Welche Rolle spielen Vitamin A und Vitamin D im Stoffwechsel?
6. Man nenne 2 heterozyklische Eiweiss-Aminosäuren. Wie heisst deren Ringgerüst?
7. Welche Wertigkeit hat das Eisen: a) im Hämoglobin; b) im Hb-O_2; c) in den Cytochromen?
8. Was ist ein vierzähniger Ligand? Beispiel.
9. Man nenne 3 Sexualhormone mit ihren Funktionen.
10. In welcher Form verlässt der Porphyrin-Stickstoff unseren Körper?
11. Wie unterscheidet sich Hämoglobin von Hämiglobin?
12. Was ist: a) Pyrrol; b) Pyridin; c) Pyrimidin?
13. Worauf beruht die Giftwirkung von: a) CO; b) HCN?
14. Welches ist der unmittelbare Reaktionspartner des Luftsauerstoffs in der Zellatmung?

15. Welches sind die Bausteine von ATP?
16. Wie heissen die 4 Basen der DNA; welche bilden in der Doppelhelix Paare?
17. Man nenne 3 Stoffe, die in unserem Körper aus Cholesterin gebildet werden.
18. Welche Rolle spielt Nicotinamid-adenindinucleotid im Stoffwechsel?
19. Warum kommt es in saurem Urin viel leichter zu Harnsäure-Steinbildung als in alkalischem Urin?
20. Was ist ein Provitamin? Man nenne 2 Beispiele.
21. Was versteht man: a) unter Replikation; b) unter Transkription bei den Nucleinsäuren?
22. Wie kommt es: a) zu Gicht; b) zu einem Ikterus?
23. Wie heissen folgende Stoffe:

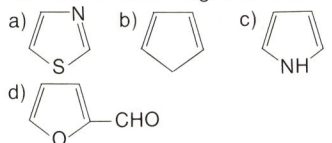

24. Wieviele Chloratome hat ein Chlorophyllmolekül?

(Antworten S. 361)

Tabelle 44. Die wichtigsten aliphatischen und aromatischen Verbindungstypen

Allgemeine Formel	Name der Stoffgruppe	Beispiel
$R-CH_3$	Alkan	Hexan (R = Pentyl)
$R-CH=CH-R'$	Alken	2-Buten (R = R′ = Methyl)
$R-C\equiv C-R'$	Alkin	Ethin (Acetylen) (R = R′ = H)
$R-CHCl-R'$	Chlor-alkan	2-Chlor-heptan (R = Methyl, R′ = Pentyl)
$R-CH_2-OH$	primärer 1wertiger Alkohol	1-Octanol (1-Hydroxy-octan) (R = Heptyl)
$\begin{array}{l} R\ -CH_2 \\ \diagdown \\ CH-OH \\ \diagup \\ R'-CH_2 \end{array}$	sekundärer 1wertiger Alkohol	2-Butanol (R = Methyl, R′ = H)
$\begin{array}{l} R\ -CH_2 \\ \diagdown \\ R'\ -CH_2-C-OH \\ \diagup \\ R''-CH_2 \end{array}$	tertiärer 1wertiger Alkohol	Methyl-2-propanol (R = R′ = R″ = H)
$R-\underset{\underset{OH}{\vert}}{CH}-(CH_2)_n-\underset{\underset{OH}{\vert}}{CH}-R'$	2wertiger Alkohol	1,5-Decandiol (R = H, R′ = Pentyl, n = 3)
$R-CH_2-O-CH_2-R'$	Ether	Methyl-propylether (Methoxy-propan) (R = H, R′ = Ethyl)
$R-C\overset{\displaystyle O}{\underset{\displaystyle H}{\diagup\diagdown}}$	Aldehyd	Ethanal (Acetaldehyd) (R = Methyl)
$R-CH_2-\overset{\overset{\displaystyle O}{\|}}{C}-CH_2-R'$	Keton	Ethyl-methyl-keton (2-Butanon) (R = Methyl, R′ = H)
$R-C\overset{\displaystyle O}{\underset{\displaystyle OH}{\diagup\diagdown}}$	Monocarbonsäure	Propansäure (Propionsäure) (R = Ethyl)
$HOOC-(CH_2)_n-COOH$	Dicarbonsäure	Butandisäure (Bernsteinsäure) (n = 2)
$R-CHCl-(CH_2)_n-COOH$	Chlor-carbonsäure	β-Chlor-buttersäure (R = Methyl, n = 1)
$R-\underset{\underset{OH}{\vert}}{CH}-(CH_2)_n-COOH$	Hydroxy-carbonsäure	2-Hydroxy-propansäure (Milchsäure) (R = Methyl, n = 0)

R, R′, R″, R‴ = C_nH_{2n+1} — = Alkyl (n = beliebige ganze Zahl, einschliesslich 0; R wird dann = H)

Ar, Ar′ = Aryl = , usw.

Tabelle 44 (Fortsetzung)

Allgemeine Formel	Name der Stoffgruppe	Beispiel
$R-CH_2-CO-(CH_2)_n-COOH$	Keto-carbonsäure	Acetessigsäure (β-Keto-buttersäure) ($R=H$, $n=1$)
$R-CO-O-CO-R$	Carbonsäure-anhydrid	Essigsäure-anhydrid ($R=$ Methyl)
$R-CO-Cl$	Carbonsäure-chlorid	Propionylchlorid ($R=$ Ethyl)
$R-CO-O-CH_2-R'$	Carbonsäure-ester	Hexansäure-ethylester (Capronsäure-ethylester) ($R=$ Pentyl, $R'=$ Methyl)
$O_2N-O-CH_2-R$	Salpetersäure-ester	Salpetersäure-propylester (Propylnitrat) ($R=$ Ethyl)
$R-CH_2-O-SO_2-O-CH_2-R'$	Schwefelsäure-ester	Schwefelsäure-dimethyl-ester (Dimethyl-sulfat) ($R=R'=H$)
$R-CH\begin{smallmatrix}O-R'\\O-R''\end{smallmatrix}$	Acetal	Dimethoxy-ethan ($R=R'=R''=$ Methyl)
$CH_2OH-(CHOH)_n-C\begin{smallmatrix}O\\H\end{smallmatrix}$	Aldose (Polyhydroxy-aldehyd)	Glucose ($n=4$)
$CH_2OH-(CHOH)_n-\underset{\underset{O}{\|\|}}{C}-CH_2OH$	Ketose (Polyhydroxy-keton)	Fructose ($n=3$)
$R-CH_2-NH_2$	primäres Amin	Methyl-amin (Amino-methan) ($R=H$)
$R-CH_2-NH-CH_2-R'$	sekundäres Amin	Ethyl-propyl-amin ($R=$ Methyl, $R'=$ Ethyl)
$\begin{smallmatrix}R-CH_2\\R'-CH_2\end{smallmatrix}N-CH_2-R''$	tertiäres Amin	Dibutyl-methyl-amin ($R-H$, $R'-R''-$ Propyl)
$\begin{smallmatrix}R-CH_2\\R'-CH_2\end{smallmatrix}\overset{+}{N}\begin{smallmatrix}CH_2-R''\\CH_2-R'''\end{smallmatrix}$	quartäres Ammoniumion	Tetramethyl-ammonium ($R=R'=R''=R'''=H$)
$R-CH=NH$	Imin	Pentyl-imin ($R=$ Butyl)
$R-C\equiv N$	Carbonsäure-nitril	Acetonitril ($R=$ Methyl)
$R-\underset{\underset{NH_2}{\|}}{CH}-(CH_2)_n-OH$	Amino-alkohol	Colamin (Amino-ethanol) ($R=H$, $n=1$)
$R-\underset{\underset{NH_2}{\|}}{CH}-(CH_2)_n-COOH$	Aminosäure	Alanin (2-Aminopropan-säure) ($R=$ Methyl, $n=0$)
$R-CO-NH_2$	Carbonsäure-amid	Formamid ($R=H$)

Tabelle 44 (Fortsetzung)

Allgemeine Formel	Name der Stoffgruppe	Beispiel

NH_2–CH–CO–NH–CH–COOH
      | |
      R   R'
	Dipeptid	Alanyl-glycin
		 (R = Methyl, R' = H)

R—CH_2—SH	Thioalkohol (Mercaptan)	Thiopropanol (R = Ethyl)

R—C—SH
    ||
    O
	Thiocarbonsäure	Thioessigsäure (R = Methyl)

R—CH_2—S—CH_2—R'	Thioether (Dialkyl-sulfid)	Diethyl-sulfid (R = R' = Methyl)
R—CH_2—S—S—CH_2—R'	Dialkyl-disulfid	Ethyl-methyl-disulfid (R = Methyl, R' = H)
Ar—OH	Phenol im weitern Sinn	β-Naphthol (2-Naphthol) (Ar =)
Ar—NO_2	Nitroverbindung	m-Nitro-toluol (Ar = CH_3)
Ar—N≡N—Ar'	Azoverbindung	Azo-benzol (Ar = Ar' =)
Ar—N≡N^+Cl^-	Diazoniumsalz	Phenyl-diazonium-chlorid (Ar =)
Ar—SO_3H	Sulfonsäure	α-Naphthalin-sulfonsäure (Ar =)
Ar—SO_2—NH_2	Sulfonamid	4-Methyl-benzol-sulfonamid (Ar = CH_3)

Anhang

Analytische Methoden

A. Übersicht

1. Die wichtigsten Verfahren zur Isolierung von Reinstoffen

Trennmethode	Für die Trennung entscheidende Eigenschaft

Filtration
┌ gewöhnliche Filtration (4)
┼ Filtration mit Vakuum oder Druck (5)
└ Ultrafiltration

Dialyse (269)
Gelchromatografie (338)

⎫
⎬ Teilchengrösse
⎭

Massenspektrometrie (37) — Teilchenmasse

Zentrifugation
┌ gewöhnliche Zentrifugation (5)
┼ Gradientenzentrifugation
└ Ultrazentrifugation (270)

⎫ Teilchendichte
⎭

Destillation
┌ gewöhnliche Destillation (6)
├ Vakuumdestillation (6)
├ Wasserdampfdestillation
└ Sublimation (153)

⎫ Siedepunkt
⎭

Fraktionierte Kristallisation
┌ Abkühlung (7)
┼ Lösungsmittelentzug (7)
└ Fremdstoffzusatz (108)

Extraktion (7)
Gegenstromverteilung

Verteilungschromatografie
┌ Säulenchromatografie (339)
┼ Dünnschichtchromatografie (339)
└ Papierchromatografie (339)

Gaschromatografie (338)

⎫ Löslichkeit
⎭

Adsorptionschromatografie (337)
Ionenaustauschchromatografie (337)

Elektrophorese
┌ trägerfreie Elektrophorese (271)
├ Gel-Elektrophorese (271)
┼ Folien- und Papier-Elektrophorese (271)
├ Immun-Elektrophorese
└ Elektrofokussierung (271)

⎫ Ladungszustand
⎭

Die einzelnen Methoden sind auf den in Klammern angegebenen Seiten beschrieben. Methoden ohne Seitenangabe figurieren nicht in diesem Buch.

2. Die wichtigsten Methoden der quantitativen Analyse

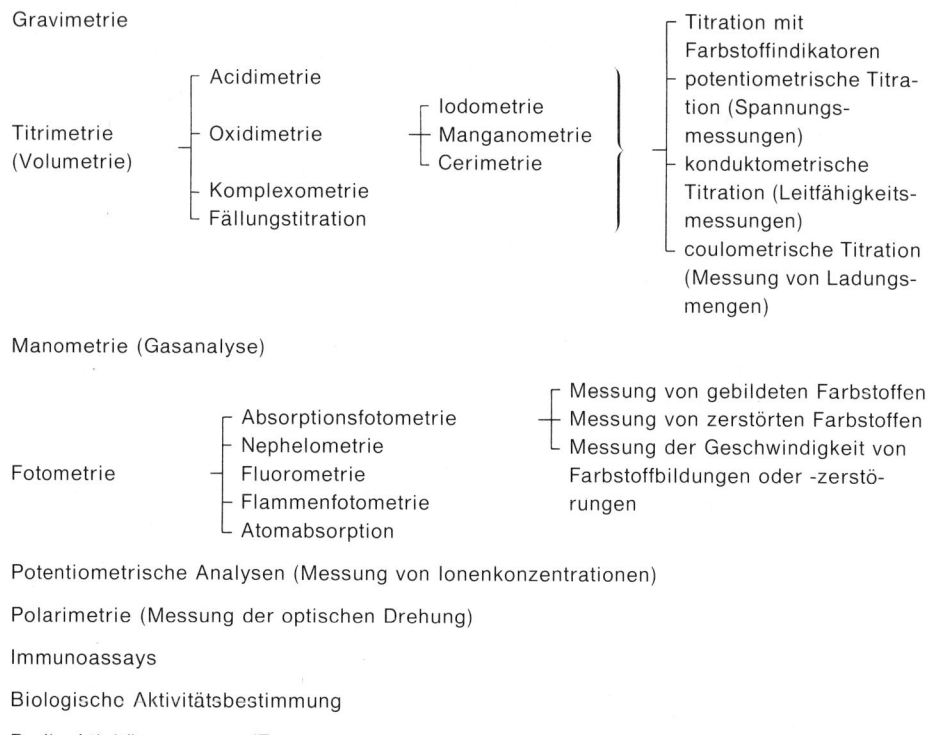

Gravimetrie

Titrimetrie (Volumetrie)
- Acidimetrie
- Oxidimetrie
  - Iodometrie
  - Manganometrie
  - Cerimetrie
- Komplexometrie
- Fällungstitration

- Titration mit Farbstoffindikatoren
- potentiometrische Titration (Spannungsmessungen)
- konduktometrische Titration (Leitfähigkeitsmessungen)
- coulometrische Titration (Messung von Ladungsmengen)

Manometrie (Gasanalyse)

Fotometrie
- Absorptionsfotometrie
  - Messung von gebildeten Farbstoffen
  - Messung von zerstörten Farbstoffen
  - Messung der Geschwindigkeit von Farbstoffbildungen oder -zerstörungen
- Nephelometrie
- Fluorometrie
- Flammenfotometrie
- Atomabsorption

Potentiometrische Analysen (Messung von Ionenkonzentrationen)

Polarimetrie (Messung der optischen Drehung)

Immunoassays

Biologische Aktivitätsbestimmung

Radioaktivitätsmessung (Tracerexperimente)

Die folgenden Seiten sind den Trenn- und Analysenverfahren gewidmet, die im Hauptteil des Buches wohl erwähnt, aber nicht beschrieben sind.

3. Die wichtigsten Identifikationsmethoden für Reinstoffe

Physikalische Untersuchungen

Folgende physikalische Daten können am isolierten Reinstoff ermittelt und in Tabellenwerken mit den entsprechenden Grössen bekannter Stoffe verglichen werden:

Schmelzpunkt	**Molekülmasse** (Fixpunktverschiebung; S.105)
Siedepunkt	**Absorptionsspektrum** (sichtbar, ultraviolett, infrarot; S.344)
Dichte	**Emissionsspektrum** (Fluoreszenz, Flamme; S.346)

Hat der unbekannte Stoff denselben Schmelzpunkt wie eine vermutete bekannte Substanz, lässt sich die Identität der beiden durch Bestimmung eines **Mischschmelzpunktes** bestätigen bzw. widerlegen. Ist der Schmelzpunkt der Mischung gleich dem Schmelzpunkt der Einzelstoffe, so sind diese identisch. Ist der Mischschmelzpunkt tiefer, sind sie verschieden.

Reaktionen mit gruppen- oder elementspezifischen Reagenzien
Das Verhalten der untersuchten Substanz in Gegenwart von Reagenzien, die durch Farbstoffbildung, Gasentwicklung, Niederschlagsbildung usw. ganz bestimmte Atomgruppen, Ionen oder Elemente anzeigen, gibt wertvollen Aufschluss über die Familienzugehörigkeit.
Die Herstellung bestimmter **Derivate** und die Ermittlung ihrer physikalischen Daten (s. oben) erleichtert oft das eindeutige Erkennen von Verbindungen.

Vergleichende Chromatografie und Elektrophorese
Steht die Zugehörigkeit einer Substanz zu einer **Stoffgruppe** fest (z. B. Fettsäuren, Peptide, Zucker), unterwirft man den unbekannten Stoff parallel mit einer Reihe vermuteter bekannter Stoffe der **Chromatografie** oder (bei Elektrolyten) der **Elektrophorese.** Wandert der Unbekannte unter verschiedenen Chromatografie- oder Elektrophoresebedingungen gleich rasch wie ein bestimmter Bekannter, ist die Identität der beiden praktisch sicher.

Untersuchung des biochemischen Verhaltens
Zahlreiche **Proteine** lassen sich aufgrund von **Antigen-Antikörper-Fällungsreaktionen** identifizieren (Immunchemie). **Enzyme** erkennt man an ihrer **katalytischen Wirkung** auf bestimmte Substrate. **Hormone** können anhand ihrer physiologischen Wirkung auf Tier oder Mensch identifiziert werden.

B. Chromatografie

Die Chromatografie in all ihren Spielarten ist eine relativ junge Technik zur Auftrennung der verschiedensten Gemische nah verwandter Stoffe (z. B. homologer organischer Verbindungen). Die ersten chromatografischen Experimente wurden mit Pflanzenfarbstoffen ausgeführt (Chromatografie = «Farbaufzeichnung»).
Alle Varianten der Chromatografie basieren auf folgendem Prinzip: Ein Bett (Säule, Platte, Folie) von **feinstrukturiertem Material mit sehr grosser innerer Oberfläche = stationäre Phase** lässt man von einer Flüssigkeit (oder einem Gas) = **mobile Phase** oder **Fliessmittel** durchströmen. Nahe beim Eintritt der mobilen in die stationäre Phase belädt man das System mit dem zu trennenden Stoffgemisch. Fliessmittel und stationäre Phase «reissen sich» nun um die Gemischkomponenten. Von der stationären Phase werden diese festgehalten, von der mobilen Phase vorwärtsgetrieben. Je nach Bevorzugung der einen oder der anderen Phase durch einen Gemischbestandteil wandert dieser schneller oder langsamer.
Zwei Gemischbestandteile mit unterschiedlicher Wanderfreudigkeit bekommen während des Chromatografielaufes mehr und mehr Abstand voneinander und können schliesslich getrennt aus dem System isoliert werden (Abb. 93).
Je nach Beschaffenheit der beiden Phasen wird unterschieden zwischen:

Verteilungschromatografie (stationäre Phase flüssig, fein verteilt und von festem, inertem Träger festgehalten; mobile Phase flüssig, mit stationärer Phase nicht mischbar);

Adsorptionschromatografie (stationäre Phase fest, oberflächenaktiv; mobile Phase: meist organische Flüssigkeit);

Ionenaustauschchromatografie (stationäre Phase: Ionenaustauscher; mobile Phase: wässrige Pufferlösung);

Gaschromatografie (stationäre Phase: flüssig wie bei der Verteilungschromatografie oder fest wie bei der Adsorptionschromatografie; mobile Phase: Gas);

Affinitätschromatografie (stationäre Phase: auf Festkörper fixierte komplexbildende Gruppen, z. B. Substrate für bestimmte Enzyme; mobile Phase: wässrige Lösung; Trennung von Substanzen mit unterschiedlicher Affinität zu den aktiven Gruppen);

Gelchromatografie (stat. Phase: mit Wasser gequollenes Gel; mobile Phase: Wasser). Je nach Aufmachung der stationären Phase spricht man von **Säulen-, Dünnschicht-** oder **Papierchromatografie.** Alle drei Techniken kommen bei der Verteilungschromatografie zur Anwendung. Die andern Varianten bedienen sich vor allem der Säule.

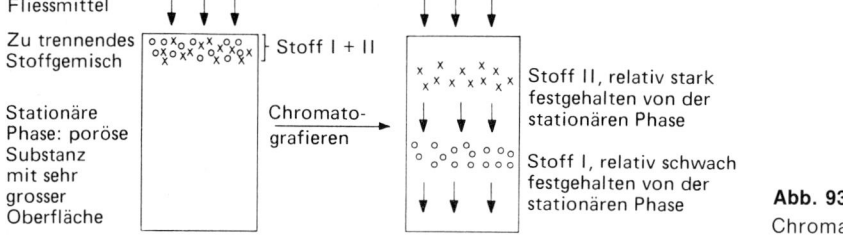

Abb. 93.
Chromatografie.

1. Verteilungschromatografie

Von einem feinporösen **hydrophilen Trägermaterial,** z. B. Silicagel (kolloidale Kieselsäure) oder Cellulose, werden submikroskopische **Wassertröpfchen** mit sehr grosser Gesamtoberfläche festgehalten. Als **Fliessmittel** dient eine **organische Flüssigkeit** (meist ein Gemisch von zwei oder mehr Lösungsmitteln). Seltener verwendet man auch einen lipophilen Träger mit adsorbierter organischer Flüssigkeit als stationäre Phase und Wasser als Fliessmittel. Alle Bestandteile des zu trennenden Gemisches müssen in beiden Phasen löslich sein. Das **Verhältnis der Löslichkeiten einer Komponente in stationärer und mobiler Phase** sei z. B. a/b. Zu Beginn des Chromatografielaufes verteilt sich diese Substanz in den beiden Phasen im Mengenverhältnis a/b, wie beim Ausschütteln im Scheidetrichter (enger Kontakt kleinster Tröpfchen, freie Diffusion von einer Phase in die andere). Beim «Laufen» kommt das beladene Fliessmittel ständig mit neuen reinen stationären Tröpfchen und die beladene stationäre Phase laufend mit neuem reinem Fliessmittel in Kontakt. Die beiden Phasen extrahieren sich fortwährend gegenseitig. Die Substanzverteilung im Verhältnis a/b stellt sich kontinuierlich neu ein; die Gemischkomponente wird allmählich vorwärtsgetrieben. Ist das Verhältnis a/b gross (Stoff relativ gut löslich in stationärer Phase, relativ schlecht löslich im Fliessmittel), dann wandert die Komponente langsam (bevorzugter Aufenthalt in der stillstehenden Flüssigkeit). Ist a/b klein, wandert die Substanz schnell (bevorzugter Aufenthalt in der strömenden Flüssigkeit; nur kurzfristige «Rast» in der stationären Phase). Ist die stationäre Phase Wasser, dann gilt die Regel: **Je hydrophiler eine Komponente** eines Gemisches aus verwandten Stoffen ist, **desto langsamer, je lipophiler, desto schneller** wandert sie. Für jedes Stoffgemisch wird das Fliessmittel so gewählt, dass der Verteilungskoeffizient a/b für die einzelnen Komponenten möglichst unterschiedlich wird.

2. Adsorptionschromatografie

Stationäre Phase ist ein feinporiges Material mit vielen **polaren Gruppen** an der Oberfläche, z. B. Aluminiumoxid (S. 171). Die zu trennenden Stoffe werden von den Restladungen dieser Oberflächengruppen (O ist negativ, Al positiv polarisiert) je nach deren eigener Polarität mehr oder weniger stark **adsorbiert** (festgehalten). Es bilden sich unter anderem Wasserstoffbrücken aus. Als mobile Phase verwendet man ein mehr oder weniger polares Lösungsmittel. Dessen eigene Restladungen treten mit den Restladungen der stationären Phase in Konkurrenz. Die Gemischkomponenten werden je nach Bevorzugung von Fliessmittel oder Feststoffoberfläche mehr oder weniger rasch vorwärtsgetrieben, und zwar nach ähnlichen statistischen Gesetzmässigkeiten wie bei der Verteilungschromatografie. Im Verlauf einer Adsorptionschromatografie kann das Fliessmittel gewechselt werden. Man beginnt mit schwach polaren Lösungsmitteln und steigert dann die Polarität (z. B. Alkan – Ether – Keton – Carbonsäure).

Auch bei der Verteilungschromatografie sind oft Adsorptionswirkungen des Trägermaterials mit im Spiel (polare Gruppen der Cellulose bei der Papierchromatografie).

3. Ionenaustauschchromatografie

Zur **Trennung von Elektrolyten** (Carbonsäuren, Aminen, Aminosäuren, Peptiden usw.) werden vorzugsweise **Ionenaustauscher** als stationäre und **Pufferlösungen** als mobile Phase verwendet. Gibt man die Lösung eines Elektrolytgemisches auf eine Ionenaustauschersäule, so werden alle Anionen bzw. Kationen des Gemisches gegen bewegliche Ionen der stationären Phase ausgetauscht und festgehalten (S. 67). Während des Chromatografielaufes treten die Ionen des strömenden Puffers mit den Ionen des Analysengemisches in Konkurrenz um die Bindungsstellen des Austauschers. Die einzelnen Gemischkomponenten werden je nach Anziehung durch die stationären Ladungen verschieden rasch vom Puffer vorwärtsgetrieben. Die «Klebefreudigkeit» eines Elektrolyten an einem bestimmten Ionenaustauscher hängt in erster Linie von seinem Dissoziationsgrad ab. Nur Ionen, nicht aber undissoziierte Moleküle des Elektrolytgemisches, werden naturgemäss von der stationären Phase festgehalten. Der Dissoziationsgrad von schwachen Elektrolyten ist seinerseits eine Funktion des Fliessmittel-pH. So wie bei der Adsorptionschromatografie während eines Laufes die Polarität des Fliessmittels gesteigert werden kann, lässt sich bei der Ionenaustauschtechnik das Puffer-pH erhöhen (für Basen) bzw. senken (für Säuren), wenn es gilt, die Wanderung von «klebrigen» Komponenten zu beschleunigen. Monochlor-essigsäure wandert z. B. in einer Anionenaustauschersäule langsamer als Essigsäure, weil jene bei gleichem pH stärker dissoziert als diese (S. 220). Essigsäure wandert anderseits bei pH 2 schneller als bei pH 3 unter sonst gleichen Bedingungen, weil sie um so weniger dissoziert, je saurer das Milieu ist.

4. Gaschromatografie

Stoffe, die sich ohne Zersetzung verdampfen lassen, können gaschromatografisch getrennt werden. Ein mehrere Meter langes aufgewickeltes Rohr wird mit einem feinstrukturierten Material gefüllt, das entweder mit einer extrem **hoch siedenden Flüssigkeit** beladen ist (ähnlich wie bei der Verteilungschromatografie) oder eine **Oberfläche mit polaren Gruppen** besitzt (wie bei der Adsorptionschromatografie). Ein **inertes Gas,** das von der stationären Phase in keiner Weise festgehalten wird (z. B. H_2), dient als mobile Phase. Das ganze System wird bis in die Gegend des Siedebereichs des Analysengemisches erhitzt. Dieses wird als Flüssigkeit in den vorgewärmten Gasstrom eingespritzt, und zwar kurz vor dessen Eintritt in die Rohrfüllung. Die Gemischsubstanzen kommen dann als Dampfwölkchen mit der stationären Phase in Berührung, wo sie sich in der adsorbierten Flüssigkeit lösen bzw. von der aktiven Oberfläche des Festkörpers festgehalten werden. Dank ihrem **Dampfdruck** können die so aufgehaltenen Moleküle die stationäre Phase wieder verlassen und mit dem Gasstrom weiterwandern. Löslichkeit bzw. Adsorbierbarkeit einerseits und Dampfdruck anderseits bestimmen die Geschwindigkeit der Wanderung. Die Gaschromatografie dient vor allem der quantitativen Analyse von Gemischen und kaum präparativen Zwecken. Am Ende des Rohres strömt das Gas durch einen **Detektor,** der die einzelnen Analysensubstanzen aufspürt und auch deren Menge registriert. Als Messgrösse dient z. B. die Wärmeleitfähigkeit des ausströmenden Gases, die sich ändert, wenn es mit dem Dampf einer Gemischkomponente beladen wird. Ist das Trägergas brennbar, so kann man es nach dem Austritt aus dem Rohr verbrennen. Die elektrische Leitfähigkeit der Flamme ist dann ein Mass für die Menge der mitgeführten Analysensubstanz. Bei der Verbrennung entstehen kurzfristig geladene Molekülbruchstücke, die von in die Flamme ragenden Elektroden angezogen werden (Flammenionisations-Detektor). Das System wird vor dem Analysenlauf mit bekannten Mengen bekannter Substanzen **geeicht.**

Für die Gaschromatografie besonders geeignet sind z. B. Kohlenwasserstoffe, Ether, Ester, Ketone, Aldehyde, 1wertige Alkohole und niedere 1wertige Carbonsäuren. Ungeeignet sind mehrwertige Alkohole und Carbonsäuren, Zucker, Aminosäuren.

5. Gelchromatografie oder Gelfiltration

Bei der Gelchromatografie werden Gemischbestandteile nach ihrer **Molekülgrösse sortiert.** Ein **granuliertes Kolloidgel,** meist Dextran-Glycerin-Polyether («Sephadex»), Polyacrylamid oder ein anderes Polykondensat wird, mit Wasser oder Elektrolytlösung aufgeschwemmt, in ein Rohr gefüllt. Die Gelgranula bestehen aus einem **submikroskopischen Netzwerk** von Makromolekülfäden, dessen Maschenweite durch geeignete Synthesebedingungen beeinflusst werden kann. Die Flüssigkeit in der Chromatografiesäule verteilt sich auf das Innere der Gelkörner (V_i) und die Zwischenräume zwischen den Granula (V_o). Lässt man das System «laufen», bewegt sich die Flüssigkeit in den Zwischenräumen, während sie im Innern des Gels praktisch in Ruhe bleibt (sehr grosser Reibungswiderstand im engmaschigen Netz). Ideale Bedingungen für die Trennung eines Gemisches liegen dann vor, wenn die einen Moleküle (I) grösser sind als die grössten Maschen und die anderen (II) kleiner als die kleinsten Maschen des Gels. Strömt ein solches Gemisch durch die Säule, diffundieren die kleinen Moleküle frei durch die Gelkörner, während die grossen sich nur durch die Zwischenräume bewegen können. Man spricht von einem **Molekülsieb.** Teilchen, die sich im Innern der Granula aufhalten, werden praktisch nicht fortbewegt. Erst nach Austritt aus dem Korn werden sie wieder vom Strom erfasst, bis sie sich im nächsten Korn verkriechen. I erscheint im Eluat (auslaufende Flüssigkeit), wenn das Fliessmittelvolumen V_o die Säule passiert hat, II dagegen erst, wenn $V_o + V_i$ durchgelaufen sind. Wenn $V_o = V_i$, hält sich ein kleines Molekül statistisch gesehen die halbe Zeit in der ruhenden Gelflüssigkeit auf, es braucht also doppelt so lang wie ein grosses, um die ganze Säule zu durchlaufen (Abb. 94). Da die Gelmaschen nicht alle gleich gross sind, können bei Gemischen aus Molekülen ähnlicher Grösse alle Übergänge zwischen freiem Eintritt und völligem Ausschluss vorkommen. Je leichter der Eintritt ins Gel, desto langsamer die Wanderung. Bei genügender Säulenlänge können deshalb auch Teilchen mit geringem Grössenunterschied getrennt werden, vorausgesetzt, dass die kleinsten Maschen höchstens die kleinsten Moleküle passieren lassen und die weitesten Maschen höchstens die grössten Moleküle aussperren. Die Gelchromatografie leistet in der Biochemie vorzügliche Dienste bei der Fraktionierung von Proteinen und Peptiden.

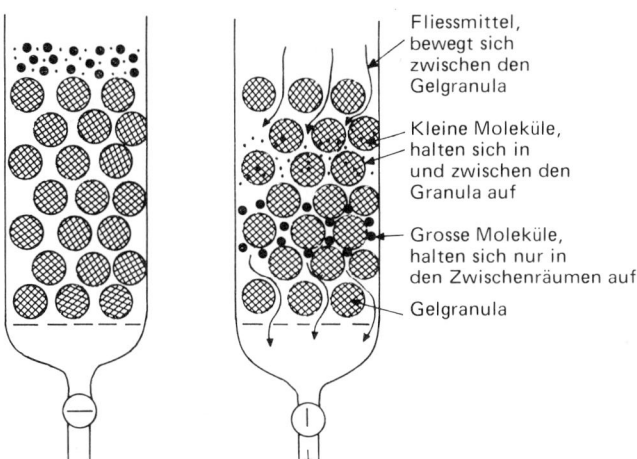

Fliessmittel, bewegt sich zwischen den Gelgranula

Kleine Moleküle, halten sich in und zwischen den Granula auf

Grosse Moleküle, halten sich nur in den Zwischenräumen auf

Gelgranula

Abb. 94. Gelchromatografie.

6. Säulen-, Dünnschicht- und Papierchromatografie

Die äussere Aufmachung der chromatografischen Verfahren richtet sich nach dem Ziel des Trennprozesses und nach der verfügbaren Stoffmenge. Die Säulentechnik ist vor allem präparativ und quantitativ analytisch, die Dünnschicht- und Papierchromatografie mehr qualitativ betont.

Bei der **Säulenchromatografie** werden Fliessmittel und stationäre Phase zusammen in ein Rohr mit Siebboden gefüllt (Abb. 94). Das Analysengemisch wird oben auf die stationäre Phase gegeben. Am unteren Ende der Säule wird Fliessmittel abgelassen und am oberen Ende kontinuierlich durch neues ersetzt. Das auslaufende Fliessmittel **(Eluat)** wird durch periodischen Wechsel des Auffanggefässes **fraktioniert.** Die Gemischkomponenten gelangen so nach verschieden schnellem Durchlaufen der Säule in verschiedene Gefässe.

Das Eluat kann bei Austritt aus der Säule auch laufend mit einem Farbreagens gemischt (für Aminosäuren z. B. Ninhydrin) und der mit den eluierten Substanzen gebildete Farbstoff laufend fotometriert werden. Wird die Extinktion von einem Schreiber registriert, erhält man direkt ein quantitatives Abbild des Analysengemisches. Die Flächen der Glockenkurven in Abbildung 95 sind ein Mass für die Menge des eluierten Stoffes.

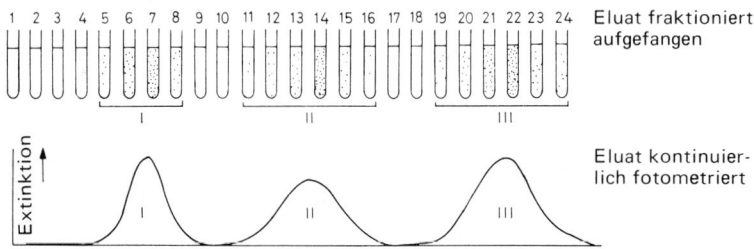

Abb. 95. Säulenchromatogramm.

Bei der **Dünnschichtchromatografie** ist die stationäre Phase bzw. deren Träger als dünne Schicht (0,1 bis einige Millimeter dick) auf eine Glas- oder Kunststoffplatte ausgebreitet und lose verklebt (meist Silicagelpulver). Bei der **Papierchromatografie** fungiert ein Bogen Fliesspapier mit adsorbierter Luftfeuchtigkeit als selbsttragende stationäre Phase. Nahe einer Kante des Papiers oder der Dünnschicht wird das Analysengemisch aufgetragen (Grössenordnung Mikrogramm). Die gleiche Kante wird dann, ohne dass der Gemischfleck eintaucht, in ein flaches Gefäss mit Fliessmittel gesetzt. Die ganze Einrichtung wird in eine mit Fliessmitteldampf gesättigte Atmosphäre (geschlossene Kammer) gebracht. Die Flüssigkeit wird durch die Kapillarwirkung der porösen Substanz aufgesogen. Eine Fliessmittelfront stösst durch die stationäre Phase nach oben vor. Der Gemischfleck wandert und teilt sich in einzelne Reinstoffflecken auf. Das fertige Chromatogramm trocknet man und macht farblose Flecken durch **Besprühen mit einem Farbreagens sichtbar.**
Die Papiertechnik ist heute weitgehend von den Dünnschichtverfahren verdrängt (raschere Wanderung, konzisere Flecken, kleinere Minimalmengen, bessere Resistenz gegen aggressive Sprühmittel bei der Dünnschicht). Das Schichtverfahren hat vor der Säule den Vorzug, dass mehrere Stoffgemische und bekannte Vergleichssubstanzen gleichzeitig im gleichen System chromatografiert werden können.
Die Schichtchromatografie dient in erster Linie der Aufspürung und Identifizierung von Gemischbestandteilen. Für jeden Stoff ist in einem gegebenen System unter fixierten Bedingungen das Verhältnis aus seiner Wanderstrecke und der Wanderstrecke der Fliessmittelfront, der sogenannte **Rf-Wert,** eine konstante Grösse (R: Ratio = Verhältnis; f: Front). Hat ein unbekannter Stoff in verschiedenen Fliessmittelsystemen immer denselben Rf-Wert wie eine bekannte Vergleichssubstanz, dann sind die beiden mit grosser Wahrscheinlichkeit identisch. Kommen nur wenige Gemischkomponenten in Frage, genügt zur Identifizierung die Chromatografie in **einem** Fliessmittel unter Mitführen der Vergleichssubstanzen. Jedes Dünnschichtchromatogramm kann beliebig in Felder aufgeteilt und diese können einzeln ausgewaschen und untersucht werden (Abb. 96).

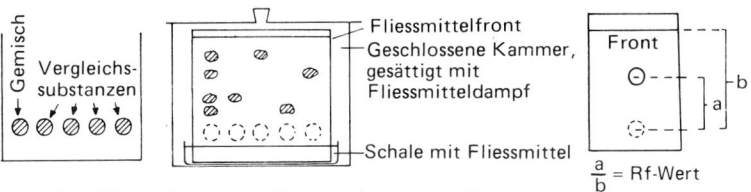

Abb. 96. Dünnschicht- und Papierchromatografie.

C. Fotometrie

1. Übersicht

Bei allen fotometrischen Analysen wird durch das Analysengut entweder Licht verschluckt, umgewandelt oder erzeugt. Das von der Analysensubstanz ausgehende (nicht verschluckte, umgewandelte oder erzeugte) Licht wird gemessen und zur Menge des untersuchten Stoffes in Beziehung gesetzt. Man unterscheidet:

Absorptionsfotometrie. Schwächung von eingestrahltem Licht durch die Analysenlösung infolge teilweiser Absorption.

Fluorometrie. Umwandlung von eingestrahltem kurzwelligem in ausgestrahltes langwelliges Licht durch fluoreszierende Stoffe.

Nephelometrie (Trübungsmessung). Streuung von eingestrahltem Licht durch kolloidale oder suspendierte Partikel.

Flammenfotometrie. Umwandlung von Wärme in Licht durch heisse Metallatome.

Atomabsorption. Absorption von eingestrahltem Licht durch heisse Metallatome.

2. Absorptionsfotometrie

Visuelle Kolorimetrie

Durchläuft ein weisser Lichtstrahl eine farbige Substanz, dann wird seine Energie teilweise absorbiert und in Wärme verwandelt. Der austretende Strahl ist schwächer als der eintretende. Die Schwächung eines Lichtstrahls in einer klaren gefärbten Lösung ist nur von der Anzahl der getroffenen absorbierenden Teilchen abhängig – ungeachtet der Wegstrecke, auf welche sie sich verteilen. Eine Lösung von der Konzentration 1 g/l und der durchstrahlten Schichtdicke 1 cm muss somit dieselbe Lichtschwächung hervorrufen wie eine Lösung von 0,4 g/l und einer Schichtdicke von 2,5 cm. Im zweiten Fall werden auf 2,5 cm gleich viele absorbierende Teilchen getroffen wie im ersten Fall auf 1 cm. Werden zwei gleich starke Lichtstrahlen von zwei Lösungen gleich stark geschwächt, dann gilt folgende Beziehung:

$$K_1 \cdot d_1 = K_2 \cdot d_2 \qquad K = \text{Konzentration}, \; d = \text{Schichtdicke}$$

Sind K_1, d_1 und d_2 bekannt, dann lässt sich die unbekannte Konzentration K_2 berechnen. Eine Standardlösung mit bekannter Konzentration und die Analysenlösung werden mit demselben Licht nebeneinander durchstrahlt. Die Schichtdicke des Analysengutes wird dann so verändert, dass beide Lösungen in der Durchsicht gleich hell erscheinen. Die beiden Schichtdicken werden gemessen und die Konzentration der analysierten Lösung wird nach obiger Gleichung berechnet. Diese visuelle Kolorimetrie wird heute kaum mehr gebraucht, weil das Auge für den Vergleich von Lichtwerten zu wenig empfindlich ist.

Das Lambert-Beersche Gesetz

Mit Hilfe eines elektrischen Fotometers kann die durch eine Lösung bewirkte Lichtschwächung direkt bestimmt werden, und zwar durch Messung der Intensität eines Lichtstrahls vor und nach Durchlaufen der Messlösung. Das zu messende Licht trifft auf eine Fotozelle, wo es eine elektrische Spannung erzeugt. Diese Fotospannung lässt einen kleinen Strom fliessen, der nach elektronischer Verstärkung gemessen wird. **Die Stromstärke ist proportional der Intensität des auf die Fotozelle fallenden Lichts.** Ist die mathematische Beziehung zwischen Lösungskonzentration und Lichtschwächung bekannt, lässt sich jene aus dem elektrischen Messwert berechnen.

Ein monochromatischer Lichtstrahl (Licht mit nur einer Wellenlänge) durchläuft ein Medium von der Schichtdicke d cm und wird dabei auf die Hälfte geschwächt. Beim Durchlaufen einer weiteren gleich dicken Schicht wird diese halbe Intensität nochmals halbiert. Der austretende Strahl hat noch einen Viertel seiner ursprünglichen Stärke. Nach Passieren einer dritten Schicht von d cm ist der Strahl auf ein Achtel seiner Eintrittsintensität geschwächt usw. Denselben Effekt wie durch Verdoppelung und Verdreifachung der Schichtdicke bei konstanter Konzentration erhält man durch Verdoppelung und Verdreifachung der Konzentration bei konstanter Schichtdicke (Gleichung s. «visuelle Kolorimetrie», S. 341). Das Verhältnis der Austrittsintensität I und der Eintrittsintensität I_o wird als **Durchlässigkeit** oder Transmission T der untersuchten Lösung bezeichnet.

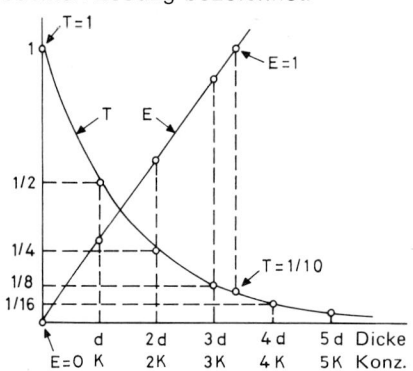

Abb. 97. Transmission T und Extinktion E als Funktion der Schichtdicke bzw. der Konzentration.

Schichtdicke bzw. Konzentration		Transmission T		Extinktion $E = \log \dfrac{1}{T}$	
Lineare Zunahme	0	Exponentielle Abnahme	1	Lineare Zunahme	0
	d bzw. K		$^1/_2$		0,30103
	2d bzw. 2K		$^1/_4$		0,60206
	3d bzw. 3K		$^1/_8$		0,90609
	4d bzw. 4K		$^1/_{16}$		1,20412

Wie Abbildung 97 zeigt, ist die Durchlässigkeit keine lineare, sondern eine exponentielle Funktion der Schichtdicke bzw. Konzentration. Direkt proportional zu Schichtdicke und Konzentration ist hingegen der Logarithmus der reziproken Transmission. Diese Grösse wird als **Extinktion** E bezeichnet.

$$\frac{I}{I_0} = T \qquad \log \frac{1}{T} = \log \frac{I_0}{I} = E$$

Aus Abbildung 97 geht hervor:

$\dfrac{E_1}{E_2} = \dfrac{d_1}{d_2}$ **Bei konstanter Konzentration sind Extinktion und Dicke der durchstrahlten Schicht direkt proportional.**

$\dfrac{E_1}{E_2} = \dfrac{K_1}{K_2}$ **Bei konstanter Schichtdicke sind Extinktion und Konzentration einer Lösung direkt proportional.**

Die beiden Verhältnisgleichungen lassen sich in eine Formel, das **Gesetz von Lambert-Beer,** vereinigen:

$$E = \varepsilon \cdot K \cdot d$$

Ist K = 1 mol/l und d = 1 cm, so wird $E = \varepsilon$ (molarer Extinktionskoeffizient).

Der molare Extinktionskoeffizient ε ist die Extinktion einer Lösung von der Konzentration 1 mol/l und der Schichtdicke 1 cm.

Ist von einem Farbstoff der molare Extinktionskoeffizient bekannt, dann lässt sich aus der gemessenen Extinktion seiner Lösung seine Konzentration berechnen, gegebene Schichtdicke (Innenabstand der Küvettenwände) vorausgesetzt.

$$K = \frac{E}{\varepsilon \cdot d}$$

Beispiel: ε von Bilirubin bei 463 nm ist 44700, die molare Masse 584 g/mol. Eine Lösung von der Schichtdicke 2 cm hat die Extinktion 0,776. Wieviele Milligramm Bilirubin enthalten 50 ml der Lösung?

$$K = \frac{0,776}{44700 \cdot 2} \text{ mol/l} \rightarrow \frac{0,776 \cdot 584}{44700 \cdot 2} \text{ g/l} \rightarrow \frac{0,776 \cdot 584 \cdot 50}{44700 \cdot 2} = \textbf{0,253 mg in 50 ml}$$

Ist der molare Extinktionskoeffizient eines Stoffes nicht bekannt, dann werden die Extinktionen der Analysenlösung und einer Standardlösung bekannter Konzentration bei gleicher Schichtdicke verglichen. Die Konzentration wird dann:

$$K_{Analyse} = \frac{E_{Analyse}}{E_{Standard}} \cdot K_{Standard}$$

Das Lambert-Beersche Gesetz gilt streng nur **für relativ verdünnte Lösungen** und nur **für monochromatisches Licht.** Die molaren Extinktionskoeffizienten müssen aus den Extinktionen verdünnter Lösungen berechnet werden.

Absorptionsspektren

Die allermeisten Stoffe besitzen die Fähigkeit der **selektiven Strahlungsabsorption,** d. h. Licht verschiedener Wellenlängen wird verschieden stark absorbiert. Stoffe, die nur im Ultraviolett und Infrarot absorbieren, erscheinen dem Auge farblos. Farbige Substanzen absorbieren im sichtbaren Gebiet des Spektrums. **Der molare Extinktionskoeffizient ist in jedem Fall von der Wellenlänge des eingestrahlten Lichtes abhängig.** Stellt man den Extinktionskoeffizienten als Funktion der Wellenlänge grafisch dar, so erhält man das **Absorptionsspektrum** eines Stoffes (Abb. 98, 99).

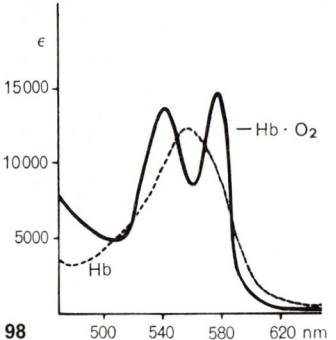
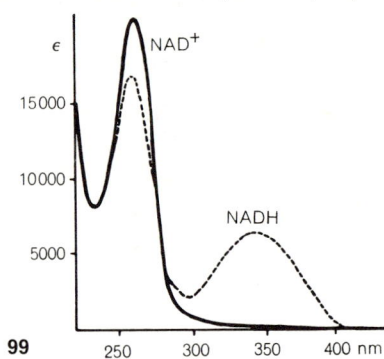

Abb. 98. Absorptionsspektren von Hämoglobin und Oxy-hämoglobin.

Abb. 99. Absorptionsspektren von oxidiertem und reduziertem Nicotinamid-adenin-dinucleotid NAD$^+$ und NADH.

Will man einen Stoff fotometrisch bestimmen, dann misst man die Extinktion seiner Lösung wenn immer möglich mit monochromatischem Licht, und zwar bei einem **Absorptionsmaximum** oder in dessen Nähe (bei NADH z. B. bei 340 nm; Abb. 99). Die Farbe des Messlichts ist dann in der Regel komplementär zur Farbe der zu messenden Lösung (rot/grün; orange/blau; gelb/violett).

Fotometertypen

Für die Absorptionsfotometrie werden zwei grundsätzlich verschiedene Apparatetypen verwendet: a) Filterfotometer; b) Spektralfotometer.

Bei den **Filterfotometern** wird das zur Messung verwendete Licht **mittels farbiger Filter** entweder aus **weissem Glühlampenlicht** oder aus dem «kalten Licht»-einer **Gasentladungslampe** isoliert. Hat die Lichtquelle ein kontinuierliches Spektrum (z. B. Wolframlampe), dann erhält man mit Filtern nur annähernd monochromatisches Licht, denn auch das beste Filter lässt nicht nur Licht einer einzigen Wellenlänge passieren. Emittiert die Lichtquelle ein Linienspektrum (z. B. Quecksilberdampflampe), dann lassen sich leicht einzelne Linien herausfiltrieren. Die verfügbaren Wellenlängen sind aber beschränkt (bei Hg-Dampf 334, 366, 405, 436, 492, 546, 578 nm). In den **Spektralfotometern** wird das Licht einer **weissen Lichtquelle** mittels Prisma oder Interferenzgitter **in sein Spektrum zerlegt.** Aus dem «Regenbogen» wird die gewünschte Wellenlänge mit einer Spaltblende isoliert. Die Monochromasie ist beim Spektralfotometer weitgehend verwirklicht und es steht jede beliebige Wellenlänge zur Verfügung (Nachteil: teurer als Filtergeräte). Moderne Fotometer geben die Messergebnisse direkt in Extinktion an.

Praktische Ausführung fotometrischer Analysen

Die Fotometrie erfreut sich – vor allem in der Naturstoffanalyse – grosser Beliebtheit. Sie erlaubt es oft, in einem komplizierten Gemisch (z. B. Serum) eine Komponente ohne vorherige Isolierung rasch und selektiv zu bestimmen. Ist man sicher, dass bei einer bestimmten Wellenlänge nur eine Gemischkomponente Licht absorbiert (z. B. Bilirubin bei 463 nm oder Proteine bei 280 nm), kann diese direkt fotometriert werden. Man kann dann mit dem molaren Extinktionskoeffizienten operieren, wie im Beispiel auf Seite 281. In den weitaus meisten Fällen muss der zu bestimmende Stoff – und nur er – durch ein **spezifisches Reagens** erst **in einen Farbstoff übergeführt** werden. Immer dann, wenn der Fotometrie eine chemische Reaktion vorausgeht, müssen eine **Standardlösung** bekannter Konzentration und eine **Leerprobe** (in der Regel Wasser) genau gleich behandelt werden wie das Analysenmaterial. Von allen drei Proben wird die Extinktion bestimmt. Die Konzentration des Analysengutes wird dann:

$$K_A = \frac{E_A - E_L}{E_S - E_L} \cdot K_S$$

K_A, K_S = Konzentration von Analysenlösung bzw. Standard.
E_A, E_S, E_L = Extinktion von Analysengut, Standard und Leerprobe.

Mit E_L wird die Färbung, welche durch die Reagenzien allein verursacht wird, abgezogen. Enthält das Analysengut Fremdsubstanzen, die als solche bei der Messwellenlänge merklich absorbieren und sich bei der Farbreaktion nicht verändern, muss vom Zähler im Bruch dieser Formel die entsprechende Eigenextinktion abgezogen werden. Man erhält diese durch Messen eines Testansatzes mit blossem Lösungsmittel anstelle des Farbreagens.

Die allermeisten Farbstoffe sind wenig lichtecht. Man merke sich: **Farbige Lösungen nie direktem Sonnenlicht aussetzen!** Trübe Lösungen müssen vor der Messung durch Zentrifugieren oder Filtrieren geklärt werden. Durch Streuung an den suspendierten Partikeln geht Licht verloren, und es wird eine zu hohe Extinktion vorgetäuscht (s. «Nephelometrie», unten).

Bei allen fotometrischen Messungen muss kontrolliert werden, wie weit das Lambert-Beersche Gesetz gilt (Aufstellen einer Eichkurve mit einer Verdunnungsreihe). Bei hohen Konzentrationen ausserhalb des linearen Bereichs der Eichkurve muss das Analysengut vor der Farbreaktion sinngemäss verdünnt werden.

3. Nephelometrie

An **kolloidalen und suspendierten Partikeln** wird ein Lichtstrahl mehr oder weniger **gestreut.** Das Medium erscheint trüb. Zur Fotometrie von Trübungen kann entweder das nicht gestreute Restlicht gemessen werden (wie bei der Absorptionsfotometrie) oder das gestreute Sekundärlicht, das die Messküvette rechtwinklig zum Einfallstrahl verlässt (wie bei der Fluorometrie). Das Messergebnis wird in jedem Fall mit dem einer Standardsuspension verglichen. Die Lichtstreuung in einem trüben Medium ist von der **Teilchengrösse** und von der **Wellenlänge abhängig.** Je grösser die Partikel und je kleiner die Wellenlänge, desto stärker die Streuung.

4. Fluorometrie

Gewisse Stoffe können kurzwelliges in langwelliges Licht umwandeln. Die Erscheinung heisst **Fluoreszenz**. Der Ausdruck ist vom Fluorit CaF_2 abgeleitet, der dank Spuren von Europium blau fluoresziert, wenn er mit ultraviolettem Licht bestrahlt wird. Fluoreszierende Stoffe sind relativ selten. Deshalb nützt man, wo immer sie auftreten oder leicht herzustellen sind, ihre besondere Eigenschaft analytisch aus. Die Nachweisgrenze für gewisse fluoreszierende Stoffe liegt wesentlich tiefer als für die stärksten Farbstoffe (Fluorescein etwa 10 ng/l). Im klinischen Labor werden Porphyrine, Catecholamine und andere Wirkstoffe fluorometrisch bestimmt.

Die Analysenlösung wird in einer Küvette mit **kurzwelligem Licht** (ultraviolett, violett oder blau), dem **Primärlicht,** angestrahlt. Fluoreszierende Moleküle absorbieren dieses Licht und strahlen die aufgenommene Energie als längerwelliges Licht (blau, grün, gelb, rot) nach allen Richtungen wieder ab. Die Intensität dieses **Sekundärlichts** wird im Fotometer gemessen. Ein für das Primärlicht undurchlässiges Sekundärfilter schliesst allfällig gestreutes oder reflektiertes Erregerlicht von der Fotozelle aus (Abb. 100). Leistungsstarke Fluorometer haben statt Filter Prismen oder Gitter, die es gestatten, das günstigste Erregerlicht bzw. das mit maximaler Intensität emittierte Sekundärlicht zur Messung auszunützen (Doppelmonochromator).

Die Abhängigkeit der Lichtintensität von der Konzentration des fluoreszierenden Stoffes wird anhand einer Standardverdünnungsreihe ermittelt. Für stark verdünnte Lösungen ist die **Intensität der Sekundärstrahlung der Konzentration direkt proportional** (bei den Porphyrinen z. B. bis etwa 1 mg/l). Bei höheren Konzentrationen nimmt die Fluoreszenzausbeute ab. Die Sekundärstrahlung kann in stark konzentrierten Lösungen fast ganz verschwinden. Man spricht von **Konzentrationslöschung** oder «Quenching» (Abb. 101).

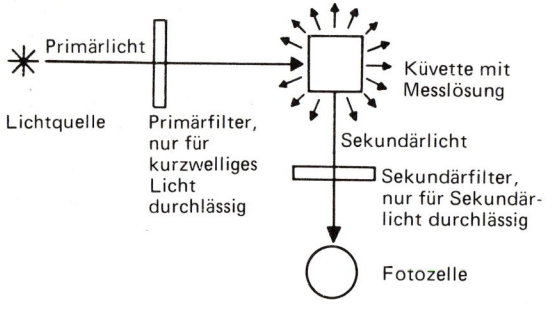

Abb. 100. Fluoreszenzmessung.

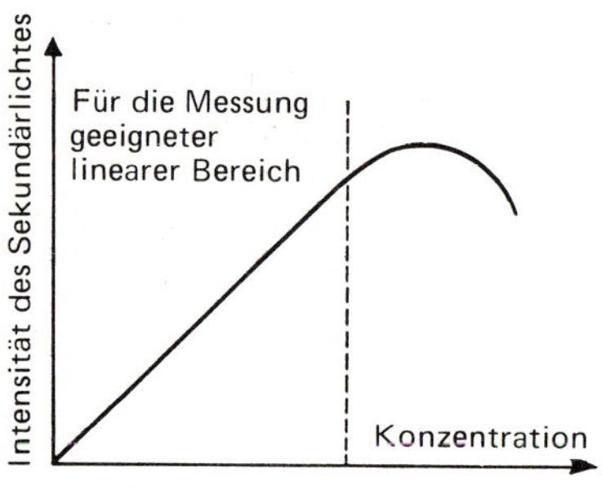

Abb. 101. Konzentrationsabhängigkeit der Fluoreszenz.

Die Fluoreszenzmessung kann auch zur Titrimetrie herangezogen werden, wenn beim Titrationsendpunkt ein fluoreszierender Stoff verschwindet oder neu auftritt.

5. Flammenfotometrie

Werden Metallatome hoch erhitzt, springen die Elektronen ihrer äussersten Schale unter Aufnahme von Wärmeenergie auf ein höheres Niveau. Beim Zurückfallen der angeregten Elektronen auf ihre «Ruheorbitale» wird die absorbierte Energie als Lichtquant wieder abgegeben. Dies äussert sich als **Emission eines für jedes Element charakteristischen Linienspektrums.** Die Intensität einer bestimmten Spektrallinie ist ein Mass für die Konzentration des strahlenden Metalls in der Flamme. Diese Tatsache wird zur Bestimmung von Alkali- und Erdalkalimetallen, die sich besonders leicht anregen lassen, ausgenützt.

Die Analysenlösung wird in konstantem Fluss durch eine Düse in eine heisse Flamme (z. B. Acetylen/Luft) gesprüht. Das Wasser und auch die darin gelösten Stoffe verdampfen dabei augenblicklich. Bei der hohen Temperatur fängt ein Teil der Metallionen Elektronen aus den Flammengasen ein. Nur solche Teilchen sind naturgemäss zum Strahlen anregbar. Das von der Flamme emittierte Licht wird durch ein Prisma oder Gitter **spektral zerlegt.** Eine für das untersuchte Metall **charakteristische Spektrallinie** wird mit einer Spaltblende isoliert und fotoelektrisch gemessen wie bei anderen Fotometern. Die Abhängigkeit des Messwertes von der Metallionenkonzentration in der versprühten Lösung wird mit Standardlösungen ermittelt. Für eine Verdünnungsreihe bekannter Salzlösungen wird das Messergebnis als Funktion der Konzentration aufgezeichnet. Die Konzentration der Analysenproben wird auf der so erhaltenen **Eichkurve** abgelesen. Die Fotometeranzeige ist meist nicht streng proportional der Konzentration. Die Eichkurve ist mehr oder weniger gegen die Konzentrationsachse gekrümmt. Die Lichtausbeute ist bei höherer Konzentration relativ schlechter als bei niedriger. Je stärker die Flamme leuchtet, desto mehr Licht geht in der Flamme selbst durch Eigenabsorption verloren (s. «Atomabsorption» unten). Die Flammenfotometrie gestattet keine Absolutmessungen. Es gibt keine Emissionskoeffizienten analog den Extinktionskoeffizienten. Die Lichtausbeute ist von vielen Faktoren abhängig, wie Flammenform und -temperatur, Gaszusammensetzung, Zustand der Düse, Qualität von Spiegeln, Prismen und Fotozellen. Bei jeder Mess-Serie muss neu geeicht werden.

6. Atomabsorption

Ein Metallatom im Dampfzustand kann nicht nur thermische Energie aufnehmen und als Lichtquanten wieder abgeben, sondern auch eingestrahltes Licht absorbieren und in Wärme verwandeln. **Emittiertes und absorbiertes Licht haben dieselbe Wellenlänge** (im Gegensatz zur Fluoreszenz). Die selektive Lichtabsorption (Atomabsorption) durch Metalldämpfe kann wie die selektive Emission analytisch ausgenützt werden. Das Analysenmaterial wird in konstantem Fluss in einer breiten Flamme versprüht oder in einer Graphitkammer durch elektrische Heizung verdampft. Von einer Lampe wird ein Lichtstrahl durch den metallhaltigen Dampf hindurch auf eine Fotozelle projiziert. In der Lampe wird das gleiche Metall, das im Analysengut bestimmt werden soll, elektrisch zum Strahlen angeregt. Je mehr Atome dieses Metalls vom Strahl getroffen werden, desto stärker wird dieser durch Absorption geschwächt. Anhand einer Eichkurve kann wie bei der Emissionsmessung die Metallkonzentration aus der gemessenen Lichtintensität berechnet werden. Mit Hilfe der Atomabsorption können zahlreiche Metalle, die sich für die Emission schlecht oder gar nicht eignen, wie Mg, Cu, Fe, Zn, Pb und andere, mit guter Empfindlichkeit bestimmt werden. Jedes Metall erfordert eine eigene Lampe.

D. Potentiometrie, Bestimmung von Ionenkonzentrationen mit Hilfe von Spannungsmessungen

1. Konzentrationspotentiale

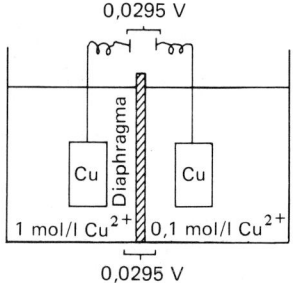

Abb. 102. Konzentrationspotential zwischen zwei Cu-Elektroden.

Die linke Elektrode in Abbildung 102 hat das Cu-Normalpotential U_0. Das Potential U der rechten Elektrode ist:

$$U = U_0 + \frac{0,059}{2} \cdot \log 0,1 = U_0 + 0,0295 \cdot (-1) = U_0 - 0,0295 \ V \qquad \text{(s. Formel S. 148)}$$

Die entgegengesetzt gleiche Spannung, wie sie zwischen den beiden Kupferplatten gemessen wird, besteht auch am Diaphragma (poröse Wand) zwischen den beiden Lösungen (Konzentrationspotential). Ist die Ionenkonzentration an der einen Elektrode bekannt, lässt sich aus einem gemessenen Konzentrationspotential die Ionenkonzentration an der anderen Elektrode berechnen:

$$\log c = \frac{(U - U_0) \cdot W}{0,059} \qquad \begin{array}{l} W = \text{Wertigkeit des Ions} \\ c = \text{Konzentration des Ions in mol/l} \end{array}$$

2. Kalomelelektrode

Als Vergleichselektrode für Potentialmessungen kann im Prinzip nicht nur die Normal-Wasserstoffelektrode verwendet werden, sondern auch jede Metallelektrode mit konstantem und genau bekanntem Eigenpotential. Besonders leicht herzustellen und zu handhaben ist die Kalomelelektrode (Abb. 103). Das Kalomel Hg_2Cl_2 ist schwerlöslich. Durch die gesättigte KCl-Lösung entsteht eine definierte Cl^--Ionenkonzentration, die auch beim Eindunsten erhalten bleibt (konstante Temperatur vorausgesetzt). Konstante Cl^--Konzentration bedeutet auch konstante Hg^+-Konzentration (S. 104) und damit auch konstantes Potential Hg/Hg^+. Das Potential der Kalomelelektrode gegen die Normal-Wasserstoffelektrode ist $+0,249 \ V$. Die Konzentration der Hg^+-Ionen ist $4,47 \cdot 10^{-11} \ mol/l$. Verwendet man die Kalomelektrode anstelle der H-Normalelektrode, muss zu den gemessenen Spannungen $0,249 \ V$ addiert werden.

3. Elektrische pH-Messung

Eine Wasserstoffelektrode kann zur Messung von H^+- bzw. H_3O^+-Ionenkonzentrationen, also zur **pH-Bestimmung,** gebraucht werden.

$$U = U_0 + 0,059 \cdot \log [H_3O^+]$$

U_0 der H-Normalelektrode ist definitionsgemäss null. Nach Definition ist ferner $-\log [H_3O^+] = pH$. Schaltet man eine Normal-Wasserstoffelektrode gegen eine H-Elektrode mit unbekannter H_3O^+-Konzentration, so gilt:

$$U = -0,059 \cdot pH \quad \text{oder} \quad \mathbf{pH} = -\frac{U}{0,059}$$

Die Spannung ändert sich linear mit dem pH der Messlösung. Das Konzentrationspotential zweier H-Elektroden mit 1 pH-Einheit Unterschied ist 59 mV.
Viel bequemer als die unhandlichen H-Elektroden ist die Kombination einer **Glaselektrode** mit einer Kalomel- oder Ag/AgCl-Elektrode als Referenz (Abb. 103).

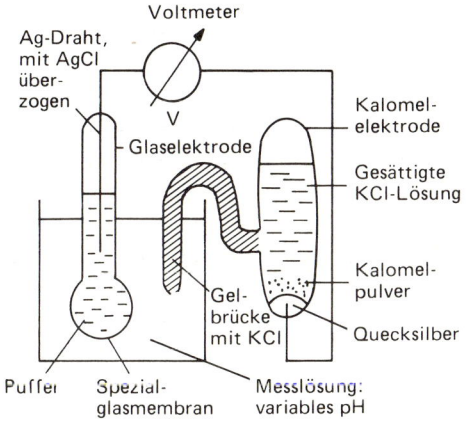 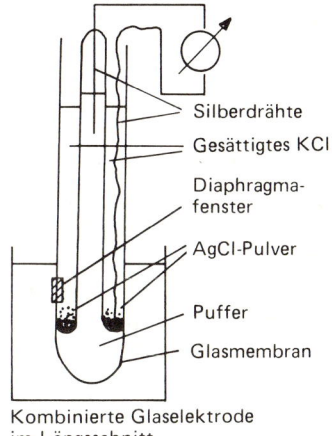

Abb. 103. pH-Messung mit Glaselektrode.

Die Kugelmembran aus **speziellem Glas wirkt für Protonen wie ein durchlässiges Diaphragma,** ohne für Wasser passierbar zu sein. Je nach der H_3O^+-Konzentration in der Messflüssigkeit wird das Konzentrationspotential an der Membran verschieden hoch (Änderung um 59 mV bei Änderung um 1 pH-Einheit). Die Glaselektrode bildet mit Messlösung, Referenzelektrode und Voltmeter einen Stromkreis. Die Referenzelektrode ist über eine mit KCl-Lösung getränkte Gelbrücke mit der Messlösung verbunden. Weil das Potential beider Metallelektroden konstant bleibt, ist die Gesamtspannung im Messinstrument nur **vom Konzentrationspotential an der Membran,** also **vom pH der Messlösung abhängig.** Sie ändert sich linear mit dem pH. Das Instrument wird mit Puffern von bekanntem pH geeicht.
Es sind auch Spezialgläser für andere Kationen entwickelt worden (Na^+, K^+, NH_4^+).

E. Immunoassay

Menschlicher und tierischer Organismus können auf Reize durch eingedrungene Fremdstoffe mit der Bildung von Abwehrstoffen reagieren. Der Reizstoff wird als **Antigen,** der Abwehrstoff als **Antikörper** bezeichnet. Antikörper sind bestimmte Proteine (γ-Globuline), welche die zugehörigen Antigene binden und damit unschädlich machen können. Diese Antigen-Antikörper-Reaktion wird im **Immunoassay** (engl. assay = Bestimmungsansatz) analytisch ausgenützt. Die zu bestimmende Substanz wird als Antigen einem Haustier injiziert. Das Tier produziert einen spezifischen Antikörper gegen diesen Stoff. Der Antikörper wird aus dem Blut des Tiers isoliert. Im folgenden wird eine von vielen Spielarten des Immunoassays beschrieben.

Der zu untersuchenden Flüssigkeit mit unbekanntem Gehalt an Antigen (Ag) setzt man eine bekannte Menge desselben Antigens zu, das man aber zuvor **markiert** hat (Ag*). Die Art und Weise der Markierung wird unten beschrieben. Das Gemisch inkubiert man mit einer bestimmten Menge Antikörper, die nicht genügen darf, um alles Antigen zu binden. Alle Antikörpermoleküle (Ak) werden entweder mit Ag oder Ag* besetzt. Der Antigen-Antikörper-Komplex wird dann von der Flüssigkeit abgetrennt. Bei einer eleganten Variante ist der Antikörper vor der Analyse mit der Kunststoffgefässwand verbunden worden («coated tube»), so dass der Komplex durch blosses Abgiessen der Testlösung vom nicht gebundenen Antigen getrennt werden kann. Da der Antikörper keinen Unterschied macht zwischen natürlichem und markiertem Antigen, gilt folgende Beziehung: [Ag]/[Ag*] = [AgAk]/[Ag*Ak], d.h. das Mengenverhältnis zwischen natürlichem und markiertem Antigen ist im Testansatz gleich wie im abgetrennten Antigen-Antikörper-Komplex. Nun wird im abgetrennten Komplex das markierte Antigen bestimmt. Je grösser dessen Menge, desto kleiner war die Konzentration des natürlichen Antigens im Testansatz. Ist [Ag] = 0, so wird der Antikörper ausschliesslich mit Ag* besetzt (maximal mögliche Konzentration von markiertem Antigen im AgAk-Komplex). Ist [Ag] $\gg$ [Ag*], geht die Ag*-Konzentration im AgAk-Komplex gegen null. Die Messgenauigkeit ist am besten, wenn [Ag] $\approx$ [Ag*] (halbmaximale Besetzung des Ak mit Ag*). Die Immunoassay-Methoden werden mit Testlösungen von bekannter Ag-Konzentration geeicht.

Die **Markierung** des Antigens kann auf verschiedene Art geschehen:
a) Einbau eines radioaktiven Nuklids, z.B. ^{125}I: **Radioimmunoassay** (RIA). Die gemessene Strahlungsintensität gibt Aufschluss über die Ag*-Konzentration im Antigen-Antikörper-Komplex.
b) Ankoppeln eines Enzyms (z.B. Phosphatase oder Peroxidase) an das Antigen: **Enzymimmunoassay** (EIA oder ELISA = enzyme linked immunosorbent assay). Die Enzymaktivität des Komplexes ist ein Mass für die Ag*-Konzentration.
c) Ankoppeln eines fluoreszierenden Farbstoffs an das Antigen: **Fluoreszenzimmunoassay** (FIA). Die Fluoreszenzintensität des AgAk-Komplexes ist ein Mass für die Ag*-Konzentration.

Immunoassays sind hochspezifisch und erlauben Analysen im Konzentrationsbereich ng/l. Sie leisten vor allem bei der Bestimmung von Hormonen und anderen Spurenstoffen hervorragende Dienste.

Antworten zu den Kontrollfragen

I. (zu S. 15)

1. Siehe Seite 4 und 11.
2. Zwei Elemente lassen sich in jedem beliebigen Verhältnis mischen, sie verbinden sich aber nur in einer oder wenigen bestimmten Proportionen miteinander. Im Gemisch sind die spezifischen Eigenschaften der Komponenten noch zu erkennen, in der Verbindung sind sie verschwunden. Das Gemisch lässt sich physikalisch zerlegen, die Verbindung nicht.
3. Siehe Seite 2.
4. Wasserstoff und Sauerstoff.
5. Moleküle von Elementen bestehen aus gleichartigen, diejenigen von Verbindungen aus verschiedenartigen Atomen.
6. Filtration und Zentrifugation, eventuell Nachwaschen des Feststoffes mit Wasser.
7. Siehe Seite 2.
8. Siehe Tabelle 3, Seite 12.
9. Siehe Seite 13.
10. Durch Vakuumdestillation. Durch Druckerniedrigung mit der Wasserstrahlpumpe kann der Siedepunkt von 160 auf etwa 60 °C gesenkt werden.
11. Siehe Seite 13.
12. Zentrifugalbeschleunigung, Partikelgrösse, Viskosität der Flüssigkeit, Dichteunterschied Partikel/Flüssigkeit.
13. Spaltung von chemischen Bindungen durch Erwärmen. Aus einem Stoff entstehen zwei oder mehr neue Stoffe. Im Gegensatz zur Thermolyse werden bei der Destillation keine Bindungen gelöst, sondern nur verschiedenartige Moleküle separiert.
14. 67,5 g Wasser + 2,5 g Wasserstoff.
15. 840 kg.
16. Bei chemischen Prozessen werden die kleinsten Stoffeinheiten, die Moleküle, verändert – bei physikalischen nicht. Bei physikalischen Prozessen bleiben die spezifischen Stoffeigenschaften erhalten – bei chemischen nicht.
17. Durch Evakuieren des Raumes über der Flüssigkeit oder durch Erhitzen.
18. Siehe Seite 11.
19. Extraktion mit organischem Lösungsmittel, das sich mit Wasser nicht mischt (Ether, Chloroform u. a.); Destillation.
20. Siehe Tabelle 2, Seite 12.
21. Durch Anwendung von Vakuum oder Druck, eventuell Verwendung gröberer Filter oder Erwärmen der Suspension (heisse Flüssigkeiten sind dünnflüssiger als kalte).
22. Alkohol: $C:H:O = 12:3:8$.
23. Filtration und Nachwaschen des Filterrückstandes mit destilliertem Wasser, bis sich im Filtrat kein Kochsalz mehr nachweisen lässt – oder Zentrifugation, Absaugen des Überstandes und mehrmaliges Waschen des Sedimentes durch Aufrühren und Zentrifugieren in destilliertem Wasser.
24. Atome sind die kleinsten Teilchen, in die ein Stoff mit chemischen Mitteln zerlegt werden kann. Moleküle bestehen immer aus 2 bis vielen miteinander verbundenen Atomen. Sie können im Gegensatz zu den Atomen auf chemischem Weg verändert werden.

II. (zu S. 28)

1. Das Hämoglobin der roten Blutkörperchen.
2. Siehe Seite 19.
3. $BaO + H_2O \rightarrow Ba(OH)_2$.
4. $C_7H_{13}NOCl_2$.
5. Siehe Seite 16.
6. Eine Oxidation unter Feuererscheinung.
7. Cr_2O_3, CrO_3; Cu_2O, CuO; CO, CO_2.
8. Edelgase sind chemisch inert; die leichten (He, Ne, Ar) reagieren nicht mit anderen Elementen, die schweren nur mit Fluor und Sauerstoff.

9. Wasser: H_2O; H–O–H. Wasserstoff: H_2; H–H.

Ammoniak: NH_3;

$$H—N\begin{matrix} \diagup H \\ \diagdown H \end{matrix}$$

Methan: CH_4;

$$H—\overset{\overset{H}{|}}{\underset{\underset{H}{|}}{C}}—H$$

10. 9 H-Atome.

11. $C_6H_{12}O_6 + 6O_2 \rightarrow 6CO_2 + 6H_2O$.

12. Destillation von flüssiger Luft und Wasserelektrolyse.

13. CO_2 und H_2O.

14. Siehe Abbildung 15, S. 19.

15. Temperaturerhöhung; Katalysatorzusatz; bei Festkörpern Vergrösserung der Oberfläche; bei Lösungen Erhöhung der Konzentrationen der Reaktionspartner.

16. Die meisten Nichtmetalloxide bilden mit Wasser Säuren, die meisten Leichtmetalloxide Laugen.

17. $(NH_2)_2CO + 2HNO_2 \rightarrow 2N_2 + 3H_2O + CO_2$.

18. NH_3: III; NO_2: IV; N_2O_5: V; N_2O_3: III.

19. Das Kraftfeld eines Atoms, das 1 H-Atom oder ein anderes 1wertiges Atom binden kann.

20. $4FeS_2 + 11O_2 \rightarrow 8SO_2 + 2Fe_2O_3$.

21. Cu: I, II; Ca: II; K: I; P: III, V; S: II, IV, VI; Mg: II.

22. Bleidioxid oder Blei(IV)-oxid; Dieisentrioxid oder Eisen(III)-oxid; Dikupferoxid oder Kupfer(I)-oxid.

23. $2FeCl_2 + Cl_2 \rightarrow 2FeCl_3$.

24.

$$H—O—\overset{\overset{O}{||}}{\underset{\underset{O}{||}}{Cl}}=O \quad VII \qquad H—O—\overset{\overset{O—H}{|}}{\underset{\underset{III}{}}{As}}—O—H.$$

III. (zu S. 47)

1. P_2O_5: 141,9 g/mol; $Ba(OH)_2$: 171,3 g/mol.

2. Gleichviel Elektronen auf der äussersten Schale.

3. a) $Ba + 2H_2O \rightarrow Ba(OH)_2 + H_2$; b) $2Al + 3H_2O \rightarrow Al_2O_3 + 3H_2$; c) keine Reaktion.

4. Nichtmetalle in einem Dreieck in der rechten oberen Ecke (Ausnahme H: links oben); Halbmetalle an der Hypotenuse des Nichtmetalldreiecks (Grenze zu den Metallen).

5. $6,022 \cdot 10^{23}$ = Zahl der C-Atome in 12 g des ^{12}C-Isotops = Zahl der Moleküle in 1 mol.

6. Siehe Seite 31.

7. ^{35}Cl.

8. Leitungswasser enthält wechselnde Mengen Calciumsalze. Rückstände von eingetrockneten Wassertropfen verfälschen eine Ca-Bestimmung.

9. Beim stabilen Nuklid stehen Neutronen- und Protonenzahl in optimalem Verhältnis zueinander, der Kern ist im Gleichgewicht. Beim instabilen Nuklid ist das Verhältnis ungünstig (zuviel oder zuwenig Neutronen). Unter Ausstossung von Partikeln (radioaktive Strahlung) wandeln sich instabile Nuklide in stabile Nuklide anderer Elemente um.

10. Siehe Seite 44, 45.

11. Be, Mg, Ca, Sr, Ba, Ra; 2 Elektronen auf der äussersten Schale; Wertigkeit II.

12. Na reagiert mit H_2O (Bildung von NaOH und H_2).

13. a) 2,3 kg; b) 0,090 kg (90 g).

14. Mg: $2e^-$ auf dem s-Orbital der K-Schale, $2e^-$ auf dem s-Orbital der L-Schale, $6e^-$ auf den 3 p-Orbitalen der L-Schale, $2e^-$ auf dem s-Orbital der M-Schale. Br: K- und L-Schale wie Mg, $2e^-$ auf s-Orbital der M-Schale, $6e^-$ auf den 3 p-Orbitalen der M-Schale, $10e^-$ auf den 5 d-Orbitalen der M-Schale, $2e^-$ auf dem s-Orbital der N-Schale, $5e^-$ (2 Paare und 1 Einzelelektron) auf 3 p-Orbitalen der N-Schale.

15. 3 Neutronen.

16. Wasserstoff oder Protium (1 Proton); Deuterium (1 Proton + 1 Neutron); Tritium (1 Proton + 2 Neutronen).

17. 11,2 Liter.

18. 133,9 mol; 3750 g.

19. Die L-Schale ist die 2. Elektronenschale des Bohrschen Atommodells mit maximal 8 Elektronen. Das s-Orbital ist das (kugelförmige) Orbital mit dem niedrigsten Energieniveau in jeder Elektronenschale (maximal 2 Elektronen).

20. 100 pg Erythrozyt $\hat{=}$ 0,1 pg Fe = $0,1 \cdot 10^{-12}$ g $\hat{=} \dfrac{0,1 \cdot 10^{-12}}{56}$ mol Fe $\hat{=} \dfrac{0,1 \cdot 10^{-12}}{56} \cdot 6 \cdot 10^{23}$ Atome $\approx 10^9$ (1 Milliarde) Fe-Atome.

21. 183 Tage $\approx$ 23 Halbwertszeiten. Von 1 g ist nach dieser Zeit noch $\approx \dfrac{1}{2^{23}}$ g übrig.

$\dfrac{1}{2^{23}} \approx 10^{-7}$ g $\approx$ 0,0001 mg $\approx$ 100 ng.

22. Der grösste Teil der Argonkerne besteht aus 18 Protonen und 22 Neutronen (relative Masse 40), der grösste Teil der Kaliumkerne hat 19 Protonen und 20 Neutronen (relative Masse 39).

23. Beim radioaktiven Zerfall sendet ein Nuklid spontan α-, β- oder γ-Strahlung aus und verwandelt sich in ein Nuklid mit anderer Ordnungszahl. Die Kernspaltung wird durch Beschuss eines schweren Kerns mit Neutronen ausgelöst. Der Kern zerfällt unter Ausstossung von neuen Neutronen und Abstrahlung von viel Energie in grosse Bruchstücke.

24. Ionenaustauscherwasser enthält wechselnde Mengen von Mikroorganismen und deren oft giftige Stoffwechselprodukte.

IV. (zu S. 70)

1. Zerfall der Moleküle von Säuren, Basen und Salzen in Ionen (elektrisch geladene Molekülbruchstücke).

2. 3wertig.

3. Säure langsam zum Wasser zusetzen (nicht umgekehrt!).

4. Lösung abkühlen; Lösung eindampfen; anderes, mit Wasser mischbares Lösungsmittel zusetzen.

5. Weil AgCl ausfallen und einen allfälligen AgBr-Niederschlag überdecken würde.

6. Natriumnitrit, Kaliumdihydrogenphosphat, Eisen(III)-sulfat, Calciumiodat, Magnesiumammoniumphosphat, Kaliumperchlorat.

7. 0,01 eq $\triangleq$ 0,01 mol HCN $\triangleq$ $6 \cdot 10^{21}$ Moleküle $\triangleq$ $6 \cdot 10^{21} \cdot 10^{-4} = 6 \cdot 10^{17}$ H^+-Ionen.

8. 0,1 mol = 12,0 g $NaHSO_4$ (Natriumhydrogensulfat).

9. Siehe Tabelle 8, Seite 52.

10. $3Ca(OH)_2 + 2H_3PO_4 \rightarrow Ca_3(PO_4)_2 + 6H_2O$; $2KOH + SO_2 \rightarrow K_2SO_3 + H_2O$.

11. Auflösen des Zinks in Salzsäure, dann Ausfällen von Zinkhydroxid mit Natronlauge. $Zn + 2HCl \rightarrow ZnCl_2 + H_2$; $ZnCl_2 + 2NaOH \rightarrow Zn(OH)_2 + 2NaCl$.

12. Kochsalzlösung wird konzentrierter wegen Wasserverdunstung; Ammoniak wird verdünnter wegen Verdunsten von NH_3.

13. Wenn einer der potentiellen neuen Stoffe ausfällt oder verdampft.

14. 10 mmol NaOH $\rightarrow$ 400 mg.

15. $2NH_3 + H_2SO_4 \rightarrow (NH_4)_2SO_4$.

16. $Ca(OH)_2 \rightarrow Ca^{2+} + 2OH^-$; $Fe_2(SO_4)_3 \rightarrow 2Fe^{3+} + 3SO_4^{2-}$; $KH_2PO_4 \rightarrow K^+ + H_2PO_4^-$; $H_2SO_3 \rightarrow H^+ + HSO_3^-$ ($H_2PO_4^-$ und HSO_3^- zerfallen geringfügig weiter unter Abspaltung eines H^+-Ions).

17. H_2SO_4: Schwefeltrioxid; NaOH: Natriumoxid; $Al_2(OH)_3$: Aluminiumoxid; HCl: $\emptyset$.

18. Verschluckte Säure: Natriumhydrogencarbonatlösung oder Milch trinken; Lauge im Auge: mit sehr viel Wasser auswaschen, unverzüglich Arzt aufsuchen.

19. Marmor + Salzsäure: $CaCO_3 + 2HCl \rightarrow CaCl_2 + H_2O + CO_2$; Schwefeleisen + Salzsäure: $FeS + 2HCl \rightarrow FeCl_2 + H_2S$.

20. Chlorat hat mehr O als Chlorit; Namen O-freier Salze enden auf -id.

21. Zusatz von HCl: $SO_3^{2-} + 2H^+ \rightarrow H_2O + SO_2\uparrow$ (Geruch); zur angesäuerten Probe Zusatz von $BaCl_2$: $SO_4^{2-} + Ba^{2+} \rightarrow \underline{BaSO_4}\downarrow$.

22. Siehe Seite 54, 66.

23. Mg-, Al-, Fe-, Cu-, Zn- und alle anderen Schwermetallionen; SO_4^{2-}, CO_3^{2-}, PO_4^{3-}.

24. Ein Carbonatpulver darüberstreuen ($2H^+ + CO_3^{2-} \rightarrow H_2O + CO_2\uparrow$).

V. (zu S. 93)

1. Die zwischen einem positiv polarisierten Wasserstoffatom eines Moleküls und einem negativ polarisierten Atom eines andern Moleküls (z. B. Sauerstoff) wirkende Anziehung.

2. $[Ba^{2+}] \begin{bmatrix} O^- \\ | \\ O^- \end{bmatrix}$ $[O^{2-}] [Pb^{4+}] [O^{2-}]$.

3. $|\overline{\underline{S}}\cdot$; $|\overline{Br}\cdot$; $\cdot\overline{C}a$; $|He$; $\overset{\displaystyle\diagup}{O} = B - \overline{\underline{O}} - B = O \diagdown$;

$H - C \equiv N|$.

4. Eine 2 Kerne umschliessende Elektronenwolke, entstanden durch Paarbildung zwischen einem Einzel-s-Elektron des einen Atoms und einem Einzel-p-Elektron des anderen Atoms.

5. Durch die Ionenladung wird die entgegengesetzte Restladung in den polarisierten H_2O-Molekülen angezogen und mehr oder weniger festgehalten.

6. Die Ionenbindung ist eine elektrostatische Anziehung zwischen 2 entgegengesetzt geladenen Ionen (Atome mit Elektronenüberschuss bzw. -defizit). Die kovalente Bindung kommt durch gemeinsame Elektronenwolken (Molekülorbitale) zwischen 2 Atomen zustande.

7.

$$\langle O {=} \overset{(+)}{P} {-} \overset{-}{\underset{|\underset{(-)}{\underline{O}}|}{O}} {-} \overset{(+)}{\underset{|\underset{(-)}{\underline{O}}|}{P}} {=} O \rangle$$

8. Das Cl_2-Molekül entreisst dem Mg-Atom seine beiden Aussenelektronen und zerfällt dabei in 2 Cl^--Ionen. Das Mg-Atom wird zum Mg^{2+}-Ion.

9. 0,4 mol HIO_3 auf 2 mol HI.

10. a) $2CrO_3 + 6HCl + 6HI \rightarrow 2CrCl_3 + 3I_2 + 6H_2O$. b) $2MnO_4^- + 5C_2O_4^{2-} + 16H^+ \rightarrow 2Mn^{2+} + 10CO_2 + 8H_2O$.

11. a) C: $-III$; b) C: $+II$; c) Cl: $+I$; d) As: $+III$.

12. $2Fe^{2+} + Cl_2 \rightarrow 2Fe^{3+} + 2Cl^-$.
    farblos   gelb

13. Das Eisen ist Reduktionsmittel, es gibt 2 Elektronen an das Cu^{2+}-Ion ab.

14. Siehe Seite 86.

15. 125 mg/s.

16. Siehe Seite 74; Cl ist elektronegativer als I, O negativer als N.

17. Siehe Seite 92.

18. a) Druckerniedrigung; b) Zusatz von Lauge (OH^--Ionen). In beiden Fällen verschiebt sich das Gleichgewicht nach links.

19. H_2O_2 zerfällt sehr rasch in H_2O und O_2 ($2H_2O_2 \rightarrow 2H_2O + O_2$); der Zerfall wird durch Hämoglobin und Katalase katalysiert.

20. a) Verschiebung nach links (der endotherme Zerfall von CO_2 wird begünstigt); b) Verschiebung nach rechts (kleineres Volumen von $2CO_2$ als von $2CO + O_2$).

21. 500 °C ist günstiger. N_2 und H_2 stehen mit NH_3 im Gleichgewicht. Durch Temperaturerhöhung wird der endotherme Vorgang, also der Zerfall von NH_3 in die Elemente, begünstigt.

22. $2 \cdot 394 - 2 \cdot 110 = 568$ kJ.

23. H_2 und Cl_2 vereinigen sich praktisch vollständig zu HCl, sofern das Gleichgewicht nicht eingefroren ist (Belichtung oder Zündung).

24. Keine.

VI. (zu S. 111)

1. Zerkleinern der Kristalle, umrühren, erwärmen.

2. $c(K^+) = 11,31$ mmol/l; $c(PO_4^{3-}) = 3,77$ mmol/l.

3. Wegen der Verdünnung der Blutflüssigkeit wird diese gegenüber den Erythrozyten hypotonisch; die Zellen nehmen Wasser auf und platzen (Hämolyse).

4. 0,396 kg/kg.

5. Siehe Seite 102.

6. 9,126 mmol/l.

7. Beim Mischen zweier Flüssigkeiten mit ungleich grossen Molekülen findet Volumenkontraktion statt. 500 ml Alkohol werden im Messkolben mit Wasser auf 1000 ml aufgefüllt.

8. 264 mmol/l oder 10,56 g/l.

9. Siehe Seite 110.

10. 19,62 ml.

11. 290 mmol/kg $= 1,75 \cdot 10^{23}$ Einzelteilchen/ kg H_2O.

12. 33,33 ml.

13. 14,2 mg Na_2SO_4 bzw. 32,2 mg $Na_2SO_4 \cdot 10H_2O$.

14. Abkühlen der Lösung; Eindampfen der Lösung; Zusatz eines zweiten Lösungsmittels, das mit dem ersten mischbar ist und den zu kristallisierenden Stoff schlechter löst als das erste.

15. 44,44 ml.

16. Siehe Seite 110.

17. 351 µg.

18. 62 g/mol.

19. Siehe Seite 103.

20. 11,48 g/l.

21. 56,25 µl.

22. 3,825 g.

23. Der osmotische Druck ist gleich (gleiche Ionenkonzentration; NH_4Cl zerfällt in 2, $(NH_4)_2SO_4$ in 3 Ionen).

24. 104 g/l; $10^{-4} \cdot x = 6 \cdot 10^{-5}$; $x = 6 \cdot 10^{-1}$ mol/l $SO_4^{2-} \cong 0,6 \cdot 174 = 104$ g/l.

VII. (zu S. 117)

1. $\dfrac{1000 \cdot 48}{111,69} = 430$ g.

2. $\dfrac{0,25 \cdot 50 \cdot 136,1}{31} = 54,9$ mg.

3. $\dfrac{150 \cdot 12,01}{44,01} = 40,93\%.$

4. 106,5 mg Cl $\hateq$ 3 mmol NaCl $\hateq$ 3 mmol Na; 31 mg P $\hateq$ 1 mmol Na_3PO_4 $\hateq$ 3 mmol Na. In 1 Liter: 6 mmol Na, in 0,65 Liter: $0,65 \cdot 6 = 3,9$ mmol $\hateq$ 89,7 mg Na.

5. 15 ml N_2 $\hateq$ 0,67 mmol N_2 $\hateq$ 0,335 mmol Harnstoff $\hateq$ 20,1 mg Harnstoff.

6. 50 Liter (aus 4 mol Gasgemisch entstehen 2 mol NH_3).

7. 10 ml 2 mol/l CH_3COOH $\hateq$ 20 mmol Säure $\hateq$ 40 mmol CO_2 $\hateq$ 1760 mg CO_2.

8. $10 \cdot 0,75$ mmol Zn $= 7,5$ mmol Zn $\hateq$ 15 mmol Lauge $\hateq$ 7,5 ml 2 mol/l NaOH.

9. $\dfrac{38,6 \cdot 788,15}{31 \cdot 0,5} = 1963$ mg $\hateq$ 1,963 g im Liter.

10. $\dfrac{0,21 \cdot 32 + 0,78 \cdot 28 + 0,01 \cdot 40}{22,4} = 1,293$ g/l (bei Normalbedingungen)

$\hateq \dfrac{1,293 \cdot 930 \cdot 273}{1013 \cdot 288} = 1,125$ g/l bei 930 mbar und 15 °C.

11. 100 ml $\hateq$ 4,464 mmol NH_3 $\hateq$ 2,232 mmol $(NH_4)_2CO_3/300$ ml $\hateq$ 7,440 mmol/l; 50 ml (2,232 mmol) CO_2.

12. 100 Liter CO_2 (1 mol CO $\hateq$ 1 mol CO_2).

13. $\dfrac{65 \cdot 1650 \cdot 28 \cdot 100}{3 \cdot 60 \cdot 16 \cdot 1000} = 104,3$ g Eiweiss.

14. 5 g NaOH $\hateq$ 0,125 mol NaOH $\hateq$ 0,125 mol CO_2 $\hateq$ $0,125 \cdot 22,4$ Liter CO_2

$\hateq \dfrac{0,125 \cdot 22,4 \cdot 1000}{0,3} = 9333$ Liter $\hateq$ 9,333 m^3 Luft.

15. $\dfrac{58,71}{73,3} = \dfrac{154,77 + x \cdot 18}{350,7}$ $x = 7\,H_2O.$

16. $C_3H_7NO_2$ (Alanin), Berechnung s. S. 113.

17. 60 g Fructose $\hateq$ $^1/_3$ mol Zucker $\hateq$ $^2/_3$ mol Essigsäure $\hateq$ 40 g. Die Lösung enthält 40 g/l.

18. $\dfrac{300 \cdot 0,88 \cdot 159,8}{78 \cdot 3,12} = 173,4$ ml.

19. $\dfrac{7,4 \cdot 137,3}{14} = 72,57$ mg $MgNH_4PO_4$;

$80 - 72,57 = 7,43$ mg Oxalat $\hateq$ 9,3%.

20. $\dfrac{300 \cdot 174,26}{74,55 \cdot 2} = 350,6$ mg/l K_2SO_4.

21. Von beiden Säuren 61,2 ml (1 mol Zn $\hateq$ 2 mol H^+; 20 g Zn $\hateq$ 306 mmol).

22. 4 mol HCl sind nicht in $4 \cdot 22,4$ Liter, sondern in 4 Liter 1 mol/l Lösung enthalten. 1 mol HCl liefert $^1/_4$ mol oder 5,6 Liter Cl_2-Gas.

23. 15 ml NH_3-Gas enthalten allein schon über 9 mg N.

24. $\dfrac{20 \cdot 10^{-3} \cdot 273 \cdot 10^{-9} \cdot 6 \cdot 10^{23}}{293 \cdot 1,013 \cdot 22,4}$

$= 4,9 \cdot 10^{11}$ Moleküle.

VIII. (zu S. 149)

1. $HS_2O_3^-$, HPO_3, $CH_3NH_3^+$, H_2CO_3 bzw. CO_3^{2-}, NH_3, OH^-; $H_2S_2O_3 + H_2O \rightleftharpoons HS_2O_3^- + H_3O^+$; $PO_3^- + H_2O \rightleftharpoons HPO_3 + OH^-$; $CH_3NH_2 + H_2O \rightleftharpoons CH_3NH_3^+ + OH^-$; $HCO_3^- + H_2O \rightleftharpoons H_2CO_3 + OH^-$; $NH_4^+ + H_2O \rightleftharpoons NH_3 + H_3O^+$; $O^{2-} + H_2O \rightleftharpoons 2OH^-$.

2. Durch die Autoprotolyse des Wassers entstehen H_3O^+- und OH^--Ionen, welche in einem elektrischen Feld wandern.

3. Starke Säure: hohe Dissoziationskonstante, Molekül weitgehend ionisiert (Stärke = spezifische Eigenschaft); konzentrierte Säure: hoher Säuregehalt einer Lösung (Konzentration = zufällige Eigenschaft).

4. $3,3 \cdot 10^{-3,3} \cdot 10^3 = 3,3 \cdot 10^{-0,3} = 1,654$ µmol H_3O^+.

5. Wegen aufgenommenem CO_2 ist destilliertes Wasser leicht sauer.

6. 10^{-9} mol/l OH^-.

7. 0,0001.

8. Bei pH 2 braucht es für die gleiche Verschiebung 10^5mal mehr Säure oder Base als bei pH 7.

9. Die Lösung von pH 4 braucht mehr Säure (Erklärung S. 125).

10. Die PO_4^{3-}-Ionen fangen Protonen ein und gehen in HPO_4^{2-} und zum Teil in $H_2PO_4^-$ über.

11. Ameisensäure/Methylamin ist schwach basisch, alle anderen sind schwach sauer (Begründung S. 128).

12. Gelb; bei pOH = 6 (pH = 8) ist der Indikator grün; bei tieferem pH dominiert die protonierte geladene Form. Bei pH 6,5 sind weniger als $^1/_{10}$ ungeladen (blau) und mehr als $^9/_{10}$ geladen (gelb).

13. Das HSO_4^--Ion protolysiert mit Wasser zu SO_4^{2-} und H_3O^+; HCO_3^- bildet dagegen mit H_2O undissoziierte H_2CO_3 und OH^-.

14. Das Papier trägt den Indikator in der sauren Form. Die wenigen OH^--Ionen des Wassers werden von einem kleinen Teil der Protonen des Indikators neutralisiert. Der grösste

Teil des Indikators bleibt in der sauren Form. Die Pufferwirkung des Wassers ist viel zu schwach, sein Eigen-pH wird durch den Indikator verfälscht. Anders bei einer Pufferlösung: Die vom Indiaktor eingefangenen OH^--Ionen werden vom Puffer laufend nachgeliefert; das Puffer-pH wird vom Indikator praktisch nicht verändert.

15. Das pK von HCl ist -6, jenes von HF 3. Selbst bei pH 0 nimmt Cl^- noch nicht nachweisbar Protonen auf, während F^- bei pH 3 schon zur Hälfte protoniert ist.

16. 6 ml $H_2SO_4 \triangleq \dfrac{6 \cdot 1{,}83 \cdot 980 \cdot 2}{1000 \cdot 98} = 0{,}2196$ mol H; 10 ml Lösung $\triangleq 0{,}0725$ mmol H; 10 Liter Lösung $\triangleq 0{,}0725$ mol H; Volumen der Lösung: $\dfrac{0{,}2196 \cdot 10}{0{,}0725} = 30{,}3$ Liter.

17. Der Säureverbrauch wäre nur etwa 0,1 ml. Die Titriergenauigkeit wäre völlig unzulänglich.

18. 23 mmol H $\triangleq$ 4 g Säure $\triangleq$ 11,5 mmol 2protonige Säure. Molare Masse $= \dfrac{4 \cdot 1000}{11{,}5}$ $= 347{,}8$ g/mol.

19. Durch Elektrolyse einer Kalisalzschmelze.

20. Vom Silber zum Eisen (die Elektronen laufen in umgekehrter Richtung).

21. Zn hat ein negatives, Ag ein positives Normalpotential (spontaner Übertritt von Elektronen von Zn auf H_3O^+, nicht aber von Ag auf H_3O^+).

22. Siehe Seite 148.

23. Wenn ein mit Brom überzogenes Platinstück, das in eine 1 mol/l Bromidlösung taucht, mit einer Normal-Wasserstoffelektrode verbunden wird.

24. $-7 \cdot 0{,}059 = -0{,}413$ V.

IX. (zu S. 185)

1. a) $+VII$; b) $+III$; c) $+I$ und $-I$; d) 0.

2. 10,27 g/l.

3. a) Alkoholische Iodlösung; b) Additionsverbindung zwischen Iod und Stärke; c) 1 g I_2 + 2 g KI mit Wasser ad 300 ml; d) Siehe S. 154.

4. Siehe Seite 152.

5. Flussäure reagiert mit dem SiO_2 des Glases (S. 151), Salzsäure nicht.

6. Br^- reagiert nicht mit I_2, Brom ist das elektronegativere der beiden Elemente und gibt deshalb sein Elektron nicht an Iod ab.

7. Pyrit, Natriumdithionit, Pyroschwefelsäure oder Dischwefelsäure, Rhodanwasserstoff oder Thiocyansäure.

8. $Ca(OCN)_2$, NH_2OH, $Pb(N_3)_2$, $Fe(SCN)_3$.

9. Verschiedene Kristallisationsformen eines Elements; Diamant/Graphit, rhombischer und monokliner Schwefel, weisser, roter und schwarzer Phosphor, graues und gelbes Arsen, graues und rotes Selen.

10. In Skelett und Gebiss.

11. Siehe Seite 168.

12. Beim Erhitzen zerfällt $Ca(HCO_3)_2$ in $CaCO_3$ (Kesselstein), CO_2 und H_2O; der Kesselstein bleibt im Boiler zurück.

13. Zn und Al bilden eine dichte schützende Oxidhaut, während Rost porös ist und dem Sauerstoff weiteren Zutritt zum Eisen erlaubt.

14. Die Dissoziation des $[Fe(CN)_6]^{3-}$-Ions in $Fe^{3+} + 6CN^-$ ist derart minim, dass das Löslichkeitsprodukt von $Fe(OH)_3$ auch in konzentrierter Lauge nicht erreicht wird.

15. Siehe Seite 176.

16. Kalium-hexacyanoferrat(II) $(2+)$, Diammino-silbersulfat $(1+)$, Natrium-hexafluoroaluminat $(3+)$, Kalium-tetraiodomercurat $(2+)$.

17. Siehe Seite 175.

18. Fe^{2+} mit $K_3[Fe(CN)_6]$, Fe^{3+} mit $K_4[Fe(CN)_6]$ oder KSCN, Cu^{2+} mit NH_3.

19. Siehe Seite 177.

20. Das Permanganat ist sein eigener Indikator.

21. Permanganat reagiert mit Salzsäure unter Bildung von Chlorgas.

22. Siehe Seite 177.

23. $\dfrac{25{,}87 \cdot 0{,}02 \cdot 5}{150} = 0{,}01724$ mmol/mg Fe $\triangleq$ 0,9632 mg/mg Fe. Fremdelemente: 3,68 g/100 g.

24. Siehe Seite 184.

X. (zu S. 207)

1. Siehe Seite 188.

2. a) PVC bildet bei der Verbrennung ausser CO_2 und H_2O noch HCl (PE nur CO_2 und H_2O);

b) $nCH_2 = CH-CH_3 \rightarrow ... -CH_2-\underset{\underset{CH_3}{|}}{CH}-CH_2-\underset{\underset{CH_3}{|}}{CH}-...$

3. Ethanol mischt sich in jedem Verhältnis mit Wasser.

4. Hydrophil = wasserfreundlich, die Wasserlöslichkeit fördernd; lipophil = fettfreundlich, die Fettlöslichkeit fördernd.

5.

6. Siehe Seite 187.

7. a) 4-Methyl-3-ethyl-1-penten; b) 3,3-Dimethyl-1-butin.

8. a) ;

b)

9. Beide Formeln sind Projektionen desselben tetraedrischen Moleküls (S.191).

10. HCl bildet Cl^--Ionen, CCl_4 nicht. Nur Cl^--Ionen vereinigen sich mit Ag^+-Ionen zum schwerlöslichen AgCl.

11. Siehe Seite 200.

12. Durch katalytische Hydrierung (Wasserstoffaddition).

13. Butanol ist besser H_2O-löslich. Beim Hexanol entfallen auf die 1 hydrophile OH-Gruppe 6 lipophile Gruppen, im Butanol ist das entsprechende Verhältnis 1:4.

14. Während der Filtration geht durch Verdunstung Ether verloren; das gesamte Endvolumen ist kleiner als 50 ml.

15. Siehe Seite 194.

16. $2CH_3Br + 2CH_3CH_2CH_2OH + Ag_2O \rightarrow$
$2CH_3-O-CH_2CH_2CH_3 + 2AgBr + H_2O.$

17. Isomere haben gleiche Bruttoformel. Bei Strukturisomeren sind die einzelnen Atome oder Atomgruppen verschieden zusammengefügt (unverzweigt, verschieden verzweigt, offenkettig, ringförmig; verschiedene Lage von Doppel- und Dreifachbindungen). cis-trans-Isomerie, siehe Seite 194.

18. a) Trichlor-methan oder Chloroform; b) Tetrachlor-methan oder Tetrachlorkohlenstoff; c) Dichlor-difluor-methan oder Freon; d) Hexafluor-ethan.

19. a) Gemisch aus festen aliphatischen Kohlenwasserstoffen; b) Gemisch aus gasförmigen Kohlenwasserstoffen; c) Gemisch aus flüssigen aliphatischen Kohlenwasserstoffen.

20. Durch Anlagerung von 2 Molekülen HCl.

21. Siehe Seite 203.

22. Aus 1-Propanol entsteht Natriumpropylat $(NaOCH_2CH_2CH_3) + H_2$, aus 1-Brom-propan Hexan + NaBr.

23. Siehe Seiten 196, 206.

24. 1,2-Butandiol, 1,3-Butandiol, 1,4-Butandiol, 2,3-Butandiol, 2-Methyl-1,2-propandiol, 2-Methyl-1,3-propandiol, 1-Methoxy-1-propanol, 1-Methoxy-2-propanol, 3-Methoxy-1-propanol, 2-Ethoxy-1-ethanol, 1-Ethoxy-1-ethanol.

XI. (zu S. 231)

1. Aldehyde: Methanal (Formaldehyd), Ethanal (Acetaldehyd), Propanal (Propionaldehyd), Butanal (Butyraldehyd); Oxidationsprodukte: Methansäure (Ameisensäure), Ethansäure (Essigsäure), Propansäure (Propionsäure), Butansäure (Buttersäure); Reduktionsprodukte: Methanol (Methylalkohol), Ethanol (Ethylalkohol), 1-Propanol (n-Propylalkohol), 1-Butanol (n-Butylalkohol).

2. a) Butandion oder Diacetyl oder 2,3-Dioxobutan; b) 3-Oxo-butansäure oder β-Keto-buttersäure oder Acetessigsäure; c) 1,3-Dihydroxy-2-oxo-propan oder 2-Keto-1,3-propandiol oder Dihydroxy-aceton.

3. 1-Pentanol.

4. Essigsäuremethylester

$$H-\underset{\underset{H}{|}}{\overset{\overset{H}{|}}{C}}-\overset{\overset{}{\|}}{\underset{\underset{O}{}}{C}}-\underset{\underset{OH}{|}}{\overset{\overset{H}{|}}{C}}-H$$

Hydroxy-aceton

$$H-\underset{\underset{H}{|}}{\overset{\overset{H}{|}}{C}}-O-\underset{\underset{H}{|}}{\overset{\overset{H}{|}}{C}}-C\overset{\overset{\displaystyle O}{\diagup}}{\diagdown}{}_{H}$$

Methoxy-acetaldehyd

$$H-\underset{\underset{H}{|}}{\overset{\overset{H}{|}}{C}}-\underset{\underset{H}{|}}{\overset{\overset{H}{|}}{C}}-C\overset{\overset{\displaystyle O}{\diagup}}{\diagdown}{}_{OH}$$

Propionsäure

$$H-\underset{\underset{H}{|}}{\overset{\overset{H}{|}}{C}}-\underset{\underset{H}{|}}{\overset{\overset{H}{|}}{C}}-O-\overset{\overset{H}{|}}{C}=O$$

Ameisensäure-ethylester

$$H-\underset{\underset{OH}{|}}{\overset{\overset{H}{|}}{C}}-\underset{\underset{H}{|}}{\overset{\overset{H}{|}}{C}}-C\overset{\overset{\displaystyle O}{\diagup}}{\diagdown}{}_{H}$$

3-Hydroxy-propanal

$$H-\underset{\underset{H}{|}}{\overset{\overset{H}{|}}{C}}-\underset{\underset{OH}{|}}{\overset{\overset{H}{|}}{C}}-C\overset{\overset{\displaystyle O}{\diagup}}{\diagdown}{}_{H}$$

2-Hydroxy-propanal

5. Behandeln mit einem Oxidationsmittel (z. B. Chromsäure); aus Aldehyden entstehen dabei Carbonsäuren, Ketone verändern sich nicht. Nach der Oxidation wird destilliert oder bei schwerfluchtigen Substanzen ausgeschüttelt. Das Destillat bzw. der Extrakt wird auf Säure getestet.

6. Siehe Seiten 210, 211.

7. Siehe Seiten 213, 220.

8. a) $-\overset{\overset{\displaystyle O}{\|}}{\underset{\underset{O}{}}{C}}-$; b) $-C\overset{\overset{\displaystyle O}{\diagup}}{\diagdown}{}_{OH}$; c) $CH_3-\overset{\overset{\displaystyle O}{\|}}{C}-$.

9. CH_3COOH (Essigsäure), $HOOC-COOH$ (Oxalsäure), CCl_3COOH (Trichlor-essigsäure). Das CCl_3COOH-Molekül ist am stärksten, das

CH_3COOH-Molekül am schwächsten polar (starker Elektronensog der 3 Cl-Atome). Je grösser die Polarität, desto leichter die Dissoziation.

10. Aceton ist polar, Propan nicht (S. 210).

11. a) Milchsäure; b) Bernsteinsäure; c) Äpfelsäure; d) Malonsäure; e) Brenztraubensäure; f) Weinsäure.

12. a) Ameisensäure-methylester → Methanol + Formiat; b) Phosphorsäure-methyl-ethyl-propylester → Methanol, Ethanol, Propanol + Phosphat; c) Kohlensäure-diisopropylester → 2-Propanol + Carbonat.

13. Wenn sie mindestens 1 asymmetrisches C hat (S. 223).

14. Siehe Seite 227.

15. 103 g/l.

16. a) Spontane Oxidation bei Kontakt mit Luft (Zimmertemperatur); b) Abspaltung von CO_2 aus Carbonsäuren.

17. a) Der Stoff ist eine Carbonsäure, die am 1. C nach der Carboxylgruppe eine Hydroxylgruppe trägt; er dreht polarisiertes Licht nach links; die 4 Substituenten seines asymmetrischen C-Atoms haben gleiche räumliche Anordnung wie der linksdrehende Glycerinaldehyd (Bezugssubstanz der L-Reihe); b) der Stoff ist eine Carbonsäure mit einer Methylgruppe am 1. C und einer Hydroxylgruppe am 2. C nach dem Carboxyl; er ist optisch aktiv, besteht aber zu gleichen Teilen aus dem rechts- und linksdrehenden Isomer und dreht polarisiertes Licht nicht.

18. a) Aus der Carbonsäure und einem anorganischen ꞌSäurechlorid (PCl_5, $POCl_3$); b) das Dichlorid der Kohlensäure $COCl_2$.

19. Na-acetat; Essigsäure hat das höhere pK als Ameisensäure; 1 mol Acetat fängt mehr Protonen aus dem Wasser ein als 1 mol Formiat.

20. $2(CH_3)_2CH-OH + HOOC-(CH_2)_3-COOH \rightarrow$ $(CH_3)_2CH-O-CO-(CH_2)_3-CO-O-CH(CH_3)_2$ $+ 2H_2O$.

21. Essigsäure, Acetaldehyd, Ethanol, Aceton, Isopropanol.

22. Acetaldehyd + HCN → Milchsäure-nitril $\xrightarrow{\text{Hydrolyse}}$ Milchsäure (S. 210).

23. Siehe Seite 229.

24. a) Gasförmig; b) fest; c) flüssig; d) fest.

XII. (zu S. 250)

1. Je höher der Sättigungsgrad, desto höher der Schmelzbereich.

2. Fructose trägt die Carbonylgruppe am 2. C (Ketose), Glucose am 1. C (Aldose), sonst identische Struktur (S. 238, 239).

3. Katalytische Hydrierung von natürlichen Pflanzenölen zur Erhöhung des Schmelzbereichs und Verbesserung der Haltbarkeit.

4. Saccharose.

5. Ascorbinsäure ist ein für den Stoffwechsel unentbehrlicher Stoff, der dem menschlichen Organismus mit der Nahrung zugeführt werden muss (Tagesbedarf zirka 70 mg).

6. Aktivierte Essigsäure (Thioester aus Coenzym A und Essigsäure); Bildung aus abgebauten Kohlenhydraten, Fettsäuren und Aminosäuren.

7. a) Schwefelkohlenstoff; b) Methyl-sulfonsäure; c) Ethyl-methyl-thioether; d) Thioethanol (Ethylmercaptan); e) Diethyl-disulfid; e) kann durch Reduktion in d) übergeführt werden.

8. Siehe Seite 236.

9. Der Extrakt der angesäuerten Lösung liefert Stearinsäure als Rückstand, der andere Extrakt gibt keinen Rückstand; Natriumstearat ist in Ether unlöslich.

10. Sie sind unempfindlich gegen Wasserhärte, aber oft biologisch nicht abbaubar (Gewässerbelastung).

11. 0 ml (Glycolyse = anaerober Prozess).

12. Durch Decarboxylierung von Keto-carbonsäuren (S. 236)

13. 1 mmol Ölsäure (282 mg) bindet 1 mmol I_2 (254 mg); 100 mg Ölsäure binden 90 mg I_2 (Iodzahl = 90).

14. Fettdepots, Glycogenspeicher in Leber und Muskel, energiereiche Phosphate.

15. Als freie Fettsäuren und Monoglyceride.

16. Baustein der Stärke ist die α-Glucose, derjenige der Cellulose die β-Glucose (S. 243).

17. Die Hydrophilie der Carboxylgruppe ist bei beiden Substanzen praktisch gleich. Beim Palmitat ist aber die lipophile Alkylkette viel länger und damit auch wirksamer als beim Acetat. Die Lösungsvermittlung zwischen Wasser und hydrophobem Material ist deshalb beim Palmitat viel besser als beim Acetat.

18. Siehe Seiten 241, 242.

19. Siehe Seiten 239, 240.

20. Die Fettsäure-Anionen bilden mit Calciumionen schwerlösliche Niederschläge.

21. Siehe Seite 235.

22. Siehe Seiten 242–244.

23. Es fehlt uns das Enzym, das Cellulose zu Glucose hydrolysiert.

24. Glycerin, Fettsäuren, Phosphorsäure, Aminoalkohol.

XIII. (zu S. 283)

1. $2(C_2H_5)_2NH + H_2SO_4 \rightarrow [(C_2H_5)_2NH_2]_2SO_4$.

2. Ein Stoff, der sowohl mit Säuren als auch mit Basen Salze bilden kann.

3.

$$NH_2 - CH - CO - NH - CH_2 - COOH$$
$$CH_2 - CH_2 - COOH$$

$$NH_2 - CH_2 - CO - NH - CH - COOH$$
$$CH_2 - CH_2 - COOH$$

$$NH_2 - CH - CH_2 - CH_2 - CO - NH - CH_2 - COOH$$
$$COOH$$

4. Lösung alkalisch machen; mit Ether ausschütteln; das undissoziierte Butylamin geht in den Ether, das Leucinanion bleibt im Wasser.

5. Siehe Seiten 254, 255, 258, 267.

6. Siehe Seite 264.

7. 96,2 ml/min.

8. Der isoelektrische Punkt aller Serumproteine liegt unter 7; bei pH 8,5 sind alle anionisch; die Nettoladung von Albumin ist grösser als die der Globuline; das Albuminmolekül ist zudem kleiner und beweglicher als die meisten Globulinmoleküle.

9. Sekundär-, Tertiär- und Quartärstruktur werden zerstört (S. 263).

10. Siehe Seite 257.

11. Enzyme unterliegen dem Stoffwechsel wie andere Proteine; sie werden durch Zellproteasen abgebaut.

12. Das Monomer der Stärke ist α-Glucose (nur 1 Bausteinart); Monomere der Proteine sind die Aminosäuren (20 verschiedene Bausteine).

13. Die Desoxy-ribonucleinsäuren sind das «Informationsarchiv» für die Eiweissynthese

(genetischer Code); die Sequenz ihrer Basen bestimmt die Sequenz der Aminosäuren im Protein (S. 273).

14. a) Hydrolyse von Stärke zu Maltose; b) Hydrolyse von Harnstoff zu Ammoniumcarbonat; c) Hydrolyse von Phosphorsäureestern; d) Oxidation von Glucose mit Sauerstoff zu Gluconsäure und H_2O_2; e) Übertragung von Aminogruppen von Aminosäuren auf Ketosäuren; f) Knüpfung von C–C-, C–N- und C–O-Bindungen.

15. Siehe Seite 268.

16. Siehe Seite 269.

17. Ein kompetitiver Hemmer konkurriert mit dem Substrat des Enzyms um dessen aktives Zentrum. Der Hemmer bildet wie das Substrat einen Komplex mit dem Enzym, kann aber im Gegensatz zum normalen Substrat nicht umgesetzt werden. Ein Aktivator erhöht die Umsatzgeschwindigkeit.

18. Destilliertes Wasser würde kein einheitliches pH über den ganzen Gelblock und während der ganzen Laufzeit gewährleisten; seine Leitfähigkeit wäre zudem zu gering.

19. Siehe Seiten 106, 269.

20. 2,3 g/h $\cong$ 50 000 µmol/h $\cong \dfrac{50\,000}{60}$ µmol/min $\cong$ 833 U $\cong$ 13,88 µkat.

21. Harnstoff ist ein Carbonsäure-amid; die Reaktion ist eine Hydrolyse.

22. Siehe Seite 265.

23. a) Acetamid; b) Butyronitril (Buttersäurenitril); c) Amino-ethanol oder Colamin.

24. Wasserstoffbrücken, Disulfidbrücken, Ionenbindungen, hydrophobe Wechselwirkungen zwischen Alkyl- und Arylgruppen.

XIV. (zu S. 306)

1. Siehe Seite 284.

2. a) p-Xylol oder 1,4-Dimethyl-benzol; b) m-Kresol oder 3-Hydroxy-toluol oder 3-Methylphenol; c) Diphenylamin.

3. NH_2—C_6H_4—NH_2 + 2HNO$_2$ + 2H$^+$ → N≡$^+$N—C_6H_4—N$^+$≡N + 4H$_2$O.

4.

a)

b)

c)

5.

$$Ba(OH)_2 + 2HO_3S\!-\!\!\bigcirc \rightarrow$$

6.

7. Siehe Seite 289.

8. 1,2-; 1,3-; 1,4-; 1,5-; 1,6-; 1,7-; 1,8-; 2,3-; 2,6-; 2,7-Dichlor-naphthalin.

9. Die Vereinigung einer Diazonium-Verbindung mit einem aromatischen oder heterozyklischen Körper zu einer Azo-Verbindung.

10. a) Phenyl-brenztraubensäure; b) Phenylalanin; c) Phthalsäure; d) 2-Phenyl-2-methylbutandisäure.

11. α-Phenyl-ethanol.

12. p-Kresol ist ein Phenol, also im Gegensatz zu Benzylalkohol dissoziierbar.

13. a) aus Styrol; b) aus Terephthalsäure und Glycol.

14. Butyrylchlorid und Benzol (AlCl$_3$ als Katalysator).

15. p-Xylol hat höhere Symmetrie als m-Xylol.

16. Siehe Seiten 289, 291.

17. Die Sulfonsäure hat eine nichthydrolysierbare C–S-Bindung, der Ester eine hydrolysierbare C–O–S-Bindung.

18. CH_3—C_6H_4—NO_2 + 3Zn + 6HCl → CH_3—C_6H_4—NH_2 + 3ZnCl$_2$ + 2H$_2$O; p-Toluidin.

19. Siehe Seite 298.

20.

Benzamid und Benzonitril lassen sich zu Benzoesäure und Ammoniak hydrolysieren; Benzylamin ist nicht hydrolysierbar.

21. 1. Gemisch in Ether auflösen; mit Soda-lösung ausschütteln; Mandelsäure geht in die Wasserphase; Wasserphase abtrennen, an-säuern, mit Ether ausschütteln und Ether ab-dampfen → Mandelsäure. 2. Etherphase der Sodaextraktion mit verdünnter NaOH aus-schütteln; das Phenol geht in die Wasser-phase; Wasserphase abtrennen und Phenol isolieren wie Mandelsäure. 3. Etherphase der NaOH-Extraktion mit verdünnter HCl aus-schütteln; Toluidin geht in die Wasserphase; Wasserphase abtrennen, alkalisch machen,, mit Ether ausschütteln und Ether abdamp-fen → Toluidin. 4. Etherphase der HCl-Ex-traktion eindampfen → Naphthalin.

22. Toluol→Benzylchlorid→Benzylalkohol (A)
↓
Benzoesäure→Benzoylchlorid (B)

A + B → Benzoesäure-benzylester

23. a) Zwitterion; b) Anion (S. 294).

24. Benzaldehyd (Formel S. 300).

XV. (zu S. 329)

1. Durch katalytische Hydrierung von Phenol und anschliessende Oxidation des gebildeten Cyclohexanols.

2. Isopren (S. 309).

3. Mit Hilfe eines Chelatbildners, z. B. Tartrat, Citrat oder EDTA.

4. a) Steroide; b) Purine.

5. Siehe Seiten 309, 312.

6. Histidin (Imidazolring), Tryptophan (Indol-gerüst).

7. a) II; b) II; c) II/III.

8. Ein Chelatbildner mit 4 Bindungsstellen. Beispiel: Porphyrine.

9. Siehe Seite 313.

10. Als Gallenfarbstoff, vor allem Bilirubin.

11. Siehe Seite 318.

12. Siehe Seiten 315, 322.

13. CO bindet sich an Hämoglobin und blok-kiert den O_2-Transport im Blut. CN^- bindet sich ans 3wertige Fe der Cytochrome und blockiert die Atmungskette. In beiden Fällen kommt der Energiestoffwechsel zum Erliegen.

14. Das 2wertige Fe eines Cytochroms (Elek-tronentransfer): $O_2 + 4Fe^{2+} \rightarrow 2O^{2-} + 4Fe^{3+}$.

15. Adenin, Ribose, Phosphorsäure (S. 326).

16. Adenin/Thymin; Guanin/Cytosin.

17. Cholsäure, Cholecalciferol, Cortisol, Aldo-steron, Östradiol usw. (S. 312–314).

18. Es ist Coenzym zahlreicher Dehydroge-nasen (Wasserstoffakzeptor).

19. Die Löslichkeit der Harnsäure sinkt mit fallendem pH (Abnahme der Dissoziation und damit der Hydrophilie).

20. Vorstufe eines Vitamins; wird mit der Nah-rung aufgenommen und durch Stoffwechsel-vorgänge im Organismus in ein Vitamin umge-wandelt: β-Carotin, Cholesterin.

21. Siehe Seiten 324, 325.

22. a) Überproduktion von Harnsäure, Bildung von Harnsäurekristallen in Gelenken; b) An-stau von Bilirubin im Blut bei gestörter Aus-scheidung oder übermässigem Hämoglobin-abbau.

23. a) Thiazol; b) 1,3-Cyclopentadien; c) Pyr-rol; d) Furfural.

24. Keines.

Sachregister

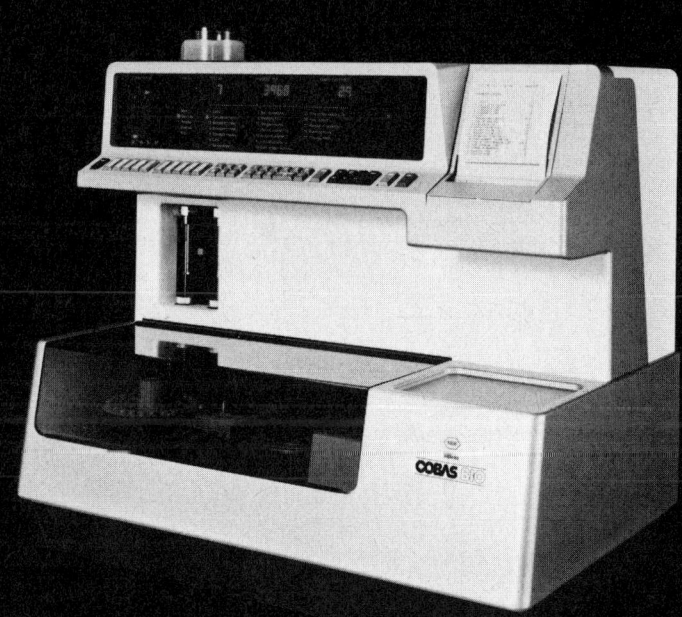

Diese Grafik informiert über die komplette Produkt- und Dienstleistungs-Palette für die Einrichtung von Laboratorien und Schulungsräumen auf der Basis genormter Systeme.

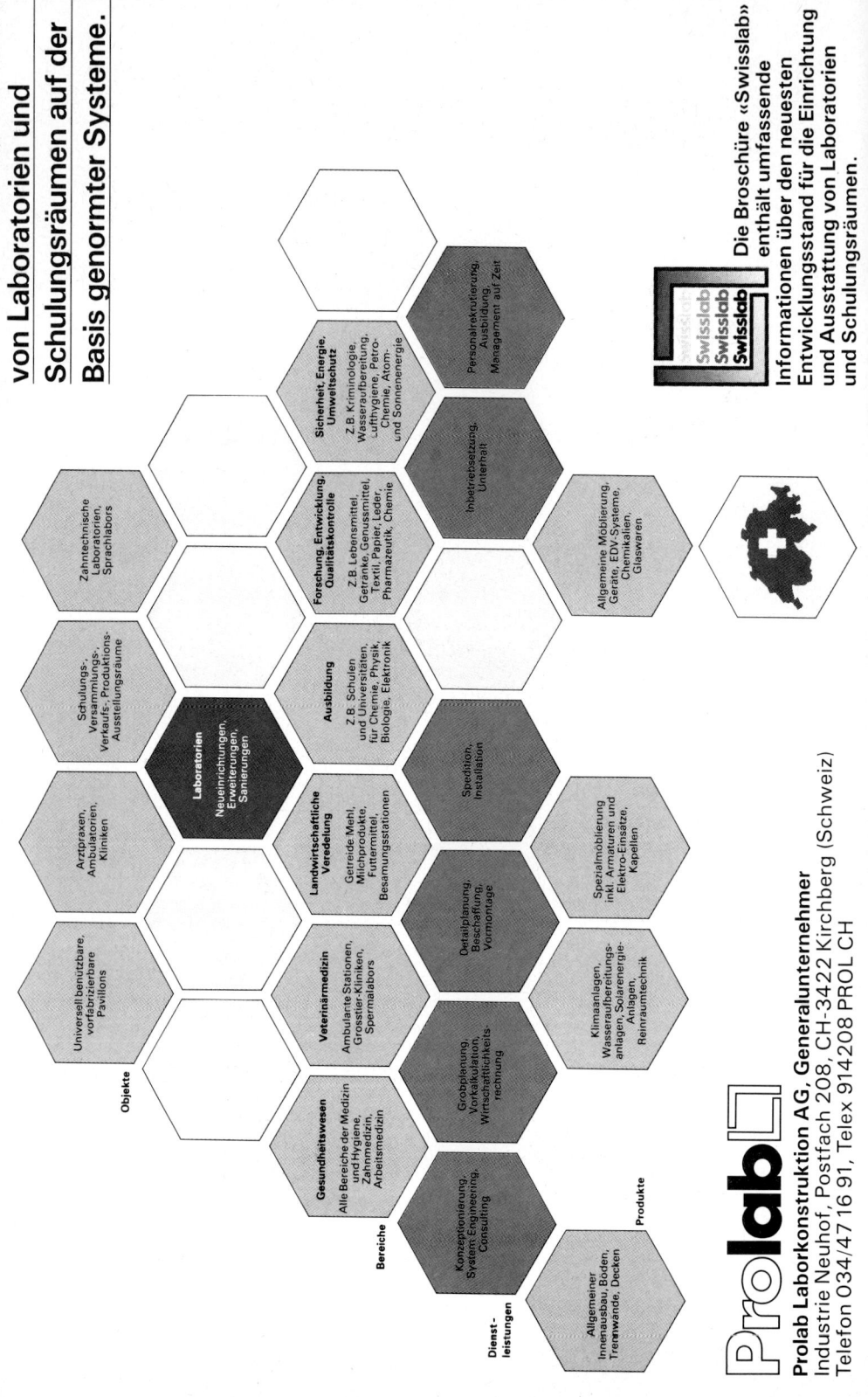

Objekte

- Zahntechnische Laboratorien, Sprachlabors
- Schulungs-, Versammlungs-, Verkaufs-, Produktions-, Ausstellungsräume
- **Laboratorien** Neueinrichtungen, Erweiterungen, Sanierungen
- Arztpraxen, Ambulatorien, Kliniken
- Universell benützbare, vorfabrizierte Pavillons

Bereiche

- Sicherheit, Energie, Umweltschutz Z.B. Kriminologie, Wasseraufbereitung, Lufthygiene, Petro-Chemie, Atom- und Sonnenenergie
- Forschung, Entwicklung, Qualitätskontrolle Z.B. Lebensmittel, Getränke, Genussmittel, Textil, Papier, Leder, Pharmazeutik, Chemie
- Ausbildung Z.B. Schulen und Universitäten, für Chemie, Physik, Biologie, Elektronik
- Landwirtschaftliche Veredelung Getreide Mehl, Milchprodukte, Futtermittel, Besamungsstationen
- Veterinärmedizin Ambulante Stationen, Grosstier-Kliniken, Spermalabors
- Gesundheitswesen Alle Bereiche der Medizin und Hygiene, Zahnmedizin, Arbeitsmedizin

Dienstleistungen

- Personalrekrutierung, Ausbildung, Management auf Zeit
- Inbetriebsetzung, Unterhalt
- Spedition, Installation
- Detailplanung, Beschaffung, Vormontage
- Grobplanung, Vorkalkulation, Wirtschaftlichkeitsrechnung
- Konzeptionierung, System Engineering, Consulting

Produkte

- Allgemeine Möblierung, Geräte, EDV-Systeme, Chemikalien, Glaswaren
- Spezialmöblierung inkl. Armaturen und Elektro-Einsätze, Kapellen
- Klimaanlagen, Wasseraufbereitungsanlagen, Solarenergie-Anlagen, Reinraumtechnik
- Allgemeiner Innenausbau, Boden, Trennwände, Decken

Die Broschüre «Swisslab» enthält umfassende Informationen über den neuesten Entwicklungsstand für die Einrichtung und Ausstattung von Laboratorien und Schulungsräumen.

Prolab Laborkonstruktion AG, Generalunternehmer
Industrie Neuhof, Postfach 208, CH-3422 Kirchberg (Schweiz)
Telefon 034/47 16 91, Telex 914208 PROL CH

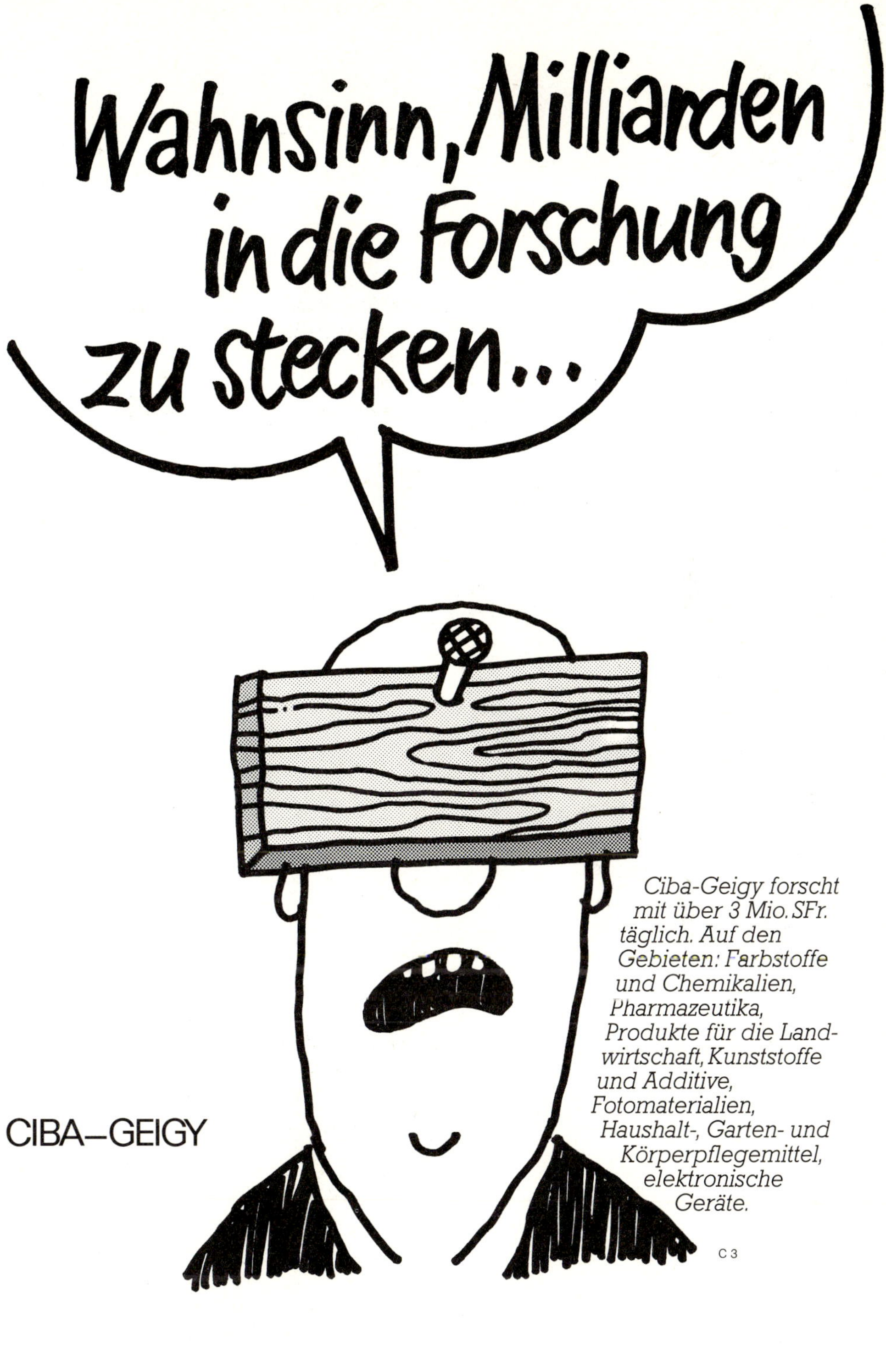

CIBA—GEIGY

Ciba-Geigy forscht mit über 3 Mio. SFr. täglich. Auf den Gebieten: Farbstoffe und Chemikalien, Pharmazeutika, Produkte für die Landwirtschaft, Kunststoffe und Additive, Fotomaterialien, Haushalt-, Garten- und Körperpflegemittel, elektronische Geräte.

C 3

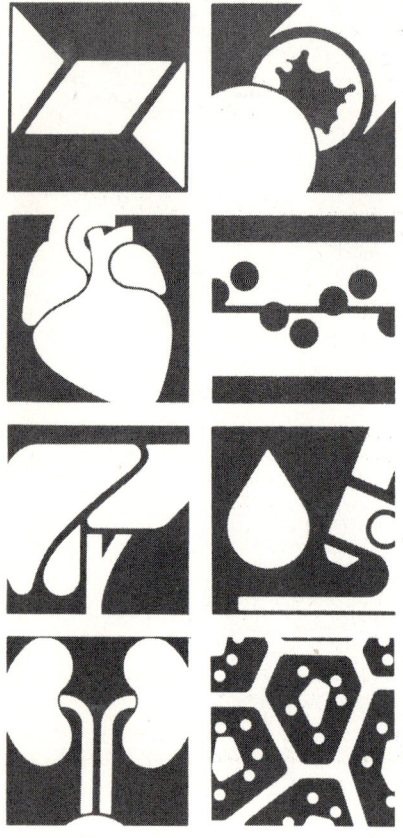

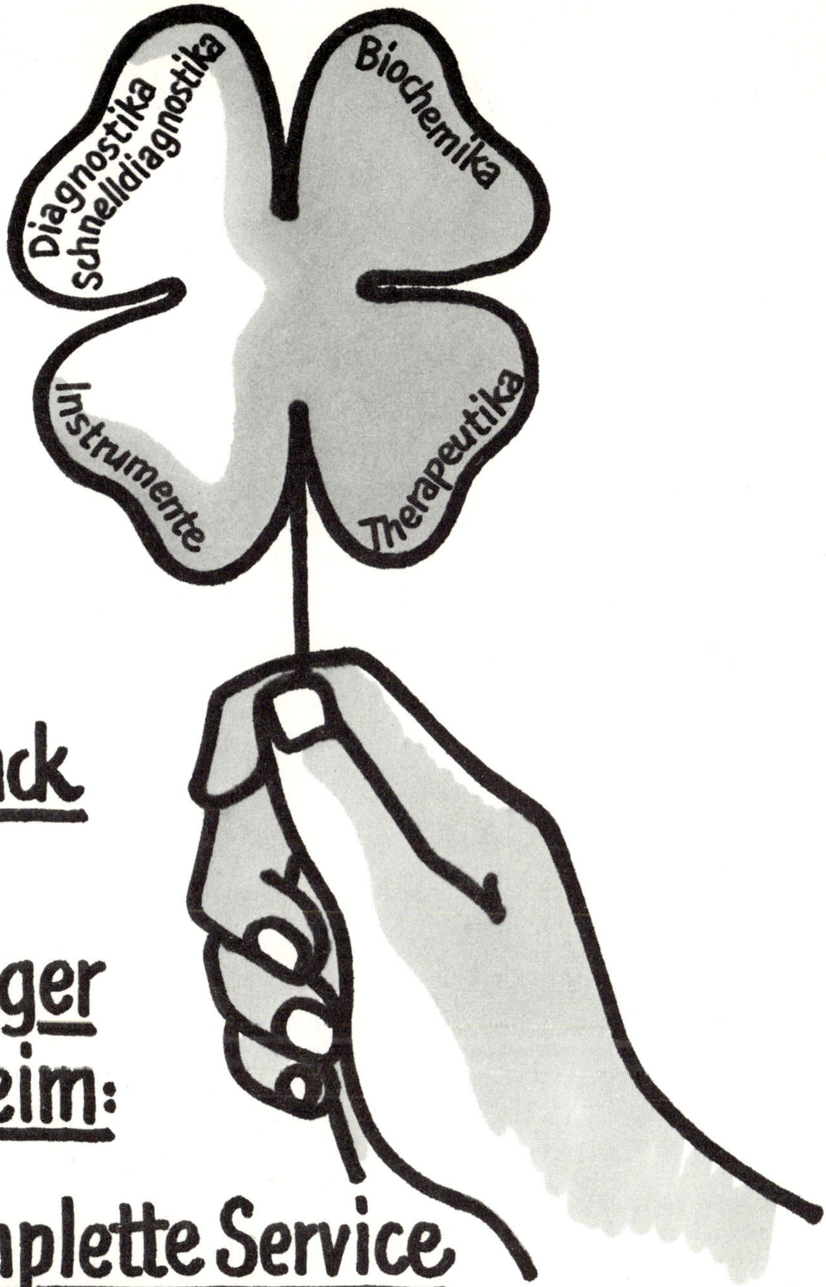

Zum Glück
gibt's
Boehringer
Mannheim:

Der komplette Service
aus einer Hand.

Boehringer Mannheim (Schweiz) AG
Industriestrasse 6343 Rotkreuz

2., neubearbeitete und erweiterte Auflage
R.D. Eastham, Bristol

Interpretation klinisch-chemischer Laborresultate

Deutsche Übersetzung von 'Biochemical Values in Clinical Medicine'

Im deutschen Sprachgebiet sind bis heute nur wenige zusammenfassende Darstellungen der Laborresultate und deren Interpretation bekannt. Das hier nun schon in 2. Auflage vorliegende praktische Nachschlagewerk bringt rasche und umfassende Information über den diagnostischen Wert klinisch-chemischer Untersuchungen.

Die klinisch-chemische Diagnostik stellt in der modernen Medizin ein wichtiges Hilfsmittel zur Sicherung und Abgrenzung von klinischen Untersuchungen dar. Eine sehr grosse Anzahl und der ständige Zuwachs von verschiedenen Methoden erschweren immer mehr die Evaluation von aussagekräftigen Parametern und ihre Wahl zur Unterstützung der klinischen Diagnose. Der Autor hat eine Fülle von verschiedenen Krankheitsbildern zusammengestellt. In alphabetischer Reihenfolge sind einzelne Labor-Parameter mit entsprechenden Hinweisen über Normwerte, physiologische und pathophysiologische Abweichungen bei den einzelnen Krankheitsbildern zusammengefasst. Sie dienen der differentialdiagnostischen Zuordnung vorliegender Laborbefunde zu den verschiedenen Erkrankungen.

Das neuaufgelegte Taschenbuch ist besonders geeignet für das medizinische Laborpersonal, Medizin- und Pharmaziestudenten, Ärzte, Pharmazeuten und Biochemiker.

übersetzt und bearbeitet von
E. Peheim und J.P. Colombo, Bern
XIV + 258 S., broschiert, 1981
SFr./DM 29. / US$ 17.50
ISBN 3 8055–1879 X

Interessengebiete
Laboratorium, Klinische Chemie

Basel · München · Paris
London · New York · Sydney

KI 81006

Klinische Chemie

Theorie, Praxis, Interpretation

4., vollständig neu bearbeitete Auflage

Herausgeber: R. Richterich; J.P. Colombo, Bern

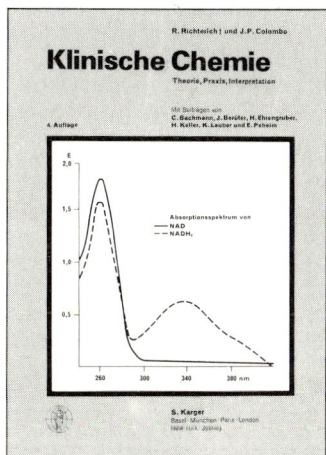

Die Durchführung klinisch-chemischer Analysen in der klinischen Diagnostik setzt gewisse Grundkenntnisse voraus, die jedoch durch die Kommerzialisierung von Methoden immer mehr vernachlässigt werden. Das Buch legt deshalb grosses Gewicht auf die Grundbegriffe der allgemeinen klinischen Chemie, wie Qualitätskontrolle, Kenntnisse bei der Blutentnahme, die unentbehrliche Statistik und Masseinheiten. Um eine Methode besser verstehen zu können, sind aber auch Kenntnisse in der Labortechnik notwendig, wozu auch die Mechanisierung und Automation gehören.

Die wichtigsten Verfahren, wie Immunoassays, Substrat- und Enzymanalysen und deren Anwendung bei der Bestimmung verschiedener klinisch-chemischer Parameter, werden ausführlich erläutert. Ist eine Analyse einmal durchgeführt, sollte es möglich sein, dem Resultat eine gewisse diagnostische Bedeutung beizumessen. Deshalb ist jeweils der diagnostischen Interpretation ein Abschnitt gewidmet.

«Richterichs Klinische Chemie ist ohne Zweifel als das Standardwerk der klinischen Chemie anzusehen. Die neu erschienene Auflage empfiehlt sich vorbehaltlos von selbst allen auf dem Gebiet der klinischen Chemie tätigen Laborantinnen, Technikern und Akademikern sowie allen Biochemikern und Ärzten, die sich mit Fragen der Methodologie, Interpretation und Bedeutung von klinisch-chemischen Analysen beschäftigen.»
Therapeutische Umschau

Klinische Chemie
Theorie, Praxis, Interpretation
4., vollständig neu bearbeitete Auflage
Herausgeber: R. Richterich; J.P. Colombo, Bern
Mit Beiträgen von C. Bachmann, J. Berüter, H. Ehrengruber,
H. Keller, K. Lauber und E. Peheim
XXXVI + 620 S., 161 Abb., 137 Tab., broschiert, 1978
SFr./DM 98.– / ca. US $ 49.25
ISBN 3–8055–2796–9

Einführung
in die praktische Biochemie

für Studierende der Medizin, Veterinärmedizin, Pharmazie, Biochemie und Biologie

Mit Beiträgen von H. Aebi; U. Brodbeck; H. Kohler; K. Lauber; G. Pfleiderer; J.-P. von Wartburg; S. Wyss

3., vollständig neu bearbeitete Auflage

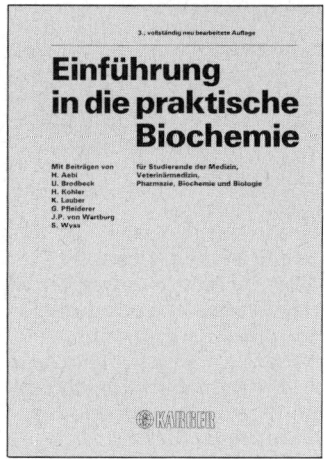

Die wichtigsten Ausbildungsziele des praktischen Biochemieunterrichts sind: dem Studierenden eine möglichst anschauliche Vorstellung von den chemischen Vorgängen in der lebenden Materie zu geben und ihn mit den Prinzipien der biochemischen und klinisch-chemischen Arbeitsmethoden vertraut zu machen. Das nun in 3. Auflage vorliegende Standardwerk, eine Gemeinschaftsarbeit von 7 Autoren, ist ganz auf diese Zielsetzung ausgerichtet.

Anhand zahlreicher Beispiele wird versucht, dem angehenden Arzt oder Biologen die engen Beziehungen zwischen 'theoretischen' Erkenntnissen und 'praktischen' Auswirkungen verständlich zu machen.
Die veränderte Akzentsetzung in den meisten der 14 Kapitel dieses Lehrmittels trägt nicht allein dem raschen Fortschritt in der Biochemie Rechnung, sondern ebenso dem im Verlauf des vergangenen Jahrzehnts erfolgten Wandel in der Auffassung über Praxisrelevanz der einzelnen Aufgaben. Im Zuge der Neugliederung und Umverteilung des Stoffes sind neue Kapitel über Trennverfahren, Tracertechnik und Immunologie entstanden. Sie gehören heute zum unentbehrlichen Bestand jeglicher Laboratoriumstätigkeit in Praxis, Klinik und Forschung. Im Kapitel über Enzyme wurde den diagnostisch wichtigen Methoden eine Vorzugsstellung eingeräumt, wobei berücksichtigt wurde, dass heute auch im Unterricht weitgehend die im Handel angebotenen Testkits zum Einsatz gelangen. Schliesslich hat im Kapitel über Nahrungsmittel

eine Akzentverschiebung stattgefunden, wobei dem Nachweis von Zusätzen und Rückständen, da heute von grosser Bedeutung, entsprechend Platz eingeräumt worden ist. In der Einleitung zu jedem Kapitel wird ein Überblick über die betreffende Stoffklasse gegeben. Auf jedes Experiment folgt eine Diskussion der gemachten Beobachtungen, wobei es auch an Hinweisen auf praktisch-klinische Probleme und an Fragen, die weitere Anregungen vermitteln wollen, nicht fehlt. Diesem Ziel dient gleichermassen die grosse Zahl anschaulicher Figuren, tabellarischer Übersichten und schematischer Darstellungen.
Das Buch ist ein Lehrmittel für den Unterricht in Biochemie, das sich aufgrund der praxisbezogenen Aufgabenauswahl ebenso für Studierende der Medizin und Veterinärmedizin eignet wie für angehende Apotheker, Chemiker und Biologen.

Interessengebiete

Biochemie; Laboratorium; Biologie für Mediziner, Chemie für Mediziner, Ernährung, Pharmazie, Veterinärmedizin

Einführung in die praktische Biochemie
für Studierende der Medizin, Veterinärmedizin, Pharmazie, Biochemie und Biologie
Mit Beiträgen von H. Aebi; U. Brodbeck; H. Kohler; K. Lauber; G. Pfleiderer; J.-P. von Wartburg; S. Wyss
3., vollständig neu bearbeitete Auflage
XII + 462 S., 197 Abb., 87 Tab., broschiert, 1982
SFr. 75.– / DM 90.– / ca. US$ 45.00
ISBN 3–8055–3448–5